简明现代建筑工程手册系列

简明建筑电气设计手册

孙成群　编著

机 械 工 业 出 版 社

本书秉承“建筑服务社会，设计创造价值”的核心理念，依据工程建设所必须遵循的现行的法规、标准和设计深度，并结合电气工程师工程设计经验，系统地列举设计参数，使本书更具有简洁性和实用性。本书内容包括基础数据、负荷分级及计算、变配电所与柴油发电机机房、导体及电缆的设计选择与敷设、短路电流计算、开关电器及电气设备选择、电气照明、防雷与接地安全、电气消防、智能化系统、典型工程电气设计关键技术共11章。具有取材广泛、数据准确、注重实用等特点，本书全部采用表格叙述，简明扼要，通俗易懂。

本书适合建筑电气工程设计、施工人员学习使用，可作为建筑电气工程师再教育培训教材，也可供大专院校有关师生教学参考使用。

图书在版编目（CIP）数据

简明建筑电气设计手册/孙成群编著. —北京：机械工业出版社，2021.8

（简明现代建筑工程手册系列）

ISBN 978-7-111-69166-2

Ⅰ.①简… Ⅱ.①孙… Ⅲ.①房屋建筑设备-电气设备-建筑设计-技术手册 Ⅳ.①TU85-62

中国版本图书馆CIP数据核字（2021）第188783号

机械工业出版社（北京市百万庄大街22号 邮政编码100037）

策划编辑：何文军 责任编辑：何文军 韩 静

责任校对：陈 越 封面设计：张 静

责任印制：张 博

涿州市京南印刷厂印刷

2022年1月第1版第1次印刷

184mm×260mm · 30.75印张 · 2插页 · 760千字

标准书号：ISBN 978-7-111-69166-2

定价：139.00元

电话服务

客服电话：010-88361066

010-88379833

010-68326294

网络服务

机 工 官 网：www.cmpbook.com

机 工 官 博：weibo.com/cmp1952

金 书 网：www.golden-book.com

机工教育服务网：www.cmpedu.com

序

北京市建筑设计研究院有限公司成立于 1949 年，是新中国第一家民用建筑设计院。作为国家高新技术企业和北京市设计创新中心，我们坚持用大国匠心打造城市的秩序与气度，用建筑作品续写中华民族的文脉传承，用专注赤诚扛起国企的使命与担当。经历七十多年的发展，经过几代人的开拓创新、励精图治，北京市建筑设计研究院有限公司已经完成了超过 2.5 亿平方米建筑面积的两万五千多项建筑设计作品和众多科研成果。从民用住宅到城市公共建筑，从城市背景到地标建筑，从城市名片到国之重器，贡献了不同时期的设计经典，不断实现建筑设计领域的技术创新和突破，形成了“建筑设计服务社会，数字科技创造价值”的企业核心价值观。

从学术上讲，建筑电气是应用建筑工程领域内的一门新兴学科，它是基于物理、电磁学、光学、声学、电子学理论上的一门综合性学科。建筑电气作为现代建筑的重要标志，它以电能、电气设备、计算机技术和通信技术为手段来创造、维持和改善建筑物空间的声、光、电、热以及通信和管理环境，充分发挥建筑物的特点，实现其功能。建筑电气是建筑物的神经系统，建筑物能否实现使用功能，电气是关键。建筑电气在维持建筑内环境稳态、保持建筑完整统一性及其与外环境的协调平衡中起着主导作用。

《简明建筑电气设计手册》一书结合北京市建筑设计研究院有限公司工程电气设计实践，强调电气系统设计的可靠性、安全性和灵活性要求，突出节能环保理念，注重知识结构的系统性和完整性，文字深入浅出、简明易懂，在编写体系上分类明确，查阅方便，反映了建筑电气专业新的科技进展，向世人说明建筑电气设计不缺乏理论创造和积淀。

未来，北京市建筑设计研究院有限公司将以科技服务为主业，在构建高精尖经济结构、推进“设计之都”建设中，努力实现高质量发展，打造“国际一流的建筑设计科创企业”。希望读者通过此书获益，指导工程建设的电气设计和施工，提高建设工程质量、水平和效率，实现与国际同行业接轨，开阔设计和施工人员的视野，共同完善建筑电气设计理论，创造出更多精品工程。

北京市建筑设计研究院有限公司董事长 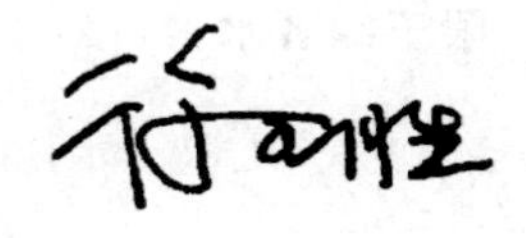

前　　言

建筑电气作为建筑物的神经系统，在建筑物能否实现使用功能、维持建筑内环境稳态、保持建筑完整统一性及其与外环境的协调平衡中起着关键作用。随着建筑领域的飞速发展，建筑物内各电气系统装备技术水平不断改善和提高，使得建筑开始走向高品质、高功能领域，同时对建筑电气工程设计提出了更高要求。如何适应市场变化、强化法制观念和不断提高从业人员技术水平和业务素质，贯彻和执行标准中的要求，提高建设工程勘察设计质量、水平和效率，改变习以为常但又不合时宜的设计理念，是摆在电气工程师面前亟须解决的问题。为了便于让电气工程师快速熟练地掌握基本概念和基本分析方法，查找出项目设计时所需技术资料，满足电气工程师工作需要，特地编制了本手册。

本书内容包括基础数据、负荷分级及计算、变配电所与柴油发电机机房、导体及电缆的设计选择与敷设、短路电流计算、开关电器及电气设备选择、电气照明、防雷与接地安全、电气消防、智能化系统、典型工程电气设计关键技术共 11 个部分。依据工程建设所必须遵循的现行的法规、标准和设计方法，并结合电气工程师工程设计经验，系统地列举设计参数，使本书更具有简洁性和实用性。由于电气技术的不断进步，书中数据如有与国家规范和规定不一致者，应以现行国家规范和规定为准。

本书具有以下特点：第一是体现“新”，所有编制依据均为现行的国家规定，书中内容均为适应新技术的要求；第二是“全”，书中内容覆盖面广，内容完整，系统性强；第三是“准”，书中所列的资料准确而实用；第四是“简”，本书全部采用表格叙述，简明扼要；第五是“便”，全书 11 部分是按电气系统进行编写，便于查阅。本书力求内容新颖，覆盖面广，不仅是建筑电气工程设计、施工人员的实用参考书，也可作为供配电专业注册电气工程师考试参考用书，还可供大专院校有关师生教学参考使用。

在本书编写过程中，得到陈莹、韩文秀、刘魁、郑成波、吴威、余道鸿、马岩、彭梅等很多同行的大力支持与帮助，并提供了不少宝贵意见和资料，在此致以诚挚的谢意。这里深怀感恩之心来品味自己的成长历程，发现人生的真正收获。感恩老师的谆谆教诲，是他们给了我知识和看世界的眼睛；感恩父母的言传身教，是他们把我带到了这个世界上，给了我无私的爱和关怀；感恩同事的热心帮助，是他们让我感受到平淡中蕴含着亲切，微笑中透着温馨；感恩朋友的鼓励与支持，是他们给了我走向成功的睿智。

限于编者水平，对于书中谬误之处，我们真诚地希望广大读者批评指正。

北京市建筑设计研究院有限公司设计总监、总工程师　孙成群

目　录

1 基础数据

1.1 常用电工计算公式及定律

1.1.1 直流电路常用计算公式及数据。直流电路常用计算公式及数据见表 1-1-1。

表 1-1-1 直流电路常用计算公式及数据

名称	计算公式	单位	符号意义及说明
电流	$I=Q/t$	A	Q——电荷量(C)； t——时间(s)； A——导体的截面面积(mm^2)； W——电场所做的功(J)； l——导体的长度(m)； ρ——导体的电阻率($\Omega\cdot mm^2/m$)
电流密度	$\delta=I/A$	A/mm^2	
电压	$U=W/Q$	V	
导体电阻	$R=\rho l/A$	Ω	
电导率	$\gamma=i/\rho$	S/m	
电导	$G=i/R$	S	

常用材料电阻率

材料	$\rho/(\Omega\cdot mm^2/m)$	材料	$\rho/(\Omega\cdot mm^2/m)$	材料	$\rho/(\Omega\cdot mm^2/m)$
铜	0.0178	铝	0.0303	银	0.0161
铁	0.13	康铜	0.5		

名称	计算公式	单位	符号意义及说明
不同温度时的电阻	$R=R_0[1+\alpha(t-t_0)]$ (α—温度系数,所有金属 $\alpha=0.004/℃$)	Ω	R——温度为 t 时导体电阻(Ω)； R_0——温度为 t_0 时导体电阻(Ω)； t、t_0——导体的温度
电容量	$C=Q/U$ $C=\varepsilon_0\varepsilon_r A/\delta$	F	ε_0——真空中介电常数,$\varepsilon_0=8.85\times10^{-12}F/m$； ε_r——相对介电常数； A——极板重叠面积； δ——极板间距离

（续）

名称	计算公式	单位	符号意义及说明

常用材料相对介电常数

材料	ε_r	材料	ε_r	材料	ε_r
空气、真空	1	纸张	1.8~2.6	玻璃	2.0~16
钛氧化物	110	云母	4.0~8.0	电木	4.8
立方结构的	100000	水	40~80		

名称	计算公式	单位	符号意义及说明
电功率	$P=W/t=IU=I^2R=U^2/R$	W	W——电流所做的功(J)； t——时间(s)。 电功率由电流、电压及欧姆定律等计算公式推导出不同的计算公式
电能	$W=IUt=I^2Rt=(U^2/R)t$	J	
电热流效应	$Q=IUt=I^2Rt=(U^2/R)t$	G	

1.1.2 直流电路基本定律见表 1-1-2。

表 1-1-2 直流电路基本定律

名称		电路图	计算公式	符号意义及说明
欧姆定律	部分电路	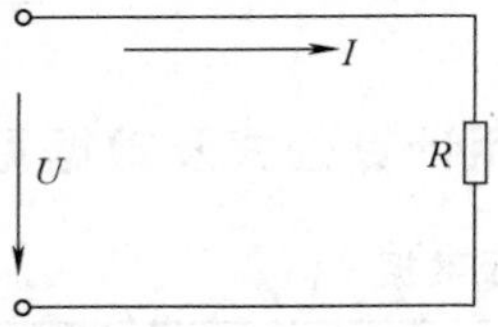	$I=U/R$	I——支路电流(A)； U——支路两端电压(V)； R——电阻(Ω)
欧姆定律	含电源支路	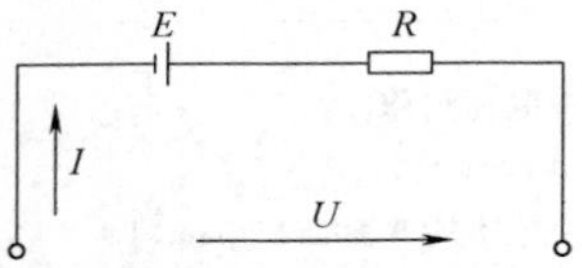	$I=(E+U)/R$	E与I方向一致，E取正$(+E)$，相反取负$(-E)$ U与I方向一致，U取正$(+U)$，相反取负$(-U)$
欧姆定律	全电路	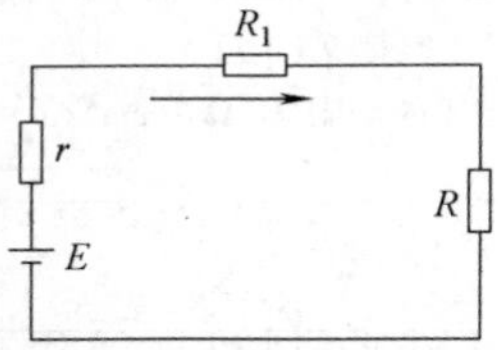	$I=E/\sum R$	$\sum R$——回路总电阻(Ω)，$\sum R=r+R+R_1$； r——电源内阻； R——负载电阻； R_1——回路中连接线电阻(Ω)
基尔霍夫定律	节点电流定律	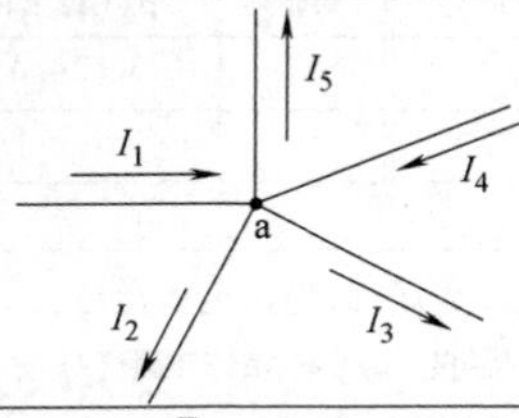	$\sum I=0$	节点 a 的电流方程为 $\sum I=I_1+I_4-I_2-I_3-I_5=0$
基尔霍夫定律	回路电压定律	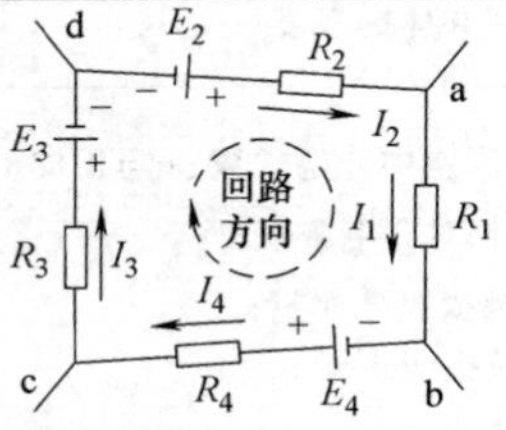	$\sum E=\sum IR$	回路 a-b-c-d 的电压方程为 $E_2+E_4-E_3=I_1R_1+I_2R_2+I_3R_3+I_4R_4$

（续）

名称	电路图	计算公式	符号意义及说明
戴维南定律	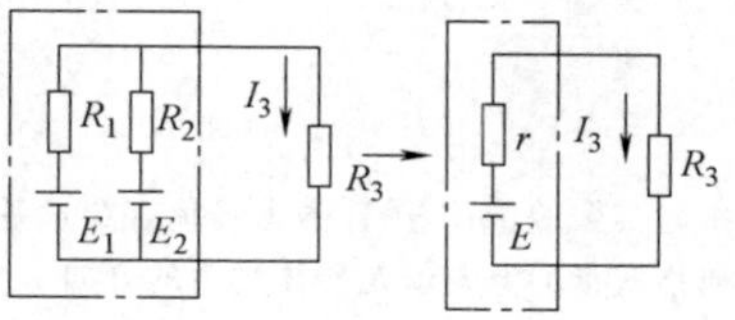	$r=R_1R_2/(R_1+R_2)$ $E=(E_1-E_2)R_2/(R_1+R_2)+E_2$ $I_3=E/(r+R_3)$	E_1,E_2——原电路电源电动势（V）； E——等效电源中，等效电动势（V）； r——等效电源内阻（Ω）； R_1,R_2——原电路支路电阻（Ω）； R_3——负载电阻（Ω）
电流源与电压源的等效变换	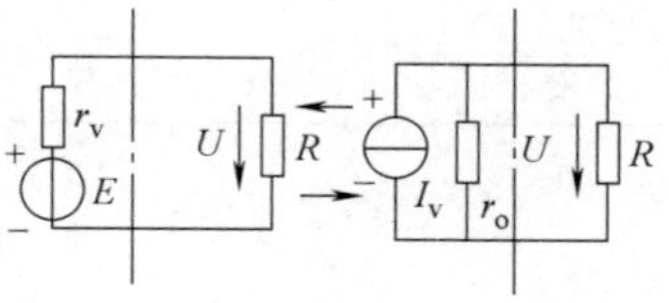	$I_v=E/r_o$ 或 $E=I_vr_v$	
叠加定律	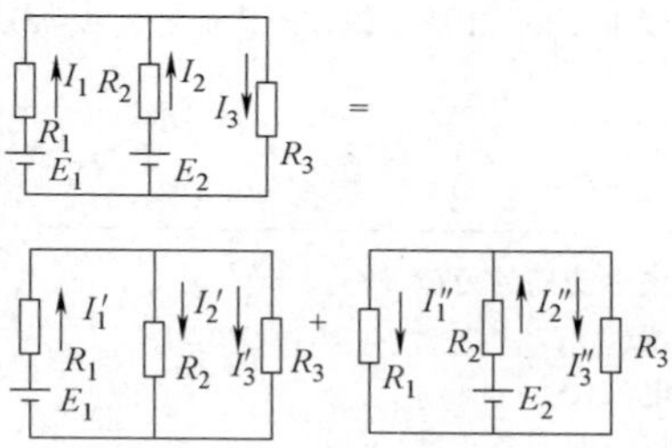	只有 E_1 的电路 $R'=R_2R_3/(R_2+R_3)+R_1$ $I'_1=E_1/R'$ $I'_2=I'_1R_3/R_2+R_3$ $I'_3=I'_1R_2/R_2+R_3$ 原电路 $I_1=I'_1-I''_1$ $I_2=-I'_2+I''_2$ $I_3=I'_3+I''_3$	只有 E_2 的电路 $R''=R_1R_3/(R_1+R_3)+R_2$ $I''_2=E_2/R''$ $I''_1=I''_2R_3/(R_1+R_3)$ $I''_3=I''_2R_1(R_1+R_3)$

1.1.3 电磁基本定律。

1. 电磁基本定律见表1-1-3。

表1-1-3 电磁基本定律

名称	电路图或计算公式	符号意义及说明
安培定则	直导线电流的磁场 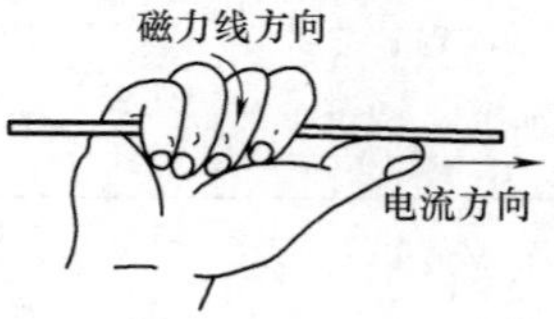 磁力线方向 电流方向	（对于直导线）用右手握住导线，使拇指指向电流方向，则其余四指所指的方向就是磁力线方向
	通电螺旋线圈的磁场 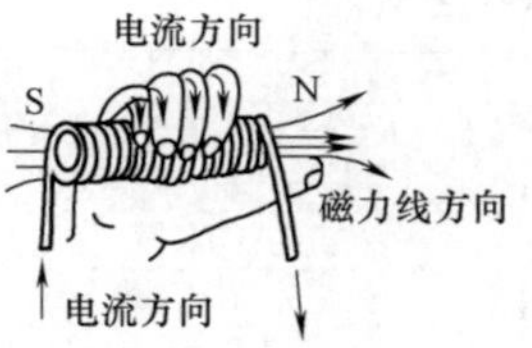 电流方向 S N 磁力线方向 电流方向	（对于螺旋线圈）用右手握住线圈，使四指指向电流方向，则拇指所指的方向即是磁力线方向

（续）

名称		电路图或计算公式	符号意义及说明
左右手定则		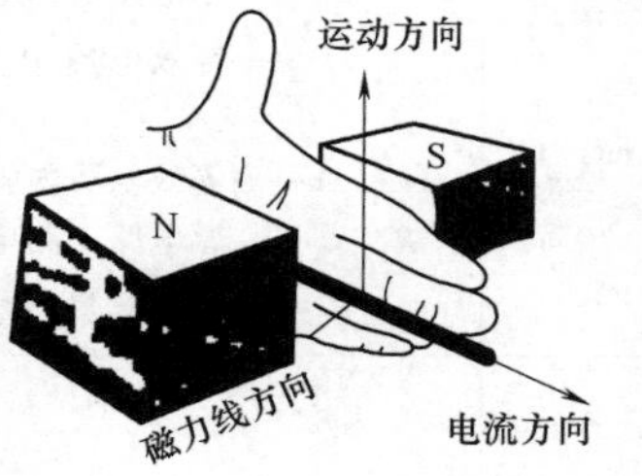	伸平左手，拇指与其余四指垂直，让磁力线垂直穿过手心，四指指向电流方向，则拇指所指的方向就是导体受力的方向
		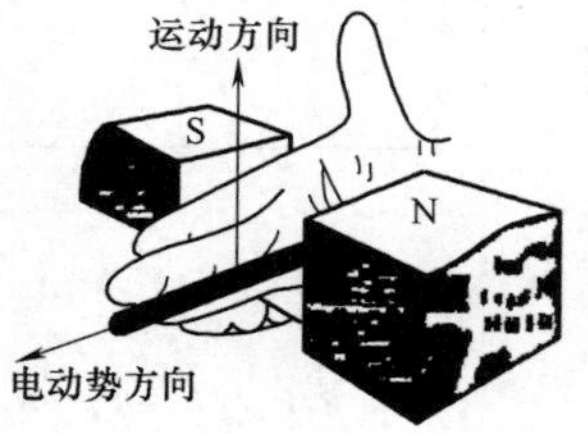	伸平右手，拇指与其余四指垂直，让磁力线垂直穿过手心，并使拇指指向导线运动方向，则四指所指的方向就是感应电动势的方向
磁力	通电导线	单根直导线 $F=BIl\sin\alpha$	F——导体在磁场中受到的力（N）； B——磁感应强度（T）； I——导体中的电流（A）； l——导体在磁场中的有效长度（m）； α——导体与磁力线间的夹角（°）
		平行直导线 $F=2\times10^{-7}I_1I_2/S$	I_1，I_2——两平直导线中的电流（A）； S——两导体间的距离（m）
	电磁铁吸力	直流 $F=4B^2A\times10^5$	F——直流下电磁铁吸力（N）； B——磁感应强度（T）； A——磁路截面面积（m^2）
		交流 $F_m=4B_m^2A\times10^5$ $F=2B_m^2A\times10^5$	F_m——一个周期内吸力最大值（N）； F——一个周期内吸力平均值（N）； B_m——磁场强度的最大值（T）； A——铁心截面面积（m^2）
感应电动势	直导线	$e=Bvl\sin\alpha$	e——直导线感应电动势（V）； B——磁场强度（T）； v——导体切割磁力线的速度（m/s）； l——导体在磁场中的有效长度（m）； α——导体与磁力线间的夹角（°）
	线圈	$E=4.44fN\Phi_m$	E——线圈感应电动势（V）； f——电源频率（Hz）； N——线圈匝数； Φ_m——磁通最大值（Wb）

2. 直流电路常用的连接及计算公式见表 1-1-4。

表 1-1-4 直流电路常用的连接及计算公式

连接方式	连接图	计算公式及说明
电阻的串联	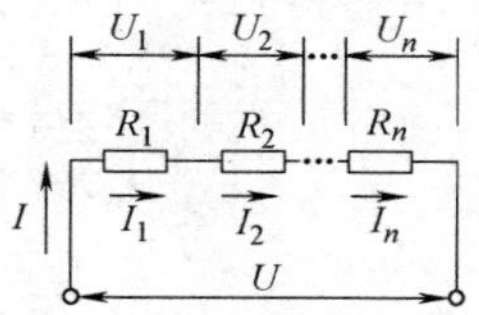 U_1 U_2 U_n R_1 R_2 R_n I I_1 I_2 I_n U	$R=R_1+R_2+\cdots+R_n$ $U=U_1+U_2+\cdots+U_n$ $I=I_1=I_2=\cdots=I_n$ 总电压等于各段电压之和 总电流、各支路电流均相等
电阻的并联	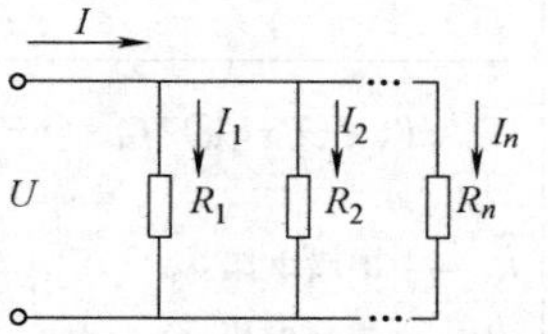 I I_1 I_2 I_n U R_1 R_2 R_n	$1/R=1/R_1+1/R_2+\cdots+1/R_n$ $U=U_1=U_2=\cdots=U_n$ $I=I_1+I_2+\cdots+I_n$ 各电阻两端的电压相等，并与外加电压相等 总电流等于各支路电流之和
电阻的串、并混联	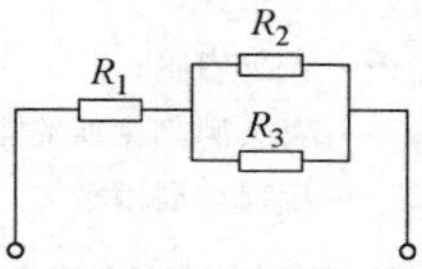 R_1 R_2 R_3	$R=R_1+R_2R_3/(R_2+R_3)$
电阻的星形-三角形联结等效变换	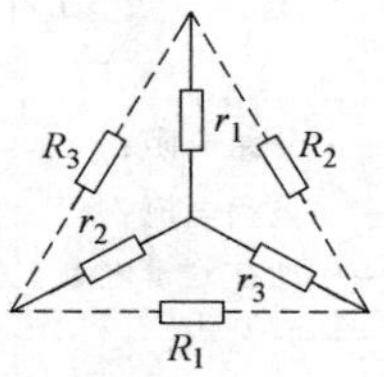 r_1 r_2 r_3 R_1 R_2 R_3	$R_1=r_2+r_3+r_2r_3/r_1$ $R_2=r_1+r_3+r_1r_3/r_2$ $R_3=r_1+r_2+r_1r_2/r_3$
电阻的星形-星形联结等效变换	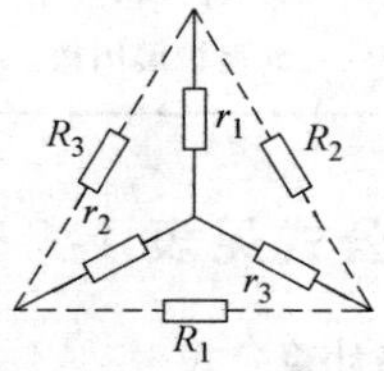 r_1 r_2 r_3 R_1 R_2 R_3	$r_1=R_2R_3/(R_1+R_2+R_3)$ $r_2=R_1R_3/(R_1+R_2+R_3)$ $r_3=R_1R_2/(R_1+R_2+R_3)$
电容的串联	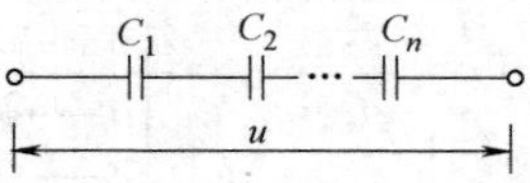 C_1 C_2 C_n u	$1/C=1/C_1+1/C_2+\cdots+1/C_n$ $Q=Q_1=Q_2=\cdots=Q_n$ $U=U_1+U_2+\cdots+U_n$
电容的并联	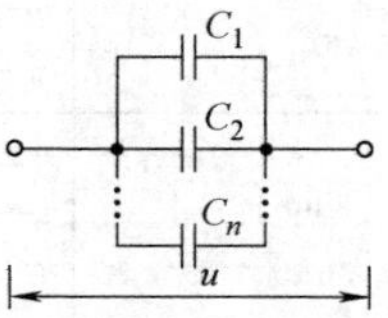 C_1 C_2 C_n u	$C=C_1+C_2+\cdots+C_n$ $U=U_1=U_2=\cdots=U_n$ $Q=Q_1+Q_2+\cdots+Q_n$
电池的串联	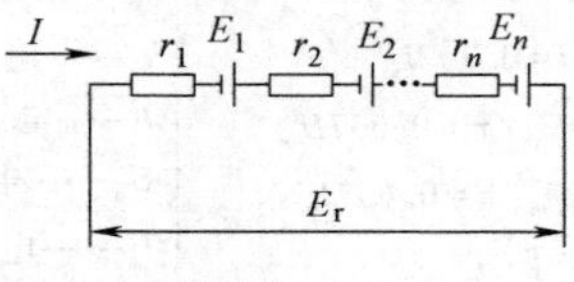 I r_1 E_1 r_2 E_2 r_n E_n E_r	$E=E_1+E_2+\cdots+E_n$ $I=I_1=I_2=\cdots=I_n$ $r=r_1+r_2+\cdots+r_n$

（续）

连接方式	连接图	计算公式及说明
电池的并联	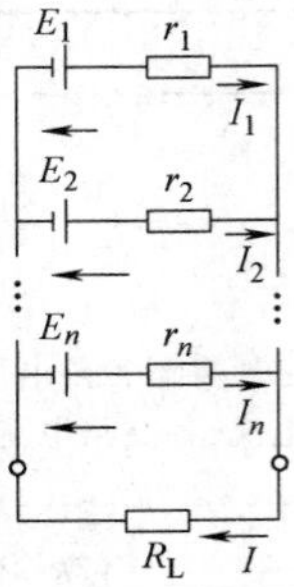	$E=E_1=E_2=\cdots=E_n$ $I=I_1+I_2+\cdots+I_n$
电压表量程的扩展	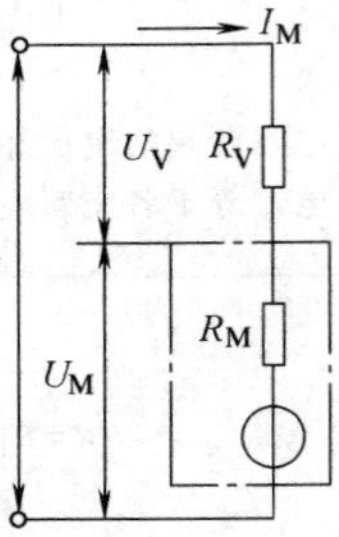	$R_V=(U-U_M)/I_M=(n-1)R_M=(U-U_M)R_M/U_M$ $n=U/U_M$ R_V——串联电阻； U——被测电压； U_M——原量程； R_M——表头内阻； I_M——表头满刻度所需电流； n——量程扩展因数
电流表量程的扩展	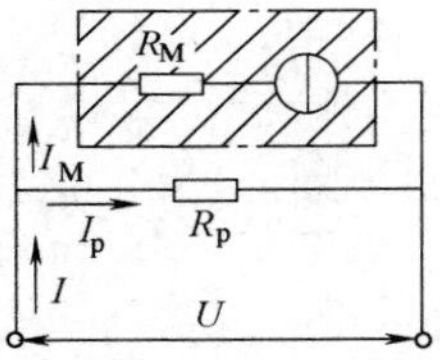	$R_p=U/(I-I_M)=(n-1)R_M$ $n=I/I_M$ R_p——分路电阻； I——被测电流； U——加在测量电表上的电压； I_M——原量程； R_M——表头内阻； n——量程扩展因数

1.1.4 交流电路计算公式。交流电路计算公式见表 1-1-5。

表 1-1-5 交流电路计算公式

名称		简图	计算公式	符号意义及说明
单相交流电路	周期频率 角频率		$T=1/f$ $f=1/T$ $\omega=2\pi f$	T——周期(s)； f——频率(Hz)； ω——角频率(rad/s)； π——圆周率(3.14159265)
	正弦波的瞬时值、最大值、有效值、平均值		$u=U_m\sin\alpha$ $i=I_m\sin\alpha$ $U=0.707U_m$ $I=0.707I_m$ $U_a=2U_m/\pi=0.637U_m$ $I_a=2I_m/\pi=0.637I_m$	u——电压瞬时值(V)； i——电流瞬时值(A)； U_m——电压最大值(V)； I_m——电流最大值(A)； U——电压有效值(V)； I——电流有效值(A)； U_a——电压平均值(V)； I_a——电流平均值(A)

（续）

名称		简图	计算公式	符号意义及说明
单相交流电路	纯电阻电路	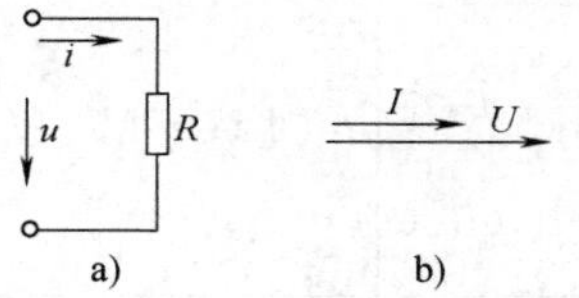 a) b)	$I=U/R$ $P=IU$ $Q=0$	I——流过负载的电流（A）； P——有功功率（W）； Q——无功功率（var）
	纯电感电路	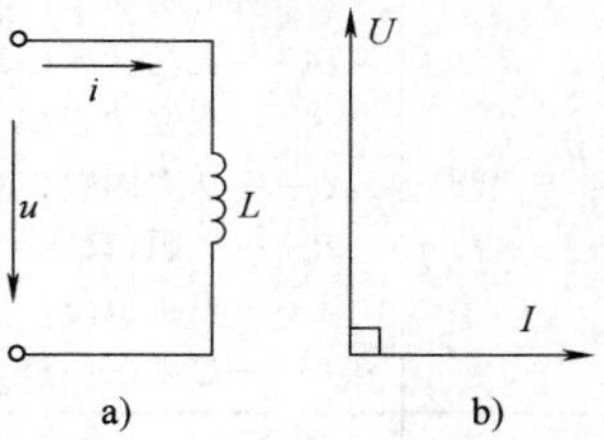 a) b)	$X_L=2\pi fL=\omega L$ $I=U/X_L$ $P=0$ $Q=IU=I^2X_L$	X_L——感抗（Ω）； L——电感量（H）； ω——电源的角频率（rad/s）； I——流过电感的电流（A）； P——有功功率（W）； Q——无功功率（var）
	纯电容电路	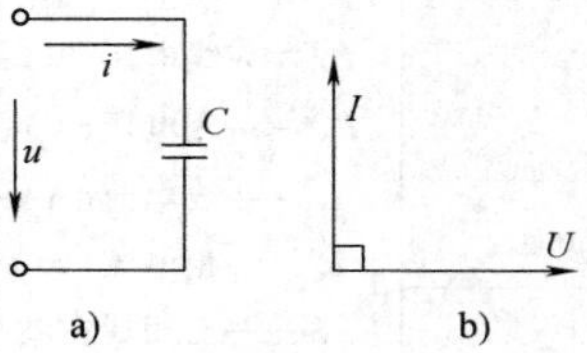 a) b)	$X_C=1/(2\pi fC)=\omega L$ $I=U/X_C$ $P=0$ $Q=IU=\omega CU^2$	X_C——容抗（Ω）； C——电容量（F）； ω——电源的角频率（rad/s）； I——流过电容的电流（A）； P——有功功率（W）； Q——无功功率（var）
	电阻电感串联电路	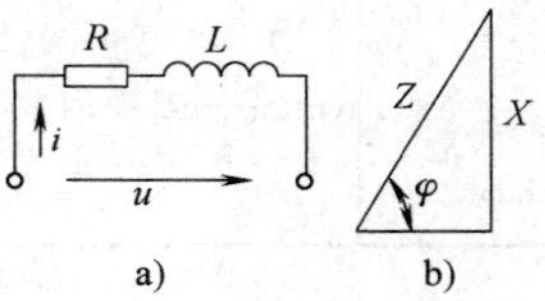 a) b)	$Z=(R^2+X_L^2)^{1/2}$ $I=U/Z$	Z——串联电路总阻抗（Ω）； I——串联电路的电流（A）； U——电路两端的电压（V）
	电阻电容串联电路	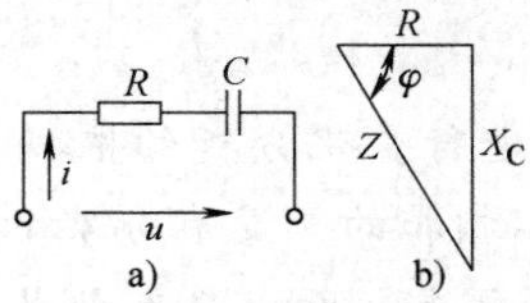 a) b)	$Z=(R^2+X_C^2)^{1/2}$ $I=U/Z$	Z——串联电路总阻抗（Ω）； I——串联电路中的电流（A）； U——电路两端的电压（V）
	电阻电感电容串联电路	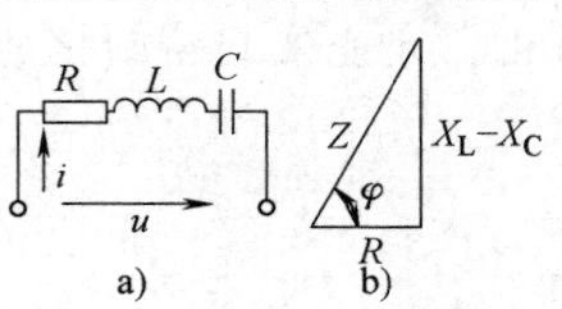 a) b)	$Z=[R^2+(X_L-X_C)^2]^{1/2}$ $I=U/Z$	Z——串联电路总阻抗（Ω）； I——串联电路中的电流（A）； U——电路两端的电压（V） $X_L>X_C$ 时电路呈电感性 $X_L<X_C$ 时电路呈电容性
	电阻电感并联电路	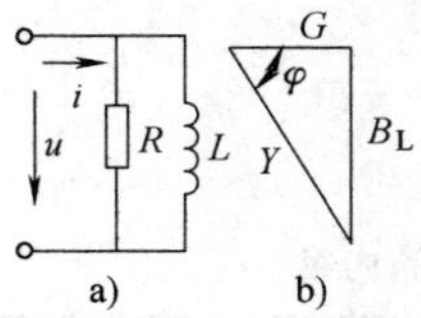 a) b)	$1/Z=[(1/R)^2+(1/X_L)^2]^{1/2}$	G（电导）$=1/R$（S） B_L（感纳）$=1/X_L$（S） Y（导纳）$=1/Z$（S）
	电阻电容并联电路	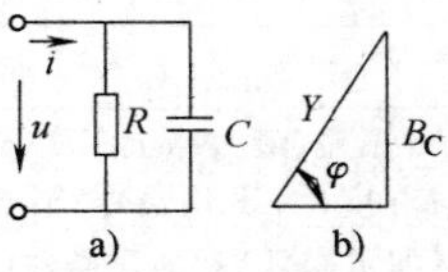 a) b)	$1/Z=[(1/R)^2+(1/X_C)^2]^{1/2}$	B_C（容纳）$=1/X_C$（S）

（续）

名称		简图	计算公式	符号意义及说明
单相交流电路	电阻电感电容并联电路	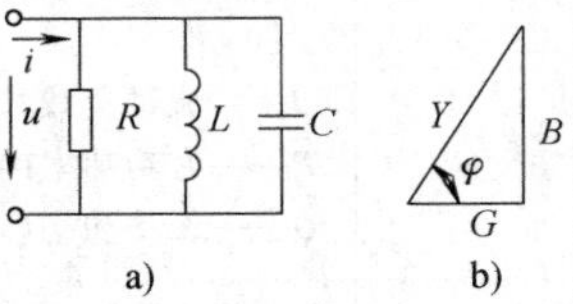 a) b)	$1/Z=[(1/R)^2+(1/X_L-1/X_C)^2]^{1/2}$	B（电纳）$=1/X_L-1/X_C$(S)
	功率及功率因数		$S=IU=I^2Z$ $P=IU\sin\varphi=I^2R$ $Q=IU\cos\varphi=I^2X$ $\cos\varphi=P/S=R/Z$	P——有功功率(W)； Q——无功功率(var)； S——视在功率(V·A)； $\cos\varphi$——功率因数； R——电阻(Ω)； X——电抗(Ω)； Z——总阻抗(Ω)
	星形联结	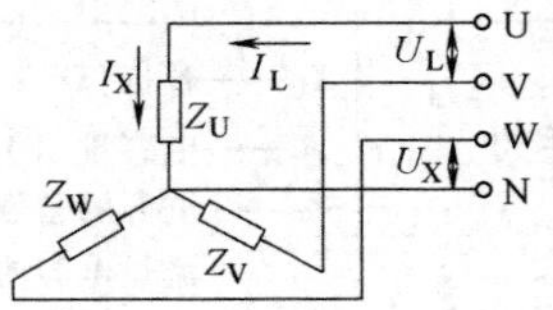	$I_L=I_X$ $U_L=1.732\times U_X$ $S=1.732\times U_LI_L$ $P=1.732\times U_LI_L\cos\varphi$ $Q=1.732\times U_LI_L\sin\varphi$	U_L——线电压(V)； U_X——相电压(V)； I_L——线电流(A)； I_X——相电流(A)； S——三相视在功率(V·A)； P——三相有功功率(W)； Q——三相无功功率(var)； $\cos\varphi$——功率因数
	三角形联结	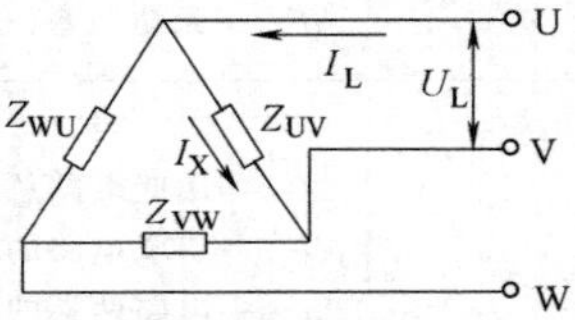	$U_L=U_X$ $I_L=1.732\times I_X$ $S=1.732\times U_LI_L$ $P=1.732\times U_LI_L\cos\varphi$ $Q=1.732\times U_LI_L\sin\varphi$	（同上）

评　注

电工计算公式及定律是建筑电气设计基础，是设计进行量化分析的依据。“不积跬步，无以至千里；不积小流，无以成江海”，知识体系是环环相扣的，没有夯实的基础，知识体系只会是漏洞百出，只懂表面，不懂原理，也只能照猫画虎。所以只有扎扎实实地打好基础，练好基本功，才能将建筑电气设计由定性向定量转化，才能做到精细化的设计，才能将工程建造成精品。

1.2　建筑电气设计收集资料

1.2.1　建筑电气设计收集资料的内容见表1-2-1。

表1-2-1　建筑电气设计收集资料的内容

资料	内　容
有关文件	工程建设项目委托文件和主管部门审批文件有关协议书
自然资料	工程建设项目所在的海拔高度、地震烈度、环境温度、最大日温差、最大冻土深度；工程建设项目的夏季气压、气温（月平均和极限最高、最低）；工程建设项目的相对湿度（月平均最冷、最热）；工程建设项目所在地区的地形、地物状况（如相邻建筑物的高度）、气象条件（如雷暴日）和地质条件（如土壤电阻率）

（续）

资料	内容
电源现状	工程建设项目所在地的电气主管部门规划和设计规定；市政供电电源的电压等级、回路数及距离；供电电源的可靠性、供电系统的短路容量、供电电源的质量、电力计费情况；供电电源的进线方式、位置、标高
电信、有线电视线路现状	工程建设项目所在当地电信主管部门的规划和设计规定；市政电信线路与工程建设项目的接口地点；市政引入线的方式、位置、标高
其他	工程建设项目所在地地方管理规定、常用电气设备的电压等级；当地对电气设备的供应情况；当地对各电气系统的有关规定、地区性标准和通用图等

1.2.2 全国主要城市气象数据。全国主要城市气象数据见表1-2-2。

表1-2-2 全国主要城市气象数据

序号	地名	台站位置			干球温度/℃					最热月平均相对湿度（%）	30年一遇最大风速/(m/s)	七月0.8m深土壤温度/℃	全年雷暴日数/(d/a)
		北纬	东经	海拔/m	极端最高	极端最低	最冷月月平均	最热月月平均	最热月14时平均				
1	**北京市**												
	北京	39°48′	116°28′	31.5	40.6	-27.4	-4.6	25.9	30	78	23.7	23.0	35.7
	延庆	40°27′	115°57′	439.0	39.0	-27.3	-9.0	23.3	27	77			
	密云	40°23′	116°50′	71.6	40.0	-27.3	-7.0	25.7	29	77			
2	**天津市**												
	天津	39°06′	117°10′	3.3	39.7	-22.9	-4.0	26.5	29	78	25.3	22.3	27.5
	蓟县	40°02′	117°25′	16.4	39.7	-22.9	-4.0	26.4	29	78			
	塘沽	38°59′	117°43′	5.4	39.9	-18.3	-4.0	26.2	28	79			
3	**河北省**												
	石家庄市	38°02′	114°25′	80.5	42.7	-26.5	-2.9	26.6	31	75	21.9	25.4	30.8
	唐山市	39°38′	118°10′	25.9	39.6	-21.9	-5.4	25.5	29	79	23.7	22.2	32.7
	邢台市	37°04′	114°30′	76.8	41.8	-22.4	-2.9	26.7	31	77	21.9	24.7	30.2
	保定市	38°51′	115°31′	17.2	43.3	-22.0	-4.1	26.6	31	76	25.3	23.5	30.7
	张家口市	40°47′	114°53′	723.9	40.9	-25.7	-9.7	23.3	27	66	26.8	20.4	39.2
	承德市	40°58′	117°56′	375.2	41.5	-23.3	-9.3	24.5	28	72	23.7	20.3	43.5
	秦皇岛市	39°56′	119°36′	1.8	39.9	-21.5	-6.1	24.4	28	82	25.3	21.2	34.7
	沧州市	38°20′	116°50′	9.6	42.9	-20.6	-3.9	26.5	30	77	25.3	23.2	29.4
	乐亭	39°25′	118°54′	10.5	37.9	-23.7		24.8		82			32.1
	南宫市	37°22′	115°23′	27.4	42.7	-22.1		27.0		78			28.6
	邯郸市	36°36′	114°30′	57.2	42.5	-19.0		26.9	32.6	78			27.3
	蔚县	39°50′	114°34′	909.5	38.6	-35.3		22.1	28.6	70			45.1
4	**山西省**												
	太原市	37°47′	112°33′	777.9	39.4	-25.5	-6.6	23.5	28	72	23.7	18.8	35.7
	大同市	40°06′	113°20′	1066.7	37.7	-29.1	-11.8	21.8	26	66	28.3	19.9	41.4
	阳泉市	37°51′	113°33′	741.9	40.2	-19.1	-4.2	24.0	28	71	23.7	21.8	40.0
	长治市	36°12′	113°07′	926.5	37.6	-29.3	-6.9	22.8	27	77	23.7	20.3	33.7
	临汾市	36°04′	110°30′	449.5	41.9	-25.6	-4.0	26.0	31	71	25.3	24.6	31.1
	离石	37°30′	111°06′	950.8	38.9	-25.5		23.0	29.7	68			34.3
	晋城市	35°28′	112°50′	742.1	38.6	-22.8		24.0	29.4	77			27.7
	介休	37°03′	111°56′	748.8	38.6	-24.5	-5.0	23.9	28	72			
	阳城	35°29′	112°24′	659.5	40.2	-19.7	-3.0	24.6	29	75			
	运城	35°02′	111°01′	376.0	42.7	-18.9	-2.0	27.3	32	69			

（续）

序号	地　　名	台站位置			干球温度/℃					最热月平均相对湿度（%）	30年一遇最大风速/(m/s)	七月0.8m深土壤温度/℃	全年雷暴日数/(d/a)
		北纬	东经	海拔/m	极端最高	极端最低	最冷月月平均	最热月月平均	最热月14时平均				
5	**内蒙古自治区**												
	呼和浩特市	40°49′	111°41′	1063.0	37.3	−32.8	−13.1	21.9	26	64	28.3	17.1	36.8
	包头市	40°41′	109°51′	1067.2	38.4	−31.4	−12.3	22.8	29.6	58	28.3	20.3	34.7
	乌海市(海勃湾)	39°41′	106°46′	1091.6	39.4	−32.6	−9.7	25.4		45	32.2	22.6	16.6
	赤峰市	42°16′	118°58′	571.4	42.5	−31.4	−11.7	23.5	28	65	29.7	19.8	32.0
	二连浩特市	43°39′	112°00′	964.7	39.9	−40.2	−18.6	22.9	28	49	32.2	17.6	23.3
	海拉尔市	49°13′	119°45′	612.8	36.7	−48.5	−26.8	19.6	25	71	32.2	8.5	29.7
	东乌珠穆沁旗	45°31′	116°58′	838.7	39.7	−40.5	−21.3	20.7	25	62	33.7	15.6	32.4
	锡林浩特市	43°57′	116°04′	989.5	38.3	−42.4	−19.8	20.9	26	62	29.7	18.0	31.4
	通辽市	43°36′	122°16′	178.5	39.1	−30.9	−14.7	23.9	28	73	29.7	17.6	27.9
	东胜市	39°51′	109°59′	1460.4	35.0	−29.8	−11.8	20.6	25	60	28.3	17.7	34.8
	杭锦后旗	40°54′	107°08′	1056.7	37.4	−33.1	−11.7	23.0	26	59	28.0	17.8	23.9
	集宁市	41°02′	113°04′	1416.5	35.7	−33.8	−14.0	19.1	24	66	29.7	12.9	43.3
	加格达奇	50°24′	124°07′	371.7	37.3	−45.4		19.0		81			28.7
	额尔古纳右旗	50°13′	120°12′	581.4	36.6	−46.2		18.4		75			28.7
	满洲里市	49°34′	117°26′	666.8	37.9	−42.7		19.4	25.4	69			28.3
	博克图	48°46′	121°55′	738.6	35.6	−37.5		17.7		78			33.7
	乌兰浩特市	46°05′	122°03′	274.7	39.9	−33.9		22.6	27.5	70			29.8
	多伦	42°11′	116°28′	1 245.4	35.4	−39.8		18.7		72			45.5
	林西	43°36′	118°04′	799.0	38.6	−32.2		21.1		69			40.3
	达尔罕茂明安联合旗	41°42′	110°26′	1375.9	36.6	−41.0		20.5		55			33.9
	额济纳旗	41°57′	101°04′	940.5	41.4	−35.3		26.2	33.7	33			7.8
6	**辽宁省**												
	沈阳市	41°46′	123°26′	41.6	38.3	−30.6	−12.0	24.6	28	78	23.3	19.3	26.4
	大连市	38°54′	121°38′	92.8	35.3	−21.1	−4.9	23.9	26	83	31.0	21.1	19.0
	鞍山市	41°05′	123°00′	77.3	36.9	−30.4	−10.2	24.8	28	76	26.8	19.7	26.9
	本溪市	40°19′	123°47′	185.2	37.3	−32.3	−12.0	24.3	28	75	25.3	18.6	33.7
	丹东市	40°03′	124°20′	15.1	34.3	−28.0	−8.2	23.2	27	86	28.3	18.4	26.9
	锦州市	41°08′	122°16′	65.9	41.8	−24.7	−8.8	24.3	28	80	29.7	19.7	28.4
	营口市	40°40′	122°16′	3.3	35.3	−28.4	−9.4	24.8	28	78	29.7	20.0	27.9
	阜新市	42°02′	121°39′	144.0	40.6	−28.4	−11.6	24.2	28	76	29.7	19.6	28.6
	朝阳市	41°33′	120°27′	168.7	40.6	−31.1	−11.0	24.7	29	73			33.8
	抚顺	44°54′	124°03′	118.1	36.9	−35.2	−14	23.7	28	80			
	开原	42°32′	124°03′	98.2	35.7	−35.0	−14	23.8	27	80			
7	**吉林省**												
	长春市	43°54′	125°13′	236.8	38.0	−36.5	−16.4	23.0	27	78	29.7	16.8	35.9
	吉林市	43°37′	126°28′	183.4	36.6	−40.2	−18.0	22.9	27	79	26.8	17.4	40.5
	四平市	43°11′	124°20′	164.2	36.6	−34.6	−14.8	23.6	27	78	29.7	17.3	33.5
	通化市	41°41′	125°54′	402.9	35.5	−36.3	−16.0	22.2	26	80	28.3	17.5	35.9
	图们市	42°59′	129°50′	140.6	37.6	−27.3	−13.4	21.1		82		17.7	25.4
	白城市	45°58′	122°50′	155.4	40.6	−36.9	−17.2	23.3	27	73	31.0	18.0	30.0
	桦甸市	42°59′	126°45′	263.3	36.3	−45.0		22.4		81			40.4
	天池	42°01′	128°05′	2623.5	19.2	−44.0	−23.2	8.6	10	91	>40		28.4
	延吉	42°53′	129°28′	176.8	37.6	−32.7	−14	21.3	26	80			
	通榆	44°47′	123°04′	140.5	38.9	−33.5	−16	23.8	28	73			

（续）

序号	地　名	台站位置			干球温度/℃					最热月平均相对湿度（%）	30年一遇最大风速/(m/s)	七月0.8m深土壤温度/℃	全年雷暴日数/(d/a)
		北纬	东经	海拔/m	极端最高	极端最低	最冷月月平均	最热月月平均	最热月14时平均				
8	**黑龙江省**												
	哈尔滨市	45°45′	126°46′	142.3	36.4	−38.1	−19.4	22.8	27	77	26.8	15.7	31.7
	齐齐哈尔市	47°23′	123°55′	145.9	40.1	−39.5	−19.5	22.8	27	73	26.8	13.6	28.1
	双鸭山市	46°38′	131°09′	175.3	36.0	−37.1	−18.2	21.7		75	30.6		29.8
	大庆市（安达）	46°23′	125°19′	149.3	38.3	−39.3	−19.9	22.9	27	74	28.3	13.8	31.5
	牡丹江市	44°34′	129°36′	241.4	36.5	−38.3	−18.5	22.0	27	76	26.8	14.3	27.5
	佳木斯市	46°49′	130°17′	81.2	35.4	−41.4	−19.8	22.0	26	78	29.7	15.3	32.2
	伊春市	47°43′	128°54′	231.3	35.1	−43.1	−23.9	20.5	25	78	23.7	12.9	35.4
	绥芬河市	44°23′	131°09′	496.7	35.3	−37.5	−17.1	19.2	23	82	31.0	14.1	27.1
	嫩江县	49°10′	125°14′	242.2	37.4	−47.3	−25.5	20.6	25	78	29.7	9.3	31.3
	漠河乡	53°28′	122°22′	296.0	36.8	−52.3	−30.9	18.4	24	79	23.7		35.2
	黑河市（爱辉）	50°15′	127°27′	165.8	37.7	−44.5	−24.3	20.4	25	79	31.2	10.6	31.5
	嘉荫县	48°53′	130°24′	90.4	37.3	−47.7	−28.5	20.9	25	78	23.0	12.4	32.9
	铁力县	46°59′	128°01′	210.5	36.3	−42.6	−23.6	21.3	25	79	27.7	12.3	36.3
	克山县	48°03′	125°53′	236.9	37.9	−42.0		21.4		76			29.5
	鹤岗市	47°22′	130°20′	227.9	37.7	−34.5		21.2	25	77			27.3
	虎林县	45°46′	132°58′	100.2	34.7	−36.1		21.2		81			26.4
	鸡西市	45°17′	130°57′	232.3	37.6	−35.1		21.7	26	77			29.9
9	**上海市**												
	上海市	31°10′	121°26′	4.5	38.9	−10.1	3.5	27.8	32	83	29.7	24.0	29.4
	崇明	31°37′	121°27′	2.2	37.3	−10.5	3.0	27.5	31	85			
	金山	30°54′	121°10′	4.0	38.3	−10.8	3.0	27.8	31	85			
10	**江苏省**												
	南京市	32°00′	118°48′	8.9	40.7	−14.0	2.0	27.9	32	81	23.7	24.5	33.6
	连云港市	34°36′	119°10′	3.0	40.0	−18.0	−0.2	26.8	31	82	25.3	22.7	29.6
	徐州市	34°17′	117°10′	41.0	40.6	−22.6		27.0	31	81	23.7		29.4
	常州市（武进）	31°46′	119°57′	9.2	39.4	−15.5	2.4	28.2	32	82	23.7	25.8	35.7
	南通市	32°01′	120°52′	5.3	38.2	−10.8	2.5	27.3	31	86	25.3	24.3	35.0
	淮阴市	33°36′	119°02′	15.5	39.5	−21.5	0.1	26.9	31	85	23.7	23.7	37.8
	扬州市	32°25′	119°25′	10.1	39.1	−17.7	1.6	27.7	31	85	23.7	25.0	34.7
	盐城市	33°23′	120°08′	2.3	39.1	−14.3	0.7	27.0	30	84	25.3	24.0	32.5
	苏州市	31°19′	120°38′	5.8	38.8	−9.8	3.1	28.2	32	83	25.3	25.2	28.1
	泰州市	32°30′	119°56′	5.5	39.4	−19.2	1.5	27.4	31	85	23.7	25.2	36.0
11	**浙江省**												
	杭州市	30°14′	120°10′	41.7	39.9	−9.6	3.8	28.5	33	80	25.3	27.7	39.1
	宁波市	29°52′	121°34′	4.2	38.7	−8.8	4.2	28.1	32	83	28.3		40.0
	温州市	28°01′	120°40′	6.0	39.3	−4.5	7.6	27.9	31	85	29.7		51.3
	衢州市	28°58′	118°52′	66.9	40.5	−10.4	5.2	29.1	33	76	25.3		57.6
	舟山	30°02′	122°07′	35.7	39.1	−6.1	5.0	27.2		84			28.7
	丽水市	28°27′	119°55′	60.8	41.5	−7.7		29.3		75			60.5
	金华	29°07′	119°39′	64.1	41.2	−9.6	5.0	29.4	34	74			

（续）

序号	地名	台站位置			干球温度/℃					最热月平均相对湿度(%)	30年一遇最大风速/(m/s)	七月0.8m深土壤温度/℃	全年雷暴日数/(d/a)
		北纬	东经	海拔/m	极端最高	极端最低	最冷月月平均	最热月月平均	最热月14时平均				
12	**安徽省**												
	合肥市	31°52′	117°14′	29.8	41.0	-20.6	2.1	28.32	32	81	21.9	24.9	29.6
	芜湖市	31°20′	118°21′	14.8	39.5	-13.1	2.9	28.7	32	80	23.7	24.8	34.6
	蚌埠市	32°57′	117°22′	21.0	41.3	-19.4	1.0	28.0	32	80	23.7	24.6	30.4
	安庆市	30°32′	117°03′	19.8	40.2	-12.5	3.5	28.8	32	78	23.7	25.9	44.3
	铜陵市	30°58′	117°47′	37.1	39.0	-7.6	3.2	28.8	32	79	25.3	27.2	40.0
	屯溪市	29°43′	118°17′	145.4	41.0	-10.9	3.8	28.1	33	79	26.9		60.8
	阜阳市	32°56′	115°50′	30.6	41.4	-20.4	0.7	27.8	32	80	23.7	24.7	31.9
	宿州市	33°38′	116°59′	25.9	40.3	-23.2		27.3	32.5	81			32.8
	亳县	33°56′	115°47′	37.1	42.1	-20.6		27.5	31	80			
	六安	31°45′	116°29′	60.5	41.0	-18.9	2.0	28.2	32	80			
13	**福建省**												
	福州市	26°05′	119°17′	84.0	39.8	-1.2	10.5	28.8	33	78	31.0		56.5
	厦门市	24°27′	118°04′	63.2	38.5	2.0	12.6	28.4	31	81	34.6		47.4
	莆田市	25°26′	119°00′	10.2	39.4	-2.3	11.4	28.5		81	30.5		43.2
	三明市	26°26′	117°37′	165.7	40.6	-5.5	9.1	28.4	34	75	21.4		67.4
	龙岩市	25°06′	117°01′	341.9	38.1	-5.6	11.2	27.2	32	76	17.6		74.1
	宁德县	26°20′	119°32′	32.2	39.4	-2.4	9.6	28.7	32	76	31.1		54.0
	邵武市	27°20′	117°28′	191.5	40.4	-7.9		27.5		81			72.9
	长汀	25°51′	116°22′	317.5	39.4	-6.5		27.2	33.2	78			82.6
	泉州市	24°54′	118°35′	23.0	38.9	0.0		28.5		80			38.4
	漳州市	24°30′	117°39′	30.0	40.9	-2.1		28.7	33	80			60.5
	建阳县	27°20′	118°07′	181.1	41.3	-8.7	7.1	28.1	33	79	21.9		65.8
	南平	26°39′	118°10′	125.6	41.0	-5.8	9.0	28.5	34	76			
	永安	25°58′	117°21′	206.0	40.5	-7.6	9.0	28.0	33	75			
	上杭	25°03′	116°25′	205.4	39.7	-4.8	10.0	27.9	32	77			
14	**江西省**												
	南昌市	28°36′	115°55′	46.7	40.6	-9.3	5.0	29.5	33	76	25.3	27.4	58.0
	景德镇市	29°18′	117°12′	61.5	41.8	-10.9	4.6	28.7	34	79	21.9	26.7	58.0
	上饶市	28°27′	117°59′	118.3	41.6	-8.6	6.0	29.3	33	74			65.0
	吉安市	27°07′	114°58′	76.4	40.2	-8.0	6.0	29.5	34	73			69.9
	宁岗	26°43′	113°58′	263.1	40.0	-10.0		27.6		80			78.2
	九江市	29°44′	116°00′	32.2	40.2	-9.7	4.2	29.4	33	76	23.7	25.8	45.7
	新余市	27°48′	114°56′	79.0	40.0	-7.2	5.5	29.4		74	23.5		59.4
	鹰潭市(贵溪县)	28°18′	117°13′	51.2	41.0	-7.5	5.9	30.0	34	71	21.0		70.0
	赣州市	25°51′	114°57′	123.8	41.2	-6.0	7.9	29.5	33	70	21.9	27.2	67.4
	广昌县(盱江镇)	26°51′	116°20′	143.8	39.6	-9.8	6.2	28.8	33	74	22.5		70.7
	德兴	28°57′	117°35′	56.4	40.7	-10.6	5.0	28.6	33	79			
	萍乡	27°39′	113°51′	106.9	40.1	-8.6	5.0	29.0	33	76			

（续）

序号	地名	台站位置			干球温度/℃				最热月14时平均	最热月平均相对湿度(%)	30年一遇最大风速/(m/s)	七月0.8m深土壤温度/℃	全年雷暴日数/(d/a)
		北纬	东经	海拔/m	极端最高	极端最低	最冷月月平均	最热月月平均					
15	**山东省**												
	济南市	36°41′	116°59′	51.6	42.5	-19.7	-1.4	27.4	31	73	25.3	26.1	25.3
	青岛市	36°04′	120°20′	76.0	35.4	-15.5	-1.2	25.2	27	85	28.3	23.3	22.4
	淄博市	36°50′	118°00′	34.0	42.1	-23.0	-3.0	26.9	30	76	25.3	23.4	31.5
	枣庄市	34°51′	117°35′	75.9	39.6	-19.2	-0.8	26.7		81	21.7		31.5
	东营市(垦利)	37°36′	118°32′	9.0	39.7	-19.1	-4.0	26.0		81	29.5		32.2
	潍坊市	36°42′	119°05′	44.1	40.5	-21.4	-3.2	25.9	30	81	25.3	22.8	28.4
	威海市	37°31′	112°08′	46.6	38.4	-13.8		24.6		84			21.2
	沂源	36°11′	118°09′	304.5	38.8	-21.4		25.3		79			36.5
	烟台市	37°32′	121°24′	46.7	38.0	-13.1	-1.6	25.0	27	81	28.3		23.2
	济宁市	36°26′	116°03′	40.7	41.6	-19.4	-1.9	26.9		81	25.3	23.9	29.1
	日照市	35°23′	119°32′	13.8	38.3	-14.5	-1.0	25.8	28	83	25.3	23.5	29.1
	德州	37°26′	116°19′	21.2	43.4	-27.0	-4.0	26.9	31	76			
	莱阳	36°56′	120°42′	30.5	38.9	-24.0	-4.0	25.0	29	84			
	菏泽	35°15′	115°26′	49.7	42.0	-16.5	-2.0	27.0	31	79			
	临沂	35°03′	118°21′	87.9	40.0	-16.5	-2.0	26.2	30	83			
16	**河南省**												
	郑州市	34°43′	113°39′	110.4	43.0	-17.9	-0.3	27.2	32	76	25.3	24.4	22.0
	开封市	34°46′	114°23′	72.5	42.9	-16.0	-0.5	27.1	32	79	26.8	25.2	22.0
	洛阳市	34°40′	112°25′	154.5	44.2	-18.2	0.3	27.5	32	75	23.7	25.5	24.8
	平顶山市	33°43′	113°17′	84.7	42.6	-18.8	1.0	27.6	32	78	23.7		21.1
	焦作市	35°14′	113°16′	112.0	43.3	-16.9	0.4	27.7	32	74	26.8		26.4
	新乡	35°19′	113°53′	72.7	42.7	-21.3	-1.0	27.1	32	78			
	安阳市	36°07′	114°22′	75.5	41.7	-21.7	-1.8	26.9	32	78	23.7	24.5	28.6
	濮阳市	35°42′	115°01′	52.2	42.2	-20.7	-2.1	26.9	32	80	21.9		26.6
	信阳市	32°08′	114°03′	114.5	40.9	-20.0	1.6	27.7	32	80	23.7	24.7	28.7
	南阳市	33°02′	112°35′	129.8	41.4	-21.2	0.9	27.4	32	80	23.7	24.3	29.0
	卢氏	34°00′	111°01′	568.8	42.1	-19.1		25.4	31.8	75			34.0
	许昌	34°01′	113°50′	71.9	41.9	-17.4	1.0	27.6	32	79			
	驻马店市	33°00′	114°01′	82.7	41.9	-17.4		27.3	32	81			27.6
	固始	32°10′	115°40′	57.1	41.5	-20.9		27.7	32.6	83			35.3
	商丘市	34°27′	115°40′	50.1	43.0	-18.9	-0.9	27.1	32	81	21.9	24.5	26.9
	三门峡市	34°48′	111°12′	410.1	43.2	-16.5	-0.7	26.7	31	71	23.7	25.1	24.3
17	**湖北省**												
	武汉市	30°38′	114°04′	23.3	39.4	-18.1	3.0	28.7	33	79	21.9	24.6	36.9
	黄石市	30°15′	115°03′	19.6	40.3	-11.0	3.9	29.2	33	78	21.9	26.2	50.4
	十堰市	32°39′	110°47′	256.7	41.1	-14.9	2.7	27.3	33	77	21.9	25.0	18.7
	老河口市(光化)	32°23′	111°40′	90.0	41.0	-17.2	2.0	27.6	32	80			26.0
	随州市	31°43′	113°23′	96.2	41.1	-16.3		28.0	33.0	80			35.1
	远安	31°04′	111°38′	114.9	40.2	-19.0		27.6		82			46.5
	沙市市(江陵)	30°20′	112°11′	32.6	38.6	-14.9	3.4	28.1	32	83	20.0		38.4
	宜昌市	30°42′	111°05′	133.1	41.4	-9.8	4.7	28.2	33	80	20.0	25.7	44.6
	襄樊市	32°02′	112°10′	68.7	42.5	-14.8	2.6	27.9	32	80	21.9	25.0	28.1
	恩施市	30°17′	109°28′	437.2	41.2	-12.3	5.0	27.0	32	80	17.9		49.3

（续）

序号	地　名	台站位置			干球温度/℃					最热月平均相对湿度（%）	30年一遇最大风速/(m/s)	七月0.8m深土壤温度/℃	全年雷暴日数/(d/a)
		北纬	东经	海拔/m	极端最高	极端最低	最冷月月平均	最热月月平均	最热月14时平均				
18	**湖南省**												
	长沙市	28°12′	113°05′	44.9	40.6	-11.3	4.7	29.3	33	75	23.7	26.5	49.5
	株洲市	27°52′	113°10′	73.6	40.5	-8.0	5.0	29.6	34	72	23.7	29.1	50.0
	衡阳市	26°54′	112°26′	103.2	40.8	-7.9	5.6	29.8	34	71	23.7		55.1
	邵阳市	27°14′	111°28′	248.6	39.5	-10.5	5.1	28.5	32	75	22.7		57.0
	岳阳市	29°23′	113°05′	51.6	39.3	-11.8	4.4	29.2	32	75	25.3		42.4
	大庸市	29°08′	110°28′	183.3	40.7	-13.7	5.1	28.0	28	79	21.7		48.2
	益阳市	28°34′	112°23′	46.3	43.6	-13.2	4.4	29.2	34	77	23.7		47.2
	永州市（零陵）	26°14′	111°37′	174.1	43.7	-7.0	5.8	29.1	32	72	23.7		65.3
	怀化市	27°33′	109°58′	254.1	39.6	-10.7	4.5	27.8	32	78	20.0		49.9
	彬州市	25°48′	113°02′	184.9	41.3	-9.0	5.8	29.2	34	70	24.1		61.5
	常德市	29°03′	111°41′	35.0	40.1	-13.2	4.4	28.8	32	75	23.7	25.9	49.7
	涟源市	27°42′	111°41′	149.6	40.1	-12.1		28.7	33.7	75			54.8
	芷江	27°27′	109°41′	272.2	39.9	-11.5	5.0	27.5	32	79			
19	**广东省**												
	广州市	23°08′	113°19′	6.6	38.7		13.3	28.4	31	83	28.3	30.4	80.3
	汕头市	23°24′	116°41′	1.2	38.6	0.4	13.2	28.2	31	84	33.5	29.4	51.7
	湛江市	21°13′	110°24′	25.3	38.1	2.8	15.6	28.9	31	81	36.9	30.9	94.6
	茂名市	21°39′	110°53′	25.3	36.6	2.8	16.0	28.3	31	84	31.0		94.4
	深圳市	22°33′	114°04′	18.2	38.7	0.2	14.1	28.2	31	83	33.5		73.9
	珠海市	22°17′	113°35′	54.0	38.5	2.5	14.6	28.5		81	33.5		64.2
	韶关市	24°48′	113°35′	69.3	42.0	-4.3	10.0	29.1	33	75	23.7		77.9
	梅州市	24°18′	116°07′	77.5	39.5	-7.3	11.8	28.6	33	78	20.0		79.6
	阳江	21°52′	111°58′	23.3	37.0	-1.4	15.0	28.1	31	85			
20	**海南省**												
	海口市	20°02′	110°21′	14.1	38.9	2.8	17.2	28.4	32	83	33.5		112.7
	儋县	19°31′	109°35′	168.7	40.0	0.4		27.6	32.6	81			120.8
	琼中	19°02′	109°50′	250.9	38.3	0.1		26.6	32.4	82			115.5
	三亚市	18°14′	109°31′	5.5	35.7	5.1		28.5		83			69.9
	西沙	16°50′	112°20′	4.7	34.9	15.3	23.0	28.9	30	82			29.7
21	**广西壮族自治区**												
	南宁市	22°49′	108°21′	72.2	40.4	-2.1	12.8	28.3	32	82	23.7		90.3
	柳州市	24°21′	109°24′	96.9	39.2	-38	10.3	28.8	32	78	21.9		67.3
	桂林市	25°20′	110°18′	161.8	39.4	-4.9	7.9	28.3	32	78	23.7	27.1	77.6
	梧州市	23°29′	111°18′	119.2	39.5	-3.0	11.9	28.3	32	80	20.0		92.3
	北海市	21°29′	109°06′	14.6	37.1	2.0	14.3	28.7	31	83	33.5	30.1	81.8
	百色市	23°54′	106°36′	173.1	42.5	-2.0	13.3	28.7	32	79	25.3	29.8	76.8
	凭祥市	22°06′	106°45′	242.0	38.7	-1.2	13.2	27.7		82	22.4		82.7
	河池市	24°42′	108°03′	213.9	39.7	-2.0		28.0		79			64.0

（续）

序号	地名	台站位置			干球温度/℃					最热月平均相对湿度（%）	30年一遇最大风速/(m/s)	七月0.8m深土壤温度/℃	全年雷暴日数/(d/a)
		北纬	东经	海拔/m	极端最高	极端最低	最冷月月平均	最热月月平均	最热月14时平均				
22	**四川省**												
	成都市	30°40′	104°01′	505.9	37.3	−5.9	5.5	25.5	29	85	20.0	24.8	34.6
	宜宾市	28°48′	104°36′	340.8	39.5	−3.0	8.0	26.9	30	82		27.8	39.3
	自贡市	29°21′	104°46′	352.6	40.0	−2.8	7.3	27.1	31	81	23.7		37.6
	泸州市	28°53′	105°26′	334.8	40.3	−1.1	7.7	27.3	31	81	23.7	26.6	39.1
	乐山市	29°34′	103°45′	424.2	38.1	−4.3	7.0	26.0	29	83	20.0	25.9	42.9
	绵阳市	31°28′	104°41′	470.8	37.0	−7.3	5.2	26.0	30	83	17.3	25.0	34.9
	达县市	31°12′	107°30′	310.4	42.3	−4.7	6.0	27.8	33	79	21.9	25.9	37.1
	南充	30°48′	106°05′	297.7	41.3	−2.8	6.0	27.9	32	74		28.8	40.1
	平武	32°25′	104°31′	876.5	37.0	−7.3		24.1	29.9	76			30.0
	仪陇	31°32′	106°24′	655.6	37.5	−5.7		26.2		73			36.4
	内江市	29°35′	105°03′	352.3	41.1	−3.0		26.9	31.6	81			40.6
	攀枝花市（渡口）	26°30′	101°44′	1108.0	40.7	−1.8	11.8	26.2	31	48	25.3		68.1
	若尔盖	33°35′	102°58′	3439.6	24.6	−33.7		10.7		79			64.2
	马尔康	31°54′	102°14′	2664.4	34.8	−17.5		16.4	25.1	75			68.8
	巴塘	30°00′	99°06′	2589.2	37.6	−12.8		19.7	27.4	66			72.3
	康定	30°03′	101°58′	2615.7	28.9	−14.7		15.6	20.5	80			52.1
	西昌市	27°54′	102°16′	1590.7	36.6	−3.8	9.5	22.6	26	75	25.3	23.9	72.9
	甘孜县	31°37′	100°00′	3393.5	31.7	−28.7	−4.4	14.0	19	71	31.0	17.1	80.1
	广元	32°26′	105°51′	487.0	38.9	−8.2	5.0	26.1	30	76		25.4	28.4
23	**重庆市**												
	重庆	29°35′	106°28′	259.1	42.2	−1.8	7.2	28.5	33	75	21.9	26.5	36.5
	万县 *	30°46′	108°24′	186.7	42.1	−3.7	7.0	28.6	33	80			47.2
	涪陵	29°45′	107°25′	273.0	42.2	−2.2		28.5	34.5	75			45.6
	酉阳县	28°50′	108°46′	663.7	38.1	−8.4	3.7	25.4	29	82	12.9		52.7
24	**贵州省**												
	贵阳市	26°35′	106°43′	1071.3	37.5	−7.8	4.9	24.1	27	77	21.9	22.7	51.6
	六盘水市	26°35′	104°52′	1811.7	31.6	−11.7	2.9	19.8	32	83	23.7	20.1	68.0
	遵义市	27°42′	106°53′	843.9	38.7	−7.1	4.2	25.3	29	77	21.9	23.5	53.3
	桐梓	28°08′	106°50′	972.0	37.5	−6.9		24.7	29.5	76			49.9
	凯里市	26°36′	107°59′	720.3	37.0	−9.7		25.7		75			59.4
	毕节	27°18′	105°14′	1510.6	33.8	−10.9		21.8		78			61.3
	盘县特区	25°47′	104°37′	1527.1	36.7	−7.9		21.9		81			80.1
	兴义市	25°05′	104°54′	1299.6	34.9	−4.7		22.4		85			77.4
	独山	25°50′	107°38′	972.2	34.4	−8.0		23.4	27.5	84			58.2
	思南	27°57′	108°15′	416.3	40.7	−5.5	6.0	27.9	32	74			
	威宁	26°52′	104°17′	2237.5	32.3	−15.3	2.0	17.7	21	83			
	安顺	26°15′	105°55′	1392.9	34.3	−7.6	4.0	21.9	25	82			
	兴仁	25°26′	105°11′	1378.5	34.6	−7.8	6.0	22.1	25	82			

（续）

序号	地　名	台站位置			干球温度/℃					最热月平均相对湿度（%）	30年一遇最大风速/(m/s)	七月0.8m深土壤温度/℃	全年雷暴日数/(d/a)
		北纬	东经	海拔/m	极端最高	极端最低	最冷月月平均	最热月月平均	最热月14时平均				
25	**云南省**												
	昆明市	25°01′	102°41′	1891.4	31.5	−7.8	7.7	19.8	23	83	20.0	19.9	66.3
	东川市	26°06′	103°10′	1254.1	40.9	−6.2	12.4	25.1	22.9	67	23.7	24.9	52.4
	个旧市	23°23′	103°09′	1692.1	30.3	−4.7	9.9	20.1		84	20.0		51.0
	蒙自	23°23′	103°23′	1300.7	36.0	−4.4	12.0	22.7	26	79			
	大理市	25°43′	100°11′	1990.5	34.0	−4.2	8.9	20.1	23	82	25.8		62.4
	景洪县（允景洪）	21°52′	101°04′	552.7	41.0	2.7	15.6	25.6	31	76	25.3	28.7	119.2
	昭通市	27°20′	103°45′	1949.5	33.5	−13.3	2.0	19.8	24	78	21.9	19.7	56.0
	丽江县（大研镇）	26°52′	100°13′	2393.2	32.3	−10.3	5.9	18.1	22	81	21.9		75.8
	腾冲	25°07′	98°29′	1647.8	30.5	−4.2		19.8		89			79.8
	临沧	23°57′	100°13′	1463.5	34.6	−1.3		21.3	25.5	82			86.9
	思茅	22°40′	101°24′	1302.1	35.7	−2.5		21.8	26.1	86			102.7
	德钦	28°39′	99°10′	2592.9	24.5	−13.1		11.7	17.1	84			24.7
	元江	23°34′	102°09′	396.6	42.3	−0.1		28.6	33.8	72			78.8
26	**西藏自治区**												
	拉萨市	29°40′	91°08′	3648.7	29.4	−16.5	−2.3	15.5	19	53	23.7	15.3	72.6
	日喀则县	29°15′	88°53′	3836.0	28.2	−25.1	−3.8	14.5	19	53	23.7	17.3	78.8
	昌都县	31°09′	97°10′	3306.0	33.4	−20.7	−2.6	16.1	22	64	25.3	17.7	55.6
	林芝县（普拉）	29°34′	94°28′	3000.0	30.2	−15.3	0.2	15.5	20	76	27.5	17.7	31.9
	那曲县	31°29′	92°04′	4507.0	22.6	−41.2	−13.8	8.8	13	71	31.3	10.9	83.6
	索县	31°54′	93°47′	3950.0	25.6	−36.8	−10.0	11.2	16	69			
	噶尔县	32°30′	80°05′	4278.0	27.6	−34.6		13.6		41			19.1
	改则县	32°09′	84°25′	4414.9	25.6	−36.8		11.6		52			43.5
	察隅县	28°39′	97°28′	2327.6	31.9	−5.5		18.8		76			14.4
	申扎县	30°57′	88°38′	4672.0	24.2	−31.1		9.4	15.8	62			68.8
	波密县	29°52′	95°46′	2736.0	31.0	−20.3		16.4		78			10.2
	定日县	28°38′	87°05′	4300.0	24.8	−24.8		12.0		60			43.4
27	**陕西省**												
	西安市	34°18′	108°56′	396.9	41.7	−20.6	−1.0	26.4	31	72	23.7	24.2	16.7
	宝鸡市	34°21′	107°08′	612.4	41.6	−16.7	−0.8	25.5	30	70	21.9	22.9	19.7
	铜川市	35°05′	109°04′	978.9	37.7	−18.2	−3.2	23.1	28	73	23.7	21.8	29.4
	榆林市	38°14′	109°42′	1057.5	38.6	−32.7	−10.0	23.3	28	62	28.3	21.4	29.6
	延安市	36°36′	109°30′	957.6	39.7	−25.4	−6.0	22.9	28	72			30.5
	略阳县	33°19′	106°09′	794.2	37.7	−11.2		23.6	30.3	79			21.8
	山阳县	33°32′	109°55′	720.7	39.8	−14.5		25.1		74			29.4
	渭南市	34°31′	109°29′	348.8	42.2	−15.8	−0.8	27.1	31	72	23.7	24.2	22.1
	汉中市	33°04′	107°02′	508.4	38.0	−10.1	2.1	25.4	29	81	23.7	24.4	31.0
	安康市	32°43′	109°02′	290.8	41.7	−9.5	3.2	27.3	31	76	25.3	25.0	31.7

（续）

序号	地名	台站位置			干球温度/℃					最热月平均相对湿度（%）	30年一遇最大风速/(m/s)	七月0.8m深土壤温度/℃	全年雷暴日数/(d/a)
		北纬	东经	海拔/m	极端最高	极端最低	最冷月月平均	最热月月平均	最热月14时平均				
28	**甘肃省**												
	兰州市	36°03′	103°53′	1517.2	39.1	-21.7	-6.9	22.2	26	60	21.9	20.6	23.2
	金昌市	38°14′	101°58′	1976.1	32.5	-26.7	-1.0	17.5		64	24.9		19.6
	白银市	36°33′	104°11′	1707.2	37.3	-26.0	-7.8	21.3	26	54	23.7	19.0	24.6
	天水市	34°35′	105°45′	1131.7	37.2	-19.2	-2.8	22.5	27	72	21.9	19.9	16.2
	酒泉市	39°46′	98°31′	1477.2	38.4	-31.6	-9.7	21.8	26	52	31.0	19.8	12.9
	敦煌县	40°09′	98°41′	1138.7	40.8	-28.5	-9.3	24.7	30	43	25.3		5.1
	靖远县	36°34′	104°41′	1397.8	37.4	-23.8	-7.7	22.6	27	61	20.9	20.0	23.9
	夏河县	35°00′	102°54′	2915.7	28.4	-28.5		12.6		76			63.8
	安西县	40°32′	95°46′	1170.8	42.8	-29.3		24.8	33.0	39			7.5
	张掖市	38°56′	100°26′	1482.7	38.6	-28.7		21.4	29.4	57			10.1
	窑街（红古）	36°17′	102°59′	1691.0	35.8	-20.6	-6.8	19.7		70	21.9		30.2
	山丹	38°48′	101°05′	1764.6	37.8	-33.3	-11.0	20.3	25	52			
	平凉	35°33′	106°40′	1346.6	35.3	-24.3	-5.0	21.0	25	72			
	武都	33°24′	104°55′	1079.1	37.6	-8.1	3.0	24.8	28	67			
29	**青海省**												
	西宁市	36°37′	104°46′	2261.2	33.5	-26.6	-8.4	17.2	22	62	23.7	17.1	31.4
	格尔木市	36°25′	94°54′	2807.7	33.3	-33.6	-10.9	17.6	22	36	29.7	15.0	2.8
	德令哈市（乌兰）	37°22′	97°22′	2981.5	33.1	-27.2	-11.0	16.0	21	41	25.4		19.3
	化隆县（巴燕）	36°06′	102°16′	2834.7	28.5	-29.9	-10.8	13.5		73	21.2		50.1
	茶卡	36°47′	99°15′	3087.6	29.3	-31.3	-12.6	14.2	18	56	29.7		27.2
	冷湖镇	38°50′	93°23′	2733.0	34.2	-34.3		16.9		31			2.5
	茫崖镇	38°21′	90°13′	3138.5	29.4	-29.5		13.5		38			5.0
	刚察县	37°20′	100°08′	3301.5	25.0	-31.0		10.7		68			60.4
	都兰县	36°18′	98°06′	3191.1	31.9	-29.8		14.9		46			8.8
	同德县	35°16′	100°39′	3289.4	28.1	-36.2		11.6		73			56.9
	曲麻莱县	34°33′	95°29′	4231.2	24.9	-34.8		8.5		66			65.7
	杂多县	32°54′	95°18′	4067.5	25.5	-33.1		10.6		69			74.9
	玛多县	34°55′	98°13′	4272.3	22.9	-48.1		7.5	13.9	68			44.9
	班玛县	32°56′	100°45′	3750.0	28.1	-29.7		11.7		75			73.4
	共和	36°16′	100°37′	2835.0	31.3	-28.9	-11	15.2	20	62			
	玉树	33°01′	97°01′	3681.2	28.7	-26.1	-8.0	12.5	17	69			
30	**宁夏回族自治区**												
	银川市	38°29′	106°13′	1111.5	39.3	-30.6	-9.0	23.4	27	64	32.2	20.2	19.1
	石嘴山市	39°12′	106°45′	1091.0	37.9	-28.4	-9.4	23.5	27	58	32.2	18.3	24.0
	固原县	36°00′	106°16′	1753.2	34.6	-28.1	-8.3	18.8	23	71	27.3	17.4	30.9
	中宁	37°29′	105°40′	1183.3	38.5	-26.7		23.3	30.0	59			16.8
	吴忠	37°59′	106°11′	1127.4	36.9	-24.0	-8.0	22.9	27	65			
	盐池	37°47′	107°24′	1347.8	38.1	-29.6	-9.0	22.3	27	57			
	中卫	37°32′	105°11′	1225.7	37.6	-29.2	-8.0	22.5	27	66			

（续）

序号	地　名	台站位置			干球温度/℃					最热月平均相对湿度(%)	30年一遇最大风速/(m/s)	七月0.8m深土壤温度/℃	全年雷暴日数/(d/a)
		北纬	东经	海拔/m	极端最高	极端最低	最冷月月平均	最热月月平均	最热月14时平均				
31	**新疆维吾尔族自治区**												
	乌鲁木齐市	43°47′	87°37′	917.9	40.5	-41.5	-15.4	23.5	29	43	31.0	19.9	8.9
	博乐阿拉山口	45°11′	82°35′	284.8	44.2	-33.0		27.5		34			27.8
	塔城市	46°44′	83°00′	548.0	41.3	-39.2		22.3		53			27.7
	富蕴县	46°59′	89°31′	823.6	38.7	-49.8		21.4		49			14.0
	库车县	41°43′	82°57′	1099.0	41.5	-27.4		25.8	32.3	35			28.7
	克拉玛依市	45°36′	84°51′	427.0	42.9	-35.9	-16.7	27.5	30	31	35.8	26.2	30.6
	石河子市	44°19′	86°03′	442.9	42.2	-39.8	-16.8	24.8	30	52	28.3	16.9	17.0
	伊宁市	43°57′	81°20′	662.5	38.7	-40.4	-10.0	22.7	27	57	33.5	17.9	26.1
	哈密市	42°49′	93°31′	737.9	43.9	-32.0	-12.2	27.1	32	34	32.2	26.2	6.8
	库尔勒市	41°45′	86°08′	931.5	40.0	-28.1	-8.1	26.1	30	40	33.5		21.4
	喀什市	39°28′	73°59′	1288.7	40.1	-24.4	-6.4	25.8	29	40	32.2	21.7	19.5
	奎屯市(乌苏县)	44°26′	84°40′	478.7	42.2	-37.5	-16.6	26.3	30	40	36.7	23.1	21.0
	吐鲁番市	42°56′	89°12′	34.5	47.6	-28.0	-9.5	32.6	36	31	35.8	28.9	9.7
	且末县	38°09′	85°33′	1247.5	41.5	-26.4	-8.7	24.8	30	41	28.9	21.4/-0.4m	6.2
	和田市	37°08′	79°56′	1374.6	40.6	-21.6	-5.6	25.5	29	40	23.7	23.7	3.1
	阿克苏市	41°10′	80°14′	1103.8	40.7	-27.6	-9.1	23.6	29	52	32.2	22.6/-0.4m	32.7
	阿勒泰市	47°44′	88°05′	735.3	37.6	-43.5	-17.0	22.0	26	48	32.2	19.5	21.4
32	**台湾省**												
	台北市	25°02′	121°31′	9.0	38.0	-2.0	14.8	28.6	31	77	43.8		27.9
	花莲	24°01′	121°37′	14.0	35.0	5.0	17.0	28.5	30	80			
	恒春	22°00′	120°45′	24.0	39.0	8.0	20.0	28.3	31	84			
33	**香港特别行政区**												
	香港	22°18′	114°10′	32.0	36.1		15.6	28.6	31	81		29.2	34.0
34	**澳门特别行政区**												
	澳门(暂缺)												

评　注

收集设计资料是工程设计前不可缺少的步骤，它是工程设计的基础。通常电气设计需要收集以下资料：自然资料、市政外网等情况。只有充分了解城市气象数据和工程所处物理环境，掌握工程设计基本条件，才能合理确定电气系统模型、合理选择电气产品和缆线、确定雷电防护措施，才能准确选择适宜的电气设备，才能保障工程质量，建造优质工程。

1.3　电气设计与相关专业配合

1.3.1　方案阶段电气设计与相关专业配合输入表。

1. 方案阶段电气设计与相关专业配合输入表见表1-3-1。

表 1-3-1 方案阶段电气设计与相关专业配合输入表

提出专业	电气设计输入具体内容
建筑	建设单位委托设计内容,建筑物位置、规模、性质、用途、标准、建筑高度、层高、建筑面积等主要技术参数和指标以及主要平、立、剖面图;市政外网情况(包括电源、电信、电视等);主要设备机房位置(包括冷冻机房、变配电机房、水泵房、锅炉房、消防控制室等)
结构	主体结构形式、剪力墙、承重墙布置图;伸缩缝、沉降缝位置
给水排水	水泵种类及用电量、其他设备的性质及用电量
通风与空调	冷冻机房的位置、用电量、制冷方式(电动压缩机式或直燃机式);空调方式(集中式、分散式);锅炉房的位置、用电量;其他设备用电性质及容量

2. 电气初步设计与相关专业配合输入表见表 1-3-2。

表 1-3-2 电气初步设计与相关专业配合输入表

提出专业	电气设计输入具体内容
建筑	建设单位委托设计内容、方案审查意见表和审定通知书,建筑物位置、规模、性质、用途、标准、建筑高度、层高、建筑面积等主要技术参数和指标,建筑使用年限、耐火等级、抗震级别、建筑材料等;人防工程:防化等级、战时用途等;总平面位置,建筑物的平、立、剖面图及建筑做法(包括楼板及垫层厚度),防火分区的划分;电梯类型(普通电梯或消防电梯、有机房电梯或无机房电梯);各设备机房、竖井的位置、尺寸(包括变配电所、冷冻机房、水泵房等);吊顶位置、高度及做法
结构	主体结构形式、基础形式、梁板布置图、楼板厚度及梁的高度,伸缩缝、沉降缝位置,剪力墙、承重墙布置图
给水排水	各类水泵台数、用途、容量、位置、电动机类型及控制要求;各场所的消防灭火形式及控制要求;消火栓位置;水流指示器、检修阀及水力报警阀、放气阀等位置;各种水箱、水池的位置;液位计的型号、位置及控制要求;冷却塔风机容量、台数、位置;各种用电设备(电伴热、电热水器等)的位置、用电容量、相数等;各种水处理设备所需电量及控制要求
通风与空调	冷冻机房:①机房及控制(值班)室的设备布置图;②冷水机组的台数、每台机组电压等级、电功率、位置及控制要求;③冷水泵、冷却水泵或其他有关水泵的台数、电功率及控制要求 各类风机房(空调风机、新风机、排风机、补风机、排烟风机、正压送风机等)的位置、容量、供电及控制要求;电动排烟口、正压送风口、电动阀的位置;锅炉房的设备布置及用电量;其他设备用电性质及容量

3. 施工图电气设计与相关专业配合输入表见表 1-3-3。

表 1-3-3 施工图电气设计与相关专业配合输入表

提出专业	电气设计输入具体内容
建筑	建设单位委托设计内容、初步设计审查意见表和审定通知书,建筑物位置、规模、性质、用途、标准、建筑高度、层高、建筑面积等主要技术参数和指标,建筑使用年限、耐火等级、抗震级别、建筑材料等;人防工程:防化等级、战时用途等;总平面位置,建筑平、立、剖面图及尺寸(承重墙、填充墙)及建筑做法;沉降缝、伸缩缝的位置;防火分区平面图,卷帘门、防火门形式及位置、各防火分区疏散方向;吊顶平面图及吊顶高度、做法、楼板厚度及做法;二次装修部位平面图;电梯类型(普通电梯或消防电梯;有机房电梯或无机房电梯);各设备机房、竖井的位置、尺寸;室内外高差(标高)、周边环境、地下室外墙及基础防水做法、污水坑位置
结构	柱子、圈梁、基础等主要的尺寸及构造形式;梁、板、柱、墙布置图及楼板厚度;护坡桩、铆钎形式;基础板形式;剪力墙、承重墙布置图;伸缩缝、沉降缝位置
给水排水	各种水泵、冷却塔设备布置图及工艺编号、设备名称、型号、外形尺寸、电动机型号、设备电压、用电容量及控制要求等;各场所的消防灭火形式及控制要求;消火栓箱的位置布置图;电动阀的容量、位置及控制要求;水力报警阀、水流指示器、检修阀、消火栓的位置及控制要求;各种水箱、水池的位置、液位计的型号、位置及控制要求;变频调速水泵的容量、控制柜位置及控制要求

（续）

提出专业	电气设计输入具体内容
通风与空调	所有用电设备(含控制设备、送风阀、排烟阀、温湿度控制点、电动阀、电磁阀、电压等级及相数、风机盘管、诱导风机、风幕、分体空调等)的平面位置并标出设备的编(代)号、电功率及控制要求;电动排烟口、正压送风口、电动阀的位置及其所对应的风机及控制要求;各用电设备的控制要求(包括排风机、送风机、补风机、空调机组、新风机组、排烟风机、正压送风机等);电采暖用电容量、位置(包括地热电缆、电暖器等);锅炉房的设备布置、用电量及控制要求等

1.3.2 电气设计与其他专业配合输出表。

1. 方案阶段电气设计与相关专业配合输出表见表 1-3-4。

表 1-3-4 方案阶段电气设计与相关专业配合输出表

接收专业	电气设计输入具体内容
建筑	主要电气机房面积、位置、层高及其对环境的要求;主要电气系统路由及竖井位置;大型电气设备的运输通道
结构	变电所的位置;大型电气设备的运输通道
给水排水	主要设备机房的消防要求;电气设备用房用水点
通风与空调	柴油发电机容量;变压器的数量和容量;主要电气机房对环境温、湿度的要求

2. 电气初步设计与相关专业配合输出表见表 1-3-5。

表 1-3-5 电气初步设计与相关专业配合输出表

接收专业	电气设计输入具体内容
建筑	变电所位置及平、剖面图(包括设备布置图);柴油发电机房的位置、面积、层高;电气竖井位置、面积等要求;主要配电点位置;各弱电机房位置、层高、面积等要求;强、弱电进出线位置及标高;大型电气设备的运输通道的要求;电气引入线做法;总平面中人孔、手孔位置、尺寸
结构	大型设备的位置;剪力墙上的大型孔洞(如门洞、大型设备运输预留洞等)
给水排水	主要设备机房的消防要求;水泵房配电控制室的位置、面积;电气设备用房用水点
通风与空调	柴油发电机容量;变压器的数量和容量;冷冻机房控制室位置、面积及对环境、消防的要求;主要电气机房对环境温、湿度的要求;主要电气设备的发热量
经济	设计说明及主要设备材料表;电气系统图及平面图

3. 施工图电气设计与相关专业配合输出表见表 1-3-6。

表 1-3-6 施工图电气设计与相关专业配合输出表

接收专业	电气设计输入具体内容
建筑	变电所的位置、房间划分、尺寸标高及设备布置图;变电所地沟或夹层平面布置图;柴油发电机房的平面布置图及剖面图,储油间位置及防火要求;变配电设备预埋件;电气通路上留洞位置、尺寸、标高;特殊场所的维护通道(马道、爬梯等);各电气设备机房的建筑做法及对环境的要求;电气竖井的建筑做法要求;设备运输通道的要求(包括吊装孔、吊钩等);控制室和配电间的位置、尺寸、层高、建筑做法及对环境的要求;总平面中人孔、手孔位置、尺寸
结构	地沟、夹层的位置及结构做法;剪力墙留洞位置、尺寸;进出线留洞位置、尺寸;防雷引下线、接地及等电位联结位置;机房、竖井预留的楼板孔洞的位置及尺寸;变电所及各弱电机房荷载要求;设备基础、吊装及运输通道的荷载要求;微波天线、卫星天线的位置及荷载与风荷载的要求;利用结构钢筋的规格、位置及要求

（续）

接收专业	电气设计输入具体内容
给水排水	变电所及电气用房的用水、排水及消防要求；水泵房配电控制室的位置、面积；柴油发电机房用水要求
通风与空调	冷冻机房控制室位置、面积及对环境、消防的要求；空调机房、风机房控制箱的位置；空调机房、冷冻机房电缆桥架的位置、高度；对空调有要求的房间内的发热设备用电容量（如变压器、电动机、照明设备等）；各电气设备机房对环境温、湿度的要求；柴油发电机容量；室内储油间、室外储油库的储油容量；主要电气设备的发热量
经济	设计说明及主要设备材料表；电气系统图及平面图

评　注

建筑需要多专业配合才能完成，其中包括：建筑、结构、给水排水、通风与空调、电、智能化经济等专业。单专业无论拥有怎样的聪明才智和努力，在个性化项目中也难取得成功，只有懂得专业间协作的团队，依靠集体的力量，建筑、结构、设备、电气等各专业需要默契配合，精诚合作，才会建造出精品工程。

1.4 建筑电气设计文件编制深度要求

1.4.1 建筑电气方案设计编制深度要求。

1. 建筑电气方案设计编制原则要求见表1-4-1。

表1-4-1 建筑电气方案设计编制原则要求

建筑电气方案设计原则	1. 方案设计文件，应满足编制初步设计文件的需要，应满足方案审批或报批的需要 2. 在设计中宜因地制宜正确选用国家、行业和地方建筑标准 3. 当设计合同对设计文件编制深度另有要求时，设计文件编制深度应同时满足有关规定和设计合同的要求 4. 设计单位在设计文件中选用的建筑材料、建筑构配件和设备，应当注明规格、性能等技术指标，其质量要求必须符合国家规定的标准

2. 建筑电气方案设计文件编制深度要求见表1-4-2。

表1-4-2 建筑电气方案设计文件编制深度要求

设计文件编制深度要求	工程概况	
	本工程拟设置的建筑电气系统	
	变、配、发电系统	负荷级别以及总负荷估算容量；电源，城市电网提供电源的电压等级、回路数、容量；拟设置的变、配、发电站数量和位置设置原则；确定备用电源和应急电源的形式、电压等级，容量
	智能化	智能化各系统配置内容；智能化各系统对城市公用设施的需求；作为智能化专项设计，建筑智能化设计文件应包括设计说明书、系统造价估算
	电气节能及环保措施；绿色建筑电气设计；建筑电气专项设计；当项目按装配式建筑要求建设时，电气设计说明应有装配式设计专门内容	

1.4.2 建筑电气初步设计文件编制深度要求。

1. 建筑电气初步设计文件编制原则要求见表1-4-3。

表1-4-3 建筑电气初步设计文件编制原则要求

设计原则	1. 初步设计文件,应满足编制施工图设计文件的需要,应满足初步设计审批的需要 2. 在设计中宜因地制宜正确选用国家、行业和地方建筑标准设计,并在设计文件的图纸目录或设计说明中注明所应用图集的名称。重复利用其他工程的图样时,应详细了解原图利用的条件和内容,并作必要的核算和修改,以满足新设计项目的需要 3. 当设计合同对设计文件编制深度另有要求时,设计文件编制深度应同时满足有关规定和设计合同的要求 4. 民用建筑工程一般应分为方案设计、初步设计和施工图设计三个阶段;对于技术要求相对简单的民用建筑工程,当有关主管部门在初步设计阶段没有审查要求,且合同中没有做初步设计的约定时,可在方案设计审批后直接进入施工图设计

2. 建筑电气初步设计说明文件编制深度要求见表1-4-4。

表1-4-4 建筑电气初步设计说明文件编制深度要求

设计依据	1)工程概况:应说明建筑的建设地点、自然环境、建筑类别、性质、面积、层数、高度、结构类型等 2)建设单位提供的有关部门(如供电部门、消防部门、通信部门、公安部门等)认定的工程设计资料,建设单位设计任务书及设计要求 3)相关专业提供给本专业的工程设计资料 4)设计所执行的主要法规和所采用的主要标准(包括标准的名称、编号、年号和版本号) 5)上一阶段设计文件的批复意见
设计范围	1)根据设计任务书和有关设计资料说明本专业的设计内容,以及与二次装修电气设计、照明专项设计、智能化专项设计等相关专项设计,以及其他工艺设计的分工与分工界面 2)设置的建筑电气系统
变、配、发电系统	①确定负荷等级和各级别负荷容量;②确定供电电源及电压等级要求,电源容量及回路数、专用线或非专用线、线路路由及敷设方式、近远期发展情况;③备用电源和应急电源容量确定原则及性能要求,有自备发电机时,说明起动、停机方式及与城市电网关系;④高、低压供电系统接线形式及运行方式:正常工作电源与备用电源之间的关系,母线联络开关运行和切换方式,变压器之间低压侧联络方式,重要负荷的供电方式;⑤变、配、发电站的位置、数量及形式,设备技术条件和选型要求;⑥容量:包括设备安装容量,有功、无功、视在容量,变压器、发电机的台数、容量、负载率;⑦继电保护装置的设置;⑧操作电源和信号:说明高、低压设备的操作电源,以及运行信号装置配置情况;⑨电能计量装置:采用高压或低压,专用柜或非专用柜(满足供电部门要求和建设单位内部核算要求),监测仪表的配置情况;⑩功率因数补偿方式:说明功率因数是否达到供用电规则的要求,应补偿容量及采取的补偿方式及补偿后的结果;⑪谐波:说明谐波状况及治理措施
配电系统	①供电方式;②供配电线路导体选择及敷设方式:高、低压进出线路的型号及敷设方式,选用导线、电缆、母干线的材质和类别;③开关、插座、配电箱、控制箱等配电设备选型及安装方式;④电动机起动及控制方式的选择
照明系统	①照明种类及主要场所照度标准、照明功率密度值等指标;②光源、灯具及附件的选择,照明灯具的安装及控制方式,若设置应急照明,应说明应急照明的照度值、电源形式、灯具配置、控制方式、持续时间等;③室外照明的种类(如路灯、庭院灯、草坪灯、地灯、泛光照明、水下照明等)、电压等级、光源选择及其控制方法等;④对有二次装修照明和照明专项设计的场所,应说明照明配电箱设计原则、容量及供电要求
电气节能和环保	①拟采用的电气节能和措施;②表述电气节能和环保产品的选用情况
绿色建筑电气设计	①绿色建筑电气设计概况;②建筑电气节能与能源利用设计内容;③建筑电气室内环境质量设计内容;④建筑电气运营管理设计内容

（续）

装配式建筑电气设计	装配式建筑电气设计概况；建筑电气设备、管线及附件等在预制构件中的敷设方式及处理原则；电气专业在预制构件中预留孔洞、沟槽、预埋管线等布置的设计原则
防雷	确定建筑物防雷类别、建筑物电子信息系统雷电防护等级；防直接雷击、防侧击雷、防雷击电磁脉冲等的措施；当利用建筑物、构筑物混凝土内钢筋做接闪器、引下线、接地装置时，应说明采取的措施和要求。当采用装配式时，应说明引下线的设置方式及确保有效接地所采用的措施
接地及安全措施	各系统要求接地的种类及接地电阻要求；等电位的设置要求；接地装置要求，当接地装置需作特殊处理时应说明采取的措施、方法等；安全接地及特殊接地的措施
电气消防系统	火灾自动报警系统。按建筑性质确定系统形式及系统组成；确定消防控制室的位置；火灾探测器、报警控制器、手动报警按钮、控制台（柜）等设备的设置原则；火灾报警与消防联动控制要求，控制逻辑关系及控制显示要求；火灾警报装置及消防通信设置要求；消防主电源、备用电源供给方式，接地及接地电阻要求；传输、控制线缆选择及敷设要求；当有智能化系统集成要求时，应说明火灾自动报警系统与其他子系统的接口方式及联动关系；应急照明的联动控制方式等
	消防应急广播。消防应急广播系统声学等级及指标要求；确定广播分区原则和扬声器设置原则；确定系统音源类型、系统结构及传输方式；确定消防应急广播联动方式；确定系统主电源、备用电源供给方式
	电气火灾监控系统。按建筑性质确定保护设置的方式、要求和系统组成；确定监控点设置，设备参数配置要求；传输、控制线缆选择及敷设要求
	消防设备电源监控系统。确定监控点设置，设备参数配置要求；传输、控制线缆选择及敷设要求
	防火门监控系统。确定监控点设置，设备参数配置要求；传输、控制线缆选择及敷设要求
智能化系统	智能化系统设计概况；智能化各系统的系统形式及其系统组成；智能化各系统及其子系统的主机房、控制室位置；智能化各系统的布线方案；智能化各系统的点位配置标准；智能化各系统及其子系统的供电、防雷及接地等要求
	智能化专项设计设计说明书。工程概况；设计依据：已批准的方案设计文件（注明文号说明）；建设单位提供有关资料和设计任务书；本专业设计所采用的设计所执行的主要法规和所采用的主要标准（包括标准的名称、编号、年号和版本号）；工程可利用的市政条件或设计依据的市政条件；建筑和有关专业提供的条件图和有关资料。设计范围；设计内容：各子系统的功能要求、系统组成、系统结构、设计原则，系统的主要性能指标及机房位置；节能及环保措施；相关专业及市政相关部门的技术接口要求
机房工程	确定智能化机房的位置、面积及通信接入要求；当智能化机房有特殊荷载设备时，确定智能化机房的结构荷载要求；确定智能化机房的空调形式及机房环境要求；确定智能化机房的给水、排水及消防要求；确定智能化机房用电容量要求；确定智能化机房装修、电磁屏蔽、防雷接地等要求
主要电气设备表	注明设备名称、型号、规格、单位、数量
需提请在设计审批时解决或确定的主要问题	

3. 建筑电气初步设计阶段图样编制深度要求见表 1-4-5。

表 1-4-5　建筑电气初步设计阶段图样编制深度要求

类型	图样名称	内　容	备　注
综合	图纸目录	注明序号、图号、图样名称、图幅、备注	应有设计单位、工程名称、设计负责人等信息
	图例	注明序号、图例、图例说明、备注	
	电气总平面图	标示建筑物、构筑物名称、容量、高低压线路及其他系统线路走向、回路编号、导线及电缆型号规格及敷设方式、架空线杆位，路灯、庭院灯的杆位（路灯、庭院灯可不绘线路）；变、配、发电站位置、编号、容量；比例、指北针	仅有单体设计时，可无此项内容

（续）

类型	图样名称	内容	备注
变、配电系统	高、低压供电系统图	高、低压配电系统图：注明开关柜编号、型号及回路编号、一次回路设备型号、设备容量、计算电流、补偿容量、整定值、导体型号规格、用户名称	
	平面布置图	应包括高、低压开关柜、变压器、母干线、发电机、控制屏、直流电源及信号屏等设备平面布置和主要尺寸，图样应有比例	
	剖面图	标示房间层高、地沟位置、标高（相对标高）	
配电系统	配电干线系统图样	以建筑物、构筑物为单位，自电源点开始至终端主配电箱止，按设备所处相应楼层绘制，应包括变、配电站变压器编号、容量，发电机编号、容量，终端主配电箱编号、容量	
	主要干线平面布置图	应绘制主要干线所在楼层的干线路由平面图	
防雷系统、接地系统	一般不出图样，特殊工程只出顶视平面图、接地平面图		
电气消防	火灾自动报警及消防联动控制系统图；消防控制室设备布置平面图		
	电气火灾监控系统图		
	消防设备电源监控系统图		
	防火门监控系统图		
	消防控制室设备布置平面图		
智能化系统	智能化各系统的系统图		
	智能化各系统及其子系统的干线路由平面图		
	智能化各系统及其子系统的主机房布置平面示意图		
	智能化专项设计设计图：封面、图纸目录、各子系统的系统框图或系统图；智能化技术用房的位置及布置图；系统框图或系统图应包含系统名称、组成单元、框架体系、图例等；图例应注明主要设备的图例、名称、规格、单位、数量、安装要求等；系统概算：确定各子系统规模；确定各子系统概算，包括单位、数量、系统造价		

4. 建筑电气初步设计阶段计算书编制要求见表1-4-6。

表1-4-6　建筑电气初步设计阶段计算书编制要求

计算书	用电设备负荷计算
	变压器、柴油发电机选型计算
	系统短路电流计算
	典型回路电压损失计算
	防雷类别的选取或计算
	典型场所照度值和照明功率密度值计算

注：1. 各系统计算结果尚应标示在设计说明或相应图样中。
2. 因条件不具备不能进行计算的内容，应在初步设计中说明，并应在施工图设计时补算。

1.4.3　建筑电气施工图文件编制深度要求

1. 建筑电气施工图设计原则要求见表1-4-7。

表 1-4-7 建筑电气施工图设计原则要求

设计原则	1. 施工图设计文件,应满足设备材料采购、非标准设备制作和施工的需要。对于将项目分别发包给几个设计单位或实施设计分包的情况,设计文件相互关联处的深度应满足各承包或分包单位设计的需要 2. 在设计中宜因地制宜正确选用国家、行业和地方建筑标准设计,并在设计文件的图纸目录或设计说明中注明所应用图集的名称。重复利用其他工程的图样时,应详细了解原图利用的条件和内容,并作必要的核算和修改,以满足新设计项目的需要 3. 设计单位在设计文件中选用的建筑材料、建筑构配件和设备,应当注明规格、性能等技术指标,其质量要求必须符合国家规定的标准 4. 民用建筑工程一般应分为方案设计、初步设计和施工图设计三个阶段;对于技术要求相对简单的民用建筑工程,当有关主管部门在初步设计阶段没有审查要求,且合同中没有做初步设计的约定时,可在方案设计审批后直接进入施工图设计 5. 当设计合同对设计文件编制深度另有要求时,设计文件编制深度应同时满足有关规定和设计合同的要求

2. 建筑电气施工图设计说明深度要求见表 1-4-8。

表 1-4-8 建筑电气施工图设计说明深度要求

设计说明	工程概况:初步(或方案)设计审批定案的主要指标
	设计依据;工程概况:应说明建筑类别、性质、面积、层数、高度、结构类型等;建设单位提供的有关部门(如供电部门、消防部门、通信部门、公安部门等)认定的工程设计资料,建设单位设计任务书及设计要求;相关专业提供给本专业的工程设计资料;设计所执行的主要法规和所采用的主要标准(包括标准的名称、编号、年号和版本号)
	设计范围
	设计内容(应包括建筑电气各系统的主要指标)
	各系统的施工要求和注意事项(包括线路选型、敷设方式及设备安装等)
	设备主要技术要求(亦可附在相应图样上)
	防雷及接地保护等其他系统有关内容(亦可附在相应图样上)
	电气节能及环保措施
	绿色建筑电气设计:绿色建筑设计目标;建筑电气设计采用的绿色建筑技术措施;建筑电气设计所达到的绿色建筑技术指标
	与相关专业的技术接口要求
	智能化设计:智能化系统设计概况;智能化各系统的供电、防雷及接地等要求;智能化各系统与其他专业设计的分工界面、接口条件 智能化专项设计。工程概况:应将经初步(或方案)设计审批定案的主要指标录入;设计依据:已批准的初步设计文件(注明文号或说明);设计范围;设计内容:应包括智能化系统及各子系统的用途、结构、功能、设计原则、系统点表、系统及主要设备的性能指标;各系统的施工要求和注意事项(包括布线、设备安装等);设备主要技术要求及控制精度要求(亦可附在相应图样上);防雷、接地及安全措施等要求(亦可附在相应图样上);节能及环保措施;与相关专业及市政相关部门的技术接口要求及专业分工界面说明;各分系统间联动控制和信号传输的设计要求;对承包商深化设计图样的审核要求。凡不能用图示表达的施工要求,均应以设计说明表述;有特殊需要说明的可集中或分列在有关图样上
	其他专项设计、深化设计:其他专项设计、深化设计概况;建筑电气与其他专项、深化设计的分工界面及接口要求

3. 建筑电气施工图设计图样深度要求见表1-4-9。

表1-4-9 建筑电气施工图设计图样深度要求

类型	图样名称	内 容	备 注
综合	图纸目录	注明序号、图号、图样名称、图幅等	
	主要设备表	注明主要设备名称、型号、规格、单位、数量等	
	图例符号	注明序号、图例、图例说明等	
电气总平面图		标注建筑物、构筑物名称或编号、层数或标高、道路、地形等高线和用户的安装容量。标注变、配电站位置、编号；变压器台数、容量；发电机台数、容量；室外配电箱的编号、型号；室外照明灯具的规格、型号、容量 架空线路应标注：线路规格及走向，回路编号，杆位编号，档数、档距、杆高、拉线、重复接地、接闪器等（附标准图集选择表） 电缆线路应标注：线路走向、回路编号、敷设方式、人（手）孔型号、位置。比例、指北针。图中未表达清楚的内容可随图作补充说明	仅有单体设计时，可无此项内容
变、配电站	高、低压配电系统图（一次线路图）	图中应标明变压器、发电机的型号、规格；母线的型号、规格；标明开关、断路器、互感器、继电器、电工仪表（包括计量仪表）等的型号、规格、整定值（此部分也可标注在图中表格中） 图下方表格标注：开关柜编号、开关柜型号、回路编号、设备容量、计算电流、导体型号及规格、敷设方法、用户名称、二次原理图方案号	
	平、剖面图	按比例绘制变压器、发电机、开关柜、控制柜、直流及信号柜、补偿柜、支架、地沟、接地装置等平面布置、安装尺寸等，以及变、配电站的典型剖面图，当选用标准图时，应标注标准图编号、页次；标注进出线回路编号、敷设安装方法，图样应有设备明细表、主要轴线、尺寸、标高、比例	
	继电保护及信号原理图	继电保护及信号二次原理方案号，宜选用标准图、通用图。当需要对所选用标准图或通用图进行修改时，仅需绘制修改部分并说明修改要求。控制柜、直流电源及信号柜、操作电源均应选用标准产品，图中标示相关产品型号、规格和要求	相应图样说明。图中表达不清楚的内容，可随图作相应说明
	配电干线系统图	以建筑物、构筑物为单位，自电源点开始至终端配电箱止，按设备所处相应楼层绘制，应包括变、配电站变压器编号、容量，发电机编号、容量，各处终端配电箱编号、容量，自电源点引出回路编号	
配电、照明设计	配电箱（或控制箱）系统图	应标注配电箱编号、型号，进线回路编号；标注各元器件型号、规格、整定值；配出回路编号、导线型号规格、负荷名称等（对于单相负荷应标明相别），对有控制要求的回路应提供控制原理图或控制要求；当数量较少时，上述配电箱（或控制箱）系统内容在平面图上标注完整的，可不单独出配电箱（或控制箱）系统图	
	配电平面图	应包括建筑门窗、墙体、轴线、主要尺寸、房间名称、工艺设备编号及容量；布置配电箱、控制箱，并注明编号；绘制线路始、终位置（包括控制线路），标注回路编号、敷设方式（需强调时）；凡需专项设计场所，其配电和控制设计图随专项设计，但配电平面图上应相应标注预留的配电箱，并标注预留容量；图样应有比例	图中表达不清楚的，可随图作相应说明
	照明平面图	应包括建筑门窗、墙体、轴线、主要尺寸、标注房间名称、绘制配电箱、灯具、开关、插座、线路等平面布置，标明配电箱编号，干线、分支线回路编号；凡需二次装修部位，其照明平面图及配电箱系统图由二次装修设计，但配电或照明平面图上应相应标注预留的照明配电箱，并标注预留容量；图样应有比例	

（续）

类型	图样名称	内 容	备 注
建筑设备控制原理图		建筑电气设备控制原理图，有标准图集的可直接标注图集方案号或者页次。控制原理图应注明设备明细表；选用标准图集时若有不同处应做说明。建筑设备监控系统及系统集成设计图。监控系统方框图，绘至 DDC 站止；随图说明相关建筑设备监控（测）要求、点数，DDC 站位置	
防雷、接地及安全	建筑物顶层平面图	应有主要轴线号、尺寸、标高，标注接闪杆、接闪器、引下线位置；注明材料型号规格、所涉及的标准图编号、页次，图样应标注比例	当利用建筑物（或构筑物）钢筋混凝土内的钢筋作为防雷接闪器、引下线、接地装置时，应标注连接方式、接地电阻测试点、预埋件位置及敷设方式，注明所涉及的标准图编号、页次 随图说明可包括：防雷类别和采取的防雷措施（包括防侧击雷、防雷击电磁脉冲、防高电位引入）；接地装置形式、接地极材料要求、敷设要求、接地电阻值要求；当利用桩基、基础内钢筋作接地极时，应采取的措施。 除防雷接地外的其他电气系统的工作或安全接地的要求（如电源接地形式、直流接地、等电位等），如果采用共用接地装置，应在接地平面图中叙述清楚，交代不清楚的应绘制相应图样
	接地平面图	可与防雷顶层平面图重合，绘制接地线、接地极、测试点、断接卡等的平面位置，标明材料型号、规格、相对尺寸等及涉及的标准图编号、页次，图样应标注比例	
建筑电气消防系统	火灾自动报警系统设计图	火灾自动报警及消防联动控制系统图、施工说明、报警及联动控制要求。各层平面图，应包括设备及器件布点、连线，线路型号、规格及敷设要求	
	电气火灾监控系统	应绘制系统图，以及各监测点名称、位置等。电气火灾探测器绘制并标注在配电箱系统图上；在平面图上应标注或说明监控线路型号、规格及敷设要求	
	消防设备电源监控系统	应绘制系统图，以及各监测点名称、位置等；一次部分绘制并标注在配电箱系统图上；在平面图上应标注或说明监控线路型号、规格及敷设要求	
	防火门监控系统	应绘制系统图，以及各监测点名称、位置等；在平面图上应标注或说明监控线路型号、规格及敷设要求	
	消防应急广播	消防应急广播系统图、施工说明；各层平面图，应包括设备及器件布点、连线，线路型号、规格及敷设要求	

（续）

类型	图样名称	内　容	备　注
智能化各系统设计	智能化各系统及其子系统的系统框图；智能化各系统及其子系统的干线桥架走向平面图；智能化各系统及其子系统竖井布置分布图		
	专项设计	图例：注明主要设备的图例、名称、数量、安装要求。注明线型的图例、名称、规格、配套设备名称、敷设要求	
		主要设备及材料表：分子系统注明主要设备及材料的名称、规格、单位、数量	
		智能化总平面图。标注建筑物、构筑物名称或编号、层数或标高、道路、地形等高线和用户的安装容量；标注各建筑进线间及总配线间的位置、编号；室外前端设备位置、规格以及安装方式说明等；室外设备应注明设备的安装、通信、防雷、防水及供电要求，宜提供安装详图；室外立杆应注明杆位编号、杆高、壁厚、杆件形式、拉线、重复接地、避雷器等（附标准图集选择表），宜提供安装详图；室外线缆应注明数量、类型、线路走向、敷设方式、人（手）孔规格、位置、编号及引用详图；室外线管注明管径、埋设深度或敷设的标高，标注管道长度；比例、指北针；图中未表达清楚的内容可附图做统一说明	
		设计图。系统图应表达系统结构、主要设备的数量和类型、设备之间的连接方式、线缆类型及规格、图例；平面图应包括设备位置、线缆数量、线缆管槽路由、线型、管槽规格、敷设方式、图例；图中应表示出轴线号、管槽距、管槽尺寸、设计地面标高、管槽标高（标注管槽底）、管材、接口形式、管道平面示意，并标出交叉管槽的尺寸、位置、标高；纵断面图比例宜为竖向 1∶50 或 1∶100，横向 1∶500（或与平面图的比例一致）。对平面管槽复杂的位置，应绘制管槽横断面图。在平面图上不能完全表达设计意图以及做法复杂容易引起施工误解时，应绘制做法详图，包括设备安装详图、机房安装详图等；图中表达不清楚的内容，可随图作相应说明或补充其他图表	
		系统预算。确定各子系统主要设备材料清单；确定各子系统预算，包括单位、主要性能参数、数量、系统造价	
		智能化集成管理系统设计图。系统图、集成形式及要求；各系统联动要求、接口形式要求、通信协议要求。 通信网络系统设计图。根据工程性质、功能和近远期用户需求确定电话系统形式；当设置电话交换机时，确定电话机房的位置、电话中继线数量及配套相关专业技术要求；传输线缆选择及敷设要求；中继线路引入位置和方式的确定；通信接入机房外线接入预埋管、手（人）孔图；防雷接地、工作接地方式及接地电阻要求。 计算机网络系统设计图。系统图应确定组网方式、网络出口、网络互联及网络安全要求。建筑群项目，应提供各单体系统联网的要求、信息中心配置要求；注明主要设备图例、名称、规格、单位、数量、安装要求。平面图应确定交换机的安装位置、类型及数量	
		布线系统设计图。根据建设工程项目的性质、功能和近期需求、远期发展确定布线系统的组成以及设置标准；系统图、平面图；确定布线系统结构体系、配线设备类型，传输线缆的选择和敷设要求	
		有线电视及卫星电视接收系统设计图。根据建设工程项目的性质、功能和近期需求、远期发展确定有线电视及卫星电视接收系统的组成以及设置标准；系统图、平面图；确定有线电视及卫星电视接收系统组成，传输线缆的选择和敷设要求；确定卫星接收天线的位置、数量、基座类型及做法；确定接收卫星的名称及卫星接收节目，确定有线电视节目源	

（续）

类型	图样名称	内　容	备　注
智能化各系统设计	专项设计	公共广播系统设计图。根据建设工程项目的性质、功能和近期需求、远期发展确定系统设置标准；系统图、平面图；确定公共广播的声学要求、音源设置要求及末端扬声器的设置原则；确定末端设备规格，传输线缆的选择和敷设要求	
		信息导引及发布系统设计图。根据建设工程项目的性质、功能和近期需求、远期发展确定系统功能、信息发布屏类型和位置；系统图、平面图；确定末端设备规格，传输线缆的选择和敷设要求；设备安装详图	
		会议系统设计图。根据建设工程项目的性质、功能和近期需求、远期发展确定会议系统建设标准和系统功能；系统图、平面图；确定末端设备规格，传输线缆的选择和敷设要求	
		时钟系统设计图。根据建设工程项目的性质、功能和近期需求、远期发展确定时钟位置和形式；系统图、平面图；确定末端设备规格，传输线缆的选择和敷设要求	
		专业工作业务系统设计图。根据建设工程项目的性质、功能和近期需求、远期发展确定专业工作业务系统类型和功能；系统图、平面图；确定末端设备规格，传输线缆的选择和敷设要求	
		物业运营管理系统设计图。根据建设项目性质、功能和管理模式确定系统功能和软件架构图	
		智能卡应用系统设计图。根据建设项目性质、功能和管理模式确定智能卡应用范围和一卡通功能；系统图；确定网络结构、卡片类型	
		建筑设备管理系统设计图。系统图、平面图、监控原理图、监控点表：系统图应体现控制器与被控设备之间的连接方式及控制关系；平面图应体现控制器位置、线缆敷设要求，绘至控制器止；监控原理图有标准图集的可直接标注图集方案号或者页次，应体现被控设备的工艺要求，应说明监测点及控制点的名称和类型，应明确控制逻辑要求，应注明设备明细表，外接端子表；监控点表应体现监控点的位置、名称、类型、数量以及控制器的配置方式。监控系统模拟屏的布局图：图中表达不清楚的内容，可随图进行相应说明；应满足电气、给水排水、暖通等专业对控制工艺的要求	
		安全技术防范系统设计图。根据建设工程的性质、规模确定风险等级、系统架构、组成及功能要求；确定安全防范区域的划分原则及设防方法；系统图、设计说明、平面图、不间断电源配电图；确定机房位置、机房设备平面布局，确定控制台、显示屏详图；传输线缆选择及敷设要求；确定视频安防监控、入侵报警、出入口管理、访客管理、对讲、车库管理、电子巡查等系统设备位置、数量及类型；确定视频安防监控系统的图像分辨率、存储时间及存储容量；图中表达不清楚的内容，可随图进行相应说明；应满足电气、给水排水、暖通等专业对控制工艺的要求。注明主要设备图例、名称、规格、单位、数量、安装要求	
		机房工程设计图。说明智能化主机房（主要为消防监控中心机房、安防监控中心机房、信息中心设备机房、通信接入设备机房、弱电间）设置位置、面积、机房等级要求及智能化系统设置的位置；说明机房装修、消防、配电、不间断电源、空调通风、防雷接地、漏水监测、机房监控要求；绘制机房设备布置图，机房装修平面、立面及剖面图，屏幕墙及控制台详图，配电系统（含不间断电源）及平面图，防雷接地系统及布置图，漏水监测系统及布置图，机房监控系统及布置图、综合布线系统及平面图；图例说明；注明主要设备名称、规格、单位、数量、安装要求	

（续）

类型	图样名称	内　容	备　注
智能化各系统设计	专项设计	其他系统设计图。根据建设工程项目的性质、功能和近期需求、远期发展确定专业工作业务系统类型和功能；系统图、设计说明、平面图；确定末端设备规格，传输线缆的选择和敷设要求；图例说明：注明主要设备名称、规格、单位、数量、安装要求	
		设备清单。分子系统编制设备清单；清单编制内容应包括序号、设备名称、主要技术参数、单位、数量及单价	
		技术需求书。技术需求书应包含工程概述、设计依据、设计原则、建设目标以及系统设计等内容；系统设计应分系统阐述，包含系统概述、系统功能、系统结构、布点原则、主要设备性能参数等内容	

4. 建筑电气施工图计算书要求。施工图设计阶段的计算书，计算内容同初步设计要求。

5. 当采用装配式建筑技术设计时，应明确装配式建筑设计电气专项内容：

（1）明确装配式建筑电气设备的设计原则及依据。

（2）对预埋在建筑预制墙及现浇墙内的电气预埋箱、盒、孔洞、沟槽及管线等要有做法标注及详细定位。

（3）预埋管、线、盒及预留孔洞、沟槽及电气构件间的连接做法。

（4）墙内预留电气设备时的隔声及防火措施；设备管线穿过预制构件部位采取相应的防水、防火、隔声、保温等措施。

（5）采用预制结构柱内钢筋作为防雷引下线时，应绘制预制结构柱内防雷引下线间连接大样图，标注所采用防雷引下线钢筋、连接件规格以及详细做法。

评　注

设计文件通常由设计说明和图样组成，设计文件中的数据应是经过正确计算得出的，设计文件是指导工程建设的重要依据，是表述设计思想的介质，设计文件质量将直接影响到工程建设，所以设计说明和图样必须图文并茂地准确反映如何贯彻国家有关法律法规、现行工程建设标准和设计者的思想。

1.5 电气工程设计制图

1.5.1 图纸幅面。

1. 幅面尺寸。图纸的优选实际幅面尺寸列于表 1-5-1。当需要较长的图纸时，应采用表 1-5-2 所规定的幅面加长。

表 1-5-1 图纸优选尺寸

代　号	尺寸/mm	代　号	尺寸/mm
A0	841×1189	A3	297×420
A1	594×841	A4	210×297
A2	420×594		

表 1-5-2　加长图纸尺寸

代　号	尺寸/mm	代　号	尺寸/mm
A3×3	420×891	A4×4	297×840
A3×4	420×1189	A4×5	297×1051
A4×3	297×630		

幅面选择要求做到图面布局紧凑、清晰和使用方便；同时要考虑设计对象的规模和复杂性、资料详细程度以及复印、缩微和计算机辅助设计的要求，应尽量选用较小幅面，以便于图样的装订和管理。

2. 标题栏的位置和尺寸。水平放置的 X 型图纸见图 1-5-1，垂直放置的 Y 型图纸见图 1-5-2。

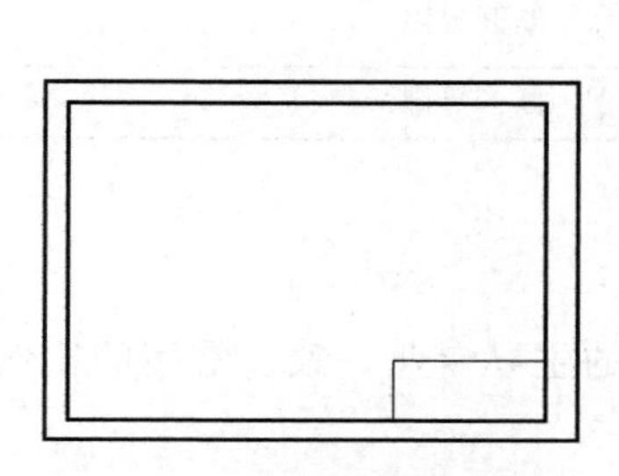

图 1-5-1　水平放置的 X 型图纸

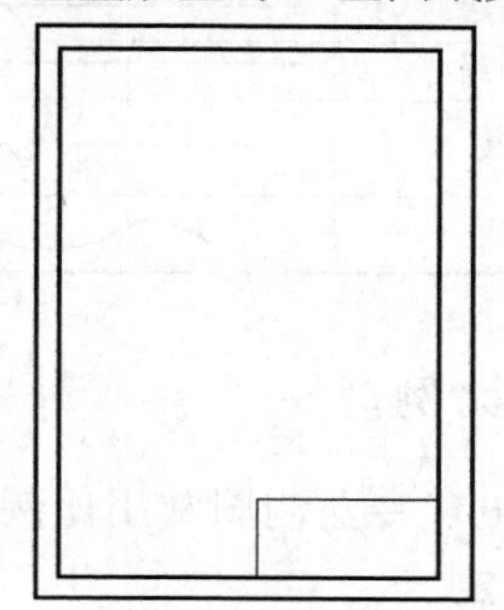

图 1-5-2　垂直放置的 Y 型图纸

标题栏的标识区应在标题栏按正常观看方向的右下角，其最大长度为 170mm。

3. 图幅分区。图幅分区见图 1-5-3。

分格数应是偶数，并应按图的复杂性选取。组成分区长度 25mm<X<75mm。其中横向分区采用阿拉伯数字编号，纵向分区用拉丁字母编号。编号的顺序从标题栏相对的左上角开始。通过图幅分区能够在图中迅速、准确地找到图中某一项目。

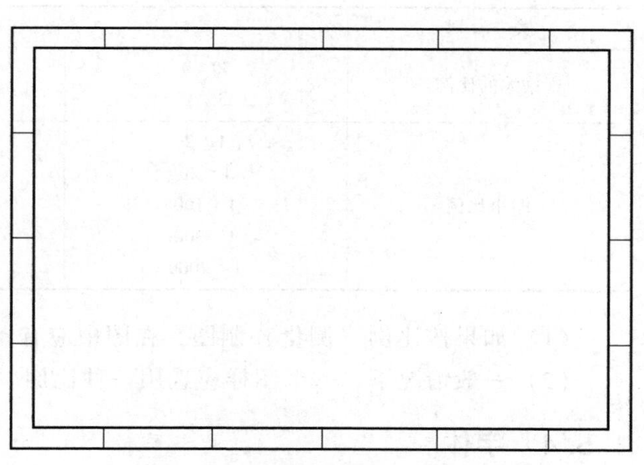

图 1-5-3　图幅分区

1.5.2　图线。

1. 图线的宽度 b 应根据图样的种类、比例和复杂程度。按（GB/T 50001—2017）《房屋建筑制图统一标准》中（图线）的规定选用，线宽 b 宜为 0.7mm、1.0mm、1.4mm。

2. 绘制较简单的图样时，可采用两种或三种线宽。即 b、0.5b、0.25b。同一张图纸内，相同比例的各图样，应选用相同的线宽组。同一张图纸内，各种不同的线宽组的细线，可统一采用较细的线宽组的细线。

3. 建筑电气专业制图，常用的各种线型，宜符合表 1-5-3 的规定。

4. 图样中也可以使用自定义图线，但应明确说明，而且其含义不应与本标准相反。线宽宜从 0.18mm、0.25mm、0.35mm、0.5mm、0.7mm、1.0mm、1.4mm、2.0mm 范围内选取。

表 1-5-3　图线

名　　称	线　　型	线宽	一 般 应 用
粗实线		b	简图常用线、方框线、主汇流条、母线、电缆
中实线		0.5b	本专业设备轮廓线
细实线直线或曲线		0.25b	基本线、简图常用线，如导线、轮廓线
粗虚线		b	隐含主汇流条、母线、电缆、导线
中虚线		0.5b	本专业设备的被遮挡的轮廓线
细虚线		0.25b	辅助线、屏蔽线、隐含轮廓线、隐含导线、准备扩展用线
细点画线		0.25b	分界线，结构、功能、单元相同围框线
长点画线		0.25b	分界线，结构、功能、单元相同围框线
双点画线		0.25b	辅助围框线
折断线		0.25b	断开界限
波浪线		0.25b	断开界限

1.5.3　比例。

建筑电气专业制图常用比例，宜与工程项目设计的主导专业一致。常用的比例宜符合表1-5-4的规定。

表 1-5-4　比例

类　别	推荐的比例		
放大的比例	50 : 1 5 : 1	20 : 1 2 : 1	10 : 1 1 : 1
缩小比例	1 : 2 1 : 20 1 : 100 1 : 300 1 : 2000	1 : 5 1 : 30 1 : 150 1 : 1000 1 : 10000	1 : 10 1 : 50 1 : 200 1 : 1000 1 : 10000

（1）如果按比例（测量）制图，在图中应有比例尺。

（2）一般情况下，一个图样应选用一种比例。选用两种比例时，应作说明。

1.5.4　字体。

1. 字母、数字是电气技术文件和电气图样的组成部分，汉字又是图样中不可缺少的内容，因此书写字体必须做到字体工整、笔画清楚、间隔均匀、排列整齐。

2. 字体高度分为 2.5mm、3.5mm、5mm、7mm、10mm、14mm、20mm。

3. 汉字应写成长仿宋体字，其高度 h 不应小于 3.5mm，字宽一般为 $h/\sqrt{2}$。

4. 字母和数字的字体的笔画宽度（d）为字高的 1/10，可写成直体和斜体。斜体向右倾斜，与水平基准线呈 75°角。

1.5.5　尺寸标注。

1. 直线段尺寸标注见图 1-5-4。

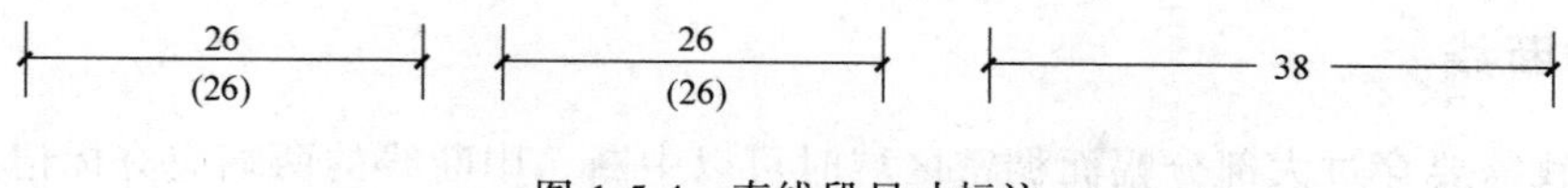

图 1-5-4 直线段尺寸标注

2. 圆弧半径的尺寸标注见图 1-5-5。

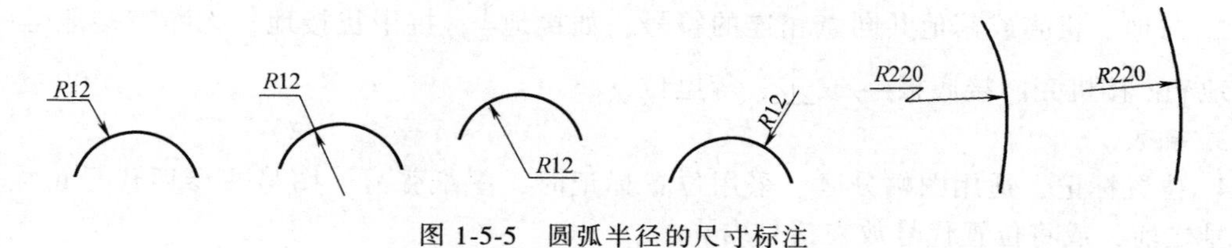

图 1-5-5 圆弧半径的尺寸标注

3. 圆直径的尺寸标注见图 1-5-6。

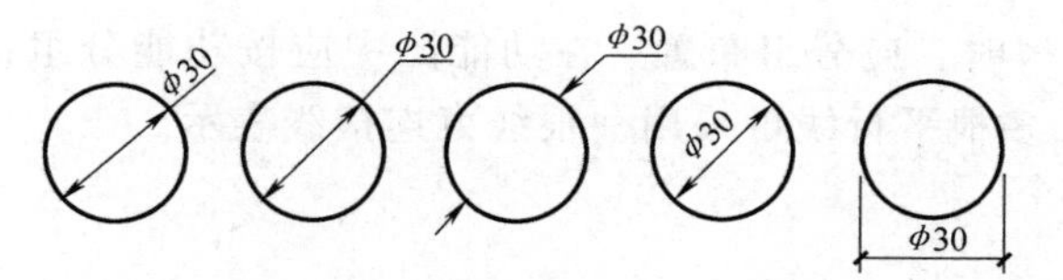

图 1-5-6 圆直径的尺寸标注

4. 圆心标记、圆中心线标记见图 1-5-7。
5. 标高标注符号见图 1-5-8。

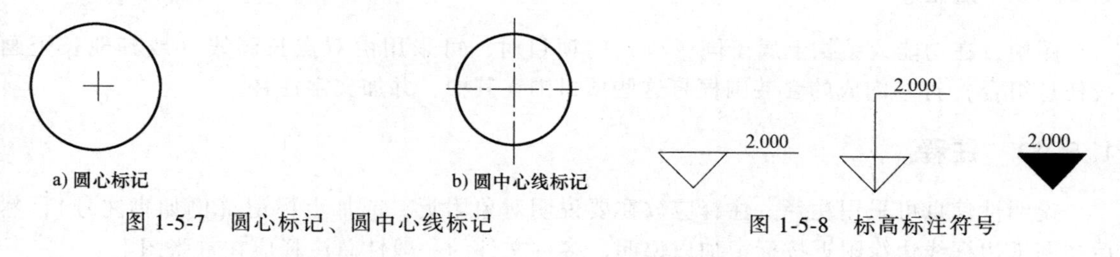

图 1-5-7 圆心标记、圆中心线标记　　图 1-5-8 标高标注符号

6. 坡度标注符号见图 1-5-9。

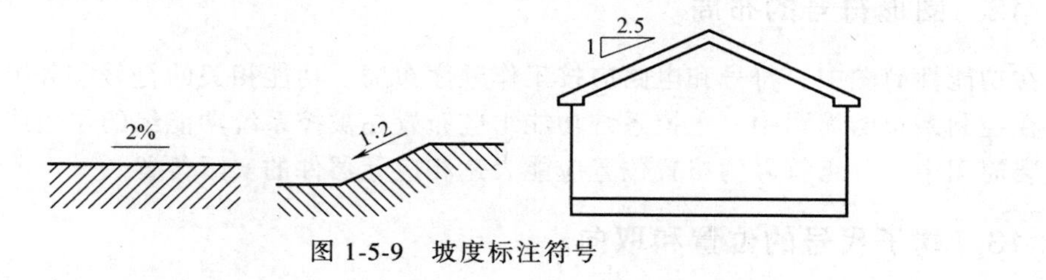

图 1-5-9 坡度标注符号

1.5.6 连接线

除按位置布局的图之外，连接线应为直线，并尽量按水平或垂直取向，应尽量避免弯曲和交叉。图中需要突出或区分的某些重要电路应当用粗实线表示，计划预留的连接线可用虚线表示。当连接线需要标记时，标记应放在沿水平连接线的上边及沿垂直连接线的左边，或放在连接线中断处。

1.5.7 中断线。

当连接线需要穿过大部分幅面稠密区域时可以中断。中断线的两端应有标记。标记可选用以下一种或多种：

1. 信号代号或其他文字标记。

2. 与地、机壳或其他共同点相连的符号，如接地⏚；抗干扰接地、无噪声接地；保护接地；接机壳、接底板或；等电位。

3. 插表。

4. 位置标记，适用图幅分区。采用位置标记时，图纸张号、图号或参照代号可放在位置代号之前，或将位置代号放在括号内。

1.5.8 平行连接线。

当平行连接线≥6根时，应分组布置。在功能图中应按功能分组；其他连接线按≤5根连接线分为一组布置。多根平行线可采用一根线束连接线表示。

1.5.9 信息总线。

如果连接线是表示传输若干信息总线，可按符号⇒单向总线指示符，即信息流从左到右；符号⇔双向总线指示符。

1.5.10 围框。

图中，在功能或结构上属于同一单元的项目时，可采用由双点长画线（或其他长短画线任意组合）符号围成的套装围框将这些项目围在其中，并加文字注释。

1.5.11 注释。

说明性信息可采用注释。注释应放在要说明对象附近，或加上标记（例如脚注号），然后在图纸边框线边缘附近按标记加以说明。多种文件的一般性总注释应在首张图上。

1.5.12 图形符号的布局。

在功能性简图中，符号和电路应按工作顺序布局：功能相关的符号应分组并彼此靠近布置。在控制系统的简图中，主控系统功能组应布置在被控系统功能组的左边或上边。在位置和安装简图中，分组符号的布置位置应能表达相应元器件的实际位置。

1.5.13 端子代号的位置和取向。

应标注在元件旁边。当有连接线时应标记在水平线上面、垂直线的左边。一张简图内参照代号的公共部分仅需标记在标题栏内。

评　　注

电气工程设计制图是指导工程建设的重要依据，是表述设计思想的介质，设计文件的质量将直接影响到工程建设，所以设计说明和图样必须表述完整，避免文件中不清晰或出现矛盾的现象，图文并茂地准确反映如何贯彻国家有关法律法规、现行工程建设标准、设计者的思想，特别在涉及建筑物和人身安全、环境保护上更应有详尽的表达，便于对电气设备进行安装、使用和维护，以杜绝对社会、环境和人类健康造成危害，提高经济效益，使其更好地服务工程建设。

1.6 设计验证内容

1.6.1 电气方案设计文件验证内容见表1-6-1。

表1-6-1 电气方案设计文件验证内容

类别	项目	验证岗位			验证内容	备注
		审定	审核	校对		
设计说明	设计依据	◎	•	○	建筑类别、性质、结构类型、面积、层数、高度等	
		◎	•	○	采用的设计标准应与工程相适应，并为现行有效版本	关注外埠工程地方规定
	设计分工	◎	•	○	电气系统的设计内容	
	变、配、发电系统	◎	•	○	变、配、发电站的位置、数量、容量	
		◎	•	○	负荷容量统计	
		◎	•	○	明确电能计量方式	
			•	○	明确无功补偿方式和补偿后的参数指标要求	
		◎	•	○	明确柴油发电机的起动条件	
	电力系统	◎	•	○	确定电气设备供配电方式	
	照明系统	◎	•	○	明确照明种类、照度标准、主要场所功率密度限值	
		◎	•	○	明确应急疏散照明的照度、电源形式、灯具配置、线路选择、控制方式、持续时间	
		◎	•	○	确定防直击雷、侧击雷、雷击电磁脉冲、高电位侵入的措施	
		◎	•	○	明确总等电位、局部等电位、辅助等电位的设置要求	
	火灾自动报警系统	◎	•	○	明确防护等级及系统组成	
		◎	•	○	确定消防控制室的设置位置	
			•	○	确定各场所的火灾探测器种类设置要求	
			•	○	确定消防联动设备的联动控制要求	
			•	○	明确电气火灾报警系统设置要求	
	人防工程	◎	•	○	明确负荷分级及容量	
			•	○	明确人防电源、战时电源	
	智能化系统	◎	•	○	确定各系统末端点位的设置原则	
			•	○	明确各系统的组成及网络结构	
		◎	•	○	确定与相关专业的接口要求	
	电气节能与环保	◎	•	○	明确拟采用的电气系统节能措施	
		◎	•	○	确定节能产品	
		◎	•	○	明确提高电能质量措施	

1.6.2 电气初步设计文件验证内容见表 1-6-2。

表 1-6-2 电气初步设计文件验证内容

类别	项目	验证岗位			验证内容	备注
		审定	审核	校对		
设计说明	设计依据	◎	•	○	建筑类别、性质、结构类型、面积、层数、高度等	
			•	○	相关专业提供给本专业的资料	
		◎	•	○	采用的设计标准应与工程相适应,并为现行有效版本	关注外埠工程地方规定
	设计分工	◎	•	○	电气系统的设计内容	
			•	○	明确设计分工界别	
			•	○	市政管网的接入	
	变、配、发电系统	◎	•	○	变、配、发电站的位置、数量、容量	
		◎	•	○	负荷容量统计	
		◎	•	○	明确电能计量方式	
			•	○	明确无功补偿方式和补偿后的参数指标要求	
		◎	•	○	明确柴油发电机的起动条件	
	电力系统	◎	•	○	确定电气设备供配电方式	
			•	○	合理配置水泵、风机等设备控制及起动装置	
	照明系统	◎	•	○	明确照明种类、照度标准、主要场所功率密度限值	
			•	○	明确光源、灯具及附件的选择	
			•	○	确定照明线路选择及敷设方式	
		◎	•	○	明确应急疏散照明的照度、电源形式、灯具配置、线路选择、控制方式、持续时间	
	防雷接地系统	◎	•	○	计算建筑年预计雷击次数	
		◎	•	○	确定防直击雷、侧击雷、雷击电磁脉冲、高电位侵入的措施	
			•	○	明确接闪器、引下线、接地装置	
		◎	•	○	明确总等电位、局部等电位、辅助等电位的设置要求	
	火灾自动报警系统	◎	•	○	明确防护等级及系统组成	
		◎	•	○	确定消防控制室的设置位置要求	
			•	○	确定各场所的火灾探测器种类设置要求	
			•	○	确定消防联动设备的联动控制要求	
			•	○	明确火灾紧急广播的设置原则、功放容量、与背景音乐的关系	
		◎	•	○	消防主电源、备用电源供给方式,接地电阻要求	
			•	○	明确电气火灾报警系统设置要求	
			•	○	确定线缆的选择、敷设方式	
	人防工程	◎	•	○	明确负荷分级及容量	
			•	○	明确人防电源、战时电源	
		◎	•	○	明确移动柴油电站和固定柴油电站的设置要求	
			•	○	明确线路敷设采取的密闭措施和要求	

（续）

类别	项目	验证岗位			验证内容	备注
		审定	审核	校对		
设计说明	智能化系统	◎	•	○	确定各系统末端点位的设置原则	
			•	○	确定各系统机房的位置	
			•	○	明确各系统的组成及网络结构	
		◎	•	○	确定与相关专业的接口要求	
	电气节能与环保	◎	•	○	明确拟采用的电气系统节能措施	
		◎	•	○	确定节能产品	
		◎	•	○	明确提高电能质量的措施	
	主要设备表	◎	•	○	列出主要设备名称、型号、规格、单位、数量	不应有淘汰产品
图样	图纸目录		•	○	图号和图名与图签一致性	
		◎	•	○	会签栏、图签栏内容是否符合要求	
	图例符号		•	○	参照国家标准图例，列出工程采用的相关图例	
	总平面	◎	•	○	明确市政电源和通信管线接入的位置、接入方式和标高	
					标明变电所、弱电机房等位置	
	高压供电系统	◎	•	○	确定各元器件型号规格、母线规格	
		◎	•	○	确定各出线回路变压器容量	
			•	○	确定开关柜编号、型号、回路号、二次原理图方案号、电缆型号规格	
	低压配电系统	◎	•	○	确定各元器件型号规格、母线规格	
		◎	•	○	确定设备容量，计算电流、开关框架电流、额定电流、整定电流、电流互感器、电缆规格等参数	
			•	○	确定断路器需要的附件，如分励脱扣器、失电压脱扣器	
			•	○	注明无功补偿要求	
			•	○	各出线回路编号与配电干线图、平面图一致	
			•	○	注明双电源供电回路主用和备用	
	变配电所平面布置	◎	•	○	注明高压柜、变压器、低压柜、直流信号屏、柴油发电机的布置图及尺寸标注	
		◎	•	○	标注各设备之间、设备与墙、设备与柱的间距	
			•	○	标示房间层高、地沟位置及标高、电缆夹层位置及标高	
			•	○	变配电室上层或相邻是否有用水点	
			•	○	变配电室是否靠近振动场所	
			•	○	变配电室是否有非相关管线穿越	
	柴油发电机房布置		•	○	注明油箱间、控制室、报警阀间等附属房间的划分	
		◎	•	○	注明发电机组的定位尺寸且标注清晰，配电控制柜、桥架、母线等设备布置	

（续）

类别	项目	验证岗位			验 证 内 容	备 注
		审定	审核	校对		
图样	电力、照明配电干线	◎	•	○	配电干线的敷设应考虑线路压降、安装维护等要求	
			•	○	注明桥架、线槽、母线的应注明规格、定位尺寸、安装高度、安装方式及回路编号	
			•	○	确定电源引入方向及位置	
	火灾报警及联动系统		•	○	火灾探测器与平面图的设置应一致	
		◎	•	○	标注消防水泵、消防风机、消火栓等联动设备的硬拉线	
		◎	•	○	注明应急广播及功放容量、备用功放容量等中控设备	
			•	○	标注电梯、消防电梯控制	
	火灾报警及联动平面		•	○	注明建筑门窗、墙体、轴线、轴线尺寸、建筑标高、房间名称、图样比例	
		◎	•	○	火灾探测器安装场所、高度、位置及间距等应满足要求	
			•	○	消防专用电话、扬声器、消火栓按钮、手动报警按钮、火灾警报装置等应满足要求	
		◎	•	○	消防值班室位置、面积应合理，不能有与电气无关的管路穿过，不能与电磁干扰源相邻	
	智能化系统	◎	•	○	建筑设备监控系统图中被控设备与设计说明应一致	
					综合布线系统包括布线机房、设备间、弱电井的设备、末端信息点及数量与设计说明中的标准应一致	
					有线电视系统包括电视机房、弱电间的设备、末端点位数量与设计说明应一致	
					视频安防系统中摄像头的设置与设计说明应一致	
					出入口控制系统中的门禁点位设置与设计说明应一致	
					防盗报警系统中报警点位设置与设计说明应一致	
					无线通信中的设置与设计说明应一致	
					智能化系统集成包括集成平台、需要集成的各子系统及其接口与设计说明应一致	
	人防工程	◎	•	○	室外管线直接进入防空地下室的处理措施	
			•	○	电气管线、母线、桥架敷设的密闭措施	
			•	○	灯具的选用及安装应满足战时要求，防护区内外照明电源回路的连接应符合规定	
		◎	•	○	为战时专设的自备电源设备应预留接线、安装位置	
			•	○	音响信号按钮的设置要求	
计算书	负荷计算	◎	•	○	应满足变压器选型、应急电源和备用电源设备选型的要求	验证计算公式、计算参数正确性
					应满足无功功率补偿计算要求	
					应满足电缆选择稳态运行要求	
	短路电流计算	◎	•	○	满足电气设备选型要求，为保护选择性及灵敏度校验提供依据	

（续）

类别	项目	验证岗位			验 证 内 容	备 注
		审定	审核	校对		
计算书	防雷计算	◎	•	○	提供年预计雷击次数计算结果	验证计算公式、计算参数正确性
					提供雷击风险评估计算结果	
	照明计算	◎	•	○	提供照度值计算结果	
					提供照明功率密度值计算结果	
	电压损失计算	◎	•	○	为满足校核配电导体的选择提供依据	
存在问题		◎	•	○	列出设计存在的技术问题	

1.6.3 电气施工图设计文件验证内容见表1-6-3。

表1-6-3 电气施工图设计文件验证内容

类别	项目	验证岗位			验 证 内 容	备 注
		审定	审核	校对		
设计说明	设计依据	◎	•	○	建筑类别、性质、结构类型、面积、层数、高度等	
		◎	•	○	引入有关政府主管部门认定的工程设计资料，如供电方案、消防批文、初步设计批文等	
			•	○	相关专业提供给本专业的资料	
		◎	•	○	采用的设计标准应与工程相适应，并为现行有效版本	关注外埠工程地方规定
	设计分工	◎	•	○	电气系统的设计内容	
			•	○	明确设计分工界别	
			•	○	市政管网的接入	
	变、配、发电系统	◎	•	○	变、配、发电站的位置、数量、容量	
		◎	•	○	负荷容量统计	
		◎	•	○	高、低压供电系统接线形式及运行方式	
		◎	•	○	明确电能计量方式	
			•	○	明确无功补偿方式和补偿后的参数指标要求	
		◎	•	○	明确柴油发电机的起动条件	
			•	○	高压柜、变压器、低压柜进出线方式	
	电力系统	◎	•	○	确定电气设备供配电方式	
			•	○	合理配置水泵、风机等设备控制及起动装置	
			•	○	明确线路敷设方式、导线选择要求	
	照明系统	◎	•	○	明确照明种类、照度标准、主要场所功率密度限值	
			•	○	明确光源、照明控制方式、灯具及附件的选择	
			•	○	明确灯具安装方式、接地要求	
			•	○	确定照明线路选择及敷设方式	

（续）

类别	项目	验证岗位			验证内容	备注
		审定	审核	校对		
设计说明	照明系统	◎	•	○	明确应急疏散照明的照度、电源形式、灯具配置、线路选择、控制方式、持续时间	
			•	○	明确线路敷设方式、导线选择要求	
	线路敷设	◎	•	○	明确缆线敷设原则	
		◎	•	○	确定电缆桥架、线槽及配管的相关要求	
	防雷接地系统	◎	•	○	计算建筑年预计雷击次数	
		◎	•	○	确定防直击雷、侧击雷	
			•	○	明确接闪器、引下线、接地装置	
		◎	•	○	明确总等电位、辅助等电位的设置	
		◎	•	○	明确防雷击电磁脉冲和防高电位侵入、防接触电压和跨步电压的措施	
	火灾自动报警系统	◎	•	○	明确防护等级及系统组成	
		◎	•	○	确定消防控制室的设置要求	
			•	○	确定各场所的火灾探测器种类设置要求	
			•	○	确定消防联动设备的联动控制要求	
			•	○	明确火灾紧急广播的设置原则、功放容量、与背景音乐的关系	
		◎	•	○	消防主电源、备用电源供给方式，接地电阻要求	
			•	○	明确电气火灾报警系统设置要求	
			•	○	确定线缆的选择、敷设方式	
	人防工程	◎	•	○	明确负荷分级及容量	
			•	○	明确人防电源、战时电源	
		◎	•	○	明确移动柴油电站和固定柴油电站的设置要求	
			•	○	明确线路敷设采取的密闭措施和要求	
	智能化系统	◎	•	○	确定各系统末端点位的设置原则	
			•	○	确定各系统机房的位置	
			•	○	明确各系统的组成及网络结构	
		◎	•	○	确定与相关专业的接口要求	
		◎	•	○	明确智能化系统机房土建、结构、设备及电气条件需求	
	电气设备选型	◎	•	○	明确主要电气设备技术要求、环境等特殊要求	
	电气节能与环保	◎	•	○	明确拟采用的电气系统节能措施	
		◎	•	○	确定节能产品	
		◎	•	○	明确提高电能质量的措施	
	主要设备表	◎	•	○	列出主要设备名称、型号、规格、单位、数量	有无淘汰产品

（续）

类别	项目	验证岗位			验证内容	备注
		审定	审核	校对		
图样	图纸目录		•	○	图号和图名与图签一致性	
		◎	•	○	会签栏、图签栏内容是否符合要求	
	图例符号		•	○	参照国家标准图例，列出工程采用的相关图例	
	总平面	◎	•	○	明确市政电源和通信管线接入的位置、接入方式和标高	
			•	○	标明变电所、弱电机房等位置	
			•	○	线缆型号规格及数量、回路编号和标高	
			•	○	管线穿过道路、广场下方的保护措施	
			•	○	室外照明灯具供电与接地	
	高压供电系统	◎	•	○	确定各元器件型号规格、母线规格	
		◎	•	○	确定各出线回路变压器容量	
			•	○	确定开关柜编号、型号、回路号、二次原理图方案号、电缆型号规格	
			•	○	确定操作、控制、信号电源形式和容量	
			•	○	仪表配备应齐全，规格型号应准确	
			•	○	电器的选择应与开关柜的成套性相符合	
	继电保护及信号原理	◎	•	○	继电保护及控制、信号功能要求应正确，选用标准图或通用图的方案应与一次系统要求匹配	
			•	○	明确控制柜、直流电源及信号柜、操作电源选用产品	
	低压配电系统	◎	•	○	低压一次接线图应满足安全、可靠、便于管理等系统需求	
		◎	•	○	确定各元器件型号规格、母线规格	
		◎	•	○	确定设备容量，计算电流、开关框架电流、额定电流、整定电流、电缆规格等参数	
			•	○	确定断路器需要的附件，如分励脱扣器、失电压脱扣器	
			•	○	注明无功补偿要求	
			•	○	各出线回路编号与配电干线图、平面图一致	
			•	○	注明双电源供电回路主用和备用	
			•	○	电流互感器的数量和电流比应合理，应与电流表、电度表匹配	
	变配电所平面布置	◎	•	○	注明高压柜、变压器、低压柜、直流信号屏、柴油发电机的布置图及尺寸标注	
		◎	•	○	应留有设备运输通道	
		◎	•	○	标注各设备之间、设备与墙、设备与柱的间距	
			•	○	标示房间层高、地沟位置及标高、电缆夹层位置及标高	
			•	○	变配电室上层或相邻是否有用水点	
			•	○	变配电室是否靠近振动场所	
			•	○	变配电室是否有非相关管线穿越	
			•	○	低压母线、桥架进出开关柜的安装做法、与开关柜的尺寸关系应满足要求	
			•	○	平面标注的剖切位置应与剖面图一致，表达正确	

（续）

类别	项目	验证岗位			验证内容	备注
		审定	审核	校对		
图样	柴油发电机房		•	○	注明油箱间、控制室、报警阀间等附属房间的划分	
		◎	•	○	注明发电机组的定位尺寸且标注清晰，配电控制柜、桥架、母线等设备布置	
		◎	•	○	柴油发电机房位置应满足进风、排风、排烟、运输等要求	
			•	○	注明发电机房的接地线布置，各接地线的材质和规格应满足系统校验要求	
	电力、照明配电干线	◎	•	○	配电干线的敷设应考虑线路压降、安装维护等要求	
			•	○	注明桥架、线槽、母线的应注明规格、定位尺寸、安装高度、安装方式及回路编号	
			•	○	确定电源引入方向及位置	
			•	○	配电干线系统图中电源至各终端箱之间的配电方式应表达正确清晰	
			•	○	配电干线系统图中电源侧设备容量和数量、各级系统中配电箱(柜)的容量、数量以及相关的编号等表达应完整	
			•	○	电动机的起动方式应合理	
			•	○	开关、断路器(或熔断器)等的规格、整定值标注应齐全	
			•	○	标注回路编号、相序标注、线缆型号规格、配管规格等	
			•	○	标注配电箱编号、型号、箱体参考尺寸、安装方式	
	电力平面		•	○	电力配电箱相关标注应与配电系统图一致	
			•	○	注明用电设备的编号、容量等	
		◎	•	○	注明桥架、线槽、母线的应注明规格、定位尺寸、安装高度、安装方式及回路编号	
			•	○	注明导线穿管规格、材料、敷设方式	
	照明平面		•	○	照明配电箱相关标注应与配电系统图一致	
			•	○	灯具的规格型号、安装方式、安装高度及光源数量应标注清楚	
			•	○	每一单相分支回路所接光源数量、插座数量应满足要求	
		◎	•	○	疏散指示标志灯的安装位置、间距、方向以及安装高度应符合规定	
			•	○	照明开关位置、所控光源数量、分组应合理	
			•	○	照明配电及控制线路导线数量应准确，与管径相适宜	
			•	○	注明导线穿管规格、材料、敷设方式	
	接地系统	◎	•	○	明确系统接地线连接关系	
			•	○	注明接地线选用材质和规格、接地端子箱的位置	
	防雷及接地平面		•	○	明确接闪器的规格和布置要求	
		◎	•	○	明确金属屋面的防雷措施	
		◎	•	○	明确高出屋面的金属构件与防雷装置的连接要求	
		◎	•	○	明确防侧击雷的措施	

（续）

类别	项目	验证岗位			验证内容	备注
		审定	审核	校对		
图样	防雷及接地平面		•	○	注明防雷引下线的数量和距离要求	
		◎	•	○	明确防接触电压和跨步电压的措施	
			•	○	明确接地线、接地极的规格和平面位置以及测试点的布置，接地电阻限值要求	
		◎	•	○	明确防直击雷的人工接地体在建筑物出入口或人行道处的处理措施	
		◎	•	○	明确低压用户电源进线位置及保护接地的措施	
			•	○	明确等电位联结的要求和做法	
			•	○	明确弱电系统机房的接地线的布置、规格、材质以及与接地装置的连接做法	
	控制原理		•	○	应满足设备动作和保护、控制连锁要求	
			•	○	选用标准图或通用图的方案应与一次系统要求匹配	
	智能化系统	◎	•	○	标注系统主要技术指标、系统配置标准	
			•	○	表达各相关系统的集成关系	
			•	○	表示水平竖向的布线通道关系	
			•	○	明确线槽、配管规格与线缆数量	
			•	○	明确电子信息系统的防雷措施	
		◎	•	○	建筑设备监控系统绘制监控点表，注明监控点数量、受控设备位置、监控类型等	
		◎	•	○	有线电视和卫星电视接收系统明确与卫星信号、自办节目信号等的系统关系	
		◎	•	○	安全技术防范系统明确与火灾报警及联动控制系统等的接口关系	
		◎	•	○	广播、扩声、会议系统明确与消防系统联动控制关系	
	智能化平面		•	○	注明接入系统与机房的设置位置	
			•	○	标明室外线路走向、预留管道数量、电缆型号及规格、敷设方式	
			•	○	系统类信号线路敷设的桥架或线槽应齐全，与管网综合设计统筹规划布置	
			•	○	智能化各子系统接地点布置、接地装置及接地线做法，以及与建筑物综合接地装置的连接要求，与接地系统图标注对应	
			•	○	各层平面图应包括设备定位、编号、安装要求，线缆型号、穿管规格、敷设方式、线槽规格及安装高度等	
			•	○	采用地面线槽、网络地板敷设方式时，应核对与土建专业配合的预留条件	
	火灾报警及联动系统	◎	•	○	标注消防水泵、消防风机、消火栓等联动设备的硬拉线	
		◎	•	○	注明应急广播及功放容量、备用功放容量等中控设备	
			•	○	火灾探测器与平面图的设置应一致	

（续）

类别	项目	验证岗位			验 证 内 容	备 注
		审定	审核	校对		
图样	火灾报警及联动系统		•	○	标注电梯、消防电梯控制	
			•	○	明确消防专用电话的设置要求	
			•	○	明确强启应急照明、强切非消防电源的控制关系	
			•	○	明确消防联动设备控制要求及接口界面	
			•	○	火灾自动报警系统传输线路和控制线路选型应满足要求	
	火灾报警及联动平面	◎	•	○	探测器安装位置应满足探测要求	
		◎	•	○	消防专用电话、扬声器、消火栓按钮、手动报警按钮、火灾警报装置安装高度、间距应满足要求	
		◎	•	○	联动装置应有连通电气信号，控制管线应布置到位	
		◎	•	○	消防广播设备应按防火分区和不同功能区布置	
			•	○	传输线路和控制线路的型号、敷设方式、防火保护措施应满足要求	
	人防工程	◎	•	○	室外管线直接进入防空地下室的处理措施	
			•	○	各系统配电箱安装位置和方式应符合规定	
			•	○	电气管线、母线、桥架敷设的密闭措施	
			•	○	灯具的选用及安装应满足战时要求	
			•	○	防护区内外照明电源回路的连接应符合规定	
			•	○	音响信号按钮的设置要求	
			•	○	洗消间、防化值班室插座的设置要求	
		◎	•	○	为战时专设的自备电源设备应预留接线、安装位置	
计算书	负荷计算	◎	•	○	应满足变压器选型、应急电源和备用电源设备选型的要求	验证计算公式、计算参数正确性
					应满足无功功率补偿计算要求	
					应满足电缆选择稳态运行要求	
	短路电流计算	◎	•	○	满足电气设备选型要求，为保护选择性及灵敏度校验提供依据	
	防雷计算				提供年预计雷击次数计算结果	
					提供雷击风险评估计算结果	
	照明计算	◎	•	○	提供照度值计算结果	
					提供照明功率密度值计算结果	
	电压损失计算				为满足校核配电导体的选择提供依据	

评 注

验证主要指输出的模型和观察值是否相符。设计验证是工程设计中一个重要环节，对保证设计质量起着重要作用，工程设计中特别要对工程建设强制性要求、工程安全性、建筑节能、绿色建筑要求等内容进行验证。做好设计验证，不仅能及时发现设计文件中的问题，有利于建筑设计企业树立良好的形象，而且也体现的是一种责任，只有充满责任感的人，才能充分展现自己的能力。

1.7 电气工程设计常用参照代号

电气工程设计常用参照代号见表 1-7-1。

表 1-7-1 电气工程设计常用参照代号

电气产品名称	字母代码	含子项代码	电气产品名称	字母代码	含子项代码
电能计量柜		AM	测量变压器		BMT
高压开关柜		AH	传声器		BM
交流配电柜(屏)		AA	光电池		
直流配电柜(屏)		AD	位置开关		BQ
电力配电箱		AP	接近开关		BQ
应急电力配电箱		APE	接近传感器		BQ
照明配电箱		AL	热过载继电器		BTH
应急照明配电箱		ALE	视频摄像机	B	BC
电源自动切换箱(柜)		AT	保护继电器		BP
并联电容器屏(箱)		ACC	传感器		BT
控制箱		AC	测速发电机		BR
信号箱	A	AS	温度传感器		BTT
接线端子箱		AXT	湿度测量传感器		BH
保护屏		AR	液位测量传感器		BL
励磁屏(柜)		AE	时间测量传感器		BTI
电度表箱		AW	电容器		
插座箱		AX	蓄电器		CB
操作箱		AC	存储器	C	
插接箱		ACB	录像机		CR
火灾报警控制器		AFC	磁带机		
数字式保护装置		ADP	照明灯		EL
建筑设备监控主机		ABC	空气调节器	E	EV
弱电系统主机			电加热器		EE
感温探测器		BFH	辐射器		
感烟探测器		BFS	熔断器		FU
感光(火灾)探测器		BFF	微型断路器		FC
气体火灾探测器		BFG	安全栅		
气体继电器	B	BG	电涌保护器	F	FV
测量元件			避雷器		
测量继电器		BR	避雷针		
测量分路器		BS	热过载释放器		

（续）

电气产品名称	字母代码	含子项代码	电气产品名称	字母代码	含子项代码
同步发电机	G	GS	白色指示灯	P	PW
异步发电机		GA	电流表		PA
柴油发电机		GD	电压表		PV
不间断电源		GU	功率表		PW
太阳能电池			电度表		PJ
干电池组		GB	有功电度表		PJR
风扇			功率因数表		PPF
通风机			断路器	Q	QF
接触器式继电器	K	KA	接触器		QC
时间继电器		KT	隔离开关		QS
滤波器			熔断器开关		QFS
微处理器			电动机起动器		QST
自动并联装置			晶闸管		
可编程控制器			开关(电力)		
同步装置			星-三角起动器		QSD
晶体管			自耦减压起动器		QTS
电子管			真空断路器		QV
电动机			负荷开关		QL
同步电动机	M	MS	接地开关		QE
直流电动机		MD	切换开关		QCS
多速电动机		MM	电阻器	R	
异步电动机		MA	二极管		RD
直线电动机		ML	电感器		RL
合闸线圈		MC	限定器		
跳闸线圈		MT	热敏电阻器		RTV
音响信号装置	P		压敏电阻器		RV
电铃			电磁锁		
钟			控制开关	S	SA
显示器			差值开关		
机电指示器			键盘		
蜂鸣器			鼠标器		
扬声器			按钮开关		SB
红色指示灯		PR	选择开关		SA
绿色指示灯		PG	设定点调节器		
黄色指示灯		PY	AC/DC 变换器	T	
蓝色指示灯		PB	放大器		

（续）

电气产品名称	字母代码	含子项代码	电气产品名称	字母代码	含子项代码
天线	T		滤波器	V	VF
测量变换器			导线	W	
测量发射机			电缆		
调制器			母线		WB
解调器			信号线路		WC
变频器		TF	信息总线		
控制电路电源用变压器		TC	光纤		WQ
磁稳压器		TS	穿墙套管		
电压互感器		TV	电力线路		
电流互感器		TA	照明线路		WP
电力变压器		TM	应急电力线路		WL
整流器			应急照明线路		WPE
整流器站			控制线路		WLE
信号变换器			封闭母线槽		WS
信号传变器			连接器	X	
电话机			插头		XP
变换器			端子		
绝缘子	U		端子板		XT
电缆桥架			连接插头和插座		

小　结

基础数据是进行工程电气设计的依据，建筑电气设计理论是设计基础。屠格涅夫说过：“就算你是特别聪明，也要学习，从头学起！”要做好建筑电气设计没有什么“秘诀”，只有扎扎实实地打好基础，学习好建筑电气设计理论，练好基本功，才能在遇见问题时，获得正确解决问题的方法，发现复杂的问题里面所包含的简单规律，这也是电气工程师成长的必由之路。

2 负荷分级及计算

2.1 重要电力用户典型供电模式

2.1.1 重要电力用户分级见表 2-1-1。

表 2-1-1 重要电力用户分级

分级	定 义	供电电源配置技术要求
特级	在管理国家事务中具有特别重要的作用,中断供电将可能危害国家安全的电力用户	特级重要电力用户宜采用双重电源或多路电源供电
一级	中断供电将可能产生下列后果之一的电力用户:①直接引发人身伤亡的;②造成严重环境污染的;③发生中毒、爆炸或火灾的;④造成重大政治影响的;⑤造成重大经济损失的;⑥造成较大范围社会公共秩序严重混乱的	采用双重电源供电
二级	中断供电将可能产生下列后果之一的电力用户:①造成较大环境污染的;②造成较大政治影响的;③造成较大经济损失的;④造成一定范围社会公共秩序严重混乱的	采用双回路供电
临时性	需要临时特殊供电保障的电力用户	按照用电负荷的重要性,在条件允许的情况下,可以通过临时敷设线路等方式满足双回路或两路以上电源供电条件

注:1. 重要电力用户的供电电源应采用多电源、双电源或双回路供电。当任何一路或一路以上电源发生故障时至少仍有一路电源应能对重要负荷持续供电。

2. 重要电力用户典型供电模式、适用范围及其供电方式参见典型供电模式的适用范围及其供电方式。

3. 重要电力用户供电电源的切换时间和切换方式宜满足重要电力用户允许断电时间的要求。切换时间不能满足重要负荷允许断电时间要求的,重要电力用户应自行采取技术手段解决。

4. 双电源或多路电源供电的重要电力用户,宜采用同级电压供电。但根据不同负荷需要及地区供电条件,亦可采用不同电压供电。采用双电源或双回路的同一重要电力用户,不应采用同杆架设供电。

2.1.2 重要电力用户供电电源配置典型模式见表2-1-2。

表2-1-2 重要电力用户供电电源配置典型模式

供电模式	电源典型配置
三电源供电(模式Ⅰ)	①三路电源来自三个变电站,全部专线进线;②三路电源来自两个变电站,两路专线进线,一路环网公网供电进线;③三路电源来自两个变电站,两路专线进线,一路辐射公网供电进线
双电源供电(模式Ⅱ)	①双电源(不同方向变电站)专线供电;②双电源(不同方向变电站)一路专线、一路环网公网供电;③双电源(不同方向变电站)一路专线,一路辐射公网供电;④双电源(不同方向变电站)两路环网公网供电进线;⑤双电源(不同方向变电站)两路辐射公网供电进线;⑥双电源(同一变电站不同母线)一路专线、一路辐射公网供电;⑦双电源(同一变电站不同母线)两路辐射公网供电
双回路供电(模式Ⅲ)	①双回路专线供电;②双回路一路专线、一路环网公网进线供电;③双回路一路专线、一路辐射公网进线供电;④双回路两路辐射公网进线供电

注:重要电力用户应尽量避免采用单电源供电方式。

2.1.3 重要电力用户典型供电模式的适用范围及其供电方式见表2-1-3。

表2-1-3 重要电力用户典型供电模式的适用范围及其供电方式

供电模式		电源	电源点	接入方式	适用重要电力用户类别	正常/故障下电源供电方式
三电源供电(模式Ⅰ)	Ⅰ.1	电源1	变电站1	专线	具有极高可靠性需求,中断供电将可能危害国家安全的特别重要的电力用户	三路电源专线进线两供一备。两路主供电源任一路失电后热备用电源自动投切;任一路电源在峰荷时应带满所有的一、二级负荷
		电源2	变电站2	专线		
		电源3	变电站3	专线		
	Ⅰ.2	电源1	变电站1	专线	具有极高可靠性需求,涉及国家安全,但位于城市中心,电源出线资源非常有限且不易改造的特别重要的电力用户	三路电源两路专线进线,一路环网公网供电,两供一备,两路主供电源任一路失电后热备用电源自动投切;任一路电源在峰荷时应带满所有的一、二级负荷
		电源2	变电站2	专线		
		电源1	变电站2	环网公网		
	Ⅰ.3	电源1	变电站1	专线	具有极高可靠性需求,涉及国家安全,但地理位置偏远的特别重要的电力用户,如国家级的军事机构和军事基地	三路电源两路专线进线,一路辐射公网供电,两供一备,两路主供电源任一路失电后热备用电源自动投切;任一路电源在峰荷时应带满所有的一、二级负荷
		电源2	变电站2	专线		
		电源1	变电站2	辐射公网		
双电源供电(模式Ⅱ)	Ⅱ.1	电源1	变电站1	专线	具有很高可靠性需求,中断供电将可能造成重大政治影响或社会影响的重要电力用户,如省级政府机关、国际大型枢纽机场、重要铁路牵引站、三级甲等医院等	两路电源互供互备,任一路电源都能带满负荷,而且应尽量配置备用电源自动投切装置
		电源2	变电站2	专线		
	Ⅱ.2	电源1	变电站1	专线	具有很高可靠性需求,中断供电将可能造成人身伤亡或重大政治社会影响的重要电力用户,如国家级电台和电视台、国家级铁路干线枢纽站、国家级通信枢纽站、国家一级数据中心、国家级银行等	可采用专线主供、公网热备运行方式,主供电源失电后,公网热备电源自动投切,两路电源应装有可靠的电气、机械闭锁装置
		电源2	变电站2	环网公网		

（续）

供电模式		电源	电源点	接入方式	适用重要电力用户类别	正常/故障下电源供电方式
双电源供电（模式Ⅱ）	Ⅱ.3	电源1	变电站1	专线	具有很高可靠性需求，中断供电将可能造成重大政治社会影响的重要电力用户，如城市轨道交通牵引站、承担重大国事活动的国家级场所、国家级大型体育中心、承担国际或国家级大型展览的会展中心、地区性枢纽机场、各省级广播电台和电视台及传输发射台站等	可采用专线主供、公网热备运行方式，主供电源失电后，公网热备电源自动投切，两路电源应装有可靠的电气、机械闭锁装置
		电源2	变电站2	辐射公网		
	Ⅱ.4	电源1	变电站1	环网公网	具有很高可靠性需求，中断供电将可能造成重大社会影响的重要电力用户，如铁路大型客运站、城市轨道交通大型换乘站等	可采用双电源各带一台变压器，低压母线分段运行方式，双电源互供互备，要求每台变压器在峰荷时至少能够带满全部的一、二级负荷
		电源2	变电站2	环网公网		
	Ⅱ.5	电源1	变电站1	辐射公网	具有很高可靠性需求，中断供电将可能造成较大范围社会公共秩序混乱或重大政治影响的重要电力用户，如特别重要的定点涉外接待宾馆等、举办全国性和单项国际比赛的场馆等人员特别密集场所等	双电源可采用母线分段，互供互备方式；公网热备电源自动投切，两路电源应装有可靠的电气、机械闭锁装置
		电源2	变电站2	辐射公网		
	Ⅱ.6	电源1	变电站1（不同母线）	专线	不具备来自两个方向变电站条件，具有较高可靠性需求，中断供电将可能造成人身伤亡、重大经济损失或较大范围社会公共秩序混乱的重要电力用户，如石油输送首站和末站、天然气输气干线、6万t以上的大型井工煤矿、石化、冶金等高危企业、供水面积大的大型水厂、污水处理厂等	由于用户不具备来自两个方向变电站条件，但又具有较高可靠性需求，可采用专线主供、公网热备运行方式，主供电源失电后，公网热备电源自动投切，两路电源应装有可靠的电气、机械闭锁装置
		电源2	变电站1（不同母线）	辐射公网		
	Ⅱ.7	电源1	变电站1（不同母线）	辐射公网	不具备来自两个方向变电站条件，有较高可靠性需求，中断供电将可能造成重大经济损失或较大范围社会公共秩序混乱的重要电力用户，如天然气输气支线、6万t的中型井工煤矿、石化、冶金等高危企业、中型水厂、污水处理厂等	由于涉及一些地点偏远的高危险类用户，进线电源可采用母线分段，互供互备运行方式，要求公网热备电源自动投切，两路电源应装有可靠的电气、机械闭锁装置
		电源2	变电站1（不同母线）	辐射公网		
双回路供电（模式Ⅲ）	Ⅲ.1	电源1	变电站1	专线	不具备来自两个方向变电站条件，具有较高可靠性需求，中断供电将可能造成较大社会影响的重要电力用户，如地级市政府部门、普通机场等	两路电源互供互备，任一路电源都能带满负荷，而且应尽量配置备用电源自动投切装置
		电源2	变电站1	专线		
	Ⅲ.2	电源1	变电站1	专线	不具备来自两个方向变电站条件，具有较高可靠性需求，中断供电将可能造成较大社会影响的重要电力用户，如国家二级通信枢纽站、国家二级数据中心、二级医院等重要电力用户	两路电源互供互备，任一路电源都能带满负荷，而且应尽量配置备用电源自动投切装置
		电源2	变电站1	环网公网		

（续）

供电模式		电源	电源点	接入方式	适用重要电力用户类别	正常/故障下电源供电方式
双回路供电（模式Ⅲ）	Ⅲ.3	电源1	变电站1	专线	不具备来自两个方向变电站条件，具有较高可靠性需求，中断供电将可能造成重大经济损失或一定范围社会公共秩序混乱的重要电力用户，如汽车、造船、飞行器、发电机、锅炉、汽轮机、机车、机械加工等制造企业，达到一定供水面积的中型水厂、污水处理厂等	由于部分是工业类重要电力用户，采用专线主供、公网热备运行方式，主供电源失电后，公网热备电源自动投切，两路电源应装有可靠的电气、机械闭锁装置
		电源2	变电站1	辐射公网		
	Ⅲ.4	电源1	变电站1	辐射公网	不具备来自两个方向变电站条件，具有较高可靠性需求，中断供电将可能造成较大经济损失或一定范围社会公共秩序混乱的重要电力用户，如一定规模的重点工业企业、各地市级广播电视台及传播发射台、高度超过100m的特别重要的商业办公楼等	由于该类用户一般容量不大，可采用两路电源互供互备，任一路电源都能带满负荷，且应尽量配置备用电源自动投切装置
		电源2	变电站1	辐射公网		

评　　注

重要电力用户是指在国家或某个地区（城市）的社会、政治、经济生活中占有重要地位的负荷用户，对其中断供电将可能造成人身伤亡、较大环境污染、较大政治影响、较大经济损失、社会公共秩序严重混乱的用电单位或对供电可靠性有特殊要求的用电场所。按照供电可靠性的要求以及中断供电的危害程度，重要电力用户可分为特级、一级、二级和临时性四个等级。分清重要电力用户及配置相应供电电源，无论是对高效供电保障作用、减少重要电力用户的断电损失，还是有效防止次生灾害发生和节约投资都具有重要意义。

2.2 电力负荷分级

2.2.1 负荷分级及供电措施见表2-2-1。

表2-2-1 负荷分级及供电措施

负荷分级	定　义	供电措施
一级负荷	1. 中断供电将造成人身伤害 2. 中断供电将造成重大损失或重大影响 3. 中断供电将影响重要用电单位的正常工作，或造成人员密集的公共场所秩序严重混乱	1. 另有规定者除外，一级负荷应由双重电源的两个低压回路在末端配电箱处切换供电 2. 一级负荷应由双重电源供电，当一个电源发生故障时，另一个电源不应同时受到损坏 3. 对于一级负荷中的特别重要负荷，其供电应符合下列要求： 1）除双重电源供电外，还应增设应急电源供电 2）应急电源供电回路应自成系统，且不得将其他负荷接入应急供电回路 3）应急电源的切换时间，应满足设备允许中断供电的要求 4）应急电源的供电时间，应满足用电设备最长持续运行时间的要求 5）对一级负荷中的特别重要负荷的末端配电箱，切换开关上端口宜设置电源监测和故障报警
	特别重要场所不允许中断供电的负荷应定为一级负荷中的特别重要负荷	

（续）

负荷分级	定　义	供　电　措　施
二级负荷	1. 中断供电将造成较大损失或较大影响 2. 中断供电将影响较重要用电单位的正常工作或造成人员密集的公共场所秩序混乱	1. 二级负荷的外部电源进线宜由35kV、20kV或10kV双回线路供电；当负荷较小或地区供电条件困难时，二级负荷可由一回35kV、20kV或10kV专用的架空线路供电 2. 当建筑物由一路35kV、20kV或10kV电源供电时，二级负荷可由两台变压器各引一路低压回路在负荷端配电箱处切换供电，另有特殊规定者除外 3. 当建筑物由双重电源供电，且两台变压器低压侧设有母联开关时，二级负荷可由任一段低压母线单回路供电 4. 对于冷水机组（包括其附属设备）等季节性负荷为二级负荷时，可由一台专用变压器供电 5. 由双电源的两个低压回路交叉供电的照明系统，其负荷等级可定为二级负荷
三级负荷	不属于一级和二级负荷者	消防三级负荷应与非消防负荷分组，其他无特殊要求

注：本表中的用电负荷是根据对供电可靠性的要求及中断供电所造成的损失或影响程度进行分级的。

2.2.2　民用建筑中各类建筑物的主要用电负荷的分级见表2-2-2。

表2-2-2　民用建筑中各类建筑物的主要用电负荷的分级

序号	建筑物名称	用电负荷名称	负荷级别
1	国家级会堂、国宾馆、国家级会议中心	主会场、接见厅、宴会厅照明，电声、录像、计算机系统用电	一级*
		客梯、总值班室、会议室、主要办公室、档案室用电	一级
2	国家及省部级政府办公建筑	客梯、主要办公室、会议室、总值班室、档案室用电	一级
		省部级行政办公建筑主要通道照明用电	二级
3	国家及省部级数据中心	计算机系统用电	一级*
4	国家及省部级防灾中心、电力调度中心、交通指挥中心	防灾、电力调度及交通指挥计算机系统用电	一级*
5	办公建筑	建筑高度超过100m的高层办公建筑主要通道照明和重要办公室用电	一级
		一类高层办公建筑主要通道照明和重要办公室用电	二级
6	地、市级及以上气象台	气象业务用计算机系统用电	一级*
		气象雷达、电报及传真收发设备、卫星云图接收机及语言广播设备、气象绘图及预报照明用电	一级
7	电信枢纽、卫星地面站	保证通信不中断的主要设备用电	一级*
8	电视台、广播电台	国家及省、市、自治区电视台、广播电台的计算机系统用电，直接播出的电视演播厅、中心机房、录像室、微波设备及发射机房用电	一级*
		语音播音室、控制室的电力和照明用电	一级
		洗印室、电视电影室、审听室、通道照明用电	二级
9	剧场	特大型、大型剧场的舞台照明、贵宾室、演员化妆室、舞台机械设备、电声设备、电视转播、显示屏和字幕系统用电	一级
		特大型、大型剧场的观众厅照明、空调机房电力	二级

（续）

序号	建筑物名称	用电负荷名称	负荷级别
10	电影院	特大型电影院的消防用电、放映用电	一级
		特大型电影院放映厅照明用电、大型电影院的消防用电、放映用电	二级
11	会展建筑、博展建筑	特大型会展建筑的应急响应系统用电、珍贵展品展室照明及安全防范系统用电	一级*
		特大型会展建筑的客梯、排污泵、生活水泵用电，大型会展建筑的客梯用电，甲等、乙等展厅安全防范系统、备用照明用电	一级
		特大型会展建筑的展厅照明、主要展览用电、通风机、闸口机用电，大型及中型会展建筑的展厅照明、主要展览用电、排污泵、生活水泵、通风机、闸口机用电、中型会展建筑的客梯用电，小型会展建筑的主要展览用电、客梯、排污泵、生活水泵用电，丙等展厅备用照明及展览用电	二级
12	图书馆	藏书量超过100万册及重要图书馆的安防系统、图书检索用计算机系统用电	一级
		藏书量超过100万册的图书馆阅览室及主要通道照明、珍善本书库照明及空调系统用电	二级
13	体育建筑	特级体育建筑的主席台、贵宾室及其接待室、新闻发布厅等照明用电；计时记分、现场影像采集及回放、升旗控制等系统及其机房用电；网络机房、固定通信机房、扩声及广播机房等的用电；电台和电视转播设备用电；应急照明用电（含TV应急照明）；消防和安防设备等的用电	一级*
		特级体育建筑的临时医疗站、兴奋剂检查室、血样收集室等设备的用电；VIP办公室、奖牌储存室、运动员及裁判员用房、包厢、观众席等照明用电；场地照明用电；建筑设备管理系统、售检票系统等的用电；生活水泵、污水泵等的用电；直接影响比赛的空调系统、泳池水处理系统、冰场制冰系统等的用电；甲级体育建筑的主席台、贵宾室及其接待室、新闻发布厅等照明用电；计时记分、现场影像采集及回放、升旗控制等系统及其机房用电；网络机房、固定通信机房、扩声及广播机房等的用电；电台和电视转播设备用电；场地照明用电；应急照明用电；消防和安防设备等的用电	一级
		特级体育建筑的普通办公用房、广场照明等的用电 甲级体育建筑的临时医疗站、兴奋剂检查室、血样收集室等设备的用电；VIP办公室、奖牌储存室、运动员及裁判员用房、包厢、观众席等照明用电；建筑设备管理系统、售检票系统等的用电；生活水泵、污水泵等的用电；直接影响比赛的空调系统、泳池水处理系统、冰场制冰系统等的用电 乙级及丙级体育建筑（含相同级别的学校风雨操场）的主席台、贵宾室及其接待室、新闻发布厅等照明用电；计时记分、现场影像采集及回放、升旗控制等系统及其机房用电；网络机房、固定通信机房、扩声及广播机房等的用电；电台和电视转播设备用电；应急照明用电；消防和安防设备等的用电；临时医疗站、兴奋剂检查室、血样收集室等设备的用电；VIP办公室、奖牌储存室、运动员及裁判员用房、包厢、观众席等照明用电；场地照明用电；建筑设备管理系统、售检票系统等的用电；生活水泵、污水泵等的用电	二级
14	商场、百货商店、超市	大型百货商店、商场及超市的经营管理用计算机系统用电	一级
		大中型百货商店、商场、超市营业厅、门厅公共楼梯及主要通道的照明及乘客电梯、自动扶梯及空调用电	二级
15	金融建筑（银行、金融中心、证交中心）	特级金融设施；重要的计算机系统和安防系统用电	一级*
		一级金融设施；大型银行营业厅备用照明用电	一级
		二级金融设施；中小型银行营业厅备用照明用电	二级

（续）

序号	建筑物名称	用电负荷名称	负荷级别
16	民用机场	航空管制、导航、通信、气象、助航灯光系统设施和台站用电；边防、海关的安全检查设备用电；航班信息、显示及时钟系统用电；航站楼、外航驻机场办事处中不允许中断供电的重要场所的用电	一级*
		Ⅲ类及以上民用机场航站楼中的公共区域照明、电梯、送排风系统设备、排污泵、生活水泵、行李处理系统的用电；航站楼、外航驻机场航站楼办事处、机场宾馆内与机场航班信息相关的系统、综合监控系统及其他信息系统的用电；站坪照明、站坪机务的用电；飞行区内雨水泵站的用电	一级
		航站楼内除一级负荷以外的其他主要负荷，包括公共场所空调系统设备、自动扶梯、自动人行道的用电；Ⅳ类及以下民用机场航站楼的公共区域照明、电梯、送排风系统设备、排水泵、生活水泵等的用电	二级
17	铁路旅客车站 综合交通枢纽站	特大型铁路旅客车站、集大型铁路旅客车站及其他车站等为一体的大型综合交通枢纽站中不允许中断供电的重要场所的用电	一级*
		特大型铁路旅客车站、国境站和集大型铁路旅客车站及其他车站等为一体的综合交通枢纽站的旅客站房、站台、天桥、地道、防灾报警设备的用电；特大型铁路旅客车站、国境站的公共区域照明的用电；售票系统设备、安防及安全检查设备、通信系统的用电	一级
		大、中型铁路旅客车站、集铁路旅客车站（中型）及其他车站等为一体的综合交通枢纽站的旅客站房、站台、天桥、地道用电、防灾报警设备用电；特大和大型铁路旅客车站、国境站的列车到发预告显示系统、旅客用电梯、自动扶梯、国际换装设备、行包用电梯、皮带输送机、送排风机、排污水设备用电；特大型铁路旅客车站的冷热源设备用电；大、中型铁路旅客车站的公共区域照明、管理用房照明及设备用电；铁路旅客车站的驻站警务室的用电	二级
18	城市轨道交通车站 磁浮列车站 地铁车站	专用通信系统设备、信号系统设备、环境与设备监控系统设备、地铁变电所操作电源等车站内不允许中断供电的其他重要场所的用电	一级*
		牵引设备用电负荷；自动售票系统设备用电；车站中作为事故疏散用的自动扶梯、电动屏蔽门（安全门）、防护门、防淹门、排水泵、雨水泵的用电；信息设备管理用房照明、公共区域照明用电；地铁电力监控系统设备、综合监控系统设备、门禁系统设备、安防设施及自动售检票设备、站台门设备、地下站厅站台等公共区照明、地下区间照明、供暖区的锅炉房设备的用电	一级
		非消防用电梯及自动扶梯和自动人行道、地上站厅站台等公共区照明、附属房间照明、普通风机、排污泵的用电；乘客信息系统、变电所检修电源的用电	二级
19	港口客运站	一级港口客运站的通信、监控系统设备、导航设施的用电	一级
		港口重要作业区、一级及二级客运站主要用电负荷，包括公共区域照明、管理用房照明及设备、电梯、送排风系统设备、排污水设备、生活水泵	二级
20	汽车客运站	一、二级汽车客运站主要用电负荷，包括公共区域照明、管理用房照明及设备、电梯、送排风系统设备、排污水设备、生活水泵	二级
21	旅游饭店	四星级及以上旅游饭店的经营及设备管理用计算机系统的用电	一级*
		四星级及以上旅游饭店的宴会厅、餐厅、厨房、康乐设施用房、门厅及高级客房、主要通道等场所的照明用电；厨房、排污泵、生活水泵、主要客梯用电；计算机、电话、电声和录像设备、新闻摄影的用电	一级
		三星级旅游饭店的宴会厅、餐厅、厨房、康乐设施用房、门厅及高级客房、主要通道等场所的照明用电；厨房、排污泵、生活水泵、主要客梯的用电；计算机、电话、电声和录像设备、新闻摄影的用电	二级

（续）

序号	建筑物名称	用电负荷名称	负荷级别
22	科研院所及教育建筑	四级生物安全实验室的用电；对供电连续性要求很高的国家重点实验室的用电	一级*
		三级生物安全实验室的用电；对供电连续性要求较高的国家重点实验室用电；学校特大型会堂主要通道照明用电	一级
		对供电连续性要求较高的其他实验室的用电；学校大型会堂主要通道照明、乙等会堂舞台照明及电声设备的用电；学校教学楼、学生宿舍等主要通道照明的用电；学校食堂冷库及厨房主要设备的用电以及主要操作间、备餐间照明的用电	二级
23	三级、二级医院	急诊抢救室、血液病房的净化室、产房、烧伤病房、重症监护室、早产儿室、血液透析室、手术室、术前准备室、术后复苏室、麻醉室、心血管造影检查室等场所中涉及患者生命安全的设备及其照明的用电；大型生化仪器、重症呼吸道感染区的通风系统的用电	一级*
		急诊抢救室、血液病房的净化室、产房、烧伤病房、重症监护室、早产儿室、血液透析室、手术室、术前准备室、术后复苏室、麻醉室、心血管造影检查室等场所中的除一级负荷中特别重要负荷外的其他用电 下列场所的诊疗设备及照明用电：急诊诊室、急诊观察室及处置室、分娩室、婴儿室、内镜检查室、影像科、放射治疗室、核医学室等；高压氧舱、血库及配血室、培养箱、恒温箱；病理科的取材室、制片室、镜检室设备用电；计算机网络系统；门诊部、医技部及住院部30%的走道照明；配电室照明；医用气体供应系统中的真空泵、压缩机、制氧机及其控制与报警系统设备	一级
		电子显微镜、影像科诊断设备的用电；肢体伤残康复病房照明的用电；中心（消毒）供应室、空气净化机组的用电；贵重药品冷库、太平柜的用电；客梯、生活水泵、采暖锅炉及换热站等的用电	二级
24	一级医院	急诊室	二级
25	住宅建筑	建筑高度大于54m的一类高层住宅的航空障碍照明、走道照明、值班照明、安防系统、电子信息设备机房、客梯、排污泵、生活水泵的用电	一级
		建筑高度大于27m但不大于54m的二类高层住宅的走道照明、值班照明、安防系统、客梯、排污泵、生活水泵的用电	二级
26	一类高层民用建筑	消防用电；值班照明、警卫照明、障碍照明的用电，主要业务和计算机系统的用电，安防系统用电，电子信息设备机房的用电，客梯用电，排水泵、生活水泵的用电	一级
		主要通道及楼梯间照明用电	二级
27	二类高层民用建筑	消防用电；主要通道及楼梯间照明用电，客梯用电，排水泵、生活水泵用电	二级
28	建筑高度大于150m的超高层公共建筑	消防用电	一级*
29	体育场（馆）及游泳馆	特级体育场（馆）及游泳馆的应急照明用电	一级*
		甲级体育场（馆）及游泳馆的应急照明用电	一级
30	剧场	特大型、大型剧场的消防用电	一级
		中小型剧场消防用电	二级

（续）

序号	建筑物名称	用电负荷名称	负荷级别
31	交通建筑	地下车站及区间的应急照明、火灾自动报警系统设备用电	一级*
		Ⅲ类及以上民用机场航站楼、特大型和大型铁路旅客车站、集民用机场航站楼或铁路及城市轨道交通车站为一体的大型综合交通枢纽站、城市轨道交通地下站以及具有一级耐火等级的交通建筑的消防用电；地铁消防水泵及消防水管电保温设备、防排烟风机及各类防火排烟阀、防火(卷帘)门、消防疏散用自动扶梯、消防电梯、应急照明等消防设备及发生火灾或其他灾害时仍需使用的设备用电；Ⅰ、Ⅱ类飞机库的消防用电；Ⅰ类汽车库的消防用电及其机械停车设备、采用升降梯作车辆疏散出口的升降梯用电；一、二类隧道的消防用电	一级
		Ⅲ类以下机场航站楼、铁路旅客车站、城市轨道交通地面站、地上站、港口客运站、汽车客运站及其他交通建筑等的消防用电；Ⅲ类飞机库的消防用电；Ⅱ、Ⅲ类汽车库和Ⅰ类修车库的消防用电及其机械停车设备、采用升降梯作车辆疏散出口的升降梯用电；三类隧道的消防用电	二级

注：1. 负荷分级表中"一级*"为一级负荷中特别重要负荷。

2. 当本表序号1~25中的各类建筑物与一类、二类高层建筑的用电负荷级别以及消防用电负荷级别不相同时，负荷级别应按其中高者确定。

3. 本表中未列出的负荷分级可结合各类民用建筑的实际情况，根据标准GB 51348—2019第3.2.1条的负荷分级原则参照本表确定。

评　　注

电力负荷分级主要是根据停电造成安全和经济两个方面损失来确定的，电力负荷分为一级（含特别重要负荷）、二级和三级。分清电力负荷级别，可以厘清对供电可靠性要求的界限，对不同级别负荷采用合理的供电方案，不仅可以满足电力负荷供电可靠性的要求，保护人员生命财产安全，减少断电损失，还可以节约投资，提高投资的经济效益。

2.3 自备电源

2.3.1 可作为应急电源或备用电源的电源见表2-3-1。

表2-3-1 可作为应急电源或备用电源的电源

序号	电　源
1	供电网络中独立于正常电源的专用馈电线路
2	独立于正常电源的发电机组
3	蓄电池组

2.3.2 应设置自备电源的用电单位见表2-3-2。

表2-3-2 应设置自备电源的用电单位

序号	用　电　单　位
1	一级负荷中含有特别重要负荷
2	设置自备电源比从电力系统取得第二电源更经济合理，或第二电源不能满足一级负荷要求的

（续）

序号	用　电　单　位
3	当双重电源中的一路为冷备用，且不能满足消防电源允许中断供电时间要求的
4	建筑高度超过 50m 的公共建筑外部只有一回电源不能满足用电要求的

2.3.3 柴油发电机的性能等级分类见表 2-3-3。

表 2-3-3　柴油发电机的性能等级分类

类别	负　载　要　求
G1	连接的负载只规定基本的电压和频率参数，适用于照明和简单的电气负载
G2	电压特性与电网类似，当负载发生变化时允许暂时的然而是允许的电压和频率的偏差，适用于照明、水泵、风机等
G3	连接的设备对发电机组的电压、频率和波形有严格要求，适用于电信负载和晶闸管控制的设备
G4	连接的设备对发电机组的电压、频率和波形有特别严格的要求，适用于数据处理设备和计算机系统

2.3.4 柴油发电机组功率种类见表 2-3-4。

表 2-3-4　柴油发电机组功率种类

类别	解　　释
持续功率（COP）	在商定的运行条件下，按照制造商的规定进行维护保养，发电机组以恒定负荷持续运行且每年运行时数不受限制的最大功率
基本功率（PRP）	在商定的运行条件下，按照制造商的规定进行维护保养，发电机组以可变负荷持续运行且每年运行时数不受限制的最大功率。24h 运行周期内运行的平均功率输出（P_{pp}）应不超过 PRP 的 70%，除非与 RIC 发动机制造商另有商定。在要求允许的平均功率输出 P_{pp} 较规定值高的应用场合，应使用持续功率 COP
限时运行功率（LTP）	在商定的运行条件下，按照制造商的规定进行维护保养，发电机组每年运行时间可达 500h 的最大功率。按 100%限时运行功率，每年运行的最长时间为 500h
应急备用功率（ESP）	在商定的运行条件下，按照制造商的规定进行维护保养，在市电中断或在实验条件下，发电机组以可变负荷运行且每年运行时间可达 200h 的最大功率。24h 运行周期内允许的平均功率输出应该不超过 70%ESP，除非与制造商另有商定

评　注

供电电源是电气系统中最为关键的一部分，电力网络很难做到万无一失，人们为了提高供电可靠性，通常需要根据负荷性质，选择自备电源。自备电源根据使用目的不同，又分为应急电源和备用电源。应急电源和备用电源都是独立于主电源的，备用电源在遇到主电源时消失，在电源转换时间上，要满足用电负荷允许断电时间要求，往往需要在较长时间内对电力负荷起供电保障作用。应急电源独立于主电源和备用电源之外，保证电力负荷正常用电的设施，并且对电源转换时间有严格的要求，持续供电时间往往要根据应急设备的需要确定。

2.4 负荷计算

2.4.1 民用建筑常用负荷计算方法见表 2-4-1。

表 2-4-1 民用建筑常用负荷计算方法

<table>
<tr><th>计算方法</th><th>需要系数法</th><th>单位指标法</th></tr>
<tr><td>定义</td><td>利用设备功率以及需要系数和同时系数确定计算负荷的方法。负荷计算可作为按发热条件选择变压器、导体及电器的依据，并用来计算电压损失和功率损耗；也可作为电能消耗及无功功率补偿的计算依据</td><td>利用负荷密度或者单位用电指标来确定计算负荷的方法</td></tr>
<tr><td>适用设计阶段</td><td>施工图设计、初步设计</td><td>方案设计、初步设计</td></tr>
<tr><td>公式</td><td>1. 用电设备组的计算负荷
有功功率
$P_{js}=k_x P_e$
无功功率
$Q_{js}=P_{js}\tan\varphi$
视在功率
$S_{js}=\sqrt{P_{js}^2+Q_{js}^2}$
计算电流
$I_{js}=\frac{S_{js}}{\sqrt{3}U_r}$
2. 配电干线或变电所低压侧的计算负荷
有功功率
$P_{js}=k_{\Sigma p}\Sigma(k_x P_e)$
无功功率
$Q_{js}=k_{\Sigma q}\Sigma(k_x P_e\tan\varphi)$
视在功率
$S_{js}=\sqrt{P_{js}^2+Q_{js}^2}$
式中 P_{js}——有功计算负荷(kW)；
Q_{js}——无功计算负荷(kvar)；
S_{js}——视在功率计算负荷(kV·A)；
I_{js}——计算电流(A)；
P_e——用电设备组的设备功率(kW)；
k_x——需要系数；
$\tan\varphi$——用电设备组的功率因数角的正切值；
$k_{\Sigma p}$、$k_{\Sigma q}$——有功功率、无功功率同时系数，对配电干线分别取 0.8～0.9 及 0.93～0.97；对配电所分别取 0.8～1 及 0.95～1；对降压变电所则分别取 0.8～0.9 及 0.93～0.97</td><td>1. 单位面积功率法
单位面积功率法计算有功功率的公式为
$P_{js}=\frac{P'_e S}{1000}$
式中 P_{js}——有功计算负荷(kW)；
P'_e——单位面积功率，或称负荷密度(W/m²)；
S——建筑面积(m²)
2. 单位指标法
单位指标法计算有功功率的公式为
$P_{js}=\frac{P'_e N}{1000}$
式中 P_{js}——有功计算负荷(kW)；
P'_e——单位用电指标(W/户、W/人、W/床)；
N——单位数量，如户数、人数、床位数</td></tr>
<tr><td>备注</td><td colspan="2">计算负荷又称需要负荷或最大负荷。计算负荷是一假想的持续性负荷，其热效应与同一时间内实际变动负荷所产生的最大热效应相等。在配电系统中，通常采用 30min 的最大平均负荷作为按发热条件选择电器或导体的依据，同时也用来计算电压损失和功率损耗</td></tr>
</table>

2.4.2 负荷计算注意事项。

1. 当进行负荷计算时，需将用电设备按其性质分为不同的用电设备组，然后确定设备功率。

2. 对于不同负载持续率下的额定功率或额定容量，应统一换算为负载持续率下的有功功率。

(1) 连续工作制电动机的设备功率等于额定功率。

(2) 断续或短时工作制电动机的设备功率，当采用需要系数法或二项式法计算时，是将额定功率统一换算到负载持续率为25%时的有功功率。

1) 当采用需要系数法计算负荷时，应统一换算到负载持续率 ε 为 25%时的有功功率，即

$$P_e = P_r\sqrt{\frac{\varepsilon_r}{0.25}} = 2P_r\sqrt{\varepsilon_r} \tag{2-4-1}$$

2) 当采用利用系数计算负荷时，应统一换算到负载持续率 ε 为 100%时的有功功率，即

$$P_e = P_r\sqrt{\varepsilon_r} \tag{2-4-2}$$

式中 P_e——有功功率 (kW)；

P_r——电动机额定功率 (kW)；

ε_r——电动机额定负载持续率。

3) 电焊机的设备功率是指将额定功率换算到负载持续率为100%时的有功功率。

$$P_e = S_r\sqrt{\varepsilon_r}\cos\varphi \tag{2-4-3}$$

式中 S_r——电焊机的额定容量 (kV·A)；

$\cos\varphi$——功率因数。

3. 照明用电设备的设备功率为：

(1) 白炽灯、高压卤钨灯是指灯泡标出的额定功率。

(2) 低压卤钨灯除灯泡功率外，还应考虑变压器的功率损耗。

(3) 气体放电灯、金属卤化物灯除灯泡的功率外，还应考虑镇流器的功率损耗。

4. 整流器的设备功率是指额定交流输入功率。

5. 成组用电设备的设备功率不应包括备用设备。

6. 当消防用电的计算有功功率大于火灾时可能同时切除的一般电力、照明负荷的计算有功功率时，应按未切除的一般电力、照明负荷加上消防负荷计算低压总的设备功率。否则计算低压总负荷时，不应考虑消防负荷。

7. 当采用需要系数法计算负荷时，应将配电干线范围内的用电设备按类型统一划组。配电干线的计算负荷为各用电设备组的计算负荷之和再乘以同时系数。变电所或配电所的计算负荷为各配电干线计算负荷之和再乘以同时系数。计算变电所高压侧负荷时，应加上变压器的功率损耗。

8. 当采用利用系数法确定计算负荷时，不论计算范围大小，都必须求出该计算范围内用电设备有效台数及最大系数，而后算出结果。

9. 单相负荷与三相负荷同时存在时，应将单相负荷换算为等效三相负荷，再与三相负荷相加。

（1）只有线间负荷时，将各线间负荷相加，选取较大两项数据进行计算。

（2）当多台单相用电设备的设备功率小于计算范围内三相负荷设备功率的 15%时，按三相平衡负荷计算，且不需换算。

（3）只有相负荷时，等效三相负荷取最大相负荷的 3 倍。

10. 各类建筑物的用电指标见表 2-4-2。

表 2-4-2　各类建筑物的用电指标

建筑名称	用电指标/(W/m²)	建筑名称	用电指标/(W/m²)
公寓	30~50	医院	30~70
旅馆	40~70	高等学校	20~40
办公	30~70	中小学	12~20
商业	一般:40~80	展览馆	50~80
	大中型:60~120	演播室	250~500
体育	40~70	汽车库	8~15
剧场	50~80	机械停车库	17~23

注:当空调冷水机组采用直燃机时,用电指标一般比采用电动压缩机制冷时的用电指标降低 35W/m²。表中所列用电指标的上限值是按空调器采用电动压缩机制冷时的数值

商业建筑用电指标/(W/m²)		
商店建筑名称		用电指标
购物中心、超级市场、百货商场	大型购物中心、超级市场、高档百货商场	100~200
	中型购物中心、超级市场、百货商场	60~150
	小型超级市场、百货商场	40~100
	家电卖场	100~150（含空调冷源）
		60~100（不含空调主机）
	零售	60~100(含空调冷源)
		40~80（不含空调主机）
步行商业街	餐饮	100~250
	精品服饰、日用百货	80~120
专业店	高档商品专业店	80~150
	一般商品专业店	40~80
商业服务网点		100~150(含空调负荷)
菜市场		10~20

校园的总配变电站变压器容量指标/(W/m²)	
学校等级及类型	变压器容量指标
普通高等学校、成人高等学校(文科为主)	20~40
普通高等学校、成人高等学校(理工科为主)	30~60
高级中学、初级中学、完全中学、普通小学、成人小学	20~30
中等职业学校(含有实验室、实习车间等)	30~45

注:本表不含供暖方式为电采暖的学校

金融建筑用电指标/(W/m²)	
数据中心主机房	500~1500
辅助区、支持区、办公区	70~100

注:表中数据包括正常照明、动力及空调负荷,其中空调负荷为采用电制冷集中空调方式时的数据

11. 主要用电设备组的需要系数见表 2-4-3。

表 2-4-3 主要用电设备组的需要系数

负荷名称	规模	需要系数 k_x	功率因数	备注
照明	面积 $S<500\text{m}^2$	0.9~1	0.9~1	含插座容量。荧光灯就地补偿或采用电子镇流器
	$500\text{m}^2<$面积 $S<3000\text{m}^2$	0.7~0.9	0.9	
	面积 $S=3000\sim15000\text{m}^2$	0.55~0.75		
	面积 $S>15000\text{m}^2$	0.4~0.7		
冷冻机、锅炉	1~3 台	0.7~0.9	0.8	
	>3 台	0.6~0.7		
热力站、水泵、通风机	1~5 台	0.8~0.95	0.8	
	>5 台	0.6~0.8		
厨房设备	≤100kW	0.2~0.5	0.8~0.9	
洗衣设备	>100kW	0.3~0.4		
分体空调设备	4~10 台	0.6~0.8	0.8	
	11~50 台	0.4~0.6		
	>50 台	0.3~0.4		
舞台照明	<200kW	0.6~1	0.9~1	
	>200kW	0.4~0.6		
电梯	2 台	0.91	0.5	使用频繁
		0.85		使用一般
	3 台	0.85	0.5	使用频繁
		0.78		使用一般
	4 台	0.8	0.5	使用频繁
		0.72		使用一般
	5 台	0.76	0.5	使用频繁
		0.67		使用一般
	6 台	0.72	0.5	使用频繁
		0.63		使用一般
	7 台	0.69	0.5	使用频繁
		0.59		使用一般
	8 台	0.67	0.5	使用频繁
		0.56		使用一般

12. 住宅用电负荷需要系数见表 2-4-4。

表 2-4-4 住宅用电负荷需要系数

户数	3	6	10	14	18	22	25	101	200
需要系数 k_x	1	0.73	0.58	0.47	0.44	0.42	0.4	0.33	0.26

2.4.3 尖峰电流的确定。

尖峰电流是指持续 1~2s 的短时最大负荷电流。它用来计算电压波动，选择熔断器、断路器，整定继电保护装置及检验电动机自起动条件等。

1. 单台电动机尖峰电流的确定。单台电动机的尖峰电流 I_{jf} 为

$$I_{jf}=kI_r \tag{2-4-4}$$

式中 I_{jf}——电动机的尖峰电流（A）；

I_r——电动机的额定电流（A）；

k——电动机的起动电流倍数；笼型电动机为6~7，绕线转子电动机为2~3，直流电动机为1.7。

2. 接有多台电动机的配电线路，只考虑一台电动机起动时的尖峰电流 I_{jf} 为

$$I_{jf}=(kI_r)_{max}+I_{js} \tag{2-4-5}$$

式中 $(kI_r)_{max}$——用电设备中起动电流为最大的一台设备的起动电流（A）；

I_{js}——除起动电流最大一台设备以外的配电线路的计算电流（A）。

对于自起动的电动机组，其尖峰电流为所有参与自起动的电动机的起动电流之和。

2.4.4 单相用电设备负荷计算的确定

单相设备接在三相线路中，应均衡分配到三相上，使三相负荷尽可能地相近。如果最大负荷相的设备容量不超过按三相平均的每相设备容量的15%时，可以认为三相线路的负荷是平衡的。否则应将单相负荷换算为等效三相负荷。

1. 单相负荷换算为等效三相负荷一般方法。对于既有线间负荷又有相负荷的情况，计算步骤如下：

（1）先将线间负荷换算为相负荷，各项负荷分别为

L1 相

$$P_{L1}=P_{L1L2}p_{(L1L2)L1}+P_{L3L1}p_{(L3L1)L1} \tag{2-4-6}$$

$$Q_{L1}=Q_{L1L2}q_{(L1L2)L1}+Q_{L3L1}q_{(L3L1)L1} \tag{2-4-7}$$

L2 相

$$P_{L2}=P_{L1L2}\,p_{(L1L2)L2}+P_{L2L3}p_{(L2L3)L2} \tag{2-4-8}$$

$$Q_{L2}=Q_{L1L2}q_{(L1L2)L2}+Q_{L2L3}q_{(L2L3)L2} \tag{2-4-9}$$

L3 相

$$P_{L3}=P_{L2L3}p_{(L2L3)L3}+P_{L3L1}p_{(L3L1)L3} \tag{2-4-10}$$

$$Q_{L3}=Q_{L2L3}q_{(L2L3)L3}+Q_{L3L1}q_{(L3L1)L3} \tag{2-4-11}$$

式中 P_{L1L2}、P_{L2L3}、P_{L3L1}——接于L1L2、L2L3、L3L1线间负荷（kW）；

P_{L1}、P_{L2}、P_{L3}——换算为L1、L2、L3相有功负荷（kW）；

Q_{L1}、Q_{L2}、Q_{L3}——换算为L1、L2、L3相无功负荷（kvar）；

$p_{(L1L2)L1}$、$q_{(L1L2)L1}$……——接于L1L2、L2L3、L3L1线间负荷换算为L1相负荷的有功及无功换算系数，见表2-4-5。

表2-4-5 负荷的有功及无功换算系数

换算系数	负荷功率因数								
	0.35	0.40	0.50	0.60	0.65	0.70	0.80	0.90	1.00
$p_{(L1L2)L1}$、$p_{(L2L3)L2}$、$p_{(L3L1)L3}$	1.27	1.17	1.00	0.89	0.84	0.80	0.72	0.64	0.50
$p_{(L1L2)L2}$、$p_{(L2L3)L3}$、$p_{(L3L1)L1}$	-0.27	-0.17	0	0.11	0.16	0.20	0.28	0.36	0.50
$q_{(L1L2)L1}$、$q_{(L2L3)L2}$、$q_{(L3L1)L3}$	1.05	0.86	0.58	0.38	0.30	0.22	0.09	-0.05	-0.29
$q_{(L1L2)L2}$、$q_{(L2L3)L3}$、$q_{(L3L1)L1}$	1.63	1.44	1.16	0.96	0.88	0.80	0.67	0.53	0.29

（2）各相负荷分别相加，选出最大相负荷，取其3倍作为等效三相负荷。

2. 单相负荷换算为等效三相负荷简化方法。

（1）只有线间负荷时，将各线间负荷相加，选取较大两项数据计算。现以 $P_{UV} \geqslant P_{VW} \geqslant P_{WU}$ 为例计算：

$$P_d = \sqrt{3}P_{L1L2} + (3-\sqrt{3})P_{L2L3} = 1.73P_{L1L2} + 1.27P_{L2L3} \tag{2-4-12}$$

当 $P_{UV} = P_{VW}$ 时

$$P_d = 3P_{L1L2} \tag{2-4-13}$$

只有 P_{UV} 时

$$P_d = \sqrt{3}P_{L1L2} \tag{2-4-14}$$

式中 P_{UV}、P_{VW}、P_{WU}——接于 UV、VW、WU 线间负荷（kW）；

P_d——等效三相负荷（kW）。

（2）只有相负荷时，等效三相负荷取最大相负荷的 3 倍。

2.4.5 无功功率补偿容量计算。

1. 用户的功率因数（应满足当地供电部门的要求，当无明确要求时）应满足如下值：

（1）高压用户的功率因数应为 0.9 以上。

（2）低压用户的功率因数应为 0.85 以上。

2. 一般在方案设计时，无功补偿容量可按变压器容量的 10%～20%估算。在初步设计和施工图设计时，应进行无功补偿容量计算，其公式如下：

$$Q_c = P_{js}(\tan\varphi_1 - \tan\varphi_2) \tag{2-4-15}$$

或者

$$Q_c = P_{js}q_c \tag{2-4-16}$$

式中 Q_c——无功补偿容量（kvar）；

P_{js}——计算的有功功率（kW）；

$\tan\varphi_1$——补偿前计算负荷功率因数角的正切值；

$\tan\varphi_2$——补偿后功率因数角的正切值；

q_c——无功功率补偿率（kvar/kW），见表 2-4-6。

表 2-4-6 无功功率补偿率 q_c （单位：kvar/kW）

补偿前 cosφ	补偿后 cosφ							
	0.85	0.88	0.90	0.92	0.94	0.95	0.96	0.97
0.50	1.112	1.192	1.248	1.306	1.369	1.404	1.442	1.481
0.55	0.899	0.979	1.035	1.093	1.156	1.191	1.228	1.268
0.60	0.714	0.794	0.850	0.908	0.971	1.006	1.043	1.083
0.65	0.549	0.629	0.685	0.743	0.806	0.841	0.878	0.918
0.68	0.458	0.538	0.594	0.652	0.715	0.750	0.788	0.828
0.70	0.401	0.481	0.537	0.595	0.658	0.693	0.729	0.769
0.72	0.344	0.424	0.480	0.538	0.601	0.636	0.672	0.712
0.75	0.262	0.342	0.398	0.456	0.519	0.554	0.591	0.631
0.78	0.182	0.262	0.318	0.376	0.439	0.474	0.512	0.552
0.80	0.130	0.210	0.266	0.324	0.387	0.422	0.495	0.499
0.81	0.104	0.184	0.240	0.298	0.361	0.396	0.433	0.483
0.82	0.078	0.158	0.214	0.272	0.335	0.370	0.407	0.447
0.85		0.080	0.136	0.194	0.257	0.292	0.329	0.369

补偿后的功率因数为

$$\cos\varphi=\sqrt{\frac{1}{1+\left(\frac{Q_{js}-Q_{c}}{P_{js}}\right)^{2}}}$$

式中 Q_c——人工补偿的无功功率（kvar）；

P_{js}——建筑内的有功功率（kW）；

Q_{js}——建筑内的无功功率（kvar）。

2.4.6 功率损耗计算。

1. 三相线路中有功及无功功率损耗：

有功功率损耗 $$\Delta P_l=3I_{js}^2R\times10^{-3} \tag{2-4-17}$$

无功功率损耗 $$\Delta Q_l=3I_{js}^2X\times10^{-3} \tag{2-4-18}$$

以上式中 ΔP_l——三相线路有功功率损耗（kW）；

ΔQ_l——三相线路无功功率损耗（kvar）；

R——每相线路电阻（Ω），$R=R'l$；

X——每相线路电抗（Ω），$X=X'l$；

l——线路计算长度（km）；

I_{js}——计算相电流（A）；

R'、X'——线路单位长度的交流电阻及电抗（Ω/km）。

2. 电力变压器的有功及无功功率损耗：

有功功率损耗 $$\Delta P_r=\Delta P_o+\Delta P_k\left(\frac{S_{js}}{S_r}\right)^2 \tag{2-4-19}$$

无功功率损耗 $$\Delta Q_T=\Delta Q_o+\Delta Q_k\left(\frac{S_{js}}{S_r}\right)^2 \tag{2-4-20}$$

以上式中 ΔP_r——变压器有功功率损耗（kW）；

ΔQ_T——变压器无功功率损耗（kvar）；

S_{js}——变压器计算负荷（kV·A）；

S_r——变压器额定容量（kV·A）；

ΔP_o——变压器空载有功损耗（kW）；

ΔP_k——变压器满载（短路）有功损耗（kW）；

ΔQ_o——变压器空载无功损耗（kvar），$\Delta Q_o=\frac{I_o\%S_r}{100}$；

$I_o\%$——变压器空载线电流占额定电流的百分数；

ΔQ_k——变压器满载（短路）无功损耗（kvar），$\Delta Q_o=\frac{u_k\%S_r}{100}$；

$u_k\%$——变压器阻抗电压占额定电压的百分数。

ΔP_o、ΔP_k、$I_o\%$、$u_k\%$ 均可由变压器产品手册中查得。

当变压器负荷率不大于85%时，其功率损耗可以概略计算如下：

$$\Delta P_{r}=0.01S_{js} \quad (2\text{-}4\text{-}21)$$

$$\Delta Q_{T}=0.05S_{js} \quad (2\text{-}4\text{-}22)$$

3. 年电能损耗计算。

（1）供电线路年有功电能损耗为

$$\Delta W_{L}=\Delta P_{l}\tau \quad (2\text{-}4\text{-}23)$$

式中 ΔW_{L}——供电线路年有功电能损耗（kW·h）；

ΔP_{l}——三相线路中有功功率损耗（kW）；

τ——最大负荷年损耗小时数，可按最大负荷的年利用小时数 T_{max} 及功率因数 $\cos\varphi$，从设计手册查得。

（2）变压器年有功电能损耗为

$$\Delta W_{T}=\Delta P_{o}t+\Delta P\left(\frac{S_{js}}{S_{r}}\right)\tau \quad (2\text{-}4\text{-}24)$$

式中 ΔW_{T}——变压器年有功电能损耗（kW·h）；

t——变压器全年投运小时数，一般可取8760h。

4. 主要建筑物的年运行时间和每天工作小时数见表2-4-7。

表2-4-7 主要建筑物的年运行时间和每天工作小时数

建筑性质	年运行天数/d	每天工作小时数/h
住宅、公寓	365	8~10
餐厅	365	10~12
办公	250	8~12
商业	365	12~14
体育场、馆	250~365	10~12
剧场	250~365	8~10
医院	365	20~24
高等院校	295	10~12
中小学校	191	8~10
幼儿园	250	8~10
展览馆、博物馆	250~365	10~12
社区服务	250~365	8~10
汽车库	365	18~22
设备机房	365	12~14
车间每年工作小时数/h	一班制	1860
	二班制	3720
	三班制	5580

注：社区服务、体育馆、剧场依据实际情况确定年运行天数。

评　注

计算电力负荷的方法有：需要系数法、利用系数法、单位面积功率法和单位指标法等。由于不同级别负荷对供电的可靠性有不同的要求，负荷计算可以统计不同级别负荷量，确定应急性负荷、重要性负荷、季节性负荷，负荷计算不仅可以掌握不同负荷在系统上产生的热效应，合理配置供电系统，而且还可以合理地选择变压器及电力系统中的电气设备和导线，延长电气设备的使用寿命，实现供电系统安全可靠、高效、节能降耗运行。

2.5 高、低压供配电系统

2.5.1 高压供配电系统接线方式。

根据对供电可靠性的要求、变压器的容量及分布、地理环境等情况，高压配电系统宜采用放射式，也可采用树干式、环式或其他组合方式。高压供配电系统接线方式及特点见表2-5-1。

表2-5-1 高压供配电系统接线方式及特点

接线方式	特点
放射式	供电可靠性高、故障发生后影响范围较小、切换操作方便、保护简单、便于自动化，但其配电线路和高压开关柜数量需求多，因而造价较高
树干式	配电线路和高压开关柜数量少且投资少，但故障影响范围较大，供电可靠性较差
环式	有闭路环式和开路环式两种。为简化保护，一般采用开路环式，其供电可靠性较高，运行比较灵活，但切换操作较烦琐

2.5.2 常用6~35kV配电系统接线方式见表2-5-2。

表2-5-2 常用6~35kV配电系统接线方式

接线方式	接线图	简要说明
单回路放射式	6～35kV；开关设备及保护电器；备用电源；220/380V	一般用于配电供给二、三级负荷或专用设备，但对二级负荷供电时，尽量要有备用电源。如另有独立备用电源时，则可供电给一级负荷
双回路放射式	6～35kV；开关设备及保护电器；备用电源；220/380V	线路互为备用，用于配电供给二级负荷。电源可靠时，可供电给一级负荷
有公共备用干线的放射式	6～35kV	一般用于配电供给二级负荷。如公共（热）备用干线电源可靠时，亦可用于一级负荷
单回路树干式	6～35kV架空线路；6～35kV电缆线路	一般用于对三级负荷配电，每条线路装接的变压器约5台以内，总容量一般不超过2000kV·A

（续）

接线方式	接线图	简要说明
单侧供电双回路树干式	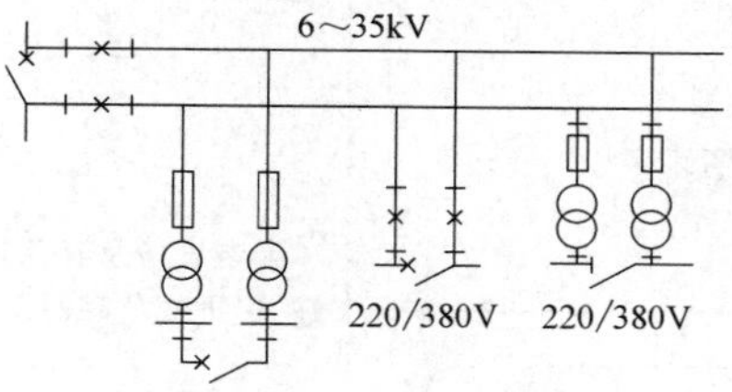 6～35kV 220/380V 220/380V	供电可靠性稍低于双回路放射式，但投资较省，一般用于供给二、三级负荷。当供电电源可靠时，也可供电给一级负荷
双侧供电双回路树干式	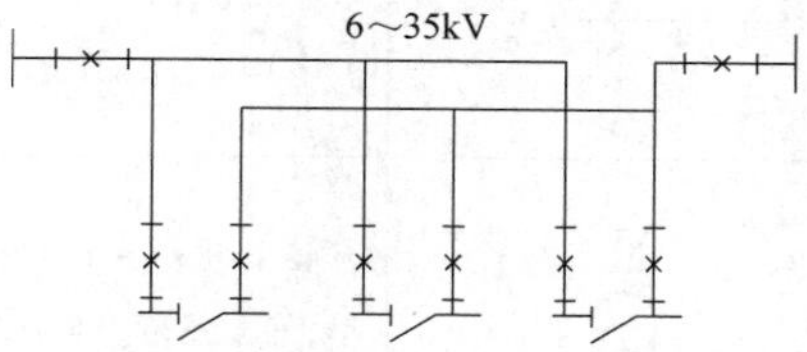 6～35kV	分别由两个电源供电，与单侧供电双回路树干式相比，供电可靠性略有提高，主要用于二级负荷。当供电电源可靠时，也可供电给一级负荷
单侧供电环式	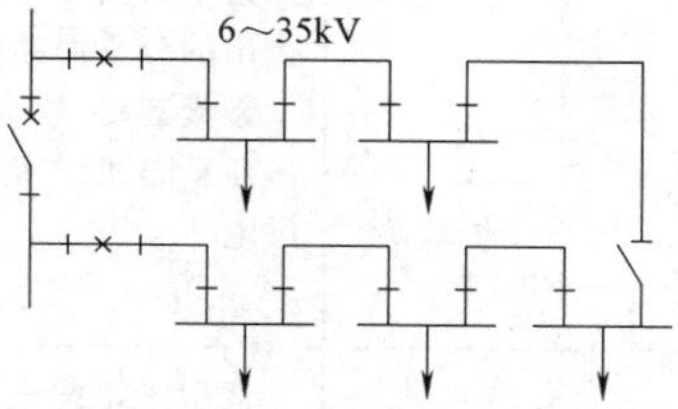 6～35kV	用于对二、三级负荷配电，一般两回电源同时工作开环运行，也可一用一备闭环运行，供电可靠性较高，电力线路检修时可以切换电源，故障时可以切换故障点，缩短停电时间。可对二级负荷配电，保护装置和整定配合都比较复杂
双侧供电环式	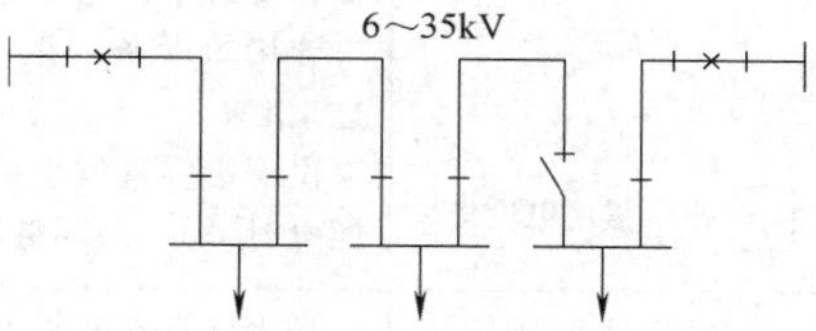 6～35kV	用于对二、三级负荷配电。正常运行时由一侧供电或在线路的负荷分界处断开。配电系统应加闭锁，避免并联，故障后手动切换，寻找故障时要中断供电

2.5.3 常用低压电力配电系统接线见表2-5-3。

表2-5-3 常用低压电力配电系统接线

名称	接线图	简要说明
放射式	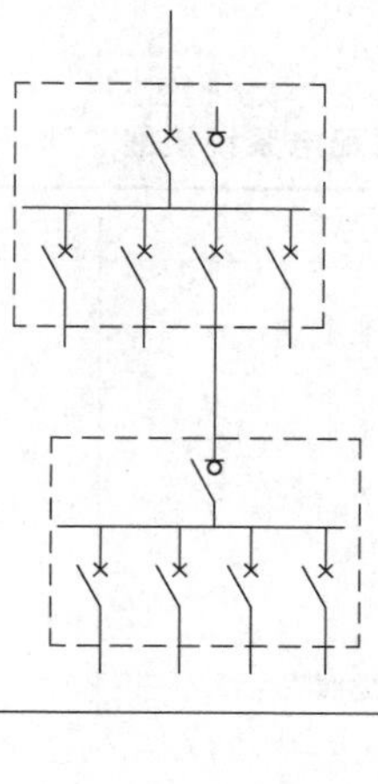	配电线故障互不影响，供电可靠性较高。配电设备集中，检修比较方便，但系统灵活性较差，有色金属消耗较多，一般在下列情况下采用： （1）容量大、负荷集中或重要的用电设备 （2）需要集中联锁起动、停车的设备 （3）有腐蚀性介质和爆炸危险等环境，不宜将用电及保护起动设备放在现场者

（续）

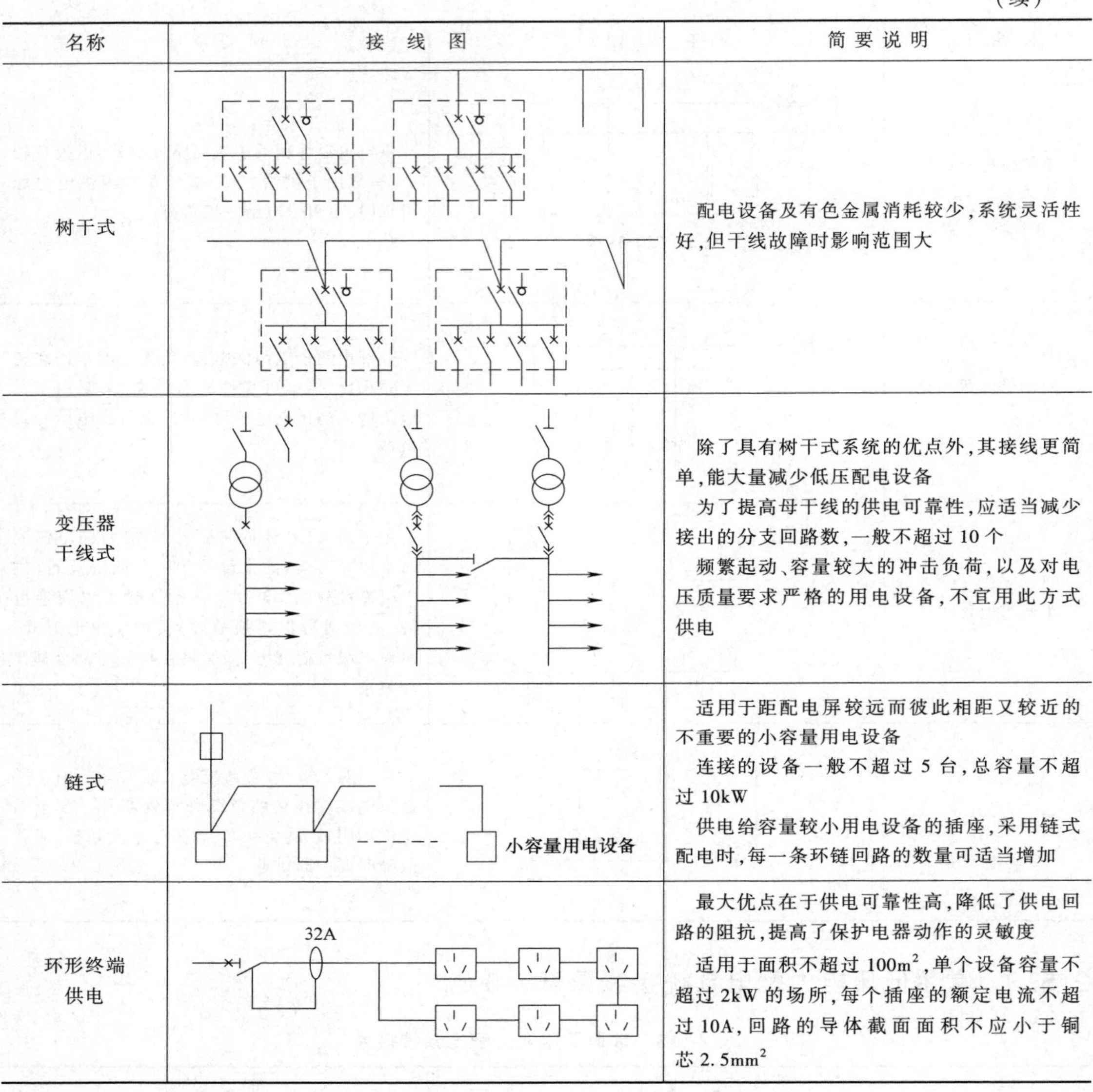

名称	接 线 图	简 要 说 明
树干式		配电设备及有色金属消耗较少，系统灵活性好，但干线故障时影响范围大
变压器干线式		除了具有树干式系统的优点外，其接线更简单，能大量减少低压配电设备 为了提高母干线的供电可靠性，应适当减少接出的分支回路数，一般不超过 10 个 频繁起动、容量较大的冲击负荷，以及对电压质量要求严格的用电设备，不宜用此方式供电
链式	小容量用电设备	适用于距配电屏较远而彼此相距又较近的不重要的小容量用电设备 连接的设备一般不超过 5 台，总容量不超过 10kW 供电给容量较小用电设备的插座，采用链式配电时，每一条环链回路的数量可适当增加
环形终端供电	32A	最大优点在于供电可靠性高，降低了供电回路的阻抗，提高了保护电器动作的灵敏度 适用于面积不超过 $100m^2$，单个设备容量不超过 2kW 的场所，每个插座的额定电流不超过 10A，回路的导体截面面积不应小于铜芯 $2.5mm^2$

2.5.4 常用照明配电系统接线见表 2-5-4。

表 2-5-4 常用照明配电系统接线

供 电 方 式	照明配电系统接线图	简 要 说 明
一台变压器	220/380V 电力负荷 正常照明 带蓄电池的应急照明	照明与电力负荷在母线上分开供电，应急照明线路与正常照明线路分开

（续）

供电方式	照明配电系统接线图	简要说明
一台变压器及一路备用电源线	备用电源 220/380V 电力负荷 正常照明 应急照明	照明与电力负荷在母线上分开供电，应急照明可由备用电源供电
一台变压器及蓄电池组	蓄电池组 自动切换装置 220/380V 电力负荷 正常照明 应急照明	照明与电力负荷在母线上分开供电，应急照明可由蓄电池组供电
两台变压器	220/380V 电力负荷 电力负荷 正常照明 应急照明	照明与电力负荷在母线上分开供电，正常照明和应急照明由不同变压器供电
变压器—干线（一台）	正常照明 220/380V 电力负荷	对外无低压联络线时，正常照明电源接自干线总断路器之前
变压器—干线（两台）	电力干线 电力干线 正常照明 应急照明	两段干线间设联络断路器，照明电源接自变压器低压总开关的后侧，当一台变压器停电时，通过联络开关接到另一段干线上，应急照明由两段干线交叉供电

（续）

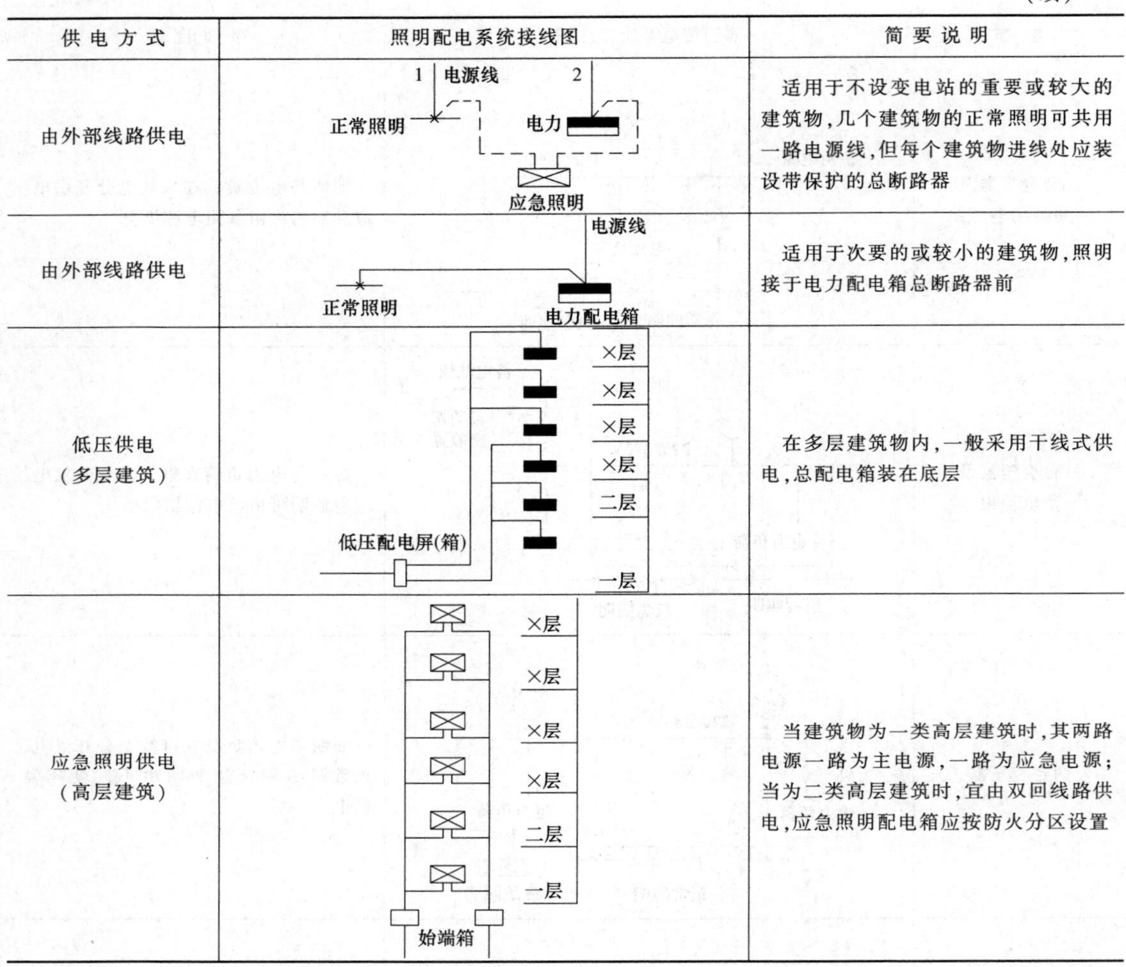

供电方式	照明配电系统接线图	简要说明
由外部线路供电	1 电源线 2 正常照明 电力 应急照明	适用于不设变电站的重要或较大的建筑物，几个建筑物的正常照明可共用一路电源线，但每个建筑物进线处应装设带保护的总断路器
由外部线路供电	电源线 正常照明 电力配电箱	适用于次要的或较小的建筑物，照明接于电力配电箱总断路器前
低压供电 （多层建筑）	×层 ×层 ×层 ×层 二层 低压配电屏(箱) 一层	在多层建筑物内，一般采用干线式供电，总配电箱装在底层
应急照明供电 （高层建筑）	×层 ×层 ×层 ×层 二层 一层 始端箱	当建筑物为一类高层建筑时，其两路电源一路为主电源，一路为应急电源；当为二类高层建筑时，宜由双回线路供电，应急照明配电箱应按防火分区设置

2.5.5 不同建筑低压配电系统的设计要点见表 2-5-5。

表 2-5-5 不同建筑低压配电系统的设计要点

建筑类型	低压配电系统的设计要点
多层建筑	1. 配电系统应满足计量、维修、管理、安全、可靠的要求。动力、照明配电系统应分开设置 2. 电缆或架空进线的进线处应设置电源箱，箱内应设置总进线开关、分路开关及防雷保护电器。箱体一般安装在室内，当必须安装在室外时，应选用室外型电源箱 3. 每栋住宅楼的进线开关应选择带剩余电流保护的四级开关，剩余电流保护宜作报警信号 4. 多层住宅的楼梯照明电源、可视对讲电源、有线电视前端箱电源等公用电源，应单独设置计费电表 5. 多层住宅的垂直干线，宜采用三相供电系统 6. 底层有商业设施的多层住宅，住宅与商业设施电源应分别引入并分别设置电源进线开关。商店的计费电表宜安装在各核算单位，或集中安装在电表箱内 7. 非住宅建筑的其他多层建筑，其配电系统设计应符合下列原则： 1）向各楼层配电小间或配电箱配电的系统，宜采用树干式或分区树干式系统 2）每路干线的配电范围划分，应根据回路容量、负荷密度、维护管理及防火分区等条件综合考虑 3）由楼层配电间（箱）向本层各分配电箱的配电，宜按放射式或与树干式相结合的方式设计 8. 学生单身宿舍配电线路应设保护设施，公寓及有计费要求的单身宿舍，宜设置计费电表 9. 计费方式应满足供电或物业管理部门的要求

（续）

建筑类型	低压配电系统的设计要点
高层建筑	1. 根据照明及动力负荷的分布状况，宜分别设置独立的配电系统 2. 对重要负荷（如消防电梯等），应从配电室以放射式系统直接配电，并设末端双电源自动切换装置 3. 向高层供电的垂直干线系统，视负荷大小及分布状况，可采用如下配电形式： 1）插接母线式系统，宜根据功能要求分段供电 2）电缆干线式系统，宜采用三相电缆线路并通过专用T接箱引至配电箱，或采用预制分支电缆线路配电，其供电范围视负荷分布情况决定 3）应急照明可以采用分区树干式或树干式配电系统 4. 高层住宅楼层配电，宜采用单相配电方式。选用单相电度表分户计量。走廊、楼梯间、电梯厅等公用场所照明，应单设配电回路并设计费电度表，电度表应安装在配电室内 5. 计费电度表后宜装设断路器，电度表宜安装在各层配电间的电表箱内或分户安装 6. 高层宾馆、饭店，宜在每套客房设置客房配电箱，由配电间或配电箱以放射式或树干式回路向客房配电箱供电；贵宾房应采用放射式配电 7. 超高层建筑供配电系统宜按照超高层建筑内的不同功能分区及避难层划分设置相对独立的供配电系统。供避难场所使用的用电设备，应从变电所采用放射式专用线路配电 8. 高度在250m及以上的公共建筑，应增设一个强电竖井，供备用电源线路及应急防灾系统的备份缆线使用。当增设强电竖井有困难时，可与弱电线路增设的竖井合用
居住小区	1. 系统方案：一般采用放射式、树干式或是两者相结合的配电系统，为提高供电可靠性，宜采用环形网络配电系统。小区供电宜留有发展所需的备用回路 2. 居住建筑住户内的用电设备与商业网点、配套设施及公共场所的用电设备应分别设置用电计量。建筑内的各个不同功能分区、不同业态、不同类别的用电宜根据使用及管理需要分别设置电能计量 3. 对一般住宅的多层建筑群，宜采用树干式或环式网络供电。当采用环式网络供电方式时，变压器容量不宜大于1250kV·A。电源箱可以放在一层或室外 4. 住宅以外的其他多层建筑或有较大的集中负荷及重要的建筑，宜由变电所设专线回路供电 5. 小区内的二类高层（18层及以下）建筑，应根据用电负荷的具体情况，小区变电所可采用放射式或树干式配电系统。电源柜（箱）置于一层或地下室内，电源柜（箱）至室外的线路应留有不少于2回路的备用管，照明及动力电源应分别引入 6. 小区内的一类高层（19层及以上）建筑，小区变电所宜采用放射式配电系统，由变电所设专线回路供电，且动力及照明电源应分别引入 7. 小区的路灯电源，应与城市规划相协调，其供电电源宜由专用变压器或专用回路供电
配电间	1. 配电间是指楼层内安装配电箱、控制箱、垂直干线、接地线等所占用的建筑空间 2. 配电间的位置宜接近负荷中心，进出线方便、上下贯通 3. 配电间的数量应视楼层的面积大小、负荷分布和大楼体形及防火分区等因素确定，一般以800m^2左右设一个配电间为宜。当末级配电箱或控制箱集中设置在配电间时，其供电半径宜为30~50m 4. 配电间的空间大小应视电气设备的外形尺寸、数量及操作维护要求确定。需进入操作的配电间，其操作通道宽度不应小于0.8m；不进入操作的，可以只考虑管线及设备的安装尺寸，但配电间的深度不宜小于0.5m 5. 配电间内电缆桥架、插接式母线等线路通过楼板处的所有孔洞应封堵严密 6. 配电间应设不低于丙级标准并向外开的防火门，墙壁应是耐火极限不低于1h的非燃烧体 7. 进入的配电间，应设有照明、火灾探测器等设施 8. 配电间内的电缆桥架与照明箱、照明箱与插接母线之间净距应不小于100mm 9. 配电间内高压、低压或应急电源线路相互之间的间距应不小于300mm，或采取隔离措施，高压线路应设有明显标志。有条件时，强、弱电线路宜分别设置在各自的配电间、弱电间内，受条件限制必须合用配电间时，强、弱电线路应分别在配电间（或弱电间）两侧敷设或采取防止强电对弱电干扰的隔离措施
照明配电箱	1. 照明配电箱的设置，宜按防火分区布置并深入负荷中心 2. 供电范围宜符合下列原则： 1）分支线供电半径宜为30~50m 2）分支线铜导线截面面积不宜小于1.5mm^2 3）分支回路载流量宜按不小于10A设计，光源数量不超过25盏，回路容量不超过2kW 4）电压损失应满足规范要求
动力箱、控制箱	1. 动力箱宜设置在负荷中心，控制箱宜设置在被控设备的附近 2. 链式接线的配电系统，每个链式回路的动力箱台数不宜超过5台；其总容量不宜超过10kW 3. 控制箱或动力箱的电源进线采用树干式供电方式时，进线端宜设有隔离功能的保护电器，并应考虑保护的选择性配合。当进线采用专线回路供电时，可只设置隔离电器 4. 控制回路电压等级除有特殊要求者外，应为交流220V或380V

2.6 供电电压选择

2.6.1 电力线路合理输送功率和距离。

用电单位的供电电压应从用电容量、用电设备特性、供电距离、供电线路回路数、用电单位远景规划、当地公共电网现状和发展规划以及经济合理等因素考虑确定。电力线路合理输送功率和距离见表 2-6-1。

表 2-6-1 电力线路合理输送功率和距离

标称电压/kV	线路结构	输送功率/kW	送电距离/km
0.22	架空线	50 以下	0.15 以下
0.22	电缆线	100 以下	0.2 以下
0.38	架空线	100 以下	0.25 以下
0.38	电缆线	175 以下	0.35 以下
6	架空线	2000 以下	5~10
6	电缆线	3000 以下	8 以下
10	架空线	3000 以下	8~15
10	电缆线	5000 以下	10 以下
35	架空线	2000~10000	20~50
110	架空线	5000~10000	50~150
220	架空线	100000~150000	200~300

2.6.2 10kV 线路经济供电半径见表 2-6-2。

表 2-6-2 10kV 线路经济供电半径

负荷密度/(kW/m^2)	经济供电半径/km	负荷密度/(kW/m^2)	经济供电半径/km
5 以下	20	20~30	12~10
5~10	20~16	30~40	10~8
10~20	16~12	40 以上	小于 8

2.6.3 10kV 聚乙烯绝缘电力电缆的供电距离见表 2-6-3。

表 2-6-3 10kV 聚乙烯绝缘电力电缆的供电距离 （单位：km）

电力电缆截面面积/mm^2		允许负荷		电压损失/(%/MW · km)	允许负荷下的供电距离/km		
					允许电压损失(%)		
		S/MV · A	P/MW	$\cos\varphi=0.9$	3	5	7
铝	35	2.165	1.949	1.074	1.433	2.389	3.344
	50	2.511	2.260	0.756	1.735	2.892	4.049
	70	3.188	2.806	0.559	1.913	3.188	4.463
	95	3.724	3.352	0.423	2.116	3.526	4.937
	120	4.244	3.802	0.343	2.300	3.840	5.368
	150	4.763	4.287	0.283	2.473	4.121	5.770
	185	5.369	4.832	0.236	2.631	4.385	6.138
	240	6.235	5.612	0.190	2.814	4.689	6.565

（续）

电力电缆截面面积/mm²		允许负荷		电压损失/（%/MW·km） cosφ=0.9	允许负荷下的供电距离/km 允许电压损失（%）		
		S/MV·A	P/MW		3	5	7
铜	35	2.771	2.494	0.667	1.777	2.961	4.146
	50	3.291	2.962	0.487	2.080	3.466	4.853
	70	3.894	3.586	0.359	2.330	3.884	5.437
	95	4.763	4.287	0.276	2.535	4.226	5.916
	120	5.369	4.832	0.227	2.735	4.558	6.382
	150	6.602	5.456	0.190	2.984	4.823	6.753
	185	6.842	6.158	0.162	3.007	5.012	7.017
	240	7.881	7.093	0.133	3.810	5.300	7.420

注：1. 电缆线路为埋地敷设，$T=25℃$、线芯工作温度 $\theta=90℃$、土壤电阻率 $\rho=1.2℃\cdot m/W$。

2. 10kV 用户补偿后的功率因数为 0.9。

3. 允许负荷下的供电距离系按线路末端集中负荷计算，当实际工程为分布式负荷时，供电距离将大于表中的数据。

2.7 电能质量

2.7.1 电压允许偏差。

1. 用电设备端子电压允许偏差（以额定电压的百分数表示）见表 2-7-1。

表 2-7-1 用电设备端子电压允许偏差（以额定电压的百分数表示）

用电设备	一般电动机	电梯电动机	无特殊要求的用电设备	一般照明	在视觉要求较高的室内	应急照明、道路照明、警卫照明	医用X光机
电压允许偏差	±5%	±7%	±5%	±5%	-2.5%~+5%	-10%~+5%	±10%

2. 供电部门与用户产权分界处的供电电压允许偏差见表 2-7-2。

表 2-7-2 供电部门与用户产权分界处的供电电压允许偏差

系统标称电压/kV	供电电压允许偏差（%）
≥35	正、负偏差绝对值之和≤10
≤10 三相	±7
0.22 单相相电压	+7，-10

3. 允许线路电压损失见表 2-7-3。

表 2-7-3 允许线路电压损失

名　　称	允许线路电压损失（%）
从配电变压器二次侧母线算起的低压线路	5
从配电变压器二次侧母线算起的供给照明负荷的低压线路	3~5
从 110（35）/10（6）kV 变压器二次侧母线算起的 10（6）kV 母线	5

2.7.2 三相 380V 的电压降。

1. 三相 380V 铜母线槽的每安培千米线路电压损失见表 2-7-4。

表 2-7-4 三相 380V 铜母线槽的每安培千米线路电压损失 [单位:%/(A·km)]

型号或规格/A		电阻 θ=65℃/(Ω/km)	感抗/(Ω/km)	cosφ					
				0.5	0.6	0.7	0.8	0.9	1.0
空气式	100	0.744	0.708	0.456	0.470	0.478	0.476	0.458	0.353
	160	0.382	0.366	0.232	0.238	0.241	0.239	0.230	0.174
	200	0.317	0.307	0.194	0.198	0.201	0.200	0.191	0.145
	315	0.174	0.180	0.111	0.113	0.114	0.113	0.107	0.079
	400	0.131	0.138	0.084	0.086	0.087	0.086	0.081	0.060
	500	0.104	0.112	0.068	0.069	0.070	0.069	0.065	0.047
	630	0.089	0.159	0.083	0.082	0.080	0.076	0.068	0.041
密集式	100	0.556	0.163	0.191	0.212	0.231	0.247	0.261	0.254
	250	0.139	0.041	0.048	0.053	0.058	0.062	0.065	0.063
	400	0.113	0.031	0.038	0.042	0.046	0.050	0.053	0.052
	630	0.094	0.025	0.031	0.035	0.038	0.041	0.043	0.043
	800	0.082	0.021	0.027	0.030	0.033	0.036	0.038	0.037
	1000	0.065	0.017	0.022	0.024	0.026	0.028	0.030	0.029
	1250	0.057	0.014	0.019	0.021	0.023	0.025	0.026	0.026
	1600	0.045	0.013	0.015	0.017	0.019	0.020	0.021	0.020
	2500	0.025	0.007	0.008	0.009	0.010	0.011	0.012	0.011

注：θ 为导体工作温度。

2. 1kV 交联聚乙烯绝缘电力电缆用于三相 380V 系统的每安培千米线路电压损失见表 2-7-5。

表 2-7-5 1kV 交联聚乙烯绝缘电力电缆用于三相 380V 系统的每安培千米线路电压损失

[单位:%/(A·km)]

截面面积/mm²	感抗/(Ω/km)	铜							铝或铝合金						
		电阻 θ=80℃/(Ω/km)	cosφ						电阻 θ=80℃/(Ω/km)	cosφ					
			0.5	0.6	0.7	0.8	0.9	1.0		0.5	0.6	0.7	0.8	0.9	1.0
4	0.097	5.332	1.253	1.494	1.733	1.971	2.207	2.430	8.742	2.031	2.426	2.821	3.214	3.605	3.985
6	0.092	3.554	0.846	1.005	1.164	1.321	1.476	1.620	5.828	1.364	1.627	1.889	2.150	2.409	2.656
10	0.085	2.175	0.529	0.626	0.722	0.816	0.909	0.991	3.541	0.841	0.999	1.157	1.314	1.469	1.614
16	0.082	1.359	0.342	0.402	0.460	0.518	0.547	0.619	2.230	0.541	0.640	0.738	0.836	0.931	1.016
25	0.082	0.870	0.231	0.268	0.304	0.340	0.373	0.397	1.426	0.357	0.420	0.482	0.542	0.601	0.650
35	0.080	0.622	0.173	0.199	0.224	0.249	0.271	0.284	1.019	0.264	0.308	0.351	0.393	0.434	0.464
50	0.080	0.435	0.131	0.148	0.165	0.180	0.194	0.198	0.713	0.194	0.224	0.254	0.282	0.308	0.325
70	0.078	0.310	0.101	0.113	0.124	0.134	0.143	0.141	0.510	0.147	0.168	0.188	0.207	0.225	0.232
95	0.077	0.229	0.083	0.091	0.098	0.105	0.109	0.104	0.376	0.116	0.131	0.145	0.158	0.170	0.171
120	0.077	0.181	0.072	0.078	0.083	0.087	0.090	0.082	0.297	0.098	0.109	0.120	0.129	0.137	0.135
150	0.077	0.145	0.063	0.068	0.071	0.074	0.075	0.066	0.238	0.085	0.093	0.101	0.108	0.113	0.108
185	0.077	0.118	0.057	0.060	0.063	0.064	0.064	0.054	0.192	0.074	0.081	0.086	0.091	0.094	0.088
240	0.077	0.091	0.051	0.053	0.054	0.054	0.053	0.041	0.148	0.064	0.069	0.072	0.075	0.076	0.067

注：θ 为导体工作温度。

3. 1kV 聚乙烯绝缘电力电缆用于三相 380V 系统的每安培千米线路电压损失见表 2-7-6。

表 2-7-6　1kV 聚乙烯绝缘电力电缆用于三相 380V 系统的每安培千米线路电压损失

[单位:%/(A·km)]

截面面积/mm²	感抗/(Ω/km)	铜							铝或铝合金						
		电阻 θ=60℃/(Ω/km)	cosφ						电阻 θ=60℃/(Ω/km)	cosφ					
			0.5	0.6	0.7	0.8	0.9	1.0		0.5	0.6	0.7	0.8	0.9	1.0
2.5	0.100	7.981	1.858	2.219	2.579	2.937	3.294	3.638	13.085	3.021	3.615	4.207	4.799	5.387	5.964
4	0.093	4.988	1.173	1.398	1.622	1.844	2.065	2.273	8.178	1.900	2.270	2.639	3.007	3.373	3.727
6	0.093	3.325	0.794	0.943	1.090	1.238	1.382	1.516	5.452	1.279	1.525	1.770	2.013	2.255	2.485
10	0.087	2.035	0.498	0.588	0.678	0.766	0.852	0.928	3.313	0.789	0.938	1.085	1.232	1.376	1.510
16	0.082	1.272	0.322	0.378	0.433	0.486	0.538	0.580	2.085	0.508	0.600	0.692	0.783	0.872	0.950
25	0.075	0.814	0.215	0.250	0.284	0.317	0.349	0.371	1.334	0.334	0.392	0.450	0.507	0.562	0.608
35	0.072	0.581	0.161	0.185	0.209	0.232	0.253	0.265	0.954	0.246	0.287	0.328	0.368	0.406	0.435
50	0.072	0.407	0.121	0.138	0.153	0.168	0.181	0.186	0.668	0.181	0.209	0.237	0.263	0.288	0.304
70	0.069	0.291	0.094	0.105	0.115	0.125	0.133	0.133	0.476	0.136	0.155	0.174	0.192	0.209	0.217
95	0.069	0.214	0.076	0.084	0.091	0.097	0.101	0.098	0.351	0.107	0.121	0.134	0.147	0.158	0.160
120	0.069	0.169	0.066	0.071	0.076	0.080	0.083	0.077	0.278	0.091	0.101	0.111	0.120	0.128	0.127
150	0.069	0.136	0.058	0.062	0.066	0.068	0.069	0.062	0.223	0.078	0.086	0.094	0.100	0.105	0.102
185	0.069	0.110	0.052	0.055	0.058	0.059	0.059	0.050	0.180	0.068	0.074	0.080	0.085	0.088	0.082
240	0.069	0.085	0.047	0.048	0.050	0.050	0.049	0.039	0.139	0.059	0.063	0.067	0.070	0.071	0.063

注：θ 为导体工作温度。

4. 三相 380V 铜芯导线的每安培千米线路电压损失见表 2-7-7。

表 2-7-7　三相 380V 铜芯导线的每安培千米线路电压损失　[单位:%/(A·km)]

截面面积/mm²	电阻 θ=60℃/(Ω/km)	电线明敷(相间距离 150mm)							电线穿管						
		感抗/(Ω/km)	cosφ						感抗/(Ω/km)	cosφ					
			0.5	0.6	0.7	0.8	0.9	1.0		0.5	0.6	0.7	0.8	0.9	1.0
1.5	13.933	0.368	3.321	3.944	4.565	5.181	5.789	6.351	0.138	3.230	3.861	4.490	5.118	5.743	6.351
2.5	8.360	0.353	2.045	2.415	2.782	3.145	3.499	3.810	0.127	1.955	2.333	2.709	3.083	3.455	3.810
4	5.172	0.338	1.312	1.538	1.760	1.978	2.189	2.357	0.119	1.226	1.458	1.689	1.918	2.145	2.357
6	3.467	0.325	0.918	1.067	1.212	1.353	1.487	1.580	0.112	0.834	0.989	1.143	1.295	1.444	1.580
10	2.040	0.306	0.586	0.669	0.750	0.828	0.898	0.930	0.108	0.508	0.597	0.686	0.773	0.858	0.930
16	1.248	0.290	0.399	0.447	0.493	0.534	0.570	0.569	0.102	0.325	0.378	0.431	0.483	0.532	0.569
25	0.805	0.277	0.293	0.321	0.347	0.369	0.385	0.367	0.099	0.223	0.256	0.289	0.321	0.350	0.367
35	0.579	0.266	0.237	0.255	0.271	0.284	0.290	0.264	0.095	0.169	0.193	0.216	0.237	0.256	0.264
50	0.398	0.251	0.190	0.200	0.209	0.214	0.213	0.181	0.091	0.127	0.142	0.157	0.170	0.181	0.181
70	0.291	0.242	0.162	0.168	0.172	0.172	0.167	0.133	0.089	0.101	0.112	0.122	0.130	0.137	0.133
95	0.217	0.231	0.141	0.144	0.144	0.142	0.135	0.099	0.088	0.084	0.091	0.098	0.103	0.106	0.099
120	0.171	0.223	0.127	0.128	0.127	0.123	0.114	0.078	0.083	0.072	0.077	0.082	0.085	0.087	0.078
150	0.137	0.216	0.116	0.116	0.114	0.109	0.099	0.062	0.082	0.064	0.067	0.070	0.072	0.072	0.062
185	0.112	0.209	0.108	0.107	0.104	0.098	0.087	0.051	0.082	0.058	0.061	0.062	0.063	0.062	0.051
240	0.086	0.200	0.099	0.096	0.093	0.086	0.075	0.039	0.080	0.051	0.053	0.053	0.053	0.051	0.039

注：θ 为导体工作温度。

5. 单相交流 220V 及直流聚氯乙烯绝缘铜芯电线的每安培千米线路电压损失见表 2-7-8。

表 2-7-8 单相交流 220V 及直流聚氯乙烯绝缘铜芯电线的每安培千米线路电压损失

[单位:%/(A·km)]

截面面积/mm²	电阻 θ=60℃ /(Ω/km)	电线明敷(距离 150mm)							电线穿管						
		感抗/(Ω/km)	cosφ						感抗/(Ω/km)	cosφ					
			0.5	0.6	0.7	0.8	0.9	1.0 直流		0.5	0.6	0.7	0.8	0.9	1.0 直流
1.5	13.933	0.368	6.622	7.867	9.104	10.33	11.54	12.67	0.138	6.441	7.699	8.955	10.21	11.45	12.67
2.5	8.360	0.353	4.077	4.816	5.549	6.272	6.979	7.599	0.127	3.978	4.652	5.402	6.149	6.890	7.599
4	5.172	0.338	2.617	3.067	3.510	3.944	4.365	4.701	0.119	2.444	2.907	3.368	3.826	4.278	4.701
6	3.467	0.325	1.832	2.127	2.417	2.698	2.965	3.152	0.112	1.664	1.972	2.279	2.582	2.881	3.152
10	2.040	0.306	1.168	1.335	1.497	1.650	1.790	1.854	0.108	1.012	1.191	1.368	1.542	1.712	1.854
16	1.248	0.290	0.796	0.892	0.982	1.066	1.136	1.134	0.102	0.648	0.755	0.860	0.963	1.061	1.134
25	0.805	0.277	0.584	0.640	0.692	0.736	0.768	0.732	0.099	0.444	0.511	0.576	0.639	0.698	0.732
35	0.579	0.266	0.473	0.509	0.541	0.566	0.579	0.526	0.095	0.338	0.385	0.430	0.473	0.511	0.526
50	0.398	0.251	0.378	0.400	0.416	0.426	0.426	0.362	0.091	0.253	0.283	0.312	0.339	0.362	0.362
70	0.291	0.242	0.323	0.335	0.342	0.344	0.334	0.265	0.088	0.202	0.235	0.242	0.260	0.273	0.265
95	0.217	0.231	0.280	0.287	0.288	0.284	0.269	0.197	0.089	0.169	0.183	0.196	0.206	0.213	0.197
120	0.171	0.223	0.253	0.255	0.254	0.246	0.228	0.155	0.083	0.143	0.154	0.163	0.170	0.173	0.155
150	0.137	0.216	0.232	0.232	0.227	0.217	0.198	0.125	0.082	0.127	0.134	0.140	0.144	0.145	0.125
185	0.112	0.209	0.215	0.213	0.207	0.195	0.174	0.102	0.082	0.115	0.121	0.124	0.126	0.124	0.102

注：1. θ 为导体工作温度。

2. 单相线路的感抗值与三相线路的感抗值不同，但在工程中可以忽略其误差。对于上表、电线截面面积为 50mm² 及以下时误差约 1%，50mm² 以上时最大误差约 5%。

2.7.3 线路负荷矩

1. 不同电压降下 36V 及直流线路负荷矩见表 2-7-9。

表 2-7-9 不同电压降下 36V 及直流线路负荷矩 (单位：W·m)

ΔU%	截面面积/mm²(铜)										
	导体工作温度 60℃，单相 cosφ=1 及直流										
	1.5	2.5	4	6	10	16	25	35	50	70	95
1	487	812	1299	1949	3248	5197	8120	11368	16240	22736	30856
2	974	1624	2598	3898	6496	10394	16240	22736	32480	45472	61712
3	1462	2436	3898	5846	9744	15590	24360	34104	48720	68208	92568
4	1949	3248	5197	7795	12992	20787	32480	45472	64960	90944	123424
5	2436	4060	6496	9744	16240	25984	40600	56840	81200	113680	154280
6	2923	4872	7795	11693	19488	31181	48720	68208	97440	136416	185136
7	3410	5684	9094	13642	22736	36378	56840	79576	113680	159152	215992
8	3998	6496	10394	15590	25984	41574	64960	90944	129920	181888	246848
9	4385	7308	11693	17539	29232	46771	73080	102312	146160	204624	277704
10	4872	8120	12992	19488	32480	51968	81200	113680	162400	227360	308560

2. 不同电压降下 24V 及直流线路负荷矩见表 2-7-10。

表 2-7-10 不同电压降下 24V 及直流线路负荷矩 （单位：W · m）

ΔU%	截面面积/mm²(铜)										
	导体工作温度 60℃，单相 $\cos\varphi=1$ 及直流										
	1.5	2.5	4	6	10	16	25	35	50	70	95
1	217	361	578	866	1444	2310	3610	5054	7220	10108	13718
2	433	722	1155	1733	2888	4621	7220	10108	14440	20216	27436
3	650	1083	1733	2599	4332	6931	10830	15162	21660	30324	41154
4	866	1444	2310	3466	5776	9242	14440	20216	28880	40432	54872
5	1083	1805	2888	4332	7220	11552	18050	25270	36100	50540	68590
6	1300	2166	3466	5198	8664	13862	21660	30324	43320	60648	82308
7	1516	2527	4043	6065	10108	16173	25270	35378	50540	70756	96026
8	1733	2888	4621	6931	11552	18483	28880	40432	57760	80864	109744
9	1949	3249	5198	7798	12996	20794	32490	45486	64980	90972	123462
10	2166	3610	5776	8664	14440	23104	36100	50540	72200	101080	137180

2.7.4 谐波限制值

1. 电网谐波电压限制值见表 2-7-11。

表 2-7-11 电网谐波电压限制值

电网标称电压/kV	电压总谐波畸变率(%)	各次谐波含有率(%)	
		奇次	偶次
0.38	5.0	4.0	2.0
6	4.0	3.2	1.6
10			
35	3.0	2.4	1.2

2. 注入公共连接点的谐波电流允许值见表 2-7-12。

表 2-7-12 各次谐波电流允许值

标称电压/kV	基准短路容量/MV · A	谐波次数及谐波电流允许值/A																							
		2	3	4	5	6	7	8	9	10	11	12	13	14	15	16	17	18	19	20	21	22	23	24	25
0.38	10	78	62	39	62	26	44	19	21	16	28	13	24	11	12	9.7	18	8.6	16	7.8	8.9	7.1	14	6.5	12
6	100	43	34	21	34	14	24	11	11	8.5	16	7.1	13	6.1	6.8	5.3	10	4.7	9.0	4.3	4.9	3.9	7.4	3.6	6.8
10	100	26	20	13	20	8.5	15	6.4	6.8	5.1	9.3	4.3	7.9	3.7	4.1	3.2	6.0	2.8	5.4	2.6	2.9	2.3	4.5	2.1	4.1
35	250	15	12	7.7	12	5.1	8.8	3.8	4.1	3.1	5.6	2.6	4.7	2.2	2.5	1.9	3.6	1.7	3.2	1.5	1.8	1.4	2.7	1.3	2.5

注：当电网短路容量与本表中的基准短路容量不同时，谐波电流允许值与电网的短路容量成正比。

2.7.5 为减小电压偏差设计供配电系统时的要求见表 2-7-13。

表 2-7-13 为减小电压偏差设计供配电系统时的要求

序号	为减小电压偏差设计供配电系统的要求	序号	为减小电压偏差设计供配电系统的要求
1	正确选择变压器的电压比和电压分接头	3	采取补偿无功功率措施
2	降低系统阻抗	4	使三相负荷平衡

2.7.6 冲击性负荷引起的电网电压波动和电压闪变。

对波动负荷的供电，除电动机起动时允许的电压下降情况外，当需要降低波动负荷引起的电网电压波动和电压闪变时，宜采取的措施见表 2-7-14。

表 2-7-14 降低冲击性负荷引起的电网电压波动和电压闪变宜采取的措施

序号	降低冲击性负荷引起的电网电压波动和电压闪变宜采取的措施
1	采用专线供电
2	与其他负荷共用配电线路时，降低配电线路阻抗
3	较大功率的冲击性负荷或冲击性负荷群与对电压波动、闪变敏感的负荷分别由不同的变压器供电
4	对于大功率电弧炉的炉用变压器，由短路容量较大的电网供电
5	采用动态无功补偿装置或动态电压调节装置

2.7.7 非线性用电设备产生的谐波引起的电网电压正弦波形畸变率。

控制各类非线性用电设备所产生的谐波引起电网电压正弦波形畸变率宜采取的措施见表 2-7-15。

表 2-7-15 控制各类非线性用电设备所产生的谐波引起电网电压正弦波形畸变率宜采取的措施

序号	控制各类非线性用电设备所产生的谐波引起的电网电压正弦波形畸变率宜采取的措施
1	各类大功率非线性用电设备变压器，由短路容量较大的电网供电
2	对大功率静止整流器，采用增加整流变压器二次侧的相数和整流器的整流脉冲数，或采用多台相数相同的整流装置，并使整流变压器的二次侧有适当的相角差，或按谐波次数装设分流滤波器
3	选用 D，yn11 联结组标号的三相配电变压器

2.7.8 三相低压配电系统的不对称度。

为降低三相低压配电系统的不对称度，设计低压配电系统时宜采取的措施见表 2-7-16。

表 2-7-16 降低三相低压配电系统的不对称度设计低压配电系统时宜采取的措施

序号	降低三相低压配电系统的不对称度宜采取的措施
1	220V 或 380V 单相用电设备接入 220/380V 三相系统时，宜使三相平衡
2	由地区公共低压电网供电的 220V 照明负荷，线路电流小于或等于 30A 时，可采用 220V 单相供电；大于 30A 时，宜以 220/380V 三相四线制供电

2.7.9 电压波动和闪变限值见表 2-7-17。

表 2-7-17 电压波动和闪变限值

r/(次/h)	电压变动 d 的限值(%)		备注
	低压、中压	高压	
$r\leq1$	4	3	1. 考核点是系统公共连接点 PCC 2. 每日少于 1 次的变动频度，d 可放宽 3. 对于随机性不规则的电压波动，表中标有“*”的值为其限值 4. 高、中、低压划分符合《标准电压》GB/T 156—2017
$1<r\leq10$	3*	2.5*	
$10<r\leq100$	2	1.5	
$100<r\leq1000$	1.25	1	

（续）

r/(次/h)	电压变动 d 的限值(%)		备　注
	低压、中压	高压	
闪变限值 P_{1t}			电力系统公共连接点 PCC，系统正常运行的较小方式下，P_{1t} 以一周(168h)为测量周期
系统电压等级	≤110kV	>110kV	
闪变限值 P_{1t}	1	0.8	

注：表中 r 为电压变动频度，即单位时间内电压变动的次数（电压由大到小或由小到大各算一次变动）。不同方向的若干次变动，如间隔时间小于 30ms，则算一次变动。

2.7.10　暂时过电压和瞬态过电压限值见表 2-7-18。

表 2-7-18　暂时过电压和瞬态过电压限值

电压等级/kV		工频过电压限值(p.u.)	备　注
35～66		$\sqrt{3}$	1. 工频过电压是暂时过电压的一种 2. p.u. 是标幺值
3～10		$1.1\sqrt{3}$	
电力系统中性点接地方式		操作过电压限值(p.u.)	备　注
1～66kV 系统单相间隙性电弧接地	不接地	3.5	1. 操作过电压是瞬态过电压的一种 2. p.u. 是标幺值
	消弧线圈接地	3.2	
	电阻接地	2.5	

注：1. 工频过电压的 1.0p.u. $=U_m/\sqrt{3}$，U_m 为系统最高电压。

2. 操作过电压的 1.0p.u. $=\sqrt{2}U_m/\sqrt{3}$，数值表示该过电压相对地过电压。

2.7.11　电力系统频率允许偏差限值见表 2-7-19。

表 2-7-19　电力系统频率允许偏差限值

允许偏差限值	备　注
1. 正常运行时允许±0.2Hz，当系统容量较小时可以放宽到±0.5Hz	频率测量仪绝对误差≤±0.01Hz
2. 用户冲击负荷引起的系统频率变动一般不得超过±0.2Hz	

2.7.12　三相电压允许不平衡度允许限值见表 2-7-20。

表 2-7-20　三相电压允许不平衡度允许限值

允　许　限　值	备　注
1. 正常运行时，负序电压不平衡度≤2%，短时≤4%	衡量点为公共连接点 PCC
2. 每个用户引起的 PCC 的负序电压不平衡度≤1.3%，短时≤2.6%	

评　　注

民用建筑用电设备因负荷级别不同，对供电的可靠性也有不同要求，因此要对负荷进行分析，确定合理的供配电系统网络架构，满足供电的可靠性，并实现经济运行。供配电系统网络架构包括放射式、树干式、环式或其他组合方式。应急电源与正常电源之间，应采取防止并列运行的措施。供配电系统要做到供电合理，不造成浪费，初始投资不增加。

小　　结

供配电系统应进行全面的统筹规划，根据电力负荷因事故中断供电造成的损失或影响的程度，区分其对供电可靠性的要求，应分别统计特别重要负荷、一级负荷、二级负荷、三级负荷的数量和容量，并研究在电源出现故障时电源保证供电的程度，根据负荷等级采取相应的供电方式，避免产生能耗大、资金浪费及配置不合理等问题，以提高投资的经济效益和社会效益。

3 变配电所与柴油发电机机房

3.1 变配电所设计要求

3.1.1 变配电所设计要求见表 3-1-1。

表 3-1-1 变配电所设计要求

设计原则	1. 变电所设计应根据工程特点、负荷性质、用电容量、供电条件、节约电能、安装、运行维护要求等因素，合理确定设计方案，并适当考虑发展的可能性 2. 变电所设计和电气设备的安装应采取抗震措施 3. 民用建筑宜按不同业态和功能分区设置变电所，当供电负荷较大，供电半径较长时，宜分散设置；超高层建筑的变电所宜分设在地下室、裙房、避难层、设备层及屋顶层等处
所址选择	①深入或靠近负荷中心；②进出线方便；③设备吊装、运输方便；④不应设在对防电磁辐射干扰有较高要求的场所；⑤不宜设在多尘、水雾或有腐蚀性气体的场所，当无法远离时，不应设在污染源的下风侧；⑥不应设在厕所、浴室、厨房或其他经常有水并可能漏水场所的正下方，且不宜与上述场所贴邻；如果贴邻，相邻隔墙应做无渗漏、无结露等防水处理；⑦变电所为独立建筑物时，不应设置在地势低洼和可能积水的场所
配电变压器选择	1. 配电变压器的长期工作负载率不宜大于 85%；当有一级和二级负荷时，宜装设两台及以上变压器，当一台变压器停运时，其余变压器容量应满足一级和二级负荷用电要求 2. 设置在民用建筑内的变压器，应选择干式变压器、气体绝缘变压器或非可燃性液体绝缘变压器 3. 变压器低压侧电压为 0.4kV 时，单台变压器容量不宜大于 2000kV · A，当仅有一台时，不宜大于 1250kV · A；预装式变电站变压器容量采用干式变压器时不宜大于 800kV · A，采用油浸式变压器时不宜大于 630kV · A
所用电源	1. 变电所需要两路交流 220/380V 所用电源，可分别引自配电变压器低压侧两段母线。无配电变压器时，可引自较近的配电变压器。距配电变压器较远时，宜设所用变压器 2. 重要或规模较大的变电所，宜设两台所用变压器，安装在高压开关柜内，容量为 30～50kV · A。分别提供两回路所用电源，并宜装设备用电源自动投入装置 3. 大中型变电所宜设检修电源

（续）

操作电源	1. 35kV、20kV 或 10kV 变电所的直流操作电源，宜采用免维护阀控式密封铅酸蓄电池组。根据变电所的规模，可选用壁挂式或落地式直流屏，也可选用安装于高压开关柜仪表室变电所用小型直流电源，其交流电源直接取自电压互感器二次侧 2. 当断路器（采用弹簧储能）操动机构的储能与合、分闸需要的电源小于 10A 时，直流操作电源宜采用 110V 3. 当采用直流电源装置作操作电源时，直流母线电压允许波动范围应为额定电压的 85%～110%，纹波系数不应大于 1% 4. 交流操作电源为交流 220V，应具有双电源切换装置。控制电源采用不接地系统，并设有绝缘检查装置 5. 当小型变电所采用弹簧储能交流操动机构时，可采用在线式不间断电源装置（UPS）作为合分闸操作电源。为增加 UPS 的可靠性，可使用两套 UPS 并联，并应采用并联闭锁措施
变电所形式	1. 高层或大型公共建筑应设室内变电所 2. 小型分散的公共建筑群及住宅小区宜设户外预装式变电所，有条件时也可设置室内或外附式变电所

3.1.2 6～20kV 变电所高压常用主接线见表 3-1-2。

表 3-1-2 6～20kV 变电所高压常用主接线

设备名称	主接线简图	简要说明
带高压室的变电站	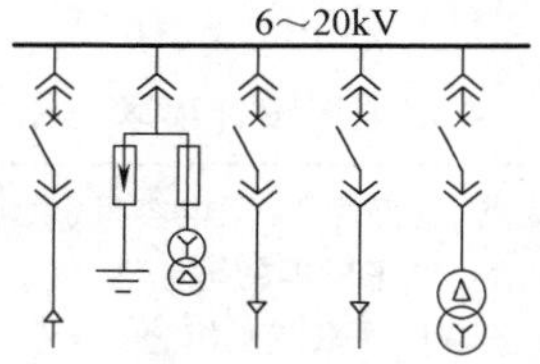 6～20kV	电源引自用电单位总配变电站
	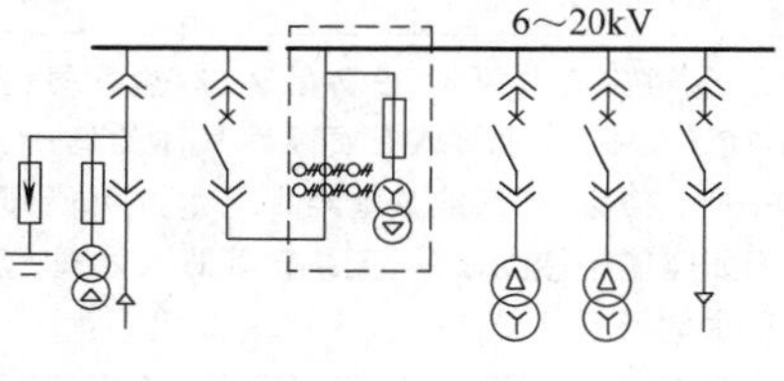 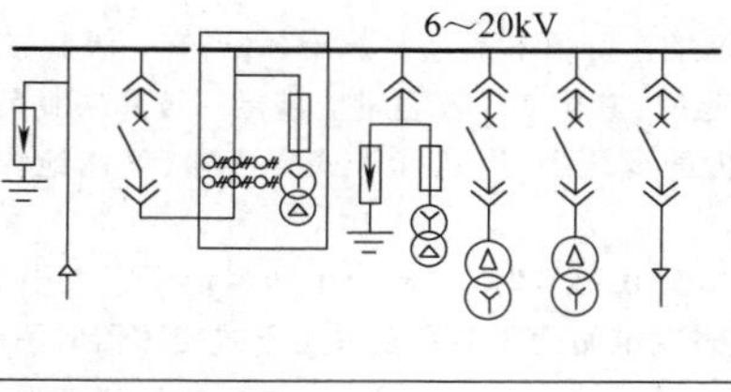 6～20kV 6～20kV	电源引自电力系统，装设专用的计量柜。若电力部门同意时，进线断路器也可以不装 进线上的避雷器如安装在开关柜内时，则宜加隔离开关
单母线	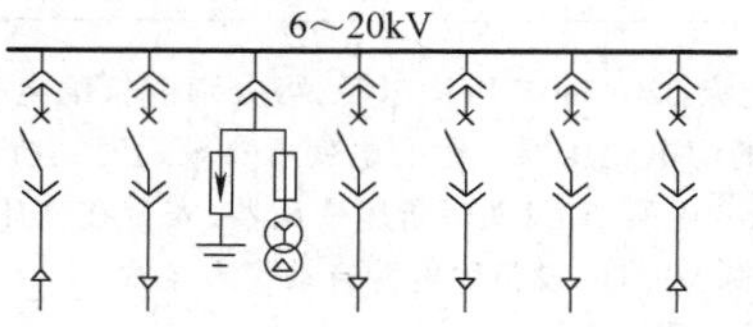 6～20kV	电源引自电力系统，一路工作，一路备用（手动投入），一般用于二级负荷配电 需要装设计量装置时，两回电源线路的专用计量柜均装设在电源线路的送电端

（续）

设备名称	主接线简图	简要说明
分段单母线（隔离开关受电）	6～20kVⅠ段 6～20kVⅡ段	适用于电源引自本企业的总变（配）电站，放射式接线。供二、三级负荷用电，采用固定式高压开关柜
	6～20kVⅠ段 6～20kVⅡ段	用于电源引自本企业的总变（配）电站，两路工作电源，分段断路器可自动投入也可手动投入，且出线回路较多的变（配）电站，适用于对一、二级负荷的供电变电站
分段单母线（断路器受电）	6～20kVⅠ段 6～20kVⅡ段 6～20kVⅠ段 6～20kVⅡ段	用于两路电源引自电力系统，需装设专用计量柜的变（配）电站 两路工作电源，分段断路器可自动投入也可手动投入，且出线回路较多的变（配）电站，适用于对一、二级负荷的供电变电站

3.1.3 6～20kV变电所常用低压主接线见表3-1-3。

表3-1-3 6～20kV变电所常用低压主接线

设备名称	低压侧接线简图	简要说明
一台变压器	0.22/0.38kV	适用于负荷级别较低的三级负荷的供电系统

（续）

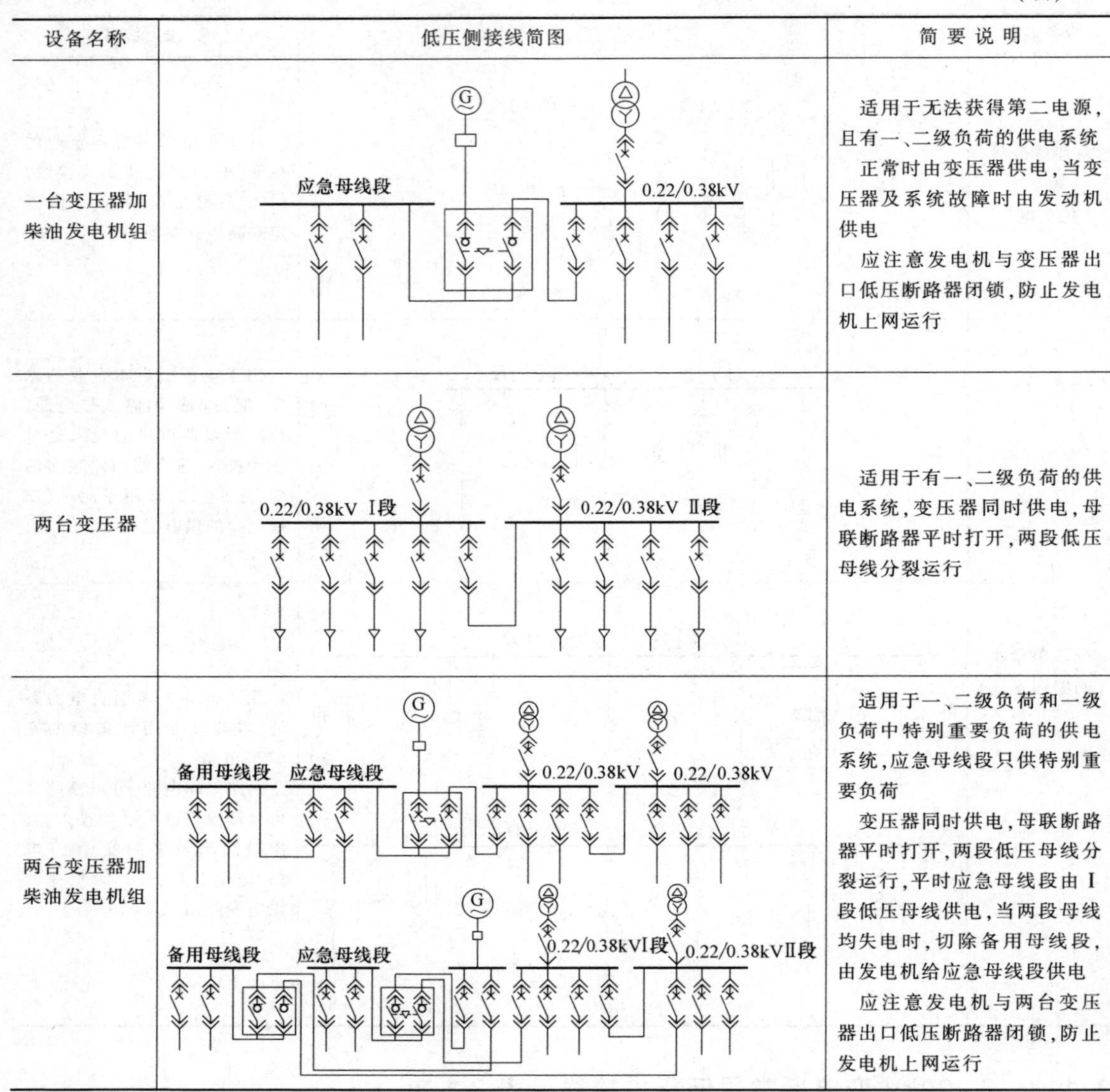

设备名称	低压侧接线简图	简要说明
一台变压器加柴油发电机组	应急母线段；0.22/0.38kV	适用于无法获得第二电源，且有一、二级负荷的供电系统 正常时由变压器供电，当变压器及系统故障时由发动机供电 应注意发电机与变压器出口低压断路器闭锁，防止发电机上网运行
两台变压器	0.22/0.38kV Ⅰ段；0.22/0.38kV Ⅱ段	适用于有一、二级负荷的供电系统，变压器同时供电，母联断路器平时打开，两段低压母线分裂运行
两台变压器加柴油发电机组	备用母线段；应急母线段；0.22/0.38kV；0.22/0.38kV 备用母线段；应急母线段；0.22/0.38kVⅠ段；0.22/0.38kVⅡ段	适用于一、二级负荷和一级负荷中特别重要负荷的供电系统，应急母线段只供特别重要负荷 变压器同时供电，母联断路器平时打开，两段低压母线分裂运行，平时应急母线段由Ⅰ段低压母线供电，当两段母线均失电时，切除备用母线段，由发电机给应急母线段供电 应注意发电机与两台变压器出口低压断路器闭锁，防止发电机上网运行

3.1.4 变压器低压侧出线选择见表 3-1-4。

表 3-1-4 变压器低压侧出线选择

变压器容量/kV·A	变压器低压侧出线选择			
	低压电缆/mm^2		低压铜母线/mm^2	母线槽额定电流/A
	W	YJV		
200	3×240+1×120	3×150+1×95	4×(40×4)	—
250	2×(3×150+1×70)	3×240+1×120	4×(40×4)	630
315	2×(3×240+1×120)	2×(3×150+1×95)	4×(50×5)	630
400	3×(3×185+1×95)	2×(3×185+1×95)	4×(50×5)	800

（续）

变压器容量/kV·A	变压器低压侧出线选择			
	低压电缆/mm^2		低压铜母线/mm^2	母线槽额定电流/A
	W	YJV		
500	3×(3×240+1×120)	2×(3×240+1×120)	4×(63×6.3)	1000
630	3×(3×300+1×150)	3×(3×240+1×120)	3×(80×6.3)+1×(50×5)	1250
800	4×(3×240+1×120)	3×(3×300+1×150)	3×(100×8)+1×(63×6.3)	1600
1000	—	—	3×(100×10)+1×(80×6.3)	2000
1250	—	—	3×(125×10)+1×(80×8)	2500
1600		—	2×[3×(100×10)]+1×(100×10)	3150
2000	—	—	3×[3×(100×10)]+2×(100×10)	4000
2500	—	—	4×[3×(100×10)]+2×(100×10)	5000

注：1. 变压器低压侧出线按环境温度选择铜芯电缆、铜母线、母线槽，过载系数取 1.25。单芯电缆并列系数取 0.8；多芯电缆并列系数取 0.9；W 电缆温度系数取 0.94；YJV 电缆温度系数取 0.96。

2. 本表系铜母线竖放数据，铜母线间距等于厚度，环境温度按 35℃ 选取。

评 注

变电所是电力网中的重要环节，是用以变换电压、交换功率和汇集、分配电能的设施，变电所是供配电系统的核心，在供配电系统中占有特殊的重要地位。作为各类民用建筑电能供应的中心，变电所是电网的重要组成部分和电能传输的重要环节，担负着从电力系统受电、变压、配电的任务，对保证电网安全、经济运行具有举足轻重的作用。

3.2 变配电所布置

3.2.1 变配电所对相关专业的要求见表 3-2-1。

表 3-2-1 变配电所对相关专业的要求

<table>
<tr><th rowspan="2">专业类别</th><th colspan="4">房间名称</th><th rowspan="2">备注</th></tr>
<tr><th>高压配电室</th><th>变压器室</th><th>低压配电室</th><th>控制室
值班室</th></tr>
<tr><td rowspan="3">建筑</td><td colspan="4">可燃油油浸变压器室以及电压为 35kV、20kV 或 10kV 的配电装置室和电容器室的耐火等级不得低于二级；非燃或难燃介质的配电变压器室以及低压配电装置室和电容器室的耐火等级不宜低于二级</td><td rowspan="3">高、低压配电室、变压器室、电容器室、控制室内不应有无关的管道和线路通过</td></tr>
<tr><td colspan="4">民用建筑内的变电所对外开的门应为防火门。
①变电所位于高层主体建筑或裙房内时，通向其他相邻房间的门应为甲级防火门，通向过道的门应为乙级防火门；②变电所位于多层建筑物的二层或更高层时，通向其他相邻房间的门应为甲级防火门，通向过道的门应为乙级防火门；③变电所位于多层建筑物的首层时，通向相邻房间或过道的门应为乙级防火门；④变电所位于地下层或下面有地下层时，通向相邻房间或过道的门应为甲级防火门；⑤变电所通向汽车库的门应为甲级防火门；⑥当变电所设置在建筑首层，且向室外开门的上层有窗或非实体墙时，变电所直接通向室外的门应为丙级防火门</td></tr>
<tr><td colspan="4">变电所的通风窗，应采用不燃材料制作</td></tr>
</table>

（续）

<table>
<tr><td rowspan="2">专业类别</td><td colspan="5">房 间 名 称</td></tr>
<tr><td>高压配电室</td><td>变压器室</td><td>低压配电室</td><td>控制室
值班室</td><td>备注</td></tr>
<tr><td rowspan="10">建筑</td><td colspan="4">配电装置室及变压器室门的宽度宜按最大不可拆卸部件宽度加 0.3m，高度宜按不可拆卸部件最大高度加 0.5m</td><td rowspan="23">高、低压配电室、变压器室、电容器室、控制室内不应有无关的管道和线路通过</td></tr>
<tr><td colspan="4">当变电所与上、下或贴邻的居住、教室、办公房间仅有一层楼板或墙体相隔时，变电所内应采取屏蔽、降噪等措施</td></tr>
<tr><td colspan="4">电压为 35kV、20kV 或 10kV 配电室和电容器室，宜装设不能开启的自然采光窗，窗台距室外地坪不宜低于 1.8m。临街的一面不宜开设窗户</td></tr>
<tr><td colspan="4">电压为 10(6)kV 配电室和电容器室，宜装设不能开启的自然采光窗，窗台距室外地坪不宜低于 1.8m。临街的一面不宜开设窗户</td></tr>
<tr><td colspan="4">变压器室、配电装置室、电容器室的门应向外开，并应装锁。相邻配电装置室之间设有防火隔墙时，隔墙上的门应为甲级防火门，并向低电压配电室开启，当隔墙仅为管理需求设置时，隔墙上的门应为双向开启的不燃材料制作的弹簧门</td></tr>
<tr><td colspan="4">变压器室、配电装置室、电容器室等应设置防止雨、雪和小动物进入屋内的设施</td></tr>
<tr><td colspan="4">长度大于 7m 的配电装置室，应设 2 个出口，并宜布置在配电室的两端；长度大于 60m 的配电装置室，宜设 3 个出口，相邻安全出口的门间距离不应大于 40m。独立式变电所采用双层布置时，位于楼上的配电装置室应至少设一个通向室外的平台或通道的出口</td></tr>
<tr><td colspan="4">变电所的电缆沟、电缆夹层和电缆室，应采取防水、排水措施。当配（变）电所设置在地下层时，其进出地下层的电缆口必须采取有效的防水措施</td></tr>
<tr><td colspan="4">变电所内配电箱不应采用嵌入式安装在建筑物的外墙上</td></tr>
<tr><td colspan="4"></td></tr>
<tr><td rowspan="3">结构</td><td colspan="4">提出荷载要求并应设有运输通道。当其通道为吊装孔或吊装平台时，其吊装孔和平台的尺寸应满足吊装最大设备的需要，吊钩与吊装孔的垂直距离应满足吊装最高设备的需要</td></tr>
<tr><td>1. 活荷载标准值 4~7kN/m^2（限用于每组开关自重≤8kN，否则按实际值）
2. 高压开关柜屏前、屏后每边动荷重 4900N/m
3. 操作时，每台开关柜尚有向上冲力 9800N</td><td></td><td>低压开关柜屏前、屏后每边动荷重 2000N/m</td><td>活荷载标准值 4kN/m^2</td></tr>
<tr><td>屋内配电装置距顶板的距离不宜小于 1.0m，当有梁时，距梁底不宜小于 0.8m</td><td></td><td colspan="2">屋内配电装置距顶板的距离不宜小于 1.0m，当有梁时，距梁底不宜小于 0.8m</td></tr>
<tr><td rowspan="2">给水、排水</td><td colspan="4">有人值班的配（变）电所宜设有厕所及上下水设施</td></tr>
<tr><td colspan="4">电缆沟、电缆隧道及电缆夹层等低洼处，应设有集水坑，并通过排污泵将积水排出</td></tr>
<tr><td rowspan="7">暖通</td><td colspan="4">设在地上的变电所内的变压器室宜采用自然通风，设在地下的变电所的变压器室应设机械送排风系统，夏季的排风温度不宜高于 45℃，进风和排风的温差不宜大于 15℃</td></tr>
<tr><td colspan="4">并联电容器室应有良好的自然通风，通风量应根据并联电容器温度类别按夏季排风温度不超过并联电容器所允许的最高环境空气温度计算。当自然通风不能满足排热要求时，可增设机械排风</td></tr>
<tr><td colspan="4">当变压器室、并联电容器室采用机械通风时，通风管道应采用不燃材料制作，并宜在进风口处加空气过滤器</td></tr>
<tr><td colspan="4">在供暖地区，控制室（值班室）应供暖，供暖计算温度为 18℃。在严寒地区，当配电室内温度影响电气设备元件和仪表正常运行时，应设供暖装置。控制室和配电装置室内的供暖装置，应采取防止渗漏措施，不应有法兰、螺纹接头和阀门等</td></tr>
<tr><td colspan="4">位于炎热地区的变电所，屋面应有隔热措施。控制室或值班室宜设置通风或空调装置</td></tr>
<tr><td colspan="4">位于地下层的变电所，其控制室（值班室）应保证运行的卫生条件，当不能满足要求时，应装设通风系统或空调装置。在高潮湿环境地区尚应根据需要考虑设置除湿装置</td></tr>
<tr><td colspan="4">装有六氟化硫（SF_6）设备的配电装置的房间，低位区应配备 SF_6 泄漏报警仪及事故排风装置</td></tr>
</table>

3.2.2 变压器室布置。

1. 变压器外廓（防护外壳）与变压器室墙壁和门的最小净距见表 3-2-2。

表 3-2-2 变压器外廓（防护外壳）与变压器室墙壁和门的最小净距 （单位：m）

项目	变压器容量/kV·A		
	100~1000	1250~2500	3150(20kV)
油浸变压器外廓与后壁、侧壁净距	0.6	0.8	1.0
油浸变压器外廓与门净距	0.8	1.0	1.1
干式变压器带有 IP2X 及以上防护等级金属外壳与后壁、侧壁净距	0.6	0.8	1.0
干式变压器带有 IP2X 及以上防护等级金属外壳与门净距	0.8	1.0	1.2

注：表中各值不适用于制造厂的成套产品。

2. 多台干式变压器布置在同一房间内时，变压器防护外壳间的最小净距见表 3-2-3 及图 3-2-1 和图 3-2-2 的要求。

表 3-2-3 变压器防护外壳间的最小净距 （单位：m）

项目		变压器容量/kV·A		
		100~1000	1250~2500	3150(20kV)
变压器侧面具有 IP2X 防护等级及以上的金属外壳	A	0.6	0.8	可贴邻布置
考虑变压器外壳之间有一台变压器拉出防护外壳	B①	变压器宽度 b 加 0.6	变压器宽度 b 加 0.6	变压器宽度 b 加 0.8
不考虑变压器外壳之间有一台变压器拉出防护外壳	B	1.0	1.2	1.5

① 当变压器外壳的门为不可拆卸式时，其 B 值应是门扇的宽度 C 加变压器宽度 b 之和再加 0.3m。

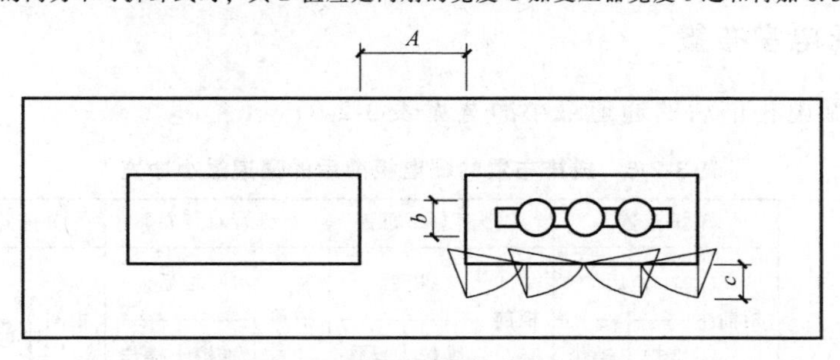

图 3-2-1 多台干式变压器之间 A 值

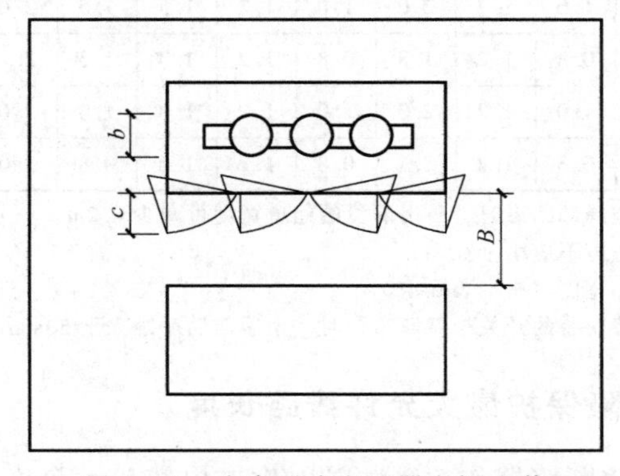

图 3-2-2 多台干式变压器之间 B 值

3.2.3 高压配电室布置。

1. 20（10）kV 配电装置室内各种通道的净宽见表 3-2-4。

表 3-2-4 20（10）kV 配电装置室内各种通道的净宽 （单位：m）

开关柜布置方式	柜后维护通道	柜前操作通道	
		固定式	手车式
单排布置	0.8	1.5	单车长度+1.2
双排面对面布置	0.8	2.0	双车长度+0.9
双排背对背布置	1.0	1.5	单车长度+1.2

注：1. 采用柜后免维护可靠墙安装的开关柜靠墙布置时，柜后与墙净距应大于 50mm，侧面与墙净距应大于 200mm。
2. 通道宽度在建筑物的墙面遇有柱类局部凸出时，凸出部位的通道宽度可减少 200mm。

2. 35kV 配电装置室内各种通道的净宽见表 3-2-5。

表 3-2-5 35kV 配电装置室内各种通道的净宽 （单位：m）

开关柜布置方式	柜后维护通道	柜前操作通道	
		固定式	手车式
单排布置	1.0	1.5	单车长度+1.2
双排面对面布置	1.0	2.0	双车长度+0.9
双排背对背布置	1.2	1.5	单车长度+1.2

注：1. 采用柜后免维护可靠墙安装的开关柜靠墙布置时，柜后与墙净距应大于 50mm，侧面与墙净距应大于 200mm。
2. 通道宽度在建筑物的墙面遇有柱类局部凸出时，凸出部位的通道宽度可减少 200mm。

3.2.4 低压配电室布置。

成排布置的配电柜前后的通道最小净宽见表 3-2-6。

表 3-2-6 成排布置的配电柜前后的通道最小净宽 （单位：m）

配电屏种类		单排布置			双排面对面布置			双排背对背布置			多排同向布置			屏侧通道
		柜前	柜后		柜前	柜后		柜前	柜后		柜间	前、后排柜距墙		
			维护	操作		维护	操作		维护	操作		前排柜前	后排柜后	
固定式	不受限制时	1.5	1.0	1.2	2.0	1.0	1.2	1.5	1.5	2.0	2.0	1.5	1.0	1.0
	受限制时	1.3	0.8	1.2	1.8	0.8	1.2	1.3	1.3	2.0	1.8	1.3	0.8	0.8
抽屉式	不受限制时	1.8	1.0	1.2	2.3	1.0	1.2	1.8	1.0	2.0	2.3	1.8	1.0	1.0
	受限制时	1.6	0.8	1.2	2.1	0.8	1.2	1.6	0.8	2.0	2.1	1.6	0.8	0.8

注：1. 当建筑物墙面遇有柱类局部凸出时，凸出部位的通道宽度可减少 0.2m。
2. 各种布置方式，柜端通道不应小于 0.8m。
3. 控制屏、柜的通道最小宽度可按本表确定。
4. 采用柜后免维护可靠墙安装的开关柜靠墙布置时，柜后与墙净距大于 50mm，侧面与墙净距大于 2000mm。

3.2.5 断路器用作故障保护最大允许线路长度。

220/380V TN 系统内用断路器作故障防护时铜芯电缆最大允许长度见表 3-2-7。

表 3-2-7 220/380V TN 系统内用断路器作故障防护时铜芯电缆最大允许长度 （单位：m）

导体截面面积/mm^2		断路器瞬动电流或短延时动作电流 I_n/A																						
S_{ph}	S_{pE}	50	63	80	100	125	160	200	250	320	400	500	560	630	700	800	875	1000	1120	1250	1600	2000	2500	3200
1.5	1.5	88	70	55	44	35	27	22	18	—	—	—	—	—	—	—	—	—	—	—	—	—	—	—
2.5	2.5	146	116	91	73	59	46	37	29	23	—	—	—	—	—	—	—	—	—	—	—	—	—	—
4	4	234	186	146	117	94	73	59	47	37	29	—	—	—	—	—	—	—	—	—	—	—	—	—
6	6	351	279	219	176	140	110	88	70	55	44	35	—	—	—	—	—	—	—	—	—	—	—	—
10	10	—	—	366	293	234	183	146	117	91	73	59	52	46	—	—	—	—	—	—	—	—	—	—
16	16	—	—	—	—	374	293	234	187	146	117	94	84	74	67	59	—	—	—	—	—	—	—	—
25	16	—	—	—	—	—	305	244	195	152	122	98	87	77	70	61	56	49	—	—	—	—	—	—
35	16	—	—	—	—	—	—	—	273	213	171	137	122	108	98	85	78	68	61	55	—	—	—	—
50	25	—	—	—	—	—	—	—	390	305	244	195	174	155	139	122	111	98	87	78	61	—	—	—
70	35	—	—	—	—	—	—	—	—	—	341	273	244	217	195	171	156	137	122	109	85	68	—	—
95	50	—	—	—	—	—	—	—	—	—	—	371	331	294	265	232	212	185	165	148	116	93	74	—
120	70	—	—	—	—	—	—	—	—	—	—	—	—	334	301	263	241	211	188	169	132	105	84	86
150	70	—	—	—	—	—	—	—	—	—	—	—	—	—	—	311	284	249	222	199	155	124	99	78
185	95	—	—	—	—	—	—	—	—	—	—	—	—	—	—	—	—	289	258	231	180	144	115	90
240	120	—	—	—	—	—	—	—	—	—	—	—	—	—	—	—	—	—	—	281	219	176	140	110

评　　注

变电所通常由高压配电室、低压配电室、变压器室、电容器室、值班室等组成，各电气设备室要满足运行和防火要求。变电所的布置要满足保障人民生命财产和设备安全以及节约能源，并应适应发展要求，并且要节约土地与建筑建设费用。

3.3 柴油发电机机房

3.3.1 柴油发电机组性能等级见表 3-3-1。

表 3-3-1 柴油发电机组性能等级

性能等级	定　义	用　途
G1 级	用于只需规定其基本电压和频率参数的连接负载	一般用途（照明和其他简单的电气负载）
G2 级	用于对其电压特性与公用电力系统有相同要求的负载，当负载变化时，可有暂时的然而是允许的电压和频率的偏差	照明系统、泵、风机和卷扬机
G3 级	用于对频率、电压和波形特性有严格要求的连接设备（整流器和晶闸管整流器控制的负载对发电机电压波形的影响是需要特殊考虑的）	无线电通信和晶闸管整流器控制的负载
G4 级	用于对发电机组的频率、电压和波形特性有特别严格要求的负载	数据处理设备或计算机系统

3.3.2 柴油发电机机房温、湿度要求见表 3-3-2。

表 3-3-2 柴油发电机机房温、湿度要求

序号	名 称	冬 季		夏 季	
		温度/℃	湿度(%)	温度/℃	湿度(%)
1	机房(就地操作)	15~30	30~60	30~35	40~75
2	机房(隔室操作自动化)	5~30	30~60	32~37	≤75
3	控制及配电室	16~18	≤75	28~30	≤75
4	值班室	16~20	≤75	≤28	≤75

3.3.3 柴油发电机机房有害气体排风量见表 3-3-3。

表 3-3-3 柴油发电机机房有害气体排风量

序 号	排烟管敷设方式	排风量/(m^3/p·s·h)
1	架空敷设	15~20
2	地沟敷设	20~25

3.3.4 柴油发电机机房各工作房间耐火等级与火灾危险性类别见表 3-3-4。

表 3-3-4 柴油发电机机房各工作房间耐火等级与火灾危险性类别

序 号	名 称	火灾危险性类别	耐 火 等 级
1	发电机房	丙	一级
2	控制室	戊	二级
3	储油间	丙	一级

3.3.5 柴油发电机机房对相关专业要求见表 3-3-5。

表 3-3-5 柴油发电机机房对相关专业技术要求

序号	专业类别	技 术 要 求
1	建筑	1. 机房宜布置在建筑的首层、地下室、裙房屋面。当地下室为三层及以上时,不宜设置在最底层,并靠近变电所设置。机房宜靠建筑外墙布置,应有通风、防潮、机组的排烟、消声和减振等措施并满足环保要求 2. 机房宜设有发电机间、控制室及配电室、储油间、备品备件储藏间等。当发电机组单机容量不大于 1000kW 或总容量不大于 1200kW 时,发电机间、控制室及配电室可合并设置在同一房间 3. 发电机间、控制室及配电室不应设在厕所、浴室或其他经常积水场所的正下方或贴邻 4. 控制室的布置应符合下列规定: 1)控制室的位置应便于观察、操作和调度,通风应良好,进出线应方便 2)控制室内不应有与其无关的管道通过,亦不应安装无关设备 3)控制室内控制屏(台)的安装距离和通道宽度应符合下列规定: ①控制屏正面操作宽度,单列布置时,不宜小于 1.5m;双列布置时,不宜小于 2.0m ②离墙安装时,屏后维护通道不宜小于 0.8m 4)当控制室的长度大于 7m 时,应设有两个出口,出口宜在控制室两端。控制室的门应向外开启

（续）

序号	专业类别	技术要求
1	建筑	5）当不需设控制室时，控制屏和配电屏宜布置在发电机端或发电机侧，其操作维护通道应符合下列规定： ①屏前距发电机端不宜小于 2.0m ②屏前距发电机侧不宜小于 1.5m 5. 机房应有良好的通风 6. 机房面积在 $50m^2$ 及以下时宜设置不少于一个出入口，在 $50m^2$ 以上时宜设置不少于两个出入口，其中一个应满足搬运机组的需要；门应为向外开启的甲级防火门；发电机间与控制室、配电室之间的门和观察窗应采取防火、隔声措施，门应为甲级防火门，并应开向发电机间 7. 储油间应采用防火墙与发电机间隔开；当必须在防火墙上开门时，应设置能自行关闭的甲级防火门 8. 当机房噪声控制达不到现行国家标准《声环境质量标准》GB 3096 的规定时，应做消声、隔声处理 9. 机组基础应采取减振措施，当机组设置在主体建筑内或地下层时，应防止与房屋产生共振 10. 柴油机基础宜采取防油浸的设施，可设置排油污沟槽，机房内管沟和电缆沟内应有 0.3% 的坡度和排水、排油措施
2	给水排水	1. 柴油机的冷却水水质，应符合机组运行技术条件要求 2. 柴油机采用闭式循环冷却系统时，应设置膨胀水箱，其装设位置应高于柴油机冷却水的最高水位 3. 冷却水泵应为一机一泵，当柴油机自带水泵时，宜设 1 台备用泵 4. 当机组采用分体散热系统时，分体散热器应带有补充水箱 5. 机房内应设有洗手盆和落地洗涤槽
3	动力	1. 当燃油来源及运输不便或机房内机组较多、容量较大时，宜在建筑物主体外设置不大于 $15m^3$ 的储油罐 2. 机房内应设置储油间，其总储存量不应超过 $1m^3$，并应采取相应的防火措施 3. 日用燃油箱宜高位布置，出油口宜高于柴油机的高压射油泵 4. 卸油泵和供油泵可共用，应装设电动和手动各一台，其容量应按最大卸油量或供油量确定 5. 储油设施除应符合本规定外，尚应符合现行国家标准《建筑设计防火规范》GB 50016 的相关规定
4	供暖通风	1. 宜利用自然通风排除发电机房内的余热，当不能满足温度要求时，应设置机械通风装置 2. 当机房设置在高层民用建筑的地下层时，应设置防烟、排烟、防潮及补充新风的设施 3. 机房各房间温湿度要求宜符合表 3-3-2 的规定 4. 机组排烟管的敷设应符合下列要求： 1）每台柴油机的排烟管应单独引至排烟道，宜架空敷设，也可敷设在地沟中；排烟管弯头不宜过多，且能自由位移；水平敷设的排烟管宜设 0.3%~0.5% 的坡度，并应在排烟管最低点装排污阀 2）排烟管的室内部分采用架空敷设时，应敷设隔热保护层 3）机组的排烟阻力不应超过柴油机的背压要求，当排烟管较长时，应采用自然补偿段，并加大排烟管直径；当无条件设置自然补偿段时，应装设补偿器 4）排烟管与柴油机排烟口连接处应装设弹性波纹管 5）排烟管过墙应加保护套，伸出屋面时，出口端应加装防雨帽 6）非增压柴油机应在排烟管装设消声器；两台柴油机不应共用一个消声器，消声器应单独固定 5. 机房设置在高层建筑物内时，机房内应有足够的新风进口及合理的排烟道位置。机房排烟应采取防止污染大气措施，并应避开居民敏感区，排烟口宜内置排烟道至屋顶 6. 机房进风口宜设在正对发电机端或发电机端两侧，进风口面积不宜小于柴油机散热器面积的 1.6 倍

（续）

序号	专业类别	技 术 要 求
5	电气	1. 用于应急供电的发电机组平时应处于自起动状态。当市电中断时，低压发电机组应在30s内供电，高压发电机组应在60s内供电 2. 机组电源不得与市电并列运行，并应有能防止误并网的联锁装置 3. 当市电恢复正常供电后，应能自动切换至正常电源，机组能自动退出工作，并延时停机 4. 为了避免防灾用电设备的电动机同时起动而造成柴油发电机组熄火停机，用电设备应具有不同延时，错开起动时间。重要性相同时，宜先起动容量大的负荷 5. 自起动机组的操作电源、机组预热系统、燃料油、润滑油、冷却水以及室内环境温度等均应保证机组随时起动。水源及能源必须具有独立性，不应受市电停电的影响 6. 1kV及以下发电机中性点接地应符合下列要求： 1）只有单台机组时，发电机中性点应直接接地，机组的接地形式宜与低压配电系统接地形式一致 2）当多台机组并列运行时，每台机组的中性点均应经刀开关或接触器接地 7. 3~10kV发电机组的接地方式宜采用中性点经低电阻接地或不接地方式；经低电阻接地的系统中，当多台发电机组并列运行时，每台机组均宜配置接地电阻 8. 机房内的接地，宜采用共用接地 9. 燃油系统的设备与管道应采取防静电接地措施 10. 控制室与值班室应设通信电话，并应设消防专用电话分机

3.3.6 柴油发电机机组之间及机组外廓与墙壁的净距见表3-3-6。

柴油发电机机组布置图见图3-3-1。

表3-3-6 柴油发电机机组之间及机组外廓与墙壁的净距　（单位：m）

项目		容量/kW					
		64以下	75~150	200~400	500~1500	1600~2000	2100~2400
机组操作面	a	1.5	1.5	1.5	1.5~2.0	2.0~2.2	2.2
机组背面	b	1.5	1.5	1.5	1.8	2.0	2.0
柴油机端	c	0.7	0.7	1.0	1.0~1.5	1.5	1.5
机组间距	d	1.5	1.5	1.5	1.5~2.0	2.0~2.3	2.3
发电机端	e	1.5	1.5	1.5	1.8	1.8~2.2	2.2
机房净高	h	2.5	3.0	3.0	4.0~5.0	5.0~5.5	5.5

注：当机组按水冷却方式设计时，柴油机端距离可适当缩小；当机组需要做消音工程时，尺寸应另外考虑。

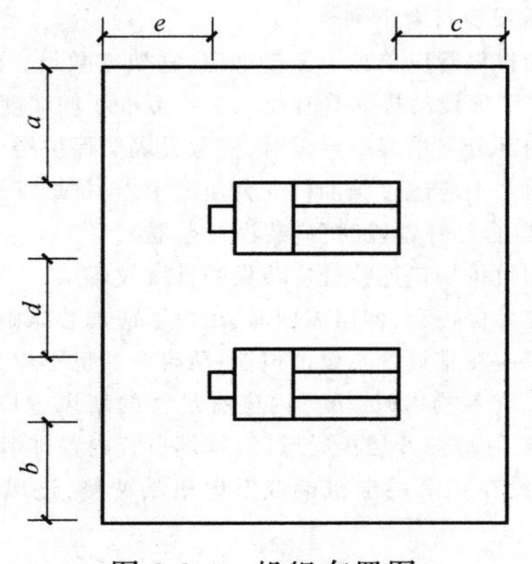

图3-3-1　机组布置图

3.3.7 柴油发电机技术指标参考值见表 3-3-7。

表 3-3-7 柴油发电机技术指标参考值

序号	参数说明	发电机组常用功率/kW											
		120	250	400	500	600	800	1000	1200	1500	1800	2000	2200~2500
1	备用功率/kW	132	280	440	550	660	880	1200	1350	1650	2000	2200	2400~2800
2	排烟量/(m^3/min)	30	54	80~100	100~110	140~180	180~200	200~250	250~300	300~400	350~450	450~500	500
3	排烟管接口数量×直径(D_N)	1×80	1×125/1×150	1×150/2×125	1×200/2×125	2×150/2×200	2×150/2×200	2×200/2×250	2×200/2×250	2×200/2×250	2×200/2×250	2×200/2×250	2×150/2×250
4	柴油发电机组的小时耗油量/(g/k·Wh)	200											
5	排烟温度/℃	500~600				450~550		400~450		500~550			
6	排烟消声器的阻力(毫米水柱)/kPa	1.0~2.0											
7	冷却风扇的机外余压(排风道允许最大阻力)/kPa	0.1~0.2											
8	排烟出口处的“背压”(排烟系统最大允许排气背压)/kPa	6~7			7~8			5~7		6.5~8.5			
9	自带冷却液循环水泵功率/kW(用离心泵)	2				3		5					
10	排风量/(m^3/min)	150~160	400~600	600~700		700~1000	1200~1400	1300~2000		1600~2200	1700~2800	3000	3500
11	排风面积/(m^2)(建议)	0.6~1.0	1.4~1.6	1.7~2.0	2.3~2.6	2.6~3.2	3.3~3.8	4.0~5.8	4.0~5.8	5.0~5.8	6.0~7.2	8.2~9.2	10.0~11.6
12	进风量/(m^3/min)	160~180	450~650	600~700	750~850	1200~1300	1300~1450	1400~2200	1400~2200	1700~2500	2000~3000	3000~3200	4000
13	进风面积/m^2(建议)	0.8~1.3	1.7~2.2	2.2~2.5	3.0~3.4	3.4~4.1	4.4~4.8	4.7~7.6	4.7~7.6	6.0~8.0	7.0~9.6	11.0~12.0	12.0~15.0
14	外形尺寸:长/mm	2300~2500	2700~3400	3550	3300~3700	3400~4100	4200~5000	4200~5300	4200~5800	4300~6500	5000~6500	5500~7200	5500~7200
	宽/mm	800~1050	900~1150	1500	1500~1600	1600~1900	1600~2000	1700~2200	1700~2200	1700~3000	1700~3000	1700~3000	1700~3000
	高/mm	1400~1800	1650~2000	2100	1850~2100	2100	2300	2300	2400	2400~3400	2400~3500	2400~3500	2400~3500
15	重量/kg	680~1800	2200~3300	4580	3850~4700	5210~6310	6600~7670	9500~13200	9700~14500	11100~15200	13400~17500	16000~21300	17000~26500

注：因不同供应商配置的柴油发电机组的电动机与发电机不同，故会对表中数据产生较大影响，此表仅供设计人员在配合预留土建条件时参考使用，详细数据应以工程所选定的柴油发电机组为准进行校核。

3.3.8 不同相对湿度非增压柴油发电机功率修正系数见表 3-3-8。

表 3-3-8 不同相对湿度非增压柴油发电机功率修正系数（%）

相对湿度	海拔/m	大气压力/kPa	大气温度									
			0℃	5℃	10℃	15℃	20℃	25℃	30℃	35℃	40℃	45℃
60%	0	101.3	100	100	100	100	100	100	98	96	93	90
	200	98.9	100	100	100	100	100	98	95	93	90	87
	400	96.7	100	100	100	99	97	95	93	90	88	85
	600	94.4	100	100	98	96	94	92	90	88	85	82
	800	92.1	99	97	95	93	91	89	87	85	82	80
	1000	89.9	96	94	92	90	89	87	85	82	80	77
	1500	84.5	89	87	86	84	82	80	78	76	74	71
	2000	79.5	82	81	79	78	76	74	72	70	68	65
	2500	74.6	76	75	73	72	70	68	66	64	62	60
	3000	70.1	70	69	67	66	64	63	61	59	57	54
	3500	65.8	65	63	62	61	59	58	56	54	52	49
	4000	61.5	59	58	57	55	54	52	51	49	47	44
100%	0	101.3	100	100	100	100	100	99	96	93	90	86
	200	96.9	100	100	100	100	98	95	93	90	87	83
	400	96.7	100	100	100	98	96	93	91	88	84	81
	600	94.4	100	99	97	95	93	91	88	85	82	78
	800	92.1	98	96	94	92	90	88	85	82	79	75
	1000	89.9	96	94	92	90	87	85	83	80	76	73
	1500	84.5	89	87	85	83	81	79	76	73	70	66
	2000	79.4	82	80	79	77	75	73	70	67	64	61
	2500	74.6	76	74	72	71	69	67	64	62	59	55
	3000	70.1	70	68	67	65	63	61	59	56	53	50
	3500	65.8	64	63	61	60	58	56	54	51	48	45
	4000	61.5	59	59	57	55	54	52	51	49	47	44

3.3.9 不同相对湿度增压柴油发电机功率修正系数见表 3-3-9。

表 3-3-9 不同相对湿度增压柴油发电机功率修正系数（%）

相对湿度	海拔/m	大气压力/kPa	大气温度									
			0℃	5℃	10℃	15℃	20℃	25℃	30℃	35℃	40℃	45℃
60%	0	101.3	100	100	100	100	100	100	96	92	87	83
	200	98.9	100	100	100	100	100	98	94	90	86	81
	400	96.7	100	100	100	100	100	96	92	88	84	80
	600	94.4	100	100	100	100	99	95	90	86	82	78
	800	92.1	100	100	100	100	97	93	88	84	80	78
	1000	89.9	100	100	100	99	95	91	87	83	79	75
	1500	84.5	100	100	98	94	90	86	82	78	74	70
	2000	79.5	100	98	93	89	85	82	78	74	70	66
	2500	74.6	97	93	89	85	81	77	73	70	66	62
	3000	70.1	92	88	84	80	77	73	69	66	62	59
	3500	65.8	87	83	80	76	72	69	66	62	59	55
	4000	61.5	82	79	75	72	68	65	62	58	55	51

（续）

相对湿度	海拔/m	大气压力/kPa	大气温度									
			0℃	5℃	10℃	15℃	20℃	25℃	30℃	35℃	40℃	45℃
100%	0	101.3	100	100	100	100	100	99	95	90	85	80
	200	98.9	100	100	100	100	100	97	93	88	83	78
	400	96.7	100	100	100	100	100	95	91	86	82	77
	600	94.4	100	100	100	100	98	93	89	84	80	75
	800	92.1	100	100	100	100	96	91	87	83	78	73
	1000	89.9	100	100	100	98	94	90	85	81	76	72
	1500	84.5	100	100	98	93	89	85	81	76	72	67
	2000	79.4	100	97	92	88	84	80	76	72	68	63
	2500	74.6	97	92	88	84	80	76	72	68	64	59
	3000	70.1	92	88	84	80	76	72	68	64	60	56
	3500	65.8	87	83	79	75	71	68	64	60	56	52
	4000	61.5	82	78	75	71	67	64	60	56	52	48

评　注

柴油发电机房的选址考虑到柴油发电机组的配电出线、运输、进风、排风、排烟等因素，宜靠近变配电室设置，要关注柴油发电机储油设施，既要满足柴油发电机可以连续供电要求，也要满足防火要求。

3.4 变配电所控制、测量仪表

3.4.1 常用测量仪表的一般规定见表3-4-1。

表3-4-1 常用测量仪表的一般规定

序号	常用测量仪表的一般规定
1	常用测量仪表应符合下列要求： 1)能正确反映电力装置的运行参数 2)能随时监测电力装置回路的绝缘状况
2	常用测量仪表的准确度等级，应按下列要求选择： 1)除谐波测量仪表外，交流回路仪表的准确度等级，不应低于2.5级 2)直流回路仪表的准确度等级，不应低于1.5级 3)电量变送器输出侧仪表的准确度等级，不应低于1.0级
3	常用测量仪表配用的互感器准确度等级，应按下列要求选择： 1)1.5级及2.5级的常用测量仪表，应配用不低于1.0级的互感器 2)电量变送器应配用不低于0.5级的电流互感器
4	直流信号表配用外附分流器的准确度等级，不应低于0.5级
5	电量变送器的准确度等级，不应低于0.5级
6	仪表的测量范围和电流互感器电流比的选择，宜满足当电力装置回路以额定值的条件运行时，仪表的指标在标度尺的70%～100%处。对有可能过负荷运行的电力装置回路，仪表的测量范围，宜留有适当的过负荷裕度。对重载起动的电动机和运行中有可能出现短时冲击电流的电力装置回路，宜采用具有过负荷标度尺的电流表。对有可能双向运行的电力装置回路，应采用具有双向标度尺的仪表
7	对多个同类型电力装置回路参数的测量，宜采用以电量变送器组成的选测系统。选测参数的种类及数量，可根据生产工艺和运行监测的需要确定

3.4.2 电流测量的一般规定见表 3-4-2。

表 3-4-2 电流测量的一般规定

序号	电流测量的一般规定
1	下列电力装置回路，应测量交流电流：①发电机；②高压侧为 35kV 及以上，低压侧为 1200V 及以上的主变压器，其中：双绕组主变压器只测量一侧，三绕组主变压器测量各侧；③并联电力电容器组；④1200V 及以上的线路和 1200V 以下的供电、配电、用电网络的总干线路；⑤母线联络、母线分段、旁路和桥断路器回路；⑥消弧线圈；⑦55kW 及以上的电动机；⑧根据生产工艺的要求，需监测交流电流的其他电力装置回路
2	下列电力装置回路，宜测量或记录负序电流：①向三相负荷显著不平衡的电力用户供电，在运行中有可能超过制造厂规定所允许的长时承受负序电流能力的发电机；②电力系统中和电力用户处的负序电流监测点
3	三相电流基本平衡的电力装置回路，可采用一只电流表测量其一相电流；但在下列电力装置回路，应采用三只电流表分别测量三相电流：①汽轮发电机和 380V 的水轮发电机；②并联电力电容器组的总回路；③110kV 重要的线路；④三相负荷不平衡率大于 10%的 1200V 及以上的电力用户线路；⑤三相负荷不平衡率大于 15%的 1200V 以下的供电线路
4	下列电力装置回路，应测量直流电流：①直流发电机；②直流电动机；③蓄电池组；④充电回路；⑤电力整流装置；⑥发电机、除无刷励磁外的同步电动机励磁回路以及自动调整励磁装置的输出回路；⑦根据生产工艺的要求，需监测直流电流的其他电力装置回路

3.4.3 电压测量和绝缘监测的一般规定见表 3-4-3。

表 3-4-3 电压测量和绝缘监测的一般规定

序号	电压测量和绝缘监测的一般规定
1	下列电力装置回路，应测量交流电压：①发电机；②交流系统的各段母线；③根据生产工艺的要求，需监测交流电压的其他电力装置回路
2	下列电力装置回路，应测量直流电压：①直流发电机；②直流系统的各段母线；③蓄电池组；④充电回路；⑤电力整流装置；⑥发电机的励磁回路；⑦根据生产工艺的要求，需监测直流电压的其他电力装置回路
3	下列电力装置回路，应监测交流系统的绝缘：①发电机；②中性点非有效接地系统的各段母线
4	下列电力装置回路，应监测直流系统的绝缘：①发电机的励磁回路；②直流系统的各段母线

3.4.4 电能计量的一般规定见表 3-4-4。

表 3-4-4 电能计量的一般规定

项目	电能计量的一般规定
有功、无功功率测量	下列电力装置回路，应测量有功功率：①发电机；②高压侧为 35kV 及以上，低压侧为 1200V 及以上的主变压器，其中，双绕组主变压器只测量一侧，三绕组主变压器测量两侧；③35kV 及以上的线路；④专用旁路和兼用旁路的断路器回路；⑤35kV 及以上的永久性外桥断路器回路；⑥根据生产工艺的要求，需监测有功功率的其他电力装置回路
	下列电力装置回路，应测量无功功率：①发电机；②高压侧为 35kV 及以上，低压侧为 1200V 及以上的主变压器，其中，双绕组主变压器只测量一侧，三绕组主变压器测量两侧；③1200V 及以上的并联电力电容器组；④35kV 以上的线路；⑤35kV 以上的专用旁路和兼用旁路的断路器回路；⑥35kV 以上的永久性外桥断路器回路；⑦根据生产工艺的要求，需监测有功功率的其他电力装置回路
	同步电动机应装设功率因数表

（续）

项目	电能计量的一般规定
频率测量	下列电力装置回路，应设置频率监测点：①发电机；②接有发电机和发电机变压器的各段母线；③变电所中，有可能解列运行的各段母线
电能计量	下列电力装置回路，应装设有功电度表：①发电机；②主变压器，对需考核母线有功电量平衡的主变压器各侧，均应装设有功电度表；对不需考核母线有功电量平衡的主变压器，其中三绕组主变压器应装设两侧，双绕组主变压器应只装设一侧；③电力系统中，1200V～110kV的线路；④1200V以下，供电、配电、用电网络的总干线路；⑤电力用户处的有功电量计量点；⑥专用旁路和兼用旁路的断路器回路；⑦需进行技术经济考核的75kW及以上的电动机；⑧根据技术经济考核和节能管理的要求，需计量有功电量的其他电力装置回路
	下列电力装置回路，应装设无功电度表：①发电机；②主变压器，对三绕组主变压器，应装设两侧，对双绕组主变压器，应只装设一侧；③电力系统中，3～110kV的线路；④并联电力电容器组；⑤电力用户处的无功电量计量点；⑥专用旁路和兼用旁路的断路器回路；⑦根据技术经济考核和节能管理的要求，需计量无功电量的其他电力装置回路
	专用电能计量仪表的设置，应按供用电管理部门对电力用户不同计费方式的规定确定
	电力用户处的电能计量装置，宜采用全国统一标准的电能计量柜
	装设在63kV及以上的电能计量点的计费电度表，应使用互感器的专用二次回路；装设在63kV以下的电力用户处电能计量点的计费电度表，应设置专用的互感器
	电能计量用电流互感器的二次电流，当电力装置回路以额定值的条件运行时，宜为电度表标定电流的70%～100%
	双向送、受电的电力装置回路，应分别计量送、受电的电量。当以两只电度表分别计量送、受电量时，应采用有止逆器的电度表

3.4.5 电能计量电度表的准确度等级见表3-4-5。

表3-4-5 电能计量电度表的准确度等级

有功电度表的准确度等级	月平均用电量 1×10^6kW·h及以上的电力用户电能计量点，应采用0.5级的有功电度表
	下列电力装置回路，应采用1.0级的有功电度表：①发电机；②主变压器；③需考核有功电量平衡的送配电线路；④火力发电厂中，厂用电的总计量点；⑤月平均用电量小于 1×10^6kW·h，在315kV·A及以上的变压器高压侧计费的电力用户电能计量点
	下列电力装置回路，应采用2.0级的有功电度表：①在315kV·A以下的变压器低压侧计费的电力用户电能计量点；②75kW及以上的电动机；③仅作为企业内部技术经济考核而不计费的线路和电力装置回路
无功电度表的准确度等级	下列电力装置回路，应采用2.0级的无功电度表：①发电机；②主变压器；③并联电力电容器组；④在315kV·A及以上的变压器高压侧计费的电力用户电能计量点；⑤电力系统中，需考核技术经济指标的送配电线路
	下列电力装置回路，应采用3.0级的无功电度表：①在315kV·A以下的变压器低压侧计费的电力用户能量计量点；②仅作为企业内部技术经济考核而不计费的电力用户电能计量点
电能计量用互感器的准确度等级	①0.5级的有功电度表和0.5级的专用电能计量仪表，应配用0.2级的互感器；②1.0级的有功电度表、1.0级的专用电能计量仪表、2.0级计费用的有功电度表及2.0级的无功电度表，应配用不低于0.5级的互感器；③仅作为企业内部技术经济考核而不计费的2.0级的有功电度表及3.0级的无功电度表，宜配用不低于1.0级的互感器

3.4.6 仪表安装要求见表 3-4-6。

表 3-4-6 仪表安装要求

序号	仪表安装要求
1	仪表的安装设计,应符合运行监测、现场调试的要求和仪表正常工作的条件
2	仪表水平中心线距地面尺寸,应符合下列要求: 1)指示仪表和仪表,宜装在 0.8~2.0m 的高度 2)电能计量仪表和记录仪表,宜装在 0.6~1.8m 的高度

3.4.7 变电所电力监测系统选择见表 3-4-7。

表 3-4-7 变电所电力监测系统选择

拓扑结构		系统由现场采集层、通信层和监控中心监控层组成三层拓扑结构
系统功能		1. 记录并显示每个变电所内配电装置配电回路的电力参数,绘制高、低压配电系统图,提供不同时段的设备电力运行曲线,用于分析设备状况 2. 可协助完成分析并显示电力品质 3. 可实现断路器所具有的保护功能 4. 可显示断路器的工作状态、电力参数、平均和实时变化趋势图 5. 具有故障报警、预警及故障分析功能,并通过图形和图表记录故障回路、故障时间、故障地点等参数 6. 系统数据库可保存一段时间内全部运行数据和故障记录,并具有远传云端功能
现场采集层功能		由现场电力仪表或其他采集器件对每个配变电所内配电装置配电线路的电力参数、变压器设备的温度和风机状态、柴油发电机起动及运行参数等进行现场采集
通信层功能		1. 由现场数据采集器对通过电力仪表或其他采集器件上传的电力参数进行分类及处理 2. 将现场数据采集器所采集的数据通过网络交换机传输到监控中心
监控中心层功能		对现场采集的各种电力参数及故障信号,通过系统软件进行统一的处理、分类、归纳和总结。对系统供配电实现集中、全面、实时的远程监测,将每个变电所的供电质量、故障报警、电能分配等情况及时、准确地反映到系统中并显示出来,并通过全局的考虑,发出调度命令,对每个变电所实行同步管理
系统具有监控功能		1. 中压配电线路的过电流、速断、单相接地等故障信号 2. 直流屏的设备监视信号及设备故障报警信号 3. 低压配电进出线回路的电压、电流、功率因数、频率、谐波含量、断路器工作状态、故障预警等信号 4. 变压器线包温度、风机工作状态等信号
电能质量		根据现场数据采集分析并显示电力品质,包括谐波含量、三相不对称度、总谐波畸变系数(THD)、电能谐波干扰系数等
管理功能		可将所有采集到的数据经过解析后存储到服务器的数据库中,配合实际的地理图画面将所有变电所的物理位置、电力运行状况、全线的电能分配情况等数据在显示器上显示出来。根据使用要求,监控中心可将这一段时期内的供配电情况进行整体总结,并且对这一时间段内发生的故障进行归纳,建立故障档案
系统硬件配置	现场采集层	网络电力仪表、智能开关或其他智能模块
	通信层	现场数据采集器、网络交换机、通信线缆等
	监控中心硬件配置	包括一台工控机、一台液晶显示器、保证监控主机的一台 UPS 不间断电源、网络打印机和通信多串口卡等
软件功能		1. 具有良好的人机交互界面,数据分类清晰,可操作性高 2. 遥测:通过实时数据采集,可远程测量并通信传输配电系统各回路的三相电压、三相电流、有功功率、无功功率、视在功率、功率因数、频率、电量等 3. 遥信:可远程监测断路器分合状态、辅助触点状态、变压器风机状态、温度状态等,并且可做故障记录,以便查找造成故障发生的根源 4. 遥控:可远程遥控断路器分闸、合闸 5. 遥调:可远程对智能监控模块进行参数设置及调整,包括密码、地址、通信速率、电压比、电流比及时间等 6. 界面显示:一次线路图、线路所有电参量实时显示、显示电力参数曲线 7. 具有故障报警、报表生成、操作权限设定、数据打印、故障记录及查询等功能
系统布线		由双绞屏蔽线采用链式连接方式将电力仪表或其他采集器件连接至数据采集器,数据采集器至网络交换机、网络交换机至电力监控主机采用网络连接,也可通过光纤进行数据传输

评　　注

电力系统根据测量和计量需要，在相应配电回路配置交流电流、交流电压、频率表、有功电度表、无功电度表、功率因数表。要关注常用测量仪表及配用的互感器的量程、准确度及安装高度应满足要求。

3.5　继电保护的配置

3.5.1　电气设备和线路继电保护的配置、整定计算及选型的原则见表3-5-1。

表3-5-1　电气设备和线路继电保护的配置、整定计算及选型的原则

一般规定	电力网中的电力设备和线路，应装设反应短路故障和异常运行的继电保护和自动装置。继电保护和自动装置应能尽快地切除短路故障和恢复供电
	电力设备和线路应有主保护、后备保护和异常运行保护，必要时可增设辅助保护
	继电保护和自动装置应满足可靠性、选择性、灵敏性和速动性的要求，并应符合下列规定： 1）继电保护和自动装置应简单可靠，使用的元件和触点应尽量少，接线回路简单，运行维护方便，在能够满足要求的前提下宜采用最简单的保护 2）对相邻设备和线路有配合要求的保护，前后两级之间的灵敏性和动作时间应相互配合 3）当被保护设备或线路范围内发生故障时，应具有必要的灵敏系数 4）保护装置应能尽快地切除短路故障。当需要加速切除短路故障时，可允许保护装置无选择性地动作，但应利用自动重合闸或备用电源自动投入装置，缩小停电范围
	保护装置的灵敏系数，应根据不利正常运行方式和不利故障类型进行计算，必要时应计及短路电流衰减的影响
	装有管型避雷器的线路，保护装置的动作时间不应大于0.08s；保护装置启动元件的返回时间不应小于0.02s
	在正常运行情况下，当电压互感器二次回路断线或其他故障能使保护装置误动作时，应装设断线闭锁装置；当保护装置不致误动作时，应装设电压回路断线信号装置
	在保护装置内应设置由信号继电器或其他元件等构成的指示信号。指示信号应符合下列要求： 1）在直流电压消失时不自动复归或在直流恢复时仍能维持原动作状态 2）能分别显示各保护装置的动作情况 3）对复杂保护装置能分别显示各部分及各段的动作情况，根据装置具体情况可设置能反应装置内部异常的信号
	保护装置采用的电流互感器及中间电流互感器的稳态比误差不应大于10%。对35kV及以下的线路和设备，当技术上难以满足要求且不致使保护装置误动作时，可允许有较大的误差
对电力变压器应装设相应的保护装置监测故障及异常运行方式，应装设相应的保护装置	绕组及其引出线的相间短路和在中性点直接接地侧的单相接地短路；绕组的匝间短路；外部相间短路引起的过电流；中性点直接接地电力网中外部接地短路引起的过电流及中性点过电压；过负荷；油面降低；变压器温度升高或油箱压力升高或冷却系统故障
对3～35kV线路应装设相应的保护装置监测故障或异常运行	相间短路；单相接地；过负荷

（续）

对于主要变电所的3～10kV母线及并列运行的双母线应装设专用母线保护	需要快速而有选择地切除一段或一组母线上的故障，才能保证发电厂及电力网安全运行和重要负荷的可靠供电时
	当线路断路器不允许切除线路电抗器前的短路时
对电压为3kV及以上的异步电动机和同步电动机，应装设相应的保护装置监测故障或异常运行	定子绕组相间短路；定子绕组单相接地；定子绕组过负荷；定子绕组低电压；同步电动机失步；同步电动机失磁；同步电动机出现非同步冲击电流

3.5.2　备用电源和备用设备的自动投入装置要求见表3-5-2。

表3-5-2　备用电源和备用设备的自动投入装置要求

可装设备用电源或备用设备的自动投入装置	由双电源供电的变电所和配电所，其中一个电源经常断开作为备用
	发电厂变电所和配电所内有互为备用的母线段
	发电厂变电所内有备用变压器
	变电所内有两台所用变压器
	生产过程中某些重要机组有备用机组
自动投入装置要求	保证备用电源在电压工作回路断开后才投入备用回路
	工作回路上的电压不论因何原因消失时，自动投入装置均应延时动作
	手动断开工作回路时，不启动自动投入装置
	保证自动投入装置只动作一次
	备用电源自动投入装置动作后，如投到故障上，必要时应使保护加速动作
	备用电源自动投入装置中，可设置工作电源的电流闭锁回路

3.5.3　短路保护的最小灵敏系数见表3-5-3。

表3-5-3　短路保护的最小灵敏系数

保护分类	保护类型	组成元件	最小灵敏系数	备　注
主保护	带方向和不带方向的电流保护或电压保护	电流元件和电压元件	1.5	
		零序或负序方向元件	2.0	
	变压器、线路和电动机的纵联差动保护	差电流元件	2.0	
	变压器、线路和电动机的电流速断保护	电流元件	2.0	按保护安装处短路计算
后备保护	远后备保护	电流、电压元件	1.2	按相邻电力设备和线路末端短路计算
		零序或负序方向元件	1.5	
	近后备保护	电流、电压元件	1.25	按线路末端短路计算
		零序或负序方向元件	2.0	
辅助保护	电流速断保护		1.2	按正常运行方式下保护安装处短路计算

3.5.4　6~10kV 线路的继电保护配置见表 3-5-4。

表 3-5-4　6~10kV 线路的继电保护配置

被保护线路	保护装置名称				备　注
	无时限电流速断保护①	带时限速断保护	过电流保护	单相接地保护	
单侧电源放射式单回线路	自重要配电所引出的线路装设	当无时限电流速断不能满足选择性动作时装设	装设	根据需要装设	当过电流保护的时限不大于 0.5~0.7s,且没有保护配合上的要求时,可不装设电流速断保护

① 无时限电流速断保护范围，应保证切除所有使该母线残压低于 50%~60%额定电压的短路。为满足这一要求，必要时保护装置可无选择地动作，并以自动装置来补救。

3.5.5　6~10kV 线路的继电保护整定计算见表 3-5-5。

表 3-5-5　6~10kV 线路的继电保护整定计算

保护名称	计算项目和公式	符号说明
过电流保护	保护装置的动作电流(应躲过线路的过负荷电流) $I_{dz\cdot j}=K_k K_{jx}\dfrac{I_{gh}}{K_h n_1}$　(A) 保护装置的灵敏系数(按最小运行方式下线路末端两相短路电流校验) $K_m=\dfrac{I_{2k2\cdot min}}{I_{dz}}\geqslant 1.5$ 保护装置的动作时限,应较相邻元件的过电流保护大一时限阶段,一般大 0.5~0.7s	K_k——可靠系数,用于过电流保护时,DL 型和 GL 型继电器分别取 1.2 和 1.3;用于电流速断保护时,分别取 1.2 和 1.5;用于单相接地保护时,无时限取 4~5,有时限取 1.5~2; K_{jx}——接线系数,接于相电流时取 1,接于相电流差时取$\sqrt{3}$; K_h——继电器返回系数,取 0.85; n_1——电流互感器电流比; I_{gh}③——线路过负荷(包括电动机起动所引起的)电流(A); $I_{2k2\cdot min}$——最小运行方式下,线路末端两相短路稳态电流,(A); I_{dz}——保护装置一次动作电流(A),$I_{dz}=I_{dz\cdot j}\dfrac{n_1}{K_{jx}}$; $I''_{2k3\cdot max}$——最大运行方式下线路末端三相短路超瞬变电流(A); $I''_{1k2\cdot min}$——最小运行方式下线路始端两相短路超瞬变电流④(A); K_{ph}——配合系数,取 1.1; $I_{dz\cdot 3}$——相邻元件的电流速断保护的一次动作电流(A); $I_{3k3\cdot max}$——最大运行方式下相邻元件末端三相短路稳态电流(A)
无时限电流速断保护	保护装置的动作电流(应躲过线路末端短路时最大三相短路电流①②) $I_{jk\cdot j}=K_k K_{jx}\dfrac{I''_{2k3\cdot max}}{n_1}$　(A) 保护装置的灵敏系数(按最小运行方式下线路始端两相短路电流校验) $K_m=\dfrac{I''_{1k2\cdot min}}{I_{dx}}\geqslant 2$	
带时限电流速断保护	保护装置的动作电流(应躲过相邻元件末端短路时的最大三相短路电流或与相邻元件的电流速断保护的动作电流相配合,按两个条件中较大者整定) $I_{dz\cdot j}=K_k K_{jx}\dfrac{I_{3k3\cdot max}}{n_1}$　(A) 或　$I_{dz\cdot j}=K_{ph}K_{jx}\dfrac{I_{dz\cdot 3}}{n_1}$　(A) 保护装置的灵敏系数与无时限电流速断保护的公式相同 保护装置的动作时限,应较相邻元件的电流速断保护大一个时限阶段,一般大 0.5~0.7s	

（续）

保护名称	计算项目和公式	符号说明
单相接地保护	保护装置的一次动作电流（按躲过被保护线路外部单相接地故障时，从被保护元件流出的电容电流及按最小灵敏系数 1.25 整定） $I_{dz} \geqslant K_k I_{cx}$ （A） 和 $I_{dz} \leqslant \frac{I_{c\Sigma} - I_{cx}}{1.25}$ （A）	I_{cx}——被保护线路外部发生单相接地故障时，从被保护元件流出的电容电流（A）； $I_{c\Sigma}$——电网的总单相接地电容电流（A）

① 如为线路变压器组，应按配电变压器整定计算。

② 当保证母线上具有规定的残余电压时，线路的最小允许长度按下式计算

$$K_x = \frac{-\beta K_1 + \sqrt{1+\beta^2 - K_1^2}}{\sqrt{1+\beta^2}}$$

$$l_{min} = \frac{X_{x \cdot min}}{R_1} \times \frac{-\beta + \sqrt{\frac{K_k^2 \alpha^2}{K_x^2}(1+\beta^2) - 1}}{1+\beta^2}$$

式中 K_x——计算运行方式下电力系统最小综合电抗 $X_{x \cdot min}$ 上的电压与额定电压之比；

β——每千米线路的电抗 X_1 与有效电阻 R_1 之比；

K_1——母线上残余相间电压与额定相间电压之比，其值等于母线上最小允许残余电压与额定电压之比，取 0.6；

R_1——每 km 线路的有效电阻（Ω/km）；

$X_{x \cdot min}$——按电力系统在最大运行方式下，在母线上的最小综合电抗（Ω）；

K_k——可靠系数，一般取 1.2；

α——电力系统运行方式变化的系数，其值等于电力系统最小运行方式时的最大综合电抗 $X_{x \cdot max}$ 与最大运行方式时的最小综合电抗 $X_{x \cdot min}$ 之比。

③ 电动机自起动时的过负荷电流按下式计算

$$I_{gh} = K_{gh} I_{g \cdot xl} = \frac{I_{g \cdot xl}}{u_k + Z_{* \text{II}} + \frac{S_{rT}}{K_q + S_{M\Sigma}}}$$

式中 $I_{g \cdot xl}$——线路工作电流（A）；

K_{gh}——需要自起动的全部电动机，在起动时所引起的过电流倍数；

u_k——变压器阻抗电压相对值；

$Z_{* \text{II}}$——以变压器额定容量为基准的线路阻抗标幺值；

S_{rT}——变压器额定容量（kV·A）；

$S_{M\Sigma}$——需要自起动的全部电动机容量（kV·A）；

K_q——电动机起动时的电流倍数。

④ 两相短路超瞬变电流 I''_{k2} 等于三相短路超瞬变电流 I''_{k3} 的 0.866 倍。

3.5.6 电力变压器的继电保护配置见表 3-5-6。

表 3-5-6 电力变压器的继电保护配置

变压器容量/(kV·A)	保护装置名称							备注
	带时限的[①]过电流保护	电流速断保护	纵联差动保护	单相低压侧接地保护[②]	过负荷保护	瓦斯保护	温度保护	
<400	—	—	—	—	—	≥315kV·A 的车间内油浸变压器装设	—	一般用高压熔断器保护

（续）

<table>
<tr><th rowspan="2">变压器容量/(kV·A)</th><th colspan="7">保护装置名称</th><th rowspan="2">备注</th></tr>
<tr><th>带时限的①过电流保护</th><th>电流速断保护</th><th>纵联差动保护</th><th>单相低压侧接地保护②</th><th>过负荷保护</th><th>瓦斯保护</th><th>温度保护</th></tr>
<tr><td>400~630</td><td rowspan="2">高压侧采用断路器时装设</td><td rowspan="2">高压侧采用断路器且过电流保护时限>0.5s时装设</td><td>—</td><td rowspan="3">装设</td><td rowspan="4">并联运行的变压器装设，作为其他备用电源的变压器根据过负荷的可能性装设③</td><td>车间内变压器装设</td><td>—</td><td rowspan="3">一般采用GL型继电器兼作过电流及电流速断保护</td></tr>
<tr><td>800</td><td>—</td><td rowspan="3">装设</td><td>—</td></tr>
<tr><td>1000~1600</td><td rowspan="2">装设</td><td rowspan="2">过电流保护时限>0.5s时装设</td><td>—</td><td rowspan="2">装设</td></tr>
<tr><td>2000~5000</td><td>当电流速断保护不能满足灵敏性要求时装设</td><td>—</td><td>—</td></tr>
</table>

① 当带时限的过电流保护不能满足灵敏性要求时，应采用低电压闭锁的带时限过电流保护。

② 当利用高压侧过电流保护及低压侧出线断路器保护不能满足灵敏性要求时，应装设变压器中性线上的零序过电流保护。

③ 低压电压为230/400V的变压器，当低压侧出线断路器带有过负荷保护时，可不装设专用的过负荷保护。

3.5.7 电力变压器的继电保护整定计算见表3-5-7。

表3-5-7 电力变压器的继电保护整定计算

<table>
<tr><th>保护名称</th><th>计算项目和公式</th><th>符号说明</th></tr>
<tr><td>过电流保护</td><td>保护装置的动作电流（应躲过可能出现的过负荷电流）
$$I_{dz\cdot j}=K_k K_{jx}\frac{K_{gh}I_{1rT}}{K_h n_1}\quad (A)$$
保护装置的灵敏系数[按电力系统最小运行方式下，低压侧两相短路时流过高压侧（保护安装处）的短路电流校验]
$$K_m=\frac{I_{2k2\cdot min}}{I_{dz}}\geqslant 1.5$$
保护装置的动作时限（应与下一级保护动作时限相配合），一般取0.5~0.7s</td><td rowspan="3">K_k——可靠系数，用于过电流保护时，DL型和GL型继电器分别取1.2和1.3，用于电流速断保护时分别取1.3和1.5，用于低压侧单相接地保护时（在变压器中性线上装设的）取1.2，用于过负荷保护时取1.05~1.1；
K_{jx}——接线系数，接于相电流时取1，接于相电流差时取$\sqrt{3}$；
K_h——继电器返回系数，取0.85；
K_{gh}——过负荷系数①，包括电动机自起动引起的过电流倍数，一般取2~3，当无自起动电动机时取1.3~1.5；
n_1——电流互感器电流比；
I_{1rT}——变压器高压侧额定电流（A）；
$I_{2k2\cdot min}$——最小运行方式下变压器低压侧两相短路时，流过高压侧（保护安装处）的稳态电流（A）；
I_{dz}——保护装置一次动作电流（A），$I_{dz}=I_{dz\cdot j}\frac{n_1}{K_{jx}}$</td></tr>
<tr><td>电流速断保护</td><td>保护装置的动作电流（应躲过低压侧短路时，流过保护装置的最大短路电流）
$$I_{dz\cdot j}=K_k K_{jx}\frac{I''_{2k3\cdot max}}{n_1}\quad (A)$$
保护装置的灵敏系数（按系统最小运行方式下，保护装置安装处两相短路电流校验）
$$K_m=\frac{I''_{1k2\cdot min}}{I_{dz}}\geqslant 2$$</td></tr>
<tr><td>低压侧单相接地保护（利用高压侧三相式过电流保护）</td><td>保护装置的动作电流和动作时限与过电流保护相同
保护装置的灵敏系数[按最小运行方式下，低压侧母线或母干线末端单相接地时，流过高压侧（保护安装处）的短路电流校验]
$$K_m=\frac{I_{2k1\cdot min}}{I_{dz}}\geqslant 1.5$$</td></tr>
</table>

（续）

保护名称	计算项目和公式	符号说明
低压侧单相接地保护③（采用在低压侧中性线上装设专用的零序保护）	保护装置的动作电流（应躲过正常运行时，变压器中性线上流过的最大不平衡电流，其值按国家标准GB 1094.1～5《电力变压器》规定，不超过额定电流的25%） $I_{dz\cdot j}=K_k\frac{0.25I_{2rT}}{n_1}$ （A） 保护装置的动作电流尚应与低压出线上的零序保护相配合 $I_{dz\cdot j}=K_{ph}\frac{I_{dz\cdot fz}}{n_1}$ （A） 保护装置的灵敏系数（按最小运行方式下，低压侧母线或母干线末端单相接地稳态短路电流校验） $K_m=\frac{I_{22k1\cdot min}}{I_{dz}}\geqslant 1.5$ 保护装置的动作时限一般取0.5s	$I''_{2k3\cdot max}$——最大运行方式下变压器低压侧三相短路时，流过高压侧（保护安装处）的超瞬变电流（A）； $I''_{1k2\cdot min}$——最小运行方式下保护装置安装处两相短路超瞬变电流②（A）； $I_{2k1\cdot min}$——最小运行方式下变压器低压侧母线或母干线末端单相接地短路时，流过高压侧（保护安装处）的稳态电流，$I_{2k1\cdot min}=\frac{2}{3}I_{22k1\cdot min}/n_T$（A）； $I_{22k1\cdot min}$——最小运行方式下变压器低压侧母线或母干线末端单相接地稳态短路电流（A）； n_T——变压器电压比； K_{ph}——配合系数，取1.1； $I_{dz\cdot fz}$——低压分支线上零序保护的动作电流（A）； I_{2rT}——变压器低压侧额定电流 K_k——可靠系数，取1.2； K_h——继电器返回系数，取1.15； n_y——电压互感器电压比； U_{min}——运行中可能出现的最低工作电压（如电力系统电压降低，大容量电动机起动及电动机自起动时引起的电压降低），一般取0.5～0.7U_{rT}（变压器高压侧母线额定电压）； $U_{sh\cdot max}$——保护安装处的最大剩余电压（V）
过负荷保护	保护装置的动作电流（应躲过变压器额定电流） $I_{dz\cdot j}=K_k\frac{I_{1rT}}{K_h n_1}$ （A） 保护装置的动作时限（应躲过允许的短时工作过负荷时间，如电动机起动或自起动的时间）一般取9～15s	
低电压起动的带时限过电流保护	保护装置的动作电流（应躲过变压器额定电流） $I_{dz\cdot j}=K_k K_{jx}\frac{I_{1rT}}{K_h n_1}$ （A） 保护装置的动作电压 $U_{dz\cdot j}=\frac{U_{min}}{K_k K_h n_y}$ （V） 保护装置的灵敏系数（电流部分）与过电流保护相同 保护装置的灵敏系数（电压部分） $K_m=\frac{U_{dz\cdot 1}}{U_{sh\cdot max}}=\frac{U_{dz\cdot j}n_y}{U_{sh\cdot max}}$ 保护装置动作时限与过电流保护相同	

① 带有自起动电动机的变压器，其过负荷系数按电动机的自起动电流确定。当电源侧装设自动重合闸或备用电源自动投入装置时，可近似地用下式计算

$$K_{gh}=\frac{1}{u_k+\frac{S_{rT}}{K_q S_{M\Sigma}}\times\left(\frac{380}{400}\right)^2}$$

式中 u_k——变压器的阻抗电压相对值；

S_{rT}——变压器的额定容量（kV·A）；

$S_{M\Sigma}$——需要自起动的全部电动机的总容量（kV·A）；

K_q——电动机的起动电流倍数，一般取5。

② 两相短路超瞬变电流 I''_{k2} 等于三相短路超瞬变电流 I''_{k3} 的0.866倍。

③ Y，yn0接线变压器采用在低压侧中性线上装设专用零序互感器的低压侧单相接地保护，而D，yn11接线变压器可不装设。

3.5.8 6～10kV母线分断断路器的继电保护配置见表3-5-8。

表3-5-8 6～10kV母线分断断路器的继电保护配置

被保护设备	保护装置名称		备注
	电流速断保护	过电流保护	
不并列运行的分段母线	仅在分段断路器合闸瞬间投入，合闸后自动解除	装设	1. 采用反时限过电流保护时，继电器瞬动部分应解除 2. 对出线不多的Ⅱ、Ⅲ级负荷供电的配电所母线断路器分段，可不设保护装置

3.5.9 6~10kV母线分断断路器的继电保护整定计算见表3-5-9。

表3-5-9 6~10kV母线分断断路器的继电保护整定计算

<table>
<tr><th>保护名称</th><th>计算项目和公式</th><th>符号说明</th></tr>
<tr><td>过电流保护</td><td>保护装置的动作电流(应躲过任一母线段的最大负荷电流)
$$I_{dz\cdot j}=K_kK_{jx}\frac{I_{fh}}{K_hn_1}\quad(A)$$
保护装置的灵敏系数(按最小运行方式下母线两相短路时,流过保护安装处的短路电流校验。对后备保护,则按最小运行方式下相邻元件末端两相短路时,流过保护安装处的短路电流校验)
$$K_m=\frac{I_{k2\cdot min}}{I_{dz}}\geqslant1.5$$
$$K_m=\frac{I_{1k2\cdot min}}{I_{dz}}\geqslant1.2$$
保护装置的动作时限,应较相邻元件的过电流保护大一时限阶段,一般大0.5~0.7s</td><td rowspan="2">K_k——可靠系数;
K_{jx}——接线系数;
K_h——继电器返回系数,取0.85;
I_{fh}——段母线最大负荷(包括电动机自起动引起的)电流(A);
n_1——电流互感器电流比;
$I_{k2\cdot min}$——最小运行方式下母线两相短路时,流过保护安装处的稳态电流(A);
$I_{1k2\cdot min}$——最小运行方式下相邻元件末端两相短路时,流过保护安装处的稳态电流(A);
I_{dz}——保护装置一次动作电流,$I_{dz}=I_{dz\cdot j}\frac{n_1}{K_{jx}}$(A);
$I''_{k2\cdot min}$——最小运行方式下母线两相短路时,流过保护安装处的超瞬变电流①(A)</td></tr>
<tr><td>电流速断保护</td><td>保护装置的动作电流(应按最小灵敏系数2整定)
$$I_{dz\cdot j}\leqslant\frac{I''_{k2\cdot min}}{2n_1}\quad(A)$$</td></tr>
</table>

① 两相短路超瞬变电流I''_{k2}等于三相短路超瞬变电流I''_{k3}的0.866倍。

3.5.10 3~10kV电动机的继电保护配置见表3-5-10。

表3-5-10 3~10kV电动机的继电保护配置

<table>
<tr><th rowspan="2">电动机容量/kW</th><th colspan="7">保护装置名称</th></tr>
<tr><th>电流速断保护</th><th>纵联差动保护</th><th>过负荷保护</th><th>单相接地保护</th><th>低电压保护</th><th>失步保护①</th><th>防止非同步冲击的断电失步保护②</th></tr>
<tr><td>异步电动机<2000</td><td>装设</td><td>当电流速断保护不能满足灵敏性要求时装设</td><td rowspan="4">生产过程中易发生过负荷时,或起动、自起动条件严重时应装设</td><td rowspan="4">单相接地电流>5A时装设,≥10A时一般动作于跳闸,5~10A时可动作于跳闸或信号</td><td rowspan="2">根据需要装设</td><td rowspan="2"></td><td rowspan="2"></td></tr>
<tr><td>异步电动机≥2000</td><td></td><td>装设</td></tr>
<tr><td>同步电动机<2000</td><td>装设</td><td>当电流速断保护不能满足灵敏性要求时装设</td><td rowspan="2"></td><td rowspan="2">装设</td><td rowspan="2">根据需要装设</td></tr>
<tr><td>同步电动机≥2000</td><td></td><td>装设</td></tr>
</table>

① 下列电动机可以利用反应定子回路的过负荷保护兼作失步保护：短路比在0.8及以上且负荷平稳的同步电动机，负荷变动大的同步电动机，但此时应增设失磁保护。

② 大容量同步电动机当不允许非同步冲击时，宜装设防止电源短时中断再恢复时造成非同步冲击的保护。

3.5.11　3~10kV 电动机的继电保护整定计算见表 3-5-11。

表 3-5-11　3~10kV 电动机的继电保护整定计算

<table>
<tr><th>保护名称</th><th>计算项目和公式</th><th>符号说明</th></tr>
<tr><td>电流速断保护</td><td>保护装置的动作电流：
异步电动机(应躲过电动机的起动电流)
$$I_{dz\cdot j}=K_kK_{jx}\frac{K_qI_{rM}}{n_1}$$
同步电动机(应躲过电动机的起动电流或外部短路时电动机的输出电流)
$$I_{dz\cdot j}=K_kK_{jx}\frac{K_qI_{rM}}{n_1}$$
和　$$I_{dz\cdot j}=K_kK_{jx}\frac{I''_{k3M}}{n_1}$$
保护装置的灵敏系数(按最小运行方式下,电动机接线端两相短路时,流过保护安装处的短路电流校验)
$$K_m=\frac{I''_{k2\cdot min}}{I_{dz}}\geqslant 2$$</td><td rowspan="3">$I_{dz\cdot j}$——保护装置的动作电流(A);
K_k——可靠系数,用于电流速断保护时,DL 型和 GL 型继电器分别取 1.4~1.6 和 1.8~2.0。用于差动保护时取 1.3。用于过负荷保护时动作于信号取 1.05,动作于跳闸取 1.2;
K_{jx}——接线系数,接于相电流时取 1.0,接于相电流差时取$\sqrt{3}$
n_1——电流互感器电流比;
I_{rM}——电动机额定电流(A);
K_q——电动机起动电流倍数[①];
I''_{k3M}——同步电动机接线端三相短路时,输出的超瞬变电流[②](A);
$I''_{k2\cdot min}$——最小运行方式下,电动机接线端两相短路时,流过保护安装处的超瞬变电流[③](A);
I_{dz}——保护装置一次动作电流(A),$I_{dz}=\frac{I_{dz\cdot j}n_1}{K_{jx}}$;
K_{tx}——电流互感器的同型系数,取 0.5;
Δf——电流互感器允许误差,取 0.1;
AW_0——继电器的动作安匝,应采用实测值,如无实测值,则可取 60;
W_{js}——差动继电器线圈计算匝数;
$W_{\text{I}\cdot ph\cdot sy}$——第一平衡线圈的实用匝数;
$W_{c\cdot sy}$——差动线圈的实用匝数;
$W_{\text{II}\cdot ph\cdot sy}$——第二平衡线圈的实用匝数;
K_h——继电器返回系数,取 0.85;
t_{qd}——电动机实际起动时间(s);
t_{dz}——保护装置动作时限,一般选为 10~15s,应在实际起动时校验其能否躲过起动时间</td></tr>
<tr><td>纵联差动保护(用BCH—2型差动继电器时)</td><td>保护装置的动作电流(应躲过以下三种情况最大不平衡电流:(1)电动机起动电流;(2)电流互感器二次回路断线;(3)外部短路时同步电动机输出的超瞬变电流)
(1) $I_{dz\cdot j}=K_kK_{tx}\Delta fK_{jx}\frac{K_qI_{rM}}{n_1}$
(2) $I_{dz\cdot j}=K_kK_{jx}\frac{I_{rM}}{n_1}$
(3) $I_{dz\cdot j}=K_kK_{tx}\Delta fK_{jx}\frac{I''_{k3M}}{n_1}$
确定继电器的差动线圈及平衡线圈的匝数
$$W_{js}=\frac{AW_0}{I_{dz\cdot j}}$$
$$W_{js}\geqslant W_{\text{I}\cdot ph\cdot sy}+W_{c\cdot sy}$$
$$W_{\text{II}\cdot ph\cdot sy}=W_{\text{I}\cdot ph\cdot sy}$$
确定短路线圈的抽头:一般选取抽头 3—3 或 2—2,对大容量电动机(如容量≥5000kW)可选取 2—2 或 1—1
保护装置的灵敏系数(按最小运行方式下,电动机接线端两相短路时,流过保护装置的短路电流校验)
$$K_m=\frac{W_{\text{I}\cdot ph\cdot sy}+W_{c\cdot sy}}{AW_0}\times\frac{K_{jx}I''_{k2\cdot min}}{n_1}\geqslant 2$$</td></tr>
<tr><td>纵联差动保护(用DL—11型电流继电器时)</td><td>保护装置的动作电流(应躲过电动机的最大不平衡电流)
$$I_{dz\cdot j}=(1.5\sim 2)\frac{I_{rM}}{n_1}$$
保护装置的灵敏系数(按最小运行方式下,电动机接线端两相短路时,流过保护装置的短路电流校验)
$$K_m=\frac{I''_{k2\cdot min}}{I_{dz}}\geqslant 2$$</td></tr>
</table>

（续）

保护名称	计算项目和公式	符号说明
过负荷保护	保护装置的动作电流（应躲过电动机的额定电流） $$I_{dz\cdot j}=K_k K_{jx}\frac{I_{rM}}{K_h n_1}$$ 保护装置的动作时限④（躲过电动机起动及自起动时间，即 $t_{dz}>t_{qd}$），对于一般电动机为 $$t_{dz}=(1.1\sim1.2)t_{qd}\quad(s)$$ 对于传动风机负荷的电动机为 $$t_{dz}=(1.2\sim1.4)t_{qd}\quad(s)$$	I_{dz}——单相接地保护保护装置的一次动作电流（A）； I_{cM}——电动机的电容电流，除大型同步电动机外，可忽略不计（A）； $I_{c\Sigma}$——电网的总单相接地电容电流（A）
单相接地保护	保护装置的一次动作电流（应按被保护元件发生单相接地故障时最小灵敏系数 1.25 整定） $$I_{dz}\leqslant\frac{I_{c\Sigma}-I_{cM}}{1.25}$$	
失步保护	过负荷保护兼作失步保护，保护装置的动作电流和动作时限与过负荷保护相同	

① 如为降压电抗器起动及变压器—电动机组，其起动电流倍数 K_q 改用 K_q' 代替

$$K_q'=\frac{1}{\dfrac{1}{K_q}+\dfrac{u_k S_{rM}}{S_{rT}}}$$

式中 u_k——电抗器或变压器的阻抗电压相对值；

S_{rM}——电动机额定容量（kV·A）；

S_{rT}——电抗器或变压器额定容量（kV·A）。

② 同步电动机接线端三相短路时，输出的超瞬变电流为

$$I''_{k3M}=\left(\frac{1.05}{x''_k}+0.95\sin\varphi_r\right)I_{rM}$$

式中 I''_{k3M}——同步电动机三相短路时输出的超瞬变电流（A）；

x''_k——同步电动机超瞬变电抗，相对值；

φ_r——同步电动机额定功率因数角；

I_{rM}——同步电动机额定电流（A）。

③ 两相短路超瞬变电流 I''_{k2} 等于三相短路超瞬变电流 I''_{k3} 的 0.866 倍。

④ 实际应用中，保护装置的动作时限 t_{dz}，可按两倍动作电流及两倍动作电流时允许过负荷时间 t_{gh}，在继电器特性曲线上查出 10 倍动作电流时的动作时间，t_{gh}（单位：s）可按下式计算

$$t_{gh}=\frac{150}{\left(\dfrac{2I_{dz\cdot j}n_1}{K_{jx}I_{rM}}\right)^2-1}$$

式中符号含义同上。

3.5.12 6~10kV 电力电容器的继电保护配置见表 3-5-12。

表 3-5-12 6~10kV 电力电容器的继电保护配置

被保护设备	保护装置							备注
	无时限或带时限过电流保护	横差保护	中性线不平衡电流保护	开口三角电压保护	过电压保护	低电压保护	单相接地保护	
电容器组	装设	对电容器内部故障及其引出线短路采用专用的熔断器保护时，可不装设			当电压可能超过 110% 额定值时，宜装设	宜装设	电容器与支架绝缘时可不装设	当电容器组的容量在 400kvar 以内时，可以用带熔断器的负荷开关进行保护

3.5.13 6~10kV 电力电容器的继电保护整定计算见表 3-5-13。

表 3-5-13 6~10kV 电力电容器的继电保护整定计算

保护名称	计算项目和公式	符号说明
无时限或带时限过电流保护	保护装置的动作电流（应躲过电容器组接通电路时的冲击电流） $$I_{dz\cdot j}=K_k K_{jx}\frac{I_{rc}}{n_1}$$ 保护装置的灵敏系数（按最小运行方式下，电容器组首端两相短路时，流过保护安装处的短路电流校验） $$K_m=\frac{I''_{k2\cdot min}}{I_{dz}}\geqslant 1.5$$ 保护装置的动作时限，可不带时限或带短时限 0.2s 及以上	$I_{dz\cdot j}$——保护装置的动作电流（A）； K_k——可靠系数，取 2~2.5； K_{jx}——接线系数，接于相电流时取 1，接于相电流差时取$\sqrt{3}$； n_1——电流互感器电流比； I_{rc}——电容器组额定电流（A）； $I''_{k2\cdot min}$——最小运行方式下电容器组首端两相短路时，流过保护安装处的超瞬变电流（A）； I_{dz}——保护装置一次动作电流，$I_{dz}=\frac{I_{dz\cdot j}n_1}{K_{jx}}$（A）； I_{bp}——最大不平衡电流，由测试决定（A） Q——单台电容器额定容量（kvar）； β_c——单台电容器元件击穿相对数，取 0.5~0.75； U_{rc}——电容器额定电压（kV）； $U_{dz\cdot j}$——保护装置的动作电压（V）； m——每相各串联段电容器并联台数； n——每相电容器的串联段数； U_{bp}——最大不平衡零序电压，由测试决定（V）； $U_{r\varphi}$——电容器组的额定相电压（V）； n_v——电压互感器电压比； U_{r2}——电压互感器二次额定电压，其值为 100V（V）； K_{min}——系统正常运行母线电压可能出现的最低电压系数，一般取 0.5； $I_{c\Sigma}$——电网的总单相接地电容电流（A）
横联差动保护（双三角形接线）	保护装置的动作电流（应躲过正常时，电流互感器二次侧差动回路中的最大不平衡电流，及当单台电容器内部 50%~70%串联元件击穿时，使保护装置有一定的灵敏系数，即 $K_m\geqslant 1.5$） $$I_{dz\cdot j}\geqslant K_k I_{bp}$$ $$I_{dz\cdot j}\leqslant\frac{Q\beta_c}{U_{rc}(1-\beta_c)}\times\frac{1}{n_1 K_m}$$	
中性线不平衡电流保护（双星形接线）	保护装置的动作电流（应躲过正常时，中性线上电流互感器二次回路中的最大不平衡电流，及当单台电容器内部 50%~70%串联元件击穿时，使保护装置有一定的灵敏系数，即 $K_m\geqslant 1.5$） $$I_{dz\cdot j}\geqslant K_k I_{bp}$$ $$I_{dz\cdot j}\leqslant\frac{1}{K_m n_1}\times\frac{3m\beta_c I_{rc}}{\{6n[m(1-\beta_c)+\beta_c]-5\beta_c\}}$$	
开口三角电压保护（单星形接线）	保护装置的动作电流（应躲过由于三相电容的不平衡及电网电压的不对称，正常时所存在的不平衡零序电压，及当单台电容器内部 50%~70%串联元件击穿时，使保护装置有一定的灵敏系数，即 $K_m\geqslant 1.5$） $$U_{dz\cdot j}\geqslant K_k U_{bp}\quad(V)$$ $$U_{dz\cdot j}\leqslant\frac{1}{K_m n_v}\times\frac{3\beta_c U_{r\varphi}}{\{3n[m(1-\beta_c)+\beta_c]-2\beta_c\}}\quad(V)$$	
过电压保护	保护装置的动作电压（按母线电压不超过 110%额定电压值整定） $$U_{dz\cdot j}=1.1U_{r2}\quad(V)$$ 保护装置动作于信号或带 3~5min 时限动作于跳闸	
低电压保护	保护装置的动作电压（按母线电压可能出现的低电压整定） $$U_{dz\cdot j}=K_{min}U_{r2}\quad(V)$$	
单相接地保护	保护装置的一次动作电流（按最小灵敏系数 1.5 整定） $$I_{dz}\leqslant\frac{I_{c\Sigma}}{1.5}\quad(A)$$	

评 注

继电保护是监测电力系统故障和危及安全运行的异常工况，避免事故自动化措施。继电保护的任务是尽快地将故障元件从供电系统中自动切除出去，以保证系统的继续运行，或发出不正常工作状态信号提醒值班人员及时处理，防止发展成故障。继电保护装置必须满足可靠性、选择性、快速性、灵敏度要求。

3.6 变配电所操作电源

3.6.1 交流操作电源的设计要求见表3-6-1。

表3-6-1 交流操作电源的设计要求

序号	交流操作电源的设计要求
1	小型配电所宜采用弹簧储能操动机构合闸和去分流分闸的全交流操作
2	当采用交流操作的保护装置时，短路保护可由被保护元件的电流互感器取得操作电源。变压器的瓦斯保护和中性点非直接接地电力网的接地保护，可由电压互感器或变电所所用变压器取得操作电源，亦可增加电容储能电源作为跳闸的后备电源
3	10kV及以下变电所，配电所所用电源宜引自就近的配电变压器220/380V侧。重要或规模较大的配电所，宜设所用变压器。柜内所用可燃油油浸变压器的油量应小于100kg。当有两回路所用电源时，宜装设备用电源自动投入装置
4	10kV及以下变电所，采用交流操作时供操作控制保护信号等的所用电源可引自电压互感器
5	10kV及以下变电所，当电磁操动机构采用硅整流合闸时，宜设两回路所用电源，其中一路应引自接在电源进线断路器前面的所用变压器

3.6.2 直流操作电源的设计要求见表3-6-2。

表3-6-2 直流操作电源的设计要求

序号	直流操作电源的设计要求
1	供一级负荷的配电所或大型配电所，当装有电磁操动机构的断路器时，应采用220V或110V蓄电池组作为合、分闸直流操作电源；当装有弹簧储能操动机构的断路器时，宜采用小容量镉镍电池装置作为合、分闸操作电源
2	重要变电所的操作电源，宜采用一组110V或220V固定铅酸蓄电池组或镉镍蓄电池组。作为充电、浮充电用的硅整流装置宜合用一套。其他变电所的操作电源，宜采用成套的小容量镉镍电池装置或电容储能装置
3	中型配电所当装有电磁操动机构的断路器时，合闸电源宜采用硅整流，分闸电源可采用小容量镉镍电池装置或电容储能。对重要负荷供电时，合、分闸电源宜采用镉镍电池装置。当装有弹簧储能操动机构的断路器时，宜采用小容量镉镍电池装置或电容储能式硅整流装置作为合、分闸操作电源。采用硅整流作为电磁操动机构合闸电源时，应校核该整流合闸电源能保证断路器在事故情况下可靠合闸
4	变电所的直流母线，宜采用单母线或分段单母线的接线。采用分段单母线时，蓄电池应能切换至任一母线。变电所蓄电池一般不设端电池
5	蓄电池的直流系统采用220V、110V、48V三种电压。蓄电池组的容量，应满足下列要求： 1)全所事故停电1h的放电容量 2)事故放电末期最大的冲击负荷容量 3)小容量镉镍电池装置中的镉镍电池容量，应满足分闸、信号和继电保护的要求

（续）

序号	直流操作电源的设计要求
6	当采用蓄电池组作直流电源时，由浮充电设备引起的波纹系数不应大于5%；电压允许波动应控制在额定电压的5%范围内。放电末期直流母线电压下限不应低于额定电压的85%，充电后期直流母线电压上限不应高于额定电压的115%
7	交流整流电源作为继电保护直流电源时，应符合下列要求： 1）直流母线电压，在最大负荷时保护动作不应低于额定电压的80%，最高电压不应超过额定电压的115%。并应采取稳压、限幅和滤波的措施。电压允许波动应控制在额定电压的5%范围内；波纹系数不应大于5% 2）当采用复式整流时，应保证在各种运行方式下，在不同故障点和不同相别短路时，保护装置均能可靠动作 3）对采用电容储能电源的变电所和水电厂，电力设备和线路应具有可靠的远后备保护；在失去交流电源的情况下，当有几套保护同时动作时，或在其他情况下消耗直流能量最大时，应保证保护与断路器可靠动作同一场所的电源储能电容的组数应与保护的级数相适应

3.6.3 直流屏蓄电池容量选择。

蓄电池容量选择主要有两种计算方法：电压控制计算法和阶段负荷计算法，二者没有本质区别。

1. 电压控制计算法：

（1）满足事故停电状态下的持续放电容量选择：

$$C=K_k[C_s/(K_{cbx}\times K_{cc})] \tag{3-6-1}$$

式中 C——事故停电状态下的持续放电容量（A·h）；

K_k——可靠系数，取1.40；

C_s——1h事故放电阶段的事故放电容量（A·h）；

K_{cbx}——xh放电容量比例系数，见表3-6-3，$K_{cbx}=C_{sx}$（xh的事故放电容量）（A·h）/C_{s1}（1h的事故放电容量）（A·h）；

K_{cc}——容量换算系数，$K_{cc}=C_1$（1h的允许放电容量）（A·h）/C_{10}（10h的允许放电容量）（A·h）。

（2）满足事故停电状态下的冲击放电容量选择：

$$C=K_k\cdot[(I_{ch}/K_{ib})] \tag{3-6-2}$$

式中 C——事故停电状态下的冲击放电容量（A·h）；

I_{ch}——事故停电状态下，初期或随机（末期）冲击放电电流（A）；

K_{ib}——电流比例系数（1/h）。

（3）系数说明：

1）容量换算系数K_{cc}计算取1h容量换算系数。

2）容量比例系数K_{cbx}=xh放电容量/1h放电容量。

表3-6-3 放电容量比例系数

放电时间/h	0.5	1.0	1.5	2.0	2.5	3.0	3.5	4.0	4.5	5.0	6.0	6.5	7.0	7.5
K_{cb}值	0.65	1.00	1.20	1.35	1.50	1.60	1.70	1.80	1.85	0.90	2.00	2.05	2.10	2.15

3）电流比例系数K_{ib}=冲击放电电流（A）/1h放电容量。电流比例系数K_{ib}参考值见表3-6-4。

表3-6-4 电流比例系数K_{ib}参考值

放电时间	初期冲击I_s	末期冲击0.5h或1.0h
K_{ib}值	2.10	发电厂：0.85　变电所：1.10

2. 阶梯负荷计算法：

$$C=K_k[(1/K_{c1})\cdot I_1+(1/K_{c2})(I_2-I_1)+\cdots+(1/K_{cm})(I_{n-1}-I_n)] \tag{3-6-3}$$

式中 K_k——可靠系数，取1.40；

K_{cm}——各事故放电阶段容量换算系数；

I_n——各事故放电阶段电流。

评　　注

变配电所操作电源有交流电源和直流电源两种。交流操作电源受系统故障影响大，可靠性差，但运行维护简单、投资少、实施方便，一般用于设备数量少、继电保护装置简单、要求不高的小型变电所。直流操作电源可靠性高，不受系统故障和运行方式的影响，缺点是系统复杂、维护工作量大、投资大、直流接地故障点难找。

小　　结

变电所、柴油发电机房是电力系统主要机房，担负着从电力系统正常和应急状况下的配电的任务。其选址考虑到电力设备的运输、进出线、进风、排风、排烟等因素，并应满足防火要求。继电保护装置必须满足可靠性、选择性、快速性、灵敏度要求。根据需要配置变配电所操作电源形式和测量和计量仪表。

4 导体及电缆的设计选择与敷设

4.1 电缆型式与截面面积选择

4.1.1 电缆导体材质的选择见表 4-1-1。

表 4-1-1 电缆导体材质的选择

导体材质	使用场合
铜导体	1. 电机励磁、重要电源、移动式电气设备等需保持连接具有高可靠性的回路 2. 振动剧烈、有爆炸危险或对铝有腐蚀等严酷的工作环境 3. 耐火电缆 4. 紧靠高温设备布置 5. 人员密集场所
铝(铝合金)导体	除限于产品仅有铜导体和必须选用铜导体的情况外,电缆导体材质可选用铜、铝或铝合金导体

4.1.2 电力电缆芯数的选择见表 4-1-2。

表 4-1-2 电力电缆芯数的选择

1kV 及以下电源中性点直接接地时,三相回路的电缆芯数选择	保护导体与受电设备的外露可导电部位连接接地时,应符合下列规定: 1) TN-C 系统,保护导体与中性导体合用同一导体时,应选用 4 芯电缆 2) TN-S 系统,保护导体与中性导体各自独立时,宜选用 5 芯电缆 3) TN-S 系统,未配出中性导体或回路不需要中性导体引至受电设备时,宜选用 4 芯电缆
	TT 系统,受电设备外露可导电部位的保护接地与电源系统中性点接地各自独立时,应选用 4 芯电缆;未配出中性导体或回路不需要中性导体引至受电设备时,宜选用 3 芯电缆
	TN 系统,受电设备外露可导电部位可靠连接至分布在全厂、站内公用接地网时,固定安装且不需要中性导体的电动机等电气设备宜选用 3 芯电缆
	当相导体截面面积大于 $240mm^2$ 时,可选用单芯电缆,其回路的中性导体和保护导体的截面面积应符合相关的规定

（续）

1kV及以下电源中性点直接接地时，单相回路的电缆芯数选择	保护导体与受电设备的外露可导电部位连接接地时，应符合下列规定： 1）TN-C系统，保护导体与中性导体合用同一导体时，应选用2芯电缆 2）TN-S系统，保护导体与中性导体各自独立时，宜选用3芯电缆
	TT系统，受电设备外露可导电部位的保护接地与电源系统中性点接地各自独立时，应选用2芯电缆
	TN系统，受电设备外露可导电部位可靠连接至分布在全厂、站内公用接地网时，固定安装的电气设备宜选用2芯电缆
3k～35kV三相供电回路的电缆芯数的选择	工作电流较大的回路或电缆敷设于水下时，可选用单芯电缆
	除上述情况下，应选用3芯电缆；3芯电缆可选用普通统包型，也可选用3根单芯电缆绞合构造型
直流供电回路的电缆芯数的选择	低压直流电源系统宜选用2芯电缆，也可选用单芯电缆；蓄电池组引出线为电缆时，宜选用单芯电缆，也可采用多芯电缆并联作为一极使用，蓄电池电缆的正极和负极不应共用1根电缆
	高压直流输电系统宜选用单芯电缆，在水下敷设时，也可选用2芯电缆

4.1.3 电缆绝缘水平的选择见表4-1-3。

表4-1-3 电缆绝缘水平的选择

交流系统中电力电缆导体的相间额定电压	不得低于使用回路的工作线电压
交流系统中电力电缆导体与绝缘屏蔽或金属套之间额定电压	1. 中性点直接接地或经低电阻接地系统，接地保护动作不超过1min切除故障时，不应低于100%的使用回路工作相电压 2. 对于单相接地故障可能超过1min的供电系统，不宜低于133%的使用回路工作相电压；在单相接地故障可能持续8h以上，或发电机回路等安全性要求较高时，宜采用173%的使用回路工作相电压
交流系统中电缆的耐压水平	应满足系统绝缘配合的要求
直流输电电缆绝缘水平	应能承受极性反向、直流与冲击叠加等的耐压考核；交联聚乙烯绝缘电缆应具有抑制空间电荷积聚及其形成局部高场强等适应直流电场运行的特性

4.1.4 不同系统标称电压电缆绝缘水平选择见表4-1-4。

表4-1-4 不同系统标称电压电缆绝缘水平选择 （单位：kV）

系统标称电压 U_n		0.22/0.38	3		6		10		35	
电缆的额定电压 U_0/U	U_0 第Ⅰ类	0.6/1 (0.3/0.5) (0.45/0.75)	1.8/3		3/6		6/10		21/35	
	U_0 第Ⅱ类			3/3		6/6		8.7/10		26/35
缆芯之间的工频最高电压 U_{max}			3.6		7.2		12		42	
缆芯地对的雷电冲击耐受电压的峰值 U_{p1}					60	75	75	95	200	250

注：括号内的数值只能用于建筑物内的电气线路，不包括建筑物电源进线。其中0.45/0.75kV用于IT系统。

4.1.5 电缆绝缘类型的选择见表 4-1-5。

表 4-1-5 电缆绝缘类型的选择

电力电缆绝缘类型的选择	在符合工作电压、工作电流及其特征和环境条件下,电缆绝缘寿命不应小于预期使用寿命
	应根据运行可靠性、施工和维护方便性以及最高允许工作温度与造价等因素选择
	应符合电缆耐火与阻燃的要求
	应符合环境保护的要求
常用电缆的绝缘类型的选择	低压电缆宜选用交联聚乙烯或聚氯乙烯挤塑绝缘类型,当环境保护有要求时,不得选用聚氯乙烯绝缘电缆
	高压交流电缆宜选用交联聚乙烯绝缘类型,也可选用自容式充油电缆
放射线作用场所	选用交联聚乙烯或乙丙橡皮绝缘等耐射线辐照强度的电缆
60℃以上高温场所	应按经受高温及其持续时间和绝缘类型要求,选用耐热聚氯乙烯、交联聚乙烯或乙丙橡皮绝缘等耐热型电缆;100℃以上高温环境宜选用矿物绝缘电缆。高温场所不宜选用普通聚氯乙烯绝缘电缆
年最低温度在-15℃以下低温环境	选用交联聚乙烯、聚乙烯、耐寒橡皮绝缘电缆。低温环境不宜选用聚氯乙烯绝缘电缆
在人员密集的公共设施,以及有低毒阻燃性防火要求的场所	应选用交联聚乙烯或乙丙橡皮等无卤绝缘电缆,不应选用聚氯乙烯绝缘电缆

4.1.6 电缆外护层类型。

1. 电缆外护层类型的选择见表 4-1-6。

表 4-1-6 电缆外护层类型的选择

电力电缆护层选择	1. 交流系统单芯电力电缆,当需要增强电缆抗外力时,应选用非磁性金属铠装层,不得选用未经非磁性有效处理的钢制铠装 2. 在潮湿、含化学腐蚀环境或易受水浸泡的电缆,其金属套、加强层、铠装上应有聚乙烯外护层,水中电缆的粗钢丝铠装应有挤塑外护层 3. 在人员密集场所或有低毒性要求的场所,应选用聚乙烯或乙丙橡皮等无卤外护层,不应选用聚氯乙烯外护层 4. 核电厂用电缆应选用聚烯烃类低烟、无卤外护层 5. 除年最低温度在-15℃以下低温环境或药用化学液体浸泡场所,以及有低毒性要求的电缆挤塑外护层宜选用聚乙烯等低烟、无卤材料外,其他可选用聚氯乙烯外护层 6. 用在有水或化学液体浸泡场所的3~35kV重要回路或35kV以上的交联聚乙烯绝缘电缆,应具有符合使用要求的金属塑料复合阻水层、金属套等径向防水构造;海底电缆宜选用铅护套,也可选用铜护套作为径向防水措施 7. 外护套材料应与电缆最高允许
直埋敷设时电缆外护层的选择	1. 电缆承受较大压力或有机械损伤危险时,应具有加强层或钢带铠装 2. 在流砂层、回填土地带等可能出现位移的土壤中,电缆应具有钢丝铠装 3. 白蚁严重危害地区用的挤塑电缆,应选用较高硬度的外护层,也可在普通外护层上挤包较高硬度的薄外护层,其材质可采用尼龙或特种聚烯烃共聚物等,也可采用金属套或钢带铠装 4. 除上述1~3规定的情况外,可选用不含铠装的外护层 5. 地下水位较高的地区,应选用聚乙烯外护层 6. 35kV以上高压交联聚乙烯绝缘电缆应具有防水结构

（续）

空气中固定敷设时电缆护层的选择	1. 在地下客运、商业设施等安全性要求高且鼠害严重的场所，塑料绝缘电缆应具有金属包带或钢带铠装 2. 电缆位于高落差的受力条件时，多芯电缆宜具有钢丝铠装 3. 敷设在桥架等支承较密集的电缆可不需要铠装 4. 当环境保护有要求时，不得采用聚氯乙烯外护层
移动式电气设备等需经常弯移或有较高柔软性要求回路的电缆	应选用橡皮外护层
放射线作用场所的电缆	应具有适合耐受放射线辐照强度的聚氯乙烯、氯丁橡皮、氯磺化聚乙烯等外护层
路径通过不同敷设条件时电缆护层的选择	1. 线路总长度未超过电缆制造长度时，宜选用满足全线条件的同一种或差别小的一种以上型式 2. 线路总长度超过电缆制造长度时，可按相应区段分别选用不同型式

2. 各种电缆外护层及铠装的适用敷设场合见表 4-1-7。

表 4-1-7　各种电缆外护层及铠装的适用敷设场合

护套或外护层	铠装	代号	敷设方式								环境条件					备注
			户内	电缆沟	电缆托盘	隧道	管道	竖井	埋地	水下 21	移动 1	多砾石 2	一般腐蚀 10	严重腐蚀 10	潮湿	
一般橡套	无		√	√	√	√	√	√			√	√	√	√	√	
不延燃橡套	无	F	√	√	√	√	√	√			√	√	√	√		耐油
聚氯乙烯护套	无	V	√	√	√	√	√		√		√	√	√	√	√	
聚乙烯护套	无	Y	√	√	√	√	√	√	√	√	√	√	√	√	√	
铜护套	无		√	√	√	√	√	√	√		√		√	√	√	耐火电缆
矿物化合物	无		√		√	√		√					√	√		耐火电缆
聚氯乙烯护套	钢带	22	√	√	√	√			√				√	√	√	
聚乙烯护套	钢带	23	√	√	√	√	√		√	√			√	√	√	
聚氯乙烯护套	细钢丝	32				√	√	√	√	√	√		√	√	√	
聚乙烯护套	细钢丝	33				√	√	√	√	√	√		√	√	√	
聚氯乙烯护套	粗钢丝	42				√	√	√	√	√	√		√	√	√	
聚乙烯护套	粗钢丝	43				√	√	√	√	√	√	√	√	√	√	
聚乙烯护套	铝合金带	62	√	√	√	√	√	√	√			√				

注：1. √表示适用；无标记则不推荐采用。
2. 具有防水层的聚氯乙烯护套电缆可在水下敷设。
3. 如需要用于湿热带地区的防霉特种护层可在型号规格后加代号“TH”。
4. 单芯钢带铠装电缆不适用于交流线路。

4.1.7　常用电力电缆导体的最高允许温度见表 4-1-8。

表 4-1-8　常用电力电缆导体的最高允许温度

电缆			最高允许温度/℃	
绝缘类别	型式特征	电压/kV	持续工作	短路暂态
聚氯乙烯	普通	≤1	70	160(140)
交联聚乙烯	普通	≤500	90	250
自容式充油	普通牛皮纸	≤500	80	160
	半合成纸	≤500	85	160

注：括号内数值适用于截面面积大于 300mm ^{2} 的聚氯乙烯绝缘电缆。

4.1.8 电线、电缆导体长期允许最高工作温度见表 4-1-9。

表 4-1-9 电线、电缆导体长期允许最高工作温度

电线、电缆种类		导体长期允许最高工作温度/℃	电线、电缆种类	导体长期允许最高工作温度/℃
橡皮绝缘电线	500V	65	通用橡套软电缆	60
塑料绝缘电线	450/750V	70	耐热氯乙烯导线	105
交联聚氯乙烯绝缘电力电缆	1~10kV	90	铜、铝母线槽	110
	35kV	80	铜、铝滑接式母线槽	70
聚氯乙烯绝缘电力电缆	1kV	70	刚性矿物绝缘电力电缆	70、105
裸铝、铜母线和绞线		70	柔性矿物绝缘电力电缆	125
乙丙橡胶电力电缆		90		

注：刚性矿物绝缘电力电缆导体长期允许最高工作温度是指电缆表面温度线芯温度高 5~10℃。

4.1.9 电力电缆截面面积的选择见表 4-1-10。

表 4-1-10 电力电缆截面面积的选择

电力电缆导体截面面积的选择	最大工作电流作用下的电缆导体温度，不得超过电缆使用寿命的允许值。持续工作回路的电缆导体工作温度见表 4-1-8
	最大短路电流和短路时间作用下的电缆导体温度见表 4-1-8
	最大工作电流作用下连接回路的电压降，不得超过该回路允许值
	10kV 及以下电力电缆截面面积宜按电缆的初始投资与使用寿命期间的运行费用综合经济的原则选择
	多芯电力电缆导体最小截面面积，铜导体不宜小于 $2.5mm^2$，铝导体不宜小于 $4mm^2$
10kV 及以下常用电缆按 100% 持续工作电流确定电缆导体允许最小截面面积，其载流量按照下列使用条件差异影响计入校正系数后的实际允许值应大于回路的工作电流	环境温度差异
	直埋敷设时土壤热阻系数差异
	电缆多根并列的影响
	户外架空敷设无遮阳时的日照影响
电缆按 100% 持续工作电流确定电缆导体允许最小截面面积时，应经计算或测试验证，计算内容或参数选择的要求	含有高次谐波负荷的供电回路电缆或中频负荷回路使用的非同轴电缆，应计入趋肤效应和邻近效应增大等附加发热的影响
	交叉互联接地的单芯高压电缆，单元系统中三个区段不等长时，应计入金属层的附加损耗发热的影响
	敷设于保护管中的电缆，应计入热阻影响；排管中不同孔位的电缆还应分别计入互热因素的影响
	敷设于耐火电缆槽盒中的电缆，应计入包含该型材质及其盒体厚度、尺寸等因素对热阻增大的影响
	施加在电缆上的防火涂料、包带等覆盖层厚度大于 1.5mm 时，应计入其热阻影响
	沟内电缆埋砂且无经常性水分补充时，应按砂质情况选取大于 2.0K·m/W 的热阻系数计入对电缆热阻增大的影响
电缆导体工作温度大于 70℃ 的电缆，计算持续允许载流量时的要求	数量较多的该类电缆敷设于未装机械通风的隧道、竖井时，应计入对环境温升的影响
	电缆直埋敷设在干燥或潮湿土壤中，除实施换土处理等能避免水分迁移的情况外，土壤热阻系数取值不宜小于 2.0K·m/W

（续）

通过不同散热条件区段的电缆导体截面面积的选择	回路总长未超过电缆制造长度时，应符合下列规定： 1）重要回路，全长宜按其中散热较差区段条件选择同一截面 2）非重要回路，可对大于 10m 区段散热条件按段选择截面面积，但每回路不宜多于 3 种规格
	回路总长超过电缆制造长度时，宜按区段选择电缆导体截面面积
按短路计算条件选择的要求	计算用系统接线，应采用正常运行方式，且宜按工程建成后 5～10 年发展规划
	短路点应选取在通过电缆回路最大短路电流可能发生处
	宜按三相短路计算，取其最大值
	短路电流的作用时间应取保护动作时间与断路器开断时间之和。对电动机、低压变压器等直馈线，保护动作时间应取主保护时间；对其他情况，宜取后备保护时间
1kV 以下电源中性点直接接地时，三相四线制系统的电缆中性线截面面积，不得小于按线路最大不平衡电流持续工作所需最小截面面积；有谐波电流影响的回路	气体放电灯为主要负荷的回路，中性线截面面积不宜小于相芯线截面面积
	存在高次谐波电流时，计算中性导体的电流应计入谐波电流的效应
	除上述情况外，中性线截面面积不宜小于 50% 的相芯线截面面积
1kV 以下电源中性点直接接地时，配置保护接地线、中性线或保护接地中性线系统的电缆导体截面面积的选择	配电干线采用单芯电缆作保护接地中性线时，截面面积应符合下列规定： 1. 铜导体，不小于 $10mm^2$ 2. 铝导体，不小于 $16mm^2$
	采用多芯电缆的干线，其中性导体和保护导体合一的铜导体截面面积不应小于 $2.5mm^2$
	保护地线的截面面积，应满足回路保护电器可靠动作的要求
交流供电回路由多根电缆并联组成时，各电缆宜等长，并应采用相同材质、相同截面面积的导体；具有金属套的电缆，金属材质和构造截面面积也应相同	

4.1.10 电缆持续允许载流量的环境温度。

电缆持续允许载流量的环境温度，应按使用地区的气象温度多年平均值确定，并应符合表 4-1-11 的规定。

表 4-1-11 电缆持续允许载流量的环境温度 （单位：℃）

电缆敷设场所	有无机械通风	选取的环境温度
土中直埋	—	埋深处的最热月平均地温
水下	—	最热月的日最高水温平均值
户外空气中、电缆沟	—	最热月的日最高温度平均值
有热源设备的厂房	有	通风设计温度
	无	最热月的日最高温度平均值另加 5℃
一般性厂房、室内	有	通风设计温度
	无	最热月的日最高温度平均值
户内电缆沟	无	最热月的日最高温度平均值另加 5℃ *
隧道		
隧道	有	通风设计温度

注：当 * 属于数量较多的该类电缆敷设于未装机械通风的隧道、竖井时，计入对环境温升的影响，不能直接采取仅加 5℃。

评　注

电缆按其用途可分为电力电缆、通信电缆和控制电缆等。电力电缆在电力系统中用以传输和分配大功率电能；通信电缆是由多根互相绝缘的导线或导体绞成的缆芯和保护缆芯不受潮与机械损害的外层护套所构成的通信线路；控制电缆从电力系统的配电点把电能直接传输到各种用电设备器具的电源连接线路。工程要根据需要选择适宜的材质、芯数、电缆绝缘类型和耐火与阻燃级别，并要考虑根据常用电力电缆导体的最高允许温度、电缆长期允许最高工作温度、电缆持续允许载流量的环境温度等因素，才能避免电缆的保护层受到腐蚀、外力损伤以及电缆过电压、过负荷运行。

4.2 电线、电缆、铜母排的载流量

4.2.1 BV 绝缘电线敷设在明敷导管内的持续载流量见表 4-2-1。

表 4-2-1　BV 绝缘电线敷设在明敷导管内的持续载流量　（单位：A）

型号	BV															
额定电压/kV	0.45/0.75															
导体工作温度/℃	70															
环境温度/℃	25				30				35				40			
标称截面面积/mm²	电线根数															
	2	3	4	5、6	2	3	4	5、6	2	3	4	5、6	2	3	4	5、6
1.5	18	15	13	11	17	15	13	11	15	14	12	10	14	13	11	9
2.5	25	22	20	16	24	21	19	16	22	19	17	15	20	18	16	13
4	33	29	26	23	32	28	25	22	30	26	23	20	27	24	21	19
6	43	38	33	29	41	36	32	28	38	33	30	26	35	31	27	24
10	60	53	47	41	57	50	45	39	53	47	42	36	49	43	39	33
16	80	72	63	56	76	68	60	53	71	63	56	49	66	59	52	46
25	107	94	84	74	101	89	80	70	94	83	75	65	87	77	69	60
35	132	116	106	92	125	110	100	87	117	103	94	81	108	95	87	75
50	160	142	127	111	151	134	120	105	141	125	112	98	131	116	104	91
70	203	181	162	142	192	171	153	134	180	160	143	125	167	148	133	116
95	245	219	196	171	232	207	185	162	218	194	173	152	201	180	160	140
120	285	253	227	199	269	239	215	188	252	224	202	176	234	207	187	163
150	318	277	254	222	300	262	240	210	282	246	225	197	261	227	208	182
185	361	313	288	252	341	296	272	238	320	278	256	224	296	257	236	207
240	424	366	339	296	400	346	320	280	376	325	300	263	348	301	278	243
300	485	417	388	339	458	394	366	320	430	370	344	301	398	342	318	278

4.2.2 BV绝缘电线敷设在隔热墙中导管内的持续载流量见表4-2-2。

表4-2-2 BV绝缘电线敷设在隔热墙中导管内的持续载流量 （单位：A）

型号	BV															
额定电压/kV	0.45/0.75															
导体工作温度/℃	70															
环境温度/℃	25				30				35				40			
标称截面面积/mm²	电线根数															
	2	3	4	5、6	2	3	4	5、6	2	3	4	5、6	2	3	4	5、6
1.5	14	13	11	9	14	13	11	9	13	12	10	8	12	11	9	8
2.5	20	19	15	13	19	18	15	13	17	16	14	12	16	15	13	11
4	27	25	21	19	26	24	20	18	24	22	18	16	22	20	17	15
6	36	32	28	24	34	31	27	23	31	29	25	21	29	26	23	20
10	48	44	38	33	46	42	36	32	43	39	33	30	40	36	31	27
16	64	59	50	44	61	56	48	42	57	52	45	39	53	48	41	36
25	84	77	67	59	80	73	64	56	75	68	60	52	69	63	55	48
35	104	94	83	73	99	89	79	69	93	83	74	64	86	77	68	60
50	126	114	100	87	119	108	95	83	111	101	89	78	103	93	82	72
70	160	144	127	111	151	136	120	105	141	127	112	98	131	118	104	91
95	192	173	153	134	182	164	145	127	171	154	136	119	158	142	126	110
120	222	199	178	155	210	188	168	147	197	176	157	138	182	163	146	127
150	254	228	203	178	240	216	192	168	225	203	180	157	208	187	167	146
185	289	259	231	202	273	245	218	191	256	230	204	179	237	213	189	166
240	340	303	271	237	321	286	256	224	301	268	240	210	279	248	222	194
300	389	347	310	271	367	328	293	256	344	308	275	240	319	285	254	222

注：1. 导线根数系指带负荷导线根数。

2. 墙的内表面的传热系数不小于10W/(m^2·K)。

4.2.3 BV-105型耐热聚氯乙烯绝缘铜芯电线敷设在明敷导管内的持续载流量见表4-2-3。

表4-2-3 BV-105型耐热聚氯乙烯绝缘铜芯电线敷设在明敷导管内的持续载流量 （单位：A）

型号	BV-105											
额定电压/kV	0.45/0.75											
导体工作温度/℃	105											
环境温度/℃	50			55			60			65		
标称截面面积/mm²	电线根数											
	2	3	4	2	3	4	2	3	4	2	3	4
1.5	19	17	16	18	16	15	17	15	14	16	14	14
2.5	27	25	23	26	24	22	24	23	21	23	21	20
4	39	34	31	37	32	30	35	31	28	33	29	26
6	51	44	40	49	42	38	46	40	36	43	38	34
10	76	67	59	72	64	56	69	61	53	65	57	50

（续）

型号	BV-105											
额定电压/kV	0.45/0.75											
导体工作温度/℃	105											
环境温度/℃	50			55			60			65		
标称截面面积/mm²	电线根数											
	2	3	4	2	3	4	2	3	4	2	3	4
16	95	85	75	91	81	72	86	77	68	81	72	64
25	127	113	101	121	108	96	115	102	91	108	96	86
35	160	138	126	153	132	120	145	125	114	136	118	107
50	202	179	159	193	171	152	183	162	144	172	153	136
70	240	213	193	229	203	184	217	193	175	205	182	165
95	292	262	233	278	250	222	264	237	211	249	223	199
120	347	311	275	331	297	262	314	281	249	296	265	235
150	399	362	320	380	345	305	361	327	289	340	309	273

注：BV-105 的绝缘中加了耐热增塑剂，导体允许工作温度可达 105℃，适用于高温场所，但要求电线接头用焊接或绞接后表面锡焊处理。电线实际允许工作温度还取决于电线与电线及电线与电器接头的允许温度，当接头允许温度为 95℃时，表中数据应乘以 0.92；85℃时应乘以 0.84。

4.2.4 RVV 等铜芯塑料绝缘软线、塑料护套线明敷设的持续载流量见表 4-2-4。

表 4-2-4 RVV 等铜芯塑料绝缘软线、塑料护套线明敷设的持续载流量 （单位：A）

型号	RVV、RVB、RVS、RFB、RFS、BVV、BVNVN							
额定电压/kV	0.3/0.3、0.3/0.5、0.45/0.75							
导体工作温度/℃	70							
环境温度/℃	25	30	35	40	25	30	35	40
标称截面面积/mm²	电线芯数							
	2				3			
0.12	4.2	4	3.7	3.5	3.2	3	2.8	2.6
0.2	5.8	5.5	5.1	4.8	4.2	4	3.7	3.5
0.3	7.4	7	6.5	6.1	5.3	5	4.7	4.3
0.4	9	8.5	8	7.4	6.4	6	5.6	5.2
0.5	10	9.5	9	8	7.4	7	6.5	6.1
0.75	13	12.5	12	11	9.5	9	8.4	7.8
1.0	16	15	14	13	12	11	10	9.5
1.5	20	19	18	16	18	17	16	15
2.0	23	22	21	19	20	19	18	16
2.5	29	27	25	23	25	24	22	21
4	38	36	34	31	34	32	30	28
6	50	47	44	41	43	41	38	36
10	69	65	61	56	60	57	53	49

4.2.5 YQ、YZ 等铜芯通用橡套软电缆的持续载流量见表 4-2-5。

表 4-2-5 YQ、YZ 等铜芯通用橡套软电缆的持续载流量 （单位：A）

型号		YQ、YQW、YHQ		YZ、YZW、YHZ							
额定电压/kV		0.3/0.3		0.3/0.5							
导体工作温度/℃		65									
环境温度/℃		30	30	25	30	35	40	25	30	35	40
标称截面面积/mm^2		两芯	三芯	两芯			三芯、四芯				
主线芯	中性线										
0.5	0.5	9	7	11	10	9	8	7	7	6	6
0.75	0.75	12	10	13	12	11	10	10	9	8	8
1.0	1.0	—	—	15	14	13	12	12	11	10	9
1.5	1.5	—	—	19	18	17	15	16	15	14	13
2.0	2.0	—	—	24	22	20	19	20	19	18	16
2.5	2.5	—	—	28	26	24	22	22	21	19	18
4	4	—	—	37	35	32	30	32	30	28	25
6	6	—	—	48	45	42	38	42	39	36	33

注：三芯电缆中一根线芯不载流时，其载流量按两芯电缆数据。

4.2.6 YC 等铜芯通用橡套软电缆的持续载流量见表 4-2-6。

表 4-2-6 YC 等铜芯通用橡套软电缆的持续载流量 （单位：A）

型号		YC、YCW、YHC							
额定电压/kV		0.45/0.75							
导体工作温度/℃		65							
环境温度/℃		25	30	35	40	25	30	35	40
标称截面面积/mm^2		两芯				三芯、四芯			
主线芯	中性线								
2.5	2.5	29	27	25	23	24	22	20	19
4	4	35	33	31	28	31	29	27	25
6	6	47	44	41	37	40	37	34	31
10	10	68	64	59	54	58	54	50	46
16	16	90	84	78	71	77	72	67	61
25	16	125	117	108	99	106	99	92	84
35	16	154	144	133	122	130	122	113	103
50	16	192	180	167	152	162	152	141	128
70	25	239	224	207	189	206	193	179	163
95	35	294	275	255	232	252	236	218	199
120	35	342	320	296	270	292	273	253	231

注：三芯电缆中一根线芯不载流时，其载流量按两芯电缆数据。

4.2.7 WDZ-GYJS（F）绝缘电线敷设在隔热墙中导管内的持续载流量见表 4-2-7。

表 4-2-7 WDZ-GYJS（F）绝缘电线敷设在隔热墙中导管内的持续载流量（单位：A）

型号	WDZ-GYJS(F)															
额定电压/kV	0.45/0.75															
导体工作温度/℃	90															
环境温度/℃	25				30				35				40			
标称截面面积/mm²	电线根数															
	2	3、4	5	6	2	3、4	5	6	2	3、4	5	6	2	3、4	5	6
1.5	19	17	15	14	19	17	14	14	18	16	14	13	17	15	13	12
2.5	27	23	20	19	26	23	20	19	25	22	19	18	24	21	18	17
4	36	32	27	25	35	31	26	25	34	30	25	24	32	28	24	23
6	46	41	34	33	45	40	34	32	43	38	32	31	41	36	31	29
10	62	55	47	44	61	54	46	43	59	52	44	42	56	49	42	40
16	83	74	62	59	81	73	61	58	78	70	58	55	74	66	55	53
25	108	97	81	77	106	95	80	76	102	91	76	73	96	86	72	69
35	134	119	100	95	131	117	98	93	126	112	94	90	119	106	89	85
50	161	144	121	115	158	141	119	113	152	135	114	108	144	128	108	102
70	204	183	153	145	200	179	150	143	192	172	144	137	182	163	137	130
95	246	220	184	175	241	216	181	172	231	207	174	165	219	197	164	156
120	284	254	213	202	278	249	209	198	267	239	200	190	253	227	190	180
150	324	291	243	231	318	285	239	227	305	274	229	218	289	259	217	206
185	369	330	277	263	362	324	272	258	348	311	261	248	329	295	247	235
240	432	388	324	308	424	380	318	302	407	365	305	290	386	346	289	275
300	496	444	372	353	486	435	365	346	467	418	350	332	442	396	332	315

注：1. 墙的内表面的传热系数不小于 10W/(m²·K)。

2. 耐火型电线型号为 WDZN -GYJS（F），其载流量可参考上表。

4.2.8 VV、VLV 三芯电力电缆的持续载流量见表 4-2-8。

表 4-2-8 VV、VLV 三芯电力电缆的持续载流量（单位：A）

型号	VV、VLV																							
额定电压/kV	0.6/1																							
导体工作温度/℃	70																							
敷设方式	敷设在隔热墙中的导管内								敷设在明敷的导管内								敷设在空气中							
土壤热阻系数/[(K·m)/W]	—								—								—							
环境温度/℃	25		30		35		40		25		30		35		40		25		30		35		40	
标称截面面积/mm²	铜芯	铝芯	铜芯	铝芯	铜芯	铝芯	铜芯	铝芯	铜芯	铝芯	铜芯	铝芯	铜芯	铝芯	铜芯	铝芯	铜芯	铝芯	铜芯	铝芯	铜芯	铝芯	铜芯	铝芯
1.5	13	—	13	—	12	—	11	—	15	—	15	—	14	—	13	—	19	—	18	—	16	—	15	—
2.5	18	13	17	13	15	12	14	11	21	15	20	15	18	14	17	13	26	20	25	19	23	17	21	16
4	24	18	23	17	21	15	20	14	28	22	27	21	25	19	23	18	36	27	34	26	31	24	29	22
6	30	24	29	23	27	21	25	20	36	28	34	27	31	25	29	23	45	34	43	33	40	31	37	28
10	41	32	39	31	36	29	33	26	48	38	46	36	43	33	40	40	63	48	60	46	56	43	52	40

（续）

型号	VV、VLV																							
额定电压/kV	0.6/1																							
导体工作温度/℃	70																							
敷设方式	敷设在隔热墙中的导管内								敷设在明敷的导管内								敷设在空气中							
土壤热阻系数/[(K·m)/W]	—								—								—							
环境温度/℃	25		30		35		40		25		30		35		40		25		30		35		40	
标称截面面积/mm^2	铜芯	铝芯	铜芯	铝芯	铜芯	铝芯	铜芯	铝芯	铜芯	铝芯	铜芯	铝芯	铜芯	铝芯	铜芯	铝芯	铜芯	铝芯	铜芯	铝芯	铜芯	铝芯	铜芯	铝芯
16	55	43	52	41	48	38	45	35	65	50	62	48	58	45	53	41	84	64	80	61	75	57	69	53
25	72	56	68	53	63	49	59	46	84	65	80	62	75	58	69	53	107	82	101	78	94	73	87	67
35	87	68	83	65	78	61	72	56	104	81	99	77	93	72	86	66	133	101	126	96	118	90	109	83
50	104	82	99	78	93	73	86	67	125	97	118	92	110	86	102	80	162	124	153	117	143	109	133	101
70	132	103	125	98	117	92	108	85	157	122	149	116	140	109	129	100	207	159	196	150	184	141	170	130
95	159	125	150	118	141	110	130	102	189	147	179	139	168	130	155	120	252	193	238	183	223	172	207	159
120	182	143	172	135	161	126	149	117	218	169	206	160	193	150	179	139	292	224	276	212	259	199	240	184
150	207	164	196	155	184	145	170	134	238	186	225	176	211	165	195	153	338	259	319	245	299	230	277	213
185	236	186	223	176	209	165	194	153	270	210	255	199	239	187	221	173	385	296	364	280	342	263	316	243
240	276	219	261	207	245	194	227	180	314	245	297	232	279	218	258	201	455	349	430	330	404	310	374	287
300	315	251	298	237	280	222	259	206	359	280	339	265	318	249	294	230	526	403	497	381	467	358	432	331

型号	VV、VLV								VV22、VLV22							
额定电压/kV	0.6/1								0.6/1							
导体工作温度/℃	70								70							
敷设方式	敷设在埋地的管槽内								敷设在土壤中							
土壤热阻系数/[(K·m)/W]	1		1.5		2		2.5		1		1.5		2		2.5	
环境温度/℃	20								20							
标称截面面积/mm^2	铜芯	铝芯	铜芯	铝芯	铜芯	铝芯	铜芯	铝芯	铜芯	铝芯	铜芯	铝芯	铜芯	铝芯	铜芯	铝芯
1.5	21	—	19	—	18	—	18	—	28	—	24	—	21	—	19	—
2.5	28	21	26	19	25	18	24	18	36	—	30	—	26	—	24	—
4	35	28	33	26	31	25	30	24	49	—	42	—	36	—	33	—
6	44	35	41	33	39	31	38	30	61	—	52	—	45	—	41	—
10	59	46	55	42	52	40	50	39	81	—	69	—	60	—	54	—
16	75	59	70	55	67	52	64	50	105	79	89	67	78	59	70	53
25	96	75	90	70	86	67	82	64	138	103	117	88	103	77	92	69
35	115	90	107	84	102	80	98	77	165	124	140	106	123	92	110	83
50	136	107	127	100	121	95	116	91	195	148	166	126	145	110	130	99
70	168	132	157	123	150	117	143	112	243	183	207	156	181	136	162	122
95	199	155	185	145	177	138	169	132	289	222	247	189	216	165	193	148
120	226	177	211	165	201	157	192	150	330	253	281	216	246	189	220	169
150	256	199	238	185	227	177	217	169	369	283	314	241	275	211	246	189
185	286	224	267	209	255	199	243	190	417	321	355	273	311	239	278	214
240	330	257	308	239	294	228	280	218	480	375	409	320	358	280	320	250
300	372	291	347	271	331	259	316	247	538	423	459	360	402	315	359	282

注：墙的内表面的传热系数不小于10W/(m^2·K)。

4.2.9 YJV、YJLV 三芯电力电缆的持续载流量见表 4-2-9。

表 4-2-9 YJV、YJLV 三芯电力电缆的持续载流量 （单位：A）

型号	YJV、YJLV																							
额定电压/kV	0.6/1																							
导体工作温度/℃	90																							
敷设方式	敷设在隔热墙中的导管内								敷设在明敷的导管内								敷设在空气中							
土壤热阻系数/[(K·m)/W]	—								—								—							
环境温度/℃	25		30		35		40		25		30		35		40		25		30		35		40	
标称截面面积/mm²	铜芯	铝芯	铜芯	铝芯	铜芯	铝芯	铜芯	铝芯	铜芯	铝芯	铜芯	铝芯	铜芯	铝芯	铜芯	铝芯	铜芯	铝芯	铜芯	铝芯	铜芯	铝芯	铜芯	铝芯
1.5	16	—	16	—	15	—	14	—	19	—	19	—	18	—	17	—	23	—	23	—	22	—	20	—
2.5	22	18	22	18	21	17	20	16	27	21	26	21	24	20	23	19	33	24	32	24	30	23	29	21
4	31	24	30	24	28	23	27	21	36	29	35	28	33	26	31	25	43	33	42	32	40	30	38	29
6	39	32	38	31	36	29	34	28	45	36	44	35	42	33	40	31	56	43	54	42	51	40	49	38
10	53	42	51	41	48	39	46	37	62	49	60	48	57	46	54	43	78	60	75	58	72	55	68	52
16	70	57	68	55	65	52	61	50	83	66	80	64	76	61	72	58	104	80	100	77	96	73	91	70
25	92	73	89	71	85	68	80	64	109	87	105	84	100	80	95	76	132	100	127	97	121	93	115	88
35	113	90	109	87	104	83	99	79	133	107	128	103	122	98	116	93	164	124	158	120	151	115	143	109
50	135	108	130	104	124	99	118	94	160	128	154	124	147	119	140	112	199	151	192	146	184	140	174	132
70	170	136	164	131	157	125	149	119	201	162	194	156	186	149	176	141	255	194	246	187	236	179	223	170
95	204	163	197	157	189	150	179	142	242	195	233	188	223	180	212	171	309	236	298	227	286	217	271	206
120	236	187	227	180	217	172	206	163	278	224	268	216	257	207	243	196	359	273	346	263	332	252	314	239
150	269	214	259	206	248	197	235	187	312	249	300	240	288	230	273	218	414	316	399	304	383	291	363	276
185	306	242	295	233	283	223	268	212	353	282	340	272	326	261	309	247	474	360	456	347	437	333	414	315
240	359	283	346	273	332	262	314	248	413	330	398	318	382	305	362	289	559	425	538	409	516	392	489	372
300	411	325	396	313	380	300	360	284	473	378	455	364	436	349	414	331	645	489	621	471	596	452	565	428

型号	YJV、YJLV								YJV22、YJLV22							
额定电压/kV	0.6/1								0.6/1							
导体工作温度/℃	90								90							
敷设方式	敷设在埋地的管槽内								敷设在土壤中							
土壤热阻系数/[(K·m)/W]	1		1.5		2		2.5		1		1.5		2		2.5	
环境温度/℃	20								20							
标称截面面积/mm²	铜芯	铝芯	铜芯	铝芯	铜芯	铝芯	铜芯	铝芯	铜芯	铝芯	铜芯	铝芯	铜芯	铝芯	铜芯	铝芯
1.5	24	—	23	—	22	—	21	—	34	—	29	—	25	—	23	—
2.5	33	25	30	24	29	23	28	22	45	—	38	—	33	—	30	—
4	42	33	39	30	37	29	36	28	58	—	49	—	43	—	39	—
6	51	41	48	38	46	36	44	35	73	—	62	—	54	—	49	—
10	68	54	63	50	60	48	58	46	97	—	83	—	72	—	65	—
16	88	69	82	64	78	61	75	59	126	96	107	81	94	71	84	64

（续）

型号	YJV、YJLV								YJV22、YJLV22							
额定电压/kV	0.6/1								0.6/1							
导体工作温度/℃	90								90							
敷设方式	敷设在埋地的管槽内								敷设在土壤中							
土壤热阻系数/[(K·m)/W]	1		1.5		2		2.5		1		1.5		2		2.5	
环境温度/℃	20								20							
标称截面面积/mm²	铜芯	铝芯	铜芯	铝芯	铜芯	铝芯	铜芯	铝芯	铜芯	铝芯	铜芯	铝芯	铜芯	铝芯	铜芯	铝芯
25	113	88	105	82	100	78	96	75	160	123	136	104	119	91	107	82
35	135	106	126	99	120	94	115	90	193	147	165	125	144	109	129	98
50	159	125	148	116	141	111	135	106	229	175	195	149	171	131	153	117
70	197	153	183	143	175	136	167	130	282	216	240	184	210	161	188	144
95	232	181	216	169	206	161	197	154	339	258	289	220	253	192	226	172
120	263	205	245	191	234	182	223	174	385	295	328	252	287	220	257	197
150	296	232	276	216	263	206	251	197	430	330	367	281	321	246	287	220
185	331	259	309	242	295	231	281	220	486	375	414	320	362	280	324	250
240	382	298	356	278	340	265	324	253	562	435	480	371	420	324	375	290
300	430	337	401	314	383	300	365	286	628	489	536	417	469	365	419	326

4.2.10 WDZ-GYJSYJ（F）电力电缆的持续载流量见表 4-2-10。

表 4-2-10 WDZ-GYJSYJ（F）电力电缆的持续载流量 （单位：A）

型号	WDZ-GYJSYJ(F)																							
额定电压/kV	0.6/1																							
导体工作温度/℃	90																							
敷设方式	敷设在隔热墙中的导管内								敷设在明敷的导管内								敷设在空气中							
环境温度/℃	25		30		35		40		25		30		35		40		25		30		35		40	
标称截面面积/mm²	铜芯	铝芯	铜芯	铝芯	铜芯	铝芯	铜芯	铝芯	铜芯	铝芯	铜芯	铝芯	铜芯	铝芯	铜芯	铝芯	铜芯	铝芯	铜芯	铝芯	铜芯	铝芯	铜芯	铝芯
1.5	17	—	17	—	16	—	15	—	20	—	19.5	—	19	—	18	—	23	—	23	—	22	—	21	—
2.5	22	—	22	—	21	—	20	—	27	—	26	—	25	—	24	—	33	—	32	—	31	—	29	—
4	31	—	30	—	29	—	27	—	36	—	35	—	34	—	32	—	43	—	42	—	40	—	38	—
6	39	—	38	—	36	—	35	—	45	—	44	—	42	—	40	—	55	—	54	—	52	—	49	—
10	52	—	51	—	49	—	46	—	61	—	60	—	58	—	55	—	77	—	75	—	72	—	68	—
16	69	56	68	55	65	53	62	50	82	65	80	64	77	61	73	58	102	79	100	77	96	74	91	70
25	91	72	89	71	85	68	81	65	107	86	105	84	101	81	96	76	130	99	127	97	122	93	116	88
35	111	89	109	87	105	84	99	79	131	105	128	103	123	99	116	94	161	122	158	120	152	115	144	109
50	133	106	130	104	125	100	118	95	157	126	154	124	148	119	140	113	196	149	192	146	184	140	175	133
70	167	134	164	131	157	126	149	119	198	159	194	156	186	150	177	142	251	191	246	187	236	180	224	170
95	201	160	197	157	189	151	179	143	238	192	233	188	224	180	212	171	304	232	298	227	286	218	271	207
120	232	184	227	180	218	173	207	164	273	220	268	216	257	207	244	197	353	268	346	263	332	252	315	239
150	264	210	259	206	249	198	236	187	306	245	300	240	288	230	273	218	407	310	399	304	383	292	363	277
185	301	238	295	233	283	224	268	212	347	277	340	272	326	261	309	248	465	354	456	347	438	333	415	316
240	353	278	346	273	332	262	315	248	406	324	398	318	382	305	362	289	549	417	538	409	516	393	490	372
300	404	319	396	313	380	300	360	285	464	371	455	364	437	349	414	331	633	480	621	471	596	452	565	429

注：1. 墙的内表面的传热系数不小于 10W/(m^2·K)。

2. 耐火型电缆型号为 WDZN-GYJSYJ（F），其载流量可参考上表。

4.2.11 10kV YJV、YJLV 三芯电力电缆的持续载流量见表 4-2-11。

表 4-2-11 10kV YJV、YJLV 三芯电力电缆的持续载流量 （单位：A）

型号	YJV、YJLV																	
额定电压/kV	10																	
导体工作温度/℃	90																	
敷设方式	敷设在空气中								敷设在土壤中									
土壤热阻系数/[(K·m)/W]	—								0.8		1.2		1.5		2		3	
环境温度/℃	25		30		35		40		25									
标称截面面积/mm²	铜芯	铝芯	铜芯	铝芯	铜芯	铝芯	铜芯	铝芯	铜芯	铝芯	铜芯	铝芯	铜芯	铝芯	铜芯	铝芯	铜芯	铝芯
25	147	114	140	109	135	105	129	100	139	108	132	102	122	95	116	90	99	77
35	180	140	172	134	165	129	158	123	169	132	160	125	149	116	141	110	121	94
50	214	166	204	159	197	153	188	146	193	150	183	142	170	132	161	125	138	107
70	261	202	249	194	240	186	229	178	235	182	223	173	207	161	196	152	168	130
95	321	249	307	238	296	229	282	219	280	218	266	207	248	192	234	182	201	156
120	368	286	352	273	339	263	323	251	316	246	300	233	279	217	264	205	227	176
150	416	322	397	308	383	297	365	283	344	267	327	254	304	236	287	223	246	191
185	475	369	454	353	437	340	417	324	390	302	370	287	344	267	325	252	279	216
240	555	430	530	412	511	396	487	378	451	350	428	332	398	309	376	292	323	251
300	636	493	608	471	585	454	558	433	513	398	487	378	453	351	428	332	368	285
400	743	576	710	551	684	531	652	506	584	453	555	430	516	400	487	378	418	325
500	850	660	813	631	783	607	746	579	662	513	629	487	585	453	552	428	474	368
型号	YJV22、YJLV22																	
额定电压/kV	10																	
导体工作温度/℃	90																	
敷设方式	敷设在空气中								敷设在土壤中									
土壤热阻系数/[(K·m)/W]	—								0.8		1.2		1.5		2		3	
环境温度/℃	25		30		35		40		25									
标称截面面积/mm²	铜芯	铝芯	铜芯	铝芯	铜芯	铝芯	铜芯	铝芯	铜芯	铝芯	铜芯	铝芯	铜芯	铝芯	铜芯	铝芯	铜芯	铝芯
25	147	114	140	109	135	105	129	100	139	108	132	102	122	95	116	90	99	77
35	180	140	172	134	165	129	158	123	162	126	153	119	143	111	135	105	116	90
50	206	160	197	153	190	148	181	141	184	144	175	136	163	127	154	120	132	103
70	254	197	243	188	234	181	223	173	235	182	223	173	207	161	196	152	168	130
95	314	243	300	233	289	224	276	214	280	218	266	207	248	192	234	182	201	156
120	361	280	345	268	332	258	317	246	316	246	300	233	279	217	264	205	227	176
150	408	316	390	303	375	291	358	278	338	262	321	249	298	232	282	219	242	188
185	469	364	449	348	432	336	412	320	381	296	362	281	337	261	318	247	273	212
240	548	425	524	406	505	391	481	373	451	350	428	332	398	309	376	292	323	251
300	629	487	601	466	579	449	552	428	507	393	482	373	448	347	423	328	363	282
400	736	571	704	546	678	526	646	501	578	448	549	426	510	396	482	374	414	321
500	843	654	806	625	777	602	740	574	655	508	622	483	578	449	546	424	459	364

4.2.12 YFD-YJV、YFD-W 预分支电缆的持续载流量见表 4-2-12。

表 4-2-12 YFD-YJV、YFD-VV 预分支电缆的持续载流量

（单位：A）

型号	YFD-YJV								YFD-VV							
额定电压/kV	0.6/1															
导体工作温度/℃	90								70							
敷设方式	敷设在空气中															
环境温度/℃	25		30		35		40		25		30		35		40	
主干电缆标称截面面积/mm²	D_e	品字形	D_e	品字形	D_e	品字形	D_e	品字形	D_e	品字形	D_e	品字形	D_e	品字形	D_e	品字形
10	96	85	93	82	89	78	85	75	86	74	81	70	76	65	71	61
16	128	114	124	110	118	105	113	100	114	98	108	93	101	87	94	81
25	171	150	165	145	157	138	150	132	148	128	140	120	131	113	122	105
35	206	186	199	180	190	172	181	164	184	158	173	149	163	140	151	130
50	302	223	291	215	278	205	265	196	223	192	210	181	197	170	183	158
70	330	290	319	280	304	267	290	255	281	242	265	228	249	214	231	199
95	395	353	381	341	364	325	347	310	346	298	326	281	306	264	284	245
120	467	410	451	396	430	378	410	360	398	344	376	324	353	304	327	282
150	535	477	517	460	493	439	470	419	448	386	423	364	397	342	368	317
185	604	546	583	526	556	502	530	479	533	459	502	433	471	407	437	377
240	729	644	704	621	672	593	640	565	636	549	600	517	563	486	522	450
300	826	733	797	707	761	675	725	643	739	636	696	600	654	563	606	522
400	963	878	929	848	887	809	845	771	893	769	841	725	790	681	732	631

注：D_e 指电缆外径。

4.2.13 不允许接触裸护套矿物绝缘电缆的持续载流量见表 4-2-13。

表 4-2-13 不允许接触裸护套矿物绝缘电缆的持续载流量

（单位：A）

型号		BTTQ(轻载)、BTTZ(重载)															
金属护套温度/℃		105															
环境温度/℃		25								30							
导体根数		两根	三根	三根	两根	三根	三根	三根	三根	两根	三根	三根	两根	三根	三根	三根	三根
标称截面面积/mm^2		两芯或单芯	多芯或单芯三角形排列	单芯扁平排列	两芯或单芯	多芯或单芯三角形排列	单芯扁平排列	单芯垂直有间距排列	单芯水平有间距排列	两芯或单芯	多芯或单芯三角形排列	单芯扁平排列	两芯或单芯	多芯或单芯三角形排列	单芯扁平排列	单芯垂直有间距排列	单芯水平有间距排列
		或	或	或	≥D_e 或 ≥0.3D_e	≥D_e 或 ≥0.3D_e	或 ≥D_e	D_e ≥D_e	D_e ≥D_e	或	或	或	≥D_e 或 ≥0.3D_e	≥D_e 或 ≥0.3D_e	或 ≥D_e	D_e ≥D_e	D_e ≥D_e
500V 轻载	1.5	29	24	28	32	27	30	34	38	28	24	27	31	26	29	33	37
	2.5	39	34	37	42	36	40	44	50	38	33	36	41	35	39	43	49
	4	53	45	48	56	47	53	58	66	51	44	47	54	46	51	56	64
750V 重载	1.5	32	27	31	34	29	33	36	41	31	26	30	33	28	32	35	40
	2.5	43	36	42	46	39	44	48	56	42	35	41	45	38	43	47	54
	4	57	48	55	62	52	58	63	72	55	47	53	60	50	56	61	70
	6	72	61	69	79	66	73	81	92	70	59	67	76	64	71	78	89
	10	99	84	94	108	90	99	109	124	96	81	91	104	87	96	105	120
	16	132	111	123	142	119	132	142	163	127	107	119	137	115	127	137	157
	25	172	145	160	186	156	170	186	212	166	140	154	179	150	164	178	204
	35	211	177	194	228	191	208	224	257	203	171	187	220	184	200	216	248
	50	261	220	239	282	237	256	276	316	251	212	230	272	228	247	266	304
	70	319	270	291	346	290	312	335	384	307	260	280	333	279	300	323	370
	95	383	324	347	416	348	373	400	458	369	312	334	400	335	359	385	441
	120	440	373	398	478	400	427	427	525	424	359	383	460	385	411	411	505
	150	504	426	452	547	458	487	517	587	485	410	435	526	441	469	498	565
	185	572	483	511	619	520	551	579	654	550	465	492	596	500	530	557	629
	240	668	565	594	724	607	641	648	732	643	544	572	697	584	617	624	704

（续）

型号		BTTQ(轻载)、BTTZ(重载)															
金属护套温度/℃		105															
环境温度/℃		35								40							
导体根数		两根	三根	三根	两根	三根	三根	三根	三根	两根	三根	三根	两根	三根	三根	三根	三根
		两芯或单芯	多芯或单芯三角形排列	单芯扁平排列	两芯或单芯	多芯或单芯三角形排列	单芯扁平排列	单芯垂直有间距排列	单芯水平有间距排列	两芯或单芯	多芯或单芯三角形排列	单芯扁平排列	两芯或单芯	多芯或单芯三角形排列	单芯扁平排列	单芯垂直有间距排列	单芯水平有间距排列
标称截面面积/mm^2		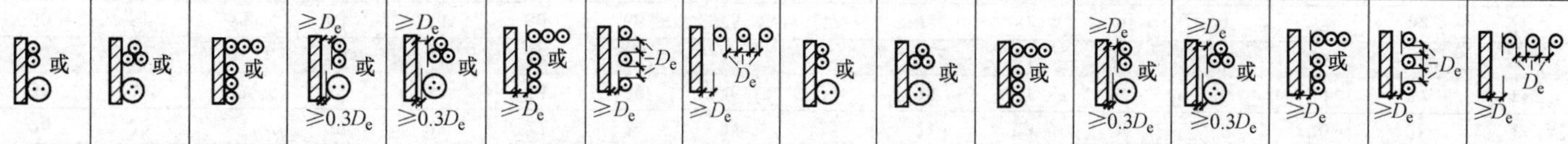 或	或	或	≥D_e 或 ≥0.3D_e	≥D_e 或 ≥0.3D_e	或 ≥D_e	D_e ≥D_e	D_e ≥D_e	或	或	或	≥D_e 或 ≥0.3D_e	≥D_e 或 ≥0.3D_e	或 ≥D_e	D_e ≥D_e	D_e ≥D_e
500V 轻载	1.5	26	23	25	29	24	27	31	35	25	22	24	28	23	26	30	34
	2.5	36	31	34	39	33	37	41	47	34	30	33	37	32	35	39	45
	4	48	42	45	51	44	48	53	61	46	40	43	49	42	46	51	58
750V 重载	1.5	29	24	28	31	26	30	33	38	28	23	27	30	25	29	32	36
	2.5	40	33	39	43	36	41	45	51	38	32	37	41	34	39	43	49
	4	52	45	50	57	48	53	58	67	50	43	48	55	46	51	56	64
	6	67	56	64	72	61	68	74	85	64	54	61	69	58	65	71	81
	10	92	77	87	99	83	92	100	115	88	74	83	95	80	88	96	110
	16	121	102	114	131	110	121	131	150	116	98	109	126	105	116	126	144
	25	159	134	147	171	144	157	170	195	152	128	141	164	138	150	163	187
	35	194	164	179	211	176	192	207	238	186	157	172	202	169	184	198	228
	50	240	203	220	261	218	237	255	291	230	195	211	250	209	227	244	279
	70	294	249	268	319	267	288	310	355	282	239	257	306	256	276	297	340
	95	354	299	320	384	321	344	369	423	339	287	307	368	308	330	354	405
	120	407	344	367	441	369	394	394	484	390	330	352	423	354	378	378	464
	150	465	393	417	504	423	450	478	542	446	377	400	483	405	431	458	519
	185	528	446	472	572	480	508	534	603	506	427	452	548	460	487	512	578
	240	617	522	549	669	560	592	599	675	591	500	526	641	537	567	574	647

注：D_e 指电缆外径。

4.2.14 PVC 外护层或允许接触裸护套矿物绝缘电缆的持续载流量见表 4-2-14。

表 4-2-14 PVC 外护层或允许接触裸护套矿物绝缘电缆的持续载流量 （单位：A）

型号		BTTVQ(轻载)、BTTVZ(重载)															
金属护套温度/℃		70															
环境温度/℃		25								30							
导体根数		两根	三根	三根	两根	三根	三根	三根	三根	两根	三根	三根	两根	三根	三根	三根	三根
标称截面面积/mm²		两芯或单芯	多芯或单芯三角形排列	单芯相互接触排列	两芯或单芯	多芯或单芯三角形排列	单芯相互接触排列	单芯垂直有间距排列	单芯水平有间距排列	两芯或单芯	多芯或单芯三角形排列	单芯相互接触排列	两芯或单芯	多芯或单芯三角形排列	单芯相互接触排列	单芯垂直有间距排列	单芯水平有间距排列
		或	或	或	≥D_e 或 ≥0.3D_e	≥D_e 或 ≥0.3D_e	或 ≥D_e	D_e ≥D_e	D_e ≥D_e	或	或	或	≥D_e 或 ≥0.3D_e	≥D_e 或 ≥0.3D_e	或 ≥D_e	D_e ≥D_e	D_e ≥D_e
500V 轻载	1.5	24	20	22	26	22	24	27	31	23	19	21	25	21	23	26	29
	2.5	33	27	31	35	29	33	36	41	31	26	29	33	28	31	34	39
	4	42	37	40	47	39	39	48	53	40	35	38	44	37	41	45	51
750V 重载	1.5	26	22	24	27	23	27	29	34	25	21	23	26	22	26	28	32
	2.5	36	29	33	38	32	36	39	46	34	28	31	36	30	34	37	43
	4	48	39	43	50	42	48	52	59	45	37	41	47	40	45	49	56
	6	60	51	55	64	54	60	66	75	57	48	52	60	51	57	62	71
	10	82	69	74	87	73	82	89	101	77	65	70	82	69	77	84	95
	16	109	101	98	116	98	109	117	133	102	86	92	109	92	102	110	125
	25	142	119	128	151	128	141	151	173	133	112	120	142	120	132	142	162
	35	174	146	157	186	157	172	185	210	163	137	147	174	147	161	173	197
	50	216	180	193	230	194	211	227	258	202	169	181	215	182	198	213	242
	70	264	221	236	282	238	257	277	314	247	207	221	264	223	241	259	294
	95	316	266	282	339	285	309	330	375	296	249	264	317	267	289	309	351
	120	363	306	324	389	329	354	377	430	340	286	303	364	308	331	353	402
	150	415	349	370	445	376	403	428	485	388	327	346	416	352	377	400	454
	185	470	396	419	505	426	455	477	542	440	371	392	472	399	426	446	507
	240	549	464	488	590	498	530	531	604	514	434	457	552	466	496	497	565

（续）

型号		BTTVQ(轻载)、BTTVZ(重载)															
金属护套温度/℃		70															
环境温度/℃		35								40							
导体根数		两根	三根	三根	两根	三根	三根	三根	三根	两根	三根	三根	两根	三根	三根	三根	三根
标称截面面积/mm^2		两芯或单芯	多芯或单芯三角形排列	单芯相互接触排列	两芯或单芯	多芯或单芯三角形排列	单芯相互接触排列	单芯垂直有间距排列	单芯水平有间距排列	两芯或单芯	多芯或单芯三角形排列	单芯相互接触排列	两芯或单芯	多芯或单芯三角形排列	单芯相互接触排列	单芯垂直有间距排列	单芯水平有间距排列
		或	或	或	$\geqslant D_e$ 或 $\geqslant 0.3D_e$	$\geqslant D_e$ 或 $\geqslant 0.3D_e$	或 $\geqslant D_e$	D_e $\geqslant D_e$	D_e $\geqslant D_e$	或	或	或	$\geqslant D_e$ 或 $\geqslant 0.3D_e$	$\geqslant D_e$ 或 $\geqslant 0.3D_e$	或 $\geqslant D_e$	D_e $\geqslant D_e$	D_e $\geqslant D_e$
500V 轻载	1.5	21	17	19	23	19	21	24	26	19	16	17	21	17	19	22	24
	2.5	28	24	26	30	26	28	31	36	26	22	24	28	23	26	28	33
	4	37	32	35	40	34	38	41	47	34	29	32	37	31	34	38	43
750V 重载	1.5	23	19	21	24	20	24	26	29	21	17	19	22	18	22	23	27
	2.5	31	26	28	33	27	31	34	39	28	23	26	30	25	28	31	36
	4	41	34	38	43	37	41	45	52	38	31	34	39	34	38	41	47
	6	53	44	48	55	47	53	57	66	48	40	44	51	43	48	52	60
	10	71	60	65	76	64	71	78	88	65	55	59	69	58	65	71	80
	16	94	79	85	101	85	94	102	116	86	73	78	92	78	86	93	106
	25	123	102	111	132	111	122	132	150	113	95	102	120	102	112	120	137
	35	151	127	136	161	136	149	160	183	138	116	124	147	124	136	147	167
	50	187	157	168	199	169	184	198	225	171	143	153	182	154	168	181	205
	70	229	192	205	245	207	224	240	273	209	175	187	224	189	204	220	249
	95	275	231	245	294	248	268	287	326	251	211	224	269	226	245	262	298
	120	316	265	281	338	286	307	328	373	289	243	257	309	261	281	300	341
	150	360	304	321	386	327	350	372	422	329	277	294	353	299	320	340	385
	185	409	345	364	438	371	396	414	471	374	315	333	401	339	362	379	430
	240	478	403	425	513	433	461	462	525	436	368	388	469	396	421	422	480

注：D_e 指电缆外径。

4.2.15 矩形导体长期允许载流量见表 4-2-15。

表 4-2-15 矩形导体长期允许载流量 （单位：A）

导体尺寸（宽×厚）/mm×mm	单条铜导体								单条铝导体							
	平放				竖放				平放				竖放			
	25℃	30℃	35℃	40℃	25℃	30℃	35℃	40℃	25℃	30℃	35℃	40℃	25℃	30℃	35℃	40℃
40×4	603	566	530	488	632	594	556	511	480	451	422	388	503	472	442	407
40×5	681	640	599	551	706	663	621	571	542	509	476	439	562	528	494	455
50×4	735	690	646	595	770	723	677	623	586	550	515	474	613	576	539	496
50×5	831	781	731	673	869	816	764	703	661	621	581	535	692	650	608	560
63×6.3	1141	1072	1004	924	1193	1121	1049	966	910	855	800	737	952	894	837	771
63×8	1302	1223	1145	1054	1369	1277	1195	1100	1038	975	913	840	1085	1019	954	878
63×10	1465	1377	1289	1186	1531	1439	1347	1240	1168	1097	1027	946	1221	1147	1074	989
80×6.3	1415	1330	1245	1146	1477	1388	1299	1196	1128	1060	992	913	1178	1107	1036	954
80×8	1598	1502	1406	1294	1668	1567	1467	1351	1274	1197	1121	1031	1330	1250	1170	1077
80×10	1811	1702	1593	1466	1891	1777	1664	1531	1472	1383	1295	1192	1490	1400	1311	1206
100×6.3	1686	1584	1483	1365	1758	1652	1547	1423	1371	1288	1206	1110	1430	1344	1258	1158
100×8	1897	1783	1669	1536	1979	1860	1741	1602	1542	1449	1356	1249	1609	1512	1415	1303
100×10	2174	2043	1913	1760	2265	2129	1993	1834	1278	1201	1124	1035	1803	1694	1586	1460
125×6.3	2047	1924	1801	1658	2133	2005	1877	1727	1674	1573	1473	1355	1744	1639	1534	1412
125×8	2294	2156	2018	1858	2390	2246	2103	1935	1876	1763	1650	1519	1955	1837	1720	1583
125×10	2555	2401	2248	2069	2662	2502	2342	2156	2089	1963	1838	1692	2177	2046	1915	1763

导体尺寸（宽×厚）/mm×mm	双条铜导体								双条铝导体							
	平放				竖放				平放				竖放			
	25℃	30℃	35℃	40℃	25℃	30℃	35℃	40℃	25℃	30℃	35℃	40℃	25℃	30℃	35℃	40℃
63×6.3	1766	1660	1554	1430	1939	1822	1706	1570	1409	1324	1239	1141	1547	1454	1361	1253
63×8	2036	1913	1791	1649	2230	2096	1962	1806	1623	1525	1428	1314	1777	1670	1563	1439
63×10	2290	2152	2015	1854	2503	2352	2202	2027	1825	1715	1606	1478	1994	1874	1754	1615
80×6.3	2162	2032	1902	1751	2372	2229	2087	1921	1724	1620	1517	1396	1892	1778	1664	1532
80×8	2440	2293	2147	1976	2672	2511	2351	2164	1946	1829	1712	1576	2131	2003	1875	1726
80×10	2760	2594	2428	2235	3011	2830	2649	2438	2175	2044	1914	1761	2373	2230	2088	1922
100×6.3	2526	2374	2222	2046	2771	2604	2438	2244	2054	1930	1807	1663	2253	2117	1982	1824
100×8	2827	2657	2487	2289	3095	2909	2723	2506	2298	2160	2022	1861	2516	2365	2214	2307
100×10	3128	2940	2752	2533	3419	3213	3008	2769	2558	2404	2251	2071	2796	2628	2460	2264
125×6.3	2991	2811	2632	2422	3278	3081	2884	2655	2446	2299	2152	1981	2680	2519	2358	2170
125×8	3333	3133	2933	2699	3647	3428	3209	2954	2725	2561	2398	2207	2982	2803	2624	2415
125×10	3674	3453	3233	2975	4019	3777	3536	3255	3005	2824	2644	2434	3282	3085	2888	2658

（续）

导体尺寸（宽×厚）/mm×mm	三条铜导体								三条铝导体							
	平放				竖放				平放				竖放			
	25℃	30℃	35℃	40℃	25℃	30℃	35℃	40℃	25℃	30℃	35℃	40℃	25℃	30℃	35℃	40℃
63×6.3	2340	2199	2059	1895	2644	2485	2326	2141	1866	1754	1642	1511	2111	1984	1857	1709
63×8	2651	2491	2332	2147	2903	2728	2554	2351	2113	1986	1859	1711	2379	2236	2093	1926
63×10	2987	2807	2628	2419	3343	3142	2941	2707	2381	2238	2095	1928	2665	2505	2345	2158
80×6.3	2773	2606	2440	2246	3142	2953	2764	2545	2211	2078	1945	1790	2505	2354	2204	2029
80×8	3124	2936	2749	2530	3524	3312	3101	2854	2491	2341	2192	2017	2809	2640	2471	2275
80×10	3521	3309	3098	2852	3954	3716	3479	3202	2774	2607	2441	2246	3114	2927	2740	2522
100×6.3	3237	3042	2848	2621	3671	3450	3230	2973	2633	2475	2317	2132	2985	2805	2626	2417
100×8	3608	3391	3175	2922	4074	3829	3585	3299	2933	2757	2581	2375	3311	3112	2913	2681
100×10	3889	3655	3422	3150	4375	4112	3850	3543	3181	2990	2799	2576	3578	3363	3148	2898
125×6.3	3764	3538	3312	3048	4265	4009	3753	3454	2079	1954	1829	1683	3490	3280	3071	2826
125×8	4127	3879	3631	3342	4663	4383	4103	3777	3375	3172	2970	2733	3813	3584	3355	3088
125×10	4556	4282	4009	3690	5130	4822	4514	4155	3725	3501	3278	3017	4194	3942	3690	3397

导体尺寸（宽×厚）/mm×mm	四条铜导体								四条铝导体							
	平放				竖放				平放				竖放			
	25℃	30℃	35℃	40℃	25℃	30℃	35℃	40℃	25℃	30℃	35℃	40℃	25℃	30℃	35℃	40℃
80×6.3	3209	3016	2823	2599	4278	4021	3764	3465	2558	2404	2251	2071	3411	3206	3001	2762
80×8	3591	3375	3160	2908	4786	4498	4211	3876	2863	2691	2519	2319	3817	3587	3358	3091
80×10	4019	3777	3536	3255	5357	5035	4714	4339	3167	2976	2786	2565	4222	3968	3715	3419
100×6.3	3729	3505	3281	3020	4971	4672	4374	4026	3032	2850	2668	2455	4043	3800	3557	3274
100×8	4132	3884	3636	3346	5508	5177	4847	4461	3359	3157	2955	2720	4479	4210	3941	3627
100×10	4428	4162	3896	3586	5903	5548	5194	4781	3622	3404	3187	2933	4829	4539	4249	3911
125×6.3	4311	4052	3793	3491	5747	5402	5057	4655	3525	3313	3102	2855	4700	4418	4136	3807
125×8	4703	4420	4138	3809	6269	5892	5516	5077	3847	3616	3385	3116	5129	4821	4513	4154
125×10	5166	4856	4546	4184	6887	6473	6060	5578	4225	3971	3718	3422	5633	5295	4957	4562

注：1. 载流量是按最高允许温度70℃、基准环境温度25℃、无风、无日照条件计算的。

2. 交流母线相同距为250mm，每相为双、三条导体时，导体净距皆为母线宽度；每相为四条导体时，第二、三导体净距皆为50mm。

评　注

电缆、电线、铜母排载流量是指在热稳定条件下，导体达到长期允许工作温度时的输送电能时所通过的电流量。影响导体载流量的因素较多，如导体的材料、截面面积、型号、敷设方法以及环境温度等。若导体长期过负荷运行，会使导体温度升高，加速电缆、电线老化，绝缘强度遭到破坏，甚至会酿成火灾。

4.3 电缆、电线载流量的修正系数

4.3.1 环境空气温度不同于30℃时的校正系数（用于敷设在空气中的电缆载流量）见表4-3-1。

表4-3-1 环境空气温度不同于30℃时的校正系数（用于敷设在空气中的电缆载流量）

环境温度/℃	绝缘			
	PVC 聚氯乙烯	XLPE 或 EPR 交联聚乙烯或乙丙橡胶	矿物绝缘	
			PVC 外护套和易于接触的裸护套 70℃	不允许接触的裸护套 105℃
10	1.22	1.15	1.26	1.14
15	1.17	1.12	1.20	1.11
20	1.12	1.08	1.14	1.07
25	1.06	1.04	1.07	1.04
30	1.00	1.00	1.00	1.00
35	0.94	0.96	0.93	0.96
40	0.87	0.91	0.85	0.92
45	0.79	0.87	0.78	0.88
50	0.71	0.82	0.67	0.84
55	0.61	0.76	0.57	0.80
60	0.50	0.71	0.45	0.75
65	—	0.65	—	0.70
70	—	0.58	—	0.65
75	—	0.50	—	0.60
80	—	0.41	—	0.54
85	—	—	—	0.47
90	—	—	—	0.40
95	—	—	—	0.32

4.3.2 土壤热阻系数不同于2.5 (K·m)/W时的载流量校正系数见表4-3-2。

表4-3-2 土壤热阻系数不同于2.5 (K·m)/W时的载流量校正系数

热阻系数/(K·m)/W	0.5	0.7	1	1.5	2	2.5	3
埋地管槽中电缆的校正系数	1.28	1.20	1.18	1.1	1.05	1	0.96
直埋电缆的校正系数	1.88	1.62	1.50	1.28	1.12	1	0.90

注：1. 给出的校正系数是GB/T 16895.6—2014表B.52.2~表B.52.5所包括的导体截面面积和敷设方式范围内的平均值。校正系数的综合误差在±5%以内。

2. 校正系数适用于敷设于埋地管槽中的电缆，对于直埋电缆，当土壤热阻系数小于2.5K·m/W时校正系数将会高一些，需要更精确数值时，可采用IEC 60287系列标准的计算法得出。

3. 校正系数适用于管槽埋地深度不大于0.8m。

4. 假定土壤的性质是均一的，没有考虑可能发生的水分迁移导致电缆周围区域的土壤热阻系数增大的影响。如果可以预见土壤局部变干燥，容许载流量值应根据IEC 60287系列标准的计算法得出。

4.3.3 地下温度不同于20℃时的校正系数（用于埋地管槽中的电缆载流量）见表4-3-3。

表4-3-3 地下温度不同于20℃时的校正系数（用于埋地管槽中的电缆载流量）

地下温度/℃	绝缘		地下温度/℃	绝缘	
	PVC 聚氯乙烯	XLPE和EPR 交联聚乙烯和乙丙橡胶		PVC 聚氯乙烯	XLPE和EPR 交联聚乙烯和乙丙橡胶
10	1.10	1.07	50	0.63	0.76
15	1.05	1.04	55	0.55	0.71
20	1.00	1.00	60	0.45	0.65
25	0.95	0.96	65	—	0.60
30	0.89	0.93	70	—	0.53
35	0.84	0.89	75	—	0.46
40	0.77	0.85	80	—	0.38
45	0.71	0.80	—	—	—

4.3.4 敷设在自由空气中多根线缆束的降低系数见表4-3-4。

表4-3-4 敷设在自由空气中多根线缆束的降低系数

敷设方法		托盘或梯架数	每个托盘中电缆数					
			1	2	3	4	6	9
水平安装的有孔托盘	接触 ≥300mm ≥20mm	1	1.00	0.88	0.82	0.79	0.76	0.73
		2	1.00	0.87	0.80	0.77	0.73	0.68
		3	1.00	0.86	0.79	0.76	0.71	0.66
		6	1.00	0.84	0.77	0.73	0.68	0.64
	有间距 D_e ≥20mm	1	1.00	1.00	0.98	0.95	0.91	—
		2	1.00	0.99	0.96	0.92	0.87	—
		3	1.00	0.98	0.95	0.91	0.85	—
垂直安装的有孔托盘	接触 ≥225mm	1	1.00	0.88	0.82	0.78	0.73	0.72
		2	1.00	0.88	0.81	0.76	0.71	0.70
	有间距 D_e ≥225mm	1	1.00	0.91	0.89	0.88	0.87	—
		2	1.00	0.91	0.88	0.87	0.85	—

（续）

敷设方法		托盘或梯架数	每个托盘中电缆数					
			1	2	3	4	6	9
水平安装的无孔托盘	接触 ≥300mm ≥20mm	1	0.97	0.84	0.78	0.75	0.71	0.68
		2	0.97	0.83	0.76	0.72	0.68	0.63
		3	0.97	0.82	0.75	0.71	0.66	0.61
		6	0.97	0.81	0.73	0.69	0.63	0.58
水平安装的梯架和线夹等	接触 ≥300mm ≥20mm	1	1.00	0.87	0.82	0.80	0.79	0.78
		2	1.00	0.86	0.80	0.78	0.76	0.73
		3	1.00	0.85	0.79	0.76	0.73	0.70
		6	1.00	0.84	0.77	0.73	0.68	0.64
	有间距 D_e ≥20mm	1	1.00	1.00	1.00	1.00	1.00	—
		2	1.00	0.99	0.98	0.97	0.96	—
		3	1.00	0.98	0.97	0.96	0.93	—

4.3.5 多回路或多根电缆成束敷设的降低系数见表 4-3-5。

表 4-3-5 多回路或多根电缆成束敷设的降低系数

排列（电缆相互接触）	回路数或多芯电缆数量											
	1	2	3	4	5	6	7	8	9	12	16	20
成束敷设在空气中，沿墙、嵌入或封闭式敷设	1.00	0.80	0.70	0.65	0.60	0.57	0.54	0.52	0.50	0.45	0.41	0.38
单层敷设在墙上、地板或无孔托盘上	1.00	0.85	0.79	0.75	0.73	0.72	0.72	0.71	0.70	多于 9 个回路或 9 根多芯电缆不再减小减低系数		
单层直接固定在顶棚下	0.95	0.81	0.72	0.68	0.65	0.64	0.63	0.62	0.61			
单层敷设在水平或垂直的有孔托盘上	1.00	0.88	0.82	0.77	0.75	0.73	0.73	0.72	0.72			
单层敷设在梯架或线夹上	1.00	0.87	0.82	0.80	0.80	0.79	0.79	0.78	0.78			

注：1. 这些系数适用于尺寸和负荷相同的线缆束。

2. 相邻电缆水平间距超过了 2 倍电缆外径时，则不需要降低系数。

3. 由两根或三根单芯电缆组成的线缆束和多芯电缆使用同一系数。

4. 假如系统中同时有两芯和三芯电缆，以电缆总数作为回路数，两芯电缆作为两根负荷导体，三芯电缆作为三根负荷导体查取表中相应系数。

5. 假如线缆束中含有 n 根单芯电缆，它可考虑为 $n/2$ 回两根负荷导体回路，或 $n/3$ 回三根负荷导体回路数。

6. 表中各值的总体误差在±5%以内。

4.3.6　敷设在埋地管槽内多回路电缆的降低系数见表 4-3-6。

表 4-3-6　敷设在埋地管槽内多回路电缆的降低系数

电缆根数	管槽之间距离			
	无间距（电缆相互接触）	0.25m	0.5m	1.0m
2	0.85	0.90	0.95	0.95
3	0.75	0.85	0.90	0.95
4	0.70	0.80	0.85	0.90
5	0.65	0.80	0.85	0.90
6	0.60	0.80	0.80	0.90
7	0.57	0.76	0.80	0.88
8	0.54	0.74	0.78	0.88
9	0.52	0.73	0.77	0.87
10	0.49	0.72	0.76	0.86
11	0.47	0.70	0.75	0.86
12	0.45	0.69	0.74	0.85
13	0.44	0.68	0.73	0.85
14	0.42	0.68	0.72	0.84
15	0.41	0.67	0.72	0.84
16	0.39	0.66	0.71	0.83
17	0.38	0.65	0.70	0.83
18	0.37	0.65	0.70	0.83
19	0.35	0.64	0.69	0.82
20	0.34	0.63	0.68	0.82

注：1. 适用于埋地深度 0.7m、土壤热阻系数为 2.5K·m/W 时的情况，有些情况下误差会达到+10%。

2. 在土壤热阻系数小于 2.5K·m/W 时，校正系数一般会增加，可采用 IEC 60287-2-1 给出的方法进行计算。

3. 假如回路中每相包含 m 根并联导体，确定降低系数时，该回路应认为是 m 个回路。

4.3.7　多回路直埋电缆的降低系数见表 4-3-7。

表 4-3-7　多回路直埋电缆的降低系数

回路数	电缆间的间距				
	无间距（电缆相互接触）	一根电缆外径	0.125m	0.25m	0.5m
2	0.75	0.80	0.85	0.90	0.90
3	0.65	0.70	0.75	0.80	0.85
4	0.60	0.60	0.70	0.75	0.80
5	0.55	0.55	0.65	0.70	0.80
6	0.50	0.55	0.60	0.70	0.80
7	0.45	0.51	0.59	0.67	0.76
8	0.43	0.48	0.57	0.65	0.75

（续）

回路数	电缆间的间距				
	无间距（电缆相互接触）	一根电缆外径	0.125m	0.25m	0.5m
9	0.41	0.46	0.55	0.63	0.74
12	0.36	0.42	0.51	0.59	0.71
16	0.32	0.38	0.47	0.56	0.68
20	0.29	0.35	0.44	0.53	0.66

注：1. 适用于埋地深度0.7m、土壤热阻系数为2.5K·m/W时的情况，有些情况下误差会达到+10%。

2. 在土壤热阻系数小于2.5K·m/W时，校正系数一般会增加，可采用IEC 60287-2-1给出的方法进行计算。

3. 假如回路中每相包含 m 根并联导体，确定降低系数时，该回路应认为是 m 个回路。

4.3.8 四芯或五芯电缆存在谐波电流时的降低系数见表4-3-8。

表4-3-8 四芯或五芯电缆存在谐波电流时的降低系数

线电流的三次谐波分量(%)	降低系数	
	基于线电流选择截面面积	基于中性线电流选择截面面积
0~15	1.0	—
15~33	0.86	—
33~45	—	0.86
>45	—	1.0

注：线电流的三次谐波分量是三次谐波与基波（一次谐波）的比值，用%表示。

评　　注

电缆、电线载流量受敷设方式、环境空气温度及电缆、电线是否存在谐波电流影响，在工程设计选择电缆、电线的工作中，需要考虑相应的修正系数，才可以使电缆、电线在实际环境中传输预期的电能，避免出现电缆、电线过负荷运行。

4.4 电缆、电线穿管及电缆桥架敷设

4.4.1 电线穿低压流体输送用焊接钢管最小管径见表4-4-1。

表4-4-1 电线穿低压流体输送用焊接钢管最小管径

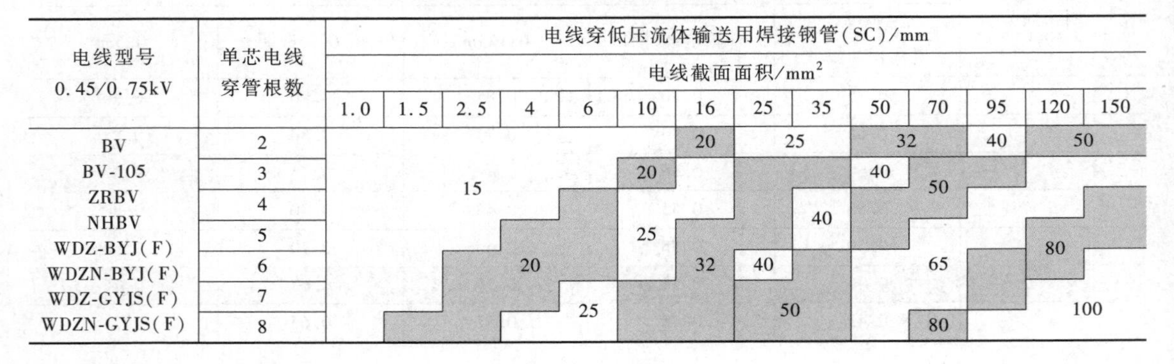

电线型号 0.45/0.75kV	单芯电线穿管根数	电线穿低压流体输送用焊接钢管(SC)/mm													
		电线截面面积/mm²													
		1.0	1.5	2.5	4	6	10	16	25	35	50	70	95	120	150
BV BV-105 ZRBV NHBV WDZ-BYJ(F) WDZN-BYJ(F) WDZ-GYJS(F) WDZN-GYJS(F)	2							20	25		32		40	50	
	3			15			20				40	50			
	4									40					
	5						25							80	
	6				20			32	40			65			
	7					25			50					100	
	8											80			

4.4.2　电线穿可弯曲金属导管最小管径见表4-4-2。

表4-4-2　电线穿可弯曲金属导管最小管径

电线型号 0.45/0.75kV	单芯电线穿管根数	电线穿可弯曲金属导管(KJG)/mm 电线截面面积/mm² 1.0	1.5	2.5	4	6	10	16	25	35	50	70	95	120	150
BV	2							25		32		40	50		
BV-105	3			15			20				40				
ZRBV	4						25								
NHBV	5								40			65			
WDZ-BYJ(F)	6				20		32			50					
WDZN-BYJ(F)	7					25							800	100	
WDZ-GYJS(F) / WDZN-GYJS(F)	8							40							—

注：电线穿保护管时，其总截面面积（包括外护层）按不大于保护管内孔面积的40%计算。当穿保护管电线根数较多或敷设转弯困难时，在选择保护管径时可放大一级。

4.4.3　电线穿套接扣压式薄壁钢管或套接紧定式钢管最小管径见表4-4-3。

表4-4-3　电线穿套接扣压式薄壁钢管或套接紧定式钢管最小管径

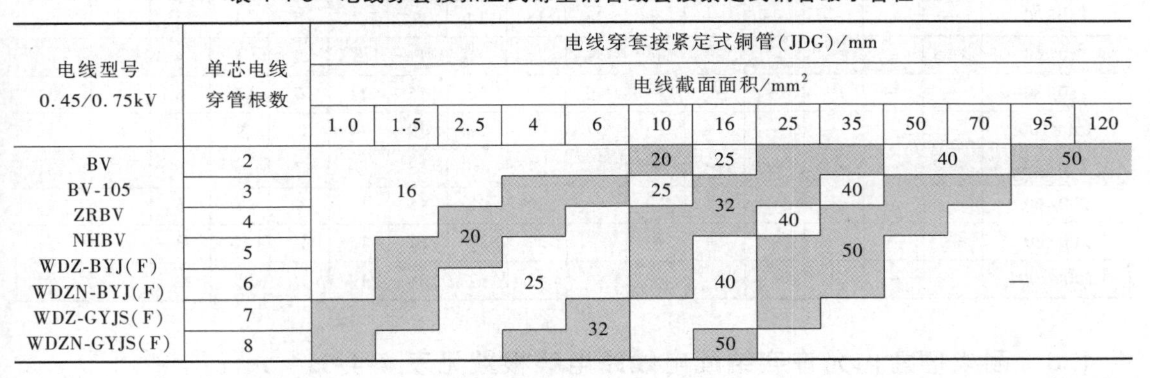

电线型号 0.45/0.75kV	单芯电线穿管根数	电线穿套接紧定式铜管(JDG)/mm 电线截面面积/mm² 1.0	1.5	2.5	4	6	10	16	25	35	50	70	95	120
BV	2						20	25			40		50	
BV-105	3		16				25	32		40				
ZRBV	4			20					40					
NHBV	5									50				
WDZ-BYJ(F)	6				25			40					—	
WDZN-BYJ(F)	6													
WDZ-GYJS(F)	7					32								
WDZN-GYJS(F)	8							50						

4.4.4　电线穿聚氯乙烯硬质电线管或聚氯乙烯半硬质电线管最小管径见表4-4-4。

表4-4-4　电线穿聚氯乙烯硬质电线管或聚氯乙烯半硬质电线管最小管径

电线型号 0.45/0.75kV	单芯电线穿管根数	电线穿聚氯乙烯硬质电线管(PC)或聚氯乙烯半硬质电线管(FPC)/mm 电线截面面积/mm² 1.0	1.5	2.5	4	6	10	16	25	35	50	70	95
BV	2		16				25		32	40		50	
BV-105	3			20				32			50		
ZRBV	4						32						
NHBV	5								50				
WDZ-BYJ(F)	6				25		40					—	
WDZN-BYJ(F)	6												
WDZ-GYJS(F)	7				32			50					
WDZN-GYJS(F)	8												

注：电线穿保护管时，其总截面面积（包括外护层）按不大于保护管内孔面积的40%计算。当穿保护管电线根数较多或敷设转弯困难时，在选择保护管径时可放大一级。

4.4.5 金属槽盒内允许容纳配电线路电线根数见表 4-4-5。

表 4-4-5 金属槽盒内允许容纳配电线路电线根数

槽盒规格（宽×高）/mm×mm	BV、BV-105、ZRBV、NHBV、WZD-BYJ(F)、WDZN-BYJ(F)、WDZ-GYJS(F)、WDZN-GYJS(F)单芯绝缘电线截面面积/mm²															
	1.0	1.5	2.5	4	6	10	16	25	35	50	70	95	120	150	185	240
	各系列耐火槽盒容纳电线极数															
60×40	60	43	32	25	20	12	9	5	4	3	—	—	—	—	—	—
60×50	—	54	40	31	26	15	11	7	5	3	—	—	—	—	—	—
80×40	—	58	42	33	27	16	12	7	5	4	3	—	—	—	—	—
80×50	—	—	53	42	34	21	15	9	7	5	3	3	—	—	—	—
80×60	—	—	—	50	41	25	18	11	8	6	4	3	3	—	—	—
100×40	—	—	53	42	34	21	15	9	7	5	3	3	—	—	—	—
100×50	—	—	—	52	43	26	19	12	9	6	4	3	3	—	—	—
100×60	—	—	—	—	52	31	23	14	11	7	5	4	3	3	—	—
100×80	—	—	—	—	—	42	30	19	14	10	7	6	5	4	3	—
150×40	—	—	—	—	52	31	23	14	11	7	5	4	3	3	—	—
150×50	—	—	—	—	—	39	28	18	14	9	7	5	4	3	3	—
150×60	—	—	—	—	—	47	34	21	16	11	8	6	5	4	3	3
150×80	—	—	—	—	—	—	46	29	22	15	11	9	7	6	4	3
150×100	—	—	—	—	—	—	57	36	28	19	14	11	9	7	6	4
200×50	—	—	—	—	—	52	38	24	18	13	9	7	6	5	4	3
200×60	—	—	—	—	—	—	46	29	22	15	11	9	7	6	4	3
200×80	—	—	—	—	—	—	—	39	29	21	15	12	10	8	6	5
200×100	—	—	—	—	—	—	—	48	37	26	19	15	12	10	8	6

4.4.6 耐火槽盒内允许容纳配电线路电线根数见表 4-4-6。

表 4-4-6 耐火槽盒内允许容纳配电线路电线根数

槽盒规格（宽×高）/mm×mm	BV、BV-105、ZRBV、NHBV、WZD-BYJ(F)、WDZN-BYJ(F)、WDZ-GYJS(F)、WDZN-GYJS(F)单芯绝缘电线截面面积/mm²									
	2.5	4	6	10	16	25	35	50	70	95
	各系列耐火槽盒容纳电线根数									
60×40	64	50	41	25	18	11	8	6	4	3
60×50	—	63	52	31	23	14	11	7	5	4
80×40	—	—	55	33	24	15	11	8	6	4
80×50	—	—	—	42	30	19	14	10	7	6
80×60	—	—	—	50	36	23	17	12	9	7
100×40	—	—	—	42	30	19	14	10	7	6
100×50	—	—	—	52	38	24	18	13	9	7
100×60	—	—	—	63	46	29	22	15	11	9

（续）

槽盒规格（宽×高）/mm×mm	BV、BV-105、ZRBV、NHBV、WZD-BYJ(F)、WDZN-BYJ(F)、WDZ-GYJS(F)、WDZN-GYJS(F)单芯绝缘电线截面面积/mm²									
	2.5	4	6	10	16	25	35	50	70	95
	各系列耐火槽盒容纳电线根数									
100×80	—	—	—	—	61	39	29	21	15	12
150×40	—	—	—	—	46	29	22	15	11	9
150×50	—	—	—	—	57	36	28	19	14	11
150×60	—	—	—	—	—	43	33	23	17	13
150×80	—	—	—	—	—	58	44	31	23	18
150×100	—	—	—	—	—	—	56	39	29	23
200×50	—	—	—	—	—	48	37	26	19	15
200×60	—	—	—	—	—	58	44	31	23	18
200×80	—	—	—	—	—	—	59	42	31	24
200×100	—	—	—	—	—	—	—	52	39	30

4.4.7　耐火槽盒内允许容纳控制和信号线路电线根数见表 4-4-7。

表 4-4-7　耐火槽盒内允许容纳控制和信号线路电线根数

槽盒规格（宽×高）/mm×mm	BV、BV-105、ZRBV、NHBV、WZD-BYJ(F)、WDZN-BYJ(F)、WDZ-GYJS(F)、WDZN-GYJS(F)单芯绝缘电线截面面积/mm²						
	1.0	1.5	2.5	4	6	10	16
	各系列耐火槽盒容纳电线根数						
60×40	150	109	80	63	52	31	23
60×50	187	136	100	78	65	39	28
80×40	200	145	106	84	69	42	30
80×50	250	181	133	105	86	52	38
80×60	300	218	160	126	104	63	46
100×40	250	181	133	105	86	52	38
100×50	312	227	166	131	108	65	48
100×60	375	272	200	157	130	78	57
100×80	500	363	266	210	173	105	76
150×40	375	272	200	157	130	78	57
150×50	468	340	250	197	163	98	72
150×60	—	409	300	236	195	118	86
150×80	—	—	400	315	260	157	115
150×100	—	—	500	394	326	197	144
200×50	—	—	333	263	217	131	96
200×60	—	—	400	315	260	157	115
200×80	—	—	—	421	347	210	153
200×100	—	—	—	—	434	263	192

4.4.8 电力电缆穿低压流体输送用焊接钢管最小管径见表 4-4-8。

表 4-4-8 电力电缆穿低压流体输送用焊接钢管最小管径

<table>
<tr><td rowspan="2">电缆型号
0.6/1kV</td><td colspan="2">电缆截面面积/mm²</td><td>2.5</td><td>4</td><td>6</td><td>10</td><td>16</td><td>25</td><td>35</td><td>50</td><td>70</td><td>95</td><td>120</td><td>150</td><td>185</td><td>240</td></tr>
<tr><td colspan="2">低压流体输送用焊接钢管(SC)</td><td colspan="14">最小管径/mm</td></tr>
<tr><td rowspan="3">YJV、YJLV
ZR-YJV
WDZ-YJ(F)E</td><td rowspan="6">电缆穿管长度
在 30m 及以下</td><td>直通</td><td colspan="2">20</td><td>25</td><td colspan="2">32</td><td>40</td><td colspan="2">50</td><td colspan="2">65</td><td colspan="2">80</td><td colspan="2">100</td></tr>
<tr><td>一个弯曲时</td><td>25</td><td rowspan="2">32</td><td></td><td>40</td><td colspan="2">50</td><td colspan="2">65</td><td>80</td><td colspan="2">100</td><td colspan="2">125</td><td>150</td></tr>
<tr><td>两个弯曲时</td><td></td><td>40</td><td>50</td><td colspan="2">65</td><td>80</td><td colspan="2">100</td><td colspan="2">125</td><td colspan="2">150</td><td>200</td></tr>
<tr><td rowspan="3">W、VLV
NH-YJV
WDZN-YJ(F)E</td><td>直通</td><td colspan="2">25</td><td colspan="2">32</td><td>40</td><td colspan="2">50</td><td colspan="2">65</td><td colspan="2">80</td><td colspan="3">100</td></tr>
<tr><td>一个弯曲时</td><td colspan="2">32</td><td>40</td><td colspan="2">50</td><td colspan="2">65</td><td>80</td><td rowspan="2">100</td><td colspan="2"></td><td colspan="2">125</td><td>150</td></tr>
<tr><td>两个弯曲时</td><td>40</td><td colspan="2">50</td><td colspan="2">65</td><td colspan="2">80</td><td></td><td colspan="2">125</td><td colspan="2">150</td><td>200</td></tr>
</table>

4.4.9 电力电缆穿聚氯乙烯硬质电线管最小管径见表 4-4-9。

表 4-4-9 电力电缆穿聚氯乙烯硬质电线管最小管径

<table>
<tr><td rowspan="2">电缆型号
0.6/1kV</td><td colspan="2">电缆截面面积/mm²</td><td>2.5</td><td>4</td><td>6</td><td>10</td><td>16</td><td>25</td><td>35</td></tr>
<tr><td colspan="2">聚氯乙烯硬质电线管(PC)</td><td colspan="7">最小管径/mm</td></tr>
<tr><td rowspan="3">YJV、YJLV
ZR-YJV
WDZ-YJ(F)E</td><td rowspan="6">电缆穿管长度
在 30m 及以下</td><td>直通</td><td>25</td><td colspan="2">32</td><td colspan="2">40</td><td colspan="2">50</td></tr>
<tr><td>一个弯曲时</td><td colspan="3">40</td><td>50</td><td colspan="3" rowspan="2">—</td></tr>
<tr><td>两个弯曲时</td><td></td><td colspan="2">50</td><td></td></tr>
<tr><td rowspan="3">W、VLV
NH-YJV
WDZN-YJ(F)E</td><td>直通</td><td>32</td><td colspan="3">40</td><td>50</td><td colspan="2"></td></tr>
<tr><td>一个弯曲时</td><td>40</td><td colspan="2">50</td><td colspan="4"></td></tr>
<tr><td>两个弯曲时</td><td>50</td><td colspan="6">—</td></tr>
</table>

注：长度在 30m 及以下，直线段管内径不小于电缆外径的 1.5 倍；一个弯曲时管内径不小于电缆外径的 2 倍；两个弯曲时管内径不小于电缆外径的 2.5 倍。

4.4.10 WDZ-GYJSYJ（F）、WDZN-GYJSYJ（F）电缆穿低压流体输送用焊接铜管最小管径见表 4-4-10。

表 4-4-10 WDZ-GYJSYJ（F）、WDZN-GYJSYJ（F）电缆穿低压流体输送用焊接铜管最小管径

<table>
<tr><td rowspan="2">电缆型号
0.6/1kV</td><td colspan="2">线芯截面面积/mm²</td><td>2.5</td><td>4</td><td>6</td><td>10</td><td>16</td><td>25</td><td>35</td><td>50</td><td>70</td><td>95</td><td>120</td><td>150</td><td>185</td><td>240</td></tr>
<tr><td colspan="2">低压流体输送用焊接钢管(SC)</td><td colspan="14">最小管径/mm</td></tr>
<tr><td rowspan="3">WDZ-
GYJSYJ(F)</td><td rowspan="6">电缆穿管长度
在 30m 及以下</td><td>直通</td><td>20</td><td colspan="3">25</td><td>32</td><td colspan="2">40</td><td>50</td><td colspan="2">65</td><td colspan="2">80</td><td colspan="2">100</td></tr>
<tr><td>一个弯曲时</td><td>25</td><td colspan="3">32</td><td colspan="2">50</td><td colspan="2">65</td><td colspan="2">80</td><td colspan="2">100</td><td colspan="2">125</td></tr>
<tr><td>两个弯曲时</td><td>32</td><td colspan="2">40</td><td colspan="2">50</td><td colspan="2">65</td><td>80</td><td colspan="2">100</td><td colspan="2">125</td><td>150</td><td>200</td></tr>
<tr><td rowspan="3">WDZN-
GYJSYJ(F)</td><td>直通</td><td colspan="3">25</td><td colspan="2">32</td><td>40</td><td colspan="2">50</td><td colspan="2">65</td><td colspan="2">80</td><td colspan="2">100</td></tr>
<tr><td>一个弯曲时</td><td colspan="3">32</td><td>40</td><td colspan="2">50</td><td colspan="2">65</td><td>80</td><td colspan="3">100</td><td colspan="2">125</td></tr>
<tr><td>两个弯曲时</td><td colspan="2">40</td><td colspan="2">50</td><td colspan="2">65</td><td>80</td><td colspan="3">100</td><td colspan="2">125</td><td>150</td><td>200</td></tr>
</table>

4.4.11 WDZ-GYJSYJ（F）、WDZN-GYJSYJ（F）电缆穿聚氯乙烯硬质电线管最小管径见表 4-4-11。

表 4-4-11 WDZ-GYJSYJ（F）、WDZN-GYJSYJ（F）电缆穿聚氯乙烯硬质电线管最小管径

电缆型号 0.6/1kV	线芯截面面积/mm^2		2.5	4	6	10	16	25	35
	聚氯乙烯硬质电线管(PC)		最小管径/mm						
WDZ-GYJSYJ(F)	电缆穿管长度在 30m 及以下	直通	32			40		50	
		一个弯曲时	40			50		—	
		两个弯曲时	50						
WDZN-GYJSYJ(F)		直通	32		40		50		
		一个弯曲时	40		50		—		
		两个弯曲时	50						

4.4.12 WDZ-GYJSYJ（F）、WDZN-GYJSYJ（F）电缆外径与截面面积关系见表 4-4-12。

表 4-4-12 WDZ-GYJSYJ（F）、WDZN-GYJSYJ（F）电缆外径与截面面积关系

电缆型号 0.6/1kV	线芯截面面积/mm^2	2.5	4	6	10	16	25	35	50	70	95	120	150	185
	电缆芯数	5	5	5	5	5	4+1	4+1	4+1	4+1	4+1	4+1	4+1	4+1
WDZ-GYJSYJ(F)	参考外径/mm	14.1	15.7	17.1	18.7	21.6	25.1	27.3	31.8	36.5	40.9	46.8	50.6	55.8
	电缆截面面积/mm^2	156	194	230	275	366	495	585	794	1046	1314	1720	2011	2445
WDZN-GYJSYJ(F)	参考外径/mm	15.5	16.8	18.1	20.7	23.6	27.1	29.3	33.8	38.6	43.1	49	52.9	58.1
	电缆截面面积/mm^2	189	222	257	337	437	577	674	897	1170	1459	1886	2198	2651

4.4.13 KYJV 控制电缆穿低压流体输送用焊接钢管最小管径见表 4-4-13。

表 4-4-13 KYJV 控制电缆穿低压流体输送用焊接钢管最小管径

电缆型号 0.45/0.75kV	电缆截面面积/mm^2	控制电缆芯数		2	3	4	5	7	8	10	12	14	16	19	24	27	30
		低压流体输送用焊接钢管(SC)		最小管径/mm													
KYJV	0.75~1.0	电缆穿管长度在 30m 及以下	直通	15				20			25				32		
			一个弯曲时	20				25			32				40		
			两个弯曲时		25			32			40			50			
KYJV	1.5~2.5		直通	15	20			25			32				40		
			一个弯曲时	20	25			32		40			50			65	
			两个弯曲时			32		40									80

4.4.14 KYJV 控制电缆穿聚氯乙烯硬质电线管最小管径见表 4-4-14。

表 4-4-14 KYJV 控制电缆穿聚氯乙烯硬质电线管最小管径

电缆型号 0.45/0.75kV	电缆截面面积/mm²	控制电缆芯数		2	3	4	5	7	8	10	12	14	16	19	24	27	30
		聚氯乙烯硬质电线管(PC)		最小管径/mm													
KYJV	0.75~1.0	电缆穿管长度在 30m 及以下	直通	20	20	20	25	25	25	32	32	32	32	32	40	40	40
			一个弯曲时	25	25	25	32	32	32	40	40	40	40	50	50	50	—
			两个弯曲时	32	32	32	32	40	40	50	50	50	50	—	—	—	—
KYJV	1.5~2.5		直通	25	25	25	25	32	32	40	40	40	40	50	50	50	50
			一个弯曲时	32	32	32	40	40	40	50	50	50	50	—	—	—	—
			两个弯曲时	40	40	40	40	50	50	—	—	—	—	—	—	—	—

注：长度在 30m 及以下，直线段管内径不小于电缆外径的 1.5 倍；一个弯曲时管内径不小于电缆外径的 2 倍；两个弯曲时管内径不小于电缆外径的 2.5 倍。

4.4.15 KVV 控制电缆穿低压流体输送用焊接钢管最小管径见表 4-4-15。

表 4-4-15 KVV 控制电缆穿低压流体输送用焊接钢管最小管径

电缆型号 0.45/0.75kV	电缆截面面积/mm²	控制电缆芯数		2	3	4	5	7	8	10	12	14	16	19	24	27	30
		低压流体输送用焊接钢管(SC)		最小管径/mm													
KVV	0.75~1.0	电缆穿管长度在 30m 及以下	直通	15	15	15	15	20	20	20	25	25	25	25	32	32	32
			一个弯曲时	20	20	20	20	25	25	25	32	32	32	32	40	40	50
			两个弯曲时	20	25	25	25	32	32	32	40	40	40	50	50	50	65
KVV	1.5~2.5		直通	15	20	20	20	25	25	32	32	32	32	32	40	50	50
			一个弯曲时	20	25	25	25	32	32	40	40	50	50	50	65	65	65
			两个弯曲时	25	32	32	32	40	50	50	50	50	65	65	80	80	80

4.4.16 KVV 控制电缆穿聚氯乙烯硬质电线管最小管径见表 4-4-16。

表 4-4-16 KVV 控制电缆穿聚氯乙烯硬质电线管最小管径

电缆型号 0.45/0.75kV	电缆截面面积/mm²	控制电缆芯数		2	3	4	5	7	8	10	12	14	16	19	24	27	30
		聚氯乙烯硬质电线管(PC)		最小管径/mm													
KVV	0.75~1.0	电缆穿管长度在 30m 及以下	直通	20	20	20	25	25	25	32	32	32	32	32	40	40	50
			一个弯曲时	25	25	25	32	32	32	40	40	40	40	50	50	50	—
			两个弯曲时	32	32	32	32	40	40	50	50	50	50	—	—	—	—
KVV	1.5~2.5		直通	25	25	25	32	32	32	40	40	40	50	50	50	—	—
			一个弯曲时	32	32	32	40	40	50	50	50	50	—	—	—	—	—
			两个弯曲时	40	40	40	50	50	—	—	—	—	—	—	—	—	—

注：长度在 30m 及以下，直线段管内径不小于电缆外径的 1.5 倍；一个弯曲时管内径不小于电缆外径的 2 倍；两个弯曲时管内径不小于电缆外径的 2.5 倍。

4.4.17 WDZ-KYJY、WDZN-KYJY 控制电缆穿低压流体输送用焊接钢管最小管径见表 4-4-17。

表 4-4-17 WDZ-KYJY、WDZN-KYJY 控制电缆穿低压流体输送用焊接钢管最小管径

电缆型号 0.45/75kV	线芯截面面积/mm²	控制电缆芯数		2	3	4	5	7	8	10	12	14	16	19	24	27	30
		低压流体输送用焊接钢管(SC)		最小管径/mm													
WDZ-KYJY	1.5~2.5	电缆穿管长度在30m及以下	直通	15			20			25			32			40	
			一个弯曲时	20			25		32				40		50		
			两个弯曲时	25						50					65		
WDZN-KYJY	1.5~2.5		直通	20				25		32					50		
			一个弯曲时	25			32			40		50			65		
			两个弯曲时					40	50			65			80		

4.4.18 WDZ-KYJY、WDZN-KYJY 控制电缆穿聚氯乙烯硬质电线管最小管径见表 4-4-18。

表 4-4-18 WDZ-KYJY、WDZN-KYJY 控制电缆穿聚氯乙烯硬质电线管最小管径

电缆型号 0.45/75kV	线芯截面面积/mm²	控制电缆芯数		2	3	4	5	7	8	10	12	14	16	19	24	27	30
		聚氯乙烯硬质电线管(PC)		最小管径/mm													
WDZ-KYJY	1.5~2.5	电缆穿管长度在30m及以下	直通	20		25			32			40			50		
			一个弯曲时	25		32		40			50				—		
			两个弯曲时	32		40			50								
WDZN-KYJY	1.5~2.5		直通	25			32			40			50				
			一个弯曲时	32			40		50			—					
			两个弯曲时	40			50										

4.4.19 0.45kV/0.75kV WDZ-KYJY、WDZN-KYJY 聚乙烯绝缘聚乙烯护套控制电缆外径与截面面积关系见表 4-4-19。

表 4-4-19 0.45kV/0.75kV WDZ-KYJY、WDZN-KYJY 聚乙烯绝缘聚乙烯护套控制电缆外径与截面面积关系

电缆型号	线芯截面面积/mm²	电缆芯数	2	3	4	5	7	8	10	12	14	16	19	24	27	30
WDZ-KYJY	1.5	参考外径/mm	8.7	9.2	9.9	10.8	11.7	13.2	15.2	15.7	16.5	17.3	18.2	21.6	22	22.8
		电缆截面面积/mm²	59	66	77	92	107	137	181	193	214	235	260	366	380	408
	2.5	参考外径/mm	9.7	10.2	11.1	12.7	13.7	14.8	17.2	17.7	18.6	20	21	24.4	25	25.9
		电缆截面面积/mm²	74	82	97	127	147	172	232	246	272	314	346	467	491	527
WDZN-KYJY	1.5	参考外径/mm	10.4	11	11.9	12.9	14	15.7	18.2	18.8	19.7	20.7	21.8	25.8	26.4	27.3
		电缆截面面积/mm²	85	95	111	131	154	193	260	277	305	336	373	523	547	585
	2.5	参考外径/mm	11.4	12	13	14.8	16	17.3	20.1	20.7	21.8	23.4	24.6	28.7	29.3	30.4
		电缆截面面积/mm²	102	113	133	172	201	235	317	336	373	430	475	647	674	725

注：长度在30m及以下，直线段管内径不小于电缆外径的1.5倍；一个弯曲时管内径不小于电缆外径的2倍；两个弯曲时管内径不小于电缆外径的2.5倍。

4.4.20 0.45kV/0.75kV BV、BV-105、ZRBV、NH8V、WDZ-BYJ（F）、WDZN-BYJ（F）、WDZ-GYJS（F）、WDZN-GYJS（F）电线外径与截面面积关系见表4-4-20。

表4-4-20 0.45kV/0.75kV BV、BV-105、ZRBV、NH8V、WDZ-BYJ（F）、WDZN-BYJ（F）、WDZ-GYJS（F）、WDZN-GYJS（F）电线外径与截面面积关系

线芯截面面积/mm^2	1.0	1.5	2.5	4	6	10	16	25	35	50	70	95	120	150	185	240
参考外径/mm	3.1	3.8	4.4	4.9	5.4	7.0	8.1	10.2	11.7	13.9	16.0	18.2	20.2	22.5	24.9	28.4
电线根数	电线总截面面积/mm^2															
1	8	11	15	19	23	38	52	82	107	152	201	260	320	397	487	633
2	16	22	30	38	46	76	104	164	214	304	402	520	640	794	974	1266
3	24	33	45	57	69	114	156	246	321	456	603	780	960	1191	1461	1899
4	32	44	60	76	92	152	208	328	428	608	804	1040	1280	1588	1948	2532
5	40	55	75	95	115	190	260	410	535	760	1005	1300	1600	1985	2435	3165
6	48	66	90	114	138	228	312	492	642	912	1206	1560	1920	2382	2922	3798
7	56	77	105	133	161	266	364	574	749	1064	1407	1820	2240	2779	3409	4431
8	64	88	120	152	184	304	416	656	856	1216	1608	2080	2560	3176	3896	5064

4.4.21 电力电缆外径与截面面积关系见表4-4-21。

表4-4-21 电力电缆外径与截面面积关系

电缆型号 0.6/1kV	线芯截面面积/mm^2	2.5	4	6	10	16	25	35	50	70	95	120	150	185	240
	电缆芯数	5	5	5	5	5	4+1	4+1	4+1	4+1	4+1	4+1	4+1	4+1	4+1
YJV、YJLV ZR-YJV WDZ-YJ(F)E	参考外径/mm	13.5	14.8	16.1	19.6	22.4	26.2	28.8	33.4	38.8	44.1	49.5	54.1	60.5	68.2
	电缆截面面积/mm^2	143	172	204	302	394	539	651	876	1182	1527	1924	2298	2873	3651
VV、VLV NH-YJV WDZN-YJ(F)E	参考外径/mm	15.2	17.8	19.2	22.8	25.8	30.1	32.7	37.7	41.9	47.6	52.0	56.8	63.0	70.7
	电缆截面面积/mm^2	181	249	289	408	523	711	839	1116	1378	1779	2123	2533	3116	3924
YJV22 YJLV22	参考外径/mm	17.0	18.3	19.7	23.2	26.0	30.4	34.1	38.7	44.2	49.8	55.4	60.1	66.9	74.8
	电缆截面面积/mm^2	227	263	305	423	531	725	913	1176	1534	1947	2409	2835	3513	4392
VV22 VLV22	参考外径/mm	—	21.1	22.6	26.2	29.3	34.7	37.5	42.4	46.9	52.4	57.1	61.7	67.9	75.3
	电缆截面面积/mm^2	—	349	401	539	674	945	1104	1411	1727	2155	2559	2988	3619	4451

4.4.22 0.45kV/0.75kV KYJV聚乙烯绝缘聚乙烯护套控制电缆外径与截面面积关系见表4-4-22。

表4-4-22 0.45kV/0.75kV KYJV聚乙烯绝缘聚乙烯护套控制电缆外径与截面面积关系

电缆芯数	2	3	4	5	7	8	10	12	14	16	19	24	27	30
线芯截面面积/mm^2	0.75													
参考外径/mm	8.4	8.8	9.4	10.2	11.0	12.1	13.6	14.0	15.3	16.1	16.9	19.5	19.9	20.6
电缆截面面积/mm^2	55	61	69	82	95	115	145	154	184	204	224	299	311	333

（续）

电缆芯数	2	3	4	5	7	8	10	12	14	16	19	24	27	30
线芯截面面积/mm^2	1.0													
参考外径/mm	8.7	9.1	9.9	10.6	11.5	12.7	14.3	15.4	16.1	16.9	17.7	20.5	20.9	21.7
电缆截面面积/mm^2	59	65	77	88	104	127	161	186	203	224	246	330	343	370
线芯截面面积/mm^2	1.5													
参考外径/mm	9.3	9.8	10.6	11.4	12.4	13.7	16.1	16.6	17.4	18.3	19.2	22.7	23.2	24.0
电缆截面面积/mm^2	68	75	88	102	121	147	203	216	238	263	289	405	423	452
线芯截面面积/mm^2	2.5													
参考外径/mm	10.7	11.3	12.3	13.3	15.1	16.8	18.9	19.5	20.5	21.5	23.1	26.9	27.5	28.5
电缆截面面积/mm^2	90	100	119	139	179	222	280	298	330	363	419	568	594	638

4.4.23 0.45kV/0.75kV KYJV22 聚乙烯绝缘聚乙烯护套带铠装控制电缆外径与截面面积关系见表 4-4-23。

表 4-4-23 0.45kV/0.75kV KYJV22 聚乙烯绝缘聚乙烯护套带铠装控制电缆外径与截面面积关系

电缆芯数	4	5	7	8	10	12	14	16	19	24	27	30	37	44
线芯截面面积/mm^2	0.75													
参考外径/mm	—	—	13.5	15.3	16.7	17.1	17.7	18.4	19.2	21.7	22.5	23.2	24.7	27.1
电缆截面面积/mm^2	—	—	143	184	219	230	246	266	289	370	397	423	479	577
线芯截面面积/mm^2	1.0													
参考外径/mm	—	—	14.0	15.9	17.4	17.8	18.5	19.3	20.1	23.2	23.6	24.3	25.9	28.5
电缆截面面积/mm^2	—	—	154	198	238	249	269	292	317	423	437	464	527	638
线芯截面面积/mm^2	1.5													
参考外径/mm	—	—	15.6	16.9	18.6	19.0	19.8	20.6	21.5	24.9	25.4	26.2	27.9	31.3
电缆截面面积/mm^2	—	—	191	224	272	283	308	333	363	487	506	539	611	769
线芯截面面积/mm^2	2.5													
参考外径/mm	15.6	16.6	17.7	19.3	21.3	21.9	23.3	24.4	25.5	29.1	29.7	31.1	33.9	37.6
电缆截面面积/mm^2	191	216	246	292	356	376	426	467	510	665	692	759	902	1110

4.4.24 0.45kV/0.75kV KVV 聚氯乙烯绝缘聚乙烯护套控制电缆外径与截面面积关系见表 4-4-24。

表 4-4-24 0.45kV/0.75kV KVV 聚氯乙烯绝缘聚乙烯护套控制电缆外径与截面面积关系

电缆芯数	2	3	4	5	7	8	10	12	14	16	19	24	27	30
线芯截面面积/mm^2	0.75													
参考外径/mm	8.4	8.8	9.4	10.2	11.0	12.1	13.6	14.0	15.3	16.1	16.9	19.5	19.9	20.6
电缆截面面积/mm^2	55	61	69	82	95	115	145	154	184	203	224	299	311	333

（续）

电缆芯数	2	3	4	5	7	8	10	12	14	16	19	24	27	30
线芯截面面积/mm^2	1.0													
参考外径/mm	8.7	9.1	9.9	10.6	11.5	12.7	14.3	15.4	16.1	16.9	17.7	20.5	20.9	<23.8
电缆截面面积/mm^2	59	65	77	88	104	127	161	186	203	224	246	330	343	<445
线芯截面面积/mm^2	1.5													
参考外径/mm	9.3	10.3	11.1	12.1	13.1	15.2	17.1	17.6	18.4	19.4	20.4	24.1	24.6	<27.4
电缆截面面积/mm^2	74	83	97	115	135	181	230	243	266	295	327	456	475	<589
线芯截面面积/mm^2	2.5													
参考外径/mm	11.1	11.8	12.8	13.9	15.8	17.6	19.8	20.5	21.5	23.1	24.3	28.3	28.9	<32.3
电缆截面面积/mm^2	97	109	129	152	196	243	308	330	363	419	464	629	656	<819

4.4.25 0.45kV/0.75kV KVV22聚氯乙烯绝缘聚乙烯护套带铠装控制电缆外径与截面面积关系见表4-4-25。

表4-4-25 0.45kV/0.75kV KVV22聚氯乙烯绝缘聚乙烯护套带铠装控制电缆外径与截面面积关系

电缆芯数	4	5	7	8	10	12	14	16	19	24	27	30	37	44
线芯截面面积/mm^2	0.75													
参考外径/mm	—	—	14.2	15.3	16.7	17.1	17.7	18.5	19.2	21.7	22.5	23.2	24.7	27.1
电缆截面面积/mm^2	—	—	158	184	219	230	246	269	289	370	397	423	479	577
线芯截面面积/mm^2	1.0													
参考外径/mm	—	—	14.7	15.9	17.4	17.8	18.5	19.3	20.1	23.2	23.6	24.3	25.9	28.5
电缆截面面积/mm^2	—	—	170	198	238	249	269	292	317	423	437	464	527	638
线芯截面面积/mm^2	1.5													
参考外径/mm	14.4	15.3	16.3	17.7	19.5	20.0	20.8	21.7	23.1	26.3	26.8	27.6	29.5	33.9
电缆截面面积/mm^2	163	184	209	246	298	314	340	370	419	543	564	598	683	902
线芯截面面积/mm^2	2.5													
参考外径/mm	16.1	17.2	18.4	20.1	22.7	23.4	24.3	25.5	26.6	31.0	31.6	32.6	35.6	39.9
电缆截面面积/mm^2	203	232	266	317	405	430	464	510	555	754	784	834	995	1250

评　注

电缆、电线穿保护管敷设时，导管布线管内导线的总截面面积不宜超过管内截面面积的40%。管内容线面积≤6mm^{2}时，按不大于内孔截面面积的33%计算；10~50mm^{2}时，按不大于内孔截面面积的27.5%计算；≥70mm^{2}时，按不大于内孔截面面积的22%计算。单根电缆穿保护管时长度在30m及以下时直线段管内径不小于电缆外径的1.5倍；一个弯曲时管内径不小于电缆外径的2倍；两个弯曲时管内径不小于电缆外径的2.5倍。长度在30m以上的直线段管内径不小于电缆外径的2.5倍。

电缆、电线在电缆桥架内敷设时，同一槽盒内不宜同时敷设绝缘导线和电缆。同一路径无防干扰要求的线路，可敷设于同一槽盒内；槽盒内的绝缘导线总截面面积（包括外护套）

不应超过槽盒内截面面积的40%，且载流导体不宜超过30根。当控制和信号等非电力线路敷设于同一槽盒内时绝缘导线的总截面面积不应超过槽盒内截面面积的50%。分支接头处绝缘导线的总截面面积（包括外护层）不应大于该点盒（箱）内截面面积的75%。

4.5 配电线路敷设

4.5.1 配电线路敷设方式按环境条件选择见表4-5-1。

表4-5-1 配电线路敷设方式按环境条件选择

导线类别	敷设方式	常用导线型号	导线使用环境											备注
			干燥		潮湿	特别潮湿	高温	多尘	化学腐蚀	户外	高层建筑	一般民用	进户线	
			生活	生产										
塑料护套线	直敷配线	BLVV、BVV	√	√	×	×	×	×	×	×	+	√	×	①表中，√：推荐使用；+：可以使用；无记号：建议不使用；×：不允许使用 ②应采用镀锌钢管并做好防腐处理 ③宜采用阻燃电缆 ④户外架空用裸导体，沿墙用绝缘线
绝缘线	鼓形绝缘子	BLV、BV、BVN	+	√	√		+①	√	×	+			×	
	碟针式绝缘子		×	√	√	√	√	√	+	√④			√	
	金属厚壁导管明敷			+	+	+	√	+	+②	+	√	√	√	
	金属厚壁导管埋地			√	√	√	√	√	+	+②	√	√	√	
	金属薄壁导管明敷		+	+	+	×	+	+	×		√	√	×	
	塑料导管明敷		+	√	√	√	+	√	√				+	
	塑料导管埋地		+	+	+	+		+	√	+			+	
	槽盒配线		√	√	×	×	×	×	×	×	√④	√	×	
母线槽	支架明敷	各型号		√	+		+	+	×	+			+	
电缆	地沟内敷设	VLV、VV、YJLV、YJV、XLV、XV		√	+		√	+		+	√	√	√	
	支架明敷	VLV、VV、YJLV、YJV		√	√	√							+	
	直埋地	VLV22、VV22、YJLV22、YJV22								√			√	
	桥架敷设	各种型号		√③	+③		+③	√③	+③	+	√		+	
架空电缆	支架明敷									√			√	

4.5.2 电缆敷设要求见表4-5-2。

表4-5-2 电缆敷设要求

电缆的路径选择	应避免电缆遭受机械性外力、过热、腐蚀等危害
	满足安全要求条件下，应保证电缆路径最短
	应便于敷设、维护
	宜避开将要挖掘施工的地方
	充油电缆线路通过起伏地形时，应保证供油装置合理配置

（续）

同一通道内电缆数量较多时，若在同一侧的多层支架上敷设	宜按电压等级由高至低的电力电缆、强电至弱电的控制和信号电缆、通信电缆“由上而下”的顺序排列；当水平通道中含有35kV以上高压电缆，或为满足引入柜盘的电缆符合允许弯曲半径要求时，宜按“由下而上”的顺序排列；在同一工程中或电缆通道延伸于不同工程的情况，均应按相同的上下排列顺序配置
	支架层数受通道空间限制时，35kV及以下的相邻电压级电力电缆可排列于同一层支架；少量1kV及以下电力电缆应采取防火分隔和有效抗干扰措施
	同一重要回路的工作与备用电缆应配置在不同层或不同侧的支架上，并应实行防火分隔
同一层支架上电缆排列的配置	控制和信号电缆可紧靠或多层叠置
	除交流系统用单芯电力电缆的同一回路可采取品字形（三叶形）配置外，对重要的同一回路多根电力电缆，不宜叠置
	除交流系统用单芯电缆情况外，电力电缆的相互间宜有1倍电缆外径的空隙
交流系统用单芯电力电缆的相序配置及其相间距离	应满足电缆金属套的正常感应电压不超过允许值
	宜使按持续工作电流选择的电缆截面积最小
	未呈品字形配置的单芯电力电缆，有两回线及以上配置在同一通路时，应计入相互影响
	当距离较长时，高压交流系统三相单芯电力电缆宜在适当位置进行换位，保持三相电抗均相等
爆炸性气体危险场所敷设电缆	在可能范围宜保证电缆距爆炸释放源较远，敷设在爆炸危险较小的场所，并应符合下列规定： 1）可燃气体比空气重时，电缆宜埋地或在较高处架空敷设，且对非铠装电缆采取穿管或置于托盘、槽盒中等机械性保护 2）可燃气体比空气轻时，电缆宜敷设在较低处的管、沟内 3）采用电缆沟敷设时，电缆沟内应充砂
	电缆在空气中沿输送可燃气体的管道敷设时，宜配置在危险程度较低的管道一侧，并应符合下列规定： 1）可燃气体比空气重时，电缆宜配置在管道上方 2）可燃气体比空气轻时，电缆宜配置在管道下方
	电缆及其管、沟穿过不同区域之间的墙、板孔洞处，应采用防火封堵材料严密堵塞
	电缆线路中不应有接头
非铠装电缆，应采用具有机械强度的管或罩加以保护的场所、部位	非电气人员经常活动场所的地坪以上2m内、地中引出的地坪以下0.3m深电缆区段
	可能有载重设备移经电缆上面的区段

4.5.3 电缆与管道之间无隔板防护时的允许距离见表4-5-3。

表4-5-3 电缆与管道之间无隔板防护时的允许距离 （单位：mm）

电缆与管道之间走向		电力电缆	控制和信号电缆
热力管道	平行	1000	500
	交叉	500	250
其他管道	平行	150	100

4.5.4 电缆敷设方式选择见表4-5-4。

表4-5-4 电缆敷设方式选择

电缆直埋敷设方式的要求	1. 同一通路少于6根的35kV及以下电力电缆，在厂区通往远距离辅助设施或城郊等不易经常性开挖的地段，宜采用直埋；在城镇人行道下较易翻修地段或道路边缘，也可采用直埋 2. 厂区内地下管网较多的地段，可能有熔化金属、高温液体溢出的场所，待开发有较频繁开挖的地方，不宜采用直埋 3. 在化学腐蚀或杂散电流腐蚀的土壤范围内，不得采用直埋

（续）

电缆穿管敷设方式的要求	1. 在有爆炸性环境明敷的电缆、露出地坪上需加以保护的电缆、地下电缆与道路及铁路交叉时，应采用穿管 2. 地下电缆通过房屋、广场的区段，以及电缆敷设在规划中将作为道路的地段时，宜采用穿管 3. 在地下管网较密的工厂区、城市道路狭窄且交通繁忙或道路挖掘困难的通道等电缆数量较多时，可采用穿管 4. 同一通道采用穿管敷设的电缆数量较多时，宜采用排管
电缆沟敷设方式的要求	1. 在化学腐蚀液体或高温熔化金属溢流的场所，或在载重车辆频繁经过的地段，不得采用电缆沟 2. 经常有工业水溢流、可燃粉尘弥漫的厂房内，不宜采用电缆沟 3. 处于爆炸、火灾环境中的电缆沟应充砂
电缆隧道敷设方式的要求	1. 同一通道的地下电缆数量多，电缆沟不足以容纳时，应采用隧道 2. 同一通道的地下电缆数量较多，且位于有腐蚀性液体或经常有地面水溢流的场所，或含有35kV以上高压电缆以及穿越道路、铁路等地段时，宜采用隧道 3. 受城镇地下通道条件限制或交通流量较大的道路下，与较多电缆沿同一路径有非高温的水、气和通信电缆管线共同配置时，可在公用性隧道中敷设电缆

4.5.5 电缆地下直埋敷设见表4-5-5。

表4-5-5 电缆地下直埋敷设

直埋敷设电缆的路径选择	1. 应避开含有酸、碱强腐蚀或杂散电流电化学腐蚀严重影响的地段 2. 无防护措施时，宜避开白蚁危害地带、热源影响和易遭外力损伤的区段
直埋敷设电缆的要求	1. 电缆应敷设于壕沟里，并应沿电缆全长的上、下紧邻侧铺以厚度不小于100mm的软土或砂层 2. 沿电缆全长应覆盖宽度不小于电缆两侧各50mm的保护板，保护板宜采用混凝土 3. 城镇电缆直埋敷设时，宜在保护板上层铺设醒目标志带 4. 位于城郊或空旷地带，沿电缆路径的直线间隔100m、转弯处和接头部位，应竖立明显的方位标志或标桩 5. 当采用电缆穿波纹管敷设于壕沟时，应沿波纹管顶全长浇注厚度不小于100mm的素混凝土，宽度不应小于管外侧50mm，电缆可不含铠装
直埋敷设于非冻土地区时，电缆埋置深度的要求	1. 电缆外皮至地下构筑物基础，不得小于0.3m 2. 电缆外皮至地面深度，不得小于0.7m；当位于行车道或耕地下时，应适当加深，且不宜小于1.0m
直埋敷设于冻土地区时的要求	宜埋入冻土层以下，当无法深埋时可埋设在土壤排水性好的干燥冻土层或回填土中，也可采取其他防止电缆受到损伤的措施

4.5.6 电缆与道路、构筑物等容许最小距离。

直埋敷设的电缆，严禁位于地下管道的正上方或正下方。电缆与电缆、管道、道路、构筑物等之间的容许最小距离见表4-5-6。

表4-5-6 电缆与电缆、管道、道路、构筑物等之间的容许最小距离 （单位：m）

电缆直埋敷设时的配置情况		平行	交叉
控制电缆之间		—	0.5①
电力电缆之间或与控制电缆之间	10kV及以下电力电缆	0.1	0.5①
	10kV及以上电力电缆	0.25②	0.5①
不同部门使用的电缆		0.5②	0.5①

（续）

电缆直埋敷设时的配置情况		平　行	交　叉
电缆与地下管沟	热力管沟	2③	0.5①
	油管或易(可)燃气管道	1	0.5①
	其他管道	0.5	0.5①
电缆与铁路	非直流电气化铁路路轨	3	1.0
	直流电气化铁路路轨	10	1.0
电缆与建筑物基础		0.6③	—
电缆与公路边		1.0③	
电缆与排水沟		1.0③	
电缆与树木的主干		0.7	
电缆与 1kV 以下架空线电杆		1.0③	
电缆与 1kV 以上架空线杆塔基础		4.0③	

① 用隔板分隔或电缆穿管时不得小于 0.25m。
② 用隔板分隔或电缆穿管时不得小于 0.1m。
③ 特殊情况时，减小值不得小于 50%。

4.5.7 电缆与行道绿化树之间的最小距离见表 4-5-7。

表 4-5-7　电缆与行道绿化树之间的最小距离　（单位：m）

校验状况	最小距离		
	线路电压 3kV 以下	线路电压 3~10kV	线路电压 35kV
最大计算弧垂情况下的垂直距离	1.0	1.5	3.0
最大计算弧垂情况下的水平距离	1.0	2.0	3.5

4.5.8 电缆与地面的最小距离见表 4-5-8。

表 4-5-8　电缆与地面的最小距离　（单位：m）

线路经过区域	最小距离		
	线路电压 3kV 以下	线路电压 3~10kV	线路电压 35kV
人口密集地区	6.0	6.5	7.0
人口稀少地区	5.0	5.5	6.0
交通困难地区	4.0	4.5	5.0

4.5.9 电缆与建筑物间的最小垂直距离见表 4-5-9。

表 4-5-9　电缆与建筑物间的最小垂直距离　（单位：m）

线路电压	3kV 以下	3~10kV	35kV
距离	2.5	3.0	4.0

4.5.10 电缆与树木之间的最小垂直距离见表 4-5-10。

表 4-5-10 电缆与树木之间的最小垂直距离 （单位：m）

线路电压	3kV 以下	3~10kV	35kV
距离	3.0	3.0	4.0

4.5.11 电缆与公园、绿化区或防护林带的树木之间的最小距离见表 4-5-11。

表 4-5-11 电缆与公园、绿化区或防护林带的树木之间的最小距离 （单位：m）

线路电压	3kV 以下	3~10kV	35kV
距离	3.0	3.0	4.0

4.5.12 电缆与果树、经济作物或城市绿化灌木之间的最小垂直距离见表 4-5-12。

表 4-5-12 电缆与果树、经济作物或城市绿化灌木之间的最小垂直距离 （单位：m）

线路电压	3kV 以下	3~10kV	35kV
距离	1.5	1.5	3.0

4.5.13 电缆与电缆或管道、道路、构筑物等相互间容许最小距离见表 4-5-13。

表 4-5-13 电缆与电缆或管道、道路、构筑物等相互间容许最小距离 （单位：m）

电缆直埋敷设时的配置情况		平行	交叉
控制电缆之间		—	0.5①
电力电缆之间或与控制电缆之间	10kV 及以下电力电缆	0.1	0.5①
电力电缆之间或与控制电缆之间	10kV 以上电力电缆	0.25②	0.5①
不同部门使用的电缆		0.5②	0.5①
电缆与地下管沟	热力管沟	2③	0.5①
电缆与地下管沟	油管或易燃气管道	1	0.5①
电缆与地下管沟	其他管道	0.5	0.5①
电缆与铁路	非直流电气化铁路路轨	3	1.0
电缆与铁路	直流电气化铁路路轨	10	1.0
电缆与建筑物基础		0.6③	—
电缆与公路边		1.0③	
电缆与排水沟		1.0③	
电缆与树木的主干		0.7	
电缆与 1kV 以下架空线电杆		1.0③	
电缆与 1kV 以上架空线杆塔基础		4.0③	

① 用隔板分隔或电缆穿管时可为 0.25m。

② 用隔板分隔或电缆穿管时可为 0.1m。

③ 特殊情况可酌减且最多减少一半值。

4.5.14 电缆托盘与各种管道的最小净距见表 4-5-14。

表 4-5-14 电缆托盘与各种管道的最小净距　　（单位：m）

管道类型		平行净距	交叉净距
一般工艺管道		0.4	0.3
具有腐蚀性液体(或气体)管道		0.5	0.5
热力管道	有保温层	0.5	0.5
	无保温层	1.0	0.5

4.5.15 直通型电缆井类型、规格及索引表见表 4-5-15。直通型电缆井平面图见图 4-5-1。

表 4-5-15 直通型电缆井类型、规格及索引表

电缆井类型		直通型				
		小型	中型	大型(一)	大型(二)	大型(三)
内部主要尺寸/mm	长	2000	2400/2600	2800	3500	5600
	宽	1200/1600	1200/1600	1200/1400	1400	2000
	高	1900/2100/2400	1900/2100/2400	1900/2100/2400	1900/2100/2400	2000
	电缆管道入口宽度(W)	≤800	≤800	≤800	≤1000	≤1200
砖砌型外部主要尺寸/mm	长	2740	3140/3340	3540	4240	—
	宽	1940/2340	1940/2340	2140	2140	—
	高	H+800	H+800	H+800	H+800	—
	图示页码	17、20、21、23	24、27、28、30	31、34	35、37	—
模块型外部主要尺寸/mm	长	2600	3200	3600	—	—
	宽	1800	2000	2000	—	—
	高	H+800	H+800	H+800	—	—
	图示页码	18、20	25、27	32、34	—	—
浇筑型外部主要尺寸/mm	长	2400	2800/3000	3200	3900	6000
	宽	1600/2000	1600/2000	1800	1800	2400
	高	H+800	H+800	H+800	H+800	2800

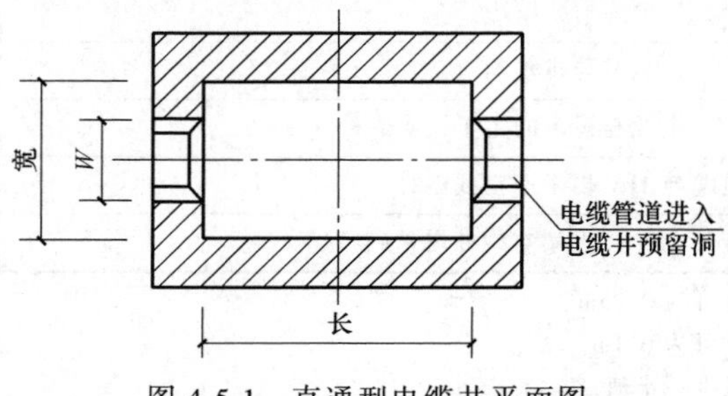

图 4-5-1 直通型电缆井平面图

4.5.16 三通型、四通型电缆井类型、规格及索引见表 4-5-16。

表 4-5-16 三通型、四通型电缆井类型、规格及索引

电缆井类型		三通型				四通型	
		小型	中型	大型(一)	大型(二)	小型	中型
内部主要尺寸/mm	长	2000	2200	3400/3422	5000	1607/2000	2007/2200
	宽	1700	1700	2300/2421	3500	1607/2000	2007/2200
	高	1900/2100/2400	1900/2100/2400	1900/2100/2400	2000	1900/2100/2400	1900/2100/2400
	电缆管道入口宽度	≤600	≤600	≤800	—	≤600	≤800
砖砌型外部主要尺寸/mm	长	2740	2940	4140	—	2740	2940
	宽	2440	2440	3040	—	2740	2940
	高	H+800	H+800	H+800	—	H+800	H+800
	图示页码	42、44	45、47	48、49、52	—	58、61	62、65
模块型外部主要尺寸/mm	长	—	—	4222	—	2407	2807
	宽	—	—	3221	—	2407	2807
	高	—	—	H+800	—	H+800	H+800
	图示页码	—	—	50、52	—	59、61	63、65
浇筑型外部主要尺寸/mm	长	2400	2600	3800	5500	2400	2600
	宽	2100	2100	2700	4000	2400	2600
	高	H+800	H+800	H+800	3100	H+800	H+800

4.5.17 四通型、小型转角型电缆井类型、规格及索引见表 4-5-17。

表 4-5-17 四通型、小型转角型电缆井类型、规格及索引

电缆井类型		四通型		小型转角型		
		大型(一)	大型(二)	165°	150°	135°
内部主要尺寸/mm	长	2407/2600	5000	1800	1800	1800
	宽	2407/2600	5000	1400	1400	1400
	高	1900/2100/2400	2000	1900/2100/2400	1900/2100/2400	1900/2100/2400
	电缆管道入口宽度	≤1000	—	≤800	≤800	≤800
砖砌型外部主要尺寸/mm	长	3340	—	2853	3152	3445
	宽	3340	—	2140	2140	2140
	高	H+800	—	H+800	H+800	H+800
	图示页码	66、70	—	76、78	82、85	90、92
模块型外部主要尺寸/mm	长	3207	—	—	3238	—
	宽	3207	—	—	2241	—
	高	H+800	—	—	H+800	—
	图示页码	67、70	—	—	83、85	—
浇筑型外部主要尺寸/mm	长	3000	5500	2489	2766	3042
	宽	3000	5500	1800	1800	1800
	高	H+800	3100	H+800	H+800	H+800

4.5.18 小型转角型、中型转角型电缆井类型、规格及索引见表 4-5-18。

表 4-5-18 小型转角型、中型转角型电缆井类型、规格及索引

电缆井类型		小型转角型			中型转角型	
		120°	105°	90°	165°	150°
内部主要尺寸/mm	长	1800	1800	2500	2000	2000/2115
	宽	1398/1400	1400	1200/1373	1400	1400/1389
	高	1900/2100/2400	1900/2100/2400	1900/2100/2400	1900/2100/2400	1900/2100/2400
	电缆管道入口宽度	≤800	≤800	≤600	≤800	≤800
砖砌型外部主要尺寸/mm	长	3725	3500	4750	3070	3346
	宽	2140	2140	1940	2140	2140
	高	H+800	H+800	H+800	H+800	H+800
	图示页码	96、99	104、106	110、113	79、81	86、89
模块型外部主要尺寸/mm	长	3802	—	4572	—	3535
	宽	2198	—	2173	—	2189
	高	H+800	—	H+800	—	H+800
	图示页码	97、99	—	111、113	—	87、89
浇筑型外部主要尺寸/mm	长	3289	3540	4300	2740	2925
	宽	1800	1800	1600	1800	1800
	高	H+800	H+800	H+800	H+800	H+800

4.5.19 中型转角型电缆井及手孔井类型、规格及索引见表 4-5-19。

表 4-5-19 中型转角型电缆井及手孔井类型、规格及索引

电缆井类型		中型转角型				手孔井	
		135°	120°	105°	90°	小型	中型
内部主要尺寸/mm	长	2000	2000/2115	2000	2500	1190/1200	1500/1560
	宽	1400	1400/1415	1400	1600/1656	960/900	1200/1190
	高	1900/2100/2400	1900/2100/2400	1900/2100/2400	1900/2100/2400	1100	1100
	电缆管道入口宽度	≤800	≤800	≤800	≤800	≤500	≤600
砖砌型外部主要尺寸/mm	长	3633	3930	4193	5147	1680	1980
	宽	2140	2140	2140	2300	1380	1680
	高	H+800	H+800	H+800	H+800	1800	1800
	图示页码	93、95	100、103	107、109	114、115、119	120、122	123、125
模块型外部主要尺寸/mm	长	—	4156	—	4855	1670	2040
	宽	—	2215	—	2456	1440	1670
	高	—	H+800	—	H+800	1780	1780
	图示页码	—	101、103	—	116、119	121、122	124、125
浇筑型外部主要尺寸/mm	长	3247	3520	3731	4666	—	—
	宽	1800	1800	1800	2000	—	—
	高	H+800	H+800	H+800	H+800	—	—

评 注

配电线路应按供电负荷性质和环境条件选择敷设方式。双回路供电线路应将主用供电回路与备用供电回路分开敷设。敷设电缆时，首先选择电缆敷设路径，避免电缆受到机械性外力、过热、腐蚀等危害；电缆敷设路径尽量要短；便于施工、维护；避开规划中需要施工的地方；尽量不与其他管线交叉。电缆与建筑物之间，与树木之间、与电缆、管道、道路、构筑物等之间，与行道绿化树之间要保持一定距离，采用电缆沟或电缆隧道敷设时，还要考虑防火。

4.6 爆炸性环境电缆配线技术要求

4.6.1 爆炸性环境电气线路的安装要求见表 4-6-1。

表 4-6-1 爆炸性环境电气线路的安装要求

序号	电气线路的安装要求
1	电气线路宜在爆炸危险性较小的环境或远离释放源的地方敷设，并应符合下列规定：1）当可燃物质比空气重时，电气线路宜在较高处敷设或直接埋地；架空敷设时宜采用电缆桥架；电缆沟敷设时沟内应充砂，并宜设置排水措施；2）电气线路宜在有爆炸危险的建筑物、构筑物的墙外敷设；3）在爆炸粉尘环境，电缆应沿粉尘不易堆积并且易于粉尘清除的位置敷设
2	敷设电气线路的构造、电缆桥架或导管，所穿过的不同区域之间墙或楼板处的孔洞应采用非燃性材料严密堵塞
3	敷设电气线路时宜避开可能受到机械损伤、振动、腐蚀、紫外线照射以及可能受热的地方，不能避开时，应采取预防措施
4	钢管配线可采用无护套的绝缘单芯或多芯导线。当钢管中含有三根或多根导线时，导线包括绝缘层的总截面面积不宜超过钢管截面面积的 40%。钢管应采用低压流体输送用镀锌焊接钢管，钢管连接的螺纹部分应涂以铅油或磷化膏，在可能凝结冷凝水的地方，管线上应装设排除冷凝水的密封接头
5	在爆炸性气体环境内钢管配线的电气线路应做好隔离密封，且应符合下列规定：1）在正常运行时，所有点燃源外壳的 450mm 范围内应做隔离密封；2）直径 50mm 以上钢管距引入的接线箱 450mm 以内处应做隔离密封；3）相邻的爆炸性环境之间以及爆炸性环境与相邻的其他危险环境或非危险环境之间应进行隔离密封。进行密封时，密封内部应用纤维作填充层的底层或隔层。填充层的有效厚度不应小于钢管的内径，且不得小于 16mm；4）供隔离密封用的连接部件，不应作为导线的连接或分线用
6	在 1 区内电缆线路严禁有中间接头，在 2 区、20 区、21 区内不应有中间接头
7	当电缆或导线的终端连接时，电缆内部的导线如果为绞线，其终端应采用定型端子或接线鼻子进行连接。铝芯绝缘导线或电缆的连接与封端应采用压接、熔焊或钎焊，当与设备（照明灯具除外）连接时，应采用铜-铝过渡接头
8	架空电力线路不得跨越爆炸性气体环境，架空线路与爆炸性气体环境的水平距离不应小于杆塔高度的 1.5 倍。在特殊情况下，采取有效措施后，可适当减少距离

4.6.2 爆炸性环境电缆配线的技术要求见表 4-6-2。

表 4-6-2 爆炸性环境电缆配线的技术要求

爆炸危险区域 \ 技术要求 \ 项目	电缆明敷设或在沟内敷设时最小截面面积/mm^2			移动电缆
	电力	照明	控制	
1 区、20 区、21 区	铜芯 2.5	铜芯 2.5	铜芯 1.0	重型
2 区、22 区	铜芯 1.5 或铝芯 1.6	铜芯 1.5	铜芯 1.0	中型

4.6.3 爆炸性环境内电压为1000V以下的铜管配线技术要求见表4-6-3。

表4-6-3 爆炸性环境内电压为1000V以下的铜管配线技术要求

爆炸危险区域 \ 技术要求 \ 项目	钢管配线用绝缘导线的最小截面面积/mm^2			管子连接要求
	电力	照明	控制	
1区、20区、21区	铜芯2.5及以上	铜芯2.5及以上	铜芯2.5及以上	钢管螺纹旋合不应小于5扣
2区、22区	铜芯2.5及以上	铜芯1.5及以上	铜芯1.5及以上	

评　注

电缆的敷设应根据建筑物结构、环境特征、使用要求、用电设备分布及所选用导体的类型等因素，用发展的视角按照满足运行可靠性、便于维护的要求和技术经济合理的原则综合确定。布线系统选择与敷设，应避免因环境温度、外部热源以及非电气管道等因素对布线系统带来的损害，并应防止在敷设过程中因受撞击、振动、电线或电缆自重和建筑物变形等各种机械应力带来的损害。在有可燃物的闷顶和封闭吊顶内明敷的配电线路，应采用金属导管或金属槽盒布线。

小　结

电缆的材质、芯数、电缆绝缘类型要根据工程需要进行选择。电缆的敷设应根据建筑物结构、环境特征、使用要求、用电设备分布及所选用导体的类型等因素，避免因环境温度、外部热源以及非电气管道等因素对布线系统带来的损害，并应防止在敷设过程中因受撞击、振动、电线或电缆自重和建筑物变形等各种机械应力带来的损害，同时要考虑影响导体载流量的因素，并对导体载流量进行校核，避免导体长期过负荷运行，保证供电可靠性。

5 短路电流计算

5.1 短路电流的计算条件及内容

5.1.1 高压系统短路电流的计算条件见表 5-1-1。

表 5-1-1 高压系统短路电流的计算条件

序号	短路电流计算的计算条件
1	短路前三相系统应是正常运行情况下的接线方式,不考虑仅在切换过程中短时出现的接线方式
2	设定短路回路各元件的磁路系统为不饱和状态,即认为各元件的感抗为一常数。计算中应考虑对短路电流有影响的所有元件的电抗,有效电阻可略去不计。但若短路电路中总电阻 R_{Σ} 大于总电抗 X_{Σ} 的 1/3,则仍应计入其有效电阻
3	假定短路发生在短路电流为最大值的瞬间;所有电源的电动势相位角相同;所有同步电机都具有自动调整励磁装置(包括强行励磁);系统中所有电源都在额定负荷下运行
4	电路电容和变压器的励磁电流略去不计

5.1.2 高压系统短路电流计算内容。

1. 短路电流计算应求出最大短路电流值，以确定电气设备容量或额定参数；求出最小短路电流值，作为选择熔断器、整定继电保护装置和校验电动机起动的依据。一般需要计算下列短路电流值：

（1）i_{ch}：短路冲击电流（短路全电流最大瞬时值或短路电流峰值）；

（2）I_{ch}：短路全电流最大有效值（第一周期的短路全电流有效值）；

（3）I''_{k}或 I''：超瞬变短路电流有效值（起始或 0s 的短路电流周期分量有效值）；

（4）$I_{0.2}$：短路后 0.2s 的短路电流周期分量有效值；

（5）I_{k}：稳态短路电流有效值（时间为无穷大短路电流周期分量有效值）；

（6）S''：超瞬变短路容量；

（7）S_{k}：稳态短路容量。

2. 利用标幺制计算短路电流。

标幺制是一种相对单位制，电参数的标幺值为其有名值与基准值之比，即

容量标幺值 $$S_*=\frac{S}{S_j} \tag{5-1-1}$$

电压标幺值 $$U_*=\frac{U}{U_j} \tag{5-1-2}$$

电流标幺值 $$I_*=\frac{I}{I_j} \tag{5-1-3}$$

电抗标幺值 $$X_*=\frac{X}{X_j} \tag{5-1-4}$$

式中 S、U、I、X——容量、电压、电流、电抗的有名值；

S_j、U_j、I_j、X_j——容量、电压、电流、电抗的基准值。

工程计算上通常首先选定基准容量 S_j 和基准电压 U_j，与其相应的基准电流 I_j 和基准电抗 X_j，在三相电力系统中可由下式导出

$$I_j=\frac{S_j}{\sqrt{3}U_i} \tag{5-1-5}$$

$$X_j=\frac{U_j}{\sqrt{3}I_j}=\frac{U_j^2}{S_j} \tag{5-1-6}$$

在三相电力系统中，电路元件电抗的标幺值 X_* 可表示为

$$X_*=\frac{\sqrt{3}I_jX}{U_j}=\frac{S_jX}{U_j^2} \tag{5-1-7}$$

基准值可以任意选定。但为了计算方便，基准容量 S_j 一般取 100MV · A；如为有限电源容量系统，则可选取向短路点馈送短路电流的发电机额定总容量 $S_{r\Sigma}$ 作为基准容量。基准电压 U_j 应取各电压级平均电压（指线电压）U_P，即 $U_j=U_P\approx1.05U_n$（U_n 为系统标称电压），但对于标称电压为 220/380V 的电压等级，则计入电压系数 C（取 1.05），即 $1.05U_n=$ 400V 或 0.4kV。

采用标幺值计算短路的总阻抗时，必须先将元件电抗的有名值和相对值按同一基准容量换算为标幺值，而基准电压采用各元件所在级的平均电压。

3. 利用有名单位制计算短路电流。

用有名单位制（欧姆制）计算短路电路的总阻抗时，必须把各电压所在元件阻抗的相对值和欧姆值，都归算到短路点所在级平均电压下的欧姆值。

用有名单位制计算时，三相短路电流周期分量有效值 I_z 按下式计算

$$I_z=I''=\frac{U_P}{\sqrt{3}X_{js}} \tag{5-1-8}$$

如果 $R_{js}>\frac{1}{3}X_{js}$，则应计入有效电阻 R_{js}，I_z 值应按下式算出

$$I_z=I''=\frac{U_P}{\sqrt{3}Z_{js}}=\frac{U_P}{\sqrt{3}\sqrt{R_{js}^2+X_{js}^2}} \tag{5-1-9}$$

式中 I_z——三相短路电流周期分量有效值（kA）；

U_P——短路点所在级的网络平均电压（kV）；

Z_{js}——短路电路总阻抗（Ω）；

R_{js}——短路电路总电阻（Ω）；

X_{js}——短路电路总电抗（Ω）。

4. 三相短路冲击电流和全电流最大有效值的计算。

短路全电流 i_k 包含周期分量 i_z 和非周期分量 i_f。短路电流非周期分量的起始值 $i_{fo}=\sqrt{2}\ I''$，短路冲击电流 i_{ch} 即为短路全电流最大瞬时值，它出现在短路发生后的半周期（0.01s）内的瞬间，其值可按下式计算

$$i_{ch}=K_{ch}\sqrt{2}I'' \tag{5-1-10}$$

短路全电流最大有效值 I_{ch} 按下式计算

$$I_{ch}=I''\sqrt{1+2(K_{ch}-1)^2} \tag{5-1-11}$$

式中 i_{ch}——短路全电流最大瞬时值（kA）；

I_{ch}——短路全电流最大有效值（kA）；

K_{ch}——短路电流冲击系数，$K_{ch}=1+e^{-\frac{0.01}{T_f}}$；

T_f——短路电流非周期分量衰减时间常数（s），当电网频率为 50Hz 时，$T_f=\dfrac{X_\Sigma}{314R_\Sigma}$；

X_Σ——短路电路总电抗（假定短路电路没有电阻的条件下求得）（Ω）；

R_Σ——短路电路总电阻（假定短路电路没有电抗的条件下求得）（Ω）。

如果电路只有电抗，则 $T_f=\infty$，$K_{ch}=2$；如果电路只有电阻，则 $T_f=0$，$K_{ch}=1$；可见 $2\geqslant K_{ch}\geqslant 1$。

工程设计中 K_{ch} 的取值以及 i_{ch} 和 I_{ch} 的计算值如下：

1）当短路发生在单机容量为 12000kW 及以上的发电机端时，取 $K_{ch}=1.9$，$i_{ch}=2.69I''$，$I_{ch}=1.62I''$。

2）短路点远离发电厂，短路电路的总电阻较小，总电抗较大$\left(R_\Sigma\leqslant\frac{1}{3}X_\Sigma\right)$时，$T_f\approx 0.05s$，取 $K_{ch}=1.8$，$i_{ch}=2.55I''$，$I_{ch}=1.51I''$。

3）在电阻较大$\left(R_\Sigma>\frac{1}{3}X_\Sigma\right)$的电路中，发生短路时短路电流非周期分量衰减较快，可取 $K_{ch}=1.3$，$i_{ch}=1.84I''$，$I_{ch}=1.09I''$。

5. 两相短路电流的计算。

两相短路稳态电流 I_{k2} 与三相短路稳态电流 I_{k3} 的比值关系，视短路点与电源的距离远近而定。

1）在发电机出口处发生短路时

$$I_{k2}=1.5I_{k3} \tag{5-1-12}$$

式中 I_{k2}——两相短路稳态电流（kA）。

2）在远距离点短路时，即 $X_{*js}>3$ 时，因为 $I_k=I''$，故

$$I_{k2}=0.866I_{k3} \tag{5-1-13}$$

3）一般可以这样估计

$$X_{*js}>0.6 \text{ 时}, \; I_{k2}<I_{k3}$$
$$X_{*js}\approx 0.6 \text{ 时}, \; I_{k2}\approx I_{k3}$$
$$X_{*js}<0.6 \text{ 时}, \; I_{k2}>I_{k3}$$

5.1.3 低压系统短路电流计算方法。

1. 低压系统短路电流计算条件见表5-1-2。

表5-1-2 低压系统短路电流计算条件

序号	低压系统短路电流计算条件
1	一般用电单位的电源来自地区大中型电力系统，配电用的电力变压器的容量远小于系统的容量，因此短路电流可按远离发电机端，即无限大电源容量的网络短路进行计算，短路电流周期分量不衰减
2	计入短路电路各元件的有效电阻，但短路点的电弧电阻、导线连接点、开关设备和电器的接触电阻可忽略不计
3	当电路电阻较大时，短路电流非周期分量衰减较快，一般可以不考虑非周期分量。只有在离配电变压器低压侧很近时，例如低压侧20m以内大截面面积线路上或低压配电屏内部发生短路时，才需要计算非周期分量
4	单位线路长度有效电阻的计算温度不同，在计算三相最大短路电流时，导体计算温度取为20℃；在计算单相短路（包括单相接地故障）电流时，假设的计算温度升高，电阻值增大，其值一般取20℃时电阻的1.5倍
5	计算过程采用有名单位制，电压用伏、电流用千安、容量用千伏安、阻抗用毫欧
6	计算220/380V网络三相短路电流时，cU_n取电压系数c为1.05，计算单相接地故障电流时，c取1.0，U_n为系统标称电压（线电压）380V

2. 三相和两相短路电流的计算。

在220/380V网络中，一般以三相短路电流为最大。低压网络三相起始短路电流周期分量有效值按下式计算

$$I''=\frac{cU_n/\sqrt{3}}{Z_k}=\frac{1.05U_n/\sqrt{3}}{\sqrt{R_k^2+X_k^2}}=\frac{230}{\sqrt{R_k^2+X_k^2}} \tag{5-1-14}$$

$$R_k=R_s+R_T+R_m+R_L \tag{5-1-15}$$

$$X_k=X_s+X_T+X_m+X_L \tag{5-1-16}$$

式中 U_n——网络标称电压（线电压）（V），220/380V网络为380V；

c——电压系数，计算三相短路电流时取1.05；

Z_k、R_k、X_k——短路电路总阻抗、总电阻、总电抗（mΩ）；

R_s、X_s——变压器高压侧系统的电阻、电抗（归算到400V侧）（mΩ）；

R_T、X_T——变压器的电阻、电抗（mΩ）；

R_m、X_m——变压器低压侧母线段的电阻、电抗（mΩ）；

R_L、X_L——配电线路的电阻、电抗（mΩ）；

I''、I_k——三相短路电流的初始值、稳态值。

只要$\sqrt{R_T^2+X_T^2}/\sqrt{R_s^2+X_s^2}\geqslant 2$，变压器低压侧短路时的短路电流周期分量就不衰减，即$I_k=I''$。

低压网络两相短路电流I''_{k2}与三相短路电流I''_{k3}的关系也和高压系统一样，即$I''_{k2}=0.866I''_{k3}$。

两相短路稳态电流I_{k2}与三相短路稳态电流I_{k3}的比值关系也与高压系统一样，在远离发电机短路时，$I_{k2}=0.866I_{k3}$；在发电机出口处短路时，$I_{k2}=1.5I_{k3}$。

3. 单相短路电流的计算。

1）单相接地故障电流的计算。TN 接地系统的低压网络单相接地故障电流 I''_{k1} 可用下述公式计算

$$I''_{k1}=\frac{220}{Z_{\varphi p}} \tag{5-1-17}$$

$$Z_{\varphi p}=\sqrt{R_{\varphi p}^2+X_{\varphi p}^2} \tag{5-1-18}$$

式中　I''_{k1}——单相接地故障电流（kA）；

$R_{\varphi p}$、$X_{\varphi p}$、$Z_{\varphi p}$——短路电路的相线-保护线回路（以下简称相保，保护线包括 PE 线和 PEN 线）相保电阻、相保电抗、相保阻抗（mΩ）。

2）相线与中性线之间短路的单相短路电流 I''_{k1} 的计算。TN 和 TT 接地系统的低压网络相线与中性线之间短路的单相短路电流 I''_{k1} 的计算，与上述单相接地故障电流计算一样，仅将配电线路的相保电阻、相保电抗改用相线-中性线回路的电阻、电抗即可。

5.1.4 常用电抗网络变换公式。

常用电抗网络变换公式见表 5-1-3。

表 5-1-3 常用电抗网络变换公式

原　网　络	变换后的网络	换　算　公　式
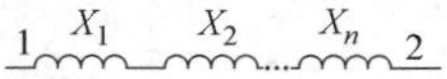 1 X_1 X_2 … X_n 2	 1 X 2	$X=X_1+X_2+\cdots+X_n$
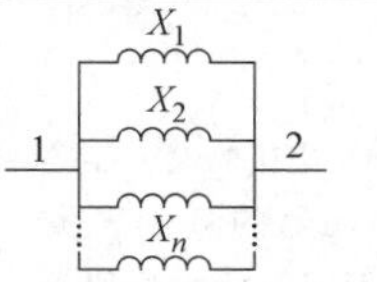 1 X_1 X_2 … X_n 2	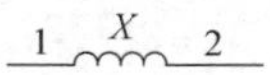 1 X 2	$X=\dfrac{1}{\dfrac{1}{X_1}+\dfrac{1}{X_2}+\cdots+\dfrac{1}{X_n}}$ 当只有两个支路时，$X=\dfrac{X_1X_2}{X_1+X_2}$
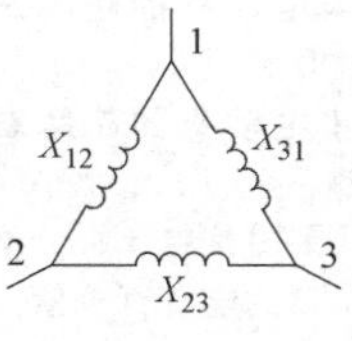 1 2 3 X_{12} X_{31} X_{23}	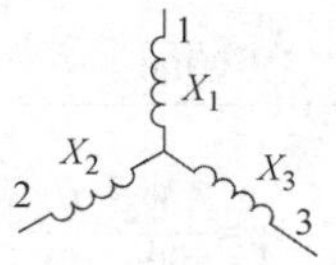 1 2 3 X_1 X_2 X_3	$X_1=\dfrac{X_{12}X_{31}}{X_{12}+X_{23}+X_{31}}$ $X_2=\dfrac{X_{12}X_{23}}{X_{12}+X_{23}+X_{31}}$ $X_3=\dfrac{X_{23}X_{31}}{X_{12}+X_{23}+X_{31}}$
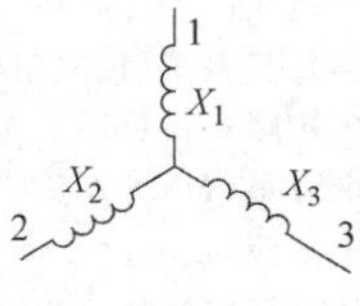 1 2 3 X_1 X_2 X_3	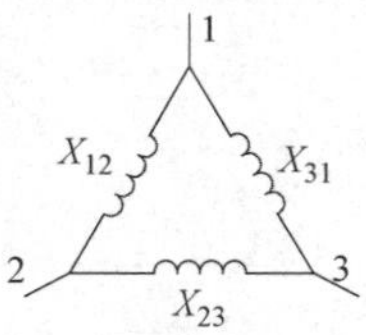 1 2 3 X_{12} X_{31} X_{23}	$X_{12}=X_1+X_2+\dfrac{X_1X_2}{X_3}$ $X_{23}=X_2+X_3+\dfrac{X_2X_3}{X_1}$ $X_{31}=X_3+X_1+\dfrac{X_3X_1}{X_2}$
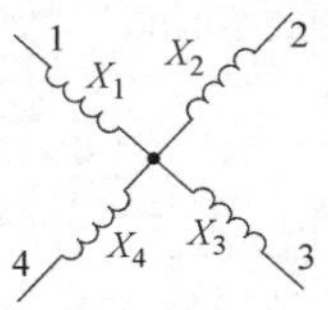 1 2 3 4 X_1 X_2 X_3 X_4	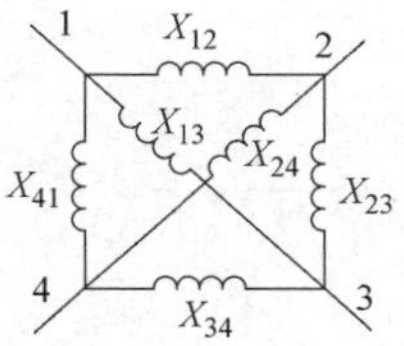 1 2 3 4 X_{12} X_{13} X_{24} X_{41} X_{23} X_{34}	$X_{12}=X_1X_2\Sigma Y$ $X_{23}=X_2X_3\Sigma Y$ $X_{24}=X_2X_4\Sigma Y$ ⋮ 式中　$\Sigma Y=\dfrac{1}{X_1}+\dfrac{1}{X_2}+\dfrac{1}{X_3}+\dfrac{1}{X_4}$

（续）

原 网 络	变换后的网络	换 算 公 式
1 X_{12} 2 X_{13} X_{24} X_{41} X_{23} 4 X_{34} 3	1 X_1 2 X_2 X_3 X_4 4 3	$X_1=\dfrac{1}{\dfrac{1}{X_{12}}+\dfrac{1}{X_{13}}+\dfrac{1}{X_{41}}+\dfrac{X_{24}}{X_{12}X_{41}}}$ $X_2=\dfrac{1}{\dfrac{1}{X_{12}}+\dfrac{1}{X_{23}}+\dfrac{1}{X_{24}}+\dfrac{X_{13}}{X_{12}X_{23}}}$ $X_3=\dfrac{1}{1+\dfrac{X_{12}}{X_{23}}+\dfrac{X_{12}}{X_{34}}+\dfrac{X_{13}}{X_{23}}}$ $X_4=\dfrac{1}{1+\dfrac{X_{12}}{X_{13}}+\dfrac{X_{12}}{X_{41}}+\dfrac{X_{24}}{X_{41}}}$

5.1.5 电路元件阻抗标幺值与有名值换算。

电路元件阻抗标幺值与有名值换算公式见表 5-1-4。

表 5-1-4 电路元件阻抗标幺值与有名值换算公式

元件名称	标幺值	有名值/Ω	符号说明
同步电机（同步发电机或电动机）	$X''_{*d}=\dfrac{x''_d\%}{100}\cdot\dfrac{S_i}{S_r}=x''_d\dfrac{S_i}{S_r}$	$X''_{*d}=\dfrac{x''_d\%}{100}\cdot\dfrac{U_r^2}{S_r}=x''_d\cdot\dfrac{U_r^2}{S_r}$	S_r——同步电机的额定容量（MV·A）； S_{rT}——变压器的额定容量（MV·A）（对于三绕组变压器，是指最大容量绕组的额定容量）； x''_d——同步电动机的超瞬态电抗相对值； $x''_d\%$——同步电动机的超瞬态电抗百分值； $u_k\%$——变压器阻抗电压百分值； $x_k\%$——电抗器的电抗百分值； U_r——额定电压（指线电压）（kV）； I_r——额定电流（kA）； X、R——线路每相电抗值、电阻值（Ω）； S''_s——系统短路容量（MV·A）； S_j——基准容量（MV·A）； I_j——基准电流（kA）； ΔP——变压器短路损耗（kW）； U_j——基准电压（kV），对于发电机实际是设备电压
变压器	$R_{*T}=\Delta P\dfrac{S_j}{S_{rT}^2}\times10^{-3}$ $X_{*T}=\sqrt{Z_{*T}^2-R_{*T}^2}$ $Z_{*T}=\dfrac{u_k\%}{100}\cdot\dfrac{S_j}{S_{rT}}$ 当电阻值允许忽略不计时 $X_{*T}=\dfrac{u_k\%}{100}\cdot\dfrac{S_j}{S_r}$	$R_T=\dfrac{\Delta P}{3I_r^2}\times10^{-3}=\dfrac{\Delta PU_r^2}{S_{rT}^2}\times10^{-3}$ $X_T=\sqrt{Z_T^2-R_T^2}$ $Z_T=\dfrac{u_k\%}{100}\cdot\dfrac{U_r^2}{S_{rT}}$ 当电阻值允许忽略不计时 $X_T=\dfrac{u_k\%}{100}\cdot\dfrac{U_r^2}{S_{rT}}$	
电抗器	$X_{*k}=\dfrac{x_k\%}{100}\cdot\dfrac{U_r}{\sqrt{3}I_r}\cdot\dfrac{S_j}{U_j^2}$ $=\dfrac{x_k\%}{100}\cdot\dfrac{U_r}{I_r}\cdot\dfrac{I_j}{U_j}$	$X_k=\dfrac{x_k\%}{100}\cdot\dfrac{U_r}{\sqrt{3}I_r}$	
线路	$X_*=X\dfrac{S_j}{U_j^2}$ $R_*=R\dfrac{S_j}{U_j^2}$		
电力系统（已知短路容量 S''_s）	$X_{*s}=\dfrac{S_j}{S''_s}$	$X_s=\dfrac{U_j^2}{S''_s}$	
基准电压相同，从某一基准容量 S_{j1} 下的标幺值 X_{*1} 换算到另一基准容量 S_j 下的标幺值 X_*	$X_*=X_{*1}\dfrac{S_j}{S_{j1}}$		
将电压 U_{j1} 下的电抗值 X_1 换算到另一电压 U_{j2} 下的电抗值 X_2		$X_2=X_1\dfrac{U_{j2}^2}{U_{j1}^2}$	

评　　注

短路电流计算是对要保护电气设备进行继电保护整定计算的基础，确定计算短路电流的时间，并计算最大运行方式下最大短路电流和最小运行方式下最小短路电流。短路电流的计算程序是根据系统接线图、系统可能运行方式、各元件技术参数等画出计算电路图，选定短路计算点，将不同电压级元件阻抗，归算到同一电压级的标准下，再将等效电路进行简化，求出总阻抗。网络阻抗变换的方法有串联、并联、三角形变换成等效星形、星形变换成等效三角形等，变换公式可参考相关设计手册进行。

5.2 影响短路电流的因素及限制短路电流的措施

5.2.1 影响短路电流的因素见表 5-2-1。

表 5-2-1 影响短路电流的因素

序号	影响短路电流的因素
1	系统的电压等级
2	主接线形式以及主接线的运行方式
3	系统的元件阻抗及零序阻抗大小
4	是否加装限流电抗器(如分流电抗器、分裂电抗器或分裂绕组变压器)
5	是否采用限流型电器(如限流熔断器、限流型低压断路器)

5.2.2 限制短路电流的措施见表 5-2-2。

表 5-2-2 限制短路电流的措施

序号	限制短路电流的措施	
1	电力系统采取的限制短路电流的措施	提高电力系统的电压等级
		直流输电
		在电力系统主网加强联系后,将次级电网解环运行
		在允许范围内,增大系统的零序阻抗
2	发电厂和变电所采取的限制短路电流的措施	发电厂中,在发电机电压母线分段回路中安装电抗器
		变压器分列运行
		在变电所中,在变压器回路中装设分裂电抗器或电抗器
		采用低压侧为分裂绕组的变压器
		出线上装设电抗器
3	终端变电所采取的限制短路电流的措施	变压器分列运行
		采用高阻抗变压器
		在变压器回路中装设电抗器

5.3 高压系统短路容量标幺值

本章短路电流按标幺值法进行计算。设基准容量为 100MV · A，系统短路容量 S_j 分别取 30MV·A、50MV·A、75MV·A、100MV·A、200MV·A、300MV·A、350MV·A、500MV·A、∞，系统短路阻抗标幺值见表 5-3-1。

表 5-3-1 系统短路阻抗标幺值

系统短路容量/MV·A	30	50	75	100	200	300	350	500	∞
系统短路阻抗标幺值	3.333	2.000	1.333	1.000	0.500	0.333	0.286	0.200	0

5.4 10kV 输电线路阻抗标幺值计算

10kV 输电线路阻抗标幺值计算见表 5-4-1。

表 5-4-1 10kV 输电线路阻抗标幺值计算

输电距离/km	1	2	3	4	5	6	7	8	9	10	15	20
架空线路 X_{1*}	0.302	0.604	0.906	1.208	1.51	1.812	2.114	2.416	2.718	3.02	4.53	6.04
电缆线路 X_{1*}	0.068	0.136	0.204	0.272	0.34	0.408	0.476	0.544	0.612	0.68	1.02	1.36

注：S_j 取 100MV·A，平均额定电压 U_{pe} 取 10.5kV。目前，大城市中，10kV 电缆输电线路截面面积为 240mm²，电缆单位长度电抗值取 0.075Ω/km；10kV 架空输电线路截面面积在 150~240mm² 之间，其单位长度平均电抗值取 0.333Ω/km。

5.5 10kV 输电线路末端短路容量计算

短路电流计算的电路图见图 5-5-1。

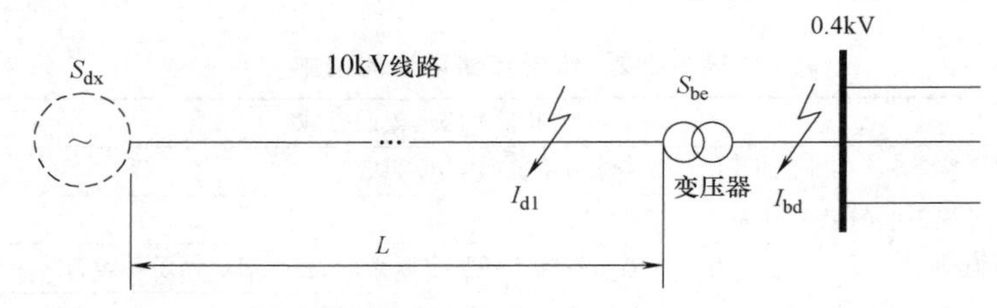

图 5-5-1 短路电流计算的电路图

其 10kV 输电线路末端短路容量、10kV 输电线路末端短路电流及 10kV 输电线路末端短路全电流见表 5-5-1~表 5-5-3。

表 5-5-1 10kV 输电线路末端短路容量

S_{dx}/MV·A	线路种类	输电线路长度 L/km											
		1	2	3	4	5	6	7	8	9	10	15	20
		末端短路容量 S_{d1}/MV·A											
30	架空	27.5	25.4	23.6	22.0	20.6	19.4	18.4	17.4	16.5	15.7	12.7	10.7
	电缆	29.4	28.8	28.3	27.7	27.2	26.7	26.3	25.8	25.3	24.9	23.0	21.3
50	架空	43.4	38.4	34.4	31.2	28.5	26.2	24.3	22.6	21.2	19.9	15.3	12.4
	电缆	48.4	46.8	45.4	44.0	42.7	41.5	40.4	39.3	38.3	37.3	33.1	29.8

（续）

S_{dx}/MV·A	线路种类	输电线路长度 L/km											
		1	2	3	4	5	6	7	8	9	10	15	20
		末端短路容量 S_{d1}/MV·A											
75	架空	61.1	51.6	44.7	39.3	35.2	31.8	29.0	26.7	24.7	23.0	17.1	13.6
	电缆	71.4	68.1	65.0	62.3	59.8	57.4	55.3	53.3	51.4	49.7	42.5	37.1
100	架空	76.8	62.3	52.5	45.3	39.8	35.6	32.1	29.3	26.9	24.9	18.1	14.2
	电缆	93.6	88.0	83.1	78.6	74.6	71.0	67.8	64.8	62.0	59.5	49.5	42.4
200	架空	124.7	90.6	71.1	58.5	49.8	43.3	38.3	34.3	31.1	28.4	19.9	15.3
	电缆	176.1	157.2	142.0	129.5	119.0	110.1	102.5	95.8	89.9	84.7	65.8	53.8
300	架空	157.4	106.7	80.7	64.9	54.2	46.6	40.9	36.4	32.8	29.8	20.6	15.7
	电缆	249.2	213.1	186.1	165.2	148.5	134.9	123.6	114.0	105.8	98.7	73.9	59.1
350	架空	170.2	112.4	83.9	66.9	55.7	47.7	41.7	37.0	33.3	30.3	20.8	15.8
	电缆	282.7	237.1	204.2	179.3	159.8	144.2	131.3	120.5	111.4	103.6	76.6	60.8
500	架空	199.2	124.4	90.4	71.0	58.5	49.7	43.2	38.2	34.3	31.1	21.1	16.0
	电缆	373.1	297.6	247.5	211.9	185.2	164.5	147.9	134.4	123.2	113.6	82.0	64.1
∞	架空	331.1	165.6	110.4	82.8	66.2	55.2	47.3	41.4	36.8	33.1	22.1	16.6
	电缆	1470.6	735.3	490.2	367.6	294.1	245.1	210.1	183.8	163.4	147.1	98.0	73.5

表 5-5-2 10kV 输电线路末端短路电流

S_{dx}/MV·A	线路种类	输电线路长度 L/km											
		1	2	3	4	5	6	7	8	9	10	15	20
		末端短路电流 I_{d1}/kA											
30	架空	1.51	1.40	1.30	1.21	1.14	1.07	1.01	0.96	0.91	0.87	0.70	0.59
	电缆	1.62	1.59	1.55	1.53	1.50	1.47	1.44	1.42	1.39	1.37	1.26	1.17
50	架空	2.39	2.11	1.89	1.71	1.57	1.44	1.34	1.25	1.17	1.10	0.84	0.68
	电缆	2.66	2.57	2.50	2.42	2.35	2.28	2.22	2.16	2.11	2.05	1.82	1.64
75	架空	3.36	2.84	2.46	2.16	1.93	1.75	1.60	1.47	1.36	1.26	0.94	0.75
	电缆	3.92	3.74	3.58	3.43	3.29	3.16	3.04	2.93	2.83	2.73	2.34	2.04
100	架空	4.22	3.43	2.89	2.49	2.19	1.96	1.77	1.61	1.48	1.37	0.99	0.78
	电缆	5.15	4.84	4.57	4.32	4.10	3.91	3.73	3.56	3.41	3.27	2.72	2.33
200	架空	6.86	4.98	3.91	3.22	2.74	2.38	2.10	1.89	1.71	1.56	1.09	0.84
	电缆	9.68	8.65	7.81	7.12	6.55	6.06	5.64	5.27	4.95	4.66	3.62	2.96
300	架空	8.66	5.87	4.44	3.57	2.98	2.56	2.25	2.00	1.80	1.64	1.13	0.86
	电缆	13.70	11.72	10.24	9.09	8.17	7.42	6.80	6.27	5.82	5.43	4.06	3.25
350	架空	9.36	6.18	4.62	3.68	3.06	2.62	2.29	2.04	1.83	1.66	1.14	0.87
	电缆	15.55	13.04	11.23	9.86	8.79	7.93	7.22	6.63	6.13	5.70	4.21	3.34
500	架空	10.96	6.84	4.97	3.91	3.22	2.73	2.38	2.10	1.88	1.71	1.16	0.88
	电缆	20.52	16.37	13.61	11.65	10.19	9.05	8.14	7.39	6.77	6.25	4.51	3.53
∞	架空	18.21	9.11	6.07	4.55	3.64	3.04	2.60	2.28	2.02	1.82	1.21	0.91
	电缆	80.88	40.44	26.96	20.22	16.18	13.48	11.55	10.11	8.99	8.09	5.39	4.04

表 5-5-3　10kV 输电线路末端短路全电流（在电阻较大 $R>\frac{1}{3}X_{\Sigma}$ 时）

S_{dx}/MV·A	线路种类	电流类别	输电线路长度 L/km											
			1	2	3	4	5	6	7	8	9	10	15	20
			短路电流/kA											
30	架空	$I_c^{(3)}$	1.65	1.52	1.41	1.32	1.24	1.17	1.10	1.04	0.99	0.94	0.76	0.64
		$i_c^{(3)}$	2.78	2.57	2.39	2.23	2.09	1.97	1.86	1.76	1.67	1.59	1.29	1.08
		$I^{(2)}$	1.31	1.21	1.12	1.05	0.98	0.93	0.87	0.83	0.79	0.75	0.61	0.51
	电缆	$I_c^{(3)}$	1.76	1.73	1.69	1.66	1.63	1.60	1.57	1.55	1.52	1.49	1.38	1.28
		$i_c^{(3)}$	2.98	2.92	2.86	2.81	2.75	2.70	2.66	2.61	2.57	2.52	2.32	2.16
		$I^{(2)}$	1.40	1.37	1.35	1.32	1.30	1.27	1.25	1.23	1.21	1.19	1.09	1.01
50	架空	$I_c^{(3)}$	2.60	2.30	2.06	1.87	1.71	1.57	1.46	1.36	1.27	1.19	0.92	0.75
		$i_c^{(3)}$	4.40	3.89	3.48	3.15	2.88	2.65	2.46	2.29	2.14	2.02	1.55	1.26
		$I^{(2)}$	2.07	1.83	1.64	1.48	1.36	1.25	1.16	1.08	1.01	0.95	0.73	0.59
	电缆	$I_c^{(3)}$	2.90	2.81	2.72	2.64	2.56	2.49	2.42	2.36	2.30	2.24	1.99	1.78
		$i_c^{(3)}$	4.89	4.74	4.59	4.45	4.32	4.20	4.09	3.98	3.87	3.78	3.35	3.01
		$I^{(2)}$	2.30	2.23	2.16	2.10	2.04	1.98	1.92	1.87	1.82	1.78	1.58	1.42
75	架空	$I_c^{(3)}$	3.67	3.09	2.68	2.36	2.11	1.91	1.74	1.60	1.48	1.38	1.02	0.81
		$i_c^{(3)}$	6.19	5.22	4.52	3.98	3.56	3.22	2.94	2.70	2.50	2.32	1.73	1.37
		$I^{(2)}$	2.91	2.46	2.13	1.87	1.68	1.51	1.38	1.27	1.18	1.09	0.81	0.65
	电缆	$I_c^{(3)}$	4.28	4.08	3.90	3.73	3.58	3.44	3.31	3.19	3.08	2.98	2.55	2.23
		$i_c^{(3)}$	7.22	6.89	6.58	6.30	6.05	5.81	5.59	5.39	5.20	5.03	4.30	3.76
		$I^{(2)}$	3.40	3.24	3.10	2.97	2.85	2.74	2.63	2.54	2.45	2.37	2.02	1.77
100	架空	$I_c^{(3)}$	4.60	3.74	3.15	2.72	2.39	2.13	1.93	1.75	1.61	1.49	1.08	0.85
		$i_c^{(3)}$	7.77	6.31	5.31	4.58	4.03	3.60	3.25	2.96	2.72	2.52	1.83	1.44
		$I^{(2)}$	3.66	2.97	2.50	2.16	1.90	1.69	1.53	1.39	1.28	1.18	0.86	0.68
	电缆	$I_c^{(3)}$	5.61	5.28	4.98	4.71	4.47	4.26	4.06	3.88	3.72	3.57	2.97	2.54
		$i_c^{(3)}$	9.48	8.91	8.41	7.96	7.55	7.19	6.86	6.55	6.28	6.02	5.01	4.29
		$I^{(2)}$	4.46	4.19	3.96	3.74	3.55	3.38	3.23	3.08	2.95	2.84	2.36	2.02
200	架空	$I_c^{(3)}$	7.48	5.43	4.26	3.51	2.98	2.59	2.29	2.06	1.86	1.70	1.19	0.92
		$i_c^{(3)}$	12.62	9.17	7.20	5.93	5.03	4.38	3.87	3.47	3.14	2.88	2.01	1.55
		$I^{(2)}$	5.94	4.31	3.39	2.79	2.37	2.06	1.82	1.63	1.48	1.35	0.95	0.73
	电缆	$I_c^{(3)}$	10.55	9.43	8.52	7.77	7.14	6.60	6.14	5.74	5.39	5.08	3.94	3.22
		$i_c^{(3)}$	17.82	15.91	14.38	13.11	12.05	11.15	10.37	9.69	9.10	8.58	6.66	5.44
		$I^{(2)}$	8.39	7.49	6.77	6.17	5.67	5.25	4.88	4.56	4.28	4.04	3.13	2.56
300	架空	$I_c^{(3)}$	9.44	6.40	4.84	3.89	3.25	2.79	2.45	2.18	1.96	1.79	1.23	0.94
		$i_c^{(3)}$	15.93	10.80	8.17	6.57	5.49	4.72	4.14	3.68	3.32	3.02	2.08	1.59
		$I^{(2)}$	7.50	5.08	3.84	3.09	2.58	2.22	1.95	1.73	1.56	1.42	0.98	0.75
	电缆	$I_c^{(3)}$	14.94	12.77	11.16	9.90	8.90	8.09	7.41	6.83	6.34	5.92	4.43	3.54
		$i_c^{(3)}$	25.22	21.56	18.83	16.72	15.03	13.65	12.50	11.53	10.71	9.99	7.48	5.98
		$I^{(2)}$	11.87	10.15	8.86	7.87	7.07	6.42	5.89	5.43	5.04	4.70	3.52	2.81

（续）

S_{dx}/MV·A	线路种类	电流类别	输电线路长度 L/km											
			1	2	3	4	5	6	7	8	9	10	15	20
			短路电流/kA											
350	架空	$I_c^{(3)}$	10.20	6.74	5.03	4.01	3.34	2.86	2.50	2.22	2.00	1.81	1.24	0.95
		$i_c^{(3)}$	17.22	11.37	8.49	6.78	5.64	4.82	4.22	3.75	3.37	3.06	2.10	1.60
		$I^{(2)}$	8.10	5.35	4.00	3.19	2.65	2.27	1.98	1.76	1.59	1.44	0.99	0.75
	电缆	$I_c^{(3)}$	16.95	14.22	12.24	10.75	9.58	8.64	7.87	7.23	6.68	6.21	4.59	3.64
		$i_c^{(3)}$	28.61	24.00	20.67	18.15	16.17	14.59	13.29	12.20	11.27	10.48	7.75	6.15
		$I^{(2)}$	13.47	11.29	9.73	8.54	7.61	6.87	6.25	5.74	5.31	4.93	3.65	2.89
500	架空	$I_c^{(3)}$	11.94	7.46	5.42	4.26	3.51	2.98	2.59	2.29	2.05	1.86	1.27	0.96
		$i_c^{(3)}$	20.16	12.59	9.15	7.19	5.92	5.03	4.37	3.87	3.47	3.14	2.14	1.62
		$I^{(2)}$	9.49	5.92	4.31	3.38	2.79	2.37	2.06	1.82	1.63	1.48	1.01	0.76
	电缆	$I_c^{(3)}$	22.37	17.84	14.84	12.70	11.10	9.86	8.87	8.06	7.38	6.81	4.91	3.84
		$i_c^{(3)}$	37.76	30.12	25.05	21.44	18.74	16.64	14.97	13.60	12.46	11.50	8.30	6.49
		$I^{(2)}$	17.77	14.18	11.79	10.09	8.82	7.83	7.05	6.40	5.87	5.41	3.90	3.05
∞	架空	$I_c^{(3)}$	19.85	9.93	6.62	4.96	3.97	3.31	2.84	2.48	2.21	1.99	1.32	0.99
		$i_c^{(3)}$	33.51	16.75	11.17	8.38	6.70	5.58	4.79	4.19	3.72	3.35	2.23	1.68
		$I^{(2)}$	15.77	7.89	5.26	3.94	3.15	2.63	2.25	1.97	1.75	1.58	1.05	0.79
	电缆	$I_c^{(3)}$	88.16	44.08	29.39	22.04	17.63	14.69	12.59	11.02	9.80	8.82	5.88	4.41
		$i_c^{(3)}$	148.82	74.41	49.61	37.21	29.76	24.80	21.26	18.60	16.54	14.88	9.92	7.44
		$I^{(2)}$	70.04	35.02	23.35	17.51	14.01	11.67	10.01	8.76	7.78	7.00	4.67	3.50

注：$I_c^{(3)}$：三相短路电流周期分量有效值；

$i_c^{(3)}$：三相短路电流峰值；

$I^{(2)}$：两相短路电流周期分量有效值。

5.6 不同系统短路容量油浸式电力变压器低压侧出口处短路电流计算

不同系统短路容量油浸式电力变压器低压侧出口处短路电流计算见表5-6-1~表5-6-9。

表5-6-1 油浸式电力变压器低压侧出口处短路电流计算（1）

变压器容量 S_{be}/kV·A	阻抗电压 u_d%	S_{dx}/MV·A	30											
		L/km	1	2	3	4	5	6	7	8	9	10	15	20
		线路种类	短路电流 I_{bd}/kA											
315	4	架空	8.83	8.67	8.52	8.37	8.23	8.09	7.95	7.82	7.70	7.57	7.02	6.54
		电缆	8.96	8.93	8.89	8.85	8.81	8.78	8.74	8.71	8.67	8.63	8.46	8.30
400	4	架空	10.58	10.35	10.13	9.92	9.72	9.53	9.34	9.16	8.99	8.82	8.08	7.45
		电缆	10.77	10.71	10.66	10.61	10.55	10.50	10.45	10.40	10.35	10.30	10.05	9.82

（续）

变压器容量 S_{be}/kV·A	阻抗电压 u_d%	S_{dx}/MV·A	30											
		L/km	1	2	3	4	5	6	7	8	9	10	15	20
		线路种类	短路电流 I_{bd}/kA											
500	4	架空	12.40	12.09	11.79	11.51	11.24	10.98	10.73	10.50	10.27	10.05	9.10	8.31
		电缆	12.66	12.58	12.51	12.43	12.36	12.29	12.22	12.15	12.08	12.01	11.68	11.37
630	4.5	架空	13.39	13.02	12.68	12.35	12.04	11.74	11.46	11.19	10.94	10.69	9.62	8.74
		电缆	13.69	13.60	13.51	13.43	13.34	13.26	13.18	13.09	13.01	12.93	12.55	12.19
800	4.5	架空	15.58	15.09	14.63	14.19	13.78	13.40	13.03	12.69	12.36	12.05	10.70	9.62
		电缆	15.99	15.87	15.75	15.63	15.52	15.41	15.30	15.19	15.08	14.97	14.46	13.98
1000	4.5	架空	17.74	17.10	16.51	15.96	15.44	14.96	14.51	14.08	13.68	13.30	11.67	10.40
		电缆	18.26	18.11	17.95	17.80	17.65	17.51	17.37	17.23	17.09	16.95	16.30	15.70
1250	4.5	架空	19.94	19.14	18.41	17.72	17.09	16.50	15.95	15.43	14.95	14.50	12.59	11.12
		电缆	20.61	20.41	20.22	20.03	19.84	19.66	19.48	19.30	19.12	18.95	18.14	17.40
1600	4.5	架空	22.38	21.38	20.46	19.62	18.85	18.13	17.47	16.85	16.28	15.74	13.52	11.84
		电缆	23.22	22.97	22.73	22.48	22.25	22.02	21.79	21.57	21.35	21.14	20.14	19.23
2000	5.5	架空	22.60	21.58	20.65	19.79	19.00	18.28	17.60	16.98	16.40	15.85	13.60	11.90
		电缆	23.46	23.20	22.95	22.71	22.46	22.23	22.00	21.77	21.55	21.34	20.31	19.39
2500	5.5	架空	24.73	23.51	22.41	21.41	20.49	19.65	18.87	18.15	17.49	16.87	14.34	12.47
		电缆	25.76	25.45	25.15	24.86	24.57	24.29	24.01	23.74	23.48	23.22	22.02	20.93

表 5-6-2 油浸式电力变压器低压侧出口处短路电流计算（2）

变压器容量 S_{be}/kV·A	阻抗电压 u_d%	S_{dx}/MV·A	50											
		L/km	1	2	3	4	5	6	7	8	9	10	15	20
		线路种类	短路电流 I_{bd}/kA											
315	4	架空	9.62	9.43	9.25	9.07	8.90	8.74	8.58	8.43	8.29	8.14	7.50	6.96
		电缆	9.77	9.73	9.68	9.64	9.60	9.55	9.51	9.47	9.42	9.38	9.18	8.99
400	4	架空	11.73	11.45	11.18	10.93	10.68	10.45	10.22	10.01	9.80	9.61	8.73	8.00
		电缆	11.96	11.89	11.82	11.76	11.69	11.63	11.57	11.50	11.44	11.38	11.08	10.80
500	4	架空	14.01	13.61	13.23	12.87	12.54	12.22	11.91	11.62	11.35	11.08	9.93	9.00
		电缆	14.33	14.24	14.14	14.05	13.96	13.86	13.77	13.69	13.60	13.51	13.09	12.70
630	4.5	架空	15.28	14.80	14.36	13.94	13.55	13.17	12.82	12.48	12.17	11.86	10.55	9.50
		电缆	15.67	15.55	15.44	15.33	15.22	15.11	15.00	14.90	14.79	14.69	14.20	13.74
800	4.5	架空	18.20	17.54	16.91	16.34	15.80	15.29	14.82	14.37	13.95	13.56	11.87	10.56
		电缆	18.76	18.59	18.43	18.27	18.12	17.96	17.81	17.66	17.52	17.38	16.69	16.06
1000	4.5	架空	21.21	20.31	19.48	18.72	18.01	17.36	16.75	16.18	15.65	15.16	13.08	11.51
		电缆	21.97	21.75	21.52	21.31	21.10	20.89	20.69	20.49	20.29	20.10	19.19	18.36

（续）

变压器容量 S_{be}/kV·A	阻抗电压 u_d%	S_{dx}/MV·A	50											
		L/km	1	2	3	4	5	6	7	8	9	10	15	20
		线路种类	短路电流 I_{bd}/kA											
1250	4.5	架空	24.45	23.26	22.18	21.20	20.30	19.47	18.71	18.00	17.35	16.74	14.24	12.40
		电缆	25.46	25.16	24.86	24.57	24.29	24.02	23.75	23.49	23.23	22.98	21.80	20.73
1600	4.5	架空	28.21	26.64	25.23	23.97	22.82	21.78	20.83	19.96	19.16	18.42	15.45	13.30
		电缆	29.57	29.16	28.77	28.38	28.01	27.64	27.29	26.94	26.60	26.27	24.74	23.38
2000	5.5	架空	28.56	26.95	25.51	24.22	23.05	21.99	21.02	20.14	19.32	18.57	15.55	13.37
		电缆	29.95	29.53	29.13	28.73	28.35	27.98	27.61	27.26	26.91	26.57	25.01	23.62
2500	5.5	架空	32.05	30.04	28.26	26.68	25.27	24.00	22.85	21.81	20.86	19.99	16.53	14.09
		电缆	33.81	33.28	32.77	32.27	31.78	31.32	30.86	30.42	29.99	29.57	27.64	25.95

表 5-6-3　油浸式电力变压器低压侧出口处短路电流计算（3）

变压器容量 S_{be}/kV·A	阻抗电压 u_d%	S_{dx}/MV·A	75											
		L/km	1	2	3	4	5	6	7	8	9	10	15	20
		线路种类	短路电流 I_{bd}/kA											
315	4	架空	10.07	9.86	9.66	9.47	9.28	9.11	8.94	8.77	8.62	8.46	7.77	7.19
		电缆	10.23	10.19	10.14	10.09	10.04	9.99	9.95	9.90	9.85	9.81	9.59	9.38
400	4	架空	12.40	12.09	11.79	11.51	11.24	10.98	10.73	10.50	10.27	10.05	9.10	8.31
		电缆	12.66	12.58	12.51	12.43	12.36	12.29	12.22	12.15	12.08	12.01	11.68	11.37
500	4	架空	14.98	14.52	14.09	13.69	13.31	12.95	12.61	12.28	11.97	11.68	10.41	9.39
		电缆	15.35	15.24	15.13	15.02	14.92	14.81	14.71	14.61	14.51	14.41	13.94	13.49
630	4.5	架空	16.44	15.89	15.38	14.90	14.45	14.03	13.63	13.25	12.89	12.55	11.09	9.94
		电缆	16.89	16.76	16.62	16.49	16.37	16.24	16.12	16.00	15.88	15.76	15.20	14.67
800	4.5	架空	19.88	19.08	18.35	17.67	17.04	16.45	15.91	15.39	14.91	14.46	12.56	11.10
		电缆	20.54	20.34	20.15	19.96	19.77	19.59	19.41	19.23	19.06	18.89	18.09	17.35
1000	4.5	架空	23.52	22.42	21.41	20.49	19.65	18.87	18.16	17.49	16.87	16.30	13.92	12.15
		电缆	24.45	24.17	23.90	23.64	23.37	23.12	22.87	22.63	22.39	22.15	21.06	20.06
1250	4.5	架空	27.56	26.06	24.71	23.50	22.40	21.39	20.48	19.63	18.86	18.14	15.25	13.15
		电缆	28.85	28.47	28.09	27.72	27.36	27.02	26.68	26.34	26.02	25.71	24.24	22.93
1600	4.5	架空	32.44	30.38	28.56	26.95	25.51	24.22	23.05	21.99	21.02	20.14	16.63	14.17
		电缆	34.24	33.70	33.17	32.66	32.17	31.69	31.22	30.77	30.33	29.90	27.93	26.21
2000	5.5	架空	32.91	30.79	28.92	27.27	25.80	24.48	23.28	22.20	21.22	20.31	16.75	14.25
		电缆	34.76	34.20	33.66	33.13	32.62	32.13	31.65	31.18	30.73	30.29	28.28	26.51
2500	5.5	架空	37.62	34.88	32.50	30.43	28.61	27.00	25.55	24.25	23.08	22.02	17.90	15.07
		电缆	40.07	39.33	38.61	37.92	37.25	36.61	35.99	35.39	34.81	34.25	31.69	29.49

表 5-6-4　油浸式电力变压器低压侧出口处短路电流计算（4）

变压器容量 S_{be}/kV·A	阻抗电压 u_d%	S_{dx}/MV·A	100											
		L/km	1	2	3	4	5	6	7	8	9	10	15	20
		线路种类	短路电流 I_{bd}/kA											
315	4	架空	10.31	10.09	9.88	9.68	9.49	9.30	9.13	8.95	8.79	8.63	7.92	7.31
		电缆	10.48	10.43	10.38	10.33	10.28	10.23	10.18	10.13	10.08	10.04	9.80	9.58
400	4	架空	12.77	12.44	12.12	11.82	11.53	11.26	11.00	10.76	10.52	10.29	9.29	8.47
		电缆	13.04	12.96	12.88	12.80	12.72	12.65	12.57	12.50	12.43	12.35	12.00	11.67
500	4	架空	15.51	15.02	14.57	14.14	13.73	13.35	12.98	12.64	12.31	12.00	10.67	9.59
		电缆	15.91	15.79	15.68	15.56	15.45	15.34	15.23	15.12	15.01	14.91	14.40	13.93
630	4.5	架空	17.09	16.50	15.95	15.43	14.95	14.50	14.07	13.67	13.29	12.93	11.39	10.17
		电缆	17.57	17.43	17.29	17.15	17.01	16.88	16.74	16.61	16.48	16.36	15.75	15.18
800	4.5	架空	20.83	19.96	19.16	18.42	17.74	17.10	16.51	15.96	15.44	14.96	12.94	11.39
		电缆	21.56	21.34	21.13	20.92	20.72	20.52	20.32	20.13	19.94	19.75	18.88	18.07
1000	4.5	架空	24.87	23.64	22.53	21.51	20.58	19.73	18.95	18.23	17.56	16.94	14.39	12.50
		电缆	25.92	25.60	25.30	25.00	24.71	24.42	24.15	23.87	23.61	23.35	22.13	21.03
1250	4.5	架空	29.44	27.73	26.21	24.85	23.62	22.50	21.49	20.57	19.72	18.94	15.81	13.56
		电缆	30.91	30.47	30.04	29.62	29.21	28.81	28.43	28.05	27.69	27.33	25.68	24.21
1600	4.5	架空	35.07	32.67	30.58	28.74	27.11	25.66	24.35	23.17	22.10	21.12	17.30	14.65
		电缆	37.19	36.55	35.93	35.33	34.75	34.19	33.65	33.12	32.61	32.12	29.86	27.90
2000	5.5	架空	35.61	33.14	30.99	29.10	27.43	25.94	24.61	23.40	22.31	21.31	17.43	14.74
		电缆	37.79	37.13	36.49	35.88	35.28	34.70	34.15	33.61	33.08	32.57	30.25	28.24
2500	5.5	架空	41.21	37.93	35.14	32.74	30.64	28.79	27.15	25.69	24.38	23.20	18.67	15.62
		电缆	44.16	43.26	42.39	41.56	40.76	39.99	39.25	38.54	37.85	37.19	34.19	31.64

表 5-6-5　油浸式电力变压器低压侧出口处短路电流计算（5）

变压器容量 S_{be}/kV·A	阻抗电压 u_d%	S_{dx}/MV·A	200											
		L/km	1	2	3	4	5	6	7	8	9	10	15	20
		线路种类	短路电流 I_{bd}/kA											
315	4	架空	10.69	10.45	10.23	10.02	9.81	9.61	9.42	9.24	9.07	8.90	8.14	7.50
		电缆	10.88	10.82	10.77	10.71	10.66	10.61	10.55	10.50	10.45	10.40	10.15	9.91
400	4	架空	13.36	13.00	12.65	12.32	12.01	11.72	11.44	11.17	10.92	10.67	9.60	8.72
		电缆	13.65	13.57	13.48	13.40	13.31	13.23	13.15	13.07	12.99	12.91	12.53	12.17
500	4	架空	16.39	15.85	15.34	14.86	14.42	13.99	13.60	13.22	12.86	12.53	11.07	9.92
		电缆	16.84	16.71	16.58	16.45	16.32	16.20	16.08	15.96	15.84	15.72	15.16	14.63
630	4.5	架空	18.16	17.50	16.88	16.30	15.77	15.26	14.79	14.35	13.93	13.53	11.85	10.55
		电缆	18.71	18.55	18.39	18.23	18.08	17.92	17.77	17.63	17.48	17.34	16.66	16.03
800	4.5	架空	22.45	21.44	20.52	19.68	18.90	18.18	17.51	16.89	16.32	15.78	13.54	11.86
		电缆	23.30	23.05	22.80	22.56	22.32	22.09	21.86	21.64	21.42	21.20	20.20	19.28

（续）

变压器容量 S_{be}/kV·A	阻抗电压 u_d%	S_{dx}/MV·A	200											
		L/km	1	2	3	4	5	6	7	8	9	10	15	20
		线路种类	短路电流 I_{bd}/kA											
1000	4.5	架空	27.22	25.75	24.43	23.24	22.17	21.18	20.28	19.46	18.70	17.99	15.14	13.07
		电缆	28.47	28.10	27.73	27.37	27.02	26.68	26.35	26.03	25.71	25.40	23.97	22.69
1250	4.5	架空	32.78	30.68	28.83	27.19	25.72	24.41	23.22	22.15	21.16	20.27	16.72	14.23
		电缆	34.62	34.07	33.53	33.01	32.50	32.01	31.53	31.07	30.62	30.19	28.18	26.43
1600	4.5	架空	39.92	36.84	34.21	31.92	29.92	28.16	26.59	25.19	23.93	22.79	18.40	15.43
		电缆	42.69	41.84	41.04	40.26	39.51	38.79	38.09	37.42	36.77	36.14	33.31	30.88
2000	5.5	架空	40.63	37.44	34.72	32.37	30.32	28.51	26.90	25.47	24.18	23.01	18.55	15.53
		电缆	43.49	42.62	41.78	40.97	40.19	39.45	38.73	38.03	37.36	36.72	33.79	31.30
2500	5.5	架空	48.07	43.67	40.02	36.92	34.28	31.98	29.98	28.21	26.63	25.23	19.96	16.51
		电缆	52.13	50.88	49.69	48.55	47.47	46.43	45.43	44.48	43.57	42.69	38.79	35.54

表 5-6-6 油浸式电力变压器低压侧出口处短路电流计算（6）

变压器容量 S_{be}/kV·A	阻抗电压 u_d%	S_{dx}/MV·A	300											
		L/km	1	2	3	4	5	6	7	8	9	10	15	20
		线路种类	短路电流 I_{bd}/kA											
315	4	架空	10.82	10.58	10.35	10.13	9.92	9.72	9.53	9.34	9.16	8.99	8.22	7.57
		电缆	11.02	10.96	10.90	10.85	10.79	10.74	10.68	10.63	10.58	10.52	10.27	10.03
400	4	架空	13.57	13.19	12.84	12.50	12.18	11.88	11.59	11.32	11.06	10.81	9.71	8.81
		电缆	13.87	13.78	13.69	13.61	13.52	13.43	13.35	13.27	13.18	13.10	12.71	12.34
500	4	架空	16.71	16.15	15.62	15.12	14.66	14.22	13.81	13.42	13.06	12.71	11.22	10.04
		电缆	17.18	17.04	16.90	16.77	16.64	16.51	16.38	16.25	16.13	16.01	15.43	14.89
630	4.5	架空	18.55	17.86	17.22	16.62	16.06	15.54	15.05	14.59	14.16	13.75	12.02	10.68
		电缆	19.13	18.96	18.79	18.62	18.46	18.30	18.15	17.99	17.84	17.69	16.98	16.33
800	4.5	架空	23.05	21.99	21.02	20.14	19.32	18.57	17.88	17.23	16.63	16.07	13.76	12.03
		电缆	23.94	23.68	23.42	23.16	22.91	22.67	22.43	22.19	21.96	21.74	20.68	19.72
1000	4.5	架空	28.10	26.54	25.14	23.89	22.75	21.71	20.77	19.91	19.11	18.37	15.41	13.27
		电缆	29.44	29.04	28.65	28.26	27.89	27.53	27.18	26.83	26.50	26.17	24.65	23.30
1250	4.5	架空	34.07	31.80	29.82	28.07	26.51	25.12	23.86	22.73	21.69	20.75	17.05	14.47
		电缆	36.06	35.46	34.88	34.31	33.77	33.24	32.73	32.23	31.75	31.28	29.13	27.26
1600	4.5	架空	41.85	38.48	35.61	33.14	30.99	29.11	27.43	25.94	24.61	23.40	18.80	15.71
		电缆	44.90	43.97	43.08	42.22	41.40	40.60	39.84	39.11	38.40	37.72	34.64	32.03
2000	5.5	架空	42.63	39.13	36.17	33.63	31.42	29.48	27.76	26.24	24.87	23.64	18.95	15.82
		电缆	45.79	44.82	43.90	43.01	42.15	41.33	40.54	39.78	39.05	38.34	35.17	32.48
2500	5.5	架空	50.89	45.99	41.96	38.57	35.69	33.21	31.05	29.16	27.48	25.98	20.43	16.83
		电缆	55.47	54.06	52.72	51.44	50.22	49.06	47.95	46.89	45.88	44.91	40.61	37.06

表 5-6-7 油浸式电力变压器低压侧出口处短路电流计算（7）

变压器容量 S_{be}/kV·A	阻抗电压 u_d%	S_{dx}/MV·A	350											
		L/km	1	2	3	4	5	6	7	8	9	10	15	20
		线路种类	短路电流 I_{bd}/kA											
315	4	架空	10.86	10.62	10.39	10.17	9.96	9.75	9.56	9.37	9.19	9.02	8.24	7.59
		电缆	11.06	11.00	10.94	10.89	10.83	10.77	10.72	10.67	10.61	10.56	10.30	10.06
400	4	架空	13.63	13.25	12.89	12.55	12.23	11.93	11.64	11.36	11.10	10.84	9.74	8.84
		电缆	13.94	13.85	13.76	13.67	13.58	13.49	13.41	13.32	13.24	13.16	12.76	12.39
500	4	架空	16.80	16.23	15.70	15.20	14.73	14.29	13.88	13.48	13.11	12.76	11.26	10.07
		电缆	17.27	17.13	17.00	16.86	16.73	16.60	16.47	16.34	16.22	16.09	15.51	14.96
630	4.5	架空	18.67	17.96	17.31	16.71	16.14	15.62	15.12	14.66	14.22	13.81	12.07	10.71
		电缆	19.25	19.08	18.91	18.74	18.57	18.41	18.26	18.10	17.95	17.80	17.08	16.42
800	4.5	架空	23.23	22.15	21.17	20.27	19.45	18.69	17.98	17.33	16.72	16.16	13.82	12.07
		电缆	24.14	23.86	23.60	23.34	23.09	22.84	22.59	22.36	22.12	21.89	20.82	19.85
1000	4.5	架空	28.36	26.77	25.35	24.08	22.92	21.87	20.91	20.04	19.23	18.49	15.49	13.33
		电缆	29.73	29.32	28.92	28.53	28.15	27.78	27.42	27.07	26.73	26.40	24.85	23.48
1250	4.5	架空	34.46	32.14	30.11	28.33	26.74	25.33	24.05	22.90	21.85	20.90	17.15	14.54
		电缆	36.50	35.88	35.28	34.71	34.15	33.61	33.08	32.58	32.08	31.61	29.41	27.51
1600	4.5	架空	42.44	38.98	36.04	33.51	31.31	29.39	27.68	26.17	24.81	23.59	18.92	15.79
		电缆	45.57	44.62	43.70	42.82	41.97	41.16	40.37	39.62	38.89	38.19	35.04	32.37
2000	5.5	架空	43.23	39.65	36.61	34.00	31.74	29.77	28.02	26.47	25.08	23.83	19.07	15.90
		电缆	46.49	45.50	44.54	43.63	42.75	41.90	41.09	40.31	39.56	38.84	35.58	32.83
2500	5.5	架空	51.76	46.70	42.54	39.07	36.11	33.58	31.37	29.44	27.73	26.21	20.57	16.93
		电缆	56.51	55.04	53.65	52.33	51.07	49.87	48.72	47.63	46.58	45.58	41.16	37.52

表 5-6-8 油浸式电力变压器低压侧出口处短路电流计算（8）

变压器容量 S_{be}/kV·A	阻抗电压 u_d%	S_{dx}/MV·A	500											
		L/km	1	2	3	4	5	6	7	8	9	10	15	20
		线路种类	短路电流 I_{bd}/kA											
315	4	架空	10.93	10.69	10.45	10.23	10.01	9.81	9.61	9.42	9.24	9.06	8.28	7.62
		电缆	11.13	11.07	11.01	10.96	10.90	10.84	10.79	10.73	10.68	10.63	10.37	10.12
400	4	架空	13.74	13.36	12.99	12.65	12.32	12.01	11.72	11.44	11.17	10.92	9.80	8.89
		电缆	14.05	13.96	13.87	13.78	13.69	13.60	13.52	13.43	13.35	13.26	12.86	12.48
500	4	架空	16.97	16.39	15.85	15.34	14.86	14.41	13.99	13.59	13.22	12.86	11.34	10.13
		电缆	17.45	17.31	17.17	17.03	16.90	16.76	16.63	16.50	16.38	16.25	15.65	15.09
630	4.5	架空	18.88	18.16	17.49	16.88	16.30	15.76	15.26	14.79	14.34	13.92	12.15	10.78
		电缆	19.47	19.29	19.12	18.95	18.78	18.62	18.46	18.30	18.14	17.99	17.25	16.58
800	4.5	架空	23.55	22.45	21.44	20.52	19.67	18.89	18.18	17.51	16.89	16.31	13.94	12.16
		电缆	24.49	24.21	23.93	23.67	23.41	23.15	22.90	22.66	22.42	22.18	21.08	20.08

（续）

变压器容量 S_{be}/kV·A	阻抗电压 u_d%	S_{dx}/MV·A	500											
		L/km	1	2	3	4	5	6	7	8	9	10	15	20
		线路种类	短路电流 I_{bd}/kA											
1000	4.5	架空	28.85	27.21	25.74	24.42	23.24	22.16	21.18	20.28	19.45	18.69	15.63	13.44
		电缆	30.26	29.84	29.42	29.02	28.63	28.25	27.88	27.52	27.16	26.82	25.23	23.81
1250	4.5	架空	35.18	32.77	30.66	28.81	27.18	25.71	24.40	23.21	22.14	21.16	17.32	14.66
		电缆	37.31	36.66	36.04	35.44	34.86	34.29	33.75	33.22	32.71	32.21	29.94	27.97
1600	4.5	架空	43.54	39.90	36.83	34.19	31.91	29.91	28.15	26.58	25.18	23.92	19.13	15.94
		电缆	46.84	45.83	44.86	43.93	43.04	42.19	41.36	40.57	39.81	39.08	35.78	33.00
2000	5.5	架空	44.37	40.60	37.42	34.70	32.35	30.30	28.50	26.89	25.46	24.17	19.29	16.05
		电缆	47.81	46.76	45.75	44.79	43.86	42.97	42.12	41.30	40.51	39.75	36.35	33.48
2500	5.5	架空	53.40	48.04	43.65	39.99	36.91	34.26	31.97	29.96	28.19	26.62	20.82	17.10
		电缆	58.47	56.90	55.41	54.00	52.66	51.39	50.17	49.01	47.91	46.85	42.19	38.38

表 5-6-9 油浸式电力变压器低压侧出口处短路电流计算（9）

变压器容量 S_{be}/kV·A	阻抗电压 u_d%	S_{dx}/MV·A	∞											
		L/km	1	2	3	4	5	6	7	8	9	10	15	20
		线路种类	短路电流 I_{bd}/kA											
315	4	架空	11.10	10.85	10.61	10.38	10.16	9.94	9.74	9.55	9.36	9.18	8.38	7.70
		电缆	11.30	11.24	11.18	11.13	11.07	11.01	10.95	10.90	10.84	10.79	10.52	10.26
400	4	架空	14.01	13.61	13.23	12.87	12.54	12.22	11.91	11.62	11.35	11.08	9.93	9.00
		电缆	14.33	14.24	14.14	14.05	13.96	13.86	13.77	13.69	13.60	13.51	13.09	12.70
500	4	架空	17.38	16.77	16.20	15.67	15.17	14.71	14.27	13.85	13.46	13.09	11.52	10.28
		电缆	17.89	17.74	17.59	17.44	17.30	17.16	17.02	16.89	16.76	16.62	16.00	15.42
630	4.5	架空	19.38	18.63	17.93	17.28	16.68	16.11	15.59	15.10	14.63	14.20	12.36	10.95
		电缆	20.01	19.82	19.64	19.46	19.28	19.11	18.94	18.77	18.61	18.45	17.68	16.97
800	4.5	架空	24.35	23.17	22.09	21.12	20.22	19.40	18.65	17.95	17.30	16.69	14.21	12.37
		电缆	25.35	25.05	24.76	24.47	24.19	23.92	23.65	23.39	23.14	22.89	21.72	20.66
1000	4.5	架空	30.05	28.27	26.69	25.28	24.01	22.86	21.82	20.86	19.99	19.19	15.98	13.69
		电缆	31.59	31.13	30.68	30.24	29.81	29.40	29.00	28.61	28.23	27.86	26.14	24.62
1250	4.5	架空	36.98	34.32	32.02	30.01	28.24	26.66	25.25	23.99	22.84	21.80	17.75	14.97
		电缆	39.34	38.62	37.93	37.27	36.62	36.00	35.40	34.82	34.26	33.71	31.23	29.09
1600	4.5	架空	46.33	42.24	38.81	35.89	33.38	31.20	29.29	27.60	26.09	24.74	19.65	16.30
		电缆	50.10	48.94	47.84	46.78	45.77	44.81	43.88	42.99	42.14	41.32	37.65	34.58
2000	5.5	架空	47.28	43.02	39.47	36.46	33.87	31.63	29.67	27.93	26.39	25.01	19.82	16.42
		电缆	51.21	50.00	48.85	47.75	46.70	45.69	44.73	43.81	42.92	42.07	38.28	35.11
2500	5.5	架空	57.67	51.46	46.46	42.34	38.89	35.97	33.45	31.26	29.34	27.64	21.44	17.51
		电缆	63.62	61.77	60.02	58.37	56.81	55.33	53.92	52.59	51.32	50.10	44.81	40.53

5.7 不同系统短路容量干式电力变压器低压侧出口处短路电流计算

不同系统短路容量干式电力变压器低压侧出口处短路电流计算见表5-7-1～表5-7-9。

表5-7-1 干式电力变压器低压侧出口处短路电流计算（1）

变压器容量 S_{be}/kV·A	阻抗电压 u_d%	S_{dx}/MV·A	30											
		L/km	1	2	3	4	5	6	7	8	9	10	15	20
		线路种类	短路电流 I_{bd}/kA											
315	4	架空	8.83	8.67	8.52	8.37	8.23	8.09	7.95	7.82	7.70	7.57	7.02	6.54
		电缆	8.96	8.93	8.89	8.85	8.81	8.78	8.74	8.71	8.67	8.63	8.46	8.30
400	4	架空	10.58	10.35	10.13	9.92	9.72	9.53	9.34	9.16	8.99	8.82	8.08	7.45
		电缆	10.77	10.71	10.66	10.61	10.55	10.50	10.45	10.40	10.35	10.30	10.05	9.82
500	4	架空	12.40	12.09	11.79	11.51	11.24	10.98	10.73	10.50	10.27	10.05	9.10	8.31
		电缆	12.66	12.58	12.51	12.43	12.36	12.29	12.22	12.15	12.08	12.01	11.68	11.37
630	4	架空	14.45	14.03	13.63	13.25	12.89	12.55	12.23	11.93	11.64	11.36	10.15	9.18
		电缆	14.80	14.70	14.60	14.50	14.40	14.30	14.20	14.11	14.02	13.93	13.48	13.07
	6	架空	10.97	10.72	10.48	10.26	10.04	9.84	9.64	9.45	9.26	9.09	8.30	7.64
		电缆	11.16	11.11	11.05	10.99	10.93	10.88	10.82	10.77	10.71	10.66	10.40	10.15
800	6	架空	12.96	12.62	12.29	11.98	11.69	11.41	11.15	10.89	10.65	10.42	9.39	8.55
		电缆	13.24	13.15	13.07	12.99	12.91	12.84	12.76	12.68	12.61	12.53	12.17	11.83
1000	6	架空	14.98	14.52	14.09	13.69	13.31	12.95	12.61	12.28	11.97	11.68	10.41	9.39
		电缆	15.35	15.24	15.13	15.02	14.92	14.81	14.71	14.61	14.51	14.41	13.94	13.49
1250	6	架空	17.11	16.52	15.96	15.45	14.96	14.51	14.08	13.68	13.30	12.94	11.40	10.18
		电缆	17.59	17.45	17.31	17.17	17.03	16.89	16.76	16.63	16.50	16.37	15.76	15.20
1600	6	架空	19.54	18.77	18.06	17.40	16.79	16.22	15.69	15.19	14.72	14.28	12.43	11.00
		电缆	20.18	19.99	19.80	19.62	19.44	19.26	19.09	18.92	18.75	18.59	17.81	17.09
2000	8	架空	18.90	18.18	17.51	16.89	16.32	15.78	15.27	14.80	14.36	13.94	12.16	10.79
		电缆	19.50	19.32	19.14	18.97	18.81	18.64	18.48	18.32	18.16	18.01	17.27	16.60
2500	8	架空	21.11	20.22	19.40	18.64	17.94	17.29	16.69	16.12	15.60	15.10	13.04	11.48
		电缆	21.86	21.64	21.42	21.20	20.99	20.79	20.59	20.39	20.19	20.00	19.10	18.28

表5-7-2 干式电力变压器低压侧出口处短路电流计算（2）

变压器容量 S_{be}/kV·A	阻抗电压 u_d%	S_{dx}/MV·A	50											
		L/km	1	2	3	4	5	6	7	8	9	10	15	20
		线路种类	短路电流 I_{bd}/kA											
315	4	架空	9.62	9.43	9.25	9.07	8.90	8.74	8.58	8.43	8.29	8.14	7.50	6.96
		电缆	9.77	9.73	9.68	9.64	9.60	9.55	9.51	9.47	9.42	9.38	9.18	8.99
400	4	架空	11.73	11.45	11.18	10.93	10.68	10.45	10.22	10.01	9.80	9.61	8.73	8.00
		电缆	11.96	11.89	11.82	11.76	11.69	11.63	11.57	11.50	11.44	11.38	11.08	10.80

（续）

变压器容量 S_{be}/kV·A	阻抗电压 u_d%	S_{dx}/MV·A	50											
		L/km	1	2	3	4	5	6	7	8	9	10	15	20
		线路种类	短路电流 I_{bd}/kA											
500	4	架空	14.01	13.61	13.23	12.87	12.54	12.22	11.91	11.62	11.35	11.08	9.93	9.00
		电缆	14.33	14.24	14.14	14.05	13.96	13.86	13.77	13.69	13.60	13.51	13.09	12.70
630	4	架空	16.68	16.12	15.59	15.10	14.64	14.20	13.79	13.40	13.04	12.69	11.20	10.03
		电缆	17.14	17.01	16.87	16.74	16.61	16.48	16.35	16.23	16.10	15.98	15.40	14.86
	6	架空	12.20	11.90	11.61	11.33	11.07	10.82	10.58	10.35	10.13	9.92	8.99	8.22
		电缆	12.45	12.38	12.30	12.23	12.16	12.09	12.03	11.96	11.89	11.82	11.50	11.20
800	6	架空	14.72	14.28	13.87	13.48	13.11	12.76	12.42	12.11	11.81	11.53	10.29	9.29
		电缆	15.08	14.98	14.87	14.77	14.66	14.56	14.46	14.37	14.27	14.17	13.72	13.29
1000	6	架空	17.38	16.77	16.20	15.67	15.17	14.71	14.27	13.85	13.46	13.09	11.52	10.28
		电缆	17.89	17.74	17.59	17.44	17.30	17.16	17.02	16.89	16.76	16.62	16.00	15.42
1250	6	架空	20.32	19.49	18.73	18.02	17.36	16.76	16.19	15.66	15.16	14.69	12.74	11.24
		电缆	21.01	20.80	20.60	20.40	20.21	20.02	19.83	19.65	19.47	19.29	18.45	17.68
1600	6	架空	23.84	22.71	21.68	20.74	19.88	19.08	18.35	17.67	17.04	16.45	14.04	12.24
		电缆	24.80	24.52	24.24	23.96	23.69	23.43	23.18	22.93	22.68	22.44	21.31	20.30
2000	8	架空	22.90	21.85	20.89	20.02	19.21	18.47	17.78	17.15	16.55	16.00	13.70	11.99
		电缆	23.78	23.52	23.26	23.01	22.76	22.52	22.28	22.05	21.82	21.60	20.56	19.61
2500	8	架空	26.23	24.86	23.63	22.52	21.51	20.58	19.73	18.95	18.22	17.55	14.83	12.84
		电缆	27.39	27.04	26.70	26.37	26.05	25.73	25.42	25.12	24.83	24.54	23.20	22.00

表 5-7-3 干式电力变压器低压侧出口处短路电流计算（3）

变压器容量 S_{be}/kV·A	阻抗电压 u_d%	S_{dx}/MV·A	75											
		L/km	1	2	3	4	5	6	7	8	9	10	15	20
		线路种类	短路电流 I_{bd}/kA											
315	4	架空	10.07	9.86	9.66	9.47	9.28	9.11	8.94	8.77	8.62	8.46	7.77	7.19
		电缆	10.23	10.19	10.14	10.09	10.04	9.99	9.95	9.90	9.85	9.81	9.59	9.38
400	4	架空	12.40	12.09	11.79	11.51	11.24	10.98	10.73	10.50	10.27	10.05	9.10	8.31
		电缆	12.66	12.58	12.51	12.43	12.36	12.29	12.22	12.15	12.08	12.01	11.68	11.37
500	4	架空	14.98	14.52	14.09	13.69	13.31	12.95	12.61	12.28	11.97	11.68	10.41	9.39
		电缆	15.35	15.24	15.13	15.02	14.92	14.81	14.71	14.61	14.51	14.41	13.94	13.49
630	4	架空	18.07	17.41	16.80	16.23	15.70	15.20	14.73	14.29	13.87	13.48	11.82	10.52
		电缆	18.62	18.46	18.30	18.14	17.99	17.84	17.69	17.54	17.40	17.26	16.58	15.96
	6	架空	12.93	12.59	12.27	11.96	11.67	11.39	11.12	10.87	10.63	10.40	9.38	8.54
		电缆	13.21	13.13	13.05	12.97	12.89	12.81	12.73	12.66	12.58	12.51	12.15	11.81
800	6	架空	15.80	15.29	14.82	14.37	13.95	13.56	13.18	12.83	12.49	12.17	10.80	9.70
		电缆	16.21	16.09	15.97	15.85	15.73	15.61	15.50	15.39	15.28	15.17	14.64	14.16

（续）

变压器容量 S_{be}/kV·A	阻抗电压 u_d%	S_{dx}/MV·A	75											
		L/km	1	2	3	4	5	6	7	8	9	10	15	20
		线路种类	短路电流 I_{bd}/kA											
1000	6	架空	18.90	18.18	17.51	16.89	16.32	15.78	15.27	14.80	14.36	13.94	12.16	10.79
		电缆	19.50	19.32	19.14	18.97	18.81	18.64	18.48	18.32	18.16	18.01	17.27	16.60
1250	6	架空	22.42	21.42	20.50	19.66	18.88	18.16	17.50	16.88	16.30	15.76	13.53	11.85
		电缆	23.27	23.02	22.77	22.53	22.29	22.06	21.83	21.61	21.39	21.18	20.17	19.26
1600	6	架空	26.79	25.37	24.09	22.94	21.89	20.93	20.05	19.24	18.50	17.81	15.01	12.97
		电缆	28.01	27.65	27.29	26.95	26.61	26.28	25.96	25.64	25.34	25.04	23.64	22.40
2000	8	架空	25.61	24.30	23.13	22.06	21.09	20.19	19.38	18.62	17.92	17.27	14.63	12.69
		电缆	26.72	26.38	26.06	25.74	25.43	25.13	24.84	24.55	24.27	24.00	22.71	21.56
2500	8	架空	29.84	28.09	26.53	25.13	23.88	22.74	21.71	20.76	19.90	19.10	15.92	13.65
		电缆	31.36	30.90	30.46	30.03	29.61	29.20	28.81	28.42	28.04	27.68	25.98	24.49

表 5-7-4　干式电力变压器低压侧出口处短路电流计算（4）

变压器容量 S_{be}/kV·A	阻抗电压 u_d%	S_{dx}/MV·A	100											
		L/km	1	2	3	4	5	6	7	8	9	10	15	20
		线路种类	短路电流 I_{bd}/kA											
315	4	架空	10.31	10.09	9.88	9.68	9.49	9.30	9.13	8.95	8.79	8.63	7.92	7.31
		电缆	10.48	10.43	10.38	10.33	10.28	10.23	10.18	10.13	10.08	10.04	9.80	9.58
400	4	架空	12.77	12.44	12.12	11.82	11.53	11.26	11.00	10.76	10.52	10.29	9.29	8.47
		电缆	13.04	12.96	12.88	12.80	12.72	12.65	12.57	12.50	12.43	12.35	12.00	11.67
500	4	架空	15.51	15.02	14.57	14.14	13.73	13.35	12.98	12.64	12.31	12.00	10.67	9.59
		电缆	15.91	15.79	15.68	15.56	15.45	15.34	15.23	15.12	15.01	14.91	14.40	13.93
630	4	架空	18.86	18.14	17.48	16.86	16.29	15.75	15.25	14.78	14.33	13.92	12.15	10.78
		电缆	19.45	19.28	19.10	18.93	18.77	18.60	18.44	18.28	18.13	17.97	17.24	16.57
	6	架空	13.33	12.97	12.62	12.30	11.99	11.70	11.42	11.15	10.90	10.65	9.59	8.71
		电缆	13.62	13.54	13.45	13.37	13.28	13.20	13.12	13.04	12.96	12.88	12.50	12.14
800	6	架空	16.39	15.85	15.34	14.86	14.42	13.99	13.60	13.22	12.86	12.53	11.07	9.92
		电缆	16.84	16.71	16.58	16.45	16.32	16.20	16.08	15.96	15.84	15.72	15.16	14.63
1000	6	架空	19.76	18.98	18.25	17.58	16.96	16.38	15.83	15.32	14.85	14.40	12.52	11.07
		电缆	20.42	20.22	20.03	19.84	19.66	19.48	19.30	19.13	18.96	18.79	17.99	17.26
1250	6	架空	23.65	22.53	21.52	20.59	19.74	18.96	18.23	17.56	16.94	16.36	13.97	12.19
		电缆	24.59	24.31	24.03	23.76	23.50	23.24	22.99	22.75	22.50	22.27	21.16	20.15
1600	6	架空	28.56	26.95	25.51	24.22	23.05	21.99	21.02	20.14	19.32	18.57	15.55	13.37
		电缆	29.95	29.53	29.13	28.73	28.35	27.98	27.61	27.26	26.91	26.57	25.01	23.62
2000	8	架空	27.22	25.75	24.43	23.24	22.17	21.18	20.28	19.46	18.70	17.99	15.14	13.07
		电缆	28.47	28.10	27.73	27.37	27.02	26.68	26.35	26.03	25.71	25.40	23.97	22.69
2500	8	架空	32.05	30.04	28.26	26.68	25.27	24.00	22.85	21.81	20.86	19.99	16.53	14.09
		电缆	33.81	33.28	32.77	32.27	31.78	31.32	30.86	30.42	29.99	29.57	27.64	25.95

表 5-7-5 干式电力变压器低压侧出口处短路电流计算（5）

变压器容量 S_{be}/kV·A	阻抗电压 u_d%	S_{dx}/MV·A	200											
		L/km	1	2	3	4	5	6	7	8	9	10	15	20
		线路种类	短路电流 I_{bd}/kA											
315	4	架空	10.69	10.45	10.23	10.02	9.81	9.61	9.42	9.24	9.07	8.90	8.14	7.50
		电缆	10.88	10.82	10.77	10.71	10.66	10.61	10.55	10.50	10.45	10.40	10.15	9.91
400	4	架空	13.36	13.00	12.65	12.32	12.01	11.72	11.44	11.17	10.92	10.67	9.60	8.72
		电缆	13.65	13.57	13.48	13.40	13.31	13.23	13.15	13.07	12.99	12.91	12.53	12.17
500	4	架空	16.39	15.85	15.34	14.86	14.42	13.99	13.60	13.22	12.86	12.53	11.07	9.92
		电缆	16.84	16.71	16.58	16.45	16.32	16.20	16.08	15.96	15.84	15.72	15.16	14.63
630	4	架空	20.18	19.36	18.61	17.91	17.26	16.66	16.10	15.57	15.08	14.62	12.68	11.20
		电缆	20.86	20.66	20.46	20.26	20.07	19.88	19.70	19.52	19.34	19.17	18.34	17.58
	6	架空	13.97	13.58	13.20	12.85	12.51	12.19	11.89	11.60	11.32	11.06	9.91	8.98
		电缆	14.30	14.20	14.11	14.02	13.92	13.83	13.74	13.65	13.57	13.48	13.07	12.68
800	6	架空	17.38	16.77	16.20	15.67	15.17	14.71	14.27	13.85	13.46	13.09	11.52	10.28
		电缆	17.89	17.74	17.59	17.44	17.30	17.16	17.02	16.89	16.76	16.62	16.00	15.42
1000	6	架空	21.21	20.31	19.48	18.72	18.01	17.36	16.75	16.18	15.65	15.16	13.08	11.51
		电缆	21.97	21.75	21.52	21.31	21.10	20.89	20.69	20.49	20.29	20.10	19.19	18.36
1250	6	架空	25.76	24.44	23.25	22.17	21.19	20.29	19.46	18.70	18.00	17.34	14.68	12.72
		电缆	26.88	26.55	26.22	25.90	25.59	25.28	24.98	24.69	24.41	24.13	22.83	21.67
1600	6	架空	31.70	29.73	27.99	26.44	25.05	23.80	22.67	21.65	20.71	19.85	16.44	14.02
		电缆	33.42	32.90	32.40	31.91	31.44	30.98	30.53	30.10	29.68	29.27	27.38	25.72
2000	8	架空	30.05	28.27	26.69	25.28	24.01	22.86	21.82	20.86	19.99	19.19	15.98	13.69
		电缆	31.59	31.13	30.68	30.24	29.81	29.40	29.00	28.61	28.23	27.86	26.14	24.62
2500	8	架空	36.06	33.53	31.33	29.40	27.70	26.18	24.82	23.59	22.48	21.47	17.53	14.82
		电缆	38.30	37.62	36.96	36.33	35.72	35.13	34.55	34.00	33.46	32.95	30.57	28.52

表 5-7-6 干式电力变压器低压侧出口处短路电流计算（6）

变压器容量 S_{be}/kV·A	阻抗电压 u_d%	S_{dx}/MV·A	300											
		L/km	1	2	3	4	5	6	7	8	9	10	15	20
		线路种类	短路电流 I_{bd}/kA											
315	4	架空	10.82	10.58	10.35	10.13	9.92	9.72	9.53	9.34	9.16	8.99	8.22	7.57
		电缆	11.02	10.96	10.90	10.85	10.79	10.74	10.68	10.63	10.58	10.52	10.27	10.03
400	4	架空	13.57	13.19	12.84	12.50	12.18	11.88	11.59	11.32	11.06	10.81	9.71	8.81
		电缆	13.87	13.78	13.69	13.61	13.52	13.43	13.35	13.27	13.18	13.10	12.71	12.34
500	4	架空	16.71	16.15	15.62	15.12	14.66	14.22	13.81	13.42	13.06	12.71	11.22	10.04
		电缆	17.18	17.04	16.90	16.77	16.64	16.51	16.38	16.25	16.13	16.01	15.43	14.89
630	4	架空	20.66	19.80	19.02	18.29	17.61	16.99	16.40	15.86	15.35	14.87	12.87	11.34
		电缆	21.38	21.16	20.95	20.75	20.55	20.35	20.16	19.97	19.78	19.60	18.73	17.94

（续）

变压器容量 S_{be}/kV·A	阻抗电压 u_d%	S_{dx}/MV·A	300											
		L/km	1	2	3	4	5	6	7	8	9	10	15	20
		线路种类	短路电流 I_{bd}/kA											
630	6	架空	14.20	13.79	13.41	13.04	12.69	12.37	12.05	11.76	11.48	11.21	10.03	9.08
		电缆	14.54	14.44	14.34	14.25	14.15	14.06	13.96	13.87	13.78	13.69	13.27	12.86
800	6	架空	17.74	17.10	16.51	15.96	15.44	14.96	14.51	14.08	13.68	13.30	11.67	10.40
		电缆	18.26	18.11	17.95	17.80	17.65	17.51	17.37	17.23	17.09	16.95	16.30	15.70
1000	6	架空	21.75	20.80	19.93	19.13	18.40	17.72	17.08	16.49	15.94	15.43	13.28	11.66
		电缆	22.54	22.31	22.07	21.85	21.62	21.41	21.19	20.98	20.78	20.58	19.62	18.76
1250	6	架空	26.55	25.15	23.89	22.76	21.72	20.78	19.91	19.11	18.38	17.70	14.93	12.91
		电缆	27.74	27.38	27.04	26.70	26.36	26.04	25.72	25.42	25.12	24.82	23.45	22.22
1600	6	架空	32.91	30.79	28.92	27.27	25.80	24.48	23.28	22.20	21.22	20.31	16.75	14.25
		电缆	34.76	34.20	33.66	33.13	32.62	32.13	31.65	31.18	30.73	30.29	28.28	26.51
2000	8	架空	31.13	29.23	27.54	26.04	24.69	23.48	22.38	21.38	20.46	19.62	16.28	13.91
		电缆	32.79	32.29	31.80	31.33	30.88	30.43	30.00	29.59	29.18	28.78	26.96	25.35
2500	8	架空	37.62	34.88	32.50	30.43	28.61	27.00	25.55	24.25	23.08	22.02	17.90	15.07
		电缆	40.07	39.33	38.61	37.92	37.25	36.61	35.99	35.39	34.81	34.25	31.69	29.49

表 5-7-7　干式电力变压器低压侧出口处短路电流计算（7）

变压器容量 S_{be}/kV·A	阻抗电压 u_d%	S_{dx}/MV·A	350											
		L/km	1	2	3	4	5	6	7	8	9	10	15	20
		线路种类	短路电流 I_{bd}/kA											
315	4	架空	10.86	10.62	10.39	10.17	9.96	9.75	9.56	9.37	9.19	9.02	8.24	7.59
		电缆	11.06	11.00	10.94	10.89	10.83	10.77	10.72	10.67	10.61	10.56	10.30	10.06
400	4	架空	13.63	13.25	12.89	12.55	12.23	11.93	11.64	11.36	11.10	10.84	9.74	8.84
		电缆	13.94	13.85	13.76	13.67	13.58	13.49	13.41	13.32	13.24	13.16	12.76	12.39
500	4	架空	16.80	16.23	15.70	15.20	14.73	14.29	13.88	13.48	13.11	12.76	11.26	10.07
		电缆	17.27	17.13	17.00	16.86	16.73	16.60	16.47	16.34	16.22	16.09	15.51	14.96
630	4	架空	20.80	19.93	19.14	18.40	17.72	17.08	16.49	15.94	15.43	14.95	12.92	11.38
		电缆	21.53	21.31	21.10	20.89	20.69	20.49	20.29	20.10	19.91	19.73	18.85	18.05
	6	架空	14.27	13.86	13.47	13.10	12.75	12.42	12.10	11.80	11.52	11.25	10.06	9.10
		电缆	14.61	14.51	14.41	14.31	14.22	14.12	14.03	13.94	13.85	13.76	13.32	12.92
800	6	架空	17.84	17.20	16.60	16.04	15.52	15.03	14.58	14.14	13.74	13.35	11.72	10.44
		电缆	18.37	18.22	18.06	17.91	17.76	17.61	17.47	17.32	17.18	17.05	16.39	15.78
1000	6	架空	21.90	20.94	20.06	19.26	18.51	17.82	17.18	16.58	16.03	15.51	13.34	11.71
		电缆	22.71	22.47	22.24	22.00	21.78	21.56	21.34	21.13	20.92	20.72	19.75	18.87
1250	6	架空	26.78	25.36	24.08	22.93	21.88	20.92	20.04	19.24	18.49	17.80	15.01	12.97
		电缆	28.00	27.63	27.28	26.93	26.60	26.27	25.95	25.63	25.33	25.03	23.63	22.39

（续）

变压器容量 S_{be}/kV·A	阻抗电压 u_d%	S_{dx}/MV·A	350											
		L/km	1	2	3	4	5	6	7	8	9	10	15	20
		线路种类	短路电流 I_{bd}/kA											
1600	6	架空	33.27	31.10	29.20	27.52	26.02	24.68	23.46	22.37	21.37	20.45	16.85	14.32
		电缆	35.16	34.59	34.04	33.50	32.98	32.47	31.98	31.51	31.05	30.60	28.54	26.74
2000	8	架空	31.45	29.51	27.79	26.27	24.90	23.66	22.55	21.53	20.60	19.75	16.37	13.97
		电缆	33.14	32.63	32.14	31.66	31.20	30.74	30.30	29.88	29.46	29.06	27.20	25.56
2500	8	架空	38.10	35.28	32.86	30.74	28.88	27.24	25.77	24.45	23.26	22.18	18.00	15.15
		电缆	40.61	39.84	39.11	38.40	37.72	37.06	36.42	35.81	35.21	34.64	32.03	29.78

表 5-7-8 干式电力变压器低压侧出口处短路电流计算（8）

变压器容量 S_{be}/kV·A	阻抗电压 u_d%	S_{dx}/MV·A	500											
		L/km	1	2	3	4	5	6	7	8	9	10	15	20
		线路种类	短路电流 I_{bd}/kA											
315	4	架空	10.93	10.69	10.45	10.23	10.01	9.81	9.61	9.42	9.24	9.06	8.28	7.62
		电缆	11.13	11.07	11.01	10.96	10.90	10.84	10.79	10.73	10.68	10.63	10.37	10.12
400	4	架空	13.74	13.36	12.99	12.65	12.32	12.01	11.72	11.44	11.17	10.92	9.80	8.89
		电缆	14.05	13.96	13.87	13.78	13.69	13.60	13.52	13.43	13.35	13.26	12.86	12.48
500	4	架空	16.97	16.39	15.85	15.34	14.86	14.41	13.99	13.59	13.22	12.86	11.34	10.13
		电缆	17.45	17.31	17.17	17.03	16.90	16.76	16.63	16.50	16.38	16.25	15.65	15.09
630	4	架空	21.06	20.17	19.36	18.60	17.90	17.26	16.66	16.10	15.57	15.08	13.02	11.46
		电缆	21.81	21.58	21.37	21.15	20.95	20.74	20.54	20.34	20.15	19.96	19.06	18.24
	6	架空	14.39	13.97	13.58	13.20	12.85	12.51	12.19	11.89	11.60	11.32	10.12	9.15
		电缆	14.74	14.64	14.53	14.44	14.34	14.24	14.15	14.05	13.96	13.87	13.43	13.02
800	6	架空	18.03	17.38	16.77	16.20	15.67	15.17	14.70	14.26	13.85	13.46	11.80	10.50
		电缆	18.58	18.42	18.26	18.10	17.95	17.80	17.65	17.50	17.36	17.22	16.55	15.93
1000	6	架空	22.19	21.21	20.31	19.48	18.72	18.01	17.36	16.75	16.18	15.65	13.45	11.79
		电缆	23.02	22.77	22.53	22.30	22.06	21.84	21.61	21.40	21.18	20.97	19.99	19.09
1250	6	架空	27.22	25.75	24.43	23.24	22.17	21.18	20.28	19.46	18.70	17.99	15.14	13.07
		电缆	28.47	28.10	27.73	27.37	27.02	26.68	26.35	26.03	25.71	25.40	23.97	22.69
1600	6	架空	33.94	31.69	29.72	27.98	26.43	25.04	23.80	22.67	21.64	20.70	17.02	14.44
		电缆	35.91	35.32	34.74	34.18	33.64	33.11	32.60	32.11	31.63	31.17	29.03	27.18
2000	8	架空	32.05	30.04	28.26	26.68	25.27	24.00	22.85	21.81	20.86	19.99	16.53	14.09
		电缆	33.81	33.28	32.77	32.27	31.78	31.32	30.86	30.42	29.99	29.57	27.64	25.95
2500	8	架空	38.98	36.04	33.51	31.32	29.39	27.69	26.17	24.81	23.59	22.48	18.20	15.29
		电缆	41.61	40.81	40.04	39.30	38.58	37.89	37.23	36.59	35.97	35.37	32.65	30.32

表 5-7-9　干式电力变压器低压侧出口处短路电流计算（9）

变压器容量 S_{be}/kV·A	阻抗电压 u_d%	S_{dx}/MV·A	∞											
		L/km	1	2	3	4	5	6	7	8	9	10	15	20
		线路种类	短路电流 I_{bd}/kA											
315	4	架空	11.10	10.85	10.61	10.38	10.16	9.94	9.74	9.55	9.36	9.18	8.38	7.70
		电缆	11.30	11.24	11.18	11.13	11.07	11.01	10.95	10.90	10.84	10.79	10.52	10.26
400	4	架空	14.01	13.61	13.23	12.87	12.54	12.22	11.91	11.62	11.35	11.08	9.93	9.00
		电缆	14.33	14.24	14.14	14.05	13.96	13.86	13.77	13.69	13.60	13.51	13.09	12.70
500	4	架空	17.38	16.77	16.20	15.67	15.17	14.71	14.27	13.85	13.46	13.09	11.52	10.28
		电缆	17.89	17.74	17.59	17.44	17.30	17.16	17.02	16.89	16.76	16.62	16.00	15.42
630	4	架空	21.70	20.75	19.89	19.09	18.36	17.68	17.05	16.46	15.91	15.40	13.26	11.65
		电缆	22.49	22.25	22.02	21.79	21.57	21.35	21.14	20.93	20.73	20.53	19.58	18.72
	6	架空	14.69	14.25	13.84	13.45	13.08	12.73	12.40	12.09	11.79	11.50	10.27	9.27
		电缆	15.04	14.94	14.83	14.73	14.63	14.53	14.43	14.33	14.24	14.14	13.69	13.26
800	6	架空	18.50	17.81	17.17	16.57	16.02	15.50	15.01	14.55	14.12	13.72	12.00	10.66
		电缆	19.07	18.90	18.73	18.57	18.41	18.25	18.09	17.94	17.79	17.64	16.94	16.29
1000	6	架空	22.90	21.85	20.89	20.02	19.21	18.47	17.78	17.15	16.55	16.00	13.70	11.99
		电缆	23.78	23.52	23.26	23.01	22.76	22.52	22.28	22.05	21.82	21.60	20.56	19.61
1250	6	架空	28.28	26.70	25.29	24.02	22.87	21.82	20.87	20.00	19.19	18.45	15.47	13.31
		电缆	29.64	29.23	28.84	28.45	28.07	27.71	27.35	27.00	26.66	26.33	24.79	23.43
1600	6	架空	35.61	33.14	30.99	29.10	27.43	25.94	24.61	23.40	22.31	21.31	17.43	14.74
		电缆	37.79	37.13	36.49	35.88	35.28	34.70	34.15	33.61	33.08	32.57	30.25	28.24
2000	8	架空	33.54	31.34	29.41	27.71	26.19	24.83	23.60	22.49	21.48	20.56	16.92	14.37
		电缆	35.47	34.89	34.32	33.78	33.25	32.74	32.24	31.76	31.29	30.83	28.75	26.92
2500	8	架空	41.21	37.93	35.14	32.74	30.64	28.79	27.15	25.69	24.38	23.20	18.67	15.62
		电缆	44.16	43.26	42.39	41.56	40.76	39.99	39.25	38.54	37.85	37.19	34.19	31.64

小　　结

计算短路电流的目的是为了限制短路的危害和缩小故障的影响范围，确定电气主接线，选择导体和电器，以及接地装置的跨步电压和接触电压等。当供配电系统发生短路时，电路保护装置应有足够的断流能力以及设置灵敏、动作可靠的继电保护，从而快速切除短路回路，防止设备损坏，将因短路故障产生的危害控制在最低限度。另外，计算短路电流还可以对所选择的电气设备和载流导体进行热稳定性和动稳定性校验，以便正确选择和整定保护装置，选择限制短路电流的元件和开关设备。

6 开关电器及电气设备选择

6.1 高压电器的选择

6.1.1 高压电气设备选择的一般规定见表 6-1-1。

表 6-1-1 高压电气设备选择的一般规定

序号	高压电气设备选择一般规定
1	按正常工作条件,包括电压、电流、频率、负荷
2	按工作环境条件,包括环境温度、相对湿度、海拔、最大风速
3	按短路条件,包括动稳定、热稳定和持续时间的校验
4	按各类高压电器的不同特点,如断路器的操作性能、互感器的二次侧负载和准确度等级、熔断器的上下级选择性配合等进行选择

6.1.2 选择高压电器时应校验的项目见表 6-1-2。

表 6-1-2 选择高压电器时应校验的项目

设备名称＼项目	额定电压	额定电流	额定开断电流	短路电流校验		环境条件
				动稳定	热稳定	
断路器	★	★	★	★	★	★
负荷开关	★	★	★	★	★	★
隔离开关和接地开关	★	★		★	★	★
熔断器	★	★	★			★
限流电抗器	★	★		★	★	★
接地变压器	★	★				★
接地电阻器	★	★			★	★
消弧线圈	★	★				★
电流互感器	★	★		★	★	★
电压互感器	★					★
支柱绝缘子	★			★		★
穿墙套管	★	★		★	★	★

（续）

设备名称 \ 项目	额定电压	额定电流	额定开断电流	短路电流校验		环境条件
				动稳定	热稳定	
母线		★		★	★	★
电缆	★	★			★	★
开关柜	★	★	★	★	★	★
环网负荷开关柜	★	★	★	★	★	★

注：★为选择电器应进行校验的项目。

6.1.3 高压电器的最高电压见表6-1-3。

表6-1-3 高压电器的最高电压 （单位：kV）

系统标称电压 U_n	3(3.3)	6	10	20	35	66	110
设备最高电压 U_m	3.6	7.2	12	24	40.5	72.5	126

注：1. 表中系统标称电压括号内的电压数值为用户要求时使用。
2. 绝缘套管设备最高电压第Ⅰ系列的标准值为3.5、6.9、11.5、17.5、23、40.5、72.5、126kV；第Ⅱ系列的标准值为3.6、7.2、12、17.5、24、36、52、72.5、100、123、145kV。

6.1.4 选择高压电器和导体的环境温度见表6-1-4。

表6-1-4 选择高压电器和导体的环境温度

类别	安装场所	环境温度	
		最高	最低
裸导体	屋外	最热月平均最高温度	
	屋内	该处通风设计温度。当无资料时，可取最热月平均最高温度加5℃	
电缆	屋外电缆沟	最热月平均最高温度	年最低温度
	屋内电缆沟	屋内通风设计温度。当无资料时，可取最热月平均最高温度加5℃	
	电缆隧道	有机械通风时取该处通风设计温度，无机械通风时，可取最热月的日最高温度平均值加5℃	
	土中直埋	最热月的平均地温	
高压电器	屋外	年最高温度	年最低温度
	屋内电抗器	该处通风设计最高排风温度	
	屋内其他处	该处通风设计温度，当无资料时，可取最热月平均最高温度加5℃	

注：1. 年最高（最低）温度为多年所测得的最高（最低）温度平均值。
2. 最热月平均最高温度为最热月每日最高温度的月平均值，取多年平均值。

6.1.5 开关电器选择。

1. 高压断路器。

（1）高压断路器参数的选择见表6-1-5。

表6-1-5 高压断路器参数的选择

项目		参数
技术条件	正常工作条件	电压、电流、频率、机械荷载
	短路稳定性	动稳定电流、热稳定电流和持续时间
	承受过电压能力	对地和断口间的绝缘水平、泄漏比距
	操作性能	开断电流、短路关合电流、操作循环、操作次数、操作相数、分合闸时间及同期性、对过电压的限制、某些特需的开断电流、操动机构

（续）

项目		参数
环境条件	环境	环境温度、日温差①、最大风速①、相对湿度①、污秽①、海拔、地震烈度
	环境保护	噪声、电磁干扰

① 当在屋内使用时，可不校验。

（2）常用高压断路器类别与特点见表6-1-6。

表6-1-6 常用高压断路器类别与特点

断路器类别	结构	特点
空气断路器	以压缩空气为灭弧介质和绝缘介质的断路器	其优点是介质无毒，无火灾危险，动作快，单断口开断能力强，且适于低温地区的环境条件。其缺点是噪声大、元件多，需要压缩空气辅助体系，价格高，事故率也较高
磁吹断路器	利用磁吹原理灭弧的断路器	以其无油、无火灾危险，能适应频繁操作的优点而得到广泛应用，但它的开断能力和电压等级不高，且价格较高，逐渐被SF_6或真空断路器所取代
SF_6断路器	以SF_6气体为灭弧介质或兼作绝缘介质的断路器	其单断口电压甚高于其他类型的断路器。在超高压断路器中，SF_6断路器的元件数最少，可靠性高，开断能力强，检修周期长，无火灾危险，因而发展迅速
真空断路器	利用真空条件灭弧的断路器	在额定短路开断电流下能连续开断数十次甚至上百次，其灭弧部分不需检修，并且无火灾危险，在中压系统中应用广泛

2. 高压隔离开关参数的选择见表6-1-7。

表6-1-7 高压隔离开关参数的选择

项目		参数
技术条件	正常工作条件	电压、电流、频率、机械荷载
	短路稳定性	动稳定电流、热稳定电流和持续时间
	承受过电压能力	对地和断口间的绝缘水平、泄漏比距
	操作性能	分合小电流、旁路电流和母线环流，单柱隔离开关的接触区，操动机构
环境条件	环境	环境温度、日温差①、最大风速①、相对湿度①、污秽①、海拔、地震烈度
	环境保护	电磁干扰

① 当在屋内使用时，可不校验。

3. 高压负荷开关参数的选择见表6-1-8。

表6-1-8 高压负荷开关参数的选择

项目		参数
技术条件	正常工作条件	电压、电流、频率、机械荷载
	短路稳定性	动稳定电流、额定关合电流、热稳定电流和持续时间
	承受过电压能力	对地和断口间的绝缘水平、泄漏比距
	操作性能	开断和关合电流、操动机构
环境条件		环境温度、最大风速①、覆冰厚度①、相对湿度①、污秽①、海拔、地震烈度

① 当在屋内使用时，可不校验。

4. 电流互感器参数的选择见表6-1-9。

表6-1-9 电流互感器参数的选择

项目		参数
技术条件	正常工作条件	一次回路电压、一次回路电流、二次回路电流、二次侧负荷、准确度等级、暂态特性、二次级数量、机械荷载
	短路稳定性	动稳定电流、热稳定倍数
	承受过电压能力	绝缘水平、泄漏比距
环境条件		环境温度、最大风速①、相对湿度①、污秽①、海拔、地震烈度

① 当在屋内使用时，可不校验。

5. 电压互感器参数的选择见表 6-1-10。

表 6-1-10　电压互感器参数的选择

项　目		参　数
技术条件	正常工作条件	一次回路电压、二次电压、二次负荷、准确度等级、机械荷载
	承受过电压能力	绝缘水平、泄漏比距
环境条件		环境温度、最大风速①、相对湿度①、污秽①、海拔、地震烈度

① 当在屋内使用时，可不校验。

6. 限流电抗器参数的选择见表 6-1-11。

表 6-1-11　限流电抗器参数的选择

项　目		参　数
技术条件	正常工作条件	电压、电流、频率、电抗百分值
	短路稳定性	动稳定电流、热稳定电流和持续时间
	安装条件	安装方式、进出线端子角度
环境条件		环境温度、最大风速①、相对湿度①、污秽①、海拔、地震烈度

① 当在屋内使用时，可不校验。

7. 绝缘子和穿墙套管参数的选择见表 6-1-12。

表 6-1-12　绝缘子和穿墙套管参数的选择

项　目		绝缘子的参数	穿墙套管的参数
技术条件	正常工作条件	电压、正常机械荷载	电压、电流
	短路稳定性	支柱绝缘子的动稳定	动稳定、热稳定电流和持续时间
	承受过电压能力	绝缘水平、泄漏比距	绝缘水平
环境条件		环境温度、最大风速①、相对湿度①、污秽①、海拔、地震烈度	

① 当在屋内使用时，可不校验。

8. 消弧线圈参数的选择见表 6-1-13。

表 6-1-13　消弧线圈参数的选择

项　目	参　数
技术条件	电压、频率、容量、补偿度、电流分接头、中性点位移电压
环境条件	环境温度、最大风速①、相对湿度①、污秽①、海拔、地震烈度

① 当在屋内使用时，可不校验。

6.1.6　高压电器的绝缘水平见表 6-1-14。

表 6-1-14　高压电器的绝缘水平

额定电压/kV(有效值)	最高工作电压/kV(有效值)	额定操作冲击耐受电压		额定雷电冲击耐受电压/kV(峰值)		额定短时工频耐受电压/kV(有效值)	
		(kV)(峰值)	相对地过电压标幺值	Ⅰ	Ⅱ	Ⅰ	Ⅱ
3	3.5	—	—	20	40	10	18
6	6.9	—	—	40	60	20	23
10	11.5	—	—	60	75	28	30
18	17.8	—	—	75	105	38	40
(20)	23	—	—	—	125	—	50

注：1. 用 15kV 及 20kV 电压等级的发电机回路的设备，其额定短时工频耐受电压一般提高 1~2 级。

2. 对于额定短时工频耐受电压，干式和湿式选用同一数值。

6.1.7 变压器高压开关电器选择见表 6-1-15。

表 6-1-15 变压器高压开关电器选择

项目	变压器容量 S_n/kV·A / U_n/kV	30	50	63	80	100	125	160	200	315	400	500	630	800	1000	1250	1600	2000	2500
额定电流 I_n/A	20	0.87	1.44	1.82	2.31	2.89	3.61	4.62	5.77	9.09	11.55	14.43	18.19	23.09	28.87	36.08	46.19	57.74	72.17
	10	1.73	2.89	3.64	4.62	5.77	7.22	9.24	11.55	18.19	23.09	28.87	36.37	46.19	57.74	72.17	92.38	115.47	144.34
	6	2.89	4.81	6.06	7.70	9.62	12.03	15.40	19.25	30.31	38.49	48.11	60.62	76.98	96.23	120.28	153.96	192.45	240.56
熔断器熔体额定电流/A	20	3.15	3.15	3.15	4	5	6.3	10	10	16	25	25	31.5	50	63	63	80	100	125
	10	3.15	5	6.3	10	10	12.5	16	20	31.5	50	63	63	80	100	125	200	200	224
	6	5	10	10	12.5	16	20	25	31.5	50	63	80	100	125	160	200	250	315	400
电流互感器一次电流/A	20	10	10	10	10	10	10	10	10	15	20	20	30	40	50	50	75	100	125
	10	10	10	10	10	10	12.5	15	20	30	40	50	60	75	100	125	150	200	300
	6	10	12.5	15	15	15	20	30	30	50	60	75	100	125	150	200	300	300	400

注：1. 可选额定电流 630A 的断路器，依据《工业与民用供配电设计手册》（第四版）表 7.2-3，过负荷保护电流整定值可取 1.17~1.22I_n，过电流保护电流整定值一般可取 1.73~2I_n，考虑电动机自起动时可取 2.67~4I_n（I_n 为变压器额定电流）。

2. 熔断器选择应满足《高压交流熔断器 第 6 部分：用于变压器回路的高压熔断器的熔断件选用导则》GB/T 15166.6—2008。

3. 依据《电能计量装置技术管理规程》DL/T 448—2016，计量用电流互感器准确度；Ⅲ、Ⅳ类电能计量装置不低于 0.5S 级。接入静止式电能表时容量不宜超过 10V·A，额定二次电流 5A 时不宜超过 15V·A，额定二次电流 1A 时不宜超过 5V·A。

4. 测量用电流互感器容量可选 5V·A，准确度一般不低于 0.5 级，指针式电流表配套可选 1.0 级。

5. 电流互感器一次额定电流按照《电力装置电测量仪表装置设计规范》GB/T 50063—2017 选择。

6. 保护用电流互感器可选 5P20 级（电流互感器当一次电流是额定电流的 20 倍时，绕组的复合误差≤±5%），容量可选 10V·A。

6.1.8 高压电动机开关选择见表 6-1-16。

表 6-1-16 高压电动机开关选择

<table>
<tr><th>项目</th><th>P_n/kW
U_n/kV</th><th>220</th><th>225</th><th>250</th><th>280</th><th>315</th><th>355</th><th>400</th><th>450</th><th>500</th><th>560</th><th>630</th><th>710</th><th>800</th><th>900</th><th>1000</th><th>1120</th><th>1250</th><th>1400</th><th>1600</th><th>1800</th><th>2000</th></tr>
<tr><td rowspan="2">一次额定电流/A</td><td>10</td><td>14.94</td><td>15.28</td><td>16.98</td><td>19.02</td><td>21.40</td><td>24.11</td><td>27.17</td><td>30.57</td><td>33.96</td><td>38.04</td><td>42.79</td><td>48.23</td><td>54.34</td><td>61.13</td><td>67.92</td><td>76.07</td><td>84.90</td><td>95.09</td><td>108.68</td><td>122.26</td><td>135.85</td></tr>
<tr><td>6</td><td>24.91</td><td>25.47</td><td>28.30</td><td>31.70</td><td>35.66</td><td>40.19</td><td>45.28</td><td>50.94</td><td>56.60</td><td>63.40</td><td>71.32</td><td>80.38</td><td>90.56</td><td>101.89</td><td>113.21</td><td>126.79</td><td>141.51</td><td>158.49</td><td>181.13</td><td>203.77</td><td>226.41</td></tr>
<tr><td rowspan="2">熔断器/A</td><td>10</td><td colspan="4">25</td><td colspan="2">31.5</td><td colspan="2">40</td><td colspan="2">50</td><td>63</td><td colspan="3">80</td><td colspan="2">100</td><td colspan="2">125</td><td colspan="2">160</td><td>200</td></tr>
<tr><td>6</td><td colspan="3">40</td><td colspan="2">50</td><td colspan="2">63</td><td colspan="2">80</td><td colspan="2">100</td><td colspan="2">125</td><td colspan="2">160</td><td colspan="2">200</td><td colspan="3">224</td><td>315</td></tr>
<tr><td rowspan="2">电流互感器/A</td><td>10</td><td colspan="3">30</td><td colspan="2">40</td><td>50</td><td colspan="2">60</td><td colspan="2">75</td><td colspan="3">100</td><td>125</td><td colspan="2">150</td><td colspan="3">200</td><td>250</td><td>300</td></tr>
<tr><td>6</td><td colspan="2">50</td><td colspan="2">60</td><td colspan="2">75</td><td colspan="2">100</td><td colspan="2">125</td><td colspan="2">150</td><td colspan="2">200</td><td colspan="2">250</td><td colspan="2">300</td><td colspan="2">400</td><td>500</td></tr>
<tr><td rowspan="2">真空接触器/A</td><td>10</td><td colspan="19" rowspan="2">200</td><td colspan="2">200</td></tr>
<tr><td>6</td><td>400</td><td>400</td></tr>
</table>

注：1. 高压电动机额定电流与极数相关，表中额定电流计算时考虑功率因数为 0.85。

2. 可选额定电流 630A 的断路器，依据《工业与民用供配电设计手册》（第四版）表 7.6-2，电流速断保护整定值可取 1.44 倍起动电流，过负荷保护整定值动作于信号可取 $1.17I_n$，动作于跳闸可取 $1.22I_n$。

3. 熔断器选择应符合《高压交流熔断器　第 5 部分：用于电动机回路的高压熔断器的熔断件选用导则》GB/T 15166.5—2008。

4. 测量用电流互感器容量可选 5V·A，准确度一般不低于 0.5 级，指针式电流表配套可选 1.0 级。

5. 电流互感器一次额定电流按照《电力装置电测量仪表装置设计规范》GB/T 50063—2017 选择。

6. 保护用电流互感器可选 5P20 级（电流互感器当一次电流是额定电流的 20 倍时，绕组的复合误差小于±5%），容量可选 10V·A。

6.1.9 高压开关柜尺寸见表 6-1-17。

表 6-1-17 高压开关柜尺寸

柜体名称	高压柜型号	参考尺寸/mm			重量/kg	柜型示例	备注
		宽	深	高			
10kV 高压柜	标准手车柜	800	1500	2300	1000～1500	KYNA-12	柜体上进上出线时柜深加 250mm 手车长度 632～900mm
	窄手车柜	650	1400	2250	800～1200	—	柜体上进上出线时柜深加 200mm
	超窄手车柜	550	1400/1650	2250	600～1000	—	
	固定开关柜	400	780	1430	1000～1500	—	
	环网柜 提升柜	320、400、600	635、750 840、900	1400～2000	100～160	HXGN	柜体为下进下出线
	环网柜 负荷开关柜	320、400、600			160～200		
	环网柜 真空断路器柜	320、400、600			180～250		
	环网柜 计量柜	850			300～400		
	环网柜 PT 柜	320、400、600			300～400		
20kV 高压柜	标准手车柜	800～1000	1650～1800	2400	1000～1500	KYN28A-24	柜体上进上出线时柜深加 460mm
	固定开关柜	400	780	1430	1000～1500	—	—
35kV 高压柜	标准手车柜	1200～1400	2500～2800	2600	1500～1800	KYN61-40.5	—
	固定开关柜	600	1300	2300	1000～1500	—	—

评　注

应用电压等级在1000V及以上的电气设备为高压电气设备。高压电气设备要根据三方面进行选择：首先是正常工作条件包括电压、电流、频率、开断电流等；其次是短路条件包括动稳定、热稳定校验；再者是环境工作条件，如温度、湿度、海拔等。力争做到安全可靠、经济合理和技术先进。

6.2 变压器的选择

6.2.1 变压器的选择原则见表 6-2-1。

表 6-2-1 变压器的选择原则

变压器形式	应用场所	变压器台数	变压器联结组标号	备注
油浸式变压器	一般正常环境场所	1. 一、二级负荷较多,或者负荷较大时,应选择两台以上变压器 2. 只有少量一、二级负荷,并能获取另一路备用电源,或者只有三级负荷,且负荷较小时,可采用一台变压器 3. 昼夜负荷或季节性负荷变化大,选用一台变压器在技术经济上不合理时,宜选择两台以上变压器	1. 下列情况选用 Dyn11 1)三相不平衡负荷超过变压器每相额定功率 15%以上者 2)需要提高单相短路电流值,确保单相接地保护装置动作灵敏度者 3)需要抑制三次谐波含量者 2. 下列情况选用 Dyn0 1)三相负荷基本平衡,且不平衡负荷不超过变压器每相额定功率 15%者 2)供电系统中谐波干扰不严重者	变压器容量的选择应考虑经济运行
干式变压器	主体建筑物内变电所、地下工程及需要使用防灾型设备场所			
密闭式变压器	位于严重影响变压器安全运行的场所,如有化学腐蚀性气体、蒸汽或具有导电、可燃粉尘、纤维的场所			
防雷变压器	位于多雷区及土壤电阻率较高的场所			
有载调压式变压器	用于电力供电电压波动严重而用电设备对电能质量又要求较高的场所			

6.2.2 变压器性能。

1. 各类变压器性能比较见表 6-2-2。

表 6-2-2 各类变压器性能比较

类别	油浸式变压器		气体绝缘变压器	干式变压器	
	矿物油变压器	硅油变压器	SF_6 变压器	普通及非包封绕组干式变压器	环氧树脂浇注变压器
安装面积	中	中	中	大	小
绝缘等级	A	A 或 H	E	B 或 H	B 或 F
爆炸性	有可能	可能性小	不爆	不爆	不爆
燃烧性	可燃	难燃	不燃	难燃	难燃
耐湿性	良好	良好	良好	弱	优
耐潮性	良好	良好	良好	弱	良好
损耗	大	大	稍小	大	小
噪声	低	低	低	高	低
重量	重	较重	中	重	轻
价格	低	中	高	高	较高

2. 变压器允许过负荷的倍数和时间见表 6-2-3。

表 6-2-3 变压器允许过负荷的倍数和时间

油浸式变压器	过负荷倍数	1.30	1.45	1.60	1.75	2.00
	允许持续时间/min	120	80	45	20	10
干式变压器	过负荷倍数	1.20	1.30	1.40	1.50	1.60
	允许持续时间/min	60	45	32	18	5

3. 变压器联结组标号和适用范围见表 6-2-4。

表 6-2-4 变压器联结组标号和适用范围

变压器联结组标号	适 用 范 围
Yyn0	三相负荷基本平衡
	供电系统中谐波干扰不严重时
	用于 10kV 配电系统
Yzn0	用于多雷地区
Dyn11	由单相不平衡负荷引起的中性线电流超过变压器低压绕组额定电流 25%时
	供电系统中存在着较大“谐波源”,3n 次谐波电流比较突出时
	用于 10kV 配电系统,需要提高低压侧单相接地故障保护灵敏度时
Yd11	用于 35kV 配电系统

6.2.3 干式变压器的种类及冷却方式的选择见表 6-2-5。

表 6-2-5 干式变压器的种类及冷却方式的选择

<table>
<tr><th colspan="3" rowspan="2">干式变压器种类</th><th rowspan="2">主要性能</th><th colspan="2">冷却方式</th><th rowspan="2">备注</th></tr>
<tr><th>自然空气冷却(AN)</th><th>强迫空气冷却(AF)</th></tr>
<tr><td colspan="3">浸渍式</td><td>防潮性能差，绝缘水平低</td><td rowspan="8">在正常使用条件下，可在额定容量下长期连续运行</td><td rowspan="8">在正常使用条件下，可提高变压器输出能力，适应有断续过负荷或应急过负荷运行场所</td><td>目前很少使用</td></tr>
<tr><td rowspan="3">环氧树脂式</td><td rowspan="2">浇注式</td><td>厚绝缘</td><td>运行后受温度影响，浇注层易开裂使局部放电指标增加</td><td>已逐步被薄绝缘浇注式变压器取代</td></tr>
<tr><td>薄绝缘</td><td>工艺合理，不易开裂</td><td>局部放电低，成本低，应用广泛</td></tr>
<tr><td colspan="2">缠绕式</td><td>工艺简单，不需要专门浇注设备，树脂为非真空下加入，易混入空气</td><td>体积较浇注式变压器大，成本高于浇注式变压器，生产厂商较少</td></tr>
<tr><td colspan="3">开敞通风式(OVDT)</td><td>采用杜邦 NOMEX 纸为绝缘材料，无需模具与浇注设备</td><td>生产厂商较少</td></tr>
<tr><td colspan="3">气体绝缘式</td><td>以 SF_6 为绝缘和冷却介质，铁心和绕组、调压方式等工作参数与油浸式变压器基本相同</td><td>除装有温度控制装置外，还装有密度继电器和真空压力表，监测箱壳内气体压力</td></tr>
<tr><td colspan="3">非晶合金节能变压器</td><td>空载损耗、负载损耗较低</td><td>适应 10kV 配电，特别适用于负载率低的电网</td></tr>
</table>

6.2.4 干式变压器尺寸及荷载见表 6-2-6。

表 6-2-6 干式变压器尺寸及荷载

<table>
<tr><th>变压器类型</th><th>规格/kV · A</th><th>SC(B)11/12/13 有保护罩参考尺寸(宽×深×高)/mm×mm×mm</th><th>有保护罩 SG(B)10 参考尺寸(宽×深×高)/mm×mm×mm</th><th>SG(B)11/12/13 有保护罩参考尺寸(宽×深×高)/mm×mm×mm</th><th>非晶合金 SC(B)H15 参考尺寸(三相三柱)(宽×深×高)/mm×mm×mm</th><th>重量/kg</th></tr>
<tr><td rowspan="10">干式变压器 10/0.4kV</td><td>315</td><td rowspan="3">1900×1300×1660</td><td rowspan="3">1700×1250×1700</td><td rowspan="3">1900×1250×1650</td><td>1600×1350×1700</td><td>1200~1800</td></tr>
<tr><td>400</td><td rowspan="2">1800×1400×1800</td><td>1800~2000</td></tr>
<tr><td>500</td><td>2000~2300</td></tr>
<tr><td>630</td><td rowspan="3">2100×1400×2015</td><td rowspan="3">1900×1400×1900</td><td rowspan="3">2100×1350×1850</td><td>1800×1450×1800</td><td>2300~2500</td></tr>
<tr><td>800</td><td>1800×1500×1950</td><td>2500~3000</td></tr>
<tr><td>1000</td><td>1900×1500×2100</td><td>3000~3500</td></tr>
<tr><td>1250</td><td>2300×1500×2120</td><td>2100×1400×2200</td><td>2300×1350×1850</td><td>1900×1600×2150</td><td>3500~4000</td></tr>
<tr><td>1600</td><td>2300×1500×2120</td><td rowspan="3">2300×1500×2200</td><td rowspan="3">2500×1500×2200</td><td>2000×1650×2300</td><td>4000~5000</td></tr>
<tr><td>2000</td><td>2400×1500×2300</td><td>2000×1700×2200</td><td>5000~6000</td></tr>
<tr><td>2500</td><td>2600×1500×2500</td><td>2100×1750×2350</td><td>6000~7000</td></tr>
</table>

（续）

变压器类型	规格/kV·A	SC(B)11/12/13 有保护罩参考尺寸（宽×深×高）/mm×mm×mm	有保护罩 SG(B)10 参考尺寸（宽×深×高）/mm×mm×mm	SG(B)11/12/13 有保护罩参考尺寸（宽×深×高）/mm×mm×mm	非晶合金 SC(B)H15 参考尺寸（三相三柱）（宽×深×高）/mm×mm×mm	重量/kg
干式变压器 20/0.4kV	315	2000×1400×1865	2000×1400×2000	—	—	1800~2000
	400	2100×1450×1965	2100×1400×2000	—	—	2000~2300
	500	2100×1450×1965	2100×1500×2000	—	—	2300~2500
	630	2200×1500×2065	2200×1600×2050	—	—	2500~2900
	800	2300×1550×2065	2300×1650×2100	—	—	2900~3400
	1000	2300×1650×2165	2300×1650×2200	—	—	3400~4100
	1250	2400×1700×2300	2400×1700×2300	—	—	4100~4800
	1600	2500×1800×2400	2400×1750×2400	—	—	4800~5600
	2000	2700×1800×2500	2500×1750×2450	—	—	5600~6500
	2500	2800×1900×2700	2500×1800×2550	—	—	6500~7500
干式变压器 35/0.4kV	315	2420×1800×2300	—	—	—	1900~2100
	400		—	—	—	2100~2400
	500		—	—	—	2400~3000
	630	2520×1900×2350	—	—	—	3000~3600
	800	2650×1900×2350	—	—	—	3600~4200
	1000	2870×1900×2350	—	—	—	4200~4600
	1250	2980×2000×2450	—	—	—	4600~5400
	1600	2800×2000×2650	—	—	—	5400~6300
	2000	3000×2000×2700	—	—	—	6300~6900
	2500	3200×2200×2700	—	—	—	6900~7500

注：1. SC（B）为三相环氧树脂浇注（箔绕）干式变压器；SG（B）为三相非包封（箔绕）干式变压器；SC（B）H15 为非晶合金变压器。

2. SC（B）11~SC（B）13 的本体尺寸差别不大，一般是依次变大，但其外壳保护罩尺寸可以不变。

3. SC（B）11~SC（B）13/SG（B）10~SG（B）13 的重量分别对应表中重量范围的低限和高限。

4. 三相三柱非晶合金变压器的重量约为同规格的其他类型变压器的 120%，三相五柱非晶合金变压器重量约为三相三柱的 150%。

5. 三相五柱非晶合金变压器 SC（B）H15 的尺寸比三相三柱 SC（B）H15 变压器的长宽分别增加 40%、20%。

6. 本表尺寸为上出线外壳尺寸（含底座），若为侧出线，高度不宜低于 2200mm。

6.2.5 10kV 干式三相双绕组无励磁调压配电变压器能效等级见表 6-2-7。

表 6-2-7 10kV 干式三相双绕组无励磁调压配电变压器能效等级

额定容量/kV·A	1级								2级								3级								短路阻抗(%)
	电工钢带				非晶合金				电工钢带				非晶合金				电工钢带				非晶合金				
	空载损耗/W	负载损耗/W			空载损耗/W	负载损耗/W			空载损耗/W	负载损耗/W			空载损耗/W	负载损耗/W			空载损耗/W	负载损耗/W			空载损耗/W	负载损耗/W			
		B(100℃)	F(120℃)	H(145℃)		B(100℃)	F(120℃)	H(145℃)		B(100℃)	F(120℃)	H(145℃)		B(100℃)	F(120℃)	H(145℃)		B(100℃)	F(120℃)	H(145℃)		B(100℃)	F(120℃)	H(145℃)	
30	105	605	640	685	50	605	640	685	130	605	640	685	60	605	640	685	150	670	710	760	70	670	710	760	
50	155	845	900	965	60	845	900	965	185	645	900	965	75	845	900	965	215	940	1000	1070	90	940	1000	1070	
80	210	1160	1240	1330	85	1160	1240	1330	250	1160	1240	1330	100	1160	1240	1380	295	1290	1380	1480	120	1290	1380	1480	
100	230	1330	1415	1520	90	1330	1415	1520	270	1330	1415	1520	110	1330	1415	1520	320	1480	1570	1690	130	1480	1570	1690	
125	270	1565	1665	1780	105	1565	1665	1780	320	1565	1665	1780	130	1565	1665	1780	375	1740	1850	1980	150	1740	1850	1980	
160	310	1800	1915	2050	120	1800	1915	2050	365	1800	1915	2050	145	1800	1915	2050	430	2000	2130	2280	170	2000	2180	2280	
200	360	2135	2275	2440	140	2135	2275	2440	420	2135	2275	2440	170	2135	2275	2440	495	2370	2530	2710	200	2370	2530	2710	4.0
250	415	2330	2485	2665	160	2330	2485	2665	490	2330	2485	2665	195	2330	2485	2665	575	2590	2760	2960	230	2590	2760	2960	
315	510	2945	3125	3355	195	2945	3125	3355	600	2945	3125	3355	235	2945	3125	3355	705	3270	3470	3730	280	3270	3470	3730	
400	570	3375	3590	3850	215	3375	3590	3850	665	3375	3590	3850	265	3375	3590	3850	785	3750	3990	4280	310	3750	3990	4280	
500	670	4130	4390	4705	250	4130	4390	4705	790	4130	4390	4705	305	4130	4390	4705	930	4590	4880	5230	360	4590	4880	5230	
630	775	4975	5290	5660	295	4975	5290	5660	910	4975	5290	5660	360	4975	5290	5660	1070	5530	5880	6290	420	5530	5880	6290	
630	750	5050	5365	5760	290	5050	5365	5760	885	5050	5365	5760	350	5050	5365	5760	1040	5610	5960	6400	410	5610	5960	6400	
800	875	5895	6265	6715	335	5895	6265	6715	1035	5895	6265	6715	410	5895	6265	6715	1215	6550	6960	7460	480	6550	6960	7460	
1000	1020	6885	7315	7885	385	6885	7315	7885	1205	6885	7315	7885	470	6885	7315	7885	1415	7650	8130	8760	550	7650	8130	8760	
1250	1205	8190	8720	9335	455	8190	8720	9335	1420	8190	8720	9335	550	8190	8720	9335	1670	9100	9690	10370	650	9100	9690	10370	6.0
1600	1415	9945	10555	11320	530	9945	10555	11320	1665	9945	10555	11320	645	9945	10555	11320	1960	11050	11730	12580	760	11050	11730	12580	
2000	1760	12240	13005	14005	700	12240	13005	14005	2075	12240	13005	14005	850	12240	13005	14005	2440	13600	14450	15560	1000	13600	14450	15560	
2500	2080	14535	15445	16605	840	14535	15445	16605	2450	14535	15445	16605	1020	14535	15445	16605	2880	16150	17170	18450	1200	16150	17170	18450	

6.2.6 10kV 油浸式三相双绕组无励磁调压配电变压器能效等级见表 6-2-8。

表 6-2-8 10kV 油浸式三相双绕组无励磁调压配电变压器能效等级

额定容量/kV·A	1级						2级						3级						短路阻抗(%)
	电工钢带			非晶合金			电工钢带			非晶合金			电工钢带			非晶合金			
	空载损耗/W	负载损耗/W		空载损耗/W	负载损耗/W		空载损耗/W	负载损耗/W		空载损耗/W	负载损耗/W		空载损耗/W	负载损耗/W		空载损耗/W	负载损耗/W		
		Dyn11/Yzn11	Yyn0		Dyn11/Yzn11	Yyn0		Dyn11/Yzn11	Yyn0		Dyn11/Yzn11	Yyn0		Dyn11/Yzn11	Yyn0		Dyn11/Yzn11	Yyn0	
30	65	455	430	25	510	480	70	505	480	33	535	510	80	630	600	33	680	600	
50	80	655	625	35	735	700	90	730	695	43	780	745	100	910	870	43	910	870	
63	90	785	745	40	880	840	100	870	830	50	930	890	110	1090	1040	50	1090	1040	
80	105	945	900	50	1060	1010	115	1050	1000	60	1120	1070	130	1310	1250	60	1310	1250	
100	120	1140	1080	60	1270	1215	135	1265	1200	75	1350	1285	150	1580	1500	75	1580	1500	
125	135	1360	1295	70	1530	1450	150	1510	1440	85	1615	1540	170	1890	1800	85	1890	1800	
160	160	1665	1585	80	1870	1780	180	1850	1760	100	1975	1880	200	2310	2200	100	2310	2200	4.0
200	190	1970	1870	95	2210	2100	215	2185	2080	120	2330	2225	240	2730	2600	120	2730	2600	
250	230	2300	2195	110	2590	2470	260	2560	2440	140	2735	2610	290	3200	3050	140	3200	3050	
315	270	2760	2630	135	3100	2950	305	3065	2920	170	3275	3120	340	3880	3650	170	3830	3650	
400	330	3250	3095	160	3660	3480	370	3615	3440	200	3865	3675	410	4520	4300	200	4520	4300	
500	385	3900	3710	190	4380	4170	430	4330	4120	240	4625	4400	480	5410	5150	240	5410	5150	
630	460	4460		250	5020		510	4960		320	5300		570	6200		320	6200		
800	560	5400		300	6075		630	6000		380	6415		700	7500		380	7500		
1000	665	7415		360	8340		745	8240		450	8800		830	10300		450	10300		4.5
1250	780	8640		425	9720		870	9600		530	10260		970	12000		530	12000		
1600	940	10440		500	11745		1050	11600		630	12400		1170	14500		630	14500		
2000	1085	13180		550	14000		1225	14640		710	14800		1360	18300		720	18300		5.0
2500	1280	13360		670	15450		1440	14840		860	16800		1600	21200		865	21200		

评　　注

变压器是用来变换交流电压、电流而传输交流电能的一种静止的电气设备。电力变压器是供电系统中的关键设备，其主要功能是升压或降压以利于电能的合理输送、分配和使用，对变电所主接线的形式及其可靠与经济有着重要影响。所以，应正确合理地选择变压器的类型、台数和容量。为提高变压器的利用率，减少变压器损耗，变压器长期工作负载电流为额定电流的75%~85%时较为合理。

6.3 电动机的选择

6.3.1 电动机起动时母线上电压的要求见表6-3-1。

表6-3-1 电动机起动时母线上电压的要求

电动机起动类型	配电母线上的电压/额定电压的最小值
频繁起动	90%
不频繁起动	85%
当电动机不与照明或其他对电压波动敏感的负荷合用变压器，且不频繁起动时	80%
当电动机由单独的变压器供电时	其允许值应按机械要求的起动转矩确定

6.3.2 标志起动特性的主要技术指标：起动转矩倍数和起动电流倍数。

起动转矩倍数 $$K_Q=\frac{M_Q}{M_e}$$

起动电流倍数 $$K_1=\frac{I_Q}{I_e}$$

式中 M_Q——起动转矩；

M_e——额定转矩；

I_Q——起动电流；

I_e——额定电流。

电源允许的起动电流倍数 $$\leqslant\frac{1}{4}\left[3+\frac{\text{电源总容量(kV·A)}}{\text{起动电动机容量(kV·A)}}\right] \tag{6-3-1}$$

笼型电动机减压起动的比较见表6-3-2。

表6-3-2 笼型电动机减压起动的比较

减压起动方式	星-三角减压	电阻减压	自耦变压器减压	软起动器
起动电压	$0.58U_r$	KU_r	KU_r	KU_r
起动电流	$0.33I_{st}$	KI_{st}	K^2I_{st}	KI_{st}
起动转矩	$0.33M_{st}$	K^2M_{st}	K^2M_{st}	K^2M_{st}

（续）

减压起动方式	星-三角减压	电阻减压	自耦变压器减压	软起动器
优缺点及应用范围	起动电流小，但二次冲击电流较大；起动转矩较小；允许起动次数较高；适用于定子绕组为三角形接线的6个引出端子的中小型电动机（如Y2和Y系列电动机），采用较广	起动电流较大，起动转矩小；允许起动次数由起动电阻容量决定；起动变阻器的耗电量较大，不节能；多用于降低起动转矩的冲击	起动电流小，起动转矩较大；只允许连续起动2~3次；设备价格较高，但性价比较优，采用较广	通常为斜坡电压起动，也可突跳起动；起动电流、起动转矩、上升和下降时间可调，有多种控制方式；可带多种保护；允许起动次数较高；设备价格最高

注：U_r——电动机额定电压。

I_{st}、M_{st}——电动机的全压起动电流及起动转矩。

K——起动电压/额定电压，对自耦变压器为电压比。

6.3.3 交流电动机保护类型比较见表6-3-3。

表6-3-3 交流电动机保护类型比较

保护类型	特点	保护电器	设置要求
相间短路保护	保护电动机、起动器、电缆等免受大的故障电流，一般故障电流在$10I_n$以上，相间短路保护电器动作	断路器、熔断器、过电流继电器、CPS等	必须设置
接地故障保护	由于绝缘故障造成的，不同的接地型式接地故障电流差别较大	断路器、剩余电流保护器（RCD）、CPS等	必须设置，如短路保护能满足接地保护的要求，可以用短路保护兼顾
过负荷保护	由于电气或机械原因造成的，故障电流一般在$10I_n$以下	热继电器、过负荷继电器、断路器、CPS、综合保护器等	根据需要装设
断相保护	过负荷保护的一种，非断相的两相电压升高，电流增大，呈现“过载”特征		根据需要装设
绕组温度保护	埋设在绕组线圈内的感温元件探测到绕组温度超高，发出信号也可动作跳闸	温度继电器、综合保护器等	根据需要装设
低电压保护	非重要电动机装设低电压保护，不允许其自起动，以保证重要电动机恢复来电后可以自起动	断路器的欠电压脱扣器、接触器的电磁线圈	根据需要装设

6.3.4 负荷分类与过负荷保护电器的选择见表6-3-4。

表6-3-4 负荷分类与过负荷保护电器的选择

负载类型	起动特性	过负荷保护电器类型
轻载	起动时间短，起始转矩小	10A或10类
中载	起动时间较长，起始转矩较大	20类
重载	起动时间长，起始转矩大	30类

6.3.5 电动机低电压保护类型见表 6-3-5。

表 6-3-5 电动机低电压保护类型

保护类型	动作时限	用途
瞬时动作	瞬动	次要电动机
短延时保护	0.5~1.5s	不允许或不需要自起动的重要电动机
长延时保护	9~20s	按工艺要求或安全条件在长时间停电后不允许自起动的重要电动机

6.3.6 电动机直接起动，保护电器及导线选择见表 6-3-6。

表 6-3-6 电动机直接起动，保护电器及导线选择

额定功率/kW	额定电流/A	起动电流/A	轻载及一般负载全压起动						WDZ-BYJ 型导线截面面积/mm² (工作温度 90℃，环境温度 35℃) 及钢管直径/mm
			熔断体/A		断路器整定电流/A		接触器额定电流/A	热继电器整定电流/A	
			oM	gG	长延时	瞬时			
0.37	1.00	4.2	4	4	1.6	21	9	0.8~1.2	4×1.5 SC15/JDG20
0.55	1.42	6.8	4	4	2.5	32	9	1.2~1.8	
0.75	1.91	12.2	4	6	4	50	9	1.8~2.6	
1.1	2.67	16.8	4	8	6	80	12	2.6~3.8	
1.5	3.53	23.3	6	10	6	80	18	3.2~4.8	
2.2	4.84	32.4	8	12	10	125	25	4~6	4×2.5 SC15/JDG20
3	6.58	48.0	10	16	10	125	32	5~7	
4	8.46	60.1	12	20	10	125	32	7~10	
5.5	11.8	75.5	16	25	16	200	38	10~14	
7.5	15.9	108	25	32	25	320	38	14~18	4×4 SC20/JDG25
11	22.7	159	32	50	32	400	40	21~29	4×6 SC20/JDG25
15	29.9	221	40	63	40	630	40	24~36	4×10 SC25/JDG32
18.5	37.1	293	50	80	50	630	50	33~47	4×10 SC25/JDG32
22	44.5	387	63	80	63	800	65	40~55	4×16 SC32/JDG40
30	58.8	382	80	125	80	1000	80	55~71	3×25+1×16 SC40
37	71.3	492	100	125	100	1250	95	63~84	3×35+1×16 SC50
45	87.4	655	125	160	125	1600	110	80~110	3×50+1×25 SC50
55	105	745	125	160	125	1600	150	90~130	3×70+1×35 SC65
75	142	1107	160	200	160	2000	185	130~170	3×95+1×50 SC80
90	167	1302	200	315	200	2500	225	130~195	3×95+1×50 SC80
110	203	1319	250	315	250	3200	265	167~250	3×120+1×70 SC100
132	242	1549	315	400	315	4000	265	200~330	2(3×70+1×35) 2SC65
160	297	1960	400	500	400	5000	330	250~350	2(3×120+1×70) 2SC100
200	366	2342	450	500	450	6300	400	320~480	

6.3.7 电动机Y/△起动，保护电器及导线选择见表6-3-7。

表6-3-7 电动机Y/△起动，保护电器及导线选择

三相异步电动机			断路器		接触器			热继电器	WDZ-BYJ型导线截面面积/mm²（工作温度90℃，环境温度35℃）及钢管直径/mm	导线管径	
额定功率/kW	额定电流/A	起动电流/A	长延时脱扣器额定电流/A	瞬时脱扣器动作电流/A	额定工作电流（AC-3）主电路/A	Y起动/A	△运行/A	电流整定范围/A	电源回路/起动转换回路/mm²	金属导管SC	金属导管JDG
7.5	15.9	108	25	320	16	9	16	8~12	(5×4)/(7×4)	20/20	25/25
11	22.7	159	32	400	20	12	20	12~17	(5×6)/(7×4)	25/25	32/32
15	29.9	221	40	630	25	16	25	17~25	(5×10)/(7×6)	32/25	40/32
18.5	37.1	293	50	630	32	25	32	21~29	(5×10)/(7×6)	32/25	40/32
22	44.5	387	63	800	37	25	37	24~36	(5×16)/(7×10)	32/32	40/40
30	58.8	382	80	1000	50	25	50	32~47	(3×25+2×16)/(7×16)	50/40	—
37	71.3	492	100	1250	65	32	65	38~55	(3×35+2×16)/(7×16)	50/40	
45	87.4	655	125	1600	75	50	75	47~62	(3×50+2×25)/(7×25)	65/50	
55	105	745	160	960~2080	95	65	95	55~80	(3×70+2×35)/(7×35)	80/65	
75	142	1107	160	2000	110	65	110	74~98	(3×95+2×50)/(7×50)	100×100	
90	167	1302	200	2500	145	75	145	90~130	(3×95+2×50)/(7×70)		
110	203	1319	250	3200	185	95	185	110~150	(3×120+2×70)/(7×70)	200×100	
132	242	1549	315	4000	210	110	210	130~170	2(3×70+2×35)/(6×95+1×70)		
160	297	1960	400	5000	260	145	260	160~225	2(3×120+2×70)/(7×120)		
200	366	2342	450	6300	260	185	260	200~250	母线槽500A/250A	—	
250	464	2784	500	6300	500	185	305(300)	200~320	母线槽500A/400A		
315	583	3906	630	8000	400	210	400	300~400	母线槽630A/400A		

6.3.8 综合保护电器（CPS）配合选择见表6-3-8。

表6-3-8 综合保护电器（CPS）配合选择

框架规格	配用主体的额定电流 I_n/A				380V控制功率范围	额定电流 I_e/A	热保护整定电流 I_{s1}/A	类别代号	额定绝缘电压/V
C 12A 16A 32A 45A	45	32	16	12	0.05~0.08	0.25	0.16~0.25	M P F （F无热保护）	690
					0.08~0.12	0.4	0.23~0.4		
					0.12~0.20	0.63	0.35~0.63		
					0.20~0.33	1	0.6~1		
					0.33~0.53	1.6	0.8~1.6		
					0.53~1	2.5	1.5~2.5		
					1~1.6	4	2.3~4		
					1.6~2.5	6.3	3.5~6.3		
					2.5~5.5	12	6~12		
					5.5~7.5	16	10~16		
					5.5~7.5	18	10~18		
					7.5~11	25	16~25		
					11~15	32	23~32		
					15~18.5	40	28~40		
					18.5~22	45	35~45		

（续）

框架规格	配用主体的额定电流 I_n/A				380V 控制功率范围	额定电流 I_e/A	热保护整定电流 I_{s1}/A	类别代号	额定绝缘电压/V
D 45A 63A 100A 125A	125	100	63	45	3.7～5.5	13	10～13	M P F （F 无热保护）	690
					5.5～7.5	18	13～18		
					7.5～11	25	18～25		
					11～15	32	23～32		
					15～18.5	40	28～40		
					16～22	45	32～45		
					17.5～25	50	35～50		
					22～30	63	45～63		
					30～37	80	60～80		
					37～45	100	75～100		
					45～55	125	92～125		
F 160A 225A	225		160		55～75	160	100～160		
					75～110	225	150～225		

注：M（不频繁起动电动机保护，有热脱扣器+电磁脱扣器）热、磁保护整定电流均可调，范围为 $6I_e \sim 12I_e$；P（不频繁起动电动机保护，有热脱扣器+电磁脱扣器）热保护可调，磁保护不可调，其值为 $15I_e$；F（频繁起动电动机保护，仅有电磁脱扣器）磁保护整定电流可调范围为 $6I_e \sim 12I_e$。

6.3.9 变频器参数选择见表 6-3-9。

表 6-3-9 变频器参数选择

标准轴功率/kW	额定输出电流/A	最大连续电流/A	最高瞬时电流/A 60s 时	外壳类型尺寸 高度 A(mm)×宽度 B(mm)×深度 C(mm) IP20	IP55/IP66	外壳重量/kg IP20	IP55/IP66
1.5	4.1	4.1	4.9	268×90×205	420×242×195	4.9	13.5
2.2	5.6	5.8	6.9				
3	7.2	7.8	9.3				
4	10	10.5	12.6				
5.5	13	14.3	17.1	268×130×205		6.6	14.2
7.5	16	17.6	21.1				
11	24	27.7	33.2	399×165×249	480×242×260	12	23
15	32	33	39.6				
18.5	37.5	41	49.2				
22	44	48	57.6	550×308×330	650×242×260	23.5	27
30	61	66	79.2				
37	73	79	94.8		680×308×310		45
45	90	94	112.8			35	45
55	106	116	139.2				
75	147	160	192	660×370×330	770×370×335	50	65
90	177	179	214.8				
110	212	215	258	1046×408×380	209×420×380	82	96
132	260	259	311			91	104

（续）

标准轴功率/kW	额定输出电流/A	最大连续电流/A	最高瞬时电流/A 60s时	外壳类型尺寸 高度A(mm)×宽B(mm)×深度C(mm)		外壳重量/kg	
				IP20	IP55/IP66	IP20	IP55/IP66
160	315	314	377	1327×408×375	589×420×380	112	125
200	395	427	512			123	136
250	480	481	577			138	151
315	600	616	739	1547×585×498	000×600×494	221	263
400	745	759	910			234	270
450	800	—	—			277	313
500	880	941	1129	—	205×2000×607	—	1004
560	990	1188	1436				
630	1120						

注：1. 过载要求：根据负载特性如风机水泵选择1.1倍过载，如恒定转矩选择1.6倍过载。

2. 环境温度：如果环境温度很高，如超过50℃，建议放大一档或者两档选择。

3. 视现场条件选择相应的壳体防护等级。

4. 如电流谐波要求高，则需要增加无源滤波器，使THDI小于10%，THDU小于2.5%，以满足IEEE 519标准的要求。

5. 海拔：在高海拔地区，建议变频器放大一档参数再进行选择。

6. 变频器需具有自动能量优化功能，以达最佳的节能效果。当电机在50Hz运行时，如非满载，也要求具有节能和降噪效果。

7. 本表中变频器尺寸和重量仅供参考，选择不同厂家的产品时相关数据会有差异，具体以样本中数据为准。

6.3.10 电动机能效指标见表6-3-10。

表6-3-10 电动机能效指标

额定功率/kW	效率(%)								
	1级			2级			3级		
	2根	4根	6根	2根	4根	6根	2根	4根	6根
0.75	84.9	85.6	83.1	80.7	82.5	78.9	77.4	79.6	75.9
1.1	86.7	87.4	84.1	82.7	84.1	81.0	79.6	81.4	78.1
1.5	87.5	88.1	86.2	84.2	85.3	82.5	81.3	82.8	79.8
2.2	89.1	89.7	87.1	85.9	86.7	84.3	83.2	84.3	81.8
3	89.7	90.3	88.7	87.1	87.7	85.6	84.6	85.5	83.3
4	90.3	90.9	89.7	88.1	88.6	86.8	85.8	86.6	84.6
5.5	91.5	92.1	89.5	89.2	89.6	88.0	87.0	87.7	86.0
7.5	92.1	92.6	90.2	90.1	90.4	89.1	88.1	88.7	87.2
11	93.0	93.6	91.5	91.2	91.4	90.3	89.4	89.8	88.7
15	93.4	94.0	92.5	91.9	92.1	91.2	90.3	90.6	89.7
18.5	93.8	94.3	93.1	92.4	92.6	91.7	90.9	91.2	90.4
22	94.4	94.7	93.9	92.7	93.0	92.2	91.3	91.6	90.9
30	94.5	95.0	94.3	93.3	93.6	92.9	92.0	92.3	91.7
37	94.8	95.3	94.6	93.7	93.9	93.3	92.5	92.7	92.2
45	95.1	95.6	94.9	94.0	94.2	93.7	92.9	91.1	92.7

（续）

额定功率/kW	效率(%)								
	1级			2级			3级		
	2根	4根	6根	2根	4根	6根	2根	4根	6根
55	95.4	95.8	95.2	94.3	94.6	94.1	93.2	93.5	93.1
75	95.6	96.0	95.4	94.7	95.0	94.6	93.8	94.0	93.7
90	95.8	96.2	95.6	95.0	95.2	94.9	94.1	94.2	94.0
110	96.0	96.4	95.6	95.2	95.4	95.1	94.3	94.5	94.3
132	96.0	96.5	95.8	95.4	95.6	95.4	94.6	94.7	94.6
160	96.2	96.5	96.0	95.6	95.8	95.6	94.8	94.9	94.8
200	96.3	96.6	96.1	95.8	96.0	95.8	95.0	95.1	95.0
250	96.4	96.6	96.1	95.8	96.0	95.8	95.0	95.1	95.0
315	96.5	96.8	96.1	95.8	96.0	95.8	95.0	95.1	95.0
355~375	96.6	96.8	96.1	95.8	96.0	95.8	95.0	95.1	95.0

评　　注

电动机的起动方式有很多种，主要有全压起动、星-三角减压起动、Y/Δ起动、自耦减压起动、软起动、通过变频器起动等。一般功率比较小的电动机可以全压起动，只需要配合交流接触器使用即可。优点是操纵控制方便、维护简单，而且比较经济。电动机在起动时将定子绕组接成星形，待起动完毕后再接成三角形，就可以降低起动电流，减轻它对电网的冲击，适用于无载或者轻载起动的场合，其结构最简单，价格也最便宜。自耦减压起动是利用自耦变压器的多抽头减压，既能适应不同负载起动的需要，又能得到更大的起动转矩，是一种经常被用来起动较大容量电动机的减压起动方式。它的最大优点是起动转矩较大，当其绕组抽头在80%处时，起动转矩可达直接起动时的64%。并且可以通过抽头调节起动转矩。软起动器起动是利用了晶闸管的移相调压原理来实现电动机的调压起动，主要用于电动机的起动控制，起动效果好但成本较高。变频器起动是通过改变电网的频率来调节电动机的转速和转矩，因为涉及电力电子技术、微机技术，因此成本高，对维护技术人员的要求也高，因此主要用在需要调速并且对速度控制要求高的领域。消防设备不允许使用软起动器和变频器。

6.4 低压电器的选择

6.4.1 低压电器选择的一般条件见表6-4-1。

表6-4-1 低压电器选择的一般条件

序号	低压电器选择的一般条件
1	电器的额定电压应与所在回路标称电压相适应
2	电器的额定电流不应小于所在回路的计算电流
3	电器的额定频率应与所在回路的频率相适应
4	电器应适应所在场所及其环境条件

（续）

序号	低压配电电器选择的一般条件
5	电器应满足短路条件下的动稳定与热稳定的要求。用于断开短路电流的电器，应满足短路条件下的通断能力
6	验算电器在短路条件下的通断能力，应采用安装处预期短路电流周期分量的有效值，当短路点附近所接电动机额定电流之和超过短路电流的1%时，应计入电动机反馈电流的影响
7	当维护、测试和检修设备需断开电源时，应设置隔离电器
8	隔离电器应使所在回路与带电部分隔离，当隔离电器误操作会造成严重事故时，应采取防止误操作的措施
9	隔离电器宜采用同时断开电源所有极的开关或彼此靠近的单极开关
10	隔离电器可采用下列电器：①单极或多极隔离开关、隔离插头；②插头与插座；③连接片；④不需要拆除导线的特殊端子；⑤熔断器；⑥具有隔离功能的开关和断路器
11	半导体开关电器严禁作隔离电器
12	功能开关电器可采用下列电器：①开关；②半导体开关；③断路器；④接触器；⑤继电器；⑥16A 及以下的插头与插座

6.4.2 配电电器类别见表 6-4-2。

表 6-4-2 配电电器类别

配电电器类别	种类	种类用途
断路器	①框架式断路器；②塑料外壳式断路器；③微型断路器；④剩余电流保护器；⑤电弧故障保护器；⑥直流断路器；⑦带选择性的断路器	用于线路过电压短路、漏电接触不良、故障电弧或欠电压保护
熔断器	①有填料熔断器；②无填料熔断器；③半封闭插入式熔断器；④快速熔断器；⑤自复熔断器	用于线路和设备的短路、过载保护
组合电器	①开关熔断器组；②隔离器熔断器；③隔离开关熔断器组；④熔断器式开关；⑤熔断器式隔离器；⑥熔断器式隔离开关	主要用于电路隔离，也能用于通断额定电流
转换开关电器	①PC 级产品；②CB 级产品；③CC 级产品	主要用于两种电源或负载转换通断电路之用

6.4.3 短路保护电器的分断能力见表 6-4-3。

表 6-4-3 短路保护电器的分断能力

名称	额定极限短路分断能力	额定运行短路分断能力
文字符号	I_{cu}	I_{cs}
定义	在规定的试验电压及其他规定的条件下，按照规定的试验程序动作之后不考虑继续承载它的额定电流	在规定的试验电压及其他规定的条件下，按照规定的试验程序动作之后须考虑继续承载它的额定电流
表示方法	预期短路电流有效值	I_{cu} 的一个百分数
试验操作顺序	0—t—co	0—t—co—t—co
I_{cs}/I_{cu}(%)	25、50、75、100	

注：0—分断操作；t—两个相邻操作间的时间间隔，一般 $t \geq 3$min；co—接通操作后紧接着分断操作。

6.4.4　熔断器使用类别分类见表 6-4-4。

表 6-4-4　熔断器使用类别分类

熔断体类别		
按分断范围	g	全范围分断—连续承载电流不低于额定电流，可分断最小熔化电流至其额定分断电流之间的各种电流
	a	部分范围分断—连续承载电流不低于额定电流，只分断低倍额定电流至其额定分断电流之间的各种电流
按使用类别	G	一般用途：可用于保护包括电缆在内的各种负载
	M	用于保护电动机回路

注：对于上述两种分类可以有不同的组合，如 gG、aM。

6.4.5　TN 系统故障防护熔断器切断故障回路的最大时间下 I_d/I_n 推荐值见表 6-4-5。

表 6-4-5　I_d/I_n 推荐值

切断故障回路的时间	5s(U_0=220V)										0.4s(U_0=220V)							0.2s(U_0=380V)						
熔断体额定电流 I_N/A	16	20	25	32	40	50	63	80	100	125	16	20	25	32	40	50	63	16	20	25	32	40	50	63
熔断电流 I_d/A	64	80	105	133	172	220	285	423	538	680	90	130	170	220	295	380	520	105	150	195	260	340	460	605
I_d/I_N 最小值	4.0	4.0	4.2	4.2	4.3	4.4	4.5	5.3	5.4	5.5	5.5	6.5	6.8	6.9	7.4	7.6	8.3	6.6	7.5	7.8	8.1	8.5	9.2	9.6
I_d/I_N 推荐值	4.5	4.5	5	5	5	5.5	5.5	6	6	6	7	8	8	8	9	9	10	7	8	8	9	9	10	10
熔断体额定电流 I_n/A	160	200	250	315	400	500	630	800	1000	—	80	100	125	160	200	250	—	80	100	125	160	200	250	—
熔断电流 I_d/A	880	1180	1500	2000	2590	3500	4400	6700	8200	—	750	980	1250	1720	2200	2800	—	880	1190	1500	1950	2600	3350	—
I_d/I_N 最小值	5.5	5.9	6.0	6.3	6.5	7.0	7.0	8.3	8.2	—	9.4	9.8	10.0	10.8	11.0	11.2	—	11.0	11.9	12.0	12.2	13.0	13.4	—
I_d/I_N 推荐值	6	6.5	6.5	7	7	8	8	9	9	—	10	11	11	11	12	12	—	11	12	13	13	14	14	—

6.4.6　低压断路器用途分类见表 6-4-6。

表 6-4-6　低压断路器用途分类

断路器类型	电流范围/A	保护特性			主要用途
配电用低压断路器	100~6300	选择型（B 类）	二段保护	瞬时，短延时	电源总开关和靠近变压器近端的支路开关
			三段保护	瞬时，短延时，长延时	
		非选择型（A 类）	限流型	瞬时，长延时	变压器近端的支路开关
			一般型		支路末端的开关
电动机保护用断路器	16~630	直接起动	一般型	过电流脱扣器瞬时整定电流(8~15)I_{rt}	保护笼型电动机
			限流型	过电流脱扣器瞬时整定电流 12I_{rt}	用于靠近变压器近端电动机
		间接起动	过电流脱扣器瞬时整定电流(3~8)I_{rt}		保护笼型和绕线转子电动机

（续）

断路器类型	电流范围/A	保护特性		主要用途
照明用微型断路器	6~63	过载长延时，短路瞬时		用于照明线路和信号二次回路
剩余电流保护器	6~400	电磁式 电子式	动作电流分为 6mA、15mA、30mA、50mA、75mA、100mA、300、500mA，0.1s 分断	接地故障保护
电弧故障保护器	6~63	额定电流：6A、8A、10A、13A、16A，20A、25A、32A、40A、50A、63A		卧室、加工或储存物引起火灾危险场所、易燃结构材料的场所、火灾易蔓延的建筑物的终端回路

注：I_{rt} 表示过电流脱扣器额定电流，对可调式脱扣器则为长期通过的最大电流（A）。

6.4.7 塑料外壳式断路器与万能框架式断路器比较见表 6-4-7。

表 6-4-7 塑料外壳式断路器与万能框架式断路器比较

项目	短路通断能力	额定电流	选择性	操作方式	飞弧距离	短时耐受电流	脱扣器种类	装置安装方式	外形尺寸	维修	价格
塑料外壳式断路器	较低	多数在 600A 以下	较难	变化小，多为手动操作，也有电动机传动机构	较小	较低	多数只有过电流脱扣器；由于体积限制，失电压和分励脱扣器只能二者选一	可单独安装，也可装于开关柜内	较小	不方便	较便宜
万能框架式断路器	较高	200~5000A	容易	变化多，有手动操作，有电动机传动机构	较大	较高	可具有过电流脱扣器、欠电压脱扣器、分励脱扣器、闭锁脱扣器等	宜装于开关柜内，如手车式结构	较大	较方便	较贵

6.4.8 框架断路器（ACB）技术参数见表 6-4-8。

表 6-4-8 框架断路器（ACB）技术参数

壳架等级额定电流/A			1600	2000	4000	6300
额定电流/A			800，1000，1250，1600	1600，2000	2000，2500，3200，4000	4000，5000，6300
分能断力	I_{cu}/kA U_e=380V/415V		65/85/100			100/150
	I_{cs}(%I_{cu}) U_e=380V/415V		85%/100%	100%		
极数			3P/4P			
分断时间/ms			25~30			
闭合时间/ms			≤70			≤80
外形尺寸	插拔式 宽×高×深/mm×mm×mm	3P	248×352×297	347×438×395	401×438×395	754×476×395
		4P	318×352×297	442×438×395	514×438×395	980×476×395
	固定式 宽×高×深/mm×mm×mm	3P	259×320×195	362×395×290	414×395×290	769×395×290
		4P	329×320×195	457×395×290	527×395×290	995×395×290

注：1. 断路器额定工作电压 400V，额定绝缘电压 1000V，额定冲击耐受电压 12kV。
2. 工作温度范围-5~+40℃，日平均温度不超过+35℃，海拔小于 2000m。
3. 断路器为 B 类选择型，具有长延时（I_{set1}）、短延时（I_{set2}）、瞬动（I_{set3}）保护。
4. 断路器均具备隔离功能。
5. 安装方式分为固定式、插拔式。
6. 断路器均具备手动和电动操作机构。

6.4.9 塑壳断路器（MCCB）技术参数见表6-4-9。

表6-4-9 塑壳断路器（MCCB）技术参数

			100	160	250	400	630
壳体额定电流/A			100	160	250	400	630
分断能力	I_{cu}/kA U_e=220V/240V		85/100/150			40/100/150	
	I_{cs}(%I_{cu}) U_e=220V/240V		50%/70%/100%				
	I_{cu}/kA U_e=380V/415V		25/35/70/150			35/70/150	
	I_{cs}(%I_{cu}) U_e=380V/415V		50%/70%/100%				
	I_{cu}/kA DC		35/50/100		35/100		
	I_{cs}(%I_{cu}) DC		50%/100%				
额定电流	热磁脱扣单元额定电流 I/A I_{set1}=(0.8~1)I		16,25,32,40,50,63,80,100	32,40,50,63,80,100,125,160	63,80,100,125,160,200,250	—	—
	电子脱扣单元额定电流 I/A I_{set1}=(0.4~1)I		40,100	40,100,160	40,100,160,250	250,400	250,400,630
使用类别			A	A	A	A/B	A/B
额定短时耐受电流 I_{cw}/(kA,1s)			—	—	—	5	8
极数			3P/4P				
外形尺寸 宽×高×深/mm×mm×mm		3P	105×161×86	105×161×86	105×161×86	140×255×110	210×280×115
		4P	140×161×86	140×161×86	140×161×86	185×255×110	280×280×115

注：1. 断路器额定工作电压400V，额定绝缘电压800V，额定冲击耐受电压8kV。
2. 工作温度范围-5~+40℃，日平均温度不超过+35℃，海拔小于2000m。
3. 电气附件可选用辅助触头、报警触头、分励脱扣器、失电压脱扣器等。
4. 断路器为A类非选择型时，具有长延时（I_{set1}）、瞬动（I_{set3}）保护；断路器为B类选择型时，具有长延时（I_{set1}）、短延时（I_{set2}）、瞬动（I_{set3}）保护。
5. 断路器均具备隔离功能。
6. 安装方式分为固定式、插拔式、抽屉式。

6.4.10 微型断路器（MCB）技术参数见表6-4-10。

表6-4-10 微型断路器（MCB）技术参数

断路器名称		微型断路器			剩余电流动作断路器		
电流/A		32	63	125	32	63	100
额定电压/V		230/400					
额定电流/A		6,10,16,25,32	6,10,16,20,25,32,40,50,63	63,80,100,125	6,10,16,25,32	6,10,16,20,25,32,40,50,63	50,63,80,100
极限短路分断能力 I_{cu}/kA		4.5	4.5/6/10	10/15	4.5/6	6	6
运行短路分断能力 I_{cs}/kA		4.5	4.5/6/10(7.5)	10/15	4.5/6	6	6
极数		1P/1P+N	1P/2P/3P/4P	1P/2P/3P/4P	1P+N/2P/3P+N/4P	1P+N/2P/3P+N/4P	1P+N/2P/3P+N/4P
脱扣器	脱扣类别	热磁、电磁	热磁、电磁	热磁、电磁	电子	电子	电子
	瞬时脱扣器型式	C	B/C/D	B/C/D	C	B/C/D	C/D
	瞬时脱扣器电流动作范围	C:$5I_n$~$10I_n$	B:$3I_n$~$5I_n$ C:$5I_n$~$10I_n$ D:$10I_n$~$20I_n$	B:$3I_n$~$5I_n$ C:$5I_n$~$10I_n$ D:$10I_n$~$20I_n$	C:$5I_n$~$10I_n$	B:$3I_n$~$5I_n$ C:$5I_n$~$10I_n$ D:$10I_n$~$20I_n$	C:$8I_n$(1±20%) D:$12I_n$(1±20%)

（续）

断路器名称	微型断路器			剩余电流动作断路器		
安装方式	导轨式安装	导轨式安装	导轨式安装	导轨式安装	导轨式安装	导轨式安装
接线能力/mm^2	10	35	50	10	35	50
外形尺寸　宽×高×深 /mm×mm×mm	1P(18×77×70) 1P+N (36×77×70)	1P(18×82×74)	1P(27×82×74)	N(36×77×70) 1P(18×77×70)	N(36×82×74) 1P(18×82×74)	N(45×105×74) 1P(36×105×74)

注：1. 断路器额定工作电压 230V/400V，额定冲击耐受电压 4kV。

2. 工作温度范围-5～+40℃，日平均温度不超过+35℃，海拔小于 2000m。

3. 电气附件可选用辅助触头、报警触头、分励脱扣器等，尺寸一般占用 1/2 模数，每个微型断路器最多可配两个附件。

4. 剩余电流动作断路器可用断路器和剩余电流动作附件组合替代，剩余电流动作附件保护类型有电子式和电磁式。

5. 断路器均具备隔离功能。

6.4.11　剩余电流保护器。

1. 剩余电流保护器（RCD）分为高灵敏度型和中灵敏度型。高灵敏度型主要用于配电线路末端作为手动式或移动式电气设备的防止人身电击保护。中灵敏度型主要用于配电干线和固定电气设备防接地故障保护。剩余电流保护器的分类参见表 6-4-11。

表 6-4-11　剩余电流保护器的分类

分　类		额定漏电动作电流/mA	动作时间
高灵敏度型	快速型	5，15，30	额定漏电动作电流 0.1s 以内
	延时型		额定漏电动作电流延时 0.1～2s 1.4 倍额定漏电动作电流时 0.2～1s
	反时限型		4.4 倍额定漏电动作电流时 0.2～0.5s 额定漏电动作电流 0.05s 以内
中灵敏度型	快速型	50，100，200 300，500，1000	额定漏电动作电流 0.1s 以内
	延时型		额定漏电动作电流延时 0.1～2s

2. 电磁式与电子式剩余电流保护器比较见表 6-4-12。

表 6-4-12　电磁式与电子式剩余电流保护器比较

项　目	电磁式剩余电流保护器	电子式剩余电流保护器
灵敏度	对于 100A 以上的 $I_{\Delta n}$ 以 30mA 为大量产品，提高灵敏度有困难	由于可以多级放大，所以灵敏度提高，可制成灵敏度为 6mA 以下的产品
电源电压对特性的影响	完全不受电压波动的影响	电压波动时，其动作电流发生变化，装备稳压设备则可减少影响
耐过电压能力	耐过电压能力高，可满足 2000V/min 或 2500V/min 的耐压试验	过电压会使电子元件损坏
耐雷电冲击能力	强	弱（设备过电压吸收器可提高耐雷能力）
耐机械冲击和振动能力	一般较差	较强

（续）

项　目	电磁式剩余电流保护器	电子式剩余电流保护器
外界磁场干扰	影响小	影响大(电子回路采取防干扰措施后,可减小影响)
结构	简单	复杂
制造要求	精密	简单
接线要求	进出线可倒接	不允许倒接
价格	较贵,100A 以上价格贵	较便宜,100A 以上比电磁式便宜得多

3. 剩余电流保护器的配合。分级安装的剩余电流保护器动作特性，上下级的电流值一般可取 3∶1，以保证上下级间的选择性，见表 6-4-13。

表 6-4-13　剩余电流保护器的配合表

保护级别 / 保护特性	第一级(I_{n1})	第二级(I_{n2})	
	干线	分干线	线路末端
动作电流/I_n	≥10 倍线路与设备漏泄电流总和或≥2.5I_{n2}	≥10 倍线路和设备漏泄电流总和	≥8～10 倍设备漏泄电流

4. 剩余电流保护器选用要求见表 6-4-14。

表 6-4-14　剩余电流保护器选用要求

项　目	剩余电流保护器选用要求
选用剩余电流保护器的原则	1. 在因电气系统发生泄漏或接地故障电流,可能导致人身伤亡及火灾的场所,剩余电流保护器应能在事故之前迅速切断故障电路 2. 剩余电流保护器的分断能力,应能满足回路的过负荷及短路保护要求。当不能满足分断能力要求时,应另行增设短路保护断路器 3. 对电压偏差较大的配电回路、电磁干扰强烈的地区、雷电活动频繁的地区(雷暴日超过 60)以及高温或低温环境中的电气线路和设备,应优先选用电磁型剩余电流保护器 4. 安装在电源进线处及雷电活动频繁地区的电气设备,应选用耐冲击型的剩余电流保护器 5. 在环境恶劣的场所,应选用有相应防护功能的剩余电流保护器 6. 在有强烈振动的场所(如射击场等),宜选用电子型剩余电流保护器 7. 单相 220V 电源供电的电气线路或设备,应选用二极二线式;三相三线 380V 电源供电的电气线路或设备,应选用三极三线式;三相四线 220/380V 或单相与三相共用的线路,应选用四极四线式或三极四线式剩余电流保护器 8. 选用剩余电流报警时,其报警动作电流可以按其被保护回路最大电流的 1/1000～1/3000 选取,动作时间为 0.2～2s 9. 为防止人身遭受电击伤害,在室内正常环境下设置的剩余电流保护器,其动作电流应不大于 30mA,动作时间应不大于 0.1s
剩余电流保护器的选择	剩余电流保护器的运行环境,应符合下列条件: 1)环境温度:-5+55℃ 2)相对湿度:85%(+25℃时)或湿热型 3)海拔:<2000m 4)外磁场:<5 倍地磁场值 5)抗振强度:0～8Hz,30min≥5g 6)半波,26g≥2000 振次,持续时间 6ms

（续）

项　目	剩余电流保护器选用要求
装设剩余电流保护器的场所	1. 连接移动电气设备的线路 2. 潮湿场所 3. 高温场所 4. 有水蒸气的场所 5. 有震动的场所 6. 为确保人身安全，民用建筑中下列配电线路或设备终端线路处，应装设剩余电流保护器且动作于跳闸： 1）民用建筑的低压进线处，并应根据用户条件确定其动作于跳闸或动作于报警信号 2）客房的插座，以及住宅、办公、学校、实验室、幼儿园、敬老院、医院病房、福利院、美容院、游泳池、浴室、厨房、卧室等插座回路 3）室外照明、广告照明等室外电气设施及室外地面电热融雪、水下照明等 4）医疗用浴缸，按摩理疗等康复设施 5）夜间用电设备，工作电压超过150V的配电线路 6）装有隔离变压器的二次电压超过30V的配电线路 7）TT系统供电的用电设备
不应装设剩余电流保护器，但可以装设剩余电流报警信号的场所	1. 室内一般照明、应急照明、警卫照明、障碍标志灯 2. 通信设备、安全防范设备、消防报警设备等 3. 消防泵类、排烟风机、正压送风机、消防电梯等消防设备 4. 大型厨房中的冰柜和冷藏间以及因突然断电将危及公共安全或造成巨大经济损失、人身伤亡的用电设备 5. 对于医院手术室的插座，可选用剩余电流进行自动检测，以在超越警戒参数值时发出漏电报警信号

5. 各不同场所的剩余电流保护器动作要求见表6-4-15。

表6-4-15　各不同场所的剩余电流保护器动作要求

分类	接触状态	场所示例	允许接触电压	保护动作要求
Ⅰ类	人体非常潮湿	游泳池、浴池、桑拿浴室等照明灯具及插座	<15V	6~10mA <0.1s
Ⅱ类	人体比较潮湿	洗衣机房动力用电设备、厨房灶具用电设备等	<25V	10~30mA 0.1s
Ⅲ类	人体意外触电时，危险性较大	住宅中的插座，客房中的照明及插座，试验室的试验台电源，锅炉房动力设备、地下室电气设备	<50V	30~50mA 0.1s

6. 剩余电流保护器（RCD）的选择见表6-4-16。

表6-4-16　剩余电流保护器（RCD）的选择

	分类方式	类型	类型说明
剩余电流保护器的主要分类	按动作方式分类	电磁式	动作功能与电源线电压或外部辅助电源无关的RCD
		电子式	动作功能与电源线电压或外部辅助电源有关的RCD
	按极数和电流回路数分类	1P+N	单相两线RCD
		2P	二极RCD
		2P+N	二极三线RCD
		3P	三极RCD
		3P+N	三极四线RCD
		4P	四极RCD

（续）

	分类方式	类型	类型说明
剩余电流保护器的主要分类	在剩余电流含有直流分量时，根据动作特性分类	AC 型	对交流剩余电流能正确动作
		A 型	对交流和脉动直流剩余电流均能正确动作，对脉动直流剩余电流叠加 6mA 平滑直流电流时也能正确动作
		F 型	对交流和脉动直流剩余电流均能正确动作，对复合剩余电流及脉动直流剩余电流叠加 10mA 平滑直流电流时也能正确动作
		B 型	对交流、脉动直流和平滑直流剩余电流均能正确动作
	根据剩余电流大于额定剩余动作电流 $I_{\Delta n}$ 时的延时分类	无延时	用于一般用途
		有延时	用于选择性保护，包括延时不可调节和延时可调节两种类型
剩余电流保护器的设置原则	1. 应能断开被保护回路的所有带电导体 2. 保护接地导体（PE 线）不应穿过剩余电流动作保护电器的磁回路 3. 剩余电流保护器的选择，应确保回路正常运行时的自然泄漏电流不致引起剩余电流动作保护器误动作 4. 上下级剩余电流保护器之间应有选择性，并可通过额定动作电流值和动作时间的级差来保证。剩余电流的故障发生点应由最近的上一级剩余电流保护器切断电源		
剩余电流保护器的应用场所	1. 下列设备的配电线路应设置额定剩余动作电流值不大于 30mA 的无延时型剩余电流保护器，以便在基本保护措施失效或电气装置（设备）使用者疏忽的情况下提供附加保护：①手持式及移动式用电设备；②人手可能无法及时摆脱的固定式设备；③未做等电位联结的室外工作场所的用电设备；④家用电器回路或插座回路 2. 采用额定剩余动作电流值不大于 300mA 的剩余电流保护器，对持续接地故障电流引起的火灾危险提供防护		
剩余电流保护器的选择	1. 用于电子信息设备、医疗电气设备的剩余电流保护器应采用电磁式 2. 当波形仅含有正弦交流电流时，应选择 AC 型剩余电流保护器；当波形含有脉动直流和正弦交流时，应选择 A 型或 F 型剩余电流保护器；当波形含有直流、脉动直流和正弦交流电流时，应选择 B 型剩余电流保护器 3. 选用的剩余电流保护器的额定动作电流应大于正常泄漏电流的 2 倍，一般为 2.5~4 倍 4. 为了保证选择性，上级剩余电流保护器整定值应不小于下级剩余电流保护器整定值的 3 倍，同时上下级保护的延时时间应有足够的级差，上级 RCD 选择延时型		

7. 剩余电流保护器的接线方式见表 6-4-17。

表 6-4-17 剩余电流保护器的接线方式

接地类型		单相（二极）	三相	
			三线（三极）	四线（三极或四极）
TT		L1 L2 L3 N RCD RCD	L1 L2 L3 N RCD RCD	L1 L2 L3 N RCD RCD
TN	TN-S	L1 L2 L3 N PE RCD RCD PE PE *	L1 L2 L3 N PE RCD RCD PE PE *	L1 L2 L3 N PE RCD RCD PE PE *

（续）

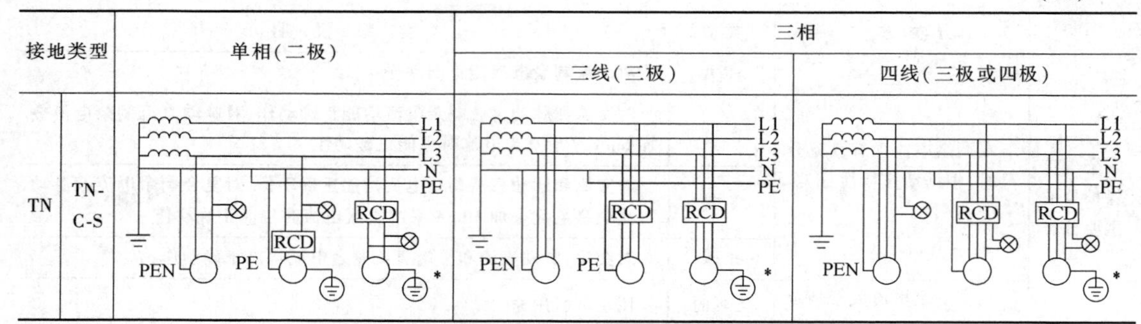

接地类型		单相(二极)	三相	
			三线(三极)	四线(三极或四极)
TN	TN-C-S			

注：1. L1、L2、L3 为相线；N 为中性线；PE 为保护线；PEN 为中性线和保护线合一；○ ○为单相或三相电气设备；⊗为单相照明设备；RCD 为剩余电流动作保护装置；⏚为不与系统中性接地点相连的单独接地装置，作保护接地用。

2. 单相负载或三相负载在不同的接地保护系统中的接线方式图中，左侧设备为未装有 RCD，中间和右侧为装有 RCD 的接线图。

3. 在 TN-C-S 系统中使用 RCD 的电气设备，其外露可接近导体的保护线应接在单独接地装置上而形成局部 TT 系统，如 TN-C-S 系统接线方式图中的右侧设备带 * 的接线方式。

4. 表中 TN-S 及 TN-C-S 接地型式，单相和三相负荷的接线图中的中间和右侧接线图为根据现场情况，可任选其一的接地方式。

5. 照明和电气设备在实际应用中宜分回路配电和装设 RCD。

6.4.12 隔离电器及控制电器的选择。

1. 隔离电器选择的一般原则见表 6-4-18。

表 6-4-18 隔离电器选择的一般原则

序号	隔离电器选择的一般原则
1	隔离电器一般指在运行时不能通断或切换负载电流、带电时只能通断空载电流的电器(如隔离开关、熔断器、刀熔开关、插头插座及连接片等)。隔离电器应在空载或不带电时操作,并有明显的通断显示或标识
2	为了满足测试、维护、检修时的人身和设备安全要求,配电线路应装设隔离电器。隔离电器应能将所在回路与电源侧带电部分有效隔离;由同一配电箱(屏)供电的回路可以共用一套隔离电器;符合隔离要求的短路保护电器,可以兼作隔离电器。隔离电器应装在控制电器的附近;无载开断的隔离电器,应设有防止误操作的措施(如挂警示牌加锁或采取防止无关人员接近的措施)
3	隔离电器应能满足该回路的额定电压、计算电流要求,并应按回路的短路和峰值电流进行耐受电流校验
4	当回路负荷较小、要求隔离电器有通断能力时,其断流能力应大于该回路预期电流
5	当选用刀开关做隔离电器时,不得用中央手柄式刀开关切断负荷电流,而其他能断开一定负荷电流的刀型开关,则必须选用带灭弧罩的刀开关

2. 隔离开关技术参数见表 6-4-19。

表 6-4-19 隔离开关技术参数

约定发热电流 I_{th}/A	100	160	250	400	630	800~4000	4000~6300
额定工作电流 I_e/A	32,63,100	160	250	400	630	800,1000,1250,1600 2000,2500,3200,4000	4000,5000,6300
额定工作电压 U_e/V	AC 220/AC 400	AC 400				AC 400	AC 400
额定绝缘电压 U_i/V	400	800				1000	1000

（续）

<table>
<tr><td colspan="2">额定冲击耐受电压 U_{imp}/kV</td><td>6</td><td colspan="4">8</td><td>12</td><td>12</td></tr>
<tr><td colspan="2">短路接通能力 I_{cm}/kA</td><td>2.6</td><td>3.6</td><td>4.9</td><td>7.1</td><td>8.5</td><td>75</td><td>165</td></tr>
<tr><td colspan="2">额定短时耐受电流 I_{cw}/kA/1s</td><td>$20I_e$</td><td>2.5</td><td>3.5</td><td>5</td><td>6</td><td>35/50</td><td>75</td></tr>
<tr><td rowspan="2">使用类别</td><td>AC 220V</td><td rowspan="2">AC-22A</td><td colspan="4">—</td><td>—</td><td>—</td></tr>
<tr><td>AC 400V</td><td colspan="4">AC-22A/AC-23A</td><td>AC-23A</td><td>AC-23A</td></tr>
<tr><td colspan="2">极数</td><td>1P/2P/3P/4P</td><td colspan="2">2P/3P/4P</td><td colspan="2">3P/4P</td><td>3P/4P</td><td>3P/4P</td></tr>
<tr><td colspan="2">操作方式</td><td>手动操作</td><td colspan="4">手动/电动操作</td><td>手动/电动操作</td><td>手动/电动操作</td></tr>
<tr><td colspan="2">安装方式</td><td>导轨</td><td colspan="4">固定式</td><td>固定、抽屉式</td><td>固定、抽屉式</td></tr>
<tr><td rowspan="2">外形尺寸（宽×高×深）/mm×mm×mm</td><td>2P/3P</td><td rowspan="2">1P 18×77×70
2P～4P 的宽度对应 1P 的倍数</td><td colspan="2">105×161×86</td><td colspan="2">140×255×110</td><td>441×439×403（抽屉式）</td><td>786×479×403（抽屉式）</td></tr>
<tr><td>4P</td><td colspan="2">140×161×86</td><td colspan="2">185×255×110</td><td>556×439×403（抽屉式）</td><td>1016×479×403（抽屉式）</td></tr>
</table>

3. 刀型开关及刀熔开关选择见表 6-4-20。

表 6-4-20 刀型开关及刀熔开关选择

序号	刀型开关及刀熔开关选择
1	刀型开关及刀熔开关的额定电压应不低于该回路的额定电压
2	开关的额定电流应不小于该回路的计算电流
3	需要切断负荷电流时，开关的断流能力应不小于计算电流
4	开关的动、热稳定电流，应不小于该回路的三相短路电流有效值

4. 交流接触器的选择见表 6-4-21。

表 6-4-21 交流接触器的选择

序号	交流接触器的选择
1	额定电压、电流、分断能力及动、热稳定电流均应不低于或不小于该回路的相应参数
2	所控电动机功率，应不大于交流接触器的额定值
3	交流接触器的型式选择，应满足其安装场所和运行环境要求
4	接触器吸引线圈的额定电压、耗电功率、辅助触头的容量及数量等，应满足控制回路的负载和接线要求
5	接触器的允许操作频率应满足工艺要求
6	根据控制设备所能耐受的操作频率、工作制度及负载特性等条件，正确选用交流接触器的额定电流，并应优先选用低噪声、节能产品
7	用于连续工作制时，宜选用银或镀银触头的接触器。如果选用铜触头接触器，则应按降容 50% 选择
8	用于断续工作制时，应考虑起动电流和通断持续率的影响
9	用于非电动机负载（如电阻炉、电容器、电焊机、照明等），除满足通断容量外还应满足运行中出现的过电流要求
10	应与短路保护电器协调配合。回路短路电流较大时，接触器应配用适当的短路保护器，两者性能应协调配合

5. 接触器和起动器使用类别及代号见表 6-4-22。

表 6-4-22 接触器和起动器使用类别及代号

使用类别代号		典型应用举例
交流	AC-1	无感或微感负载、电阻炉
	AC-2	绕线转子异步电动机的起动、分断
	AC-3	笼型异步电动机的起动、在运转中分断
	AC-4	笼型异步电动机的起动、反接制动或反向运转、点动
	AC-5a	气体放电灯的通断
	AC-5b	白炽灯的通断
	AC-6a	变压器的通断
	AC-6b	电容器组的通断
	AC-7a	家用电器和类似用途的低感负载
	AC-7b	家用电动机负载
	AC-8a	具有手动复位过载脱扣器的密封制冷压缩机中的电动机控制
	AC-8b	具有自动复位过载脱扣器的密封制冷压缩机中的电动机控制
直流	DC-1	无感或微感负载、电阻炉
	DC-3	并励电动机的起动、反接制动或反向运转、点动、在动态中分断
	DC-5	串励电动机的起动、反接制动或反向运转、点动、在动态中分断
	DC-6	白炽灯的通断

注：1. 直接起动器属于 AC-3、AC-4、AC-7b、AC-8a、AC-8b 中的一种或多种。
2. 所有星-三角起动器和两级自耦减压起动器属于 AC-3 类别。
3. 转子变阻式起动器属于 AC-2 类别。

6.4.13 转换开关电器（TSE）的选择。

1. 转换开关电器（TSE）的分类见表 6-4-23。

表 6-4-23 转换开关电器（TSE）的分类

分类方式	类　型	类 型 说 明
按短路能力分类	PC 级	能够接通和承载，但不用于分断短路电流的 TSE
	CB 级	配备过电流脱扣器的 TSE，它的主触头能够接通并用于分断短路电流
	CC 级	能够接通和承载，但不用于分断短路电流的 TSE。该 TSE 的主体部分是由满足 GB/T 14048.4—2020 机电式接触器构成的
按控制转换方式分类	手动转换开关电器	由人工操作的 TSE，即 MTSE
	遥控操作转换开关电器	RTSE
	自动转换开关电器	ATSE
按结构型式分类	专用型 TSE	主体部分是专用于转换电源而设计的整体型的开关电器
	派生型 TSE	主体部分是由满足 GB/T 14048.4—2020 系列其他产品标准要求的电器组合而成的 TSE。例如由两台断路器或两台隔离开关或两台接触器组成的 TSE
按产品特殊功能分类	旁路型	在自身维修时带有旁路功能的 TSE，它由 MTSE 和 ATSE 两部分组成，在 ATSE 维修时由 MTSE 提供对负荷的供电
	闭合转换型	即瞬间并联型，在特定的条件下（如同电压、同频率、同相位角），可将两路电源瞬间并联在一起，使负荷不断电转换的 TSE
	延时转换型	在转换过程中可提供一段可调的延时时间的 TSE，该时间与连接的负荷性质有关

2. 转换开关电器选择见表 6-4-24。

表 6-4-24 转换开关电器选择

电流性质	使用类别		典型用途
	A 操作	B 操作	
交流	AC-31 A	AC-31 B	无感或微感负载
	AC-32 A	AC-32 B	阻性和感性的混合负载(感性负载不超过 30%),包括中度过载
	AC-33i A	AC-33i B	阻性和感性的混合负载(感性负载不超过 70%),包括中度过载
	AC-33 A	AC-33 B	电动机负载或高感性负载
	AC-35 A	AC-35 B	放电灯负载
	AC-36 A	AC-36 B	白炽灯负载
直流	DC-31 A	DC-31 B	电阻负载
	DC-33 A	DC-33 B	电动机负载或包含电动机的混合负载
	DC-36 A	DC-36 B	白炽灯负载

注：A 操作：适用于需要操作次数较多的电路。
B 操作：适用于操作次数较小的电路。

6.4.14 四极开关的选用，应符合下列规定：

1. 有中性导体的 IT 系统与 TT 系统或 TN 系统之间的电源转换开关电器。
2. TT 系统中，当负荷侧有中性导体时选用隔离电器。
3. IT 系统中，当有中性导体时选用开关电器。
4. 在电路中需防止电流流经不期望的路径时，可选用具有断开中性极的开关电器。
5. 开关电器的极数选择见表 6-4-25。

表 6-4-25 开关电器的极数选择

开关功能	系统接地方式	系统型式		
		三相四线制	三相三线制	单相二线制
电源进线开关	TN-S	3	3	2
	TN-C-S	3	3	2
	TT	4	3	2
	IT	4	3	2
电源转换开关	TN-S	4	3	2
	TN-C-S	4	3	2
	TT	4	3	2
	IT	4	3	2
剩余电流保护开关	TN-S	4	3	2
	TN-C-S	4	3	2
	TT	4	3	2
	IT	4	3	2
备注		有中性线引出	无中性线引出	相线及中性线

注：1. 变压器低压总开关及母联开关，应视为电源转换的功能性开关。应作用于所有带电导体，且不能使其电源并联，故应选用四极开关。

2. 在 TN 系统中，低压出线包括应急电源出线开关及下级配电箱进线开关，因与电源转换无关，故选用三极开关。

3. 在 TN 系统中，照明配电箱的出线开关可选用单极开关。

6.4.15 低压开关柜分类见表 6-4-26。

表 6-4-26 低压开关柜分类

内容	分类	特点
按开关安装方式分类	固定式	具有结构简单、价格便宜等优点,每个柜的出线回路较少,相应配电柜占用面积较大,维修时容易影响其他回路
	抽屉式	出线回路多,所用的配电柜数可以比固定配电柜少,整个低压配电室面积相应减小,操作安全,易于检修及维护,更换故障开关容易,可以缩短故障开关停电时间
	抽插式	仅开关本身能插拔,其他配件固定
	组合式	工程中经常采用抽屉、插拔组合的形式较多,小开关用抽屉式、大开关用插拔式
按进出线方式分类	上进上出	电缆进出线都是由配电柜的上部引出
	上进下出	电缆进线是由配电柜的上部引进,出线由配电柜的下部引出
	下进上出	电缆进线是由配电柜的下部引进,出线由配电柜的上部引出
	下进下出	电缆进线是由配电柜的下部引进,出线由配电柜的下部引出

6.4.16 低压开关柜主要技术参数见表 6-4-27。

表 6-4-27 低压开关柜主要技术参数

柜体名称	低压柜类别		参考尺寸/mm 宽	深	高	重量/kg	柜型示例	备注
低压开关柜	进线	2500kV·A 变压器	1200	1000~1200	2200	平均每台 650	GCK	同一排布置的柜体深度宜一致
		1250~2000kV·A 变压器	1000	1000	2200			
		≤1000kV·A 变压器	800	1000	2200			
	无功补偿柜	3000kvar	1000	1000	2200			
		180~240kvar	800	1000	2200			
		≤120kvar	800	1000	2200			
	馈出柜		600~1000	1000	2200			
	ATSE 柜	≤630A	600	1000	300~800	ATSE 单独 10~80	—	可与断路器共柜安装
		800、1000、1250A	800	1000	800~1000	ATSE 单独 80~150	—	可与 1 个断路器共柜安装
		1600、2000、2500A	1000	1000	1000~1200	ATSE 单独 250~500	—	可与 1 个断路器共柜安装
		3200A	1000~1200	1000	2200	ATSE 单独 500	—	
		4000A	1200~1600	1000~1600	2200	ATSE 单独 600~800	—	不同型号的 ATSE 尺寸相差较大

6.4.17 低压电器外壳防护等级见表 6-4-28。

表 6-4-28 低压电器外壳防护等级

第一表征数字及含义		第二表征数字及含义								
		0	1	2	3	4	5	6	7	8
		无防护	防滴	15°防滴	防淋水	防溅水	防喷水	防海浪	防浸水影响	防潜水影响
0	无防护	IP00								
1	防护大于 50mm 的固体	IP10	IP11	IP12						
2	防护大于 12mm 的固体	IP20	IP21	IP22	IP23					
3	防护大于 2.5mm 的固体	IP30	IP31	IP32	IP33	IP34				
4	防护大于 1mm 的固体	IP40	IP41	IP42	IP43	IP44				
5	防尘	IP50				IP54	IP55			
6	尘密	IP60					IP65	IP66	IP67	IP68

评 注

低压电器通常是指工作在交流电压低于 1200V 电路中起通断、保持、控制、保护和调节作用的电器。电器的额定电压应与所在回路标称电压相适应，额定电流不应小于所在回路的计算电流，额定频率应与所在回路的频率相适应，电器应适应所在场所的环境条件，电器应满足短路条件下的动稳定与热稳定的要求。用于断开短路电流的电器，应满足短路条件下的通断能力。

6.5 舞台机械与灯光

6.5.1 常用舞台机械类别见表 6-5-1。

表 6-5-1 常用舞台机械类别

序号	名 称	位置	控 制	容量/kW	备 注
1	旋转舞台(驱动、循环)	舞台下	舞台右侧动力盘内	2×5.5 1×10	配电盘内就地控制
2	升降乐池	舞台下	舞台右侧动力盘内	5.5	配电盘内就地控制
3	电动吊杆	天桥	天桥控制台	2.2	
4	电动吊点	伸出舞台吊顶内	天桥控制台	2.2	或称吊钩
5	运景梯	剧场右侧台外面	舞台右侧动力盘内	5.5	配电盘内就地控制
6	灯光渡桥	顶光、天排光处	天桥控制台	5.5~10	
7	推拉幕	台口处	舞台右侧动力盘内	2.2	
8	大、二、三道幕护幕	台口处	舞台右侧动力盘内	1.1	放映室也可控制护幕
9	假台口	台口处	舞台右侧动力盘内	3.5	
10	升降台	台口处	舞台右侧动力盘内	3×11	放映室也可控制

（续）

序号	名　称		位置	控　制	容量/kW	备　注
11	变框		台口处	舞台右侧动力盘内	0.6	
12	灯光吊笼		顶光、天排光处	天桥控制台	8×1.1	
13	银幕架	提升	台口处	舞台右侧动力盘内	1.5	放映室也可控制
		左右照幅	台口处	舞台右侧动力盘内	0.4	
		上下照幅	台口处	舞台右侧动力盘内	1.0	

6.5.2　舞台灯光分类及性质见表 6-5-2。

表 6-5-2　舞台灯光分类及性质

序号	名称	安装场所	照明目的	灯具名称	灯泡功率/W	使用状态
1	顶光	舞台前部可升降的吊杆或吊桥上	对天幕、纱幕会议照明	泛光灯、聚光灯	1000~1250	可移动
2~6	顶光	舞台前顶部可升降的吊杆或吊桥上	对舞台均匀整体照明，是舞台主要照明灯光	无透镜聚光灯、近程轮廓聚光灯、泛光灯	300~1000	可移动
7	天排光	舞台后天幕上部的吊杆上	上空布景照明，表现自然现象，要求光色变换	泛光灯、投影幻灯	300~1000	固定
8	地排灯	舞台后部地板槽内	仰射天幕，表现地平线上的自然现象	地排灯、泛光灯	1000~1250	固定移动
9	侧光	舞台两侧天桥上	作为面光的补充，演出者的辅助照明，并可加强布景层次的透视感	无透镜回光灯、聚光灯、柔光灯、透镜回光灯	500~1000	固定移动
10	柱光	舞台大幕内两侧的活动台口或铁架上	投光照明，投光范围和角度可调节，照明表演区的中后部，弥补面光耳光的不足	近程轮廓聚光灯、中程无透镜回光灯	500~1000	固定移动
11	流光灯	舞台两翼边幕处塔架上	追光照明，投光范围和角度可调节，加强表演区局部照明	舞台追光灯、低压追光灯	750~1000	固定
12	一道面光	观众厅的顶部	投射舞台前部表演区，投光范围和角度可调节	轮廓聚光灯、无透镜聚光灯、少数采用回光灯	750~1000	
13	二道面光					固定
14	中部聚光灯	观众厅后部	主要投射表演者	远程轮廓聚光灯	750~2000	固定
15	耳光	安装于大幕外靠近台口两侧的位置	照射表演区，加强舞台布景、道具、人物的立体感	轮廓聚光灯、无透镜回光灯、透镜聚光灯	500~1000	固定
16	脚光	舞台前沿台板处	演出者的辅助照明和大幕下部照明，弥补顶光和侧光的不足	泛光灯	60~200	固定
17	幻灯光	观众厅一层后部	表现雨、雪、云、波涛等自然现象的照明器具	投影幻灯	1000	固定
18	紫外光	舞台上空	表现水中景象等	长波紫外线灯	300~500	移动固定
19	激光	舞台两侧	可呈现文字图形等千变万化的特技效果，增强艺术魅力	激光器		固定
20	计算机灯光	舞台两侧	任意设定程式 任意改变颜色		150~1200	

6.5.3 不同类型剧场舞台尺寸和灯光回路见表 6-5-3。

表 6-5-3 不同类型剧场舞台尺寸和灯光回路

剧场类型	舞台尺寸/m			灯光回路（路）
	宽	深	高	
大型剧场	>30	>25	>30	180~360
中型剧场	16~30	16~25	25~30	120~180
小型剧场	<16	<16	<25	45~90

6.5.4 舞台灯回路分配表见表 6-5-4。

表 6-5-4 舞台灯回路分配表

剧场类型	小型剧场（礼堂）		中型剧场（礼堂）			大型剧场（礼堂）			特大型剧场（礼堂）		
灯光回路 灯光名称	调光回路（路）	直通回路（路）	调光回路（路）	直通回路（路）	特技回路（路）	调光回路（路）	直通回路（路）	特技回路（路）	调光回路（路）	直通回路（路）	特技回路（路）
二楼前沿光						6	3		12	3	3
面光	10	2	18	3	1	26	3	3	42	6	3
指挥光						1			3		
耳光	10	2	18	2	2	30	4	6	46	6	6
一顶光	6		8			15		2	27	3	3
二顶光			4			9		3	12	3	3
三顶光			8			15		3	21	3	3
四顶光			7			6		1	12	3	1
五顶光			9			12		2	15	3	2
六顶光						6		1	11	3	1
乐池光			3			3	2		6	3	2
脚光			3			3		3	3	2	3
柱光			12	2	2	24	4		36	6	
吊笼光						48		8	60	6	8
侧光	20		12	2	2	6	4	2	10	6	4
流动光			4			10	6		14	8	
天幕光	14	3	14	2	2	20	6	3	30	8	3
合计	60	7	120	11	9	240	32	37	360	72	45

6.5.5 舞台照明及动力设备设备容量的确定

舞台照明及动力设备的变压器容量 P_s 的确定，由下式估算：

$$P_s = P_e \times k_x \times k_y \tag{6-5-1}$$

式中 P_e——总负荷容量（kW）；

k_x——需要系数；

k_y——裕量系数。

需要系数 k_x 与用途、规模及设备的使用程度有关，照明负荷需要系数可见表 6-5-5，动力设备可取 0.4~0.9。裕量系数 k_y 是考虑到设备变更而增加的系数，一般取 1.1~1.2。

表 6-5-5　照明负荷需要系数

舞台照明总负荷 P/kW	$P \leqslant 50$	$50 < P \leqslant 100$	$100 < P \leqslant 200$	$200 < P \leqslant 500$	$500 < P \leqslant 1000$	$P > 1000$
需要系数 k_x	1.00	0.75	0.60	0.50	0.40	0.25~0.30

评　　注

舞台灯光系统设计是遵循舞台艺术表演的规律和特殊使用要求进行配置的，其目的在于将各种表演艺术再现过程所需的灯光工艺设备，按系统工程进行设计配置，使舞台灯光系统准确、圆满地为艺术展示服务。舞台机械技术是舞台艺术的重要组成部分，舞台艺术表演必须有完善的配套设施才能取得良好的效果。

6.6　电梯设备

6.6.1　不同建筑 5min 载客率指标见表 6-6-1。

表 6-6-1　不同建筑 5min 载客率指标

建筑类别		5min 载客率	上行：下行(交通量)	平均等候时间/s
办公楼	同时上班	16%~25%	早晨上班，下行为零	30s 以下良好 30~40s 较好 40s 以上差
	非同时上班	16%~12.5%		
住宅、公寓、旅馆		8%~12.5%	3 : 2	60、80、100
百货商店		15%~10%	1 : 1	
医院	大型	15%~20%	1 : 1	40s 以下
	中小型	12%~16%	1 : 1	

6.6.2　电梯主参数初选表见表 6-6-2。

表 6-6-2　电梯主参数初选表

建筑物用途及规模		轿厢额定荷载/(kg/人)	轿厢行程/m	最小额定速度/(m/s)	台数初估
办公楼	小型	1000/13~15	0~36	15~2	约 1 台/200~300 人
		1250/16~19	36~70	2.5~3	
	中型	1250/16~19	36~70	2.5~3	
		1500/20~23	70~85	3.5	
	大型	1500/20~23	85~115	4	
		1600/21~24	≥115	≥5	

（续）

建筑物用途及规模		轿厢额定荷载/(kg/人)	轿厢行程/m	最小额定速度/(m/s)	台 数 初 估
旅馆	中小型	750/13~15	0~36	1.5~2	约1台/100客房 服务梯:按40%客梯估算
		800/10~12	36~70	2.5~3	
		1000/13~15			
		1250/16~19	70~85	3.5	
	大型 400客房 以上	1250/16~19	85~115	4	
		1500/20~23			
		1600/21~24	≥115	≥5	
医院		1000/13~15 1250/16~19 1500/20~23 1600/21~24 2000/26~30	0~20	0.75	
			20~30	1.0	
			30~40	1.25~1.5	
			40~55	1.75~2	
			55~80	2.5~3	
			>80	3.5	
住宅楼		630/8~9 750/10~11 800/10~12 1000/13~15 1250/16~19	0~20	0.75	
			20~40	1.0~1.5	
			40~60	1.5~1.75	
			>60	≥1.75~2	
百货商店	中小型	1000/13~15 1250/16~19	0~30	1.5~1.75	
	大型	1500/20~23 1600/21~24 2000/26~30	30~45	1.75~2	
			45~60	2~2.5	
			>60	≥2.5	

6.6.3　不同调速形式电梯主要技术指标见表6-6-3。

表6-6-3　不同调速形式电梯主要技术指标

调速形式	定员(人)	载重量/kg	运行速度/(m/s)	电功率/kW	建议铜导线截面面积(35℃)/mm²	带隔离功能的断路器/熔断器式隔离开关(额定电流/整定电流)
双速调速	11	750	1.0	7.5	10	32/25
	13	900		11	16	100/40
	15	1000				
	17	1150		15	16	100/50
	11	750	1.5	7.5	10	32/25
	13	900		15	16	100/50
	15	1000				
	17	1150		18.5	25	100/63
	11	750	1.75	7.5	10	32/25
	13	900		15	16	100/50
	15	1000		18.5	25	100/63

（续）

调速形式	定员（人）	载重量/kg	运行速度/(m/s)	电功率/kW	建议铜导线截面面积(35℃)/mm²	带隔离功能的断路器/熔断器式隔离开关（额定电流/整定电流）
晶闸管调速	11	750	1.0	7.5	10	32/25
	13	900		9.5	10	63/32
	15	1000				
	17	1150		11	16	100/40
	11	750	1.5	9.5	10	63/32
	13	900		13	16	100/50
	15	1000				
	17	1150		15	16	100/50
	11	750	1.75	11	16	100/40
	13	900		15	16	100/50
	15	1000				
	17	1150		18.5	25	100/63
变频变压调整	13	900	2.0	18	25	100/63
	15	1000				
	17	1150		20	35	100/80
	20	1350		22		
	24	1600		27	50	160/100
	13	900	2.5	22	35	100/80
	15	1000				
	17	1150		24		
	20	1350		27	50	160/100
	17	1150	3.0	24	35	100/80
	20	1350		27	50	160/100
	24	1600		33	70	160/125
	17	1150	3.5	27	50	160/100
	20	1350		33	70	160/125
	24	1600		39		
	17	1150	4.0	33		
	20	1350		39	70	160/125
	24	1600		43	95	200/160

注：1. 熔断器式隔离开关一栏中，分子、分母分别为熔管的额定电流和熔体额定电流，单位为 A

2. 带隔离功能的断路器一栏中，分子、分母分别为脱扣器的额定电流和脱扣器整定电流，单位为 A

3. 表中数据仅供参考，工程中可根据具体情况进行调整

6.6.4 乘客电梯保护设备及导线选择见表 6-6-4。

表 6-6-4 乘客电梯保护设备及导线选择

类型	载重量/kg	额定速度/(m/s)	额定功率/kW	满载电流/A	熔断器式隔离开关/具有隔离功能的断路器整定电流/A	铜导线截面面积/mm² 环境温度 35℃
乘客电梯	900	2.5	17	35	63	25
		5.0	40	61	125	70
	1000	2.5	18	38	63	25
		6.0	51	77	160	95
	1150	3.0	24	49	80	35
		5.0	47	72	160	95

（续）

类型	载重量/kg	额定速度/(m/s)	额定功率/kW	满载电流/A	熔断器式隔离开关/具有隔离功能的断路器整定电流/A	铜导线截面面积/mm^2 环境温度35℃
乘客电梯	1350	3.0	27	55	100	50
		6.0	63	96	180	95
	1600	3.5	37	73	125	70
		5.0	59	90	160	95
	1800	3.5	40	79	125	70
		6.0	76	116	225	120
	2000	4.0	48	96	160	95
		5.0	69	104	200	120
	2250	4.0	53	105	160	95
		5.0	74	115	225	120

6.6.5 小机房电梯保护设备及导线选择见表6-6-5。

表6-6-5 小机房电梯保护设备及导线选择

类型	载重量/kg	额定速度/(m/s)	额定功率/kW	满载电流/A	熔断器式隔离开关/具有隔离功能的断路器整定电流/A	铜导线截面面积/mm^2 环境温度35℃
小机房电梯	630	1.0	4.0	9.0	32	10
	825	1.6	6.5	16.8	32	10
	1050	1.75	8.0	24.5	40	16
	1200	2.0	10.5	28.9	40	16
	1350	2.5	15.0	40.2	63	25
	1600	2.5	17.0	48.7	80	35

注：1. 小机房电梯指电梯机房面积缩小到等于电梯井道横截面面积的电梯，适用于运行高度小于100m、额定载重量不大的住宅或其他建筑，特别是井道顶部空间受限不能扩大的建筑。

2. 小机房电梯一般额定载重量不大于1600kg，额定速度不大于2.5m/s；或额定载重量不大于1350kg，额定速度不大于3.0m/s。

6.6.6 无机房电梯保护设备及导线选择见表6-6-6。

表6-6-6 无机房电梯保护设备及导线选择

类型	载重量/kg	额定速度/(m/s)	额定功率/kW	满载电流/A	熔断器式隔离开关/具有隔离功能的断路器整定电流/A	铜导线截面面积/mm^2 环境温度35℃
无机房电梯	630	1.0	4.0	8.5	32	10
	825	1.6	8.0	24.5	32	10
	1050	1.6	11.0	33.8	40	16
	1275	1.75	14.0	42.9	63	25
	1600	1.75	18.0	55.1	80	35

注：1. 无机房电梯适用于没有条件设置顶部机房或不能有损建筑外观的新建建筑、保护性建筑、历史文物建筑。

2. 无机房电梯额定载重量一般不大于1600kg，额定速度不大于2.0m/s。额定速度为1.0m/s时，最大提升高度为40m；当额定速度为1.6m/s时，最大提升高度为80m。

6.6.7 医用电梯保护设备及导线选择见表 6-6-7。

表 6-6-7 医用电梯保护设备及导线选择

类型	载重量/kg	额定速度/(m/s)	额定功率/kW	满载电流/A	熔断器式隔离开关/具有隔离功能的断路器整定电流/A	铜导线截面面积/mm^2 环境温度 35℃
医用电梯	1600	1.0	10.4	23.5	40	16
		1.6	16.6	33.2	63	25
		1.75	18.1	35.6	63	25
		2	20.7	41.6	80	35
	1800	1.0	11.5	24.5	40	16
		1.6	18.5	36.0	63	25
		1.75	20.0	41.0	80	35

注：医用电梯，指为运送病床（包括病人）及医疗设备而设计的电梯。

6.6.8 杂物电梯保护设备及导线选择见表 6-6-8。

表 6-6-8 杂物电梯保护设备及导线选择

类型	载重量/kg	额定速度/(m/s)	额定功率/kW	满载电流/A	熔断器式隔离开关/具有隔离功能的断路器整定电流/A	铜导线截面面积/mm^2 环境温度 35℃	备注
杂物电梯	100	0.5	1.6	3.5	25	10	单级单速
	200	0.5	3.2	4	25	10	
	100	1.0	4.8	5.5	25	10	VVVF
	200	1.0	8.0	9	32	10	

注：杂物电梯，指服务于规定层站的提升装置，轿厢内不能进人。按电梯类型分类属于 V 类，常用的食梯也属于杂物电梯类别。

6.6.9 货梯保护设备及导线选择见表 6-6-9。

表 6-6-9 货梯保护设备及导线选择

类型	载重量/kg	额定速度/(m/s)	额定功率/kW	满载电流/A	熔断器式隔离开关/具有隔离功能的断路器整定电流/A	铜导线截面面积/mm^2 环境温度 35℃
货梯	1000	0.63	6.5	20.8	32	10
		1.0	8.0	25.1	40	16
	2000	0.63	9.0	28.5	50	16
		1.0	12.0	36.1	63	25
	3000	0.63	12.0	36.1	63	25
	5000	0.63	30.0	70.7	125	70

注：货梯，主要为运输通常由人伴随的货物而设计的电梯。

6.6.10 双轿厢电梯保护设备及导线选择见表 6-6-10。

表 6-6-10 双轿厢电梯保护设备及导线选择

类型	载重量/kg	额定速度/(m/s)	额定功率/kW	满载电流/A	熔断器式隔离开关/具有隔离功能的断路器整定电流/A	电缆截面面积/mm^2 环境温度 35℃
双轿厢电梯	3200	6	102.6	189.3	300	185
	3600	7	137.0	300.0	400	240

注：1. 双轿厢电梯适用于运载流量巨大而又受条件限制，不能满足井道数量的建筑，一般在超高层中使用。
2. 双轿厢电梯技术复杂，设计时须与电梯制造厂家密切配合。

6.6.11 商用型自动扶梯主要技术参数见表 6-6-11。

表 6-6-11 商用型自动扶梯主要技术参数

标准规格		800 型	1000 型	1200 型	电源容量/kV·A	断路器整定电流/A
倾斜角/(°)		30				
名义速度/(m/s)		0.5				
电动机功率/kW 和提升高度 H/m	5.5	$1400<H\leqslant 7000$	$1400<H\leqslant 5000$	$1400<H\leqslant 4000$	8.0	40(20)
	7.5	$7001<H\leqslant 10000$	$5001<H\leqslant 7000$	$4001<H\leqslant 6000$	10.4	40
	9	—	$7001<H\leqslant 8500$	$6001<H\leqslant 7000$	13.2	40
	11	—	$8501<H\leqslant 10000$	$7001<H\leqslant 8500$	15.4	40
	13	—	—	$8501<H\leqslant 10000$	18.0	50

注：1. 括号内数据为扶梯变频调速时数据。
2. 名义速度，由制造商设计确定，自动扶梯或自动人行道的梯级、踏板或胶带在空载情况下的运行速度。

6.6.12 公共交通型自动扶梯保护设备选择见表 6-6-12。

表 6-6-12 公共交通型自动扶梯保护设备选择

提升高度 H/m	倾斜角/(°)	名义速度/(m/s)	电动机功率/kW	电源容量/kV·A	断路器整定电流/A	照明及信号用电源	驱动方式
$4500\leqslant H\leqslant 5500$	30	0.65	15	23	50	1.3kV·A 220V 50Hz	交流变压变频 VVVF
$5501\leqslant H\leqslant 7000$	30	0.65	18.5	28	63		
$7001\leqslant H\leqslant 9000$	30	0.65	22	33	63		
$9001\leqslant H\leqslant 12000$	30	0.65	30	45	100		
$12001\leqslant H\leqslant 15000$	30	0.65	37	55	125		

注：1. 公共交通型自动扶梯指适用于下列情况之一的自动扶梯；
a. 公共交通系统包括出口和入口处的组成部分。
b. 高强度的使用，即每周运行时间约 140h，且在任何 3h 的间隔内，其载荷达 100%制动载荷的尺寸时间不少于 0.5h。
2. 名义速度，由制造商设计确定，自动扶梯或自动人行道的梯级、踏板或胶带在空载情况下的运行速度。

评　　注

电梯是指服务于建筑物内若干特定的楼层，其轿厢运行在至少两列垂直于水平面或与沿垂线倾斜角小于 15°的刚性轨道运动的永久运输设备。电梯装备是建筑的重要交通工具，必须方便、快捷、安全、可靠。电梯应具有适当的输送能力，输送能力能满足 5min 高峰期的乘梯要求，为了满足乘客的心理要求，比较能接受的限度是：候梯时间不超过 30s，乘梯时间不超过 90s。

6.7 其他设备

6.7.1 机械式停车设备规格参数见表 6-7-1。

表 6-7-1 机械式停车设备规格参数

类型		升降机式立体停车设备	仓储式立体停车库	升降横移式立体停车设备	矩形循环式立体停车设备	竖直循环式立体停车设备	地坑升降式立体停车设备	简易升降式立体停车设备
停车规格/mm×mm×mm		5000×1850×1500	5000×2000×1500	5000×1800(面名车 2100)×1500	5000×2000×1500	5000×2000×1450	5000×2000×1500	5000×1850×1500
停车重量/kg		1800	1800	1800	1800	1800	1800	1800
速度	升降/(m/min)	40	20	4.3	20	4.0	3.8	3.5
	转移/(m/min)	18	14	6	18			
电动机	升降/kW	22	9~15	2.2(3.7)	9~15	9~15	5.5	5.5
	转移/kW	4	1.1	0.2(0.4)	2.2~3.0			
回转	—	4r/min	—	—	—	—	—	—
	—	1.5kW	—	—	—	—	—	—
电源		3 相,380V,50Hz	3 相,380V,50Hz	3 相,380V,50Hz	3 相,380V,50Hz	3 相,380V,50Hz	3 相,380V,50Hz	3 相,380V,50Hz
传动方式		链传动	链传动	—	链传动	链传动	链传动	链传动
控制方式		中央 CPU	中央 CPU	PLC	中央 CPU	PLC	PLC	PLC
操作方式		手动、自动	手动、自动	手动、自动	手动、自动	手动、自动	手动	手动
安全装置		—	车长、宽、高检测装置 防碰撞装置 防坠落装置 极限保护开关 误操作报警 工作程序联锁	车长检测装置 断链保护装置 防坠落装置 超限位保护装置 电动机过载保护	车长、宽、高检测装置 防碰撞装置 防坠落装置 极限保护开关 误操作报警 工作程序联锁	车长、宽、高检测装置 防碰撞装置 防坠落装置 极限保护开关 误操作报警 工作程序联锁	车长、宽、高检测装置 防碰撞装置 防坠落装置 极限保护开关 误操作报警 工作程序联锁	—

6.7.2 充电桩主要技术参数见表6-7-2。

表6-7-2 充电桩主要技术参数

充电桩类型	规格/kW	输入电压/V	最大输入电流/A	功率因数	谐波含量	效率	参考尺寸(宽×深×高)/mm×mm×mm	
							壁装	落地安装
交流充电桩	3.6	AC 220×(1±20%)	16	—	—	—	220×100×400	220×100×1400
	7.2	AC 220×(1±20%)	32	—	—	—	220×100×400	220×100×1400
	7~40	AC 220×(1±10%)	32~60	—	—	—	—	180(直径)×1778(高)
	100	AC 380~440	150	—	—	—	—	500×400×2000
直流充电桩	30	AC 380×(1±15%)	46	≥0.99	≤5%	≥0.95	—	400×342×1200
	60	AC 380×(1±15%)	92	≥0.99	≤5%	≥0.95	—	600×600×1600
	90	AC 380×(1±15%)	138	≥0.99	≤5%	≥0.95	—	650×450×1700
	120	AC 380×(1±15%)	184	≥0.99	≤5%	≥0.95	—	650×700×1800
	180	AC 380×(1±15%)	276	≥0.99	≤5%	≥0.95	—	900×700×2200

6.7.3 一般家用电器主要技术参数见表6-7-3。

表6-7-3 一般家用电器主要技术参数

设备类型	规格	功率/kW	相数	功率因数	设备类型	规格	功率/kW	相数	功率因数
洗衣机	迷你	0.2~0.3	1	0.6~0.95	饮水机	—	0.4~1.35	1	1
	普通	0.3~0.65	1		厨宝	速热	1.5~2.0	1	1
	洗烘一体	1.2~1.8	1		小厨宝(电热水器)	即热	2.0~5.0	1	1
电视	40in及以下	0.04~0.1	1	0.7~0.95	微波炉	—	0.8~1.2	1	0.8
	50in及以上	0.1~0.3	1		电磁炉	—	2.0~4.0	1	0.8
冰箱	—	0.03~0.15	1	0.6~0.95	电饭煲	—	0.5~1.5	1	1
风扇	—	0.04~0.09	1	0.8	烤箱	—	1.5~1.8	1	1
暖风机	—	1.0~2.0	1	0.8	洗碗机	除菌烘干	1.7~2.4	1	0.8
排风扇	—	0.02~0.04	1	0.8		余温烘干	0.8~1.2	1	0.8
电熨斗	—	0.8~2.0	1	1	面包机	—	0.4~1.0	1	0.8
挂烫机	手持	0.8~1.6	1	1	热水器	储水	1.0~3.0	1	1
	挂式	1.0~2.2	1	1		即热	5.5~8.5	1	1
吹风机	—	0.5~2.2	1	0.8	烘手器	—	1.0~2.0	1	1
电热毯	单人	0.06~0.08	1	1	壁挂炉	燃气	0.04~0.1	1	1
	双人	0.1~0.15	1	1		电热	2.0~12.0	1或3	1
热得快(电加热器)	—	1.8~2.5	1	1	电水壶	—	0.8~2.0	1	1
吸尘器	—	0.8~1.8	1	0.8	油烟机	—	0.18~0.25	1	0.8
扫地机器人	—	0.02~0.03	1	0.8	空气炸锅	—	1.0~1.5	1	1
空气净化器	—	0.02~0.06	1	0.8	料理机	—	1.0~1.5	1	0.8
台式计算机	—	0.2~0.5	1	0.8	豆浆机	—	0.75~1.0	1	0.8
电油汀(电采暖器)	—	0.8~2.5	1	1	消毒柜	—	0.3~0.75	1	0.8

注：1. 本表提供的为家用电器常用用电负荷及功率因数，各项参数仅供参考，具体数据应根据产品型号相应调整。

2. 本表中的“相数”一列表示设备是单相还是三相，1表示单相，3表示三相。

6.7.4 办公常用设备主要技术参数见表6-7-4。

表 6-7-4 办公常用设备主要技术参数

名称	电源			名称	电源		
	电压/V	功率/kW	功率因数		电压/V	功率/kW	功率因数
台式传真机	220	0.01~1.0	0.8	数据终端机(主机)	220	0.05	0.7
绘图仪	220	0.055	0.8	台式PC(液晶显示屏)	220	0.4	0.7
投影仪	220	0.1~0.4	0.8	饮水机	220	1.0	—
喷墨打印机	220	0.16	0.6	考勤机	220	0.003~0.015	—
彩色激光打印机(台式)	220	0.79	0.6	点钞机	220	0.004~0.08	0.8
激光图形打印机	220	2.6	0.8	碎纸机	220	0.12	0.8
晒图机(小型)	220	1.4	0.8	电子白板	220	0.08	—
静电复印机(台式)	220	1.2	0.8	自动咖啡机	220	0.8	0.8
静电复印机(桌式)	220	1.4	0.8	幻灯机	220	0.2	0.8
静电复印机(桌式带分页)	220	2.1	0.8	电动油印机	220	0.02	0.7
静电复印机(大型单张式)	220	3.5	0.8	光电普印机	220	0.02	0.7
静电复印机(大型卷筒式)	220	6.4	0.8	胶印机	220	0.02	0.7
静电复印机(大型微缩胶片放大)	220	5.8	0.8	对讲电话机	220	0.1	0.7
电子计算机(主机)	220	2	0.7	会议电话汇接机	220	0.3	0.7
电子计算机(主机)	220	3	0.7	会议电话终端机	220	0.02	0.7
电子计算机(主机)	380	10	0.7	电铃(φ50)	220	0.005	0.5
电子计算机(主机)	380	15	0.7	电铃(φ75)	220	0.01	0.5
电子计算机(主机)	380	20	0.7	电铃(φ100)	220	0.015	0.5
电子计算机(主机)	380	30	0.7	电铃(φ150)	220	0.02	0.5
电子计算机(主机)	380	50	0.7	电铃(φ25)	220	0.025	0.5
电子计算机(主机)	380	100	0.7	—	—	—	—

6.7.5 常用炊事电器主要技术参数见表6-7-5。

表 6-7-5 常用炊事电器主要技术参数

设备类型	规格	功率/kW	相数	功率因数	设备类型	规格	功率/kW	相数	功率因数
绞肉机	60kg/h	0.4	1	0.8	煮面炉	发热管	0.7~1.1	1	1
	210kg/h	0.8	1	0.8		发热盘	0.8~1.2	1	1
	500kg/h	3.5	1	0.8		平底	1.3~2.0	1	1
菜馅机	—	0.8~1.5	1	0.8	蒸饭柜	60人	6	1	1
切片机	—	0.5~0.9	1	0.8		120人	9	3	1
压面机	22cm	0.75	1	0.8		360人	24	3	1
和面机	5~15kg	1.5	1	0.85	炸炉	6L	2.5	1	1
	25kg	2.2	1	0.85		12L	5.0	1	1
馒头机	单门6盘	6	1	0.85	多头电磁炉	2头	4	1	0.8
	单门12盘	12	3	0.85		4头	8	1	0.8

（续）

设备类型	规格	功率/kW	相数	功率因数	设备类型	规格	功率/kW	相数	功率因数
多头电磁炉	6头	12	1或3	0.8	洗碗机	4500只/h	5	1	0.8
烤箱	三层三盘	6.4	1	1	油烟净化器	—	0.1	1	0.8
	三层六盘	19.8	3	1	滤油车	—	0.25~0.55	1	0.8
电饼铛	小型	2.8	1	1	保温柜	—	0.75~0.9	1	1
	恒温	5	1	1	咖啡机	—	1.0~2.0	1	0.8
饺子机	9000个/h	1.0	1	0.8	冰淇淋机	—	1.8	1	0.8
	24000个/h	1.75	1	0.8	制冰机	—	0.2~0.8	1	0.8
开水机	30L/h	3	1	1	榨汁机	—	1.5	1	0.8
	90L/h	9	3	1	沙冰机	—	1.5~2.0	1	0.8
	210L/h	21	3	1	豆浆机	—	2.0~2.5	1	0.8
洗碗机	1800只/h	3.5	1	0.8	消毒柜	—	0.6~0.9	1	0.8

注：1. 本表提供的为炊事电器的常用用电负荷及功率因数，各项参数仅供参考，具体数据应根据产品型号相应调整。
2. 本表中的“相数”一列表示设备是单相还是三相，1表示单相，3表示三相。

6.7.6 医疗电器主要技术参数见表6-7-6。

表6-7-6 医疗电器主要技术参数

名称	电源		外形尺寸/mm	备注
	电压/V	功率/kW		
手术室				
呼吸机	220	0.22~0.275	—	—
全自动正压呼吸机	220	0.037	—	—
加温湿化一体正压呼吸机	220	0.045	165×275×117	—
电动呼吸机	220	0.1	365×320×255	—
全功能电动手术台	220	1.0	480×2000×800	高度450~800mm可调
冷光12孔手术无影灯	24	0.35	—	—
冷光单孔手术无影灯	24	0.25~0.5	—	—
冷光9孔手术无影灯	24	0.25	—	—
人工心肺机	380	2	586×550×456	—
中医科				
电动挤压煎药机	220	1.8~2.8	550×540×1040	容量:20000mL
立式空气消毒机	220	0.3	—	
多功能真空浓缩机	220	2.4~1.8	—	容量:25000~50000cc
高速中药粉碎机	220	0.35~1.2	—	容量:100~400g
多功能切片机	220	0.35	340×200×300	切片厚度0.3~3mm
电煎常压循环一体机	220	2.1~4.2	—	容量:12000~60000mL
放射科、化验科				
300mAX线机	220	0.28	—	—
50mA床旁X射线机	220	3	1320×780×1620	—
全波型移动式X射线机	220	5	—	重量:160kg

（续）

名　称	电源		外形尺寸/mm	备　注
	电压/V	功率/kW		
放射科、化验科				
高频移动式 C 管 X 射线机	220	3.6	—	垂直升降 400mm
牙科 X 射线机	220	1.0	—	—
单导心电图机	220	0.05	—	—
三导心电图机	220	0.15	—	—
推车式 B 超机	220	0.07	600×800×1200	—
超速离心机	380	3	1200×700×930	—
低速大容量冷冻离心机	220	4	—	—
高速冷冻离心机	220	0.3	—	—
深部治疗机	220	10	—	—
其他				
不锈钢电热蒸馏水器	220	13.5	—	出水量 20L
热风机	380	1.5~2.3+0.55	366×292×780	—
电热鼓风干燥箱	220	3	850×500×600	—
隔水式电热恒温培养箱	220	0.28~0.77	—	—
低温箱	380	3~15	—	—
太平柜	380	3	2600×1430×1700	—
—	—	—	—	—

6.7.7 防火卷帘门、电动门、电动窗主要技术参数见表 6-7-7。

表 6-7-7　防火卷帘门、电动门、电动窗主要技术参数

设备名称	供电电压/V	功率/kW	开启方式	控制方式	电源接入位置	备　注
防火卷帘门	380	550	垂直提升	手动控制：由现场设在卷帘门侧的就地按钮控制 自动控制：由设在卷帘门侧的感烟感温探测器控制 集中管理：由消防控制室集中控制管理	电源送至卷帘门供应商自带的控制箱处。该控制箱设在卷帘门附近，可就地设在底距地 1.4m 的墙面、柱上位置；也可设在高处，梁下或吊顶内安装 消防联动管线、就地手动控制线、电机电源线、动作的声光报警线均应引至卷帘门自带控制箱位置	卷帘门洞孔尺寸：1500mm（宽）×4000mm（高）
	380	550				卷帘门洞孔尺寸：2500mm（宽）×4000mm（高）
	380	550				卷帘门洞孔尺寸：4000mm（宽）×4000mm（高）
	380	750				卷帘门洞孔尺寸：4500mm（宽）×4000mm（高）
	380	750				卷帘门洞孔尺寸：5000mm（宽）×5000mm（高）
	380	1100				卷帘门洞孔尺寸：7500mm（宽）×5000mm（高）
	380	1500				卷帘门洞孔尺寸：7500mm~12000mm（宽）×7000mm（高）
电动平开门	220	200	对门平开	感应自动门：由红外和微波探测系统、触摸开关、脚踏开关控制 刷卡自动门：由门禁系统控制	电源沿顶或地引至接线盒，由接线盒再接控制器	适用于酒店、写字楼、商场等入口，消防时自动打开
电动旋转门	220	300	360°旋转	感应自动门：由红外和微波探测系统、触摸开关、脚踏开关控制	电源沿顶或地引至顶部设备自带控制箱，若门上设置照明灯具，还需敷设照明电源	适用于酒店、写字楼、商场等入口，消防时自动打开

（续）

设备名称	供电电压/V	功率/kW	开启方式	控制方式	电源接入位置	备注
自动伸缩门	220	400	单方向伸缩	手动控制和遥控器控制	控制箱设在值班室内,设计需预留值班室至伸缩门的设备管线,一般预留一根SC25	适用于进入建筑园区的入口
自动车库门	220	180	平滑下移	现场手动、钥匙开关和遥控器控制,也可红外控制。关门时遇到障碍物自动停止运行,停电或故障时可手动启闭	在车库顶中部距门框300~400mm 设置220V/10A三孔电源插座	开启高度≤5000mm
电动开窗机	380	750	上悬或中悬45°开启 平开	可用遥控器、烟温感探测器及风、雨、温度探测器控制;在停电或故障等应急情况下,可现场手动启闭	控制箱设在易于操作、管理方便的地方,所有探测器件至控制箱均需预留管线	适用于一般工业厂房、仓库、车站候车室、候机楼、影剧院、礼堂、食堂等 开启高度小于1200mm

6.7.8 给水排水工程电动阀主要技术参数见表6-7-8。

表6-7-8 给水排水工程电动阀主要技术参数

设备名称	阀组内报警或受控设备	额定电压/V	额定电流/A	设备引至相关电气装置导线根数	控制方式	复位方式	适合场所
湿式报警阀	压力开关	—	—	4根线	湿式报警阀由阀体和压力开关、水力警铃等外部专用附件组成。压力开关是压力型水流探测开关,当阀体中的阀门动作时,水力警铃自动发出报警,同时压力开关在水压作用下接通无源触点,输出起泵电接点信号至水泵控制柜,起动喷洒泵,并将压力开关的动作信号返回消防控制室	手动	用于湿式自动喷水灭火系统
干式报警阀	压力开关	—	—	4根线	干式报警阀由阀体和压力开关、空压机、水力警铃、电动阀等外部专用附件组成。平时报警阀由空压机维持管道系统压力。当火灾发生时,管道系统压力下降,阀门被打开,水力警铃自动发出报警,同时压力开关在水压作用下接通无源触点,输出起泵电接点信号至水泵控制柜,起动喷洒泵。压力开关动作同时打开快速排气阀前的电动阀,并将压力开关的动作信号返回消防控制室	手动	用于闭式干式自动喷水灭火系统
	快速排气阀前的电动阀	DC 24	1	自动控制4根线		手动	
		AC 220	2	直接控制4根线			
雨淋报警阀	电磁阀	DC 24	0.6	自动控制4根线 直接控制4根线	雨淋报警阀由阀体和压力开关、水力警铃、快速开启阀、电磁阀等外部专用附件组成,其控制功能如下: 1. 由值班人员现场开启雨淋报警阀处的手动快开阀,雨淋阀开启 2. 火灾报警的探测信号自动联动雨淋报警阀处的电磁阀,雨淋阀开启 3. 由消防水泵房或消防控制室手动打开雨淋报警阀处的电磁阀,雨淋阀开启 4. 雨淋阀开启后,雨淋阀处的压力开关动作,输出触点信号,自动起动雨淋喷洒泵,并将压力开关的动作信号返回消防控制室	手动	用于雨淋、水喷雾、水幕灭火系统
	压力开关	—	—	4根线		手动	

（续）

设备名称	阀组内报警或受控设备	额定电压/V	额定电流/A	设备引至相关电气装置导线根数	控制方式	复位方式	适合场所
预作用报警阀	电磁阀	DC 24	0.6	自动控制4根线 直接控制4根线	预作用报警阀由湿式报警阀和雨淋报警阀叠加而成，故在动作过程中兼备两个阀的功能。当火灾发生时，预作用报警阀管网从干式状态转换为湿式。当阀体中的阀门均被打开后，水力警铃自动发出报警，报警阀处的压力开关在水压作用下接通无源触点，输出起泵电接点信号至水泵控制柜，起动喷洒泵。当采用充气管系统时，压力开关动作的同时应打开快速排气阀前的电动阀，并将压力开关的动作信号返回消防控制室，充气管系统压力平时由空压机维持	手动	用于闭式管网自动喷水灭火系统
	压力开关	—	—	4根线		手动	
	快速排气阀前的电动阀	DC 24	1	自动控制4根线		手动	
		AC 220	2	直接控制4根线			
压力开关		—	—	4根线	1. 消防水泵出水管上压力开关、高位消防水箱出水管上流量开关或报警阀压力开关当达到动作值时，触点闭合，输出电接点信号直接起动消火栓泵，压力开关、流量开关或报警阀压力开关的动作信号返至消防控制室 2. 干式报警阀、雨淋阀或电磁阀、电动阀起动快速起泵装置，并将动作信号返回消防控制室	手动	用于消火栓灭火系统
流量开关		—	—	4根线			
快速起泵装置（干式消火栓系统）		—	—	4根线			
水流指示器及其检修阀		—	—	4根线	将水流信号转换成电信号的报警装置。当消防水管水流动时，水流指示器动作，向消防控制室发出报警信号；当水停止流动时，信号自动消失	手动	用于自动喷水灭火系统
消防信号蝶阀		—	—	2根线	平时蝶阀处于常开状态，当消防系统管路、水流指示器或各类报警阀维护检修时，手动关闭信号蝶阀，同时可向消防控制室发出蝶阀关闭的无源触点动作信号。当维护结束后，手动打开蝶阀，信号自动消失	手动	与报警阀配套使用

6.7.9 通风与空调工程的电动防火阀主要技术参数见表6-7-9。

表6-7-9 通风与空调工程的电动防火阀主要技术参数

设备分类	名称	额定电压/V	额定电流/A	控制方式	输出信号	阀到消防现场模块导线根数	复位方式	启闭状态	适用范围
防火类	防火阀	—	—	当温度到达70℃或150℃（厨房用）时，易熔片动作，阀门自行关闭	输出阀门关闭无源接点信号	2根线	手动复位	常开	用于空调通风系统风管内，防止火势沿风管蔓延
	简易防火阀防火风口	—	—	当温度到达70℃时，易熔片动作、阀门自动关闭	无信号输出	—	手动复位	常开	可用于多个多层个人卫生间排风
	电动防火阀	DC 24×(1+10%)V	0.7	电动控制电磁铁动作关闭阀门，也可温度到达70℃时易熔片动作，阀门自动关闭	输出阀门关闭无源接点信号	6根线	手动复位	常开	用于空调通风系统风管内，当发生火灾时，能迅速关闭阀门，防止火势沿风管蔓延
	排烟防火阀	—	—	当温度到达280℃时，易熔片动作，阀门自动关闭；用于排烟风机吸入口的阀门，动作后联锁关闭相应的排烟风机	输出阀门关闭无源接点信号	6根线	手动复位	常开	用于排烟风机吸入口或排烟系统风管上，防止火势沿排烟风管蔓延

（续）

设备分类	名称	额定电压/V	额定电流/A	控制方式	输出信号	阀到消防现场模块导线根数	复位方式	启闭状态	适用范围
防烟类	加压送风口	DC 24×(1+10%)V	0.7	火灾时，由消防控制室远程或现场按钮打开加压口，阀门动作后联锁打开相应的正压风机	输出阀门开启无源接点信号	4根线	手动复位	常闭	用于楼梯间前室、合用前室、防烟避难走廊等，起到阻烟、防烟作用
排烟类	排烟阀（排烟口）	DC 24×(1+10%)V	0.7	火灾时，由消防控制室远程电动打开排烟阀，也可现场手动或远距离缆绳打开排烟阀，动作后联锁打开相应的排烟风机。可设280℃防火阀，温度到达时易熔片动作，阀门自行关闭	输出阀门开启无源接点信号	4根线（无280℃防火阀）6根线（有280℃防火阀）	手动复位	常闭	1. 与排烟风管相连接，当设置280℃防火阀动作关闭时，该排烟口停止排烟，以防止火势沿排烟风管蔓延 2. 可远距离缆绳控制或现场阀体按钮控制

6.8 不同环境下电气设备选型

6.8.1 危险区域内电气设备保护分级见表6-8-1。

表6-8-1 危险区域内电气设备保护分级

电气设备保护级别	电气设备防爆结构
Ga	本质安全型；浇封型；由两种独立的防爆类型组成的设备，每一种类型达到保护等级Gb的要求；光辐射式设备和传输系统的保护
Gb	防爆型；增安型；本质安全型；浇封型；油浸型；正压型；充砂型；本质安全现场总线概念（FISCO）；光辐射式设备和传输系统的保护
Gc	本质安全型；浇封型；无火花；限制呼吸；限能；火花保护；正压型；非可燃现场总线概念（FNICO）；光辐射式设备和传输系统的保护
Da	本质安全型；浇封型；外壳保护型
Db	本质安全型；浇封型；外壳保护型；正压型
Dc	本质安全型；浇封型；外壳保护型；正压型

6.8.2 危险区域内电气设备选择见表6-8-2。

表6-8-2 危险区域内电气设备选择

危险区域	设备保护级别	危险区域	设备保护级别
0区	Ga	20区	Da
1区	Ga或Gb	21区	Da或Db
2区	Ga、Gb或Gc	22区	Da、Db或Dc

6.8.3 不同灰尘沉降量环境下电气设备的选择见表6-8-3。

表6-8-3 不同灰尘沉降量环境下电气设备的选择

级　别	灰尘沉降量(月平均值)/[mg/(m²·d)]	说　明	防护等级
Ⅰ	10~100	清洁环境	一般电器
Ⅱ	300~550	一般多尘环境	IP5X
Ⅲ	≥550	多尘环境	IP6X

注：对于电导纤维（如碳素纤维）环境，应采用IP65级电器。

6.8.4 户内外腐蚀环境电气设备的选择见表6-8-4。

表6-8-4 户内外腐蚀环境电气设备的选择

户内腐蚀环境类别			
电气设备名称	0类	Ⅰ类	Ⅱ类
配电装置	IP2X~IP4X	F1级防腐型	F2级防腐型
控制装置	F1级防腐型	F1级防腐型	F2级防腐型
电力变压器	普通型、密闭型	F1级防腐型	—
电动机	Y、Y2系列电动机	F1级防腐型	—
控制电器和仪表(包括按钮、信号灯、电能表、插座)	防腐型、密闭型	F1级防腐型	F2级防腐型
灯具	防护型或防水防尘型	防腐型	
电线	塑料绝缘电线、橡皮绝缘电线或塑料护套电线		
电缆	塑料护套电力电缆		
电缆桥架	普通型	F1级防腐型	F2级防腐型
户外腐蚀环境类别			
电气设备名称	0类	Ⅰ类	Ⅱ类
配电装置	W级户外型	WF1级防腐型	WF2级防腐型
控制装置	W级户外型	WF1级防腐型	WF2级防腐型
电力变压器	普通型、密闭型	WF1级防腐型	WF2级防腐型
电动机	W级户外型	WF1级防腐型	WF2级防腐型
控制电器和仪表(包括按钮、信号灯、电能表、插座)	W级户外型	WF1级防腐型	WF2级防腐型
灯具	防水防尘型	户外防腐型	
电线	塑料绝缘电线		
电缆	塑料外护套电力电缆		
电缆桥架	普通型	WF1级防腐型	WF1级防腐型

6.8.5 高海拔地区电气设备的选择。

一般来说，对于高压配电系统海拔在1000m以上的地区统称为高海拔地区，低压配电系统海拔在2000m以上的地区称为高海拔地区。高海拔地区具有空气密度及气压较低、空气温度较低、温度变化较大、太阳辐射强度较高、降水量较少、大风日多、土壤温度较低等特征。

1. 高压电气设备的选择。高压电器、开关设备及导体正常使用环境的海拔不应超过1000m，当海拔超过1000m时应选用相应海拔适应能力级别的产品。海拔适应能力级别：G2适应1000~2000m；G3适应2000~3000m；G4适应3000~4000m；G5适应4000~5000m。

高海拔对高压电器和开关设备的影响是多方面的，但主要是电晕、温升和外绝缘的问题。

（1）由于海拔增加，高压设备的交流电晕起始电压降低，因而电晕增加电能损耗，加速绝缘老化和金属腐蚀，同时对无线电产生干扰。

（2）在高海拔不超过4000m地区使用时，高压电器和开关设备的额定电流可以保持不变。

（3）对于海拔高于1000m但不超过4000m的高压电器外绝缘，海拔每升高100m，其外绝缘强度降低0.8%~1.3%。

（4）在海拔超过1000m的地区，可以通过采取加强保护或加强绝缘等措施，保证高压电器安全运行。加强保护可以使普通绝缘的高压电器使用于3000m以下的高海拔地区，有利于降低高压电气设备的造价，也可以改变中性点接地方式，将中性点不接地或谐振接地改为低电阻接地，使单相接地时不跳闸变为立即跳闸，降低过电压危害。

对于安装在海拔1000m以上的高压电器，该使用场所求的绝缘耐受电压是由标准参考大气条件下的绝缘耐受电压乘以修正系数来决定，K_a计算如下：

$$K_a = e^{m(H-1000)/8150} \tag{6-8-1}$$

式中 K_a——修正系数；

H——海拔（m）。

m为了简单起见，取下述确定值；$m=1$，用于工频、雷电冲击和相间操作冲击电压；$m=0.9$，用于纵绝缘操作冲击电压；$m=0.75$，用于相对地操作冲击电压。

2. 低压电气设备的选择。

（1）由于气温随海拔升高而降低，当产品温升的增加不能为环境气温的降低所补偿时，应降低额定容量使用，其降低值为绝缘允许极限工作温度每超过1℃，降低1%额定容量，对连续工作的大发热量电器（如电阻器），可适当降低电流使用。

（2）普通型低压电器在海拔2500m时仍有60%的耐压裕度，可在其额定电压下正常运行。

（3）海拔升高时双金属片热继电器和熔断器的动作特性有少许变化，但在海拔4000m及以下时，仍在其技术条件规定的范围内。在海拔超过4000m时，对其动作电流应重新整定，以满足高原地区的要求。

（4）低压电器的电气间隙和漏电距离的击穿强度随海拔增高而降低，其递减率一般为海拔每升高100m降低0.5%~1%，最大不超过1%。

6.8.6 热带地区电气设备的选择。

热带地区根据常年空气的干湿程度分为湿热带和干热带。湿热带系指一天内有12h以上气温不低于20℃、相对湿度不低于80%的气候条件，这样的天数全年累计在两个月以上的地区。干热带系指年最高气温在40℃以上而长期处于低湿度的地区。选择高压电器、开关设备和导体使用时的环境相对湿度，应采用当地湿度最高月份的平均相对湿度。高压电器和开关设备使用在湿热带地区时，应采用相应的湿热带型产品，使用在亚湿热带地区时可采用普通型产品，但应根据当地运行经验加强防护措施，如加强防潮、防水、除湿防锈、防霉及防虫害等。热带型低压电器使用环境条件见表6-8-5。

表6-8-5　热带型低压电器使用环境条件

环境因素		湿热带型	干热带型
海拔/m		≤2000	≤2000
空气温度/℃	年最高	40	45
	年最低	0	-5
空气相对湿度(%)	最湿月平均最大相对湿度	95(25℃)	—
	最干月平均最小相对湿度	—	10(40℃时)
凝露		有	—
霉菌		有	—
沙尘		—	有

评　注

开关电器及电气设备的选择一定要关注其使用环境，在一些特殊环境中，使得常规的开关电器及电气设备无法满足现场需求，需要根据环境对开关电器参数进行修正，并相应选择适宜产品，这些将直接影响电力系统能否安全稳定运行。

小　结

开关电器及电气设备要根据电力系统正常工作条件、短路条件、环境工作条件进行选择，不仅要满足电力系统稳态运行，也要对电力系统的暂态进行动、热稳定校验。同时应关注使用环境对开关电器及电气设备的影响，选择低能耗电气产品，力争做到安全可靠、操纵控制方便、维护简单、经济合理和技术先进。

7 电气照明

7.1 基本知识

7.1.1 光谱颜色、波长和范围见表 7-1-1。

表 7-1-1 光谱颜色、波长和范围

光谱颜色	红	橙	黄	绿	蓝	紫
波长/nm	700	620	580	510	470	420
范围/nm	640~750	600~640	550~600	480~550	450~480	400~450

7.1.2 照明的方式及种类见表 7-1-2。

表 7-1-2 照明的方式及种类

<table>
<tr><td rowspan="4">照明方式</td><td>一般照明</td><td colspan="3">为照亮工作面而设置的照明，并应满足该场所视觉活动性质的需求</td></tr>
<tr><td>分区一般照明</td><td colspan="3">为提高特定区域照度的一般照明，且通行区照度不应低于工作区域照度的 1/3</td></tr>
<tr><td>混合照明</td><td colspan="3">由一般照明和局部照明组成的照明形式，重点照明区域的照度与其周围背景的照度比不宜小于 3 : 1</td></tr>
<tr><td>局部照明</td><td colspan="3">为增加特定的有限的部位的照度而设置的照明，作业区邻近周围照度应根据作业区的照度相应减少，但不应低于 200lx，其余区域的一般照明照度不应低于 100lx</td></tr>
<tr><td rowspan="4">照明种类</td><td>正常照明</td><td colspan="3">在正常情况下使用的照明</td></tr>
<tr><td rowspan="3">应急照明</td><td rowspan="3">因正常照明的电源失效而启用的照明</td><td>疏散照明</td><td>正常照明因故障熄灭后，需确保人员安全疏散的出口和通道设置的照明</td></tr>
<tr><td>安全照明</td><td>当正常照明因故熄灭时，为确保处于潜在危险的人或物的安全而设置的照明</td></tr>
<tr><td>备用照明</td><td>正常照明因故障熄灭后，需确保正常工作或活动继续进行而设置的照明</td></tr>
</table>

（续）

照明种类	值班照明	在非工作时间内，供值班人员观察使用的照明，例如：面积超过 500m² 的商店及自选商场，面积超过 200m² 的贵重品商店；商店、金融建筑的主要出入口，通向商品库房的通道，通向金库、保管库的通道；单体建筑面积超过 3000m² 的库房周围的通道等
	警卫照明	根据警卫区域范围的要求设置的照明，例如：警卫区域周围的全部走道，通向警卫区域所在楼层的全部楼梯、走道；警卫区域所在楼层的电梯厅和配电设施处；警卫区域所在建筑物主要出入口内外以及该建筑室外监控摄像机的拍摄区域等
	障碍照明	为保障夜间交通的安全而设置的标志照明

7.1.3 照明设计调研内容见表 7-1-3。

表 7-1-3 照明设计调研内容

项目	收集资料主要内容	用途
工艺生产使用要求	生产、工作性质，视觉作业精细程度，连续作业状况，作业面分布，工种分布情况，通道位置	确定一般照明或分区一般照明，确定照度标准值，是否要局部照明
	特殊作业或被照面的视觉要求	是否要重点照明（如商场）
	作业性质及对颜色分辨要求	定显色指数（*Ra*）、光源色温
	作业性质及对限制眩光的要求	定眩光指数（*UGR* 或 *GR*）标准
	作业对视觉的其他要求	如空间亮度、立体感等
	作业的重要性和不间断要求，作业对人的可能危险，建筑类型、使用性质、规模大小对灾害时疏散人员要求	确定是否要应急照明（分别定疏散照明、备用照明、安全照明）
	场所环境污染特征	确定维护系数
	场所环境条件：包括是否有多尘、潮湿、腐蚀性气体、高温、振动、火灾危险、爆炸危险等	灯具等的防护等级（IP××）及防爆类型
	其他特殊要求，如体育场馆的彩电转播、博物馆、美术馆的展示品，商场的模特，演播室、舞台等	确定特殊照明要求，如垂直照度、立体感、阴影等
建筑结构状况	建筑平面、剖面、建筑分隔、尺寸，主体结构、柱网、跨度、屋架、梁、柱布置，高度，屋面及吊顶情况	安排灯具布置方案，布灯形式及间距，灯具安装方式等
	室内通道状况，楼梯、电梯位置	设计通道照明、疏散照明（含疏散标志位置）
	墙、柱、窗、门、通道布置，门的开向	照明开关、配电箱布置
	建筑内装饰情况，顶、墙、地、窗帘颜色及反射比	按各表面反射比求利用系数
	吊顶、屋面、墙的材质和防火状况	灯具及配线的防火要求
	建筑装饰特殊要求（高档次公共建筑），如对灯具的美观、装设方式、协调配合、光的颜色等要求	协调确定间接照明方式、灯具造型、光色等
	高耸建筑的总高度及建筑周围建、构筑物状况	是否要障碍照明
	建筑立面状况及建筑周围状况（需要建筑夜景照明时）	确定夜景照明方式及安装
建筑设备状况	建筑设备及管道状况，包括空调设施、通风、暖气、消防设施，热水蒸气及其他气体设施及其管道布置、尺寸、高度等	协调顶部灯的位置，高度，防止挡光，协调顶、墙的灯具、开关和配线的位置

7.1.4 照度计算的基本方法。

1. 点光源的点照度计算。

(1) 距离二次方反比定律：点光源 S 在与照射方向垂直的平面 N 上产生的照度 E_n 与光源的光强 I_θ 成正比，与光源至被照面的距离 R 的二次方成反比。

$$E_n = \frac{I_\theta}{R^2} \tag{7-1-1}$$

式中 E_n——点光源在与照射方向垂直的平面上产生的照度（lx）；

I_θ——照射方向的光强（cd）；

R——点光源至被照面的计算点距离（m）。

(2) 余弦定律：点光源 S 在水平面 H 上产生的照度 E_h 与光源的光强 I_θ 及被照面法线与入射线的夹角 θ 的余弦成正比，与光源至被照面的距离 R 的二次方成反比。

$$E_h = \frac{I_\theta}{R^2}\cos\theta \tag{7-1-2}$$

式中 E_h——点光源在水平面上 P 点产生的照度（lx）；

I_θ——照射方向的光强（cd）；

R——点光源至被照面的计算点距离（m）；

$\cos\theta$——被照面法线与入射线的夹角的余弦。

2. 线光源的点照度计算。当光源尺寸与光源到计算点之间距离之比小得很多时，可将光源视为点光源。线形发光体的长度不大于照射距离的 1/4 时，按点光源进行照度计算误差均小于 5%。当线形发光体的长度大于照射距离的 1/4 时，线光源的点照度计算方法可以采用方位系数法和应用线光源等照度曲线法计算。

3. 面光源的点照度计算。面光源的点照度计算，可将光源划分若干个线光源或点光源，用相应的线光源的点照度计算法或点光源的点照度计算法分别计算后，再进行叠加。当光源尺寸与光源到计算点之间距离之比小得很多时，可将光源视为点光源。一般圆盘形发光体的直径不大于照射距离的 1/5 时，按点光源进行照度计算误差均小于 5%。

4. 采用利用系数法计算平均照度。当房间长度小于宽度的 4 倍时，采用对称或近似对称配光灯具且均匀布置的场所的照明计算，可采用利用系数法。

7.1.5 灯具按防触电保护等级选型见表 7-1-4。

表 7-1-4 灯具按防触电保护等级选型

灯具防触电保护等级	灯具主要性能	应用说明	应用场所举例
0 类	保护依赖基本绝缘，在易触及的部分及外壳和带电体间的绝缘	用于安全程度高的场所，灯具安装、维护方便	空气干燥、尘埃少、木板地等条件下的吊灯、吸顶灯等
Ⅰ类	除基本绝缘外，易触及的部分及外壳有接地装置，一旦基本绝缘损坏时，不致有危险	用于金属外壳灯具，提高安全性	透光灯、路灯、庭院灯等

（续）

灯具防触电保护等级	灯具主要性能	应用说明	应用场所举例
Ⅱ类	除基本绝缘外，还有补充绝缘，做成双重绝缘，提高安全性	由于绝缘性能好，安全性高，所以适用于环境差、人经常触及的灯具	台灯、手提灯等
Ⅲ类	采用特低安全电压（交流有效值小于50V），且灯具内不会产生高于此值的电压	灯具安全性最高，用于恶劣环境	机床工作灯、水下灯、儿童用灯等

评　注

照明是以人们的生活、活动为目的对光的利用，从广义上讲，应包括对生命体、生物有作用的视觉与光信息、紫外线、可见光及红外线等各部分。照明应以人为本，要考虑安全性、实用性以及照度要求，并结合人性化的创意才能创造良好的可见度和舒适愉快的环境。

7.2 照明质量

7.2.1 光源色表分组见表7-2-1。

表7-2-1 光源色表分组

色表分组	相关色温/K	色表特征	应用场所举例
Ⅰ	<3300	暖	客房、卧室、病房、酒吧、餐厅等
Ⅱ	3300~5300	中间	办公室、教室、阅览室、诊室、检验室、机加工车间、仪表装配等
Ⅲ	>5300	冷	热加工车间、高照度场所

7.2.2 各种照度下灯光色表给人的不同印象见表7-2-2。

表7-2-2 各种照度下灯光色表给人的不同印象

照度/lx	对光源色的感觉			备　注
	暖	中间	冷	
≤500	愉快	中间	冷	
500~1000	↑	↑	↑	
1000~2000	刺激	愉快	中间	
2000~3000	↓	↓	↓	
>3000	不自然	刺激	愉快	

7.2.3 光源色温及显色性选择见表 7-2-3。

表 7-2-3 光源色温及显色性选择

显色性能类别	显色指数范围	色表	应用示例	
			优先采用	允许采用
Ⅰ	$Ra \geqslant 90$	暖(<3300K)	颜色匹配	—
		中间(3300~5300K)	医疗诊断、画廊	—
		冷(>5300K)	—	—
	$90 > Ra \geqslant 80$	暖	客房、卧室、餐厅、酒吧、病房	—
		中间	办公室、教室、商场、医院、印刷、油漆和纺织工业、机加工、仪表装配、阅览室、诊室、检验室、实验室、控制室	—
		冷	视觉费力的工业生产、高照明场所、热加工车间	—
Ⅱ	$80 > Ra \geqslant 60$	暖	高大的工业生产场所	—
		中间		—
		冷		—
Ⅲ	$60 > Ra \geqslant 40$	—	粗加工工业	工业生产
Ⅳ	$40 > Ra \geqslant 20$	—	—	粗加工工业、显色性要求低的工业生产、库房

7.2.4 视觉工作对应的照度范围值见表 7-2-4。

表 7-2-4 视觉工作对应的照度范围值

视觉工作性质	照度范围/lx	区域或活动类型	适用场所示例
简单视觉工作	≤20	室外交通区,判别方向和巡视	室外道路
	30~75	室外工作区、室内交通区,简单识别物体表征	客房、卧室、走廊、库房
一般视觉工作	100~200	非连续工作的场所(大对比大尺寸的视觉作业)	病房、起居室、候机厅
	200~500	连续视觉工作的场所(大对比小尺寸和小对比大尺寸的视觉作业)	办公室、教室、商场
	300~750	需集中注意力的视觉工作(小对比小尺寸的视觉作业)	营业厅、阅览室、绘图室
特殊视觉工作	750~1500	较困难的远距离视觉工作	一般体育场馆
	1000~2000	精细的视觉工作、快速移动的视觉对象	乒乓球、羽毛球
	≥2000	精密的视觉工作、快速移动的小尺寸视觉对象	手术台、拳击台、赛道终点区

7.2.5 显色指数的分级见表 7-2-5。

表 7-2-5 显色指数的分级

等　级	色匹配(色彩逼真)	良好显色性(色彩较好)	中等显色性(色彩一般)	差显色性(色彩失真)
显色指数	91~100	81~90	51~80	21~50

7.2.6 统一眩光值（*UGR*）对应不舒适眩光的主观感受见表 7-2-6。

表 7-2-6 统一眩光值（*UGR*）对应不舒适眩光的主观感受

UGR	不舒适眩光的主观感受	*UGR*	不舒适眩光的主观感受
28	严重眩光，不能忍受	19	轻微眩光，可忍受
25	有眩光，有不舒适感	16	轻微眩光，可忽略
22	有眩光，刚好有不舒适感	13	极轻微眩光，无不舒适感
		10	无眩光

7.2.7 作业面邻近周围照度要求见表 7-2-7。

表 7-2-7 作业面邻近周围照度要求

作业面照度/lx	作业面邻近周围照度/lx
≥750	500
500	300
300	200
≤200	与作业面照度相同

注：邻近周围指作业面外 0.5m 范围之内。

7.2.8 维护系数值见表 7-2-8。

表 7-2-8 维护系数值

环境污染特征		房间或场所举例	灯具最少擦拭次数（次/年）	维护系数值
室内	清洁	卧室、办公室、影院、剧场、餐厅、阅览室、教室、病房、客房、仪器仪表装配间、电子元器件装配间、检验室。商店营业厅、体育馆、体育场等	2	0.80
	一般	机场候机厅、候车室、机械加工车间、机械装配车间、农贸市场等	2	0.70
	污染严重	公用厨房、锻工车间、铸工车间、水泥车间等	3	0.60
开敞空间		雨篷、站台	2	0.65

评 注

照明质量内容主要包含以下几方面：光源的显色特性，处理好光源色温与显色性的关系，一般显色指数与特殊显色指数的色差关系，避免产生心理上的不平衡或不和谐感。空间亮度分布，合理的亮度分布，可提供良好的空间清晰度眩光控制，限制眩光干扰，减少烦躁和不安。造型立体感，消除不必要的阴影，创造完美的造型质感。照度水平，提供适宜的照度、空间照度分布和照度均匀度，有利于人的活动安全、舒适和正确识别周围环境，防止人与光环境之间失去协调性。

7.3 照度标准

7.3.1 照度标准分级。

照度标准应按以下系列分级：0.5lx、1lx、2lx、3lx、5lx、10lx、15lx、20lx、30lx、50lx、75lx、100lx、150lx、200lx、300lx、500lx、750lx、1000lx、1500lx、2000lx、3000lx、5000lx。

7.3.2 居住建筑照明标准值宜符合表 7-3-1 的规定。

表 7-3-1 居住建筑照明标准值

房间或场所		参考平面及其高度	照度标准值/lx	*Ra*
起居室	一般活动	0.75m 水平面	100	80
	书写、阅读		300*	
卧室	一般活动	0.75m 水平面	75	80
	床头、阅读	0.75m 水平面	150*	
餐厅		0.75m 餐桌面	150	80
厨房	一般活动	0.75m 水平面	100	80
	操作台	台面	150*	
卫生间		0.75m 水平面	100	80
电梯前厅		地面	75	60
走道、楼梯间		地面	50	60
车库		地面	30	60
职工宿舍		地面	100	80
老年人卧室	一般活动	0.75m 水平面	150	80
	床头、阅读		300*	80
老年人起居室	一般活动	0.75m 水平面	200	80
	书写、阅读		500*	80
酒店式公寓		地面	150	80

注：* 指混合照明照度。

7.3.3 图书馆建筑照明标准值应符合表 7-3-2 的规定。

表 7-3-2 图书馆建筑照明标准值

房间或场所	参考平面及其高度	照度标准值/lx	*UGR*	U_0	*Ra*
一般阅览室	0.75m 水平面	300	19	0.60	80
多媒体阅览室	0.75m 水平面	300	19	0.60	80
老年阅览室	0.75m 水平面	500	19	0.70	80
珍善本、舆图阅览室	0.75m 水平面	500	19	0.60	80
陈列室、目录厅、出纳厅	0.75m 水平面	300	19	0.60	80

（续）

房间或场所	参考平面及其高度	照度标准值/lx	UGR	U_0	Ra
档案库	0.75m 水平面	200	19	0.60	80
书库、书架	0.25m 垂直面	50	—	0.60	80
工作间	0.75m 水平面	300	19	0.60	80
采编、修复工作间	0.75m 水平面	500	19	0.60	80

7.3.4 办公建筑照明标准值应符合表 7-3-3 的规定。

表 7-3-3 办公建筑照明标准值

房间或场所	参考平面及其高度	照度标准值/lx	UGR	U_0	Ra
普通办公室	0.75m 水平面	300	19	0.6	80
高档办公室	0.75m 水平面	500	19	0.6	80
会议室	0.75m 水平面	300	19	0.6	80
视频会议室	0.75m 水平面	750	19	0.6	80
接待室、前台	0.75m 水平面	200	—	0.4	80
服务大厅、营业厅	0.75m 水平面	300	22	0.4	80
设计室	实际水平面	500	19	0.6	80
文件整理、复印、发行室	0.75m 水平面	300	—	0.4	80
资料、档案存放室	0.75m 水平面	200	—	0.4	80

7.3.5 商业建筑照明标准值应符合表 7-3-4 的规定。

表 7-3-4 商业建筑照明标准值

房间或场所	参考平面及其高度	照度标准值/lx	UGR	U_0	Ra
一般商店营业厅	0.75m 水平面	300	22	0.6	80
一般室内商业街	地面	200	22	0.6	80
高档商店营业厅	0.75m 水平面	500	22	0.6	80
一般超市营业厅	0.75m 水平面	300	22	0.6	80
高档超市营业厅	0.75m 水平面	500	22	0.6	80
仓储式超市	0.75m 水平面	300	22	0.6	80
专卖店营业厅	0.75m 水平面	300	22	0.6	80
农贸市场	0.75m 水平面	200	25	0.4	80
收款台	台面	500*	—	0.6	80

注：* 指混合照明照度。

7.3.6 观演建筑照明标准值应符合表 7-3-5 的规定。

表 7-3-5 观演建筑照明标准值

房间或场所		参考平面及其高度	照度标准值/lx	UGR	U_0	Ra
门厅		地　面	200	—	0.4	80
观众厅	影院	0.75m 水平面	100	22	0.4	80
	剧场	0.75m 水平面	150	22	0.4	80

（续）

房间或场所		参考平面及其高度	照度标准值/lx	UGR	U_0	Ra
观众休息厅	影院	地面	150	22	0.4	80
	剧场、音乐厅	地面	200	22	0.4	80
排演厅		地面	300	22	0.6	80
化妆室	一般活动区	0.75m 水平面	150	22	0.6	80
	化妆台	1.1m 高处垂直面	500*	—	—	80

注：*指混合照明照度。

7.3.7 旅馆建筑照明标准值应符合表 7-3-6 的规定。

表 7-3-6 旅馆建筑照明标准值

房间或场所		参考平面及其高度	照度标准值/lx	UGR	U_0	Ra
客房	一般活动区	0.75m 水平面	75	—	—	80
	床头	0.75m 水平面	150	—	—	80
	写字台	台面	300	—	—	80
	卫生间	0.75m 水平面	300*	—	—	80
中餐厅		0.75m 水平面	200	22	0.6	80
西餐厅		0.75m 水平面	150	—	0.6	80
酒吧间、咖啡厅		0.75m 水平面	75	—	0.4	80
多功能厅、宴会厅		0.75m 水平面	300	22	0.6	80
大堂		地面	200	—	0.4	80
总服务台		地面	300*	—	—	80
休息厅		地面	200	22	0.4	80
客房层走廊		地面	50	—	0.4	80
厨房		台面	500*	—	0.7	80
游泳池		地 面	200	—	0.6	80
健身房		0.75m 水平面	200	22	0.6	80
洗衣房		0.75m 水平面	200	—	0.4	80

注：*指混合照明照度。

7.3.8 医疗建筑照明标准值应符合表 7-3-7 的规定。

表 7-3-7 医疗建筑照明标准值

房间或场所	参考平面及其高度	照度标准值/lx	UGR	U_0	Ra
治疗室	0.75m 水平面	300	19	0.7	80
化验室	0.75m 水平面	500	19	0.7	80
手术室	0.75m 水平面	750	19	0.7	90
诊室	0.75m 水平面	300	19	0.6	80
候诊室、挂号室	0.75m 水平面	200	22	0.4	80

（续）

房间或场所	参考平面及其高度	照度标准值/lx	*UGR*	U_0	*Ra*
病房	地面	100	19	0.6	80
走道	地面	100	19	0.6	80
护士站	0.75m 水平面	300	—	0.6	80
药房	0.75m 水平面	500	19	0.6	80
重症监护室	0.75m 水平面	300	19	0.6	80

7.3.9 学校建筑照明标准值应符合表 7-3-8 的规定。

表 7-3-8 学校建筑照明标准值

房间或场所	参考平面及其高度	照度标准值/lx	*UGR*	U_0	*Ra*
教室	课桌面	300	19	0.6	80
实验室	实验桌面	300	19	0.6	80
美术教室	桌面	500	19	0.6	90
多媒体教室	0.75m 水平面	300	19	0.6	80
电子信息机房	0.75m 水平面	500	19	0.6	80
计算机教室、电子阅览室	0.75m 水平面	500	19	0.6	80
楼梯间	地　面	100	22	0.4	80
教室黑板	黑板面	500*	—	0.7	80
学生宿舍	地　面	150	22	0.4	80

注：* 指混合照明照度。

7.3.10 博览建筑照明标准值。

1. 美术馆建筑照明标准值应符合表 7-3-9 的规定。

表 7-3-9 美术馆建筑照明标准值

房间或场所	参考平面及其高度	照度标准值/lx	*UGR*	U_0	*Ra*
公议报告厅	0.75m 水平面	300	22	0.60	80
休息厅	0.75m 水平面	150	22	0.40	80
美术品售卖	0.75m 水平面	300	19	0.60	80
公共大厅	地面	200	22	0.40	80
绘画展厅	地面	100	19	0.60	80
雕塑展厅	地面	150	19	0.60	80
藏画库	地面	150	22	0.60	80
藏画修理	0.75m 水平面	500	19	0.70	90

注：1. 绘画、雕塑展厅的照明标准值中不含展品陈列照明。
2. 当展览对光敏感要求的展品时应满足表 7-3-11 要求。

2. 科技馆建筑照明标准值应符合表 7-3-10 的规定。

表 7-3-10 科技馆建筑照明标准值

房间或场所	参考平面及其高度	照度标准值/lx	*UGR*	U_0	*Ra*
科普教室、实验区	0.75m 水平面	300	19	0.60	80
会议报告厅	0.75m 水平面	300	22	0.60	80
纪念品售卖区	0.75m 水平面	300	22	0.60	80
儿童乐园	地面	300	22	0.60	80
公共大厅	地面	200	22	0.40	80
球幕、巨幕、3D、4D 影院	地面	100	19	0.40	80
常设展厅	地面	200	22	0.60	80
临时展厅	地面	200	22	0.60	80

注：常设展厅和临时展厅的照明标准值中不含展品陈列照明。

3. 博物馆建筑陈列室展品照明标准值不应大于表 7-3-11 的规定。

表 7-3-11 博物馆建筑陈列室展品照明标准值

类别	参考平面及其高度	照度标准值/lx	年曝光量/(lx·h/a)
对光特别敏感的展品：纺织品、织绣品、绘画、纸质物品、彩绘、陶(石)器、染色皮革、动物标本等	展品面	≤50	≤50000
对光敏感的展品：油画、蛋清画、不染色皮革、角制品、骨制品、象牙制品、竹木制品和漆器等	展品面	≤150	≤360000
对光不敏感的展品：金属制品、石质制品、陶瓷器、宝玉石器、岩矿标本、玻璃制品、搪瓷制品、珐琅器等	展品面	≤300	不限制

注：1. 陈列室一般照明应按展品照度值的 20%～30%选取。
2. 陈列室一般照明 *UGR* 不宜大于 19。
3. 辨色要求一般场所 *Ra* 不应低于 80，辨色要求高场所 *Ra* 不应低于 90。

4. 博物馆建筑其他场所照明标准值应符合表 7-3-12 的规定。

表 7-3-12 博物馆建筑其他场所照明标准值

房间或场所	参考平面及其高度	照度标准值/lx	*UGR*	U_0	*Ra*
门厅	地面	200	22	0.40	80
序厅	地面	100	22	0.40	80
会议报告厅	0.75m 水平面	300	22	0.60	80
美术制作室	0.75m 水平面	500	22	0.60	90
编目室	0.75m 水平面	300	22	0.60	80
摄影室	0.75m 水平面	100	22	0.60	80
熏蒸室	实际工作面	150	22	0.60	80
实验室	实际工作面	300	22	0.60	80
保护修复室	实际工作面	750*	19	0.70	90
文物复制室	实际工作面	750*	19	0.70	90
标本制作室	实际工作面	750*	19	0.70	90
周转库房	地面	50	22	0.40	80
藏品库房	地面	75	22	0.40	80
藏品提看室	0.75m 水平面	150	22	0.60	80

注：* 指混合照明的照度标准值。其一般照明的照度值应按混合照明度的 20%～30%选取。

7.3.11 会展建筑照明标准值应符合表7-3-13的规定。

表7-3-13 会展建筑照明标准值

房间或场所	参考平面及其高度	照度标准值/lx	UGR	U_0	Ra
会议室、洽谈室	0.75m水平面	300	19	0.60	80
宴会厅	0.75m水平面	300	22	0.60	80
多功能厅	0.75m水平面	300	22	0.60	80
公共大厅	地面	200	22	0.40	80
一般展厅	地面	200	22	0.60	80
高档展厅	地面	300	22	0.60	80

7.3.12 交通建筑照明标准值应符合表7-3-14的规定。

表7-3-14 交通建筑照明标准值

房间或场所		参考平面及其高度	照度标准值/lx	UGR	U_0	Ra
售票台		台面	500*	—	—	80
问询处		0.75m水平面	200	—	0.6	80
候车(机、船)室	普通	地面	150	22	0.4	80
	高档	地面	200	22	0.6	80
贵宾休息室		0.75m水平面	300	22	0.6	80
中央大厅、售票大厅		地面	200	22	0.4	80
海关、护照检查		工作面	500	—	0.7	80
安全检查		地面	300	—	0.6	80
行李认领、到达大厅、出发大厅		地面	200	22	0.4	80
通道、连接区、扶梯		地面	150	—	0.4	80
有棚展台		地面	75	—	0.6	20
无棚展台		地面	50	—	0.6	20
走廊、楼梯、平台、流动区域	普通	地面	75	25	0.4	60
	高档	地面	150	25	0.6	80
地铁站厅	普通	地面	100	25	0.6	80
	高档	地面	200	25	0.6	80
地铁进出站门厅	普通	地面	150	25	0.6	80
	高档	地面	200	22	0.6	80

注：*指混合照明照度。

7.3.13 金融建筑照明标准值应符合表7-3-15的规定。

表7-3-15 金融建筑照明标准值

房间及场所	参考平面及其高度	照度标准值/lx	UGR	U_0	Ra
营业大厅	地面	200	22	0.60	80
营业柜台	台面	500	—	0.60	80

（续）

房间及场所		参考平面及其高度	照度标准值/lx	UGR	U_0	Ra
客户服务中心	普通	0.75m 水平面	200	22	0.60	60
	贵宾室	0.75m 水平面	300	22	0.60	80
交易大厅		0.75m 水平面	300	22	0.60	80
数据中心主机房		0.75m 水平面	500	19	0.60	80
保管库		地面	200	22	0.40	80
信用卡作业区		0.75m 水平面	300	19	0.60	80
自助银行		地面	200	19	0.60	80

注：本表适用于银行、证券、期货、保险、电信、邮政等行业，也适用于类似用途（如供电、供水、供气）的营业厅、柜台和客服中心。

7.3.14 无彩电转播的体育建筑照明标准值应符合表 7-3-16 的规定。

表 7-3-16 无彩电转播的体育建筑照明标准值

运动项目		参考平面及其高度	照度标准值/lx			Ra		眩光指数(GR)	
			训练和娱乐	业余比赛	专业比赛	训练	比赛	训练	比赛
篮球、排球、手球、室内足球		地面	300	500	750	65	65	35	30
体操、艺术体操、技巧、蹦床、举重		台面							
速度滑冰		冰面							
羽毛球		地面	300	750/500	1000/500	65	65	35	30
乒乓球、柔道、摔跤、跆拳道、武术		台面	300	500	1000	65	65	35	30
冰球、花样滑冰、冰上舞蹈、短道速滑		冰面							
拳击		台面	500	1000	2000	65	65	35	30
游泳、跳水、水球、花样游泳		水面	200	300	500	65	65	—	—
马术		地面							
射击、射箭	射击区、弹(箭)道区	地面	200	200	300	65	65	—	—
	靶心	靶心垂直面	1000	1000	1000				
击剑		地面	300	500	750	65	65	—	—
		垂直面	200	300	500				
网球	室外	地面	300	500/300	750/500	65	65	55	50
	室内							35	30
场地自行车	室外	地面	200	500	750	65	65	55	50
	室内							35	30
足球，田径		地面	200	300	500	20	65	65	50
曲棍球		地面	300	500	750	20	65	55	50
弹球、垒球		地面	300/200	500/300	750/500	20	65	55	50

注：1. 当表中同一格有两个值时，“/”前为内场的值，“/”后为外场的值。

2. 表中规定的照度应为比赛场地参考平面上的使用照度。

7.3.15 有电视转播的体育建筑照明标准值应符合表 7-3-17 的规定。

表 7-3-17 有电视转播的体育建筑照明标准值

<table>
<tr><th colspan="2" rowspan="2">运动项目</th><th rowspan="2">参考平面及其高度</th><th colspan="3">照度标准值/lx</th><th colspan="2">Ra</th><th colspan="2">T_{cp}(K)</th><th rowspan="2">眩光指数(GR)</th></tr>
<tr><th>国家、国际比赛</th><th>重大国际比赛</th><th>HDTV</th><th>国家、国际比赛，重大国际比赛</th><th>HDTV</th><th>国家、国际比赛，重大国际比赛</th><th>HDTV</th></tr>
<tr><td colspan="2">篮球、排球、手球、室内足球、乒乓球</td><td>地面 1.5m</td><td rowspan="5">1000</td><td rowspan="5">1400</td><td rowspan="5">2000</td><td rowspan="13">≥80</td><td rowspan="13">>80</td><td rowspan="13">≥4000</td><td rowspan="13">≥5500</td><td rowspan="2">30</td></tr>
<tr><td colspan="2">体操、艺术体操、技巧、蹦床、柔道、摔跤、跆拳道、武术、举重</td><td>台面 1.5m</td></tr>
<tr><td colspan="2">击剑</td><td>台面 1.5m</td><td>—</td></tr>
<tr><td colspan="2">游泳、跳水、水球、花样游泳</td><td>水面 0.2m</td><td>—</td></tr>
<tr><td colspan="2">冰球、花样滑冰、冰上舞蹈、短道速滑、速度滑冰</td><td>冰面 1.5m</td><td>30</td></tr>
<tr><td colspan="2">羽毛球</td><td>地面 1.5m</td><td>1000/750</td><td>1400/1000</td><td>2000/1400</td><td>30</td></tr>
<tr><td colspan="2">拳击</td><td>台面 1.5m</td><td>1000</td><td>200</td><td>2500</td><td>30</td></tr>
<tr><td rowspan="2">射箭</td><td>射击区、箭道区</td><td>地面 1.0m</td><td>500</td><td>500</td><td>500</td><td>—</td></tr>
<tr><td>靶心</td><td>靶心垂直面</td><td>1500</td><td>1500</td><td>2000</td><td>—</td></tr>
<tr><td rowspan="2">场地自行车</td><td>室内</td><td rowspan="2">地面 1.5m</td><td rowspan="4">1000</td><td rowspan="4">1400</td><td rowspan="4">2000</td><td>30</td></tr>
<tr><td>室外</td><td>50</td></tr>
<tr><td colspan="2">足球、田径、曲棍球</td><td>地面 1.5m</td><td>50</td></tr>
<tr><td colspan="2">马术</td><td>地面 1.5m</td><td>—</td></tr>
<tr><td rowspan="2">网球</td><td>室内</td><td rowspan="2">地面 1.5m</td><td rowspan="3">1000/750</td><td rowspan="3">1400/1000</td><td rowspan="3">2000/1400</td><td rowspan="3">≥80</td><td rowspan="3">>80</td><td rowspan="3">≥4000</td><td rowspan="3">≥5500</td><td>30</td></tr>
<tr><td>室外</td><td>50</td></tr>
<tr><td colspan="2">棒球、垒球</td><td>地面 1.5m</td><td>50</td></tr>
<tr><td rowspan="2">射击</td><td>射击区、弹道区</td><td>地面 1.0m</td><td>500</td><td>500</td><td>500</td><td rowspan="2" colspan="2">≥80</td><td rowspan="2">≥3000</td><td rowspan="2">≥4000</td><td rowspan="2">—</td></tr>
<tr><td>靶心</td><td>靶心垂直面</td><td>1500</td><td>1500</td><td>2000</td></tr>
</table>

注：1. HDTV 指高清晰度电视；其特殊显色指数 $R9$ 应大于零。

2. 表中间一格有两个值时，"/" 前为内场的值，"/" 后为外场的值。

3. 表中规定的照度除射击、射箭外，其他均应为比赛场地主摄像机方向的使用照度值。

评　注

照明标准值的目的是为了在建筑电气照明设计中采用统一的照度标准和评估照明效果的

尺度。照度标准值的规定通常是根据不同的空间性质依据视功能特性、技术发展趋势、电力供应水平、技术合理性的宏观分析等条件进行综合研究的结果，合适的照度值对人们从事生产生活有重要的意义。

7.4 电光源

7.4.1 电光源分类及应用场所见表 7-4-1。

表 7-4-1 电光源分类及应用场所

光源					应用场所
电光源	热辐射光源	白炽灯			除严格要求防止电磁干扰的场所外，一般场所不得使用
		卤钨灯			电视播放、绘画、摄影照明、反光杯卤素灯用于贵重商品重点照明、模特照射等
	固态光源	场致发光灯(EL)			除设计特殊要求，一般不推荐
		半导体发光二极管(LED) 有机半导体发光二极管(OLED)			博物馆、美术馆、宾馆、电子显示屏、交通信号灯、疏散标志灯、庭院照明、建筑物夜景照明、装饰性照明、商业、车库等及需要调光的场所
	气体放电光源	辉光放电	氖灯		除特殊要求，一般不推荐使用
			霓虹灯		除特殊要求，一般不推荐使用
		弧光放电	低气压灯	直管荧光灯	家庭、学校、研究所、工业、商业、办公室、控制室、设计室、医院、图书馆等
				紧凑型荧光灯	家庭、宾馆等
				低压钠灯	除特殊要求，一般不推荐使用
			高气压灯	高压汞灯	除特殊要求，一般不推荐使用
				普通高压钠灯	道路、机场、码头、港口、车站、广场、无显色要求的工矿企业照明
				中显色高压钠灯	高大厂房、商业街、游泳池、体育馆、娱乐场所等室内照明
				金属卤化物灯	体育场馆、展览中心、游乐场所、商业街、广场、机场、停车场、车站、码头、工厂等照明、电影外景摄制、演播室
				氙灯	除设计特殊要求，一般不推荐

7.4.2 常用光源主要性能参数见表 7-4-2。

表 7-4-2 常用光源主要性能参数

光源种类	荧光灯 T5	荧光灯 T8	LED	金属卤化灯	单端荧光灯
光源功率/W	14、28、35	18、36、58	0.05~100	20、35、70、100、150	5、7、9、11、13
光源启动稳定时间	1~2s(灯丝预热)启动达到 80~85 的光输出，60s 达到 100%		瞬时	启动仅 6%~10%的光输出，5~15min 达到 100%	1~2s(灯丝预热)启动达到 80~85 的光输出，60s 达到 100%
热启动时间	1~2s(灯丝预热)		瞬时	光源需冷却 5~15min，才能再次亮灯	1~2s(灯丝预热)

（续）

光源种类	荧光灯 T5	荧光灯 T8	LED	金属卤化灯	单端荧光灯
一般显色指数	70~85		60~99	65~95	80~84
色温/K	2700~6500		2700~6500	3000、4200	2700~6500
调光能力	调光范围宽，调光下光效影响小		调光范围很宽，调光下光效影响小	调光范围很窄，调光下光效影响很大	一般调光装置无法调光
眩光	光源面积较大，不易产生眩光		光源面积较小，易产生眩光	光源面积较小，易产生眩光	光源面积较大，不易产生眩光
配套电器种类	电子镇流器		低压恒流电源	镇流器触发器	内置镇流器
寿命/h	15000~24000		25000~50000	5000~20000	8000

7.4.3 荧光灯数据技术指标。

1. T5 直管荧光灯数据指标见表 7-4-3。

表 7-4-3 T5 直管荧光灯数据指标

光源规格	功率/W	光通量/lm（25~35℃）	外形尺寸（直径×长度，mm×mm）	非调光电子镇流器效率（%）			非调光电子镇流器最大功率/W		
				1级能耗	2级能耗	3级能耗	1级能耗	2级能耗	3级能耗
T5	14	1175~1350	ϕ16×563.2	84.7	80.6	72.1	2.53	3.37	5.42
	28	2425~2900	ϕ16×1163.2	89.8	86.9	81.8	3.18	4.22	6.23
	35	3100~3650	ϕ16×1163.2	91.5	89.0	82.6	3.25	4.33	7.37

2. T8 直管荧光灯数据指标见表 7-4-4。

表 7-4-4 T8 直管荧光灯数据指标

光源规格	功率/W	光通量/lm	外形尺寸（直径×长度，mm×mm）	非调光电子镇流器效率（%）			非调光电子镇流器最大功率/W			非调光电感镇流器效率（%）	非调光电感镇流器最大功率/W
				1级能耗	2级能耗	3级能耗	1级能耗	2级能耗	3级能耗		
T8	18	1300~1350	ϕ26×604.0	87.7	84.2	76.2	2.52	3.38	5.62	65.8	9.35
	36	3250~3350	ϕ26×1213.6	91.4	88.9	84.2	3.39	4.49	6.76	79.5	9.28
	58	5000~5200	ϕ25×1514.2	93.0	90.9	84.7	4.37	5.81	10.48	82.2	12.55

7.4.4 LED 数据技术指标。

1. LED 平面灯具计算数据指标见表 7-4-5。

表 7-4-5 LED 平面灯具计算数据指标

最大功率/W	额定光通量/lm	标称尺寸/mm	最大功率/W	额定光通量/lm	标称尺寸/mm
10	600	300×300	35	2000	600×600/300×1200
13	800	300×300	42	2500	600×1200
18	1100	300×600	50	3000	600×1200
25	1500	600×600/300×1200			

2. LED 筒灯灯具计算数据指标见表 7-4-6。

表 7-4-6 LED 筒灯灯具计算数据指标

最大功率/W	光通量/lm	口径尺寸规格	
		in(英制)	mm(公制)
5	300	2	51
7	400	2、3、3.5、4	51、76、89、102
11	600	2、3、3.5、4、5、6	51、76、89、102、127、152
13	800	3、3.5、4、5、6	76、89、102、127、152
18	1100	3、3.5、4、5、6、8	76、89、102、127、152、203
26	1500	5、6、8	127、152、203
36	2000	6、8	152、203
42	2500	8、10	203、254

3. LED 线形灯具计算数据指标见表 7-4-7。

表 7-4-7 LED 线形灯具计算数据指标

最大功率/W	额定光通量/lm	标称长度/mm	最大功率/W	额定光通量/lm	标称长度/mm
13	1000	600	35	2500	1200/1500
20	1500	600/1200	42	3250	1200/1500
27	2000	1200/1500			

7.4.5 教室内黑板灯安装位置见表 7-4-8。

表 7-4-8 教室内黑板灯安装位置

灯具的安装高度/m	2.6	2.7	2.8	3.0	3.2	3.4	3.6
灯具距黑板的距离/m	0.6	0.7	0.8	0.9	1.1	1.2	1.3

7.4.6 紫外线杀菌灯的选择

一般卫生要求的房间其紫外线杀菌灯的数量按下式确定：

$$N=\frac{4P^2}{H\times V\times F} \tag{7-4-1}$$

有高度杀菌要求的房间其紫外线杀菌灯的数量按下式确定：

$$N=\frac{0.05V}{H\times F} \tag{7-4-2}$$

式中 N——杀菌灯数量；

P——室内人数；

H——杀菌灯至工作面距离（m）；

V——房间体积（m^3）；

F——灯具效率（可取 0.8）。

不同房间安装紫外线杀菌灯也可按表7-4-9选取。

表7-4-9 不同房间安装紫外线杀菌灯参考表

房间宽度/m	房间长度/m						
	3.0~4.0	4.0~5.5	5.5~7.0	7.0~9.5	9.5~11.5	11.5~14.0	14.0~17.5
3.0~4.0	1	1	1	1	1	2	2
4.0~5.5		1	1	1	2	2	3
5.5~7.0			1	1	2	3	3
7.0~9.5				2	3	3	4
9.5~11.5					3	3	4

注：1. 表中紫外线杀菌灯功率为30W，室内高度3.5m。

2. 对于要求较高场所（如手术室、实验室）应按表中数值加倍。

7.4.7 航空障碍标志灯技术指标见表7-4-10。

表7-4-10 航空障碍标志灯技术指标

障碍标志灯类型	低光强	中光强		高光强
灯光颜色	航空红色	航空红色	航空白色	航空白色
控光方式及数据/(次/min)	恒定光	闪光 20~60	闪光 20~60	闪光 40~60
有效光强	32.5cd用于夜间	2000cd±25%用于夜间	1. 2000cd±25%用于夜间 2. 20000cd±25%用于白昼、黎明或黄昏	1. 2000cd±25%用于夜间 2. 20000cd±25%用于黄昏与黎明 3. 270000cd/140000cd ±25%用于白昼
可视范围	1. 水平光束扩散角360° 2. 垂直光束扩散角≥10°	1. 水平光束扩散角360° 2. 垂直光束扩散角≥3°	1. 水平光束扩散角360° 2. 垂直光束扩散角≥3°	1. 水平光束扩散角≥3° 2. 垂直光束扩散角3°~7°
	最大光强位于水平仰角4°~20°之间	最大光强位于水平仰角0°		
适用高度	1. 高出地面45m以下全部使用 2. 高出地面45m以上部分与中光强结合使用	高出地面45m时	高出地面90m时	高出地面153m(500ft)时

注：表中时间段对应的背景亮度：夜间对应的背景亮度小于50cd/m^2；黄昏与黎明对应的背景亮度小于50~500cd/m^2；白昼对应的背景亮度小于500cd/m^2。

评　注

电光源是指将电能转换为光能的器件或装置。电光源一般可分为照明光源和辐射光源两大类。衡量电光源主要有光与电两方面的性能指标，作为光源，主要还是光的性能指标，而对电的指标也往往注重于它对光性能的影响，这些指标包括光通量、发光效率、显色性、色表等。

7.5 照明节能

7.5.1 住宅建筑每户照明功率密度限值见表 7-5-1。

表 7-5-1 住宅建筑每户照明功率密度限值

房间或场所	照度标准值/lx	照明功率密度限值/(W/m^2)	
		现行值	目标值
起居室	100	≤6	≤5
卧室	75		
餐厅	150		
厨房	100		
卫生间	100		
职工宿舍	100	≤4	≤3.5
车库	30	≤2	≤1.8

7.5.2 办公建筑和其他类型建筑中具有办公用途场所的照明功率密度限值见表 7-5-2。

表 7-5-2 办公建筑和其他类型建筑中具有办公用途场所的照明功率密度限值

房间或场所	照度标准值/lx	照明功率密度限值/(W/m^2)	
		现行值	目标值
普通办公室	300	≤9	≤8
高档办公室、设计室	500	≤15	≤13.5
会议室	300	≤9	≤8
服务大厅	300	≤11	≤10

7.5.3 商店建筑照明功率密度限值应符合表 7-5-3 的规定。

当商店营业厅、高档商店营业厅、专卖店营业厅需装设重点照明时，该营业厅的照明功率密度限值应增加 $5W/m^2$。

表 7-5-3 商店建筑照明功率密度限值

房间或场所	照度标准值/lx	照明功率密度限值/(W/m^2)	
		现行值	目标值
一般商店营业厅	300	≤10	≤9
高档商店营业厅	500	≤16	≤14.5
一般超市营业厅	300	≤11	≤10
高档超市营业厅	500	≤17	≤15.5
专卖店	300	≤11	≤10
仓储超市	300	≤11	≤10

7.5.4 旅馆建筑照明功率密度限值见表 7-5-4。

表 7-5-4 旅馆建筑照明功率密度限值

房间或场所	照度标准值/lx	照明功率密度限值/(W/m²)	
		现行值	目标值
客房	—	≤7	≤6
中餐厅	200	≤9	≤8
西餐厅	150	≤6.5	≤5.5
多功能厅	300	≤13.5	≤12
客房层走廊	50	≤4	≤3.5
大堂	200	≤9	≤8
会议室	300	≤9	≤8

7.5.5 医疗建筑照明功率密度限值见表 7-5-5。

表 7-5-5 医疗建筑照明功率密度限值

房间或场所	照度标准值/lx	照明功率密度限值/(W/m²)	
		现行值	目标值
治疗室、诊室	300	≤9	≤8
化验室	500	≤15	≤13.5
候诊室、挂号厅	200	≤6.5	≤5.5
病房	100	≤5	≤4.5
护士站	300	≤9	≤8
药房	500	≤15	≤13.5
走廊	100	≤4.5	≤4

7.5.6 教育建筑照明功率密度限值见表 7-5-6。

表 7-5-6 教育建筑照明功率密度限值

房间或场所	照度标准值/lx	照明功率密度限值/(W/m²)	
		现行值	目标值
教室、阅览室	300	≤9	≤8
实验室	300	≤9	≤8
美术教室	500	≤15	≤13.5
多媒体教室	300	≤9	≤8
计算机教室、电子阅览室	500	≤15	≤13.5
学生宿舍	150	≤5	≤4.5

7.5.7 图书馆建筑照明功率密度限值见表 7-5-7。

表 7-5-7 图书馆建筑照明功率密度限值

房间或场所	照度标准值/lx	照明功率密度限值/(W/m^2)	
		现行值	目标值
一般阅览室、开放式阅览室	300	≤9	≤8
目录厅、出纳室	300	≤9	≤8
多媒体教室	300	≤9	≤8
老年阅览室	500	≤15	≤13.5

7.5.8 美术馆建筑照明功率密度限值见表 7-5-8。

表 7-5-8 美术馆建筑照明功率密度限值

房间或场所	照度标准值/lx	照明功率密度限值/(W/m^2)	
		现行值	目标值
会议报告厅	300	≤9.0	≤8.0
美术品售卖区	300	≤9.0	≤8.0
公共大厅	200	≤9.0	≤8.0
绘画展厅	100	≤5.0	≤4.5
雕塑展厅	150	≤6.5	≤5.5

7.5.9 科技馆建筑照明功率密度限值见表 7-5-9。

表 7-5-9 科技馆建筑照明功率密度限值

房间或场所	照度标准值/lx	照明功率密度限值/(W/m^2)	
		现行值	目标值
科普教室	300	≤9.0	≤8.0
会议报告厅	300	≤9.0	≤8.0
纪念品售卖区	300	≤9.0	≤8.0
儿童乐园	300	≤10.0	≤8.0
公共大厅	200	≤9.0	≤8.0
常设展厅	200	≤9.0	≤8.0

7.5.10 博物馆建筑照明功率密度限值见表 7-5-10。

表 7-5-10 博物馆建筑照明功率密度限值

房间或场所	照度标准值/lx	照明功率密度限值/(W/m^2)	
		现行值	目标值
会议报告厅	300	≤9.0	≤8.0
美术制作室	500	≤15.0	≤13.5

（续）

房间或场所	照度标准值/lx	照明功率密度限值/(W/m²)	
		现行值	目标值
编目室	300	≤9.0	≤8.0
藏品库房	75	≤4.0	≤3.5
藏品提看室	150	≤5.0	≤4.5

7.5.11 会展建筑照明功率密度限值见表 7-5-11。

表 7-5-11 会展建筑照明功率密度限值

房间或场所	照度标准值/lx	照明功率密度限值/(W/m²)	
		现行值	目标值
会议室、洽谈室	300	≤9.0	≤8.0
宴会厅、多功能厅	300	≤13.5	≤12.0
一般展厅	200	≤9.0	≤8.0
高档展厅	300	≤13.5	≤12.0

7.5.12 交通建筑照明功率密度限值见表 7-5-12。

表 7-5-12 交通建筑照明功率密度限值

房间或场所		照度标准值/lx	照明功率密度限值/(W/m²)	
			现行值	目标值
候车(机、船)室	普通	150	≤7.0	≤6.0
	高档	200	≤9.0	≤8.0
中央大厅、售票大厅		200	≤9.0	≤8.0
行李认领、到达大厅、出发大厅		200	≤9.0	≤8.0
地铁站厅	普通	100	≤5.0	≤4.5
	高档	200	≤9.0	≤8.0
地铁进出站门厅	普通	150	≤6.5	≤5.5
	高档	200	≤9.0	≤8.0

7.5.13 金融建筑照明功率密度限值见表 7-5-13。

表 7-5-13 金融建筑照明功率密度限值

房间或场所	照度标准值/lx	照明功率密度限值/(W/m²)	
		现行值	目标值
营业大厅	200	≤9.0	≤8.0
交易大厅	300	≤13.5	≤12.0

7.5.14 照明节能措施见表 7-5-14。

表 7-5-14 照明节能措施

序号	照明节能措施	
1	选用的照明光源、镇流器的能效应符合相关能效标准的节能评价值	
2	照明场所应以用户为单位计量和考核照明用电量	
3	一般场所不应选用卤钨灯,对商场、博物馆显色要求高的重点照明可采用卤钨灯	
4	一般照明不应采用荧光高压汞灯	
5	一般照明在满足照度均匀度条件下,宜选择单灯功率较大、光效较高的光源	
6	当公共建筑或工业建筑选用单灯功率小于或等于 25W 的气体放电灯时,除自镇流荧光灯外,其镇流器宜选用谐波含量低的产品	
7	宜选用配用感应式自动控制的发光二极管灯场所	旅馆、居住建筑及其他公共建筑的走廊、楼梯间、厕所等场所
		地下车库的行车道、停车位
		无人长时间逗留,只进行检查、巡视和短时操作等工作的场所

7.5.15 单端荧光灯能效等级见表 7-5-15。

表 7-5-15 单端荧光灯能效等级

灯的类型			双管类													四管类					
标称功率/W			5	7	9	11	18	24	27	28	30	36	40	55	80	10	13	18	26	27	—
单端荧光灯初始光效/(lm/W)	色调 RR、RZ	能效限定值	42	46	55	69	57	62	60	63	63	67	67	67	69	52	60	57	60	52	—
		节能评价值	51	53	62	75	63	70	64	69	69	76	79	77	75	60	65	63	64	56	—
	色调 RL、RB、RN、RD	能效限定值	44	50	59	74	62	65	63	67	67	70	70	70	72	55	63	62	63	54	—
		节能评价值	54	57	67	80	67	75	68	73	73	81	83	82	78	64	69	67	67	59	—

灯的类型			多管类												方形						
标称功率/W			13	18	26	32	42	57	60	62	70	82	85	120	10	16	21	24	28	36	38
单端荧光灯初始光效/(lm/W)	色调 RR、RZ	能效限定值	60	57	60	55	55	59	59	59	59	59	59	59	54	56	56	57	62	62	63
		节能评价值	61	63	64	68	67	68	65	65	68	69	66	68	60	63	61	63	69	69	69
	色调 RL、RB、RN、RD	能效限定值	63	62	63	60	60	62	62	62	62	62	62	62	58	61	61	62	66	66	66
		节能评价值	65	67	67	75	74	75	69	69	74	75	71	75	65	67	65	67	73	73	73

灯的类型			环形													
			ϕ29(卤粉)			ϕ29(三基色粉)			ϕ16							
标称功率/W			22	32	40	22	32	40	20	22	27	34	40	41	55	60
单端荧光灯初始光效/(lm/W)	色调 RR、RZ	能效限定值	44	48	52	55	64	64	72	72	72	72	69	69	63	63
		节能评价值	—	—	—	62	70	72	76	74	79	81	75	81	70	75
	色调 RL、RB、RN、RD	能效限定值	51	57	60	59	68	68	75	75	75	75	74	74	66	66
		节能评价值	—	—	—	64	74	76	81	78	84	87	80	87	75	80

7.5.16 双端荧光灯能效等级见表7-5-16。

表7-5-16 双端荧光灯能效等级

工作类型	标称管径/mm	标称功率/W	3级能效值		2级能效值		1级能效值		备注
			RR、RZ	RL、RB、RN、RD	RR、RZ	RL、RB、RN、RD	RR、RZ	RL、RB、RN、RD	
工作于交流电源频率带启动器的线路的预热阴极灯	26	18	50	52	64	69	70	75	
		30	53	57	69	73	75	80	
		36	62	63	80	85	87	93	
		58	59	62	77	82	84	90	
工作于高频线路预热阴极灯	16	14	69	75	77	82	80	86	高光效系列
		21	75	83	81	86	84	90	
		24	65	67	66	70	68	73	
		28	77	82	83	89	87	93	
		35	75	82	84	90	88	94	
		39	67	71	71	75	74	79	高光通系列
		49	75	79	79	84	82	88	
		54	67	72	73	78	77	82	
		80	63	67	69	73	72	77	
	26	16	66	75	75	80	81	87	
		23	76	85	77	86	84	89	
		32	78	84	89	95	97	104	
		45	85	90	93	99	101	108	

评　注

照明节能是一项非常重要的工作，包括通过照明光源的优化、照度分布的设计及照明时间的控制，以达到照明的有效利用率最大化，改善照明质量，节约照明用电和保护环境，建立优质高效、经济舒适、安全可靠的照明环境。

7.6 应急照明

7.6.1 消防应急照明供电部位、时间及照度要求见表7-6-1。

表7-6-1 消防应急照明供电部位、时间及照度要求

应急照明(类别)	设备部位或场所	疏散照明的地面水平最低照度/lx	备用电源(电池)供电时间要求/h	应急照明灯具光源应急点亮、熄灭响应时间要求	备注
疏散照明及疏散指示标志	Ⅰ—1. 病房楼或手术部的避难间；Ⅰ—2. 老年人照料设施；Ⅰ—3. 人员密集场所、老年人照料设施、病房楼或手术部内的楼梯间、前室或合用前室、避难走道；Ⅰ—4. 逃生辅助装置存放处等特殊区域；Ⅰ—5. 屋顶直升机停机坪	10.0	1. 建筑高度大于100m的民用建筑≥1.5h 2. 医疗建筑、老年人照料设施、总建筑面积大于10.0万m^2的公共建筑和总建筑面积大于2.0万m^2的地下。半地下建筑≥1.0h	1. 高危险场所灯具光源应急点亮的响应时间≤0.25s 2. 其他场所灯具光源应急点亮的响应时间≤5s	

（续）

<table>
<tr><th>应急照明（类别）</th><th>设备部位或场所</th><th>疏散照明的地面水平最低照度/lx</th><th>备用电源（电池）供电时间要求/h</th><th>应急照明灯具光源应急点亮、熄灭响应时间要求</th><th>备注</th></tr>
<tr><td rowspan="3">疏散照明及疏散指示标志</td><td>Ⅱ—1. 除Ⅰ—3规定的敞开楼梯间、封闭楼梯间、防烟楼梯间及其前室，室外楼梯；Ⅱ—2. 消防电梯间的前室或合用前室；Ⅱ—3. 除Ⅰ—3规定的避难走道；Ⅱ—4. 寄宿制幼儿园和小学的寝室、医院手术室及重症监护室等病人行动不便的病房等需要救援人员协助疏散的区域</td><td>5.0</td><td rowspan="4">3. 其他建筑≥0.5h
4. 城市交通隧道：
1）一、二类隧道≥1.5h，隧道端口外接的站房≥2.0h
2）三、四类隧道≥1.0h，隧道端口外接的站房≥1.5h
5. 以上1～4项规定场所，当按照GB 51309—2018标准第3.6.6条的规定设计时，持续工作时间应分别增加设计文件规定的灯具持续应急点亮时间（即电池持续工作时间应加上在非消防状态下，系统主电源断电后，灯具按文件要求的持续供电的时间）
6. 集中电源的蓄电池组和灯具自带蓄电池达到使用寿命周期后标称的剩余容量应保证放电时间满足以上1～5项规定的持续工作时间</td><td rowspan="4">3. 具有两种及以上疏散指示方案的场所，标志灯光源点亮、熄灭的响应时间≤5s</td><td rowspan="4"></td></tr>
<tr><td>Ⅲ—1. 除Ⅰ—1规定的避难层（间）；Ⅲ—2. 观众厅、展览厅、电影院、多功能厅、建筑面积大于200m^{2}的营业厅、餐厅、演播厅，建筑面积大于400m^{2}的办公大厅、会议室等人员密集场所；Ⅲ—3. 人员密集厂房内的生产场所；Ⅲ—4. 室内步行街两侧的商铺；Ⅲ—5. 建筑面积大于100m^{2}的地下或半地下公共活动场所</td><td>3.0</td></tr>
<tr><td>Ⅳ—1. 除Ⅰ—2. Ⅱ—4. Ⅲ—2～5规定场所的疏散走道、疏散通道；Ⅳ—2. 室内步行街；Ⅳ—3. 城市交通隧道两侧、人行横通道和人行疏散通道；Ⅳ—4. 宾馆、酒店的客房；Ⅳ—5. 自动扶楼上方或侧上方；Ⅳ—6. 安全出口外面及附近区域、连廊的连接处两端；Ⅳ—7. 进入屋顶直升机停机坪的途径；Ⅳ—8. 配电室、消防控制室、消防水泵房、自备发电机房等发生火灾时仍需工作、值守的区域</td><td>1.0</td></tr>
<tr><td>备用照明</td><td>消防控制室、消防水泵房、自备发电机房、配电室、防排烟机房以及发生火灾时仍需正常工作的消防设备房应设置备用照明，其作业面的最低照度不应低于正常照明的照度</td><td>工作照度值</td></tr>
</table>

注：《建筑照明设计标准》GB 50034—2013 第 5.5.4.1 条；水平疏散通道不应低于 1lx，人员密集场所、避难层（间）不应低于 2lx。

《建筑设计防火规范》GB 50016—2014 第 10.3.2.3 条；对于人员密集场所、避难层（间）不应低于 3lx。

7.6.2 应急照明灯具要求见表 7-6-2。

表 7-6-2 应急照明灯具要求

灯具类型	定义	灯具的一般规定
消防应急灯具	为人员疏散、消防作业提供照明和指示标志的各类灯具，包括消防应急照明灯具和消防应急标志灯具	灯具的选择应符合下列规定： 1. 应选择采用节能光源的灯具，消防应急照明灯具的光源色温不应低于 2700K 2. 不应采用蓄光型指示标志替代消防应急标志灯具 3. 灯具的蓄电池电源宜优先选择安全性高、不含重金属等对环境有害物质的蓄电池 4. 设置在距地面 8m 及以下的灯具的电压等级及供电方式应符合下列规定： 1）应选择 A 型灯具 2）地面上设置的标志灯应选择集中电源 A 型灯具 3）未设置消防控制室的住宅建筑、疏散走道、楼梯间等场所可选择自带电源 B 型灯具 5. 灯具面板或灯罩的材质应符合下列规定： 1）除地面上设置的标志灯的面板可以采用厚度 4mm 及以上的钢化玻璃外，设置在距地面 1m 及以下的标志灯的面板或灯罩不应采用易碎材料或玻璃材质 2）在顶棚、疏散路径上方设置的灯具的面板或灯罩不应采用玻璃材质 6. 标志灯的规格应符合下列规定： 1）室内高度大于 4.5m 的场所，应选择特大型或大型标志灯 2）室内高度大于 3.5～4.5m 的场所，应选择大型或中型标志灯 3）室内高度小于 3.5m 的场所，应选择中型或小型标志灯 7. 灯具的防护等级应符合下列规定： 1）在室外或地面上设置时，防护等级不应低于 IP67 2）在隧道场所、潮湿场所内设置时，防护等级不应低于 IP65 3）B 型灯具的防护等级不应低于 IP34 8. 标志灯应选择持续型灯具 9. 交通隧道和地铁隧道宜选择带有米标的方向标志灯
消防应急照明灯具	为人员疏散和发生火灾时仍需工作的场所提供照明的灯具	
消防应急标志灯具	用图形、文字指示疏散方向，指示疏散出口、安全出口、楼层、避难层（间）、残疾人通道的灯具	
A 型消防应急照明灯具	主电源和蓄电池电源额定工作电压均不大于 DC 36V 的消防应急灯具	
B 型消防应急照明灯具	主电源或蓄电池电源额定工作电压大于 DC36V 或 AC36V 的消防应急灯具	
持续型消防应急灯具	光源在主电源和应急电源工作时均处于点亮状态的消防应急灯具	
非持续型消防应急灯具	光源在主电源工作时不点亮，仅在应急电源工作时处于点亮状态的消防应急灯具	

注：1. 本页内容摘自《消防应急照明和疏散指示系统技术标准》GB 51309—2018、《消防应急照明和疏散指示系统》GB 17945—2010。

2. 消防标志灯，面板尺寸 $D>1000$mm 的属于特大型；1000mm $\geqslant D>500$mm 的属于大型；500mm $\geqslant D>350$mm 的属于中型；$D\leqslant 350$mm 的属于小型。

评 注

应急照明是指因正常照明的电源失效而启用的照明。应急照明是建筑中重要的安全设施之一，与人身安全和建筑物安全紧密相关，当建筑物发生火灾或其他灾难时，应急照明对人员疏散、消防救援工作起重要的作用。

小　结

电气照明设计是对各种建筑环境的照度、色温、显色指数等进行的专业设计，它应以人为本，但必须首先考虑安全性和实用性，并应通过照明光源的优化、照度分布的设计及照明时间的控制，不仅要满足室内“亮度”上的要求，还要起到烘托环境、气氛的作用，并应节约能源。

8 防雷与接地安全

8.1 电力系统过电压的种类和过电压水平

8.1.1 电力系统运行中出现于设备绝缘上的电压见表 8-1-1。

表 8-1-1 电力系统运行中出现于设备绝缘上的电压

序号	电力系统运行中出现于设备绝缘上的电压
1	正常运行时的工频电压
2	暂时过电压(工频过电压、谐振过电压)
3	操作过电压
4	雷电过电压

8.1.2 相对地暂时过电压和操作过电压的标幺值见表 8-1-2。

表 8-1-2 相对地暂时过电压和操作过电压的标幺值

序号	相对地暂时过电压和操作过电压的标幺值
1	工频电压的 1.0p.u. $=U_m/\sqrt{3}$
2	谐振过电压和操作过电压的 1.0p.u. $=\sqrt{2}U_m/\sqrt{3}$

注：U_m 为系统最高电压。

8.1.3 系统最高电压的范围见表 8-1-3。

表 8-1-3 系统最高电压的范围

范围	系统最高电压的范围
Ⅰ	$3.6kV \leqslant U_m \leqslant 252kV$
Ⅱ	$U_m > 252kV$

8.1.4 电气设备在运行中承受的过电压类型见表 8-1-4。

表 8-1-4 电气设备在运行中承受的过电压类型

<table>
<tr><td colspan="2" rowspan="3">雷电过电压</td><td colspan="3">直击雷过电压</td></tr>
<tr><td colspan="3">感应雷击过电压</td></tr>
<tr><td colspan="3">侵入雷电波过电压</td></tr>
<tr><td rowspan="17">内部过电压</td><td rowspan="9">操作过电压</td><td colspan="2" rowspan="6">操作容性负载过电压</td><td>开断电容器组过电压</td></tr>
<tr><td>开断空载长线路过电压</td></tr>
<tr><td>关合(重合)空载长线路过电压</td></tr>
<tr><td>开断空载变压器过电压</td></tr>
<tr><td>开断并联电抗器过电压</td></tr>
<tr><td>开断高压电动机过电压</td></tr>
<tr><td colspan="3">操作感性负载过电压</td></tr>
<tr><td colspan="3">解列过电压</td></tr>
<tr><td colspan="3">间歇电弧过电压</td></tr>
<tr><td rowspan="8">暂时过电压</td><td rowspan="3">工频过电压</td><td colspan="2">长线电容效应</td></tr>
<tr><td colspan="2">不对称接地故障</td></tr>
<tr><td colspan="2">甩负荷</td></tr>
<tr><td rowspan="5">谐振过电压</td><td rowspan="2">线性谐振</td><td>消弧线圈补偿网络的线性谐振</td></tr>
<tr><td>传递过电压</td></tr>
<tr><td rowspan="2">铁磁谐振</td><td>线路断线</td></tr>
<tr><td>电磁式电压互感器饱和</td></tr>
<tr><td colspan="2">参数谐振(发电机同步或异步自励磁)</td></tr>
</table>

评　注

电力系统过电压主要分为大气过电压、操作过电压、工频过电压、谐振过电压几种类型。大气过电压是由直击雷引起，特点是持续时间短暂、冲击性强，与雷击活动强度有直接关系，与设备电压等级无关。操作过电压是由电网内开关操作引起，特点是具有随机性，但最不利情况下过电压倍数较高，超高压系统的绝缘水平往往由防止操作过电压决定。工频过电压是由长线路的电容效应及电网运行方式的突然改变引起，特点是持续时间长、过电压倍数不高，一般对设备绝缘危险性不大，但在超高压、远距离输电确定绝缘水平时起重要作用。谐振过电压是由系统电容及电感回路组成谐振回路时引起，特点是过电压倍数高、持续时间长。

8.2 建筑物防雷分类

8.2.1 建筑物防雷分类见表 8-2-1。

表 8-2-1 建筑物防雷分类

<table>
<tr><td rowspan="3">第一类防雷建筑物</td><td>凡制造、使用或贮存火炸药及其制品的危险建筑物，因电火花而引起爆炸、爆轰，会造成巨大破坏和人身伤亡者</td></tr>
<tr><td>具有 0 区或 20 区爆炸危险场所的建筑物</td></tr>
<tr><td>具有 1 区或 21 区爆炸危险场所的建筑物，因电火花而引起爆炸，会造成巨大破坏和人身伤亡者</td></tr>
</table>

（续）

第二类防雷建筑物	国家级重点文物保护的建筑物
	高度超过 100m 的建筑物
	国家级会堂、办公建筑物、档案馆、大型博展建筑物；特大型、大型铁路旅客站；国际性的航空港、通信枢纽；国宾馆、大型旅游建筑物；国际港口客运站、大型城市的重要给水泵房等特别重要的建筑物 注：飞机场不含停放飞机的露天场所和跑道
	国家级计算中心、国际通信枢纽等对国民经济有重要意义的建筑物
	国家特级和甲级大型体育馆
	制造、使用或贮存火炸药及其制品的危险建筑物，且电火花不易引起爆炸或不致造成巨大破坏和人身伤亡者
	具有 1 区或 21 区爆炸危险场所的建筑物，且电火花不易引起爆炸或不致造成巨大破坏和人身伤亡者
	具有 2 区或 22 区爆炸危险场所的建筑物
	有爆炸危险的露天钢质封闭气罐
	预计雷击次数大于 0.05 次/a 的部、省级办公建筑物和其他重要或人员密集的公共建筑物以及火灾危险场所
	预计雷击次数大于 0.25 次/a 的住宅、办公楼等一般性民用建筑物或一般性工业建筑物
第三类防雷建筑物	省级重点文物保护的建筑物及省级档案馆
	省级大型计算中心和装有重要电子设备的建筑物
	100m 以下，高度超过 54m 的住宅建筑和高度超过 50m 的公共建筑物
	预计雷击次数大于或等于 0.01 次/a，且小于或等于 0.05 次/a 的部、省级办公建筑物和其他重要或人员密集的公共建筑物，以及火灾危险场所
	预计雷击次数大于或等于 0.05 次/a，且小于或等于 0.25 次/a 的住宅、办公楼等一般性民用建筑物或一般性工业建筑物
	建筑群中最高的建筑物或位于建筑群边缘高度超过 20m 的建筑物
	通过调查确认当地遭受过雷击灾害的类似建筑物；历史上雷害事故严重地区或雷害事故较多地区的较重要建筑物
	在平均雷暴日大于 15d/a 的地区，高度在 15m 及以上的烟囱、水塔等孤立的高耸建筑物；在平均雷暴日小于或等于 15d/a 的地区，高度在 20m 及以上的烟囱、水塔等孤立的高耸建筑物

8.2.2 建筑物及入户设施年预计雷击次数的计算。

1. 建筑物年预计雷击次数（N_1）的经验公式如下：

$$N_1 = k \times N_g \times A_e \tag{8-2-1}$$

式中 N_1——建筑物年预计雷击次数（次/年）；

k——校正系数，在一般情况下取 1；位于河边、湖边、山坡下或山地中土壤电阻率较小处、地下水露头处、土山顶部、山谷风口等处的建筑物，以及特别潮湿的建筑物取 1.5；金属屋面没有接地的砖木结构建筑物取 1.7；位于山顶上或旷野孤立的建筑物取 2；

N_g——建筑物所处地区雷击大地的年平均密度（次/km^2/a），$N_g = 0.1 \times T_d$，T_d 为年平均雷暴日（d/a）；

A_e——与建筑物截收相同雷击次数的等效面积（km^2）。

（1）当建筑物高度 $H<100\text{m}$ 时，有

$$A_e=[LW+2(L+W)\sqrt{H(200-H)}+\pi H(200-H)]\times10^{-6} \tag{8-2-2}$$

式中 L、W、H 分别为建筑物的长、宽、高（m），见图 8-2-1。

（2）当建筑物高度小于 100m 时，同时其周边在 $2D$（D 为建筑物每边的扩大宽度）范围内有等高或比它低的其他建筑物，这些建筑物不在所考虑建筑物以 $h_r=100\text{m}$ 的保护范围内时，按式 8-2-2 计算出的 A_e 可减去（$D/2$）×(这些建筑物与所考虑建筑物边长平行以米计的长度总和)×10^6（km^2）。

当四周在 $2D$ 范围内都有等高或比它低的其他建筑物时，其等效面积可按下式计算。

$$A_e=\left[LW+(L+W)\sqrt{H(200-H)}+\frac{\pi H(200-H)}{4}\right]\times10^{-6} \tag{8-2-3}$$

（3）当建筑物高度小于 100m，同时其周边在 $2D$ 范围内有比它高的其他建筑物，可按式（8-2-3）计算出等效面积可减去 D×(这些建筑物与所考虑建筑物边长平行以米计的长度总和)×10^6（km^2）。

当四周在 $2D$ 范围内都有等高或比它高的其他建筑物时，其等效面积可按下式计算。

$$A_e=LW\times10^{-6} \tag{8-2-4}$$

（4）当建筑物高度等于或大于 100m 时，其每边的扩大宽度应按等于建筑物的高度计算；建筑物的等效面积可按下式计算。

$$A_e=[LW+2H(L+W)+\pi H^2]\times10^{-6} \tag{8-2-5}$$

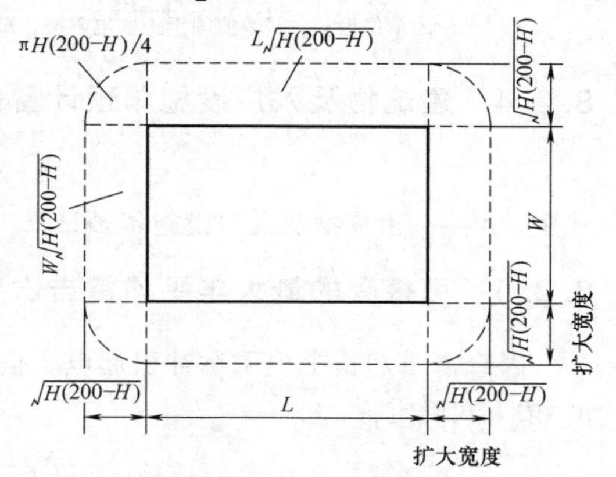

图 8-2-1 建筑物的等效面积

（5）当建筑物高度等于或大于 100m，同时其周边在 $2H$ 范围内有等高或比它低的其他建筑物，且不在所确定建筑物以滚球半径等于建筑物高度（m）保护范围内时，按式（8-2-5）计算出等效面积可减去（$H/2$）×(这些建筑物与所确定建筑物边长平行以米计的长度总和)×10^6（km^2）。

当四周在 $2H$ 范围内都有等高或比它低的其他建筑物时，其等效面积可按下式计算。

$$A_e=\left[LW+H(L+W)+\frac{\pi H^2}{4}\right]\times10^{-6} \tag{8-2-6}$$

（6）当建筑物高度等于或大于 100m，同时其周边在 $2H$ 范围内有比它高的其他建筑物时，按式（8-2-5）计算出等效面积可减去 H×(这些建筑物与所确定建筑物边长平行以米计的长度总和)×10^6（km^2）。

当四周在 $2H$ 范围内都有比它高的其他建筑物时，其等效面积可按式（8-2-6）计算。

8.2.3 入户设施年预计雷击次数（N_2）的确定。

$$N_2=N_g\cdot A'_e=(0.1\cdot T_d^{\,1.3})\cdot(A'_{e1}+A'_{e2})\ (\text{次/年}) \tag{8-2-7}$$

式中 N_g——建筑物所处地区雷击大地的年平均密度［次/(km^2·a)］；

T_d——年平均雷暴日（d./a），根据当地气象台、站资料确定；

A'_{e1}——电源线缆入户设施的截收面积（km^2），见表 8-2-2；

A'_{e2}——信号线缆入户设施的截收面积（km^2），见表 8-2-2。

表 8-2-2 入户设施的截收面积

线路类型	有效截收面积 A'_e/km^2	线路类型	有效截收面积 A'_e/km^2
低压架空电源电缆	$2000\times L\times10^{-6}$	架空信号线	$2000\times L\times10^{-6}$
高压架空电源电缆（至现场变电所）	$500\times L\times10^{-6}$	埋地信号线	$2\times d_s\times L\times10^{-6}$
低压埋地电源电缆	$2\times d_s\times L\times10^{-6}$	无金属铠装或带金属芯线的光纤电缆	0
高压埋地电源电缆（至现场变电所）	$0.1\times d_s\times L\times10^{-6}$		

注：1. L 是线路从所考虑建筑物至网络的第一个分支点或相邻建筑物的长度，单位为 m，最大值为 1000m，当 L 未知时，应采用 $L=1000$m。

2. d_s 的单位为 m，其数值等于土壤电阻率，最大值取 500。

8.2.4 建筑物及入户设施年预计雷击次数（N）的计算：

$$N=N_1+N_2 \tag{8-2-8}$$

式中 N——建筑物及入户设施年预计雷击次数（次/a）。

8.2.5 可接受的最大年平均雷击次数 N_C 的计算。

因直击雷和雷电电磁脉冲引起电子信息系统设备损坏的可接受的最大年平均雷击次数 N_C 按下式确定：

$$N_C=5.8\times10^{-1}/C \tag{8-2-9}$$

式中 C——各类因子之和，$C=C_1+C_2+C_3+C_4+C_5+C_6$；

C_1——信息系统所在建筑物材料结构因子。当建筑物屋顶和主体结构均为金属材料时，C_1 取 0.5；当建筑物屋顶和主体结构均为钢筋混凝土材料时，C_1 取 1.0；当建筑物为砖混结构时，C_1 取 1.5；当建筑物为砖木结构时，C_1 取 2.0；当建筑物为木结构时，C_1 取 2.5；

C_2——信息系统重要程度因子，雷电防护等级为 B 类电子信息系统，C_2 取 2.5；雷电防护等级为 C、D 类电子信息系统，C_2 取 1.0；雷电防护等级为 A 类电子信息系统，C_2 取 3.0；

C_3——电子信息系统设备耐冲击类型和抗冲击过电压能力因子，一般，C_3 取 0.5；较弱，C_3 取 1.0；相当弱，C_3 取 3.0。

注：“一般”指现行国家标准《低压系统内设备的绝缘配合 第 1 部分：原理、要求和试验》GB/T 16935.1 中所指的Ⅰ类安装位置设备，且采取了较完善的等电位联结、接地、线缆屏蔽措施；“较弱”指现行国家标准《低压系统内设备的绝缘配合 第 1 部分：原理、要求和试验》GB/T 16935.1 中所指的Ⅰ类安装位置的设备，但使用架空线缆，因而风险大；“相当弱”指设备集成化程度很高的计算机、通信或控制设备。

C_4——电子信息系统设备所在雷电防护区（LPZ）的因子，设备在 LPZ2 等后续雷电防护区内时，C_4 取 0.5；设备在 LPZ1 区内时，C_4 取 1.0；设备在 $LPZ0_B$ 区内时，C_4 取 1.5~2.0；

C_5——为电子信息系统发生雷击事故的后果因子，信息系统业务中断不会产生不良后果时，C_5 取 0.5；信息系统业务原则上不允许中断，但在中断后无严重后果时，C_5 取 1.0；信息系统业务不允许中断，中断后会产生严重后果时，C_5 取 1.5~2.0；

C_6——表示区域雷暴等级因子，少雷区 C_6 取 0.8；中雷区 C_6 取 1；多雷区 C_6 取 1.2；强雷区 C_6 取 1.4。

8.2.6 雷击参数定义与参量。

1. 闪电中可能出现的三种雷击见图 8-2-2。其参量应符合表 8-2-3~表 8-2-6 的规定。

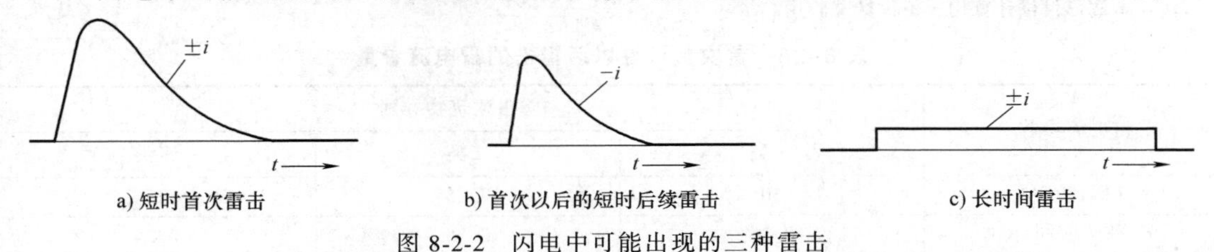

图 8-2-2 闪电中可能出现的三种雷击

2. 雷击参数定义见图 8-2-3。

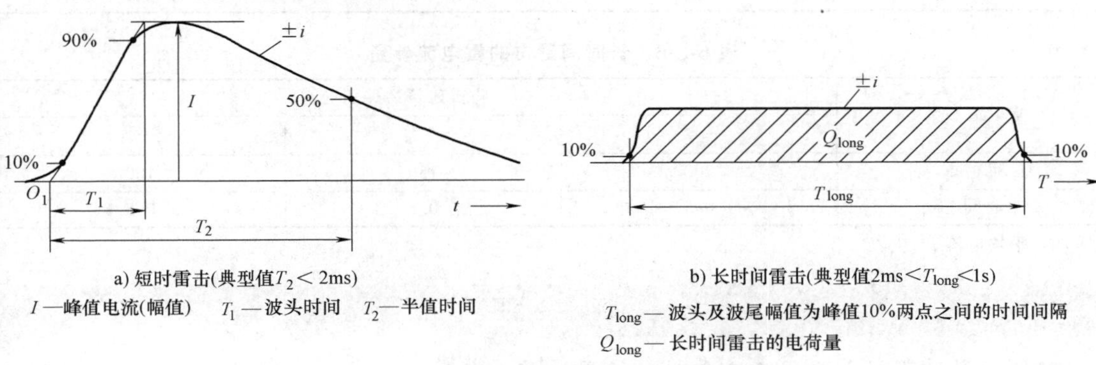

图 8-2-3 雷击参数定义

注：1. 短时雷击电流波头的平均陡度是在时间间隔（t_2-t_1）内电流的平均变化率，即用该时间间隔的起点电流与末尾电流之差［$i(t_2)-i(t_1)$］除以（t_2-t_1）（见图 8-2-3a）。

2. 短时雷击电流的波头时间 T_1 是一规定参数，定义为电流达到 10%和 90%幅值电流之间的时间间隔乘以 1.25，见图 8-2-3。

3. 短时雷击电流的规定原点 O_1 是连接雷击电流波头 10%和 90%参考点的延长直线与时间横坐标相交的点，它位于电流到达 10%幅值电流时之前 $0.1T_1$ 处，见图 8-2-3。

4. 短时雷击电流的半值时间 T_2 是一规定参数，定义为规定原点 O_1 与电流降至幅值一半之间的时间间隔，见图 8-2-3。

表 8-2-3 首次正极性雷击的雷电流参量

雷电流参数	防雷建筑物类别		
	一类	二类	三类
I 幅值/kA	200	150	100
T_1 波头时间/μs	10	10	10
T_2 半值时间/μs	350	350	350
Q_s 电荷量/C	100	75	50
W/R 单位能量/(MJ/Ω)	10	5.6	2.5

表 8-2-4 首次负极性雷击的雷电流参量

雷电流参数	防雷建筑物类别		
	一类	二类	三类
I 幅值/kA	100	75	50
T_1 波头时间/μs	1	1	1
T_2 半值时间/μs	200	200	200
I/T_1 平均陡度/(kA /μs)	100	75	50

注：本波形仅供计算用，不供做试验用。

表 8-2-5 首次负极性以后雷击的雷电流参量

雷电流参数	防雷建筑物类别		
	一类	二类	三类
I 幅值/kA	50	37.5	25
T_1 波头时间/μs	0.25	0.25	0.25
T_2 半值时间/μs	100	100	100
I/T_1 平均陡度/(kA /μs)	200	150	100

表 8-2-6 长时间雷击的雷电流参量

雷电流参数	防雷建筑物类别		
	一类	二类	三类
Q_1 电荷量/C	200	150	100
T 时间/μs	0.5	0.5	0.5

注：平均电流 $I \approx Q_1/T$。

评　　注

建筑物防雷等级是根据其重要性、使用性质、发生雷电事故的可能性和后果进行划分的，并根据不同的防雷分类，确定采取相应的防雷措施，这些措施包括：防直击雷、防雷电感应和防雷电波侵入等。防雷分类的不准确，会导致建筑物防雷技术措施存在隐患，有时也会造成防雷施工成本升高，造成资源的浪费。

8.3 建筑物防雷措施

8.3.1 建筑物防雷一般原则见表 8-3-1。

表 8-3-1 建筑物防雷一般原则

序号	建筑物防雷一般原则
1	建筑物防雷设计应按现行国家标准《建筑物防雷设计规范》GB 50057 的要求，根据建筑物的重要性、使用性质和发生雷击的可能性及后果，确定建筑物的防雷分类。建筑物电子信息系统应按现行国家标准《建筑物电子信息系统防雷技术规范》GB 50343 的要求，确定雷电防护等级
2	建筑物防雷设计，应认真根据地质、地貌、气象、环境等条件和雷电活动规律以及被保护物的特点等，因地制宜采取防雷措施，对所采用的防雷装置应作技术经济比较，使其符合建筑形式和其内部存放设备和物质的性质，做到安全可靠、技术先进、经济合理以及施工维护方便

（续）

序号	建筑物防雷一般原则
3	在大量使用信息设备的建筑物内，防雷设计应充分考虑接闪功能、分流影响、等电位联结，屏蔽作用、合理布线、接地措施等重要因素
4	建筑物防雷设计时宜明确建筑物防雷分类和保护措施及相应的防雷做法，使建筑物防雷与建筑的形式和艺术造型相协调，避免对建筑物外观形象的破坏，影响建筑物美观
5	装有防雷装置的建筑物，在防雷装置与其他设施和建筑物内人员无法隔离的情况下，应采取等电位联结
6	在防雷设计时，建筑物应根据其建筑及结构形式与有关专业配合，充分利用建筑物金属结构及钢筋混凝土结构中的钢筋等导体作为防雷装置

8.3.2 建筑物防雷措施基本要求见表 8-3-2。

表 8-3-2 建筑物防雷措施基本要求

序号	建筑物防雷措施基本要求
1	各类防雷建筑物应设防直击雷的外部防雷装置，并应采取防闪电电涌侵入的措施 第一类防雷建筑物、制造、使用或贮存火炸药及其制品的危险建筑物，且电火花不易引起爆炸或不致造成巨大破坏和人身伤亡者的建筑物、具有 1 区或 21 区爆炸危险场所的建筑物，且电火花不易引起爆炸或不致造成巨大破坏和人身伤亡者的建筑物和具有 2 区或 22 区爆炸危险场所的建筑物尚应采取防闪电感应的措施
2	各类防雷建筑物应设内部防雷装置，并应符合下列规定： 1. 在建筑物的地下室或地面层处，下列物体应与防雷装置做防雷等电位联结：①建筑物金属体；②金属装置；③建筑物内系统；④进出建筑物的金属管线 2. 除上述措施外，外部防雷装置与建筑物金属体、金属装置、建筑物内系统之间，尚应满足间隔距离的要求
3	国家级的会堂、办公建筑物、大型展览和博览建筑物、大型火车站和飞机场、国宾馆，国家级档案馆、大型城市的重要给水泵房等特别重要的建筑物。国家级计算中心、国际通信枢纽等对国民经济有重要意义的建筑物。国家特级和甲级大型体育馆尚应采取防雷击电磁脉冲的措施。其他各类防雷建筑物，当其建筑物内系统所接设备的重要性高，以及所处雷击磁场环境和加于设备的闪电电涌无法满足要求时，也应采取防雷击电磁脉冲的措施 注：飞机场不含停放飞机的露天场所和跑道

8.3.3 第一类防雷建筑物的防雷措施见表 8-3-3。

表 8-3-3 第一类防雷建筑物的防雷措施

<table>
<tr><th>项目</th><th colspan="4">第一类防雷建筑物的防雷措施</th></tr>
<tr><td rowspan="9">防直击雷的措施</td><td colspan="4">应装设独立接闪杆或架空接闪线或接闪网。架空接闪网的网格尺寸不应大于 5m×5m 或 6m×4m</td></tr>
<tr><td colspan="4">排放爆炸危险气体、蒸气或粉尘的放散管、呼吸阀、排风管等的管口外的下列空间应处于接闪器的保护范围内：
1. 当有管帽时，应按下表的规定确定</td></tr>
<tr><td>装置内的压力与周围空气压力的压力差/kPa</td><td>排放物对比于空气</td><td>管帽以上的垂直距离/m</td><td>距管口处的水平距离/m</td></tr>
<tr><td><5</td><td>重于空气</td><td>1</td><td>2</td></tr>
<tr><td>5~25</td><td>重于空气</td><td>2.5</td><td>5</td></tr>
<tr><td>≤25</td><td>轻于空气</td><td>2.5</td><td>5</td></tr>
<tr><td>>25</td><td>重或轻于空气</td><td>5</td><td>5</td></tr>
<tr><td colspan="4">注：相对密度小于或等于 0.75 的爆炸性气体规定为轻于空气的气体；相对密度大于 0.75 的爆炸性气体规定为重于空气的气体。</td></tr>
<tr><td colspan="4">2. 当无管帽时，应为管口上方半径 5m 的半球体
3. 接闪器与雷闪的接触点应设在 1 或 2 所规定的空间之外</td></tr>
</table>

（续）

项目	第一类防雷建筑物的防雷措施
防直击雷的措施	排放爆炸危险气体、蒸气或粉尘的放散管、呼吸阀、排风管等，当其排放物达不到爆炸浓度、长期点火燃烧、一排放就点火燃烧，以及发生事故时排放物才达到爆炸浓度的通风管、安全阀，接闪器的保护范围应保护到管帽，无管帽时应保护到管口
	独立接闪杆的杆塔、架空接闪线的端部和架空接闪网的每根支柱处应至少设一根引下线。对用金属制成或有焊接、绑扎连接钢筋网的杆塔、支柱，宜利用金属杆塔或钢筋网作为引下线
	独立接闪杆和架空接闪线或接闪网的支柱及其接地装置与被保护建筑物及与其有联系的管道、电缆等金属物之间的间隔距离（见图 8-3-1），应按下列公式计算，且不得小于 3m 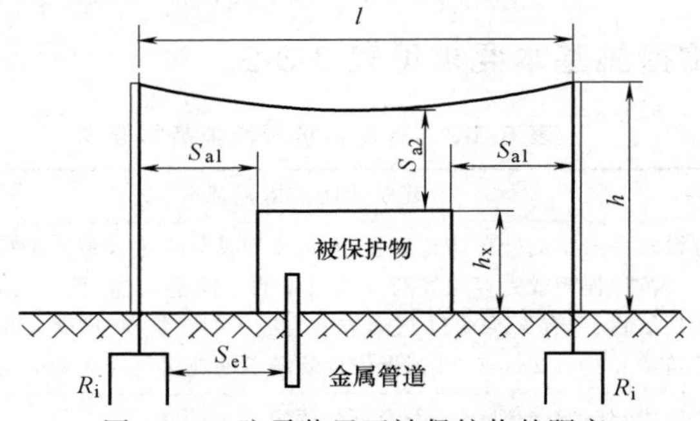 图 8-3-1　防雷装置至被保护物的距离 （1）地上部分：当 $h_x<5R_i$ 时，　$S_{a1}\geqslant 0.4(R_i+0.1h_x)$ 当 $h_x\geqslant 5R_i$ 时，$S_{a1}\geqslant 0.1(R_i+h_x)$ （2）地下部分：$S_{e1}\geqslant 0.4R_i$ 式中　S_{a1}——空气中的间隔距离（m）； S_{e1}——地中的间隔距离（m）； R_i——独立接闪杆或架空接闪线（网）支柱处接地装置的冲击接地电阻（Ω）； h_x——被保护物或计算点的高度（m）
	架空接闪线至屋面和各种突出屋面的风帽、放散管等物体之间的距离（见图 8-3-1），应按下列公式计算，但不应小于 3m： 当 $(h+l/2)<5R_i$ 时，$S_{a2}\geqslant 0.2R_i+0.03(h+l/2)$ 当 $(h+l/2)\geqslant 5R_i$ 时，$S_{a2}\geqslant 0.05R_i+0.06(h+l/2)$ 式中　S_{a2}——接闪线至被保护物在空气中的间隔距离（m）； h——接闪线的支柱高度（m）； l——接闪线的水平长度（m）
	架空接闪网至屋面和各种突出屋面的风帽、放散管等物体之间的间隔距离，应按下列公式计算，但不应小于 3m： 当 $(h+l_1)<5R_i$ 时，$S_{a2}\geqslant \frac{1}{n}[0.4R_i+0.06(h+l_1)]$ 当 $(h+l_1)\geqslant 5R_i$ 时，$S_{a2}\geqslant \frac{1}{n}[0.1R_i+0.12(h+l_1)]$ 式中　l_1——从接闪网中间最低点沿导体至最近支柱的距离（m）； n——从接闪中间最低点导体至最近不同支柱并有同一距离 l_1 的个数
	独立接闪杆、架空接闪线或架空接闪网应设独立的接地装置，每一引下线的冲击接地电阻不宜大于 10Ω。在土壤电阻率高的地区，可适当增大冲击接地电阻，但在 3000Ω · m 以下的地区，冲击接地电阻不应大于 30Ω

（续）

项目	第一类防雷建筑物的防雷措施
防闪电感应	建筑物内的设备、管道、构架、电缆金属外皮、钢屋架、钢窗等较大金属物和突出屋面的放散管、风管等金属物，均应接到防闪电感应的接地装置上。金属屋面周边每隔 18～24m 应采用引下线接地一次。现场浇筑或用预制构件组成的钢筋混凝土屋面，其钢筋网的交叉点应绑扎或焊接，并应每隔 18～24m 采用引下线接地一次
	平行敷设的管道、构架和电缆金属外皮等长金属物，其净距小于 100mm 时，应采用金属线跨接，跨接点的间距不应大于 30m；交叉净距小于 100mm 时，其交叉处也应跨接 当长金属物的弯头、阀门、法兰等连接处的过渡电阻大于 0.03Ω 时，连接处应用金属线跨接。对有不少于 5 根螺栓连接的法兰，在非腐蚀环境下，可不跨接
	防闪电感应的接地装置应与电气和电子系统的接地装置共用，其工频接地电阻不宜大于 10Ω。防闪电感应的接地装置与独立接闪杆、架空接闪线或架空接闪网的接地装置之间的间隔距离，应符合 GB 50057—2010 第 4.2.1 条第 5 款的规定 当屋内设有等电位联结的接地干线时，其与防闪电感应接地装置的连接不应少于 2 处
防闪电电涌侵入	室外低压配电线路应全线采用电缆直接埋地敷设，在入户处应将电缆的金属外皮、钢管接到等电位联结带或防闪电感应的接地装置上
	当全线采用电缆有困难时，应采用钢筋混凝土杆和铁横担的架空线，并应使用一段金属铠装电缆或护套电缆穿钢管直接埋地引入。架空线与建筑物的距离不应小于 15m 在电缆与架空线连接处，尚应装设户外型电涌保护器。电涌保护器、电缆金属外皮、钢管和绝缘子铁脚、金具等应连在一起接地，其冲击接地电阻不应大于 30Ω。所装设的电涌保护器应选用Ⅰ级试验产品，其电压保护水平应小于或等于 2.5kV，其每一保护模式应选冲击电流等于或大于 10kA；若无户外型电涌保护器，应选用户内型电涌保护器，其使用温度应满足安装处的环境温度，并应安装在防护等级 IP54 的箱内 当电涌保护器的接线形式为 GB 50057—2010 表 J.1.2 中的接线形式 2 时，接在中性线和 PE 线间电涌保护器的冲击电流，当为三相系统时不应小于 40kA，当为单相系统时不应小于 20kA
	当架空线转换成一段金属铠装电缆或护套电缆穿钢管直接埋地引入时，其埋地长度可按下式计算： $$l \geqslant 2\sqrt{\rho}$$ 式中 l——电缆铠装或穿电缆的钢管埋地直接与土壤接触的长度（m）； ρ——埋电缆处的土壤电阻率（Ω·m）
	在入户处的总配电箱内是否装设电涌保护器应按 GB 50057—2010 第 6 章的规定确定。当需要安装电涌保护器时，电涌保护器的最大持续运行电压值和接线形式应按 GB 50057—2010 附录 J 的规定确定；连接电涌保护器的导体截面面积应按 GB 50057—2010 表 5.1.2 的规定取值
	电子系统的室外金属导体线路宜全线采用有屏蔽层的电缆埋地或架空敷设，其两端的屏蔽层、加强钢线、钢管等应等电位联结到入户处的终端箱体上，在终端箱内是否装设电涌保护器应按 GB 50057—2010 第 6 章的规定确定
	当通信线路采用钢筋混凝土杆的架空线时，应使用一段护套电缆穿钢管直接埋地引入，其埋地长度可按 GB 50057—2010 式（4.2.3）计算，且不应小于 15m。在电缆与架空线连接处，尚应装设户外型电涌保护器。电涌保护器、电缆金属外皮、钢管和绝缘子铁脚、金具等应连在一起接地，其冲击接地电阻不应大于 30Ω。所装设的电涌保护器应选用 D1 类高能量试验的产品，其电压保护水平和最大持续运行电压值应按 GB 50057—2010 附录 J 的规定确定，连接电涌保护器的导体截面面积应按 GB 50057—2010 表 5.1.2 的规定取值，每台电涌保护器的短路电流应等于或大于 2kA；若无户外型电涌保护器，可选用户内型电涌保护器，但其使用温度应满足安装处的环境温度，并应安装在防护等级 IP54 的箱内。在入户处的终端箱内是否装设电涌保护器应按 GB 50057—2010 第 6 章的规定确定
	架空金属管道，在进出建筑物处，应与防闪电感应的接地装置相连。距离建筑物 100m 内的管道，宜每隔 25m 接地一次，其冲击接地电阻不应大于 30Ω，并应利用金属支架或钢筋混凝土支架的焊接、绑扎钢筋网作为引下线，其钢筋混凝土基础宜作为接地装置 埋地或地沟内的金属管道，在进出建筑物处应等电位联结到等电位联结带或防闪电感应的接地装置上
当树木邻近建筑物且不在接闪器保护范围之内时，树木与建筑物之间的净距不应小于 5m	

8.3.4　第二类防雷建筑物的防雷措施见表 8-3-4。

表 8-3-4　第二类防雷建筑物的防雷措施

<table>
<tr><th>项目</th><th>第二类防雷建筑物的防雷措施</th></tr>
<tr><td>外部防雷措施</td><td>宜采用装设在建筑物上的接闪网、接闪带或接闪杆，也可采用由接闪网、接闪带或接闪杆混合组成的接闪器。接闪网、接闪带应按 GB 50057—2010 附录 B 的规定沿屋角、屋脊、屋檐和檐角等易受雷击的部位敷设，并应在整个屋面组成不大于 10m×10m 或 12m×8m 的网格；当建筑物高度超过 45m 时，首先应沿屋顶周边敷设接闪带，接闪带应设在外墙外表面或屋檐边垂直面上，也可设在外墙外表面或屋檐边垂直面外。接闪器之间应互相连接</td></tr>
<tr><td>突出屋面的放散管、风管、烟囱等物体防雷措施</td><td>1. 排放爆炸危险气体、蒸气或粉尘的放散管、呼吸阀、排风管等管道应符合 GB 50057—2010 第 4.2.1 条第 2 款的规定
2. 排放无爆炸危险气体、蒸气或粉尘的放散管、烟囱，1 区、21 区、2 区和 22 区爆炸危险场所的自然通风管，0 区和 20 区爆炸危险场所装有阻火器的放散管、呼吸阀、排风管，以及 GB 50057—2010 第 4.2.1 条第 3 款所规定的管、阀及煤气和天然气放散管等，其防雷保护应符合下列规定：
1）金属物体可不装接闪器，但应和屋面防雷装置相连
2）除符合 GB 50057—2010 第 4.5.7 条的规定情况外，在屋面接闪器保护范围之外的非金属物体应装接闪器，并应和屋面防雷装置相连</td></tr>
<tr><td colspan="2">专设引下线不应少于 2 根，并应沿建筑物四周和内庭院四周均匀对称布置，其间距沿周长计算不应大于 18m。当建筑物的跨度较大，无法在跨距中间设引下线时，应在跨距端设引下线并减小其他引下线的间距，专设引下线的平均间距不应大于 18m</td></tr>
<tr><td colspan="2">外部防雷装置的接地应和防闪电感应、内部防雷装置、电气和电子系统等接地共用接地装置，并应与引入的金属管线做等电位联结。外部防雷装置的专设接地装置宜围绕建筑物敷设成环形接地体</td></tr>
</table>

利用建筑物的钢筋作为防雷装置时，应符合下列规定：

1. 建筑物宜利用钢筋混凝土屋顶、梁、柱、基础内的钢筋作为引下线。国家级的会堂、办公建筑物、大型展览和博览建筑物、大型火车站和飞机场、国宾馆，国家级档案馆、大型城市的重要给水泵房等特别重要的建筑物，国家级计算中心、国际通信枢纽等对国民经济有重要意义的建筑物，国家特级和甲级大型体育馆、预计雷击次数大于 0.05 次/a 的部、省级办公建筑物和其他重要或人员密集的公共建筑物以及火灾危险场所，预计雷击次数大于 0.25 次/a 的住宅、办公楼等一般性民用建筑物或一般性工业建筑物，当其女儿墙以内的屋顶钢筋网以上的防水和混凝土层允许不保护时，宜利用屋顶钢筋网作为接闪器；上述建筑物为多层建筑，且周围很少有人停留时，宜利用女儿墙压顶板内或檐口内的钢筋作为接闪器

2. 当基础采用硅酸盐水泥和周围土壤的含水量不低于 4%及基础的外表面无防腐层或有沥青质防腐层时，宜利用基础内的钢筋作为接地装置。当基础的外表面有其他类的防腐层且无桩基可利用时，宜在基础防腐层下面的混凝土垫层内敷设人工环形基础接地体

3. 敷设在混凝土中作为防雷装置的钢筋或圆钢，当仅为一根时，其直径不应小于 10mm。被利用作为防雷装置的混凝土构件内有箍筋连接的钢筋时，其截面面积总和不应小于一根直径 10mm 钢筋的截面面积

4. 利用基础内钢筋网作为接地体时，在周围地面以下距地面不应小于 0.5m，每根引下线所连接的钢筋表面积总和应按下式计算：

$$S \geqslant 4.24 k_c^2$$

式中　S——钢筋表面积总和（m^2）；

　　　k_c——分流系数，按 GB 50057—2010 附录 E 的规定取值

5. 当在建筑物周边的无钢筋的闭合条形混凝土基础内敷设人工基础接地体时，接地体的规格尺寸应按下表的规定确定。

闭合条形基础的周长/m	扁钢/mm	圆钢，根数×直径/mm
≥60	4×25	2×ϕ10
40～60	4×50	4×ϕ10 或 3×ϕ12
<40	钢材表面积总和≥4.24m^2	

注：1. 当长度相同、截面相同时，宜优先选用扁钢。

2. 采用多根圆钢时，其敷设净距不小于直径的 2 倍。

3. 利用闭合条形基础内的钢筋作接地体时可按本表校验。除主筋外，可计入箍筋的表面积。

6. 构件内有箍筋连接的钢筋或成网状的钢筋，其箍筋与钢筋、钢筋与钢筋应采用土建施工的绑扎法、螺钉、对焊或搭焊连接。单根钢筋、圆钢或外引预埋连接板、线与构件内钢筋应焊接或采用螺栓紧固的卡夹器连接。构件之间必须连接成电气通路

（续）

项目	第二类防雷建筑物的防雷措施
制造、使用或贮存火炸药及其制品的危险建筑物且电火花不易引起爆炸或不致造成巨大破坏和人身伤亡者的建筑物、具有1区或21区爆炸危险场所的建筑物且电火花不易引起爆炸或不致造成巨大破坏和人身伤亡者的建筑物、具有2区或22区爆炸危险场所的建筑物防闪电感应的措施	1. 建筑物内的设备、管道、构架等主要金属物，应就近接到防雷装置或共用接地装置上
	2. 除GB 50057—2010第3.0.3条第7款所规定的建筑物外，平行敷设的管道、构架和电缆金属外皮等长金属物应符合GB 50057—2010第4.2.2条第2款的规定，但长金属物连接处可不跨接
	3. 建筑物内防闪电感应的接地干线与接地装置的连接，不应少于2处
防止雷电流流经引下线和接地装置时产生的高电位对附近金属物或电气和电子系统线路的反击要求	在金属框架的建筑物中，或在钢筋连接在一起、电气贯通的钢筋混凝土框架的建筑物中，金属物或线路与引下线之间的间隔距离可无要求；在其他情况下，金属物或线路与引下线之间的间隔距离应按下式计算： $$S_{a3} \geqslant 0.06k_c l_x$$ 式中 S_{a3}——空气中的间隔距离（m）； l_x——引下线计算点到连接点的长度（m），连接点即金属物或电气和电子系统线路与防雷装置之间直接或通过电涌保护器相连之点
	当金属物或线路与引下线之间有自然或人工接地的钢筋混凝土构件、金属板、金属网等静电屏蔽物隔开时，金属物或线路与引下线之间的间隔距离可无要求
	当金属物或线路与引下线之间有混凝土墙、砖墙隔开时，其击穿强度应为空气击穿强度的1/2。当间隔距离不能满足GB 50057—2010第4.3.8条第1款的规定时，金属物应与引下线直接相连，带电线路应通过电涌保护器与引下线相连
	在电气接地装置与防雷接地装置共用或相连的情况下，应在低压电源线路引入的总配电箱、配电柜处装设Ⅰ级试验的电涌保护器。电涌保护器的电压保护水平值应小于或等于2.5kV。每一保护模式的冲击电流值，当无法确定时应取等于或大于12.5kA
	当Yyn0型或Dyn11型接线的配电变压器设在本建筑物内或附设于外墙处时，应在变压器高压侧装设避雷器；在低压侧的配电屏上，当有线路引出本建筑物至其他有独自敷设接地装置的配电装置时，应在母线上装设Ⅰ级试验的电涌保护器，电涌保护器每一保护模式的冲击电流值，当无法确定时冲击电流应取等于或大于12.5kA；当无线路引出本建筑物时，应在母线上装设Ⅱ级试验的电涌保护器，电涌保护器每一保护模式的标称放电电流值应等于或大于5kA。电涌保护器的电压保护水平值应小于或等于2.5kV
	低压电源线路引入的总配电箱、配电柜处装设Ⅰ级试验的电涌保护器，以及配电变压器设在本建筑物内或附设于外墙处，并在低压侧配电屏的母线上装设Ⅰ级试验的电涌保护器时，电涌保护器每一保护模式的冲击电流值，当电源线路无屏蔽层时可按GB 50057—2010式（4.2.4-6）计算，当有屏蔽层时可按GB 50057—2010式（4.2.4-7）计算，式中的雷电流应取等于150kA
	在电子系统的室外线路采用金属线时，其引入的终端箱处应安装D1类高能量试验类型的电涌保护器，其短路电流当无屏蔽层时可按GB 50057—2010式（4.2.4-6）计算，当有屏蔽层时可按GB 50057—2010式（4.2.4-7）计算，式中的雷电流应取等于150kA；当无法确定时应选用1.5kA
	在电子系统的室外线路采用光缆时，其引入的终端箱处的电气线路侧，当无金属线路引出本建筑物至其他有自己接地装置设备时，可安装B2类慢上升率试验类型的电涌保护器，其短路电流宜选用75A
	输送火灾爆炸危险物质和具有阴极保护的埋地金属管道，当其从室外进入户内处设有绝缘段时应符合GB 50057—2010第4.2.4条第13款和第14款的规定，在按GB 50057—2010式（4.2.4-6）计算时，式中的雷电流应取等于150kA

（续）

<table>
<tr><th>项目</th><th>第二类防雷建筑物的防雷措施</th></tr>
<tr><td rowspan="3">高度超过45m的建筑物防雷侧击措施</td><td>对水平突出外墙的物体，当滚球半径45m球体从屋顶周边接闪带外向地面垂直下降接触到突出外墙的物体时，应采取相应的防雷措施</td></tr>
<tr><td>高于60m的建筑物，其上部占高度20%并超过60m的部位应防侧击，防侧击应符合下列规定：
1）在建筑物上部占高度20%并超过60m的部位，各表面上的尖物、墙角、边缘、设备以及显著突出的物体，应按屋顶上的保护措施处理
2）在建筑物上部占高度20%并超过60m的部位，布置接闪器应符合对本类防雷建筑物的要求，接闪器应重点布置在墙角、边缘和显著突出的物体上
3）外部金属物，当其最小尺寸符合GB 50057—2010第5.2.7条第2款的规定时，可利用其作为接闪器，还可利用布置在建筑物垂直边缘处的外部引下线作为接闪器
4）符合GB 50057—2010第4.3.5条规定的钢筋混凝土内钢筋和符合GB 50057—2010第5.3.5条规定的建筑物金属框架，当作为引下线或与引下线连接时，均可利用其作为接闪器</td></tr>
<tr><td>外墙内、外竖直敷设的金属管道及金属物的顶端和底端，应与防雷装置等电位联结</td></tr>
<tr><td colspan="2">1. 没有得到接闪器保护的屋顶孤立金属物的尺寸不超过下列数值时，可不要求附加的保护措施：①高出屋顶平面不超过0.3m；②上层表面总面积不超过1.0m²；③上层表面的长度不超过2.0m
2. 不处在接闪器保护范围内的非导电性屋顶物体，当它没有突出由接闪器形成的平面0.5m以上时，可不要求附加增设接闪器的保护措施</td></tr>
</table>

8.3.5 第三类防雷建筑物的防雷措施见表8-3-5。

表8-3-5 第三类防雷建筑物的防雷措施

<table>
<tr><th>项　目</th><th>第三类防雷建筑物的防雷措施</th></tr>
<tr><td>外部防雷措施</td><td>宜采用装设在建筑物上的接闪网、接闪带或接闪杆，也可采用由接闪网、接闪带和接闪杆混合组成的接闪器。接闪网、接闪带应按GB 50057—2010附录B的规定沿屋角、屋脊、屋檐和檐角等易受雷击的部位敷设，并应在整个屋面组成不大于20m×20m或24m×16m的网格；当建筑物高度超过60m时，首先应沿屋顶周边敷设接闪带，接闪带应设在外墙外表面或屋檐边垂直面上，也可设在外墙外表面或屋檐边垂直面外。接闪器之间应互相连接</td></tr>
<tr><td>突出屋面物体防雷措施</td><td>1. 排放爆炸危险气体、蒸气或粉尘的放散管、呼吸阀、排风管等管道应符合GB 50057—2010第4.2.1条第2款的规定
2. 排放无爆炸危险气体、蒸气或粉尘的放散管、烟囱，1区、21区、2区和22区爆炸危险场所的自然通风管，0区和20区爆炸危险场所装有阻火器的放散管、呼吸阀、排风管，以及GB 50057—2010第4.2.1条第3款所规定的管、阀及煤气和天然气放散管等，其防雷保护应符合下列规定：
1）金属物体可不装接闪器，但应和屋面防雷装置相连
2）除符合GB 50057—2010第4.5.7条的规定情况外，在屋面接闪器保护范围之外的非金属物体应装接闪器，并应和屋面防雷装置相连</td></tr>
<tr><td colspan="2">专设引下线不应少于2根，并应沿建筑物四周和内庭院四周均匀对称布置，其间距沿周长计算不应大于25m。当建筑物的跨度较大，无法在跨距中间设引下线时，应在跨距两端设引下线并减小其他引下线的间距，专设引下线的平均间距不应大于25m</td></tr>
<tr><td colspan="2">防雷装置的接地应与电气和电子系统等接地共用接地装置，并应与引入的金属管线做等电位联结。外部防雷装置的专设接地装置宜围绕建筑物敷设成环形接地体</td></tr>
</table>

（续）

<table>
<tr><th>项　目</th><th>第三类防雷建筑物的防雷措施</th></tr>
<tr><td colspan="2">建筑物宜利用钢筋混凝土屋面、梁、柱、基础内的钢筋作为引下线和接地装置，当其女儿墙以内的屋顶钢筋网以上的防水和混凝土层允许不保护时，宜利用屋顶钢筋网作为接闪器，以及当建筑物为多层建筑，其女儿墙压顶板内或檐口内有钢筋且周围除保安人员巡逻外通常无人停留时，宜利用女儿墙压顶板内或檐口内的钢筋作为接闪器，并应符合 GB 50057—2010 第 4.3.5 条第 2 款、第 3 款、第 6 款规定，同时应符合下列规定：
1. 利用基础内钢筋网作为接地体时，在周围地面以下距地面不小于 0.5m 深，每根引下线所连接的钢筋表面积总和应按下式计算：
$S \geqslant 1.89k_c^2$
2. 当在建筑物周边的无钢筋的闭合条形混凝土基础内敷设人工基础接地体时，接地体的规格尺寸应按下表规定确定。
<table>
<tr><th>闭合条形基础的周长/m</th><th>扁钢/mm</th><th>圆钢，根数×直径/mm</th></tr>
<tr><td>≥60</td><td></td><td>1×ϕ10</td></tr>
<tr><td>40~60</td><td>4×20</td><td>2×ϕ8</td></tr>
<tr><td><40</td><td colspan="2">钢材表面积总和≥1.89m^2</td></tr>
</table>
注：1. 当长度相同、截面面积相同时，宜优先选用扁钢。
2. 采用多根圆钢时，其敷设净距不小于直径的 2 倍。
3. 利用闭合条形基础内的钢筋作接地体时可按本表校验。除主筋外，可计入箍筋的表面积。</td></tr>
<tr><td rowspan="5">防止雷电流流经引下线和接地装置时产生的高电位对附近金属物或电气和电子系统线路的反击的要求</td><td>应符合 GB 50057—2010 第 4.3.8 条第 1~5 款的规定，并应按下式计算：$S_{a3} \geqslant 0.04k_c l_x$</td></tr>
<tr><td>低压电源线路引入的总配电箱、配电柜处装设Ⅰ级试验的电涌保护器，以及配电变压器设在本建筑物内或附设于外墙处，并在低压侧配电屏的母线上装设Ⅰ级试验的电涌保护器时，电涌保护器每一保护模式的冲击电流值，当电源线路无屏蔽层时可按 GB 50057—2010 式(4.2.4-6)计算，当有屏蔽层时可按 GB 50057—2010 式(4.2.4-7)计算，式中的雷电流应取等于 100kA</td></tr>
<tr><td>在电子系统的室外线路采用金属线时，在其引入的终端箱处应安装 D1 类高能量试验类型的电涌保护器，其短路电流当无屏蔽层时可按 GB 50057—2010 式(4.2.4-6)计算，当有屏蔽层时可按 GB 50057—2010 式(4.2.4-7)计算，式中的雷电流应取等于 100kA；当无法确定时应选用 1.0kA</td></tr>
<tr><td>在电子系统的室外线路采用光缆时，其引入的终端箱处的电气线路侧，当无金属线路引出本建筑物至其他有自己接地装置的设备时，可安装 B2 类慢上升率试验类型的电涌保护器，其短路电流宜选用 50A</td></tr>
<tr><td>输送火灾爆炸危险物质和具有阴极保护的埋地金属管道，当其从室外进入户内处设有绝缘段时，应符合 GB 50057—2010 第 4.2.4 条第 13 款和第 14 款的规定，当按 GB 50057—2010 式(4.2.4-6)计算时，雷电流应取等于 100kA</td></tr>
<tr><td rowspan="3">高度超过 60m 的建筑物防闪电感应的措施</td><td>对水平突出外墙的物体，当滚球半径 60m 球体从屋顶周边接闪带外向地面垂直下降接触到突出外墙的物体时，应采取相应的防雷措施</td></tr>
<tr><td>1. 在建筑物上部占高度 20% 并超过 60m 的部位，各表面上的尖物、墙角、边缘、设备以及显著突出的物体，应按屋顶的保护措施处理
2. 在建筑物上部占高度 20% 并超过 60m 的部位，布置接闪器应符合对本类防雷建筑物的要求，接闪器应重点布置在墙角、边缘和显著突出的物体上
3. 外部金属物，当其最小尺寸符合 GB 50057—2010 第 5.2.7 条第 2 款的规定时，可利用其作为接闪器，还可利用布置在建筑物垂直边缘处的外部引下线作为接闪器
4. 符合 GB 50057—2010 第 4.4.5 条规定的钢筋混凝土内钢筋和符合 GB 50057—2010 第 5.3.5 条规定的建筑物金属框架，当其作为引下线或与引下线连接时均可作为接闪器</td></tr>
<tr><td>外墙内、外竖直敷设的金属管道及金属物的顶端和底端，应与防雷装置等电位联结</td></tr>
<tr><td colspan="2">1. 没有得到接闪器保护的屋顶孤立金属物的尺寸不超过下列数值时，可不要求附加的保护措施：①高出屋顶平面不超过 0.3m；②上层表面总面积不超过 1.0m^2；③上层表面的长度不超过 2.0m
2. 不处在接闪器保护范围内的非导电性屋顶物体，当它没有突出由接闪器形成的平面 0.5m 以上时，可不要求附加增设接闪器的保护措施</td></tr>
</table>

8.3.6 其他防雷措施见表 8-3-6。

表 8-3-6 其他防雷措施

当一座防雷建筑物中兼有第一、二、三类防雷建筑物时，其防雷分类和防雷措施的要求	1. 当第一类防雷建筑物部分的面积占建筑物总面积的 30%及以上时，该建筑物宜确定为第一类防雷建筑物 2. 当第一类防雷建筑物部分的面积占建筑物总面积的 30%以下，且第二类防雷建筑物部分的面积占建筑物总面积的 30%及以上时，或当这两部分防雷建筑物的面积均小于建筑物总面积的 30%，但其面积之和又大于 30%时，该建筑物宜确定为第二类防雷建筑物。但对第一类防雷建筑物部分的防闪电感应和防闪电电涌侵入，应采取第一类防雷建筑物的保护措施 3. 当第一、二类防雷建筑物部分的面积之和小于建筑物总面积的 30%，且不可能遭直接雷击时，该建筑物可确定为第三类防雷建筑物；但对第一、二类防雷建筑物部分的防闪电感应和防闪电电涌侵入，应采取各自类别的保护措施；当可能遭直接雷击时，宜按各自类别采取防雷措施
当一座建筑物中仅有一部分为第一、二、三类防雷建筑物时，其防雷措施的要求	1. 当防雷建筑物部分可能遭直接雷击时，宜按各自类别采取防雷措施 2. 当防雷建筑物部分不可能遭直接雷击时，可不采取防直击雷措施，可仅按各自类别采取防闪电感应和防闪电电涌侵入的措施 3. 当防雷建筑物部分的面积占建筑物总面积的 50%以上时，该建筑物宜按 GB 50057—2010 第 4.5.1 条的规定采取防雷措施
固定在建筑物上的节日彩灯、航空障碍信号灯及其他用电设备和线路应根据建筑物的防雷类别采取相应的防止闪电电涌侵入措施的要求	1. 无金属外壳或保护网罩的用电设备应处在接闪器的保护范围内 2. 从配电箱引出的配电线路应穿钢管。钢管的一端应与配电箱和 PE 线相连；另一端应与用电设备外壳、保护罩相连，并应就近与屋顶防雷装置相连。当钢管因连接设备而中间断开时应设跨接线 3. 在配电箱内应在开关的电源侧装设Ⅱ级试验的电涌保护器，其电压保护水平不应大于 2.5kV，标称放电电流值应根据具体情况确定
在建筑物引下线附近保护人身安全需采取的防接触电压和跨步电压措施的要求	1. 防接触电压应符合下列规定之一： 1)利用建筑物金属构架和建筑物互相连接的钢筋在电气上是贯通且不少于 10 根柱子组成的自然引下线，作为自然引下线的柱子包括位于建筑物四周和建筑物内的 2)引下线 3m 范围内地表层的电阻率不小于 50kΩ · m，或敷设 5cm 厚沥青层或 15cm 厚砾石层 3)外露引下线，其距地面 2.7m 以下的导体用耐 1.2/50μs 冲击电压 100kV 的绝缘层隔离，或用至少 3mm 厚的交联聚乙烯层隔离 4)用护栏、警告牌使接触引下线的可能性降至最低限度 2. 防跨步电压应符合下列规定之一： 1)利用建筑物金属构架和建筑物互相连接的钢筋在电气上是贯通且不少于 10 根柱子组成的自然引下线，作为自然引下线的柱子包括位于建筑物四周和建筑物内的 2)引下线 3m 范围内地表层的电阻率不小于 50kΩ · m，或敷设 5cm 厚沥青层或 15cm 厚砾石层 3)用网状接地装置对地面做均衡电位处理 4)用护栏、警告牌使进入距引下线 3m 范围内地面的可能性减小到最低限度
在独立接闪杆、架空接闪线、架空接闪网的支柱上，严禁悬挂电话线、广播线、电视接收天线及低压架空线等	

评　注

建筑物防雷措施包括防直击雷和防雷电波侵入的措施，第二类防雷建筑物尚应采取防闪电感应的措施。外部防雷装置与建筑物金属体、金属装置、建筑物内系统之间，尚应满足间隔距离的要求。在防雷装置与其他设施和建筑物内人员无法隔离的情况下，应采取等电位联结。对所采用的防雷装置应作技术经济比较，使其符合建筑形式和其内部存放设备和物质的性质，做到安全可靠、技术先进、经济合理以及施工维护方便。

8.4 防雷装置

8.4.1 防雷装置使用的材料及其应用条件见表 8-4-1。

表 8-4-1 防雷装置使用的材料及其应用条件

材料	使用于大气中	使用于地中	使用于混凝土中	耐腐蚀情况		
				在下列环境中能耐腐蚀	在下列环境中增加腐蚀	与下列材料接触形成直流电耦合可能受到严重腐蚀
铜	单根导体，绞线	单根导体，有镀层的绞线，铜管	单根导体，有镀层的绞线	在许多环境中良好	硫化物有机材料	—
热镀锌钢	单根导体，绞线	单根导体，钢管	单根导体，绞线	敷设于大气、混凝土和无腐蚀性的一般土壤中受到的腐蚀是可接受的	高氯化物含量	铜
电镀铜钢	单根导体	单根导体	单根导体	在许多环境中良好	硫化物	—
不锈钢	单根导体，绞线	单根导体，绞线	单根导体，绞线	在许多环境中良好	高氯化物含量	—
铝	单根导体，绞线	不适合	不适合	在含有低浓度硫和氯化物的大气中良好	碱性溶液	铜
铅	有镀铝层的单根导体	禁止	不适合	在含有高浓度硫酸化合物的大气中良好	—	铜，不锈钢

注：1. 敷设于黏土或潮湿土壤中的镀锌钢可能受到腐蚀。
2. 在沿海地区，敷设于混凝土中的镀锌钢不宜延伸进入土壤中。
3. 不得在地中采用铅。

8.4.2 防雷装置各连接部件的最小截面面积见表 8-4-2。

表 8-4-2 防雷装置各连接部件的最小截面面积

等电位联结部件	等电位联结带（铜、外表面镀铜的钢或热镀锌钢）	从等电位联结带至接地装置或各等电位联结带之间的连接导体			从屋内金属装置至等电位联结带的连接导体			连接电涌保护器的导体				
								电气系统			电子系统	
								Ⅰ级试验的电涌保护器	Ⅱ级试验的电涌保护器	Ⅲ级试验的电涌保护器	D1类电涌保护器	其他类的电涌保护器（连接导体的截面面积可小于 $1.2mm^2$）
材料	Cu（铜）、Fe（铁）	Cu（铜）	Al（铝）	Fe（铁）	Cu（铜）	Al（铝）	Fe（铁）	Cu（铜）				
截面面积 $/mm^2$	50	16	25	50	6	10	16	6	2.5	1.5	1.2	根据具体情况确定

8.4.3　接闪器的材料、结构和最小截面面积见表 8-4-3 所列数值。

表 8-4-3　接闪器的材料、结构和最小截面面积

材料	铜、镀锡铜①				铝			铝合金					热浸镀锌钢②				不锈钢⑤				外表面镀铜的钢	
结构	单根扁铜	单根圆铜⑦	钢绞线	单根圆铜③④	单根扁铝	单根圆铝	铝绞线	单根扁形导体	单根圆形导体	绞线	单根圆形导体③	外表镀铜的单根圆形导体	单根扁钢	单根圆钢⑨	绞线	单根圆钢③④	单根扁钢⑥	单根圆钢⑥	绞线	单根圆钢③④	单根圆钢(直径8mm)	单根扁钢(厚度2.5mm)
最小截面面积/mm^2	50	50	50	176	70	50	50	50	50	50	176	50	50	50	50	176	50⑧	50⑧	70	176	50	
备注⑩	厚度2mm	直径8mm	每股线直径1.7mm	直径15mm	厚度3mm	直径8mm	每股线直径1.7mm	厚度2.5mm	直径8mm	每股线直径1.7mm	直径15mm	直径8mm,径向镀铜厚度70μm,铜纯度99.9%	厚度2.5mm	直径8mm	每股线直径1.7mm	直径15mm	厚度2mm	直径8mm	每股线直径1.7mm	直径15mm	镀铜厚度至少70μm,铜纯度99.9%	

① 热浸或电镀锡的锡层最小厚度为1μm。
② 镀锌层宜光滑连贯、无焊剂斑点，镀锌层圆钢至少22.7g/m^2、扁钢至少32.4g/m^2。
③ 仅应用于接闪杆。当应用于机械应力没达到临界值之处，可采用直径10mm、最长1m的接闪杆，并增加固定。
④ 仅应用于入地之处。
⑤ 不锈钢中，铬的含量等于或大于16%，镍的含量等于或大于8%，碳的含量等于或小于0.08%。
⑥ 对埋于混凝土中以及与可燃材料直接接触的不锈钢，其最小尺寸宜增大至直径10mm的78mm^2（单根圆钢）和最小厚度3mm的75mm^2（单根扁钢）。
⑦ 在机械强度没有重要要求之处，50mm^2（直径8mm）可减为28mm^2（直径6mm），并应减小固定支架间的间距。
⑧ 当温升和机械受力是重点考虑之处时，50mm^2加大至75mm^2。
⑨ 避免在单位能量10MJ/Ω下熔化的最小截面面积是：铜为16mm^2、铝为25mm^2、钢为50mm^2、不锈钢为50mm^2。
⑩ 截面面积允许误差为-3%。

8.4.4 热镀锌圆钢或钢管接闪杆直径要求见表 8-4-4。

表 8-4-4 热镀锌圆钢或钢管接闪杆直径要求

杆长	材料	规格
<1m	圆钢	12mm
	钢管	20mm
1~2m	圆钢	16mm
	钢管	25mm
烟囱顶上的杆	圆钢	20mm
	钢管	40mm

注：接闪杆的接闪端宜做成半球状，其最小弯曲半径宜为 4.8mm，最大宜为 12.7mm。

8.4.5 独立烟囱热镀锌接闪环要求见表 8-4-5。

表 8-4-5 独立烟囱热镀锌接闪环要求

材料	规格
圆钢	直径 12mm
扁钢	截面面积 100mm^2(厚度 4mm)

8.4.6 明敷接闪导体固定支架的间距不宜大于表 8-4-6 的规定。固定支架的高度不宜小于 150mm。

表 8-4-6 明敷接闪导体固定支架的间距

布置方式	扁形导体和绞线固定支架的间距/mm	单根圆形导体固定支架的间距/mm
安装于水平面上的水平导体	500	1000
安装于垂直面上的水平导体	500	1000
安装于从地面至高 20m 垂直面上的垂直导体	1000	1000
安装在高于 20m 垂直面上的垂直导体	500	1000

8.4.7 金属屋面做接闪器条件见表 8-4-7。

表 8-4-7 金属屋面做接闪器条件

条件	材料	规格		备注
金属板下面无易燃物品时	铅板	厚度不应小于 2mm	板间的连接应是持久的电气贯通，可采用铜锌合金焊、熔焊、卷边压接、缝接、螺钉或螺栓连接	金属板应无绝缘被覆层，薄的油漆保护层或 1mm 厚沥青层或 0.5mm 厚聚氯乙烯层均不应属于绝缘被覆层
	不锈钢、热镀锌钢、钛板和铜板	厚度不应小于 0.5mm		
	铝板	厚度不应小于 0.65mm		
	锌板	厚度不应小于 0.7mm		
金属板下面有易燃物品时	不锈钢、热镀锌钢板和钛板	厚度不应小于 4mm		
	铜板	厚度不应小于 5mm		
	铝板	厚度不应小于 7mm		

8.4.8 接闪器的布置要求见表 8-4-8。

表 8-4-8 接闪器的布置要求

建筑物防雷类别	滚球半径/m	接闪网网格尺寸/m
一类防雷建筑物	30	≤5×5 或≤6×4
二类防雷建筑物	45	≤10×10 或≤12×8
三类防雷建筑物	60	≤20×20 或≤24×16

8.4.9 引下线选择及布置见表 8-4-9。

表 8-4-9 引下线选择及布置

类别	材料	规格	备注		
明敷	铜、镀锡铜	见表 8-4-3	布置方式	扁形导体和绞线固定支架的间距/mm	单根圆形导体固定支架的间距/mm
	铝		安装于垂直面上的水平导体	500	1000
	铝合金		安装于垂直面上的垂直导体	500	1000
	热浸镀锌钢		安装在从地面至高 20m 垂直面上的垂直导体	1000	1000
	不锈钢		安装在高于 20m 垂直面上的垂直导体	500	1000
	外表面镀铜钢				
烟囱防雷引下线	圆钢	直径≥12mm	高度不超过 40m 的烟囱,可设一根引下线。超过 40m 的烟囱,应设两根引下线		
	扁钢	截面面积≥100mm^2(厚度≥4mm)			

8.4.10 引下线的数量及间距选择见表 8-4-10。

表 8-4-10 引下线的数量及间距选择

建筑物防雷分类	引下线间距	引下线数量	备注
一类防雷建筑物	12m	大于 2 根	—
二类防雷建筑物	18m	大于 2 根	—
三类防雷建筑物	25m	大于 2 根	40m 以下建筑除外

8.4.11 铝导体不应作为埋设于土壤中的接地极和连接导体。考虑腐蚀和机械强度的埋入土壤或混凝土内的常用接地极的最小尺寸见表8-4-11。

表8-4-11 考虑腐蚀和机械强度的埋入土壤或混凝土内的常用接地极的最小尺寸

材料和表面	形状	直径/mm	截面面积/mm^2	厚度/mm	镀层重量 g/mm^3	镀层/外护层厚度/μm	备注
埋在混凝土内的钢材（裸、热镀锌或不锈钢）	圆线	10	—	—	—	—	a 铬≥16%，镍≥5%，钼≥2%，碳≤0.08%。 b 如轧制带状或带圆角的切割的带状。 c 镀层应均匀、连续和无斑点。 d 经验表明，在腐蚀和机械损伤风险极低的场所，可采用16mm²。 e 此厚度是为在安装中铜镀层能耐受机械损伤而规定的，如果能按制造商说明书要求采取特殊措施（例如先在地面上钻孔洞或在接地极顶端上安装保护套）以免铜镀层受机械损伤，则此厚度可减少至不小于100μm。
	条状或带状	—	75	3	—	—	
热浸镀锌钢[c]	带状[b]或成型带/板-实体板-花格板	—	90	3	500	63	
	垂直安装的圆棒	16	—	—	350	45	
	水平安装的圆线	10	—	—	350	45	
	管状	25	—	2	350	45	
	绞线（埋在混凝土内）	—	70	—	—	—	
	垂直安装的型材	—	(290)	3	—	—	
铜包钢	垂直安装的圆棒	(15)	—	3	—	2000	
电沉积铜包钢	垂直安装的圆棒	14	—	—	—	250[e]	
	水平安装的圆线	(8)	—	—	—	70	
	水平安装的带	—	90	3	—	70	
不锈钢[a]	带状[b]或成型带/板	—	90	3	—	—	
	垂直安装的圆棒	16	—	—	—	—	
	水平安装的圆线	10	—	—	—	—	
	管状	25	—	2	—	—	
	带状	—	50	2	—	—	
	水平安装的圆线	—	(25[d])50	—	—	—	
	垂直安装的圆棒	(12)15	—	—	—	—	
	绞线	每股1.7	(25[d])50	—	—	—	
	管状	20	—	2	—	—	
	实体板	—	—	(1.5)2	—	—	
	花格板	—	—	2	—	—	

注：括号内的数值仅适用于电击防护，不在括号内的数值适用于雷电防护和电击防护。

8.4.12 各种形式接地装置工频接地电阻简易计算见表8-4-12。

表8-4-12 各种形式接地装置工频接地电阻简易计算

接地装置形式	杆塔形式	接地电阻简易计算式
n根水平射线（$n\leq 12$，每根约60m）	各种杆塔	$R\approx 0.062\rho/(n+1.2)$
沿装配式基础周围敷设的深埋式接地极	铁塔	$R\approx 0.07\rho$
	门型杆塔	$R\approx 0.04\rho$
	V形拉线的门型杆塔	$R\approx 0.045\rho$

（续）

接地装置形式	杆塔形式	接地电阻简易计算式
装配式基础的自然接地极	铁塔 门型杆塔 V形拉线的门型杆塔	$R\approx0.1\rho$ $R\approx0.06\rho$ $R\approx0.09\rho$
钢筋混凝土杆的自然接地极	单杆 双杆 拉线单杆、双杆 一个拉线盘	$R\approx0.03\rho$ $R\approx0.2\rho$ $R\approx0.1\rho$ $R\approx0.28\rho$
深埋式接地与装配式基础的自然接地极的综合	铁塔 门型杆塔 V形拉线的门型杆塔	$R\approx0.05\rho$ $R\approx0.03\rho$ $R\approx0.04\rho$

注：表中ρ为土壤电阻率（Ω·m）。

8.4.13　水平接地极的形状系数见表8-4-13。

表8-4-13　水平接地极的形状系数

水平接地极形状		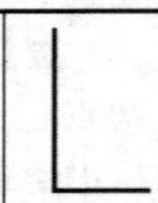		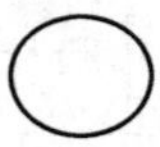	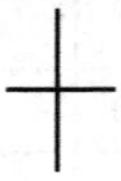	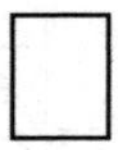			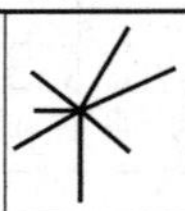	
形状系数	−0.6	−0.18	0	0.48	0.89	1	2.19	3.03	4.71	5.65

8.4.14　人工接地极工频接地电阻简易计算见表8-4-14。

表8-4-14　人工接地极工频接地电阻简易计算

接地极型式	简易计算式
垂直式	$R\approx0.3\rho$
单根水平式	$R\approx0.03\rho$
复合式 （接地网）	$R\approx0.5\dfrac{\rho}{\sqrt{S}}=0.28\dfrac{\rho}{r}$ 或 $R\approx\dfrac{\sqrt{\pi}}{4}\times\dfrac{\rho}{\sqrt{S}}+\dfrac{\rho}{L}=\dfrac{\rho}{4r}+\dfrac{\rho}{L}$

注：1. 垂直式为长度3m左右的接地极。
2. 单根水平式为长度60m左右的接地极。
3. 复合式中：S为大于$100m^2$的闭合接地网的面积；r为与接地网面积S等值的圆的半径，即等效半径（m）；ρ为土壤电阻率（Ω·m）。

8.4.15　接地装置的季节系数见表8-4-15。

表8-4-15　接地装置的季节系数

埋深/m	水平接地体	长2~3m垂直接地体
0.5	1.4~1.8	1.2~1.4
0.8~1.0	1.25~1.45	1.15~1.3
2.5~3.0	1.0~1.1	1.0~1.1

注：大地比较干燥时，取表中较小值；比较潮湿时，取表中较大值。

8.4.16 人工接地装置工频接地电阻值见表 8-4-16。

表 8-4-16 人工接地装置工频接地电阻值

形式	简图	材料尺寸/mm 及用量/m				土壤电阻率/Ω · m		
		圆钢 DN25	钢管 DN50	角钢 50×50×50	扁钢 40×4	100	250	500
						工频接地电阻/Ω		
单根		—	2.5	—	—	30.2	75.4	151
		2.5	—	—	—	37.2	92.9	186
		—	—	2.5	—	32.4	81.1	162
2 根		—	5.0	—	2.5	10.0	25.1	50.2
		—	—	5.0	2.5	10.5	26.2	52.5
3 根		—	7.5	—	5.0	6.65	16.6	33.2
		—	—	7.5	5.0	6.92	17.3	34.6
4 根		—	10.0	—	7.5	5.08	12.7	25.4
		—	—	10.0	7.5	5.29	13.2	26.5
5 根		—	12.5	—	20.0	4.18	10.5	20.9
		—	—	12.5	20.0	4.35	10.9	21.8
6 根		—	15.0	—	25.0	3.58	8.95	17.9
		—	—	15.0	25.0	3.73	9.32	18.6
8 根		—	20.0	—	35.0	2.81	7.03	14.1
		—	—	20.0	35.0	2.93	7.32	14.6
10 根		—	25.0	—	45.0	2.35	5.87	11.7
		—	—	25.0	45.0	2.45	6.12	12.2
15 根		—	37.5	—	70.0	1.75	4.36	8.73
		—	—	37.5	70.0	1.82	4.56	9.11
20 根		—	50.0	—	95.0	1.45	3.62	7.24
		—	—	50.0	95.0	1.52	3.79	7.58

8.4.17 接地装置冲击接地电阻与工频接地电阻的换算

1. 接地装置冲击接地电阻与工频接地电阻的换算应按下式确定:

$$R_{\sim}=AR_{\mathrm{i}} \tag{8-4-1}$$

式中 $R_{\sim}$——接地装置各支线的长度取值小于或等于接地体的有效长度 l_e 或者有支线大于 l_e 而取其等于 l_e 时的工频接地电阻 (Ω);

A——换算系数，其数值宜按图 8-4-1 确定;

R_{i}——所要求的接地装置冲击接地电阻 (Ω)。

2. 接地体的有效长度应按下式确定：

$$l_e = 2\sqrt{\rho} \quad (8\text{-}4\text{-}2)$$

式中 l_e——接地体的有效长度，应按图 8-4-2 计量（m）；

ρ——敷设接地体处的土壤电阻率（Ω·m）。

3. 环绕建筑物的环形接地体应按以下方法确定冲击接地电阻：

（1）当环形接地体周长的一半大于或等于接地体的有效长度 l_e 时，引下线的冲击接地电阻应为从与该引下线的连接点起沿两侧接地体各取 l_e 长度算出的工频接地电阻（换算系数 A 等于 1）。

（2）当环形接地体周长的一半 l 小于 l_e 时，引下线的冲击接地电阻应为以接地体的实际长度算出的工频接地电阻再除以 A 值。

4. 与引下线连接的基础接地体，当其钢筋从与引下线的连接点量起大于 20m 时，其冲击接地电阻应为以换算系数 A 等于 1 和以该连接点为圆心、20m 为半径的半球体范围内的钢筋体的工频接地电阻。

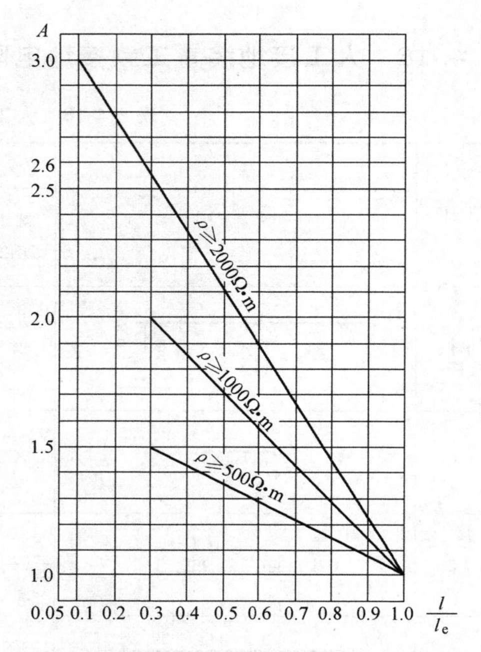

图 8-4-1 接地装置冲击接地电阻与工频接地电阻的换算系数 A

注：l 为接地体最长支线的实际长度，其计量与 l_e 类同。当它大于 l_e 时，取其等于 l_e。

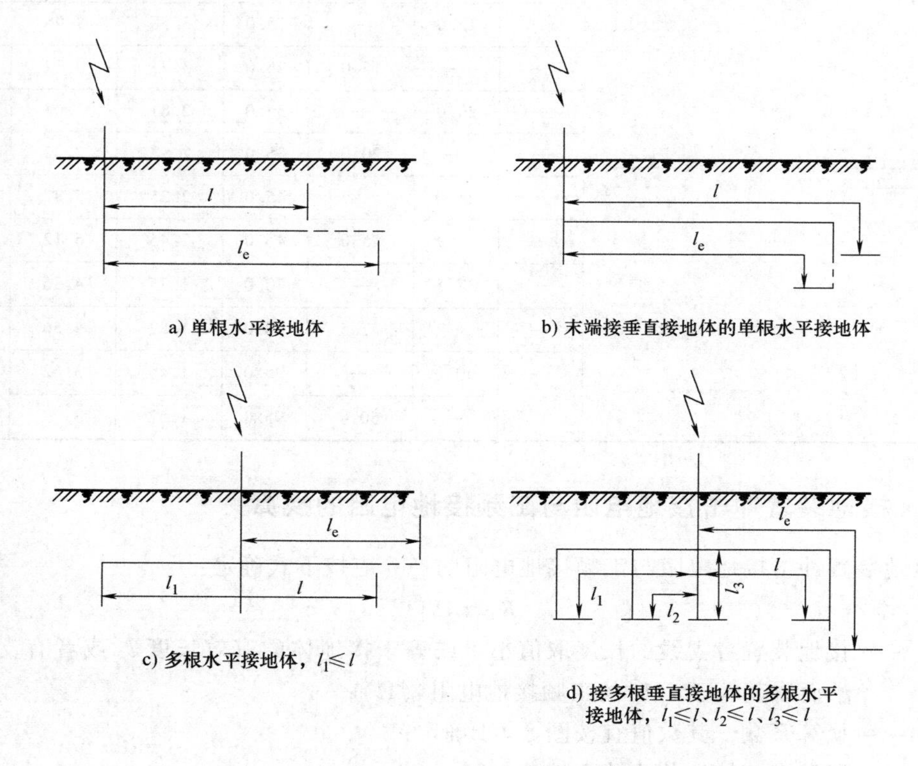

图 8-4-2 接地体有效长度的计量

评　　注

防雷装置包括接闪器、引下线和接地装置。接闪器是接受雷电流的金属导体，应装设在建筑物易遭受雷击的部位，并要满足建筑物美观上的要求。引下线是把雷电流由接闪器引到接地装置的导体，应将雷电流从接闪器有效引到接地装置。接地装置是埋在地下的接地导体，应将雷电流快速疏散到大地中去。

8.5 电子信息设备雷电防护

8.5.1 电子信息系统电源设备分类见图 8-5-1。

设备名称	电源处的设备	配电线路和最后分支线路的设备	用电设备	特殊需要保护的电子信息设备	
耐冲击过电压类别	Ⅳ类	Ⅲ类	Ⅱ类	Ⅰ类	
耐冲击过电压额定值	6kV	4kV	2.5kV	1.5kV	0.5kV

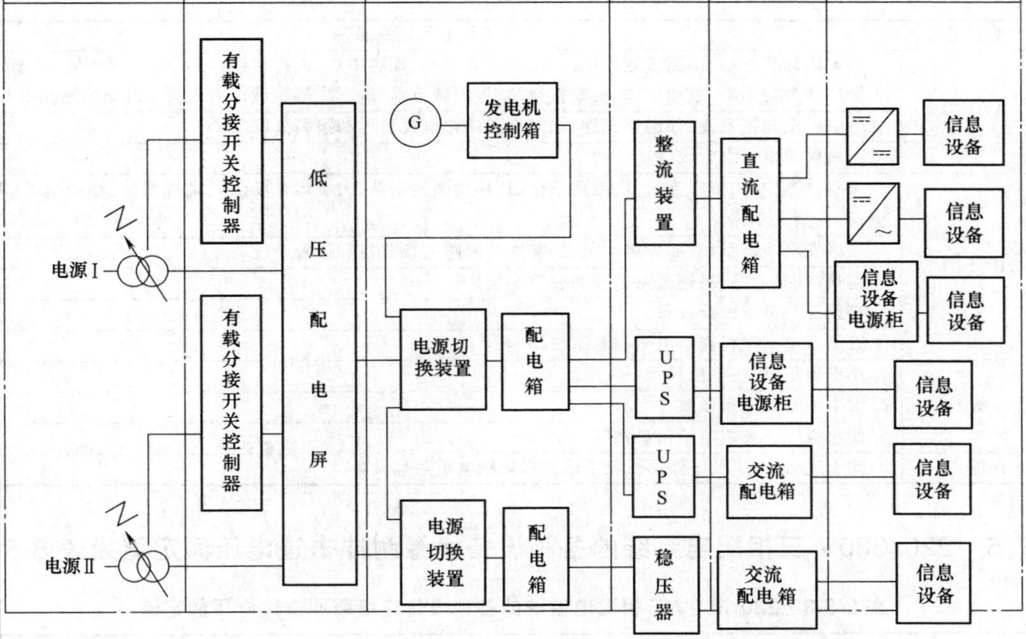

图 8-5-1　电子信息系统电源设备分类

注：图 8-5-1 为电子信息工程电源系统的分类，各类设备内容由工程决定。电信枢纽总进线处需设稳压器。

8.5.2 雷电防护分区见表 8-5-1。

表 8-5-1 雷电防护分区

雷电防护区	电磁场强度特征
直击雷非防护区($LPZO_A$)	电磁场没有衰减,各类物体都可能遭到直接雷击,属完全暴露的不设防区
直击雷防护区($LPZO_B$)	电磁场没有衰减,各类物体很少遭受直接雷击,属充分暴露的直击雷防护区
第一防护区(LPZ1)	由于建筑物的屏蔽措施,流经各类导体的雷电流比直击雷防护区($LPZO_B$)进一步减小,电磁场得到了初步的衰减,各类物体不可能遭受直接雷击
后续防护区(LPZn)	需要进一步减小雷电电磁脉冲,以保护敏感度水平高的设备的后续防护区

8.5.3 按防雷装置拦截效率 E 的计算式 $E=1-N_c/N$ 确定建筑物电子信息系统设备雷电防护等级:

(1) 当 $E>0.98$ 时　　定为 A 级。

(2) 当 $0.90<E\leqslant0.98$ 时　　定为 B 级。

(3) 当 $0.80<E\leqslant0.90$ 时　　定为 C 级。

(4) 当 $E\leqslant0.80$ 时　　定为 D 级。

8.5.4 电子信息设备也可按表 8-5-2 选择雷电防护等级。

表 8-5-2 建筑物电子信息系统雷电防护等级的选择

雷电防护等级	建筑物电子信息系统
A 级	国家级计算中心、国家级通信枢纽、国家金融中心、证券中心、银行总(分)行、大中型机场、国家级和省级广播电视中心、枢纽港口、火车枢纽站,省级城市水、电、气、热等城市重要公用设施的测控中心等
	一级安全防范系统,如国家文物、档案库的闭路电视监控和报警系统
	三级医院电子医疗设备
B 级	中型计算中心、银行支行、中型通信枢纽、移动通信基站、大型体育场(馆)监控系统、小型机场、大型港口、大型火车站
	二级安全防范系统,如省级文物、档案库的闭路电视监控和报警系统
	雷达站、微波站、高速公路监控和收费系统
	二级医院电子医疗设备
	五星及更高星级宾馆电子信息系统
C 级	小型通信枢纽、电信局
	大中型有线电视系统
	四星级以下宾馆电子信息系统
D 级	除上述 A、B、C 级以外的一般用途的需防护电子信息设备

8.5.5 220/380V 三相配电系统的各种设备绝缘耐冲击过电压额定值见表 8-5-3。

表 8-5-3 220/380V 三相配电系统的各种设备绝缘耐冲击过电压额定值

配电设备名称	总配电柜	分配电柜	信息机房配电箱	特殊需要保护的电子信息设备
耐冲击过电压类别	Ⅳ类	Ⅲ类	Ⅱ类	Ⅰ类
耐冲击过电压额定值	6kV	4kV	2.5kV	1.5kV

注:Ⅰ类——含有电子电路的设备,如计算机、有电子程序控制的设备。
Ⅱ类——如家用电器、手提工具及其类似负荷。
Ⅲ类——如配电盘,断路器,包括线路、母线、分线盒、开关、插座等固定装置的布线系统,以及应用于工业设备和永久接至固定安装的电动机等的一些其他设备。
Ⅳ类——如电气计量仪表、一次过电流保护设备、滤波器。

8.5.6 电子信息系统线缆与其他管线的净距见表 8-5-4。

表 8-5-4 电子信息系统线缆与其他管线的净距

其他管线类别	电子信息系统线缆与其他管线的净距		其他管线类别	电子信息系统线缆与其他管线的净距	
	最小平行净距/mm	最小交叉净距/mm		最小平行净距/mm	最小交叉净距/mm
防雷引下线	1000	300	热力管(不包封)	500	500
保护地线	50	20	热力管(包封)	300	300
给水管	150	20	燃气管	300	20
压缩空气管	150	20			

注：如线缆敷设高度超过 6000mm 时，与防雷引下线的交叉净距应按下式计算：

$$S \geqslant 0.05H$$

式中 H——交叉处防雷引下线距地面的高度（mm）；

S——交叉净距（mm）。

8.5.7 电子信息系统线缆与电力电缆的净距见表 8-5-5。

表 8-5-5 电子信息系统线缆与电力电缆的净距

类别	与电子信息系统信号线缆接近状况	最小间距/mm
380V 电力电缆容量小于 2kV · A	与信号线缆平行敷设	130
	有一方在接地的金属线槽或钢管中	70
	双方都在接地的金属线槽或钢管中②	10①
380V 电力电缆容量 2~5kV · A	与信号线缆平行敷设	300
	有一方在接地的金属线槽或钢管中	150
	双方都在接地的金属线槽或钢管中②	80
380V 电力电缆容量大于 5kV · A	与信号线缆平行敷设	600
	有一方在接地的金属线槽或钢管中	300
	双方都在接地的金属线槽或钢管中②	150

① 当 380V 电力电缆的容量小于 2kV · A，双方都在接地的线槽中，且平行长度≤10m 时，最小间距可为 10mm。

② 双方都在接地的线槽中，系指两个不同的线槽，也可在同一线槽中用金属板隔开。

8.5.8 电子信息系统线缆与电气设备之间的净距见表 8-5-6。

表 8-5-6 电子信息系统线缆与电气设备之间的净距

名　　称	配电箱	变电室	电梯机房	空调机房
最小间距/m	1.00	2.00	2.00	2.00

8.5.9 浪涌保护器的选择。

1. 浪涌保护器持续运行电压（U_C）的选择。

（1）TT 系统中浪涌保护器安装在剩余电流保护器的负荷侧时（见图 8-5-2），U_C 不应小于 $1.55U_0$。

注：U_0 是低压系统相线对中性线的标称电压，在 220/380V 三相系统中，U_0 = 220V。

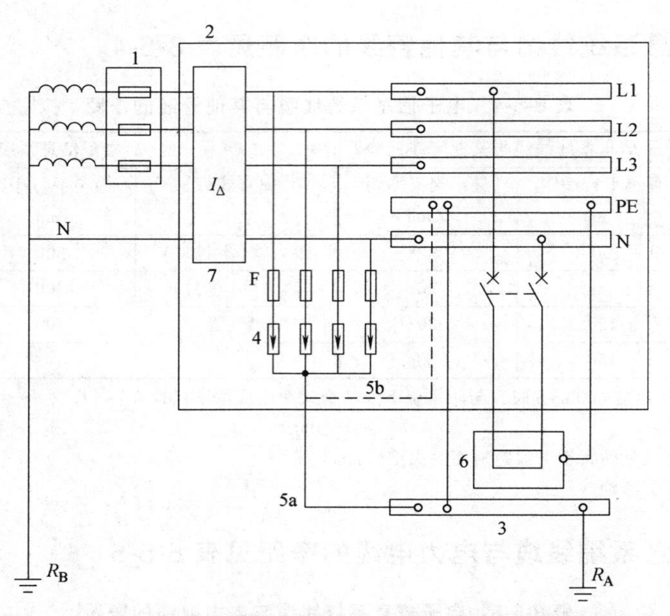

图 8-5-2 TT 系统中浪涌保护器安装在剩余电流保护器的负荷侧

1—装置的电压 2—配电盘 3—总接地端或总接地连接带 4—浪涌保护器 5—浪涌保护器的接地连接，5a 或 5b 6—需要保护的设备 7—剩余电流保护器，应考虑通雷电流的能力 F—保护浪涌保护器推荐的熔丝、断路器或剩余电流保护器 R_A—本装置的接地电阻 R_B—供电系统的接地电阻

（2）TT 系统中浪涌保护器安装在剩余电流保护器的电源侧时（见图 8-5-3），U_C 不应小于 $1.15U_0$。

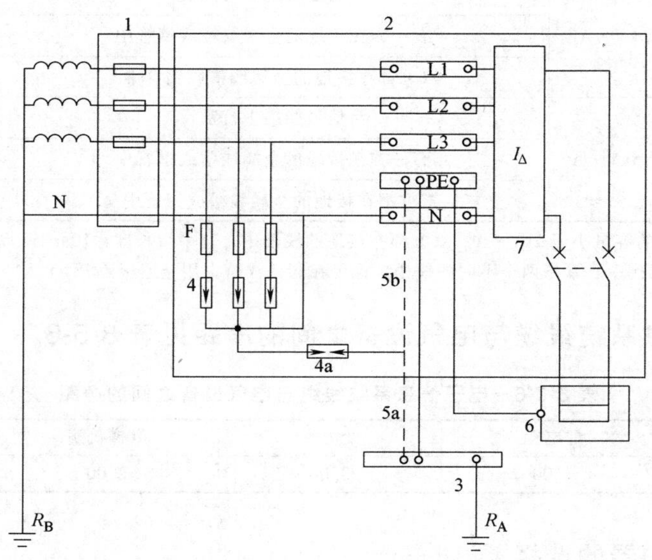

图 8-5-3 TT 系统中浪涌保护器安装在剩余电流保护器的电源侧

1—装置的电压 2—配电盘 3—总接地端或总接地连接带 4—浪涌保护器 4a—浪涌保护器或放电间隙 5—浪涌保护器的接地连接，5a 或 5b 6—需要保护的设备 7—剩余电流保护器，可位于母线的上方或下方 F—保护浪涌保护器推荐的熔丝、断路器或剩余电流保护器 R_A—本装置的接地电阻 R_B—供电系统的接地电阻

注：当电源变压器高压侧碰外壳短路产生的过电压加于 4a 设备时不应动作。在高压系统采用低电阻接地和供电变压器外壳、低压系统中性点合用同一接地装置以及切断短路的时间小于或等于 5s 时，该过电压可按 1200V 考虑。

（3）TN 系统中的浪涌保护器（见图 8-5-4），U_C 不应小于 $1.15U_0$。

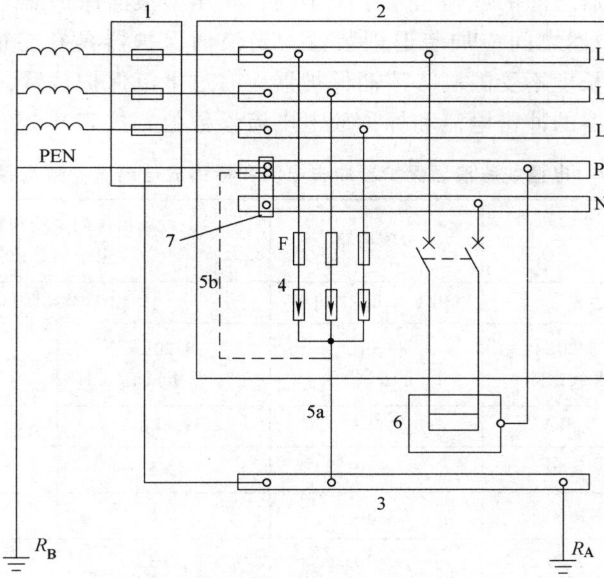

图 8-5-4 TN 系统中的浪涌保护器

1—装置的电压 2—配电盘 3—总接地端或总接地连接带 4—浪涌保护器 5—浪涌保护器的接地连接，5a 或 5b
6—需要保护的设备 7—PE 与 N 线的连接带 F—保护浪涌保护器推荐的熔丝、断路器或剩余电流保护器
R_A—本装置的接地电阻 R_B—供电系统的接地电阻

注：当采用 TN—C—S 或 TN—S 系统时，在 N 与 PE 线连接处浪涌保护器用三个，在其以后 N 与 PE 线分开处安装浪涌保护器时用四个，即在 N 与 PE 线间增加一个，类似于图 8-5-3。

（4）IT 系统中浪涌保护器安装在剩余电流保护器的负荷侧（见图 8-5-5），U_C 不应小于 $1.15U$（U 为线间电压）。

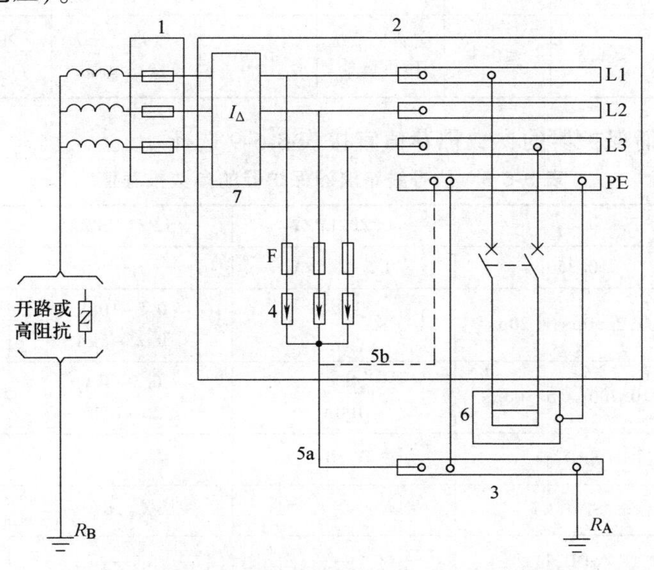

图 8-5-5 IT 系统中浪涌保护器安装在剩余电流保护器的负荷侧

1—装置的电压 2—配电盘 3—总接地端或总接地连接带 4—浪涌保护器 5—浪涌保护器的接地连接，5a 或 5b
6—需要保护的设备 7—剩余电流保护器 F—保护浪涌保护器推荐的熔丝、断路器或剩余电流保护器
R_A—本装置的接地电阻 R_B—供电系统的接地电阻

2. 电源线路浪涌保护器连接导线应平直，其长度不宜大于 0.5m。当电压开关型浪涌保护器至限压型浪涌保护器之间的线路长度小于 10m、限压型浪涌保护器之间的线路长度小于 5m 时，在两级浪涌保护器之间应加装退耦装置。当浪涌保护器具有能量自动配合功能时，浪涌保护器之间的线路长度不受限制。浪涌保护器应有过电流保护装置，并宜有劣化显示功能。电源线路浪涌保护器的冲击电流和标称放电电流参数值宜按表 8-5-7 选择。

表 8-5-7　电源线路浪涌保护器冲击电流和标称放电电流参数推荐值

雷电防护等级	总配电箱		分配电箱	设备机房配电箱和需要特殊保护的电子信息设备端口处	
	LPZ0 与 LPZ1 边界		LPZ1 与 LPZ2 边界	后续防护区的边界	
	10/350μs Ⅰ级试验	8/20μs Ⅱ级试验	8/20μs Ⅱ级试验	8/20μs Ⅱ级试验	1.2/50μs 和 8/20μs 复合波 Ⅲ级试验
	I_{imp}/kA	I_n/kA	I_n/kA	I_n/kA	U_{oc}/kV/I_{sc}/kA
A	≥20	≥80	≥40	≥5	≥10/≥5
B	≥15	≥60	≥30	≥5	≥10/≥5
C	≥12.5	≥50	≥20	≥3	≥6/≥3
D	≥12.5	≥50	≥10	≥3	≥6/≥3

注：SPD 分级应根据保护距离、SPD 连接导线长度、被保护设备耐冲击电压额定值 U_w 等因素确定。

3. 天馈线路浪涌保护器的参数推荐值宜按表 8-5-8 选择。

表 8-5-8　天馈线路浪涌保护器的主要技术参数推荐值

工作频率/MHz	传输功率/W	电压驻波比	插入损耗/dB	接口方式	特性阻抗/Ω	U_C/V	I_{imp}/kA	U_p/V
1.5~6000	≥1.5 倍系统平均功率	≤1.3	≤0.3	应满足系统接口要求	50/75	>线路上最大运行电压	≥2kA 或按用户要求确定	小于设备端口电压 U_W

4. 信号线路浪涌保护器的参数推荐值宜按表 8-5-9 选择。

表 8-5-9　信号线路浪涌保护器的参数推荐值

雷电防护区		LPZ0/LPZ1	LPZ1/LPZ2	LPZ2/LPZ3
浪涌范围	10/350μs	0.5~2.5kA	—	—
	1.2/50μs、8/20μs	—	0.5~10kV 0.25~5kA	0.5~1kV 0.25~0.5kA
	10/700μs、5/300μs	4kV 100A	0.5~4kV 25~100A	—
浪涌保护器的要求	SPD(j)	D_1、B_2	—	—
	SPD(k)	—	C_2,B_2	—
	SPD(l)	—	—	C_1

注：1. SPD（j，k，l）见图 8-5-6。

2. 浪涌范围为最小的耐受要求，可能设备本身具备 LPZ2/3 栏标注的耐受能力。

3. B_2、C_1、C_2、D_1 等是信号线路浪涌保护器冲击试验类型。

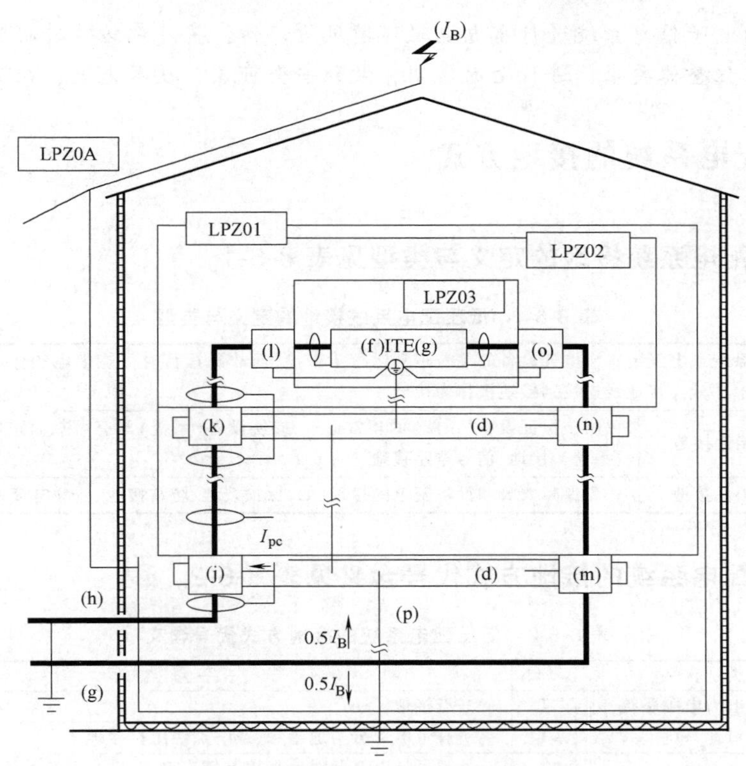

图 8-5-6 信号线路浪涌保护器的设置

d—雷电防护区边界的等电位联结端子板 f—信号接口 p—接地线 g—电源接口 LPZ—雷电防护区
h—信号线路或网络 I_{pc}—部分雷电流 j，k，l—不同防雷区边界的信号线路波涌保护器 I_B—直击雷电流
m，n，o—符合Ⅰ、Ⅱ和Ⅲ级试验要求的电源浪涌保护器

5. 信号线路浪涌保护器的冲击试验推荐采用的波形和参数见表 8-5-10。

表 8-5-10 信号线路浪涌保护器的冲击试验推荐采用的波形和参数

类别	试验类型	开路电压	短路电流
A1	很慢的上升率	≥1kV 0.1～100kV/s	10A,0.1～2A/μs ≥1000μs(持续时间)
A2	AC	—	—
B1	慢上升率	1kV,10/1000μs	100A,10/1000μs
B2		1kV 或 4kV,10/700μs	25A 或 100A,5/300μs
B3		≥1kV,100V/μs	10A、25A 或 100A,10/1000μs
C1	快上升率	0.5kV 或 1kV,1.2/50μs	0.25kA 或 0.5kA,8/20μs
C2		2kV、4kV 或 10kV,1.2/50μs	1 kA、2kA 或 5kA,8/20μs
C3		≥1kV,1kV/μs	10A、25A 或 100A,10/1000μs
D1	高能量	≥1kV	0.5kA、1kA 或 2.5kA,10/350μs
D2		≥1kV	1kA 或 2.5kA,10/250μs

注：表中数值为 SPD 测试的最低要求。

评 注

由于信息产业的发展和计算机的普及，电子信息设备大量使用，雷电对电子信息系统的危害越来越严重，为了保障电子信息系统的安全，应根据建筑物电子信息系统的特点，对被保护建筑物内的电子信息系统进行雷电电磁环境风险评估，将外部防雷措施和内部防雷措施协调统一，按工程整体要求，进行全面规划，做到安全可靠、技术先进、经济合理。

8.6　低压配电系统的接地方式

8.6.1　低压配电系统接地的定义与类型见表 8-6-1。

表 8-6-1　低压配电系统接地的定义与类型

定义	将电力系统或电气装置或电气设备的某一正常运行不带电，而故障运行时可能带电的金属部分或电气装置外露可导电部分经接地线连接到接地极称为接地	
类型	电气功能性接地	用于保证设备（系统）的正常运行，或使设备（系统）具有可靠而正确的功能，如：工作（系统）接地、信号电路接地
	电气保护性接地	为保障人身和设备安全的接地，如：保护接地、防雷接地、防静电接地等

8.6.2　低压配电系统的接地方式代号含义见表 8-6-2。

表 8-6-2　低压配电系统的接地方式代号含义

字母顺序	类别含义	字母	字 母 含 义
第一字母	表示电力电源系统对地系统	T	一点接地
		I	所有带电部分与地绝缘，或一点经阻抗接地
第二字母	表示用电装置外露的可导电部分对地关系	T	外露可导电部分对地直接电气连接，与电力系统的任何接地点无关
		N	外露可导电部分与电力系统的接地点直接电气连接（在交流系统中，接地点通常就是中性点）。这个字母表示中性线和保护线的组合
第三字母	表示中性线与保护线的组合	C	中性线和保护线是合一的（PEN 线）
		S	中性线和保护线是分开的

8.6.3　低压配电系统的接地形式和基本要求见表 8-6-3。

表 8-6-3　低压配电系统的接地形式和基本要求

接地形式	基 本 要 求
一般要求	1. 当保护接地和功能接地共用接地导体时，应首先满足保护接地导体的相关要求 2. 电气装置的外露可导电部分不得用作保护接地导体（PE）的串联过渡接点 3. 保护接地导体（PE）应符合下列规定： 1）保护接地导体（PE）对机械损伤、化学或电化学损伤、电动力和热效应等应具有适当的防护 2）不得在保护接地导体（PE）回路中装设保护电器和开关器件，但允许设置只有用工具才能断开的连接点 3）当采用电气监测仪器进行接地检测时，不应将工作的传感器、线圈、电流互感器等专用部件串接在保护接地导体中 4）当铜导体与铝导体相连接时，应采用铜铝专用连接器件 4. 保护接地导体（PE）的截面面积应满足发生短路后自动切断电源的条件，且能承受保护电器切断时间内预期故障电流引起的机械应力和热效应 5. 保护接地导体（PE）可由下列一种或多种导体组成： 1）多芯电缆中的导体 2）与带电导体共用外护物绝缘的或裸露的导体 3）固定安装的裸露的或绝缘的导体 4）满足动、热稳定电气连续性的金属电缆护套和同心导体电力电缆

（续）

接地形式	基本要求
一般要求	6. 下列金属部分不应作为保护接地导体(PE)： 1)金属水管 2)含有气体、液体、粉末等物质的金属管道 3)柔性或可弯曲的金属导管 4)柔性的金属部件 5)撑线、电缆桥架、金属保护导管 7. 下列部分严禁接地： 1)采用设置非导电场所保护方式的电气设备外露可导电部分 2)采用不接地的等电位联结保护方式的电气设备外露可导电部分 3)采用电气分隔保护方式的单台电气设备外露可导电部分 4)在采用双重绝缘及加强绝缘保护方式中的绝缘外护物里面的外露可导电部分
TN接地系统	1. 采用TN-C-S系统时，当PEN导体从某点分开后不应再合并或相互接触，且中性导体不应再接地 2. 在TN接地系统中，PEN或PE导体对地应有效可靠连接 3. 当配电回路中过电流保护电器不能满足国家标准GB 51348—2019第7章的要求时，则应采用辅助等电位联结措施，也可增设剩余电流动作 保护装置(RCD)，或结合以上两种故障防护措施来满足要求 4. 单体建筑和群体建筑低压配电系统的接地形式不应采用TN-C系统 5. TN-C-S接地系统中的PEN导体应满足以下要求： 1)除成套开关设备和控制设备内部的PEN导体外，PEN导体必须按可遭受的最高电压设置绝缘 2)电气装置外露可导电部分，包括配线用的钢导管及金属槽盒在内的外露可导电部分以及外界可导电部分，不得用来替代PEN导体 3)TN-C-S系统中的PEN导体从某点起分为中性导体和保护接地导体后，保护接地导体和中性导体应各自设有母线或端子 6. TN接地系统中的PEN导体，应在建筑物的入口处进行总等电位联结并重复接地 7. TN接地系统中，变电所内配电变压器低压侧中性点，可采用直接接地方式 8. TN接地系统中，低压柴油发电机中性点接地方式，应与变电所内配电变压器低压侧中性点接地方式一致，并应满足以下要求： 1)当变电所内变压器低压侧中性点，在变压器中性点处接地时，低压柴油发电机中性点也应在其中性点处接地 2)当变电所内变压器低压侧中性点，在低压配电柜处接地时，低压柴油发电机中性点不能在其中性点处接地，应在低压配电柜处接地
TT接地系统	1. TT接地系统中所装设的用于故障防护的保护电器的特性和电气装置外露可导电部分与大地间的电阻值应满足标准GB 51348—2019第7章的要求 2. TT接地系统应采用剩余电流动作保护装置(RCD)作为故障防护，当在电气装置的外露可导电部分与大地间的电阻值非常小时，可以过电流保护电器兼作故障防护 3. TT接地系统的电气设备外露可导电部分所连接的接地装置不应与变压器中性点的接地装置相连接，其保护接地导体的 最大截面面积为：铜导体25mm^2，铝导体35mm^2
IT接地系统	IT接地系统中包括中性导体在内的任何带电部分严禁直接接地。IT系统中的电源系统对地应保持良好的绝缘状态。IT系统可在外露可导电部分单独或集中接地

8.6.4 低压配电系统接地的选择见表8-6-4。

表8-6-4 低压配电系统接地的选择

项目	特殊网络负载情况	建议采用接地系统	可能采用接地系统
网络	非常广的网络具有良好的机座接地装置(最大10Ω)		TT，TN，IT
	非常广的网络具有较差的机座接地装置(最大30Ω)	TT	TNS
	受干扰网络(雷暴区)及无线电或电视中继发射机	TN	TT

（续）

项目	特殊网络负载情况	建议采用接地系统	可能采用接地系统
网络	具有较高泄漏电流(<500mA)的网络	TN	IT,TT
	具有户外架空线的网络	TT	TN
	事故用发电机组	IT	TT
负载	对大的故障电流很敏感的负载(电动机)	IT	TT
	绝缘电阻低的负载(电炉、电焊机、加热工具、炊具)	TN	TT
	大量相对地单相负载	TT,TNS	
	危险负载(移动起重机、输送机)	TN	TT
	大量辅助设备(机床)	TNS	TNC,IT
其他	星-星联结的变压器	TT	IT
	火灾危险场所	IT,TT	TNS
	需要功率增加后,需要将公用电力公司的低压电源换成高压电源和专用变电所	TT	
	经常变换的设备	TT	
	接地回路的延续性不确定的设备(建筑工地、旧有设备)	TT	TNS
	电子设备	TNS	TT
	电机控制和监控网络及可编程控制器、传感器、执行器	IT	TNS,TT

8.6.5 电气装置保护接地范围见表 8-6-5。

表 8-6-5 电气装置保护接地范围

交流电气装置或设备的外露可导电部分	配电变压器的中性点和变压器、低电阻接地系统的中性点所接设备的外露可导电部分
	电机、配电变压器和高压电器等的底座和外壳
	发电机中性点柜的外壳、发电机出线柜、母线槽的外壳等
	配电、控制和保护用的柜(箱)等的金属框架
	预装式变电站、干式变压器和环网柜的金属箱体等
	电缆沟和电缆隧道内,以及地上各种电缆金属支架等
	电缆接线盒、终端盒的外壳,电力电缆的金属护套或屏蔽层,穿线的钢管和电缆桥架等
	高压电气装置以及传动装置的外露可导电部分
	附属于高压电气装置的互感器的二次绕组和控制电缆的金属外皮
向建筑物供电的配电变压器安装在该建筑物外时	1. 建筑物内应做总等电位联结 2. 低压电缆和架空线路在引入建筑物处,对于 TN-S 或 TN-C-S 系统,保护接地导体(PE)或保护接地中性导体(PEN)应一点或多点接地 3. 对于 TT 系统,保护接地导体(PE)应单独接地
向建筑物供电的配电变压器安装在该建筑物内时	建筑物内应做总等电位联结

8.6.6 电网中性点各种接地方式的比较见表 8-6-6。

表 8-6-6 电网中性点各种接地方式的比较

比较项目	直接接地	不接地	谐振接地	低电阻接地	高电阻接地
接地故障电流	高,有时大于三相短路电流	接地故障电容电流,低	被中和抵消,最低	一般控制在 100~1000A	大于接地故障电容电流
接地故障时健全相上的工频电压	小,与正常时一样,无变化	大,长输电线产生高电压	在故障点约等于线间电压,离开故障点时会比线间电压高 20%~50%或更高	异常过电压控制在 2.8 倍以下	比不接地时略小,有时比线间电压大
暂态弧光接地过电压	可避免	可能发生	可避免	可避免	可避免
操作过电压	低	高	可控制	低	低
暂态接地故障扩大为双重故障的可能	转化为短路,小	电容性电弧,大	受抑制,中等	转化为短路,小	转化为受控制的故障电流,中等
发生单相接地故障时对设备的损害	可能严重	较严重	避免	减轻	减轻
变压器等设备的绝缘	最低,有降低绝缘的可能,也可采用分级绝缘	最高	比不接地略低	异常过电压控制在 2.8 倍以下,有降低绝缘的可能	比不接地略低
接地故障继电保护	采用接地保护继电器,容易迅速消除故障	采用接地继电器有困难,可采用微机信号装置	自动消弧,但当出现永久性故障时,接入并联低电阻进行选择性切断或采用微机信号装置	采用接地保护继电器,容易迅速消除故障	可能用小功率继电器进行选择性跳闸
单相接地故障时电网的稳定性	最低,但由于快速跳闸,可以提高	高	最高	最低,但由于快速跳闸,可以提高	高
单相接地故障时的电磁感应	最大,由于快速跳闸,故障持续时间短	如不发展为不同地点的双重故障,就小	小,但时间长	快速跳闸,故障持续时间短	中等,随中性点电阻加大,电磁感应变小
正常时对通信线路的感应	必须考虑 3 次谐波的感应	中性点加电位偏移产生静电感应	因串联谐振产生感应	较大	复式接地时比较小
运行操作	容易	由于采用继电器有困难,有时很麻烦,采用微机信号装置可改善操作条件	需要对应运行工况而变更分接头,还要注意串联谐振,可采用自动调节分接头,可改善操作条件	容易	容易
接近故障点时对生命的危险	严重	常拖延时间,较重	较轻	较重	较重
接地装置的费用	最少,可装设普通接地开关	少,当设置接地变压器时,多一些	最多	较少,需设置接地变压器、接地电阻箱等	较多,中性点电阻器的价格相当高

8.6.7 通用电力设备接地要求见表 8-6-7。

表 8-6-7 通用电力设备接地要求

<table>
<tr><td rowspan="3">移动式用电设备接地</td><td>由固定式电源或移动式发电机以 TN 系统供电时,移动式用电设备的外露可导电部分应与电源的接地系统有可靠的电气连接</td></tr>
<tr><td>移动式用电设备的接地应符合固定式电气设备的接地要求</td></tr>
<tr><td>移动式用电设备在下列情况下可不接地:
1. 移动式用电设备的自用发电设备直接放在同一金属支架上,发电机和用电设备的外露可导电部分之间有可靠的电气连接,且不供其他设备用电时
2. 不超过两台用电设备由专用的移动发电机供电,用电设备距移动式发电机不超过 50m,且发电机和用电设备的外露可导电部分之间有可靠的电气连接时</td></tr>
<tr><td>插座应选择带有接地插孔的产品</td><td>当安装插座的接线盒为金属材质时,插座的接地插孔端子和金属接线盒应有可靠的电气连接</td></tr>
</table>

8.6.8 变电站高压侧接地故障在低压系统引起的暂态过电压的防护见表 8-6-8。

表 8-6-8 变电站高压侧接地故障在低压系统引起的暂态过电压的防护

<table>
<tr><th rowspan="2">高压系统中性点接地方式</th><th rowspan="2">低压系统接地形式</th><th colspan="2">低压电气装置的防护</th></tr>
<tr><th>故障电压(接触低压)</th><th>应力电压</th></tr>
<tr><td rowspan="3">不接地、经消弧线圈接地或高电阻接地</td><td>TN 系统</td><td>1. 实施总等电位联结(等电位联结区域内 $U_f=0$)
2. 等电位联结区域外(如户外),改为局部 TT 系统</td><td>不存在应力电压问题</td></tr>
<tr><td>TT 系统</td><td>不存在应力电压问题</td><td>$R_E I_E \leqslant 250V$,无须另外采取措施</td></tr>
<tr><td>IT 系统</td><td>1. R_E 与 Z 和 R_A 分隔,$U_f=R_A I_A \leqslant 50V$,无须另外采取措施
2. R_E 与 Z 和 R_A 互连,$U_f=R_A I_A$ 防护措施同 TN 系统</td><td>$U_2=\sqrt{3}U_0$,无须另外采取措施</td></tr>
<tr><td rowspan="3">低电阻接地</td><td>TN 系统</td><td>1. 实施总等电位联结(等电位联结区域内 $U_f=0$)
2. 等电位联结区域外(如户外),改为局部 TT 系统</td><td>不存在应力电压问题</td></tr>
<tr><td>TT 系统</td><td>不存在应力电压问题</td><td>1. 正确选取 I_E 并适当降低 R_E,使得 $R_E I_E \leqslant 1200V$
2. R_E 与 R_B 分隔($U_2=U_0$)①</td></tr>
<tr><td>IT 系统</td><td>1. R_E 与 Z 和 R_A 分隔,$U_f=R_A I_d \leqslant 50V$,无须另外采取措施
2. R_E 与 Z 和 R_A 互连,$U_f=R_E I_E$ 防护措施同 TN 系统</td><td>$U_2 \leqslant \sqrt{3}U_0$,无须另外采取措施②</td></tr>
</table>

注:I_E:变电站高压系统接地故障电流。
R_E:变电站保护接地装置的接地电阻(当 R_E 与 R_B 连接时,是指其共用接地装置的接地电阻)。
R_A:低压电气设备外露可导电部分单独接地时的接地装置的接地电阻。
R_B:变电站低压系统中性点接地装置的接地电阻。
Z:低压系统人工中性点阻抗或绝缘监视器内阻抗。
U_f:低压系统在故障持续时间内外露可导电部分与地之间的故障电压。
U_0:低压系统相线对中性线的标称电压。
U_1:故障持续时间线导体与变电所低压装置外露可导电部分之间的工频应力电压。
U_2:故障持续时间线导体与低压装置外露可导电部分之间的工频应力电压。
① R_E 与 R_B 分隔时,$U_1=R_E I_E+U_0$,变电站内低压设备应能承受这一电压。
② R_E 与 R_B 分隔时,U_1 可达 $R_E I_E+\sqrt{3}U_0$,变电站内低压设备应能承受这一电压。

变电所和低压装置可能对地的连接及故障时出现过电压的典型示意见图 8-6-1。

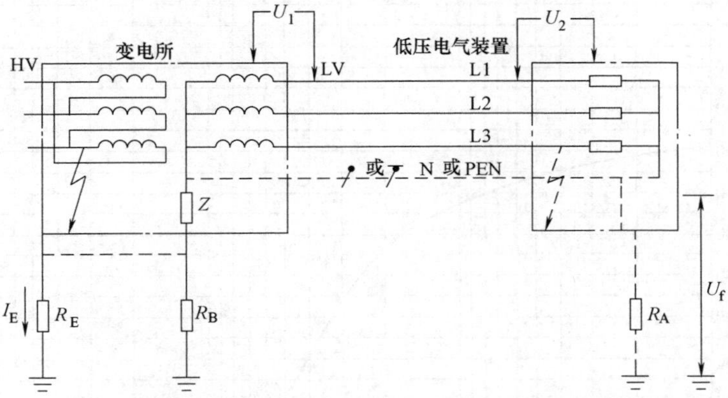

图 8-6-1 变电所和低压装置可能对地的连接及故障时出现过电压的典型示意

8.6.9 不同类型低压接地系统的工频应力电压和工频故障电压见表 8-6-9。

表 8-6-9 不同类型低压接地系统的工频应力电压和工频故障电压

系统接地类型	对地连接类型	U_1	U_2	U_f
TT	R_E 与 R_B 连接	U_0^*	$R_E \times I_E + U_0$	0^*
	R_E 与 R_B 分隔	$R_E \times I_E + U_0$	U_0^*	0^*
TN	R_E 与 R_B 连接	U_0^*	U_0^*	$R_E \times I_E{}^*$
	R_E 与 R_B 分隔	$R_E \times I_E + U_0$	U_0^*	0^*
IT	R_E 与 Z 连接 R_E 与 R_A 分隔	U_0^*	$R_E \times I_E + U_0$	0^*
		$U_0 \times \sqrt{3}$	$R_E \times I_E + U_0 \times \sqrt{3}$	$R_A \times I_h$
	R_E 与 Z 连接 R_E 与 R_A 互连	U_0^*	U_0^*	$R_E \times I_E$
		$U_0 \times \sqrt{3}$	$U_0 \times \sqrt{3}$	$R_E \times I_E$
	R_E 与 Z 分隔 R_E 与 R_A 分隔	$R_E \times I_E + U_0$	U_0^*	0^*
		$R_E \times I_E + U_0 \times \sqrt{3}$	$U_0 \times \sqrt{3}$	$R_A \times I_d$

注：1. 表中仅涉及有中性点的 IT 系统；无中性点的 IT 系统，公式应相应地修正。

2. 低压系统接地不同类型（TN、TT、IT）详见《低压电气装置 第 1 部分：基本原则、一般特性评估和定义》GB/T 16895.1—2008。

3. U_1 和 U_2 要求源于低压设备关于暂时过电压绝缘设计标准。

4. 中性点与变电所接地装置连接的系统，暂态工频过电压施加在位于建筑物外其外壳不接地设备的绝缘上。

5. 在 TT 和 TN 系统中，所述“连接”和“分隔”涉及 R_E 与 R_B 之间电气连接；对于 IT 系统，涉及 R_E 与 Z 之间电气连接和 R_E 与 R_B 之间连接。

6. 通常低压系统的 PEN 导体对地多点接地。在这种情况下，总并联接地电阻值降低。对于多点接地 PEN 导体，U_f 按下式计算：$U_f = 0.5R_F \times I_F$。

7. * 不需考虑。

工频故障电压量值及持续时间的确定：低压装置的外露可导电部分与地之间出现故障电压 U_f 的幅值及持续时间不应超过故障电压持续时间对应图 8-6-2 曲线上 U_f 的值。

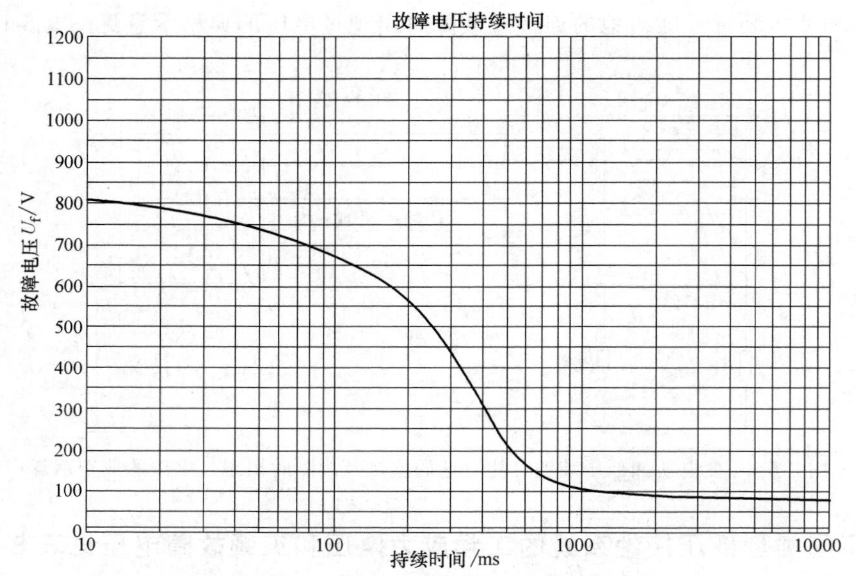

图 8-6-2 变电所内高压侧发生接地故障时允许的故障电压值

注：图中所示的曲线取自《交流电压大于1kV的电力装置 第1部分：通用规定》IEC 61936-1。根据概率和统计的数据，该曲线表征仅当低压系统中性导体与变电所接地共用接地装置时的低发生率最不利情况：有关其他情况在《交流电压大于1kV的电力装置 第1部分：通用规定》IEC 61936-1中有规定。

8.6.10 工频应力电压允许值见表 8-6-10。

表 8-6-10 工频应力电压允许值

高压系统接地故障持续时间 t	低压装置中的设备允许的工频应力电压 U
>5s	U_0+250V
≤5s	U_0+1200V

评　　注

低压配电系统的接地关系到低压用户的人身和财产安全，以及电气设备和电子设备的安全稳定运行，低压配电系统的接地形式分为TN、TT、IT三种，当保护接地和功能接地共用接地导体时，应首先满足保护接地导体的相关要求。保护接地导体的截面面积应满足发生短路后自动切断电源的条件，并应有良好的电气连续性，电气装置的外露可导电部分不得用作保护中性导体和保护接地导体。

8.7 特殊场所的安全防护

8.7.1 潮湿场所电击危险程度分级见表 8-7-1。

表 8-7-1 潮湿场所电击危险程度分级

分级	浴　室	游 泳 池	喷 水 池
0区	浴盆或淋浴盆的内部；对于没有浴盆的淋浴，0区的高度为10cm	水池的内部，包括水池墙壁上或地面上的凹入部分；洗脚池内部；喷水柱或人工瀑布内部及其底下的空间	水池、水盆或喷水柱、人工瀑布的内部及其底下空间

（续）

分级	浴　　室	游 泳 池	喷 水 池
1 区	由已固定的淋浴头或出水口的最高点对应的水平面或地面上方225cm 的水平面中较高者与地面所限定区域；围绕浴盆或淋浴盆的周围垂直面所限定区域；对于没有浴盆或淋浴器，是从距离固定在墙壁或顶棚上的出水口中心点的 120cm 垂直面所限定区域	0 区边界；距离水池边缘 2m 的垂直平面；预计有人的地面或表面；高出预计有人的地面或表面 2.5m 的水平面 当游泳池设有跳台、跳板、起跳台、坡道或其他预计有人的部位时，1 区包括：距跳台、跳板、起跳台、坡道或其他部分周围 1.5m 的垂直平面；高出预计有人的最高表面 2.5m 的水平面	距离 0 区外界或水池边缘 2m 的垂直平面；预计有人占用的表面和高出地面或表面 2.5m 的水平面 1 区域包括槽周围 1.5m 的垂直平面和预计有人占用的最高表面以上 2.5m 的水平平面所限制的区域
2 区	由固定的淋浴头或出水口的最高点相对应的水平面或地面上方225cm 的水平面中较高者与地面所限定区域；由 1 区边界线外的垂直面与相距该边界线 60cm 平行于该垂直面的界面两者之间所形成区域；对于没有浴盆或淋浴器，是没有 2 区的，但 1 区被扩大为距固定在墙上或顶棚上的出水口中心点的 120cm 垂直面	1 区外垂直面和与此垂直面相距 1.5m 的平行平面之间；预计有人的地面或表面；高出预计有人的最高表面 2.5m 的水平面	—

8.7.2 浴室、卫生间防护区域划分见图 8-7-1、图 8-7-2。

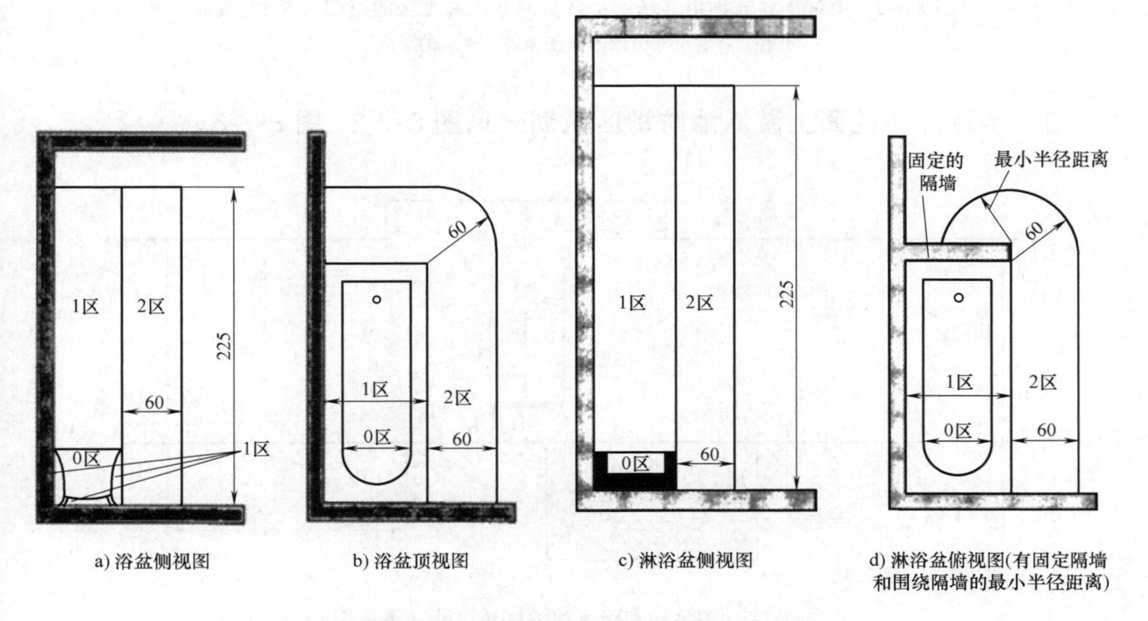

图 8-7-1　装有浴盆或淋浴盆场所各区域范围（单位：cm）

注：所定尺寸已计入盆壁和固定隔墙的厚度。

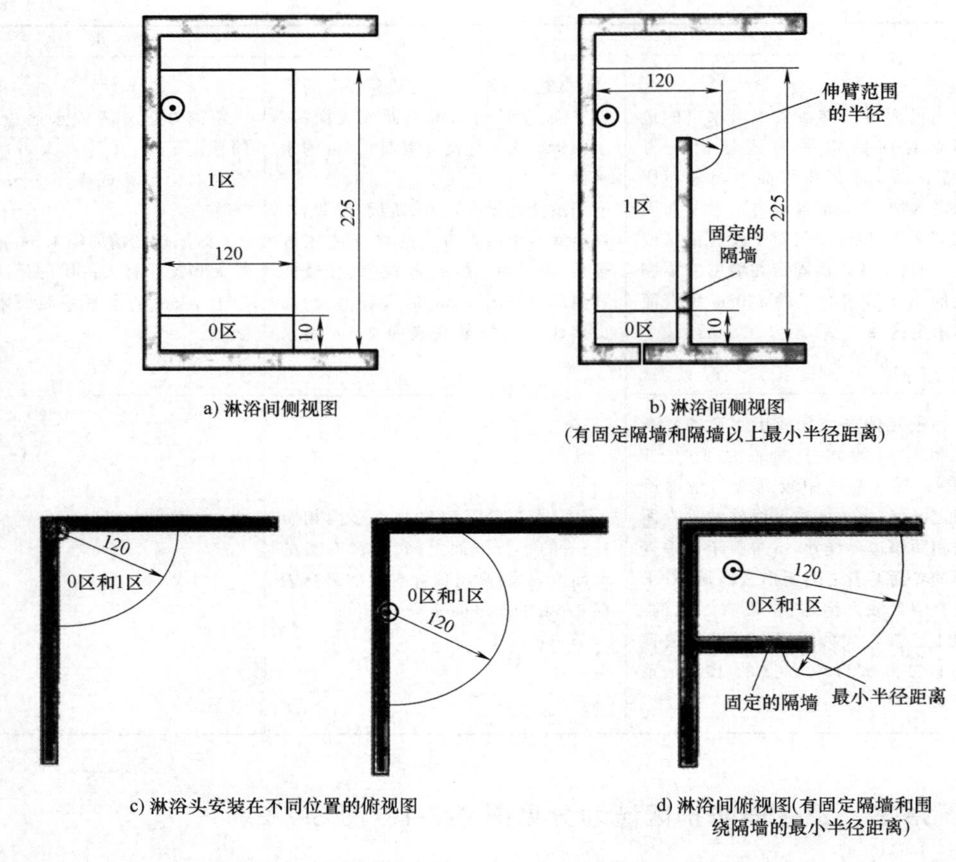

a) 淋浴间侧视图

b) 淋浴间侧视图（有固定隔墙和隔墙以上最小半径距离）

c) 淋浴头安装在不同位置的俯视图

d) 淋浴间俯视图(有固定隔墙和围绕隔墙的最小半径距离)

图 8-7-2 无淋浴盆或淋浴器场所中各区域 0 区和 1 区的范围（单位：cm）

注：所定尺寸已计入盆壁和固定隔墙的厚度。

8.7.3 游泳池和地面上游泳池防护区域划分见图 8-7-3~图 8-7-5。

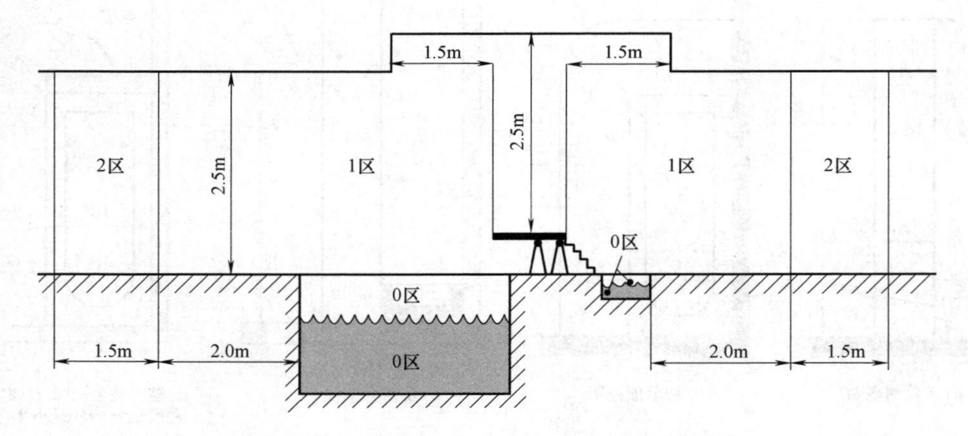

图 8-7-3 游泳池和戏水池的区域尺寸（侧视图）

注：最后确定的区域尺寸需视现场中墙和隔板的位置而定。

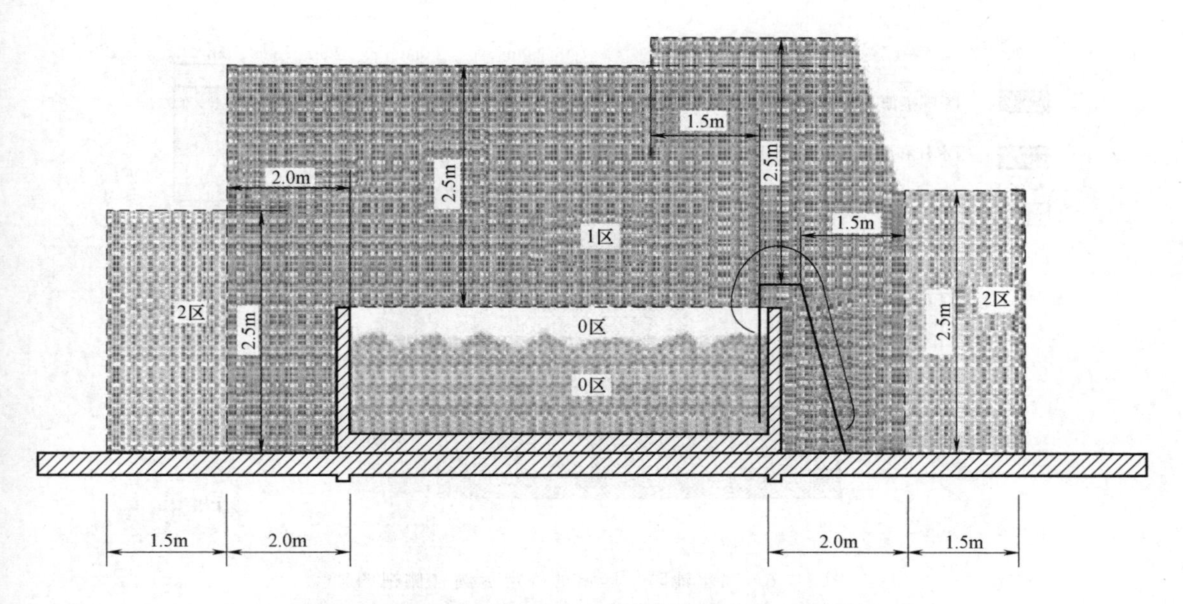

图 8-7-4 地面上游泳池和戏水池的区域尺寸（侧视图）

注：最后确定的区域尺寸需视现场中墙和隔板的位置而定。

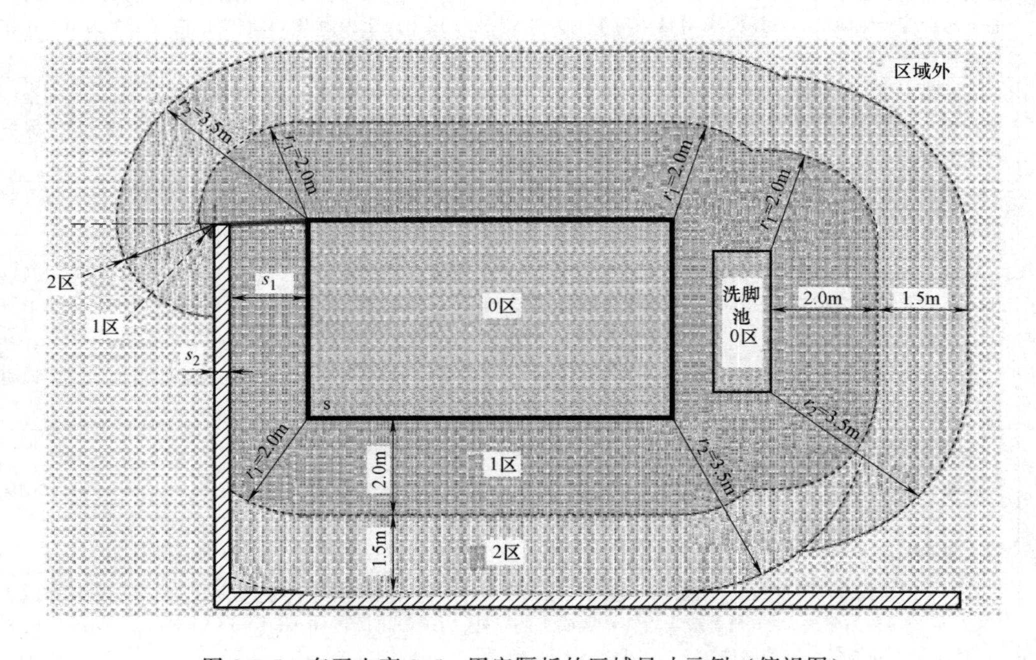

图 8-7-5 有至少高 2. 5m 固定隔板的区域尺寸示例（俯视图）

8.7.4 喷水池防护区域划分见图 8-7-6。

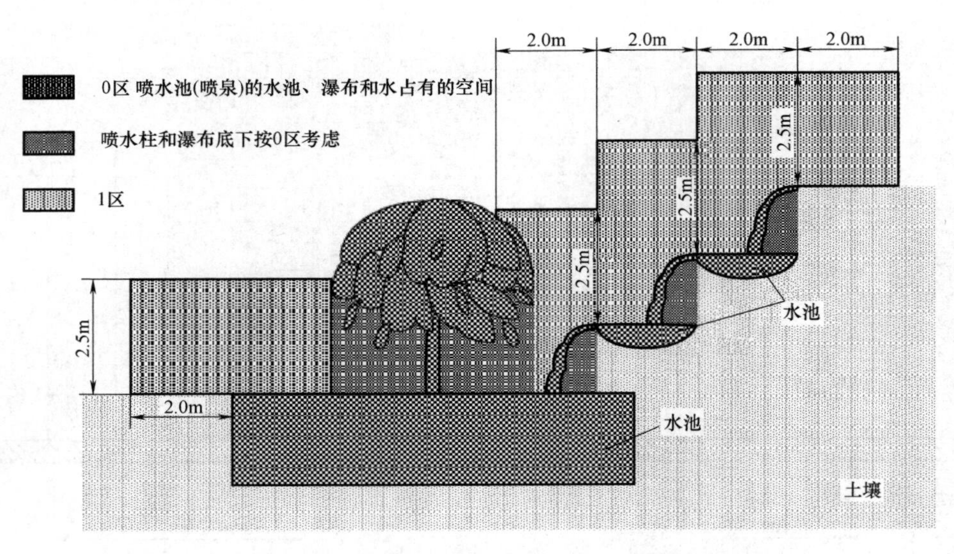

图 8-7-6 喷水池防护区域的确定示例（侧视图）

8.7.5 潮湿场所防电击措施见表 8-7-2。

表 8-7-2 潮湿场所防电击措施

潮湿场所	防电击措施
装有固定的浴盆或淋浴场所	装有固定的浴盆或淋浴场所的安全防护应根据所在区域，采取相应的安全防护措施。各区内所选用的电气设备的防护等级应满足下列要求：在 0 区内应至少为 IPX7；在 1 区内应至少为 IPX4；在 2 区内应至少为 IPX4（在公共浴池内应为 IPX5）
	装有浴盆或淋浴器的房间，除下列回路外，应对电气配电回路采用额定剩余动作电流不超过 30mA 的剩余电流保护器（RCD）进行保护：采用电气分隔的保护措施，且一个回路只供给一个用电设备；采用 SELV 或 PELV 保护措施的回路
	装有浴盆或淋浴器的房间，应设置辅助保护等电位联结，将保护导体与外露可导电部分和可接近的外界可导电部分相连接
	在装有浴盆或淋浴器的房间，0 区用电设备应满足下列全部要求：采用固定永久性的连接用电设备；采用额定电压不超过交流 12V 或直流 30V 的 SELV 保护措施；符合相关的产品标准，而且采用生产厂商使用安装说明中所适用的用电设备
	在装有浴盆或淋浴器的房间，在 1 区只能采用固定永久性的连接用电设备，并且采用生产厂商使用安装说明中所适用的用电设备
	在装有浴盆或淋浴器的房间，0 区内不应装设开关设备、控制设备和附件
	在装有浴盆或淋浴器的房间，1 区内开关设备、控制设备和附件安装应满足下列要求：按 GB 51348—2019 第 12.10.6 条规定，允许在 0 区和 1 区采用用电设备的电源回路所用接线盒和附件；可装设标称电压不超过交流 25V 或直流 60V 的 SELV 或 PELV 作保护措施的回路的附件，其供电电源应设置在 0 区或 1 区以外
	在装有浴盆或淋浴器的房间，2 区内开关设备、控制设备和附件安装应满足下列要求：插座以外的附件；SELV 或 PELV 保护回路的附件，供电电源应设置在 0 区或 1 区以外；剃须刀电源器件；采用 SELV 或 PELV 保护的电源插座、用于信号和通信设备的附件

（续）

潮湿场所	防电击措施
装有固定的浴盆或淋浴场所	在装有浴盆或淋浴器的房间，布线应满足下列要求： 1. 向0区、1区和2区的电气设备供电的布线系统，而且安装在划分区域的墙上时，应安装在墙的表面，也可暗敷在墙内，其深度至少为5cm，1区的用电设备布线系统应满足下列要求：①固定安装在浴盆上方的设备，其线路穿过设备后面的墙，需自上垂直向下或水平敷设；②设置在浴盆下面空间的设备，其线路穿过相邻的墙，自下垂直向上或水平敷设 2. 所有其他暗敷在0区、1区和2区的墙或隔墙部分的布线系统，包括它们的附件在内，其埋设的深度，自划分区域的墙或隔墙表面起至少为5cm 3. 在1和2都不满足的情况下，其布线系统可按下列要求设置：①采用SELV、PELV或电气分隔保护措施；②采用额定剩余动作电流不超过30mA的剩余电流保护器（RCD）的附加保护；③暗敷电缆或导体具有符合该回路保护导体要求的接地金属护套；④具有机械防护的暗敷电缆或导体 4. 在0区、1区及2区内宜选用加强绝缘的铜芯电线或电缆
游泳池和喷水池	游泳池在0区、1区和2区内的所有装置外可导电部分，应以等电位联结导体和这些区域内的设备外露可导电部分的保护导体相连接
	游泳池0区内不应安装接线盒，在1区内只允许为SELV回路安装接线盒
	游泳池的用电设备满足以下要求： 1. 除满足GB 51348—2019第12.10.15和第12.10.16条外，在0区内和1区内只可安装游泳池专用固定式用电设备 2. 在0区内和1区内的固定连接的游泳池清洗设备，应采用不超过交流12V或直流30V的SELV供电，其安全电源应设在0区内和1区以外的地方，当在2区内装设SELV的电源时，电源设备前的供电回路应采用额定剩余动作电流不超过30mA的剩余电流保护器 3. 如果游泳池专用的供水泵或其他特殊电气设备安装在游泳池近旁的房间或位于1区和2区以外某些场所内，人体通过人孔或门可以触及的电气设备应采用下列之一的保护措施： 1）不大于交流12V或直流30V的SELV，其供电电源安装在0区和1区之外，当在2区内装设SELV的电源时，电源设备前的供电回路应采用额定剩余动作电流不超过30mA的剩余电流保护器（RCD） 2）采用电气分隔的措施，并同时满足下列条件：①当泵或其他设备连接到游泳池内时，应采用非导电材料的连接水管；②只能用钥匙或工具才能打开人孔盖或门；③装在上述房间或某一场所内的所有电气设备，应具有至少IPX5防护等级或采用外护物（外壳）来达到该防护等级的保护要求 3）采用自动切断供电电源措施，并同时满足下列条件：①当泵或其他设备连接到游泳池内时，应采用电气绝缘材料制成的水管或将金属水管纳入水池等电位联结系统内；②只能用钥匙或工具才能打开人孔盖或门；③装在1区和2区之外或水池周围场所的所有电气设备应具有至少为IPX5防护等级或采用外护物（外壳）来达到该防护等级的保护要求；④设置附加等电位联结；⑤电气设备应装设额定剩余动作电流不大于30mA的剩余电流保护器 4. 以低压供电的专用于游泳池的固定设备允许安装在1区内，但应满足以下所有要求 1）这些设备应设在具有相当于附加绝缘的外护物（外壳）内，该外护物应能耐受AG2级的机械撞击 2）当开启人孔盖（门）时，应同时切断在外护物内设备的所有带电导体电源，供电电缆和切断电源的电器设置应按Ⅱ类设备防电击要求或与之等效绝缘 3）满足上述3的要求 5. 游泳池的2区应采用下列一种或多种保护方式： 1）由SELV供电，其供电电源应装在0区和1区之外，当其供电电源安装在2区时，电源设备前的供电回路应采用额定剩余动作电流不超过30mA的剩余电流保护器（RCD） 2）采用额定剩余动作电流不大于30 mA的剩余电流保护器（RCD）自动切断电源 3）电气分隔的分隔电源仅向一台设备供电，其供电电源应安装在0区和1区之外；当其供电电源安装在2区时，电源设备前的供电回路应采用额定剩余动作电流不超过30 mA的剩余电流保护器（RCD） 6. 对于没有2区的游泳池，在照明设备采用不大于交流12V或直流30V由SELV供电情况下，可安装在满足下列要求的1区的墙或顶棚上： 1）应采取自动切断电源保护措施，并装额定剩余动作电流不大于30mA的剩余电流保护器（RCD）作为附加保护 2）照明设备底部的高度至少比1区的地面高出2m 7. 埋设在地面下和安装在顶棚上的电气加热单元的安装，应采用满足下列条件之一的保护方式： 1）由SELV供电，其供电电源安装在0区和1区之外，当在2区内装设SELV的电源时，电源设备前的供电回路应采用额定剩余动作电流不超过30mA的剩余电流保护器 2）加热单元上面覆盖埋设并接地的金属网格或金属护套，且连接到辅助等电位联结系统内，供电回路应采用额定剩余动作电流不大于30mA的剩余电流保护器作为附加保护措施

（续）

<table>
<tr><th>潮湿场所</th><th>防电击措施</th></tr>
<tr><td rowspan="5">游泳池和喷水池</td><td>游泳池水下或与水接触的灯具应符合 GB 7000.218—2008 的规定。位于符合水密要求的观察窗后面并从其后照射的水下灯具的安装，应做到水下灯具的任何外露可导电部分和观察窗的任何可导电部分之间不存在有意或无意的导电连通</td></tr>
<tr><td>游泳池开关设备和控制设备应符合下列要求：
1. 在 0 区内不应安装开关设备或控制设备以及电源插座
2. 在 1 区内只允许为 SELV 回路安装开关设备或控制设备以及电源插座，其供电电源安装在 0 区和 1 区之外，当在 2 区安装 SELV 的电源时，电源设备前的供电回路应采用额定剩余动作电流不超过 30mA 的剩余电流保护器（RCD）
3. 在 2 区内不允许安装开关设备、控制设备和电源插座，除非采用下列保护措施之一：
1）由 SELV 供电，其供电电源装在 0 区和 1 区之外，当 SELV 的电源装在 2 区时，电源设备前的供电回路应采用额定剩余动作电流不大于 30mA 的剩余电流保护器（RCD）
2）采用额定剩余动作电流不大于 30mA 的剩余电流保护器（RCD）作为自动切断电源保护的附加保护
3）采用电气分隔，由装在 0 区和 1 区之外单独的分隔电源供电，当电气分隔的电源装在 2 区时，电源设备前的供电回路应采用额定剩余动作电流不大于 30mA 的剩余电流保护器</td></tr>
<tr><td>游泳池各区的电气设备最低防护等级（IP）
<table>
<tr><th>区域</th><th>户外采用喷水进行清洗</th><th>户外不用喷水进行清洗</th><th>户内采用喷水进行清洗</th><th>户内不用喷水进行清洗</th></tr>
<tr><td>0</td><td>IPX5/IPX8</td><td>IPX8</td><td>IPX5/IPX8</td><td>IPX8</td></tr>
<tr><td>1</td><td>IPX5</td><td>IPX4</td><td>IPX5</td><td>IPX4</td></tr>
<tr><td>2</td><td>IPX5</td><td>IPX4</td><td>IPX5</td><td>IPX2</td></tr>
</table></td></tr>
<tr><td>游泳池布线应满足下列要求：
1. 在 0 区及 1 区内，非本区的配电线路不得通过，也不得在该区内装设接线盒
2. 安装在 2 区内或在界定 0 区、1 区或 2 区的墙、顶棚或地面内且向这些区域外的设备供电的回路，应满足下列要求：①埋设的深度至少为 5cm；②采用额定剩余动作电流不大于 30mA 的剩余电流保护器（RCD）；③采用 SELV 安全特低电压供电；④采用电气分隔保护
3. 在 0 区、1 区及 2 区内宜选用加强绝缘的铜芯电线或电缆</td></tr>
<tr><td>允许人进入的喷水池应执行游泳池的规定</td></tr>
<tr><td rowspan="3">喷水池</td><td>不允许人进入的喷水池在 0 区和 1 区内应采用下列保护措施之一：
1. 由 SELV 供电，其供电电源装在 0 区和 1 区之外
2. 采用额定剩余动作电流不大于 30mA 的剩余电流保护器（RCD）自动切断电源
3. 电气分隔的分隔电源仅向一台设备供电，其供电电源装在 0 区和 1 区之外</td></tr>
<tr><td>喷水池的 0 区和 1 区的电气设备应是不可能被触及的。电动泵应符合 GB 4706.66—2008 的要求</td></tr>
<tr><td>喷水池应采用符合 GB/T 5013.1—2008 规定的 66 型电缆，并且其保护导管应符合 GB/T 20041.1—2015 规定的防撞击性能。不允许人进入的喷水池，布线还应满足以下要求：0 区内电气设备的敷设在非金属导管的电缆或绝缘导体，应尽量远离水池的外边缘，在水池内的线路应尽量以最短路径接至设备；0 区和 1 区内敷设在非金属导管的电缆或绝缘导体，应有合适的机械防护</td></tr>
</table>

8.7.6 狭窄导电场所的电气安全要求见表 8-7-3。

表 8-7-3 狭窄导电场所的电气安全要求

项　　目	狭窄导电场所的电气安全要求
移动式或手握式设备的供电	1. 采用隔离特低电压 2. 采用 1∶1 隔离变压器供电，一个二次绕组只能接用一台设备。应优先采用Ⅱ类防电击类别的设备，如果采用Ⅰ类设备，则设备应至少有一手柄为绝缘材料制成，或为绝缘层包覆
手提灯的供电	手提灯应以隔离特低电压供电。内装双绕组变压器的荧光灯管手提灯也可作此用途
固定式设备的供电	固定式设备的供电应符合下列条件之一： 1. 用保护电器自动切断接地故障回路时，应在该场所内作辅助等电位联结 2. 采用隔离特低电压 3. 采用 1∶1 隔离变压器供电，一个二次绕组只能接用一台设备
其他要求	当固定式设备需作功能接地时（例如某些测量和控制设备的功能接地），测量功能接地端子应与该场所内所有外露导电部分、装置外导电部分互相连通，以实现辅助等电位联结

评　　注

在潮湿场所或工作地在狭窄、行动不方便场所，应根据所在区域，采取相应的安全防护措施。0 区用电设备采用额定电压不超过交流 12V 或直流 30V 的 SELV 保护措施，并应采用辅助等电位联结。允许人进入的喷水池应执行游泳池的规定。

8.8 医疗场所的安全防护

8.8.1 医疗场所必需的安全设施的分级见表 8-8-1。

表 8-8-1 医疗场所必需的安全设施的分级

0 级（不间断）	不间断供电的电源自动切换
0.15 级（很短时间的间断）	在 0.15s 内的电源自动切换
0.5 级（短时间的间断）	在 0.5s 内的电源自动切换
15 级（不长时间的间断）	在 15s 内的电源自动切换
>15 级（长时间的间断）	超过 15s 的电源自动切换

注：1. 通常不必为医疗电气设备提供不间断电源，但某些微机处理器控制的医用电气设备可能需用这类电源供电。
2. 对具有不同级别的安全设施的医疗场所，宜按满足供电可靠性要求最高的场所考虑。

8.8.2 医院电气设备工作场所分类及自动恢复供电时间见表 8-8-2。

表 8-8-2 医院电气设备工作场所分类及自动恢复供电时间

部门	医疗场所以及设备	类别			自动恢复供电时间/s		
		0	1	2	$t \leq 0.5$	$0.5 < t \leq 15$	$15 < t$
门诊部	门诊诊室、门诊检验	X	—	—	—	—	—
	门诊治疗	—	X	—	—	—	—

（续）

部门	医疗场所以及设备	类别			自动恢复供电时间/s		
		0	1	2	$t \leqslant 0.5$	$0.5<t \leqslant 15$	$15<t$
急诊部	急诊诊室	X	—	—	—	X	—
	急诊抢救室	—	—	Xd	Xa	X	—
	急诊观察室、处置室	—	X	—	—	X	—
手术部	手术室	—	—	X	Xa	X	—
	术前准备室、术后复苏室、麻醉室	—	X	—	Xa	X	—
	护士站、麻醉师办公室、石膏室、冰冻切片室、敷料制作室、消毒敷料室	X	—	—	—	X	—
住院部	病房	—	X	—	—	—	—
	血液病房的净化室、产房、烧伤病房	—	X	—	Xa	X	—
	早产儿监护室	—	—	X	Xa	X	—
	婴儿室	—	X	—	—	X	—
	重症监护室	—	—	X	Xa	X	—
	血液透析室	—	X	—	—	X	—
功能检查	肺功能检查室、电生理检查室、超声波检查室	—	X	—	—	X	—
内窥镜	内窥镜检查室	—	Xb	—	—	Xb	—
泌尿科	泌尿科治疗室	—	Xb	—	—	Xb	—
影像科	DR 诊断室、CR 诊断室、CT 诊断室	—	X	—	—	X	—
	导管介入室	—	X	—	—	X	—
	血管造影检查室	—	—	X	Xa	X	—
	MRI 扫描室	—	X	—	—	X	—
放射治疗	后装机、钴 60、直线加速器、γ 刀、深部 X 线治疗	—	X	—	—	X	—
理疗科	物理治疗室	—	X	—	—	X	—
	水疗室	—	X	—	—	X	—
	按摩室	X	—	—	—	—	X
检验科	大型生化仪器	X	—	—	X	—	—
	一般仪器	X	—	—	—	X	—
核医学	ECT 扫描间、PET 扫描间、γ 照相机、服药、注射	—	X	—	—	Xa	—
	试剂培制、储源室、分装室、功能测试室、实验室、计量室	X	—	—	—	X	—
高压氧	高压氧舱	—	X	—	—	X	—
输血科	贮血	X	—	—	—	X	—
	配血、发血	X	—	—	—	—	X
病理科	取材、制片、镜检	X	—	—	—	X	—
	病理解剖	X	—	—	—	—	X
药剂科	贵重药品冷库	X	—	—	—	—	X

（续）

<table>
<tr><th rowspan="2">部门</th><th rowspan="2">医疗场所以及设备</th><th colspan="3">类　别</th><th colspan="3">自动恢复供电时间/s</th></tr>
<tr><th>0</th><th>1</th><th>2</th><th>$t \leqslant 0.5$</th><th>$0.5 < t \leqslant 15$</th><th>$15 < t$</th></tr>
<tr><td rowspan="4">保障系统</td><td>医用气体供应系统</td><td>X</td><td>—</td><td>—</td><td>—</td><td>X</td><td>Xc</td></tr>
<tr><td>消防电梯、排烟系统、中央监控系统、火灾警报以及灭火系统</td><td>X</td><td>—</td><td>—</td><td>—</td><td>X</td><td></td></tr>
<tr><td>中心(消毒)供应室、空气净化机组</td><td>X</td><td>—</td><td>—</td><td>—</td><td>—</td><td>X</td></tr>
<tr><td>太平柜、焚烧炉、锅炉房</td><td>X</td><td>—</td><td>—</td><td>—</td><td>—</td><td>Xc</td></tr>
</table>

注：a：照明及生命支持电气设备。

b：不作为手术室。

c：为需要持续 3~24h 提供电力。

8.8.3 接地与电击防护措施见表 8-8-3。

表 8-8-3 接地与电击防护措施

<table>
<tr><td rowspan="7">接地</td><td>医疗场所配电系统的接地形式严禁采用 TN-C 系统</td></tr>
<tr><td>医疗场所内由局部 IT 系统供电的设备金属外壳接地应与 TNS 系统共用接地装置</td></tr>
<tr><td>在 1 类及 2 类医疗场所的患者区域内，应做局部等电位联结，并应将下列设备及导体进行等电位联结：①PE 线；②外露可导电部分；③安装了抗电磁干扰场的屏蔽物；④ 防静电地板下的金属物；⑤隔离变压器的金属屏蔽层；⑥除设备要求与地绝缘外，固定安装的、可导电的非电气装置的患者支撑物</td></tr>
<tr><td>在 2 类医疗场所内，电源插座的保护导体端子、固定设备的保护导体端子或任何外界可导电部分与等电位联结母线之间的导体的电阻（包括接头的电阻在内）不应超过 0.2Ω</td></tr>
<tr><td>采用人工接地体时，应采取有效的防腐措施</td></tr>
<tr><td>医疗场所内的医疗电子设备应根据设备易受干扰的频率，选择 S 型、M 型或 SM 混合型等电位联结形式</td></tr>
<tr><td>1 类和 2 类医疗场所应选择安装 A 型或 B 型剩余电流保护器</td></tr>
<tr><td rowspan="4">电击防护措施</td><td>当 1 类和 2 类医疗场所使用安全特低电压时，标称供电电压不应超过交流 25V 和无纹波直流 60V，并应采取对带电部分加以绝缘的保护措施</td></tr>
<tr><td>1 类和 2 类医疗场所应设置防止接地故障（间接接触）电击的自动切断电源的保护装置，并应符合下列规定：
1. IT、TN、TT 系统的约定接触电压限值不应超过 25V
2. TN 系统的最大切断时间，230V 应为 0.2s，400V 应为 0.05s</td></tr>
<tr><td>在 2 类医疗场所区域内，TN 系统仅可在下列回路中采用不超过 30mA 的额定剩余动作电流，并具有过电流保护的剩余电流动作保护器（RCD），且剩余电流动作保护器应采用电磁式：
1. 手术台驱动机构供电回路
2. X 射线设备供电回路
3. 额定功率大于 5kV · A 的设备供电回路
4. 非生命支持系统的电气设备供电回路</td></tr>
<tr><td>TT 系统应设置剩余电流动作保护器（RCD）
手术室及抢救室应采用防静电地面，其表面电阻或体积电阻应在 $1.0 \times 10^4 \sim 1.0 \times 10^9 \Omega$ 之间
医用局部等电位母排应安装在医疗场所的附近，且应靠近配电箱，联结应明显，并可独立断开</td></tr>
</table>

8.8.4 医疗场所采用 IT 系统供电的要求见表 8-8-4。

表 8-8-4 医疗场所采用 IT 系统供电的要求

序号	医疗场所采用 IT 系统供电的要求
1	医疗场所局部 IT 系统隔离变压器的一次侧与二次侧应设置短路保护,不应设置动作于切断电源的过负荷保护
2	医疗场所局部 IT 系统单相隔离变压器的二次侧应设置双极开关保护电器
3	2 类医疗场所的同一患者区域医疗场所局部 IT 系统的插座箱、插座组,应至少由专用的两回路供电,每回路应设置独立的短路保护,且宜设置独立的过负荷报警。医疗场所局部 IT 系统插座应有固定的明显标志
4	2 类医疗场所除手术台驱动机构、X 射线设备、额定容量超过 5kV · A 的设备、非生命支持系统的电气设备外,用于维持生命、外科手术、重症患者的实时监控和其他位于患者区域的医疗电气设备及系统的回路,均应采用医疗场所局部 IT 系统供电
5	医疗用途相同且相邻的一个或几个房间内,至少应设置一个独立的医疗场所局部 IT 系统,除只有一台设备并由单台专用的医疗场所局部 IT 隔离变压器供电外,每个房间应配置绝缘故障监测装置,且应符合下列规定: 1. 交流内阻不应小于 100kΩ 2. 测量电压不应超过直流 25V 3. 测试电流在故障条件下峰值不应大于 1mA 4. 应设置绝缘故障报警,在绝缘电阻最迟降至 50kΩ 时应能报警、显示,并应配置试验设施
6	用于 2 类医疗场所局部 IT 系统的隔离变压器应符合下列规定: 1. 当隔离变压器以额定电压和额定频率供电时,空载时出线绕组测得的对地泄漏电流和外护物(外壳)的泄漏电流均不应超过 0.5mA 2. 应设置过负荷和超温监测装置 3. 为单相移动式或固定式设备供电的医疗 IT 系统,应采用单相隔离变压器,其额定输出容量最小应为 0.5kV · A,但不应超过 10kV · A; 4. 当需通过 IT 系统为三相负荷供电时,应采用单独的三相隔离变压器供电,且隔离变压器二次侧输出线电压不应超过 250V
7	三级医院的 ICU 病房内的医疗场所局部 IT 系统,宜设置绝缘故障监测的集成管理系统
8	隔离变压器宜靠近医疗场所设置,并应设置明显标志,采取措施防止无关人员接触
9	医疗场所局部 IT 系统,应能显示工作状态及故障类型,并应设置声光警报装置,且报警装置应安装在有专职人员值班的场所

评　　注

医疗场所配电系统的接地形式严禁采用 TN-C 系统,2 类医疗场所用于维持生命、外科手术、重症患者的实时监控和其他位于患者区域的医疗电气设备及系统的回路应采用医用 IT 系统。1 类和 2 类医疗场所使用隔离特低电压设备（SELV）和保护特低电压设备(PELV) 时,设备额定电压不应超过交流方均根值 25V 或无纹波直流 60V,并应采取绝缘保护。重症监护病房、手术室、抢救室、治疗室、淋浴间或有洗浴功能的卫生间等,应采取辅助等电位联结。

8.9 屏蔽接地、防静电接地

8.9.1 屏蔽接地的要求见表 8-9-1。

表 8-9-1 屏蔽接地的要求

屏蔽接地种类	1. 静电屏蔽体接地 2. 电磁屏蔽体接地 3. 磁屏蔽体接地

（续）

屏蔽室的接地应在电源进线处采用一点接地
当电子设备之间采用多芯线缆连接时，屏蔽线缆的接地应符合下列规定： 1. 当电子设备工作频率 $f \leq 1\text{MHz}$ 时，其长度 L 与波长 λ 之比，即 $L/\lambda \leq 0.15$ 时，其屏蔽层应采用一点接地 2. 当电子设备工作频率 $f > 1\text{MHz}$ 时，其长度 L 与波长 λ 之比，即 $L/\lambda > 0.15$ 时，其屏蔽层应采用多点接地，并应使接地点间距离不大于 0.2λ

8.9.2 防静电接地措施的要求见表 8-9-2。

表 8-9-2 防静电接地措施的要求

对于在使用过程中产生静电并对正常工作造成影响的场所，应采取防静电接地措施	
防静电接地要求	1. 各种可燃气体、易燃液体的金属工艺设备、容器和管道均应接地 2. 移动时可能产生静电危害的器具应接地 3. 防静电接地的接地线应采用绝缘铜芯导线，对移动设备应采用绝缘铜芯软导线，导线截面面积应按机械强度选择，最小截面面积为 6mm^2 4. 固定设备防静电接地的接地线连接应采用焊接，对于移动设备防静电接地的接地线应与接地体可靠连接，并应防止松动或断线 5. 防静电接地宜选择共用接地方式，当选择单独接地方式时，接地电阻不宜大于 10Ω，并应与防雷接地装置保持 20m 以上间距

评　　注

屏蔽接地是防止电磁干扰的重要措施，通常采用屏蔽层单端接地和屏蔽层双端接地两种方式。静电产生的能量虽然小（一般不超过毫焦级），但可能产生较高的静电电压，放电时的火花可能点燃易燃易爆物造成事故，因此必须通过接地消除静电存在的隐患，通常采用直接接地、间接接地、跨接接地三种方式。

8.10 工程勘察设计中的电气安全

8.10.1 工程勘察设计中电气安全的概念见表 8-10-1。

表 8-10-1 工程勘察设计中电气安全的概念

序号	名称	概　　念
1	安全距离	安全距离也称安全净距。它是人与带电体、带电体与带电体、带电体与地面（水面）、带电体与其他设施之间需保持的最小距离
2	接触电压	指当发生电气设备绝缘单相损坏时，人接触电气设备处于其所处位置的电位差
3	跨步电压	指人体活动在具有分布电位的地面上时，人的两脚之间所承受的电位差
4	电气安全用具	指电气工作者进行电气操作或检修时，为了避免发生触电、电弧灼伤、高处坠落等事故而使用的工具

8.10.2 安全电压等级及选用见表 8-10-2。

表 8-10-2 安全电压等级及选用

安全电压		选用举例
额定值/V	空载上限值/V	
42	50	在有危险的场所使用的手持式电动工具等
36	43	在矿井、多导电粉尘等场所使用的行灯等
24	29	供某些人体可能偶然触及的带电设备选用
12	15	
6	8	

8.10.3 设计、制造及选用防误装置应考虑的原则见表 8-10-3。

表 8-10-3 设计、制造及选用防误装置应考虑的原则

序号	设计、制造及选用防误装置应考虑的原则
1	防误装置的结构应简单、可靠,操作、维护方便,尽可能不增加正常操作和事故处理的复杂性
2	防误装置应不影响开关设备的主要技术性能(如分合闸时间、速度等)
3	成套的高压开关设备用防误装置,应优先选用机械联锁
4	电磁锁应采用间隙式原理,锁栓能自动复位
5	防误装置应有专用工具(钥匙)进行解锁
6	防误装置所用的电源应与继电保护、控制回路的电源分开
7	防误装置应做到防尘、防异物、防锈、不卡涩。户外的防误装置还应有防水、防霉的措施
8	高压开关柜应满足五防要求:防止误分、误合断路器;防止带负荷拉、合隔离开关;防止带电挂(合)接地线(开关);防止带接地线(开关)合断路器(隔离开关);防止误入带电隔室。“五防”中除防止误分、误合断路器可采用提示性的装置外,其他“四防”应采用强制性装置

评 注

随着科学技术的发展和电能的广泛应用，电气系统和设备越来越复杂，而电气操作存在危险，可能会导致人员伤亡、设备损毁、大面积停电等严重的事故，造成严重的不良后果，甚至产生严重的社会影响，因此，必须做好设计、施工的安全保障措施，包括安全距离、安全电压、防误装置等。

8.11 等电位联结

8.11.1 等电位联结概念与分类

将建筑物电气装置内外露可导电部分、电气装置外可导电部分、人工或自然接地体用导体连接起来以达到减少电位差称为等电位联结。等电位联结有总等电位联结和辅助等电位联结之分。总等电位联结示意见图 8-11-1。

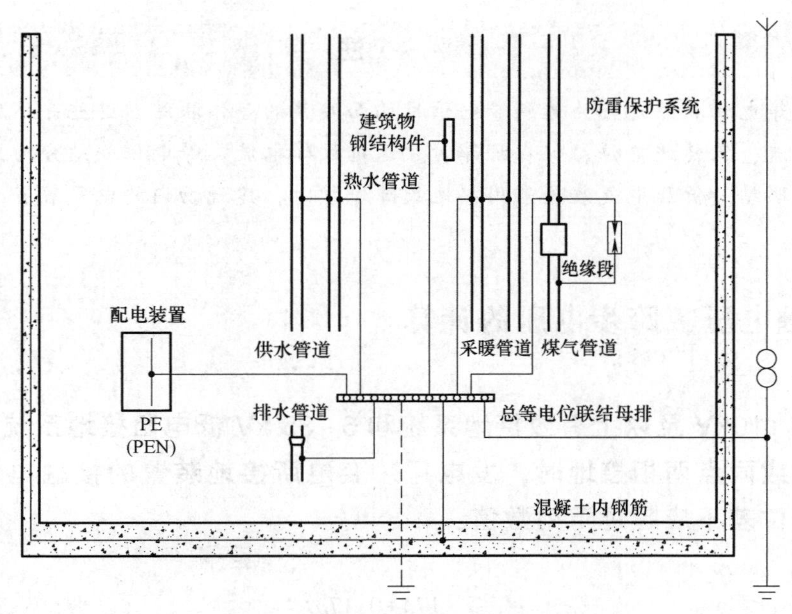

图 8-11-1　总等电位联结示意图

8.11.2　保护联结导体截面面积。

低压电气装置采用接地故障保护时，建筑物内的电气装置应采用保护总等电位联结系统。接到总接地端子的保护联结导体的截面面积不应小于电气装置内的最大保护接地导体（PE）截面面积的一半，保护联结导体截面面积的最大值和最小值应符合表 8-11-1 的规定。

表 8-11-1　保护联结导体截面面积的最大值和最小值　（单位：mm^2）

导体材料	最小值	最大值
铜	6	25
铝、铝合金	16	按载流量与 $25mm^2$ 铜导体的载流量相同确定
钢	50	

8.11.3　辅助等电位联结要求见表 8-11-2。

表 8-11-2　辅助等电位联结要求

场所	1. 在局部区域，当自动切断供电的时间不能满足防电击要求 2. 在特定场所，需要有更低接触电压要求的防电击措施 3. 具有防雷和电子信息系统抗干扰要求
辅助等电位联结导体应与区域内的下列可导电部分相连接	1. 固定电气装置的所有能同时触及的外露可导电部分 2. 保护接地导体（包括设备的和插座内的） 3. 电气装置外的可导电部分，可包括钢筋混凝土结构的主钢筋
其他	1. 连接两个外露可导电部分的保护联结导体，其电导不应小于接到外露可导电部分的较小的保护接地导体的电导 2. 连接外露可导电部分和装置外可导电部分的保护联结导体，其电导不应小于相应保护接地导体一半截面面积所具有的电导

评　注

建筑中的等电位联结是指为达到等电位目的而实施的导体联结，这些导体的联结正常工作时不通过电流，只传递电位，仅在故障时才通过故障电流。等电位联结分为总等电位联结和辅助等电位联结。低压电气装置采用接地故障保护时，建筑物内的电气装置必须采用保护总等电位联结。

8.12 接触电压、跨步电压的计算

8.12.1 在110kV及以上有效接地系统和6~35 kV低电阻接地系统发生单相接地或同点两相接地时，发电厂、变电所接地装置的接触电位差和跨步电位差不应超过下列数值：

$$U_t=\frac{174+0.17\rho_f}{\sqrt{t}} \tag{8-12-1}$$

$$U_s=\frac{174+0.7\rho_f}{\sqrt{t}} \tag{8-12-2}$$

式中 U_t——接触电位差（V）；

U_s——跨步电位差（V）；

ρ_f——人脚站立处地表面的土壤电阻率（Ω·m）；

t——接地短路（故障）电流的持续时间（s）。

8.12.2 3~66kV不接地、经消弧线圈接地和高电阻接地系统，发生单相接地故障后，当不迅速切除故障时，此时发电厂、变电所接地装置的接触电位差和跨步电位差不应超过下列数值：

$$U_t=50+0.05\rho_f \tag{8-12-3}$$

$$U_s=50+0.2\rho_f \tag{8-12-4}$$

8.12.3 接地故障时接地装置的电压可按下式计算：

$$U_g=IR \tag{8-12-5}$$

式中 U_g——接地装置的电压（V）；

I——计算用入地短路电流（A）；

R——接地装置（包括人工接地网及与其连接的所有其他自然接地极）的接地电阻（Ω）。

8.12.4 均压带等间距布置时接地网（见图 8-12-1）地表面的最大接触电位差、跨步电位差的计算。

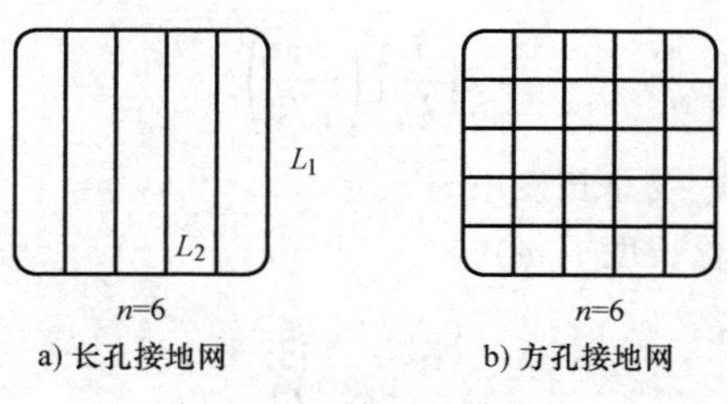

a) 长孔接地网　　b) 方孔接地网

图 8-12-1　接地网的形状

1. 接地网地表面的最大接触电位差，即网孔中心对接地网接地极的最大电位差，可按下式计算：

$$U_{\mathrm{tmax}}=K_{\mathrm{tmax}}U_{\mathrm{g}} \tag{8-12-6}$$

式中　U_{tmax}——最大接触电位差（V）；

K_{tmax}——最大接触电位差系数。

当接地极的埋设深度 $h=0.6\sim0.8\mathrm{m}$ 时，K_{tmax} 可按下式计算：

$$K_{\mathrm{tmax}}=K_{\mathrm{d}}K_{\mathrm{L}}K_{\mathrm{n}}K_{\mathrm{s}} \tag{8-12-7}$$

式中　K_{d}、K_{L}、K_{n}、K_{s}——系数，对 $30\mathrm{m}\times30\mathrm{m}\leqslant S\leqslant500\mathrm{m}\times500\mathrm{m}$ 的接地网，其系数可按式（8-12-8）计算：

$$\left.\begin{array}{ll}K_{\mathrm{d}}=0.841-0.225\lg d & \\ K_{\mathrm{L}}=1.0 & \text{方孔接地网}\\ K_{\mathrm{L}}=1.1\sqrt[4]{L_2/L_1} & \text{长孔接地网}\\ K_{\mathrm{n}}=0.076+0.776/n & \\ K_{\mathrm{s}}=0.234+0.414\lg\sqrt{S} & \end{array}\right\} \tag{8-12-8}$$

式中　n——均压带计算根数；

d——均压带等效直径（m）；

L_1、L_2——接地网的长度和宽度（m）；

S——接地网总面积（m^2）。

2. 接地网外的地表面最大跨步电位差可按下式计算：

$$U_{\mathrm{smax}}=K_{\mathrm{smax}}U_{\mathrm{g}} \tag{8-12-9}$$

式中　U_{smax}——最大跨步电位差（V）；

K_{smax}——最大跨步电位差系数。

正方形接地网最大跨步电位差系数可按下式计算：

$$K_{\mathrm{smax}}=(1.5-\alpha_2)\ln\frac{h^2+(h+T/2)^2}{h^2+(h-T/2)^2}\bigg/\ln\frac{20.4S}{dh} \tag{8-12-10}$$

$$\alpha_2=0.35\left(\frac{n-2}{n}\right)^{1.14}\left(\frac{\sqrt{S}}{30}\right)^{\beta} \tag{8-12-11}$$

$$\beta = 0.1\sqrt{n} \tag{8-12-12}$$

而 $T=0.8\text{m}$，即跨步距离。

对于矩形接地网，n 值（均压带计算根数）由下式计算：

$$n = 2\left(\frac{L}{L_0}\right)\left(\frac{L_0}{4\sqrt{S}}\right)^{1/2} \tag{8-12-13}$$

式中 L_0——接地网的外缘边线总长度（m）；

L——水平接地极的总长度（m）。

评　注

电力设备发生接地故障时，接地故障电流流过接地装置，在大地表面形成分布电位，地面上距设备水平距离0.8m处与沿设备外壳垂直距离1.8m处两点间的电位差，称为接触电位差，人体接触该两点时所承受的电压，称为接触电压。跨步电压是指电气设备发生接地故障时，在接地电流入地点周围电位分布区行走的人，其两脚之间（一般人的跨步约为0.8m）的电位差。通过对接触电压和跨步电压的计算并采取相应措施，可以避免接触电压和跨步电压过大对人体造成的伤害。

小　结

雷电是发生在因强对流天气而形成的雷雨云间和雷雨云与大地之间强烈瞬间放电现象，自然界的雷击分为直击雷和雷电感应高电压及雷电电磁脉冲辐射（LEMP）两大类。建筑物防雷工程是一个系统工程，必须将外部防雷措施和内部防雷措施作为整体综合考虑，因地制宜采取防雷措施，对所采用的防雷装置应作技术经济比较，使其符合建筑形式和其内部存放设备和物质的性质，做到安全可靠、技术先进、经济合理以及施工维护方便。

电气装置的接地按功能与作用分为：交流系统的电源中性点接地、直流系统的工作接地。保护接地包括不同电压等级电气设备的保护接地、防雷保护接地、防静电接地与屏蔽接地等。交流电气装置的接地目的就是要满足电力系统运行要求，并在故障时保证人身和电气装置的安全。低压电气装置采用接地故障保护时，建筑物内的电气装置必须采用保护总等电位联结。

9 电气消防

9.1 火灾探测器的工作原理及安装场所要求

9.1.1 感烟火灾探测器工作原理及安装场所要求见表 9-1-1。

表 9-1-1 感烟火灾探测器工作原理及安装场所要求

名称	型别		工作原理	安装场所	
				不适宜	适宜
感烟火灾探测器	点型	离子型	利用烟雾粒子改变电离室电流的原理制成。当火灾发生时，烟雾粒子进入外电离室，部分正、负离子被吸附到比离子重的烟雾粒子上，使离子在电场中的运动速度降低，造成内、外电离室等效阻抗发生变化，内、外电离室相连点电位升高，当达到或超过阈值电平时，探测器报警	1. 相对湿度经常大于 95% 2. 气流速度大于 5m/s 3. 有大量粉尘、水雾滞留 4. 可能产生腐蚀性气体 5. 在正常情况下有烟滞留 6. 产生醇类、醚类、酮类等有机物质	1. 饭店、旅馆、教学楼、办公楼的厅堂、卧室、办公室、商场、列车载客车厢等 2. 计算机房、通信机房、电影或电视放映室等 3. 楼梯、走道、电梯机房、车库等 4. 书库、档案库等
		光电型	利用烟雾粒子对光线产生散射、吸收或遮挡的原理制成	1. 有大量粉尘、水雾滞留 2. 可能产生蒸汽和油雾 3. 高海拔地区 4. 在正常情况下有烟滞留	
	线型	激光型	利用烟雾粒子吸收激光光束的原理制成。激光器在脉冲电源的激发下发出脉冲激光，当火灾发生时，激光束被大量烟雾遮挡而减弱，当光电接收信号减弱到设定的阈值时，探测器发出报警信号	1. 有大量粉尘、水雾滞留 2. 可能产生蒸汽和油雾 3. 在正常情况下有烟滞留 4. 固定探测器的建筑结构由于振动等原因会产生较大位移的场所	无遮挡大空间或有特殊要求的场所
		红外光束型	红外光束型感烟探测器由发射器、光学系统和接收器三部分组成。在正常情况下，测量区域内无烟，发射器发出的红外光束被接收器接收到，系统处于正常监视状态，当火灾发生时，大量烟雾扩散，对红外光束起到吸收和散射作用，使到达接收器的光信号减弱，当接收信号减弱到设定的阈值时，探测器发出报警信号		

9.1.2 感温火灾探测器工作原理及安装场所要求见表 9-1-2。

表 9-1-2 感温火灾探测器工作原理及安装场所要求

名称	型别		工作原理	安装场所：不适宜	安装场所：适宜
感温火灾探测器	点型	定温	在规定时间内，火灾温度参量超过一个固定值时启动报警的探测器。根据材料不同可分为双金属型、金属膜片型、易熔合金型、玻璃球型、水银接点型、热电偶型、半导体型和热敏电阻型等	1. 可能产生阴燃火或发生火灾不及时报警将造成重大损失的场所 2. 温度在 0℃ 以下的场所	1. 相对湿度经常大于 95% 2. 可能发生无烟火灾 3. 有大量粉尘 4. 吸烟室等在正常情况下有烟或蒸汽滞留的场所 5. 厨房、锅炉房、发电机房、烘干车间等不宜安装感烟火灾探测器的场所 6. 需要联动熄灭“安全出口”标志灯的安全出口内侧 7. 其他无人滞留且不适合安装感烟火灾探测器，但发生火灾时需要及时报警的场所 8. 可能产生阴燃火或发生火灾不及时报警将造成重大损失的场所，不宜选择点型感温火灾探测器 9. 温度在 0℃ 以下的场所，不宜选择定温探测器；温度变化较大的场所，不宜选择具有差温特性的探测器
		差温	在规定时间内，环境温度升温速率达到或超过预定值时响应的探测器。根据材料不同可分为金属膜盒型、双金属型、半导体型和热敏电阻型等	1. 可能产生阴燃火或发生火灾不及时报警将造成重大损失的场所 2. 温度变化较大的场所	
		差定温	在一个壳体内兼具差温、定温两种功能的感温火灾探测器。根据材料不同可分为金属膜盒型、双金属型和热敏电阻型等		
	线型	定温	在规定时间内，火灾温度参量超过一个固定值时启动报警的探测器。根据材料不同可分为可熔绝缘物型和半导体型	1. 电缆隧道、电缆竖井、电缆夹层、电缆桥架 2. 不易安装点型探测器的夹层、闷顶 3. 各种带式输送装置 4. 其他环境恶劣不适合点型探测器安装的场所	
		差温	在规定时间内，环境温度升温速率达到或超过预定值时响应的探测器。根据材料不同可分为空气管线型和热电偶线型		
		差定温	在一个壳体内兼具差温、定温两种功能的感温火灾探测器。根据材料不同可分为膜盒型、双金属型、半导体型和热敏电阻型等		
		缆式线型感温火灾探测器	响应某一连续线路周围温度参数的火灾探测器，它是将温度值信号或是温度单位时间内变化量信号转换为电信号，以达到探测火灾并输出报警信号	—	1. 电缆隧道、电缆竖井、电缆夹层、电缆桥架等 2. 不易安装点型探测器的夹层、闷顶 3. 各种带式输送装置 4. 其他环境恶劣不适合点型探测器安装的场所
		线型定温火灾探测器	线型感温火灾探测器一般采用定温式火灾探测原理并制造成电缆状。它的热敏元件是沿着一条线连续分布的，只要在线段上任何一点的温度出现异常，就能探测到并发出报警信号。根据不同的报警温度，感温电缆可以分为 70℃、85℃、105℃、138℃、180℃	—	应保证其不动作温度符合设置场所的最高环境温度的要求

9.1.3 感光火灾探测器和图像型火焰探测器工作原理及安装场所要求见表 9-1-3。

表 9-1-3 感光火灾探测器和图像型火焰探测器工作原理及安装场所要求

名称	型别	工作原理	安装场所	
			适宜	不适宜
感光火灾探测器	紫外火焰型	利用火焰产生的紫外辐射来探测火焰并予以响应	1. 火灾时有强烈的火焰辐射 2. 可能发生液体燃烧等无阴燃阶段的火灾 3. 需要对火焰做出快速反应	1. 在火焰出现前有浓烟扩散 2. 探测器的镜头易被污染 3. 探测器的“视线”易被油雾、烟雾、水雾和冰雪遮挡 4. 探测区域内的可燃物是金属和无机物 5. 探测器易受阳光、白炽灯等光源直接或间接照射 6. 正常情况下有高温物体的场所，不宜选择单波段红外火焰探测器 7. 正常情况下有明火作业，探测器易受 X 射线、弧光和闪电等影响的场所，不宜选择紫外火焰探测器
	红外火焰型	利用火焰产生的红外辐射来探测火焰并予以响应		
图像型火焰探测器	利用早期火灾烟气的红外辐射特性，结合早期火灾火焰可见光辐射特征，利用早期火灾的红外视频信号以及火灾火焰可见波段视频信号，同时结合火焰的色谱特性、相对稳定性、纹理特性、蔓延增长特性等，采用趋势算法等智能算法，将火灾探测与图像监控有机结合，实现高大空间早期火灾探测与监控的目的			

9.1.4 复合火灾探测器工作原理及安装场所要求见表 9-1-4。

表 9-1-4 复合火灾探测器工作原理及安装场所要求

名称	型别	工作原理	安装场所
复合火灾探测器	感温感烟型	复合火灾探测器是可响应两种或两种以上火灾参数的火灾探测器	装有联动装置、自动灭火系统以及用单一探测器不能有效确认火灾的场所
	感温感光型		
	感烟感光型		
	感温感烟感光型		
	红外光束感烟感光型		

9.1.5 吸气式感烟探测器工作原理及安装场所要求见表 9-1-5。

表 9-1-5 吸气式感烟探测器工作原理及安装场所要求

灵敏度类型	灵敏度/(db/m)	抽样管直径/mm	气流速度/(m/s)	工作原理	安装场所
普通灵敏度	0.11(2.5%/m)	25	1~3	吸气泵通过 PVC 管或钢管所组成的采样管网，从被保护区内连续采集空气样品送入探测器。空气样品经过滤器组件滤去灰尘颗粒后进入激光腔，在激光腔内利用激光照射空气样品，其中烟雾粒子所造成的散射光被两个接收器接收，接收器将光信号转换成电信号后送至探测器的控制电路，信号经处理后转换为烟雾浓度值，该数值以数字和可视发光条的方式显示在显示模块上，指示被保护区中烟雾的浓度，并根据烟雾浓度以及预设的报警阈值产生一个合适的输出信号	1. 具有高速气流的场所 2. 点型感烟、感温火灾探测器不适宜的大空间、舞台上方、建筑高度超过 12m 或有特殊要求的场所 3. 低温场所 4. 需要进行隐蔽探测的场所 5. 需要进行火灾早期探测的重要场所 6. 人员不宜进入的场所 7. 灰尘比较大的场所，不应选择没有过滤网和管路自清洗功能的管路采样式吸气感烟火灾探测器
高灵敏度	0.0043~0.022[(0.1%~0.5%)m]	19~25	3~5		

9.1.6 可燃气体探测器工作原理及安装场所要求见表 9-1-6。

表 9-1-6 可燃气体探测器工作原理及安装场所要求

名称	型别	工作原理	安装场所	常见的可燃气体
可燃气体探测器	热催化型	利用可燃气体在有足够氧气和一定高温条件下,发生在铂丝催化元件表面的无焰燃烧,放出热量并引起铂丝元件电阻的变化	1. 使用可燃气体的场所 2. 燃气站和燃气表房以及存储液化石油气罐的场所 3. 其他散发可燃气体和可燃蒸气的场所	氢气(H_2)、甲烷(CH_4)、乙烷(C_2H_6)、丙烷(C_3H_8)、丁烷(C_4H_{10})、乙烯(C_2H_4)、丙烯(C_3H_6)、丁烯(C_4H_8)、乙炔(C_2H_2)、丙炔(C_3H_4)、丁炔(C_4H_6)、磷化氢(PH_3)等
	热导型	利用被测气体与纯净空气导热性的差异和在金属氧化物表面燃烧的特性,将被测气体浓度转换成热丝温度或电阻的变化		
	气敏型	利用灵敏度较高的气敏半导体元件吸附可燃气体后电阻的变化		

9.1.7 电气火灾探测器工作原理及安装场所要求见表 9-1-7。

表 9-1-7 电气火灾探测器工作原理及安装场所要求

名称	工作原理	安装场所
剩余电流式电气火灾探测器	探测被保护线路中剩余电流变化的探测器,当线路发生接地故障时,故障电流导致剩余电流的形成	电气火灾危险性的场所
测温式电气火灾探测器	探测被保护线路中温度变化的探测器,通过检测其阻值变化实现温度测量,且当达到报警设定值时进行报警	
故障电弧电气火灾探测器	探测被保护线路中故障电弧的探测器,电气线路或者设备中绝缘层老化破损、电压电流过高、空气潮湿等原因都可能引起空气击穿所导致的气体游离放电现象,形成故障电弧	

9.1.8 各种火灾探测器反应时间见图 9-1-1。

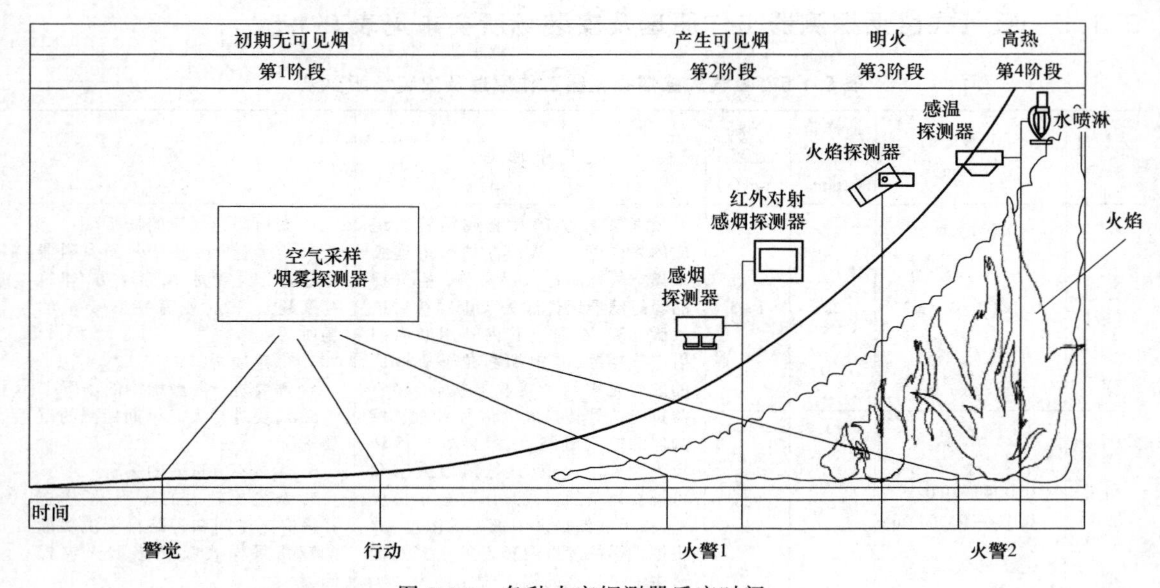

图 9-1-1 各种火灾探测器反应时间

9.1.9 火灾探测报警系统火灾报警逻辑和时序见图 9-1-2。

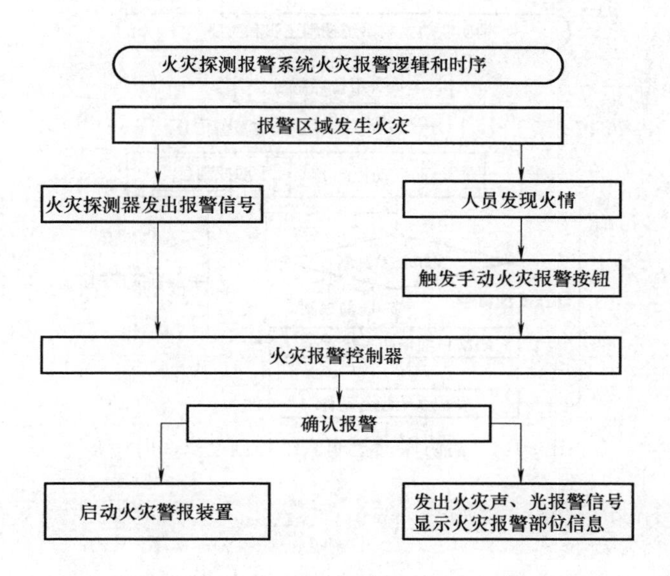

图 9-1-2 火灾探测报警系统火灾报警逻辑和时序

9.1.10 消防联动控制系统的组成如图 9-1-3 所示。

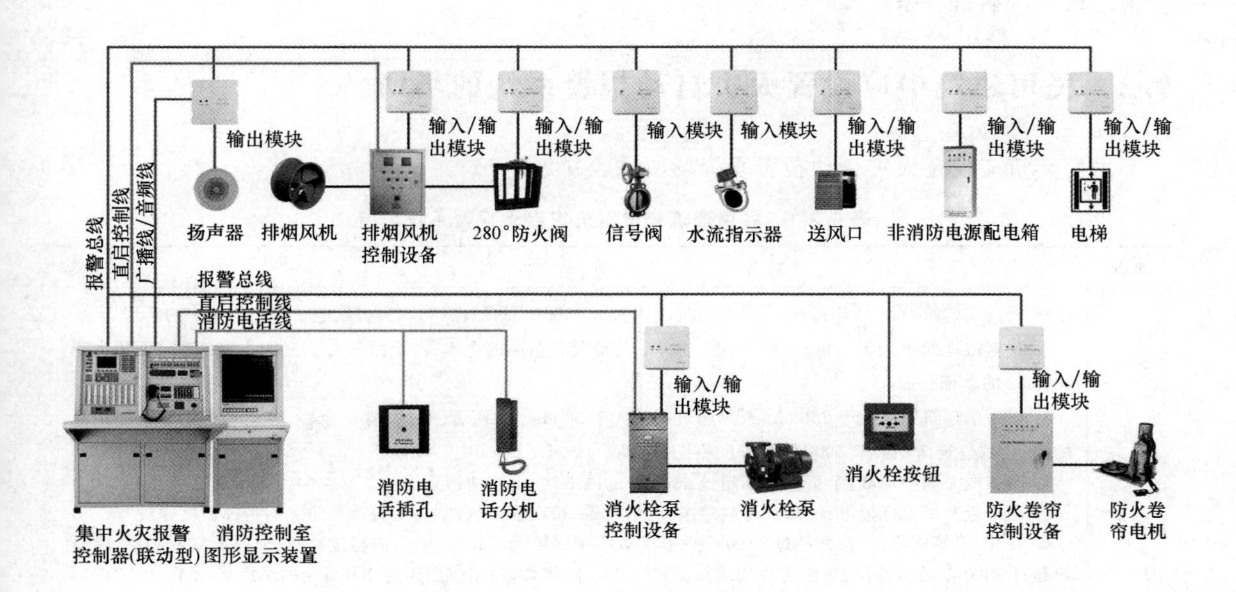

图 9-1-3 消防联动控制系统的组成

9.1.11 消防联动控制系统控制逻辑和时序如图 9-1-4 所示。

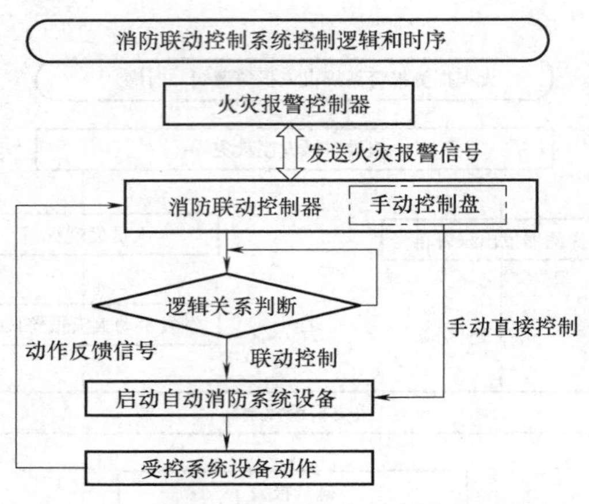

图 9-1-4 消防联动控制系统控制逻辑和时序

评 注

火灾探测器是能对火灾参数（如烟、温度、火焰辐射、气体浓度等）响应，并自动产生火灾报警信号的器件，火灾发生时，将火灾产生的烟雾、热量和光辐射等火灾特征参数转变为电信号，经数据处理后，将火灾特征参数信息传输至火灾报警控制器。火灾发生时，报警信息传输至消防联动控制器。对于需要联动控制的自动消防设施，消防联动控制器对接收到的报警信息按照预设的逻辑关系进行识别判断，实施控制，消防设施动作的反馈信号传输至消防联动控制器显示。

9.2 民用建筑中应设置火灾自动报警系统的场所

民用建筑应设置火灾自动报警系统场所见表 9-2-1。

表 9-2-1 民用建筑应设置火灾自动报警系统场所

系统	场 所
火灾自动报警系统	1. 任一层建筑面积大于 1500m^2 或总建筑面积大于 3000m^2 的制鞋、制衣、玩具、电子等类似用途的厂房 2. 每座占地面积大于 1000m^2 的棉、毛、丝、麻、化纤及其制品的仓库，占地面积大于 500m^2 或总建筑面积大于 1000m^2 的卷烟仓库 3. 任一层建筑面积大于 1500m^2 或总建筑面积大于 3000m^2 的商店、展览、财贸金融、客运和货运等类似用途的建筑，总建筑面积大于 500m^2 的地下或半地下商店 4. 图书或文物的珍藏库，每座藏书超过 50 万册的图书馆，重要的档案馆 5. 地市级及以上广播电视建筑、邮政建筑、电信建筑，城市或区域性电力、交通和防灾等指挥调度建筑 6. 特等、甲等剧场，座位数超过 1500 个的其他等级的剧场或电影院，座位数超过 2000 个的会堂或礼堂，座位数超过 3000 个的体育馆，单层主体建筑高度超过 24m 的体育馆；座位数超过 20000 个的体育场 7. 大、中型幼儿园的儿童用房等场所，老年人建筑（当老年人照料设施单体的总建筑面积小于 500m^2 时，也可以采用独立式感烟火灾探测报警器），任一层建筑面积大于 1500m^2 或总建筑面积大于 3000m^2 的疗养院的病房楼、旅馆建筑和其他儿童活动场所，不少于 200 床位的医院门诊楼、病房楼和手术部等

（续）

系统	场 所
火灾自动报警系统	8. 歌舞娱乐放映游艺场所 9. 净高大于2.6m且可燃物较多的技术夹层，净高大于0.8m且有可燃物的闷顶或吊顶内 10. 电子信息系统的主机房及其控制室、记录介质库，特殊贵重或火灾危险性大的机器、仪表、仪器设备室、贵重物品库房 11. 二类高层公共建筑内建筑面积大于$50m^2$的可燃物品库房和建筑面积大于$500m^2$的营业厅 12. 其他一类高层公共建筑 13. 设置机械排烟、防烟系统、雨淋或预作用自动喷水灭火系统、固定消防水炮灭火系统、气体灭火系统等需与火灾自动报警系统联锁动作的场所或部位 14. 建筑内可能散发可燃气体、可燃蒸气的场所应设置可燃气体报警装置。可燃气体探测报警系统设置在有防爆要求的场所时，尚应符合有关防爆要求 15. 建筑高度大于100m的住宅建筑，应设置火灾自动报警系统 16. 建筑高度大于54m、但不大于100m的住宅建筑，其公共部位应设置火灾自动报警系统 17. 建筑高度不大于54m的高层住宅建筑，当设置需联动控制的消防设施时，公共部位应设置火灾自动报警系统 18. 当小区内有高层住宅和多层住宅时，多层住宅部分可不设置火灾自动报警系统 19. 民航机场的综合交通换乘中心 20. 室内无车道且无人员停留的机械式汽车库内应设置火灾自动报警系统
电气火灾监控系统	1. 对于大型和中型商店建筑的营业厅，除消防设备及应急照明外，配电干线回路应设置防火剩余电流动作报警系统 2. 老年人照料设施的非消防用电负荷应设置电气火灾监控系统 3. 民用机场航站楼，一级、二级汽车客运站，一级、二级港口客运站 4. 建筑总面积大于$3000m^2$的旅馆建筑、商场和超市 5. 座位数超过1500个的电影院、剧场，座位数超过3000个的体育馆，座位数超过2000个的会堂，座位数超过20000个的体育场。藏书超过50万册的图书馆；省级及以上博物馆、美术馆、文化馆、科技馆等公共建筑 6. 三级乙等及以上医院的病房楼、门诊楼；幼儿园，中、小学的寄宿宿舍，老年人照料设施 7. 省市级及以上电力调度楼、电信楼、邮政楼、防灾指挥调度楼、广播电视楼、档案楼 8. 城市轨道交通、一类交通隧道工程 9. 设置在地下、半地下或地上四层级以上的歌舞娱乐放映游艺场所，设置在首层、二层和三层且任一层建筑面积大于$300m^2$的歌舞娱乐放映游艺场所 10. 高度大于12m的空间场所电气线路应设置电气火灾监控探测器，照明线路上应设置具有探测故障电弧功能的电气火灾监控探测器
可燃气体探测报警系统	建筑内可能散发可燃气体、可燃蒸气的场所应设置可燃气体报警装置。需要设置可燃气体探测器的场所，宜采用固定式探测器；需要临时检测可燃气体、有毒气体的场所，宜配备移动式气体探测器

注：当老年人照料设施单体的总建筑面积小于$500m^2$时，也可以采用独立式感烟火灾探测报警器。

评 注

火灾自动报警系统能起到早期发现和通报、及时通知人员进行疏散和灭火的作用，设置在同一时间停留人数较多、发生火灾容易造成人员伤亡需及时疏散的场所或建筑，可燃物较多、火灾蔓延迅速、扑救困难的场所或建筑以及不易及时发现火灾且性质重要的场所和建筑，与自动灭火系统、消防应急照明和疏散指示系统、防烟排烟系统以及防火分隔系统等其他消防分类设备一起构成完整的建筑防火系统。

9.3 火灾自动报警系统系统形式及要求

9.3.1 火灾自动报警系统形式。

仅需要报警，不需要联动自动消防设备的保护对象宜采用区域报警系统，如图 9-3-1 所示。不仅需要报警，同时需要联动自动消防设备火灾报警控制器和消防联动控制器的保护对象应采用集中报警系统并且设一个消防控制室，如图 9-3-2 所示。设置两个及以上消防控制室的保护对象，或已设置两个及以上集中报警系统的保护对象，应采用控制中心报警系统，如图 9-3-3 所示。

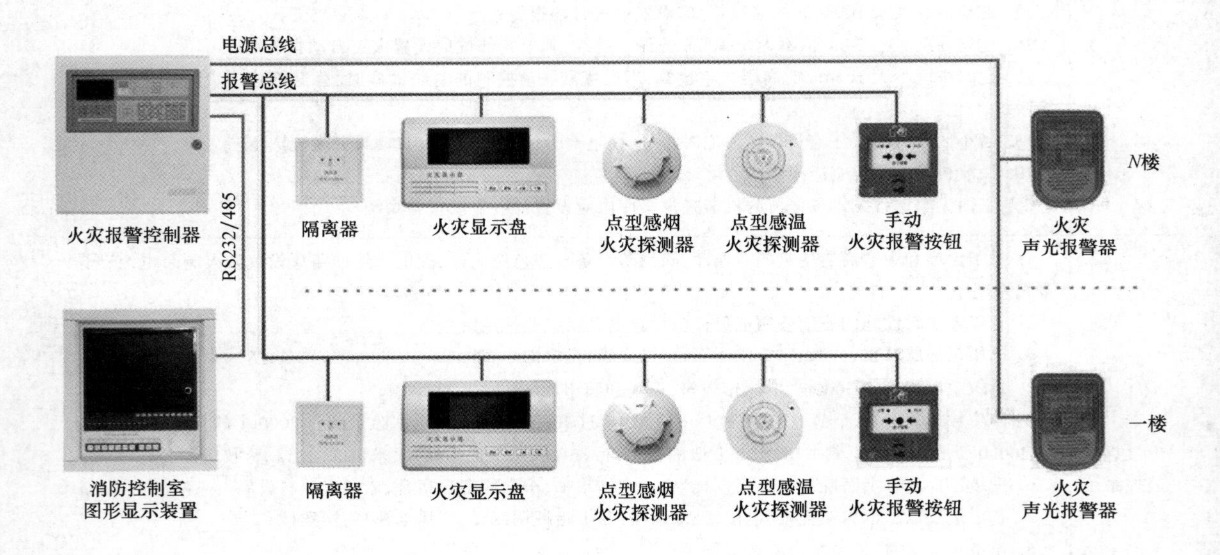

图 9-3-1 区域报警系统组成示意图

9.3.2 火灾自动报警系统要求。

1. 任一台火灾报警控制器所连接的火灾探测器、手动火灾报警按钮和模块等设备总数和地址总数均不应超过 3200，每一总线回路连接设备的总数不宜超过 200，且应留有不少于额定容量 10%的余量；任一台消防联动控制器地址总数或火灾报警控制器（联动型）所控制的各类模块总数不应超过 1600，每一联动总线回路连接设备的总数不宜超过 100，且应留有不少于额定容量 10%的余量。

2. 高度超过 100m 的建筑火灾报警控制器，除设置在消防控制室内，区域控制功能的火灾报警控制器的监控范围不能跨越避难层。

3. 每只总线短路隔离器保护设备总数不应超过 32，总线穿越防火分区时，应在穿越处设置总线短路隔离器。

4. 本报警区域内的模块不应控制其他报警区域的设备。模块严禁设置在配电（控制）柜（箱）内。

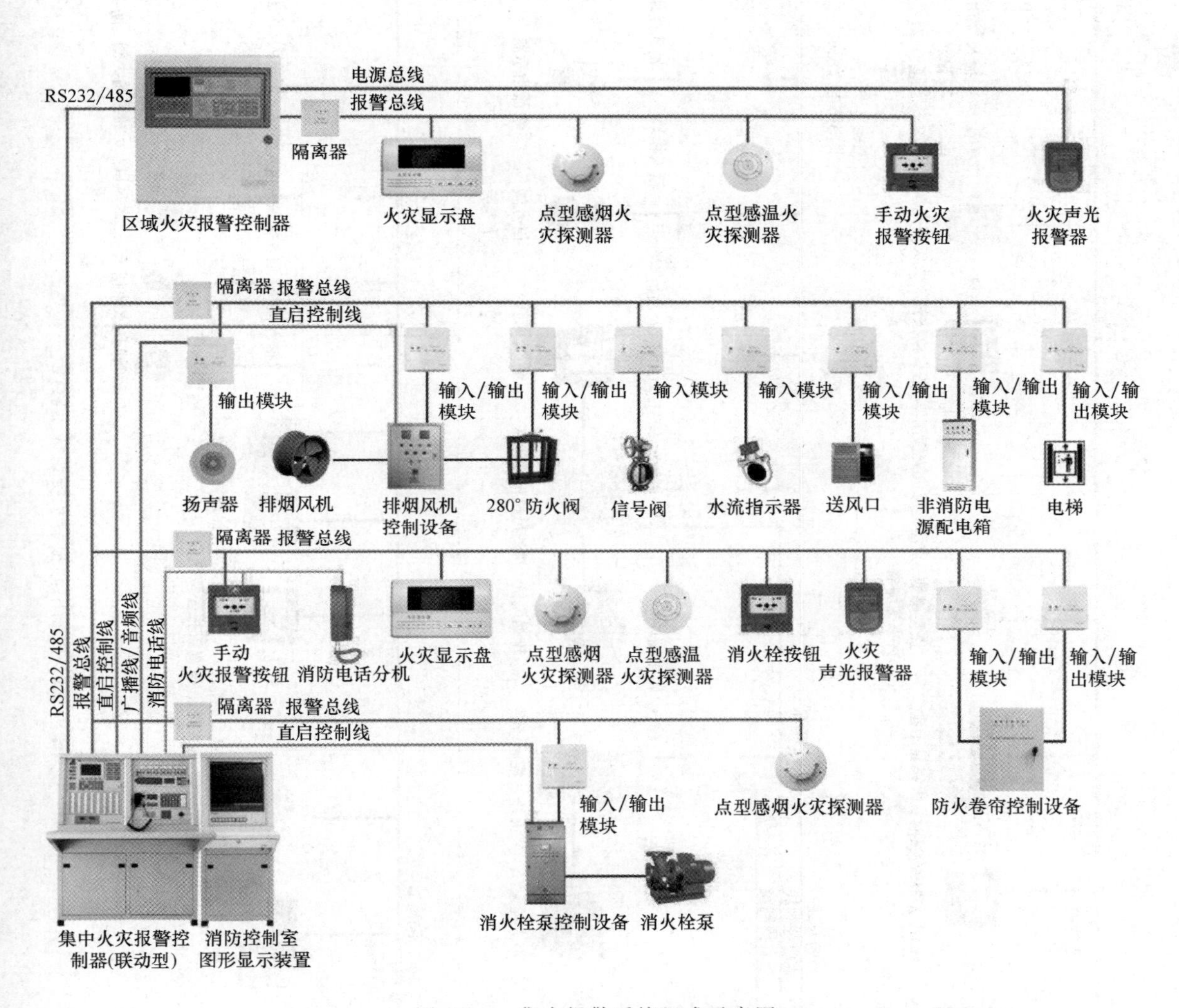

图 9-3-2 集中报警系统组成示意图

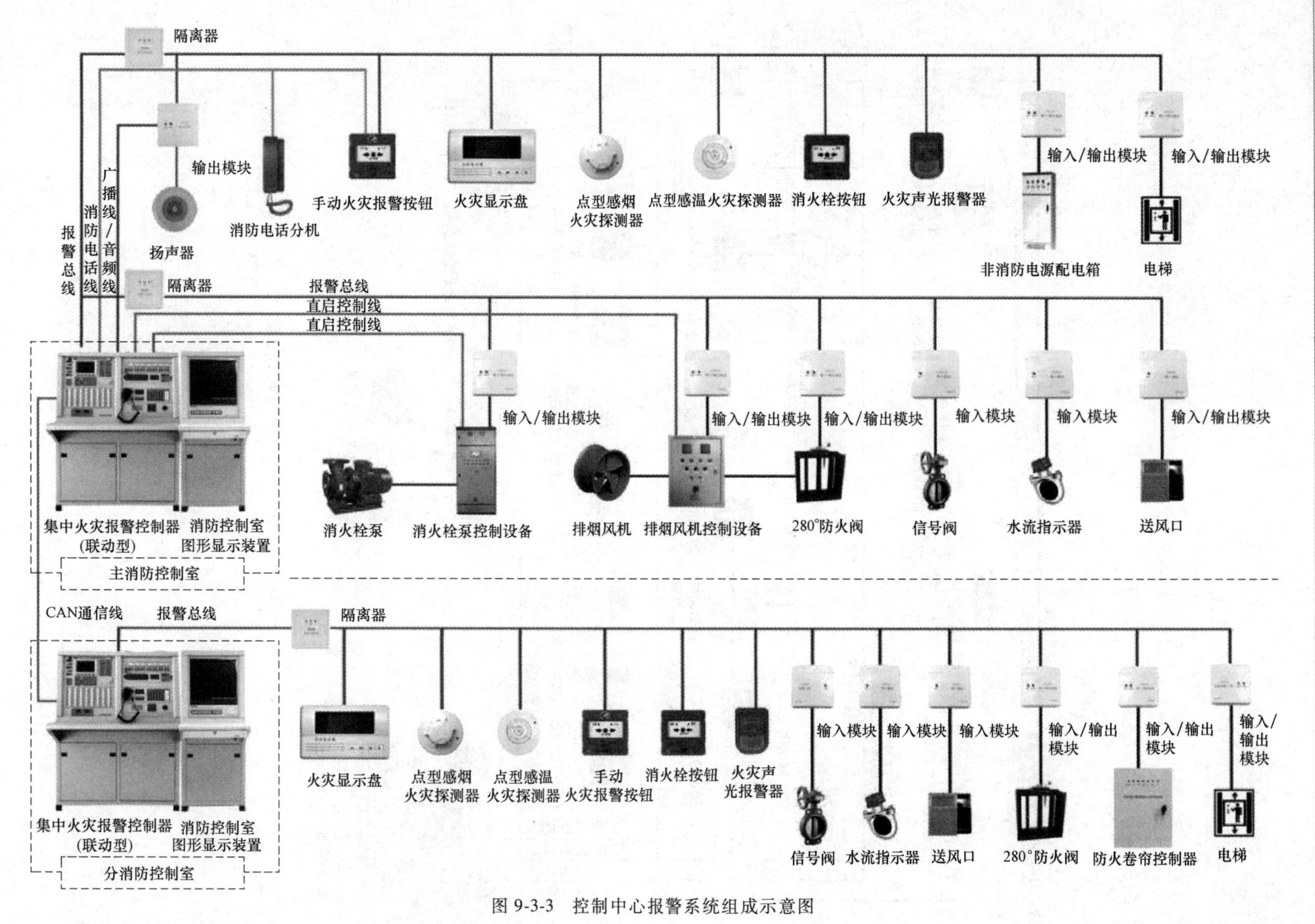

图 9-3-3 控制中心报警系统组成示意图

评　　注

工程应用中，综合考虑火灾自动报警系统设置场所的使用性质、建筑规模、管理模式及消防安全目标等因素，将火灾自动报警系统按照系统功能和系统架构划分为区域报警系统、集中报警系统和控制中心报警系统三种系统形式。

9.4 火灾探测器的选择与安装

9.4.1 火灾探测器的选择原则：

1. 对火灾初期有阴燃阶段，产生大量的烟和少量的热，很少或没有火焰辐射的场所，应选择感烟火灾探测器。

2. 对火灾发展迅速，可产生大量热、烟和火焰辐射的场所，可选择感温火灾探测器、感烟火灾探测器、火焰探测器或其组合。

3. 对火灾发展迅速，有强烈的火焰辐射和少量烟、热的场所，应选择火焰探测器。

4. 对火灾初期有阴燃阶段，且需要早期探测的场所，宜增设一氧化碳火灾探测器。

5. 对使用、生产可燃气体或可燃蒸气的场所，应选择可燃气体探测器。

6. 应根据保护场所可能发生火灾的部位和燃烧材料的分析，以及火灾探测器的类型、灵敏度和响应时间等选择相应的火灾探测器，对火灾形成特征不可预料的场所，可根据模拟试验的结果选择火灾探测器。

7. 一探测区域内设置多个火灾探测器时，可选择具有复合判断火灾功能的火灾探测器和火灾报警控制器。

9.4.2 火灾探测器的具体设置部位：

1. 财贸金融楼的办公室、营业厅、票证库。

2. 电信楼、邮政楼的机房和办公室。

3. 商业楼、商住楼的营业厅、展览楼的展览厅和办公室。

4. 旅馆的客房和公共活动用房。

5. 电力调度楼、防灾指挥调度楼等的微波机房、计算机房、控制机房、动力机房和办公室。

6. 广播电视楼的演播室、播音室、录音室、办公室、节目播出技术用房、道具布景房。

7. 书馆的书库、阅览室、办公室。

8. 档案楼的档案库、阅览室、办公室。

9. 办公楼的办公室、会议室、档案室。

10. 医院病房楼的病房、办公室、医疗设备室、病历档案室、药品库。

11. 科研楼的办公室、资料室、贵重设备室、可燃物较多和火灾危险性较大的实验室。

12. 教学楼的电化教室、理化演示和实验室、贵重设备和仪器室。

13. 公寓（宿舍、住宅）的卧房、书房、起居室（前厅）、厨房。

14. 甲、乙类生产厂房及其控制室。

15. 甲、乙、丙类物品库房。

16. 设在地下室的丙、丁类生产车间和物品库房。

17. 堆场、堆垛、油罐等。

18. 地下铁道的地铁站厅、行人通道和设备间，列车车厢。

19. 体育馆、影剧院、会堂、礼堂的舞台、化妆室、道具室、放映室、观众厅、休息厅及其附设的一切娱乐场所。

20. 陈列室、展览室、营业厅、商业餐厅、观众厅等公共活动用房。

21. 消防电梯、防烟楼梯的前室及合用前室、走道、门厅、楼梯间。

22. 可燃物品库房、空调机房、配电室（间）、变压器室、自备发电机房、电梯机房。

23. 净高超过2.6m且可燃物较多的技术夹层。

24. 敷设具有可延燃绝缘层和外护层电缆的电缆竖井、电缆夹层、电缆隧道、电缆配线桥架。

25. 贵重设备间和火灾危险性较大的房间。

26. 电子计算机的主机房、控制室、纸库、光或磁记录材料库。

27. 经常有人停留或可燃物较多的地下室。

28. 歌舞娱乐场所中经常有人滞留的房间和可燃物较多的房间。

29. 高层汽车库、Ⅰ类汽车库、Ⅰ类地下汽车库、Ⅱ类地下汽车库、机械立体汽车库、复式汽车库、采用升降梯作汽车疏散出口的汽车库（敞开车库可不设）。

30. 污衣道前室、垃圾道前室、净高超过0.8m的具有可燃物的闷顶、商业用或公共厨房。

31. 以可燃气为燃料的商业和企、事业单位的公共厨房及燃气表房。

32. 其他经常有人停留的场所、可燃物较多的场所或燃烧后产生重大污染的场所。

33. 需要设置火灾探测器的其他场所。

9.4.3 感烟、感温探测器的保护面积和保护半径见表9-4-1。

表9-4-1 感烟、感温探测器的保护面积和保护半径

火灾探测器种类	地面面积 S/m^2	房间高度 h/m	一只探测器的保护面积 A 和保护半径 R					
			屋顶坡度 θ					
			$\theta\leqslant15°$		$15°<\theta\leqslant30°$		$\theta>30°$	
			A/m^2	R/m	A/m^2	R/m	A/m^2	R/m
感烟探测器	$S\leqslant80$	$h\leqslant12$	80	6.7	80	7.2	80	8.0
	$S>80$	$6<h\leqslant12$	80	6.7	100	8.0	120	9.9
		$h\leqslant6$	60	5.8	80	7.2	100	9.0
感温探测器	$S\leqslant30$	$h\leqslant8$	30	4.4	30	4.9	30	5.5
	$S>30$	$h\leqslant8$	20	3.6	30	4.9	40	6.3

9.4.4 对不同高度的房间点型火灾探测器的选择见表9-4-2。

表9-4-2 对不同高度的房间点型火灾探测器的选择

房间高度 h/m	感烟探测器	感温探测器			火焰探测器
		一级	二级	三级	
$12<h\leqslant20$	不适合	不适合	不适合	不适合	适合
$8<h\leqslant12$	适合	不适合	不适合	不适合	适合

（续）

房间高度 h/m	感烟探测器	感温探测器			火焰探测器
		一级	二级	三级	
6<h≤8	适合	适合	不适合	不适合	适合
4<h≤6	适合	适合	适合	不适合	适合
h≤4	适合	适合	适合	适合	适合

9.4.5 点型感温火灾探测器分类见表 9-4-3。

表 9-4-3 点型感温火灾探测器分类

探测器类别	典型应用温度/℃	最高应用温度/℃	动作温度下限值/℃	动作温度上限值/℃
A1	25	50	54	65
A2	25	50	54	70
B	40	65	69	85
C	55	80	84	100
D	70	95	99	115
E	85	110	114	130
F	100	125	129	145
G	115	140	144	160

9.4.6 探测器安装间距的极限曲线见图 9-4-1。

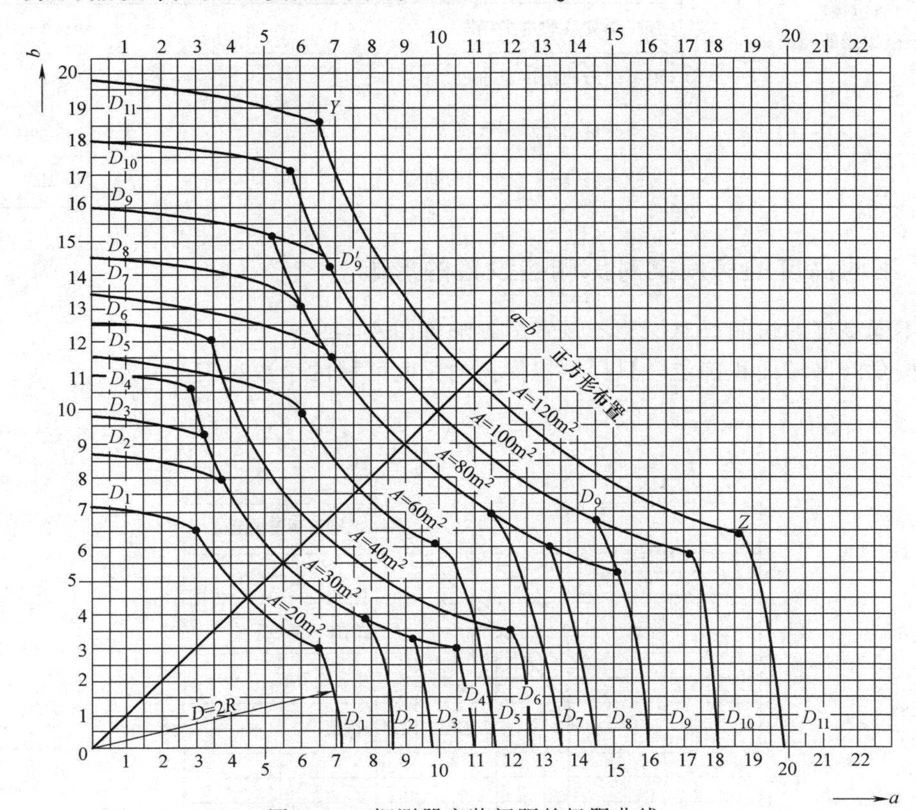

图 9-4-1 探测器安装间距的极限曲线

注：A—探测器的保护面积（m^2）；

a、b—探测器的安装间距（m）；

$D_1 \sim D_{11}$（含 D9′）—在不同保护面积 A 和保护半径 R 下确定探测器安装间距 a、b 的极限曲线；

Y、Z—极限曲线的端点（在 Y 和 Z 两点间的曲线范围内，保护面积和得到充分利用）。

9.4.7 感烟、感温探测器安装间距要求见表 9-4-4。

表 9-4-4 感烟、感温探测器安装间距要求

安装场所			安装要求
宽度小于 3m 的内走道探测器安装间距	感烟探测器		≤10m
	感温探测器		≤15m
主要部位采用耐火结构材料的防火对象物	定温探测器	Ⅰ型	≤13m
		Ⅱ型	≤10m
其他结构的防火对象物	定温探测器	Ⅰ型	≤8m
		Ⅱ型	≤6m
探测器边缘与不同设施边缘的间距	至墙壁、梁边的水平距离		≥0.5m
	至空调送风口边的水平距离		≥1.5m
	至多孔送风顶棚孔口的水平距离		≥0.5m
	与照明灯具的水平净距		≥0.2m
	距不突出的扬声器净距		≥0.1m
	与各种自动喷水灭火喷头净距		≥0.3m
	与防火门、防火卷帘门的间距		1~2m

9.4.8 不同高度的房间梁对探测器设置的影响。

1）不同高度的房间梁对探测器设置的影响见图 9-4-2。

2）按梁间区域面积确定一只探测器保护的梁间区域的个数见表 9-4-5。

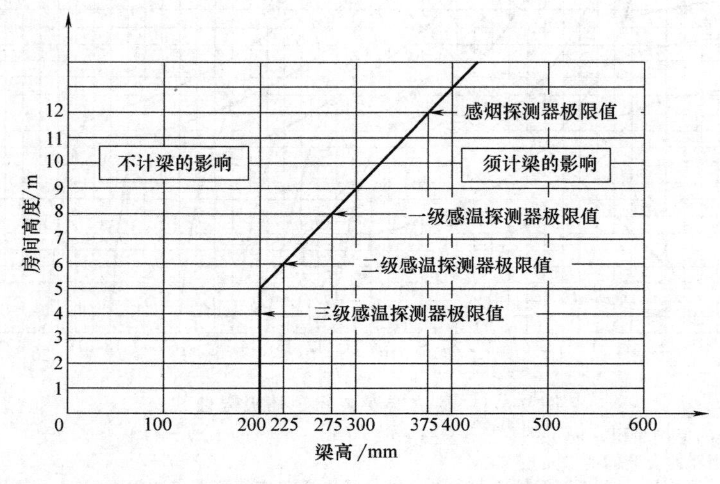

图 9-4-2 不同高度的房间梁对探测器设置的影响

表 9-4-5　按梁间区域面积确定一只探测器保护的梁间区域的个数

探测器的保护面积 A/m^2		梁隔断的梁间区域面积 Q/m^2	一只探测器保护的梁间区域的个数
感温探测器	20	$Q>12$	1
		$8<Q\leq 12$	2
		$6<Q\leq 8$	3
		$4<Q\leq 6$	4
		$Q\leq 4$	5
	30	$Q>18$	1
		$12<Q\leq 18$	2
		$9<Q\leq 12$	3
		$6<Q\leq 9$	4
		$Q\leq 6$	5
感烟探测器	60	$Q>36$	1
		$24<Q\leq 36$	2
		$18<Q\leq 24$	3
		$12<Q\leq 18$	4
		$Q\leq 12$	5
	80	$Q>48$	1
		$32<Q\leq 48$	2
		$24<Q\leq 32$	3
		$16<Q\leq 24$	4
		$Q\leq 16$	5

9.4.9　点型感烟火灾探测器下表面至顶棚或屋顶的距离见表 9-4-6。

表 9-4-6　点型感烟火灾探测器下表面至顶棚或屋顶的距离

探测器的安装高度 h/m	感烟探测器下表面距顶棚或屋顶的距离 d/mm					
	顶棚或屋顶坡度 θ					
	$\theta\leq 15°$		$15°<\theta\leq 30°$		$\theta>30°$	
	最小	最大	最小	最大	最小	最大
$h\leq 6$	30	200	200	300	300	500
$6<h\leq 8$	70	250	250	400	400	600
$8<h\leq 10$	100	300	300	500	500	700
$10<h\leq 12$	150	350	350	600	600	800

感烟探测器在不同形状顶棚或屋顶下，其下表面至顶棚或屋顶的距离见图 9-4-3。

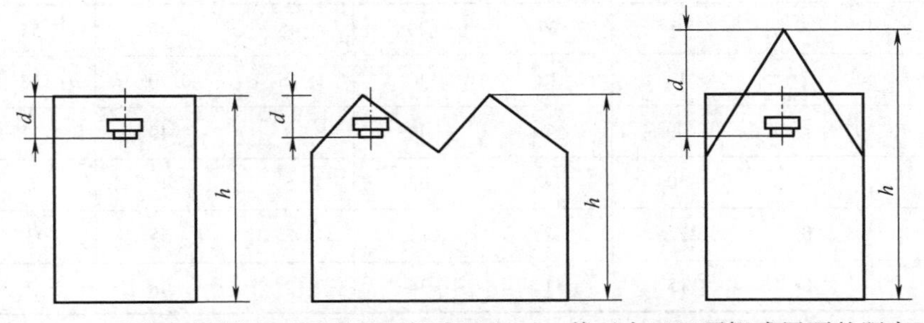

图 9-4-3　感烟探测器在不同形状顶棚或屋顶下，其下表面至顶棚或屋顶的距离 d

探测器的安装角度见图 9-4-4。

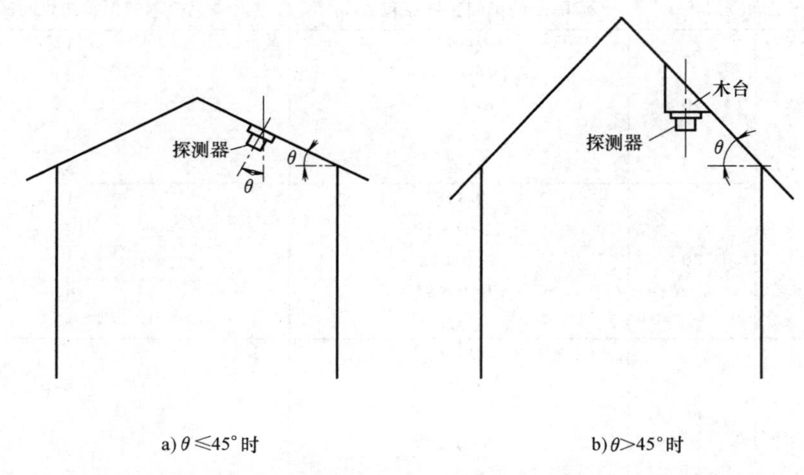

图 9-4-4　探测器的安装角度（θ——屋顶的法线与垂直方向的交角）

9.4.10　感烟火灾探测器在格栅吊顶场所的设置。

1. 镂空面积与总面积的比例不大于 15%时，探测器应设置在吊顶下方。

2. 镂空面积与总面积的比例大于 30%时，探测器应设置在吊顶上方。

3. 镂空面积与总面积的比例为 15%～30%时，探测器的设置部位应根据实际试验结果确定。

4. 探测器设置在吊顶上方且火警确认灯无法观察时，应在吊顶下方设置火警确认灯。

5. 地铁站台等有活塞风影响的场所，镂空面积与总面积的比例为 30%～70%时，探测器宜同时设置在吊顶上方和下方。

9.4.11　点型定温探测器升温速率与响应时间的关系见表 9-4-7。

表 9-4-7　点型定温探测器升温速率与响应时间的关系

升温速率/(℃/min)	响应时间上限		响应时间下限					
	各级灵敏度		Ⅰ级灵敏度		Ⅱ级灵敏度		Ⅲ级灵敏度	
	min	s	min	s	min	s	min	s
1	29	0	37	20	45	40	54	0
3	7	13	12	40	15	40	18	40
5	4	09	7	44	9	40	11	36
10	0	30	4	02	5	40	6	18
20	0	22.5	2	11	2	55	3	37
30	0	15	1	34	2	08	2	42

9.4.12 点型定温探测器升温速率与动作温度的关系见表 9-4-8。

表 9-4-8 点型定温探测器升温速率与动作温度的关系

升温速率/(℃/min)	探测器动作温度上限/℃	探测器动作温度下限/℃		
	各级灵敏度	Ⅰ级灵敏度	Ⅱ级灵敏度	Ⅲ级灵敏度
≤1	≥54	≤62	≤70	≤78

9.4.13 感烟探测器基本特性对比见表 9-4-9。

表 9-4-9 感烟探测器基本特性对比

序号	基本性能	离子感烟探测器	光电感烟探测器
1	对燃烧产物颗粒大小的要求	无要求,均适合	对小颗粒不敏感
2	对燃烧产物颜色的要求	无要求,均适合	不适于黑烟、浓烟,适合于白烟、浅烟
3	对燃烧方式的要求	适合于明火、热火,对阴燃火响应性能差	适合于阴燃火,对明火反应性差
4	大气环境(温度、湿度、风速)的变化	适应性差	适应性好
5	探测器安装高度的影响	适应性好	适应性差
6	可燃物的选择	适应性好	适应性差

9.4.14 消防专用电话、火灾应急广播的设置见表 9-4-10。

表 9-4-10 消防专用电话、火灾应急广播的设置

<table>
<tr><th>名称</th><th colspan="2">具体设置规定</th></tr>
<tr><td rowspan="6">消防专用电话</td><td colspan="2">消防专用电话网络应为独立的消防通信系统</td></tr>
<tr><td colspan="2">消防控制室应设置消防专用电话总机。多线制消防专用电话系统中的每个电话分机应与总机单独连接</td></tr>
<tr><td rowspan="4">电话分机或电话插孔的设置</td><td>1. 消防水泵房、发电机房、配变电室、计算机网络机房、主要通风和空调机房、防排烟机房、灭火控制系统操作装置处或控制室;企业消防站、消防值班室、总调度室、消防电梯机房及其他与消防联动控制有关的且经常有人值班的机房
消防专用电话分机应固定安装在明显且便于使用的部位,并应有区别于普通电话的标识</td></tr>
<tr><td>2. 设有手动火灾报警按钮、消火栓按钮等处宜设置电话插孔。电话塞孔在墙上安装时,其底边距地面高度宜为 1.3~1.5m</td></tr>
<tr><td>3. 各避难层应每隔 20m 设置一个消防专用电话分机或电话插孔</td></tr>
<tr><td>4. 消防控制室、消防值班室或企业消防站等处、应设置可直接报警的外线电话</td></tr>
<tr><td rowspan="6">火灾应急广播</td><td colspan="2">集中报警系统和控制中心报警系统应设置消防应急广播</td></tr>
<tr><td rowspan="4">火灾应急广播扬声器的设置</td><td>1. 民用建筑物内扬声器应设置在走道和大厅等公共场所,每个扬声器的额定功率不应小于 3W,其数量应能保证从一个防火分区内的任何部位到最近一个扬声器的距离不大于 25m。走道内最后一个扬声器至走道末端的距离不应大于 12.5m</td></tr>
<tr><td>2. 在噪声大于 60dB 的场所设置的扬声器,在其播放范围内最远点的播放声压级应高于背景噪声 15dB</td></tr>
<tr><td>3. 客房设置专用扬声器时,其功率不宜小于 1.0W</td></tr>
<tr><td>4. 壁挂扬声器的底边距地面高度应大于 2.2m</td></tr>
<tr><td>火灾应急广播与公共广播合用时</td><td>消防应急广播与普通广播或背景音乐广播合用时,应具有强制切入消防应急广播的功能</td></tr>
</table>

9.4.15 手动火灾报警按钮的安装要求。

1. 每个防火分区应至少设置一个手动火灾报警按钮。从一个防火分区的任何位置到最邻近的一个手动火灾报警按钮的距离不应大于30m。

2. 手动火灾报警按钮宜设置在公共活动场所的出入口处，如疏散通道、消防电梯前室等。列车上设置的手动火灾报警按钮，应设置在每节车厢的出入口和中间部位。

3. 手动火灾报警按钮应设置在明显的和便于操作的部位。

4. 手动火灾报警按钮安装在墙上时，其底边距地高度宜为1.3~1.5m，且应有明显的标志。

9.4.16 感烟、感温探测器安装间距的要求见表9-4-11。

表9-4-11 感烟、感温探测器安装间距的要求

安装场所		安装要求
宽度小于3m的内走道探测器安装间距	感烟探测器	≤15m
	感温探测器	≤10m
探测器边缘与不同设施边缘的间距	至墙壁、梁边的水平距离	≥0.5m
	至空调送风口边的水平距离	≥1.5m
	至多孔送风顶棚孔口的水平距离	≥0.5m
	与照明灯具的水平净距	≥0.2m
	距不突出的扬声器净距	≥0.1m
	与各种自动喷水灭火喷头净距	≥0.3m
	与防火门、防火卷帘门的间距	1~2m

9.4.17 线型火灾探测器安装要求见表9-4-12。

表9-4-12 线型火灾探测器安装要求

名称	安装要求
红外光束感烟探测器	1. 红外光束感烟探测器的光束轴线至顶棚的垂直距离宜为0.3~1.0m,距地高度不宜超过20m 2. 相邻两组红外光束感烟探测器的水平距离不应大于14m 3. 探测器至墙水平距离不应大于7m,且不应小于0.5m 4. 探测器的发射器和接收器之间的距离不宜超过100m
线型感温火灾探测器	1. 在保护电缆、堆垛等类似保护对象时,应采用接触式布置 2. 在各种带式输送装置上设置时,宜设置在装置的过热点附近
管路采样式吸气感烟火灾探测器	1. 非高灵敏型探测器的采样管网安装高度不超过16m 2. 高灵敏型探测器的采样管网安装高度可超过16m;采样管网安装高度超过16m时,灵敏度可调的探测器应设置为高灵敏度,且应减小采样管长度和采样孔数量

9.4.18 火灾自动报警系统线路敷设方式及要求见表 9-4-13。

表 9-4-13 火灾自动报警系统线路敷设方式及要求

<table>
<tr><th>类别</th><th>敷设方式</th><th>技术要求</th></tr>
<tr><td>传输线路</td><td>采用金属管、可挠(金属)电气导管、B1 级以上的钢性塑料管或封闭式线槽保护</td><td rowspan="3">1. 火灾自动报警系统的传输线路和 50V 以下供电的控制线路,应采用电压等级不低于交流 300/500V 的铜芯绝缘导线或铜芯电缆,采用交流 220/380V 的供电和控制线路,应采用电压等级不低于交流 450/750V 的铜芯绝缘导线或铜芯电缆
2. 线芯截面的选择,除应满足自动报警装置技术条件的要求外,还应满足机械强度的要求
3. 火灾自动报警系统的供电线路、消防联动控制线路应采用耐火铜芯电线电缆,报警总线、消防应急广播和消防专用电话等传输线路应采用阻燃或阻燃耐火电线电缆
4. 火灾自动报警系统用的电缆竖井,宜与电力、照明用的低压配电线路电缆竖井分别设置;当必须合用时,两种电缆应分别布置在竖井的两侧
5. 不同电压等级的线缆不应穿入同一根保护管内,当合用同一线槽时,线槽内应有隔板分隔
6. 采用穿管水平敷设时,除报警总线外,不同防火分区的线路不应穿入同一根管内
7. 从接线盒、线槽等处引到探测器底座盒、控制设备盒、扬声器箱的线路均应加金属保护管保护
8. 火灾探测器的传输线路,宜选择不同颜色的绝缘导线或电缆。正极"+"线应为红色,负极"-"线应为蓝色。同一工程中相同用途导线的颜色应一致,接线端子应有标号</td></tr>
<tr><td rowspan="2">消防控制、消防通信和报警线路</td><td>线路暗敷设时,应采用金属管、可挠(金属)电气导管或 B1 级以上的刚性塑料管保护,并应敷设在不燃烧体的结构层内,且保护层厚度不宜小于 30mm</td></tr>
<tr><td>线路明敷设时,应采用金属管、可挠(金属)电气导管或金属封闭线槽保护。矿物绝缘类不燃性电缆可直接明敷</td></tr>
</table>

9.4.19 火灾自动报警系统采用铜芯绝缘导线和铜芯电缆线芯的最小截面面积见表 9-4-14。

表 9-4-14 火灾自动报警系统采用铜芯绝缘导线和铜芯电缆线芯的最小截面面积

序号	类　别	线芯的最小截面面积/mm^2
1	穿管敷设的绝缘导线	1.00
2	线槽内敷设的绝缘导线	0.75
3	多芯电缆	0.50

9.4.20 火灾报警、建筑消防设施运行状态信息见表 9-4-15。

表 9-4-15 火灾报警、建筑消防设施运行状态信息

<table>
<tr><th colspan="2">设施名称</th><th>内　容</th></tr>
<tr><td colspan="2">火灾探测报警系统</td><td>火灾报警信息、可燃气体探测报警信息、电气火灾监控报警信息、屏蔽信息、故障信息</td></tr>
<tr><td rowspan="5">消防联动控制系统</td><td>消防联动控制器</td><td>动作状态、屏蔽信息、故障信息</td></tr>
<tr><td>消火栓系统</td><td>消防水泵电源的工作状态、消防水泵的起停状态和故障状态、消防水箱(池)水位、管网压力报警信息及消火栓按钮的报警信息</td></tr>
<tr><td>自动喷水灭火系统、水喷雾(细水雾)灭火系统(泵供水方式)</td><td>喷淋泵电源工作状态、喷淋泵的启、停状态和故障状态、水流指示器、信号阀、报警阀、压力开关的正常工作状态和动作状态</td></tr>
<tr><td>气体灭火系统、细水雾灭火系统(压力容器供水方式)</td><td>系统的手动、自动工作状态及故障状态、阀驱动装置的正常工作状态和动作状态;防护区域中的防火门(窗)、防火阀、通风空调等设备的正常工作状态和动作状态;系统的启、停信息、紧急停止信号和管网压力信号</td></tr>
<tr><td>泡沫灭火系统</td><td>消防水泵、泡沫液泵电源的工作状态、系统的手动、自动工作状态及故障状态;消防水泵、泡沫液泵的正常工作状态和动作状态</td></tr>
</table>

（续）

设施名称		内容
消防联动控制系统	干粉灭火系统	系统的手动、自动工作状态和故障状态、阀驱动装置的正常工作状态和动作状态；系统的启、停信息、紧急停止信号和管网压力信号
	防火门及卷帘系统	防火卷帘控制器、防火门监控器的工作状态和故障状态；卷帘门的工作状态；具有反馈信号的各类防火门、疏散门的工作状态和故障状态等动态信息
	防烟排烟系统	系统的手动、自动工作状态，防烟排烟风机电源的工作状态，风机、电动防火阀、电动排烟防火阀、常闭送风口、排烟阀（口）、电动排烟窗、电动挡烟垂壁的正常工作状态和动作状态
	消防电梯	消防电梯的停用和故障状态
	消防应急广播	消防应急广播的启动、停止和故障状态
	消防应急照明和疏散指示系统	消防应急照明和疏散指示系统的故障状态和应急工作状态
	消防电源	系统内各系统消防用电设备的供电系统和备用电源的工作状态和欠电压报警信息

评注

火灾探测器要根据探测区域内可能发生的初期火灾的形成和发展特征、房间高度、环境条件以及可能引起误报的原因等因素来选择。火灾探测器安装要考虑建筑高度、梁、送风口等的影响，从而尽早发现火灾、及时报警、启动有关消防设施引导人员疏散。

9.5 消防应急照明和疏散指示系统

9.5.1 应急照明分类架构如图 9-5-1 所示。

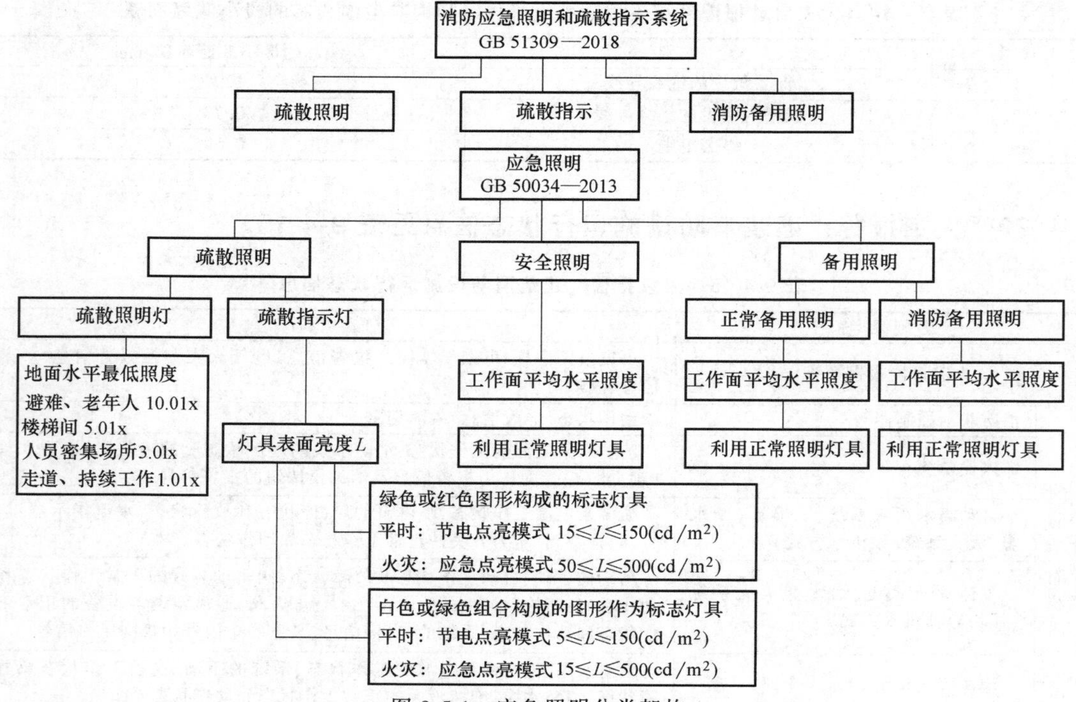

图 9-5-1 应急照明分类架构

9.5.2 消防应急照明和疏散指示系统框图如图 9-5-2 所示。

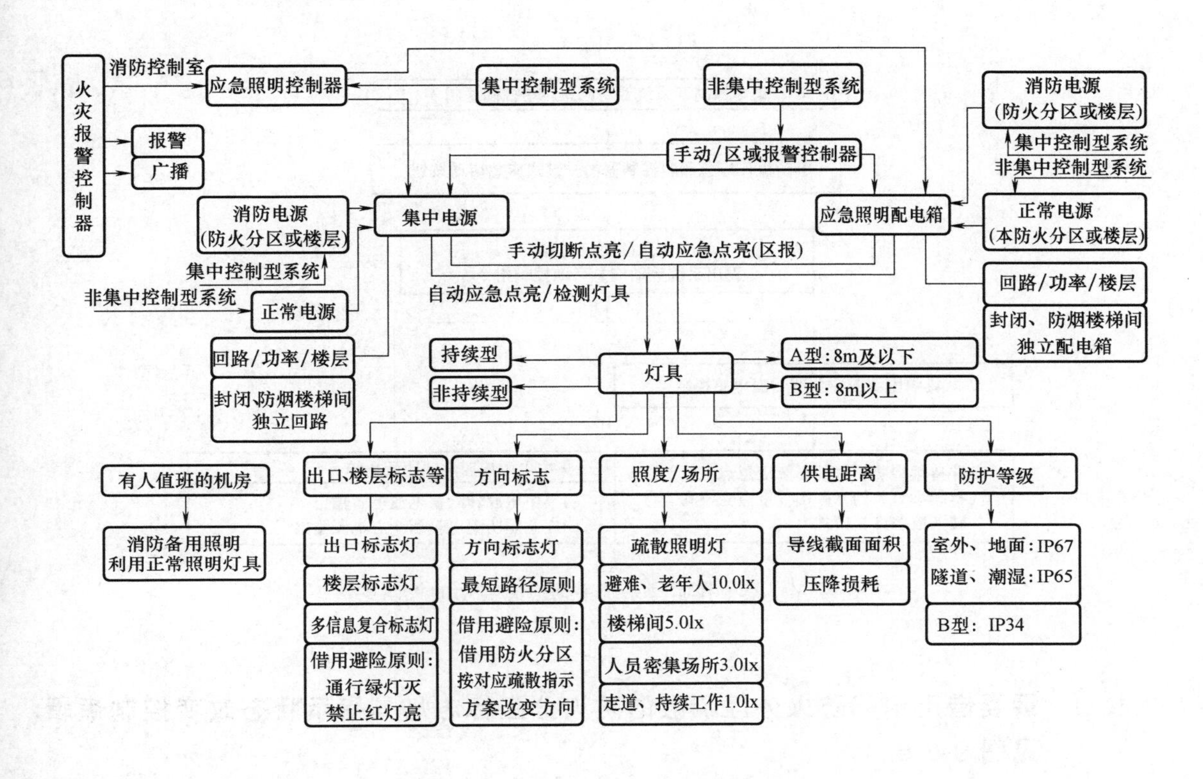

图 9-5-2 消防应急照明和疏散指示系统框图

9.5.3 集中控制型系统自动应急启动的控制逻辑见图 9-5-3。

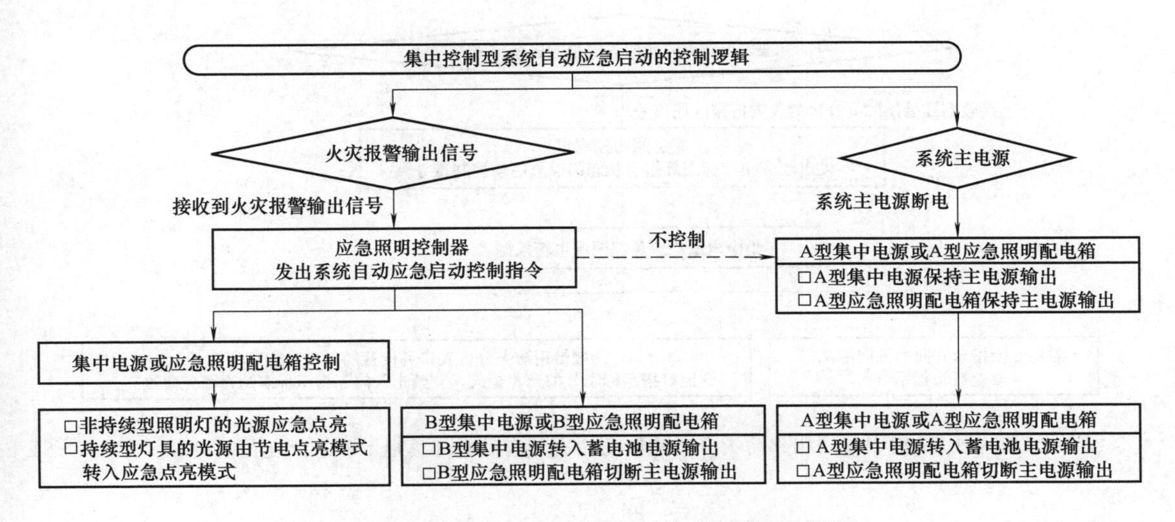

图 9-5-3 集中控制型系统自动应急启动的控制逻辑

9.5.4 集中控制型系统手动应急启动的控制逻辑见图 9-5-4。

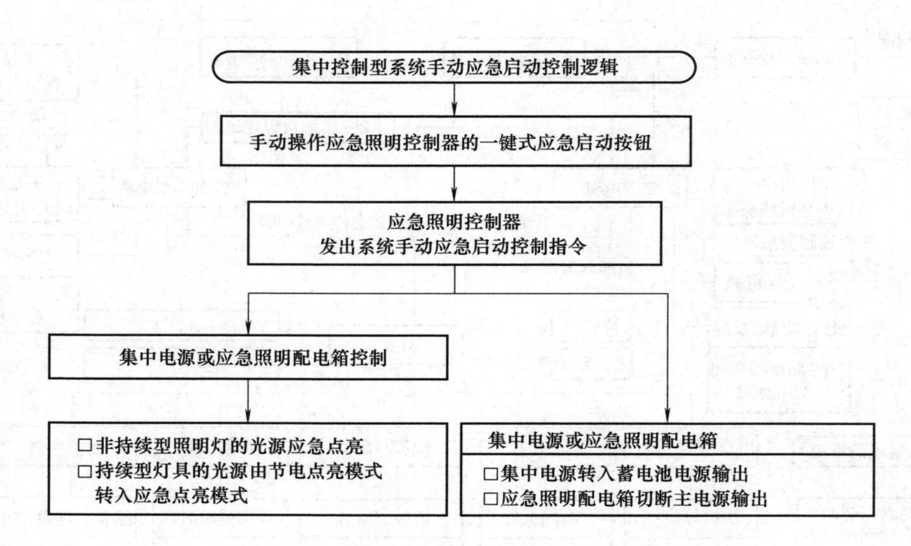

图 9-5-4 集中控制型系统手动应急启动的控制逻辑

9.5.5 需要借用相邻防火分区疏散的防火分区标志灯具指示状态改变控制逻辑见图 9-5-5。

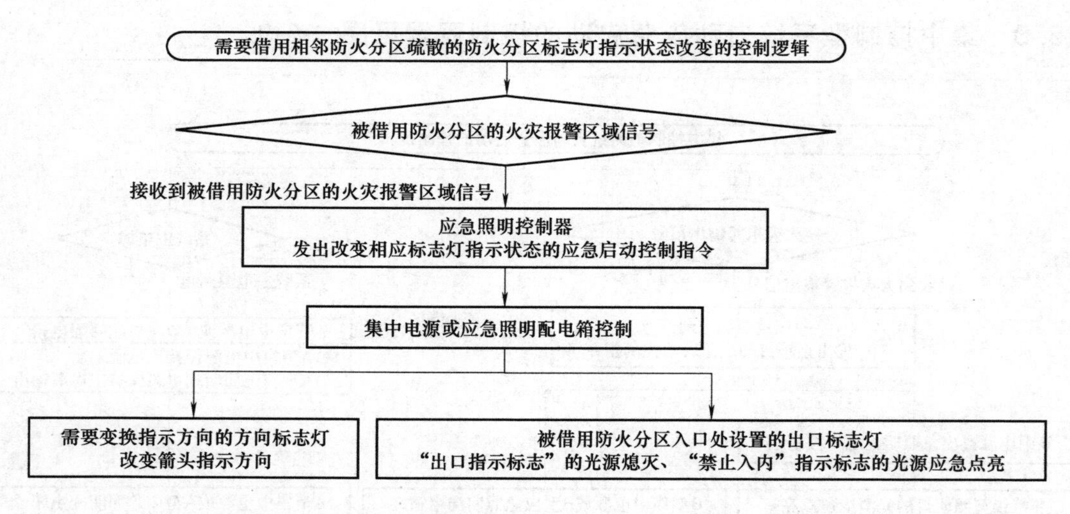

图 9-5-5 需要借用相邻防火分区疏散的防火分区标志灯具指示状态改变控制逻辑

9.5.6 集中控制型系统的系统架构见图 9-5-6。

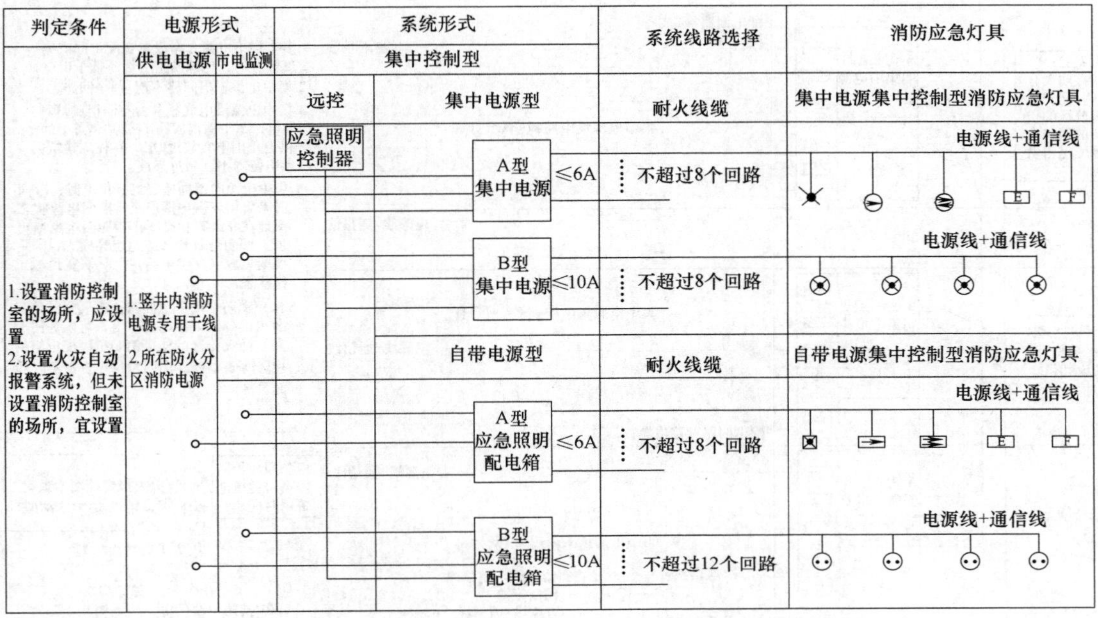

判定条件
电源形式
供电电源
市电监测
系统形式
集中控制型
远控
集中电源型
系统线路选择
耐火线缆
消防应急灯具
集中电源集中控制型消防应急灯具
应急照明控制器
A型集中电源
≤6A
不超过8个回路
电源线+通信线
B型集中电源
≤10A
不超过8个回路
电源线+通信线
1.设置消防控制室的场所，应设置
2.设置火灾自动报警系统，但未设置消防控制室的场所，宜设置
1.竖井内消防电源专用干线
2.所在防火分区消防电源
自带电源型
耐火线缆
自带电源集中控制型消防应急灯具
A型应急照明配电箱
≤6A
不超过8个回路
电源线+通信线
B型应急照明配电箱
≤10A
不超过12个回路
电源线+通信线

图 9-5-6 集中控制型系统的系统架构

9.5.7 集中电源集中控制型系统的系统架构见图 9-5-7。

电气竖井
nF
8F
2F
1F
−1F
电源线+通信线
A型灯具
配电回路额定电流：≤6A
不超过8个回路
A型集中电源
采集AC 20V正常照明信号
通信线
消防电源的专用应急回路
配电室或消防控制室
应急照明控制器自带蓄电池，备用时间3h
火灾报警控制器或火灾报警控制器(联动型)
火灾报警输出信号
AC 220V消防电源供电
消防控制室

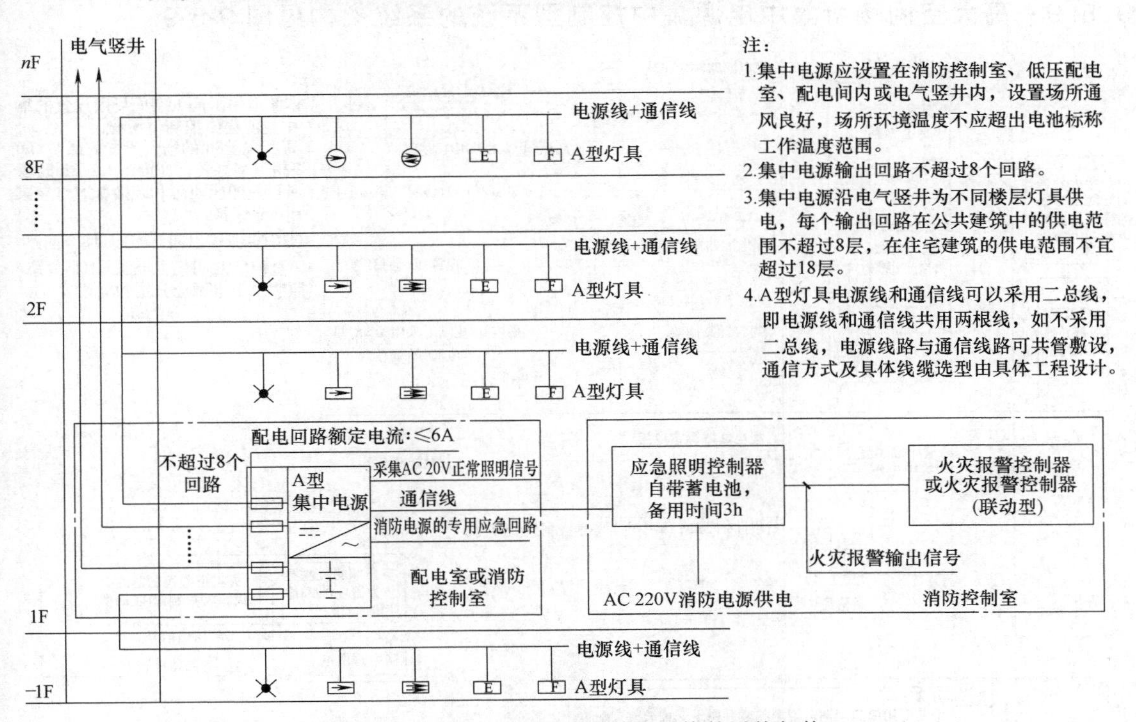

注：

1. 集中电源应设置在消防控制室、低压配电室、配电间内或电气竖井内，设置场所通风良好，场所环境温度不应超出电池标称工作温度范围。
2. 集中电源输出回路不超过8个回路。
3. 集中电源沿电气竖井为不同楼层灯具供电，每个输出回路在公共建筑中的供电范围不超过8层，在住宅建筑的供电范围不宜超过18层。
4. A型灯具电源线和通信线可以采用二总线，即电源线和通信线共用两根线，如不采用二总线，电源线路与通信线路可共管敷设，通信方式及具体线缆选型由具体工程设计。

图 9-5-7 集中电源集中控制型系统的系统架构

9.5.8 分区集中电源集中控制型系统的系统架构见图 9-5-8。

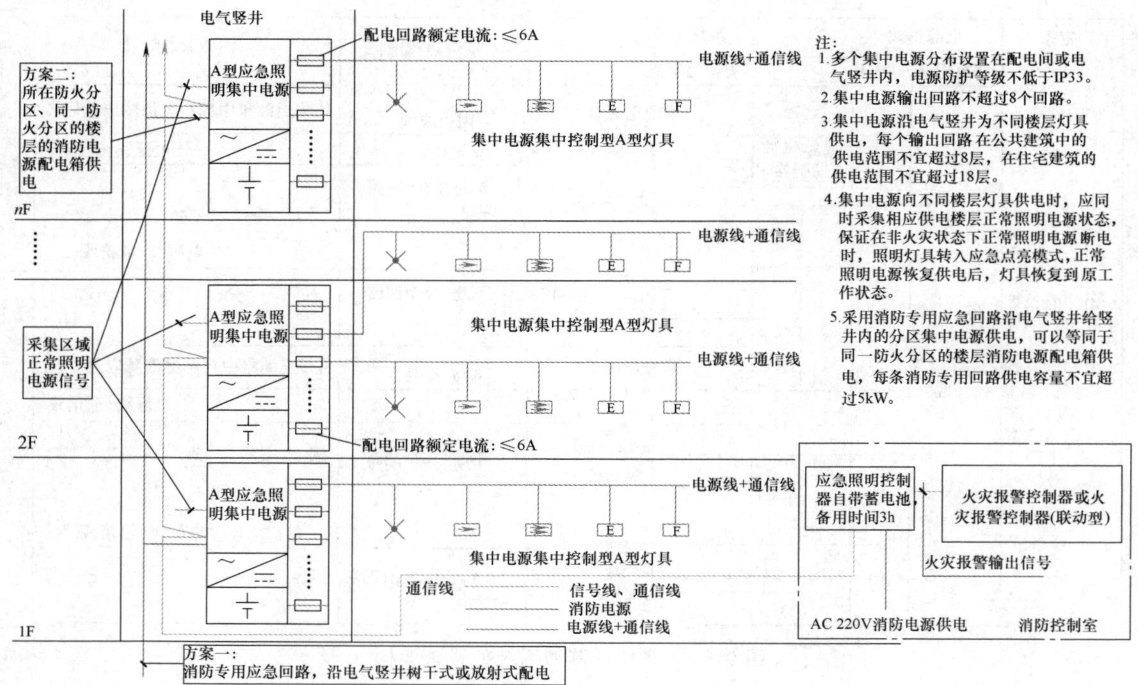

图 9-5-8 分区集中电源集中控制型系统的系统架构

9.5.9 高大空间场所集中电源集中控制型系统的系统架构见图 9-5-9。

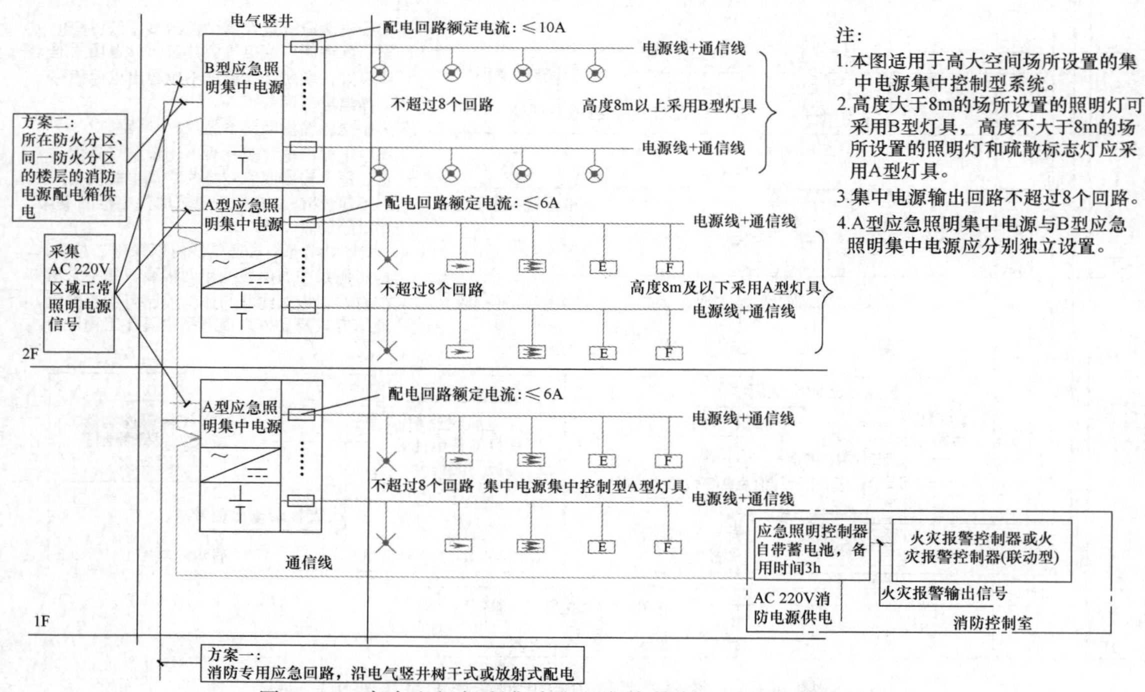

图 9-5-9 高大空间场所集中电源集中控制型系统的系统架构

9.5.10 集中电源非集中控制型系统的系统架构见图 9-5-10。

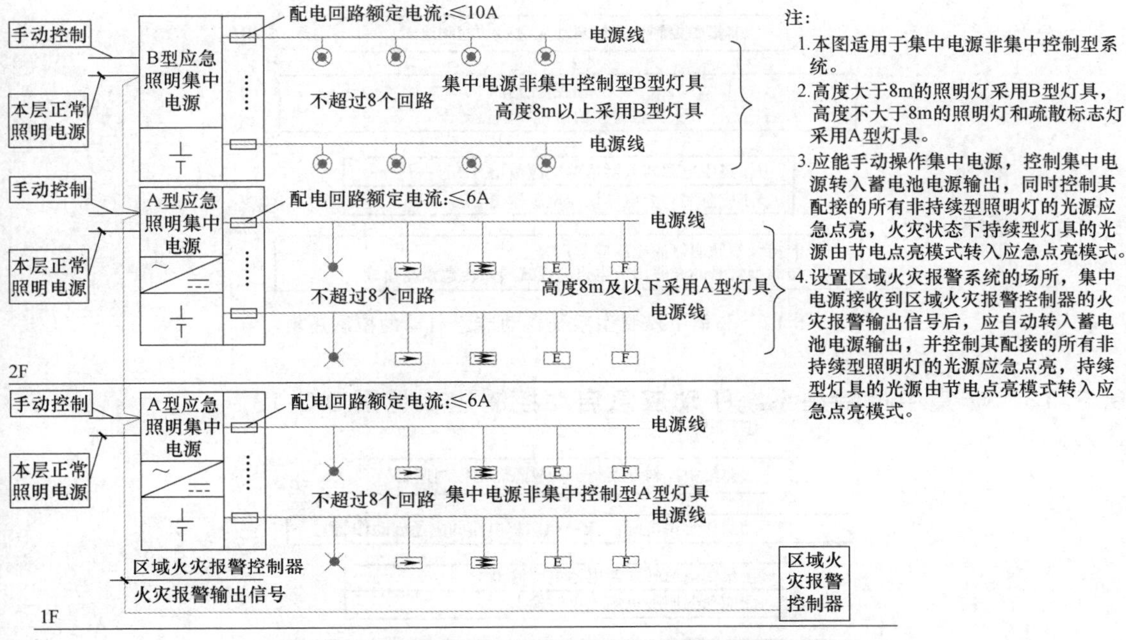

图 9-5-10 集中电源非集中控制型系统的系统架构

9.5.11 自带电源集中控制型系统的系统架构见图 9-5-11。

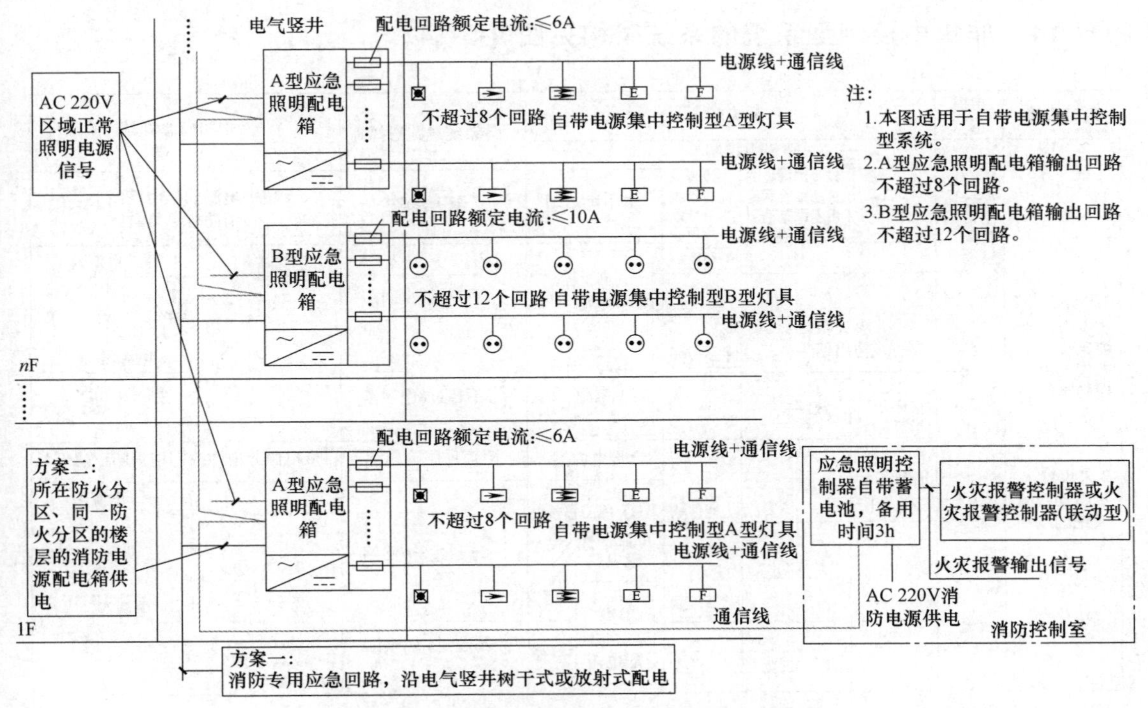

图 9-5-11 自带电源集中控制型系统的系统架构

9.5.12　非集中控制型系统自动应急启动的控制逻辑见图 9-5-12。

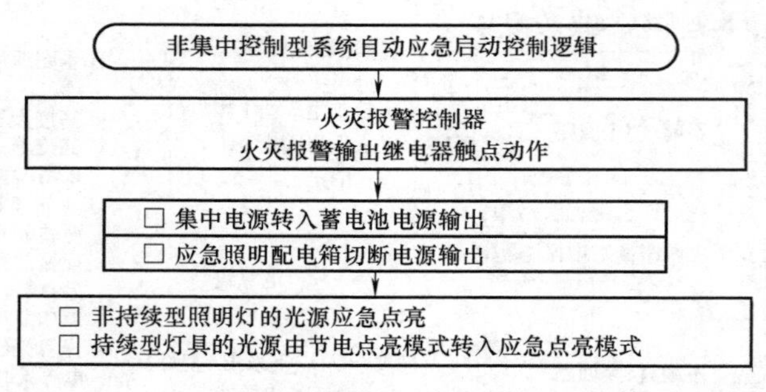

图 9-5-12　非集中控制型系统自动应急启动的控制逻辑

9.5.13　非集中控制型系统手动应急启动控制逻辑见图 9-5-13。

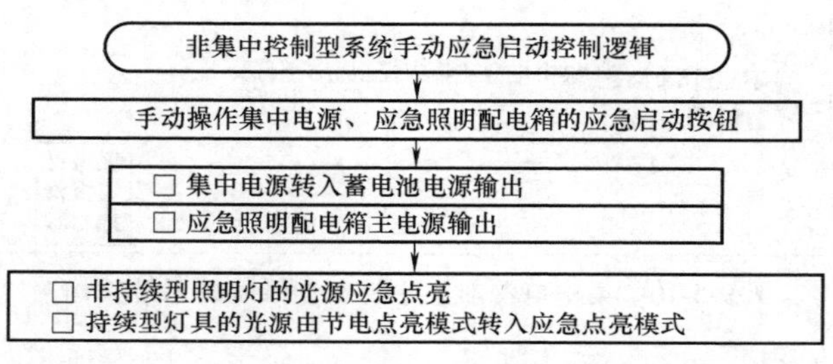

图 9-5-13　非集中控制型系统手动应急启动控制逻辑

9.5.14　非集中控制型系统的系统架构见图 9-5-14。

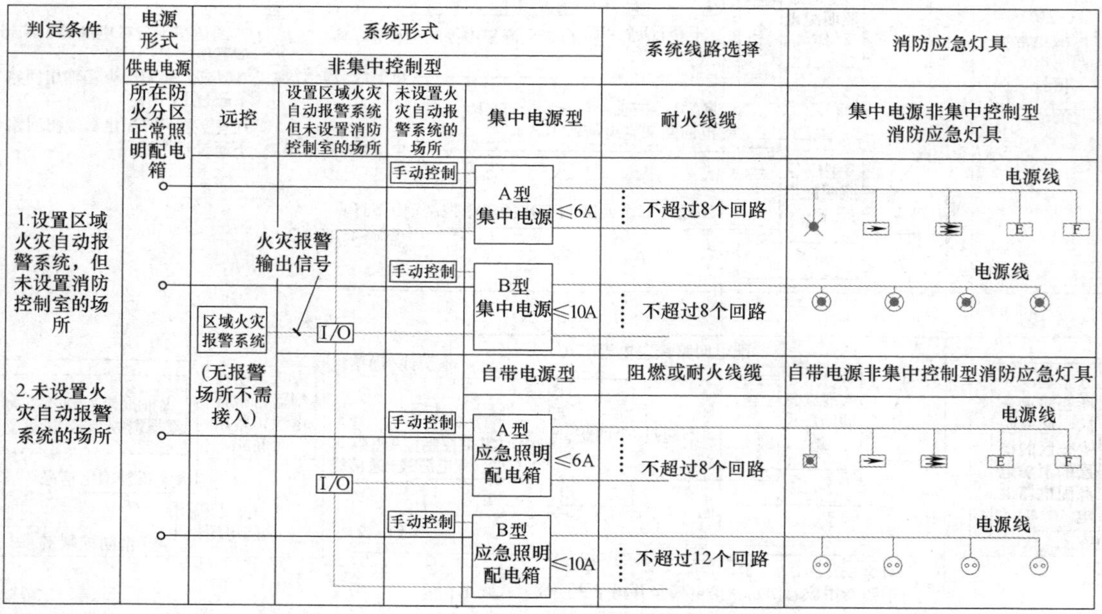

判定条件	电源形式	系统形式				系统线路选择	消防应急灯具
	供电电源	非集中控制型					
	所在防火分区正常照明配电箱	远控	设置区域火灾自动报警系统但未设置消防控制室的场所	未设置火灾自动报警系统的场所	集中电源型	耐火线缆	集中电源非集中控制型消防应急灯具
1.设置区域火灾自动报警系统，但未设置消防控制室的场所				手动控制	A型集中电源 ≤6A	不超过8个回路	电源线
		区域火灾报警系统	火灾报警输出信号 I/O	手动控制	B型集中电源 ≤10A	不超过8个回路	电源线
		(无报警场所不需接入)			自带电源型	阻燃或耐火线缆	自带电源非集中控制型消防应急灯具
2.未设置火灾自动报警系统的场所			I/O	手动控制	A型应急照明配电箱 ≤6A	不超过8个回路	电源线
				手动控制	B型应急照明配电箱 ≤10A	不超过12个回路	电源线

图 9-5-14　非集中控制型系统的系统架构

9.5.15 自带电源非集中控制型系统的系统架构如图 9-5-15 所示。

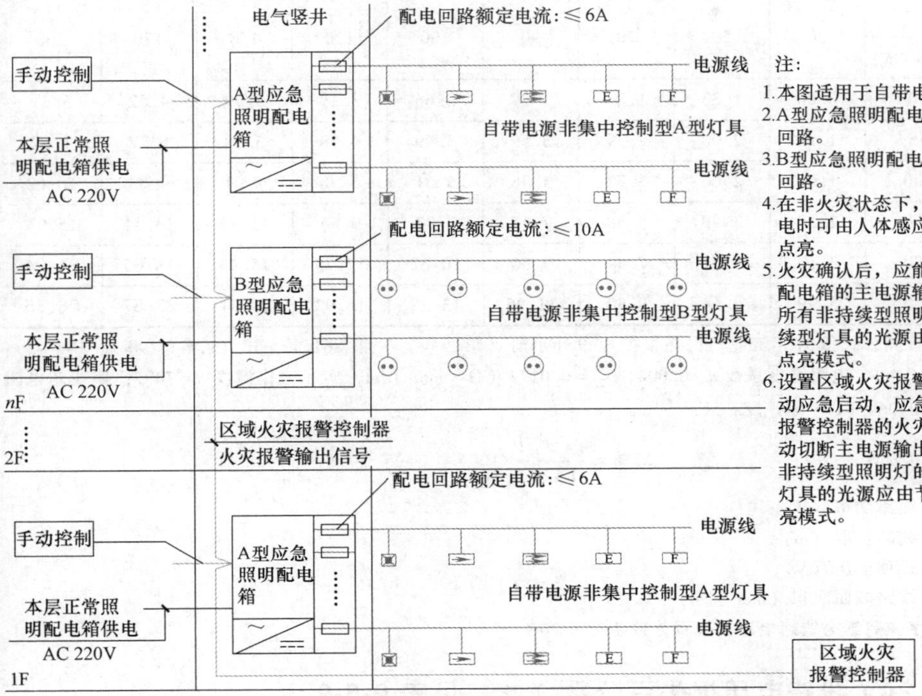

注：
1.本图适用于自带电源非集中控制型系统。
2.A型应急照明配电箱输出回路不超过8个回路。
3.B型应急照明配电箱输出回路不超过12个回路。
4.在非火灾状态下，非持续型照明灯在主供电时可由人体感应、声控感应等方式感应点亮。
5.火灾确认后，应能手动操作切断应急照明配电箱的主电源输出，同时控制其配接的所有非持续型照明灯的光源应急点亮，持续型灯具的光源由节电点亮模式转入应急点亮模式。
6.设置区域火灾报警系统的场所，系统可自动应急启动，应急照明配电箱接收到火灾报警控制器的火灾报警输出信号后，应自动切断主电源输出，并控制其配接的所有非持续型照明灯的光源应急点亮、持续型灯具的光源应由节电点亮模式转入应急点亮模式。

图 9-5-15 自带电源非集中控制型系统的系统架构

9.5.16 直流 36V 线路电压损失百分数（%）见表 9-5-1。

表 9-5-1 直流 36V 线路电压损失百分数（%）

直流 36V 线路电压损失百分数(直流 36V,铜导体,电线工作温度 70℃)										
截面面积/mm²	负荷/W 距离/m	30	50	70	90	100	120	150	170	200
2.5	50	1.92	3.19	4.46	5.74	6.38	7.65	9.56	10.83	12.75
	75	2.87	4.78	6.69	8.60	9.56	11.47	14.34	16.25	19.12
	100	3.83	6.38	8.92	11.47	12.75	15.29	19.12	21.66	25.49
	150	5.74	9.56	13.38	17.20	19.12	22.94	28.67	32.49	38.23
	200	7.65	12.75	17.84	22.94	25.49	30.58	38.23	43.32	50.97
	250	9.56	15.93	22.30	28.67	31.86	38.23	47.78	54.15	63.71
4	50	1.20	2.00	2.79	3.59	3.99	4.78	5.98	6.77	7.97
	75	1.80	2.99	4.19	5.38	5.98	7.17	8.96	10.16	11.95
	100	2.39	3.99	5.58	7.17	7.97	9.56	11.95	13.54	15.93
	150	3.59	5.98	8.37	10.75	11.95	14.34	17.92	20.31	23.89
	200	4.78	7.97	11.15	14.34	15.93	19.12	23.89	27.08	31.86
	250	5.98	9.96	13.94	17.92	19.91	23.89	29.87	33.85	39.82

（续）

直流 36V 线路电压损失百分数（直流 36V，铜导体，电线工作温度 70℃）										
负荷/W		30	50	70	90	100	120	150	170	200
截面面积/mm^2	距离/m									
6	50	0.80	1.33	1.86	2.39	2.66	3.19	3.99	4.52	5.31
	75	1.20	2.00	2.79	3.59	3.99	4.78	5.98	6.77	7.97
	100	1.60	2.66	3.72	4.78	5.31	6.38	7.97	9.03	10.62
	150	2.39	3.99	5.58	7.17	7.97	9.56	11.95	13.54	15.93
	200	3.19	5.31	7.44	9.56	10.62	12.75	15.93	18.05	**21.24**
	250	3.99	6.64	9.30	11.95	13.28	15.93	19.91	**22.57**	**26.55**

注：1. 直流电阻计算公式依据《工业与民用供配电设计手册（第四版）》第 861 页，式（9.4-1）和式（9.4-2）：绞入系数 $C_i=1$，电阻温度系数 $a=0.004$，$\rho_{20}=0.0172$（$\Omega\cdot mm^2$）/m，实际工作温度 $\theta=70℃$；铜线芯电阻率 $\rho_{70}=0.02064$（$\Omega\cdot mm^2$）/m。

2. 电压降计算公式：

$$\Delta u\%=\frac{2\rho_\theta\times P\times L}{U^2\times S}\times 100$$

式中 P——线路功率（W）；

L——线路长度（m）；

U——标称电压（V）；

S——线路截面面积（mm^2）。

3. 图中加粗字体数据为线路电压损失百分数超过了 20%。

9.5.17 直流 24V 线路电压损失百分数（%）见表 9-5-2。

表 9-5-2 直流 24V 线路电压损失百分数（%）

直流 24V 线路电压损失百分数（直流 24V，铜导体，电线工作温度 70℃）										
负荷/W		30	50	70	90	100	110	120	130	140
截面面积/mm^2	距离/m									
2.5	50	4.30	7.17	10.04	12.90	14.34	15.77	17.20	18.64	**20.07**
	75	6.45	10.75	15.05	19.35	**21.50**	**23.65**	**25.80**	**27.95**	**30.10**
	100	8.60	14.34	**20.07**	**25.80**	**28.67**	**31.54**	**34.40**	**37.27**	**40.14**
	150	12.90	**21.50**	**30.10**	**38.70**	**43.00**	**47.30**	**51.60**	**55.90**	**60.20**
	200	17.20	**28.67**	**40.14**	**51.60**	**57.34**	**63.07**	**68.80**	**74.54**	**80.27**
	250	**21.50**	**35.84**	**50.17**	**64.50**	**71.67**	**78.84**	**86.00**	**93.17**	**100.00**
4	50	2.69	4.48	6.28	8.07	8.96	9.86	10.75	11.65	12.55
	75	4.04	6.72	9.41	12.10	13.44	14.79	16.13	17.47	18.82
	100	5.38	8.96	12.55	16.13	17.92	19.71	**21.50**	**23.30**	**25.09**
	150	8.07	13.44	18.82	**24.19**	**26.88**	**29.57**	**32.25**	**34.94**	**37.63**
	200	10.75	17.92	**25.09**	**32.25**	**35.84**	**39.42**	**43.00**	**46.59**	**50.17**
	250	13.44	**22.40**	**31.36**	**40.32**	**44.80**	**49.28**	**53.75**	**58.23**	**62.71**

（续）

直流 24V 线路电压损失百分数(直流 24V,铜导体,电线工作温度 70℃)										
负荷/W		30	50	70	90	100	110	120	130	140
截面面积/mm^2	距离/m									
6	50	1.80	2.99	4.19	5.38	5.98	6.57	7.17	7.77	8.37
	75	2.69	4.48	6.28	8.07	8.96	9.86	10.75	11.65	12.55
	100	3.59	5.98	8.37	10.75	11.95	13.14	14.34	15.53	16.73
	150	5.38	8.96	12.55	16.13	17.92	19.71	**21.50**	**23.30**	**25.09**
	200	7.17	11.95	16.73	**21.50**	**23.89**	**26.28**	**28.67**	**31.06**	**33.45**
	250	8.96	14.94	**20.91**	**26.88**	**29.87**	**32.85**	**35.84**	**38.82**	**41.81**

注：1. 直流电阻计算公式依据《工业与民用供配电设计手册（第四版）》第 861 页，式（9.4-1）和式（9.4-2）：绞入系数 $C_j=1$，电阻温度系数 $a=0.004$，$\rho_{20}=0.0172$（$\Omega\cdot mm^2$）/m，实际工作温度 $\theta=70$℃；铜线芯电阻率 $\rho_{70}=0.02064$（$\Omega\cdot mm^2$）/m。

2. 电压降计算公式：

$$\Delta u\% = \frac{2\rho_\theta \times P \times L}{U^2 \times S} \times 100$$

式中 P——线路功率（W）；

L——线路长度（m）；

U——标称电压（V）；

S——线路截面面积（mm^2）。

3. 图中加粗字体数据为线路电压损失百分数超过了 20%。

评　　注

消防应急照明和疏散指示系统是一种辅助人员安全疏散和消防作业的建筑消防系统，在火灾等紧急情况下，控制消防应急照明灯具的光源应急点亮，为建、构筑物的疏散路径的地面以及消防控制室、消防水泵房等消防作业场所提供基本的照度条件，以有效确保人员对疏散路径的识别和消防作业的顺利开展，不允许利用切断消防电源的方式直接强启疏散照明灯；控制消防应急标志灯具光源的应急点亮，正确指示各疏散路径的疏散方向、疏散出口和安全出口的位置和可用状态信息、人员所处的楼层信息等疏散引导信息，确保人员准确识别疏散路径和相关引导信息、增强疏散信心，以有效提高人员安全疏散的能力。

小　　结

电气消防设计主要包括火灾自动报警系统、消防应急照明系统、消防电源及配电系统等，是一项政策性很强、技术性复杂的系统。电气消防设计要注重“防”和“消”结合，“防”意在火灾初期能尽早发现火灾，有效疏散人员，防止火灾蔓延和扩大火势；“消”意指发生火灾之后，要保障消防设备可靠工作进行灭火。

10 智能化系统

10.1 智能化系统集成

10.1.1 智能化集成系统架构见图 10-1-1。

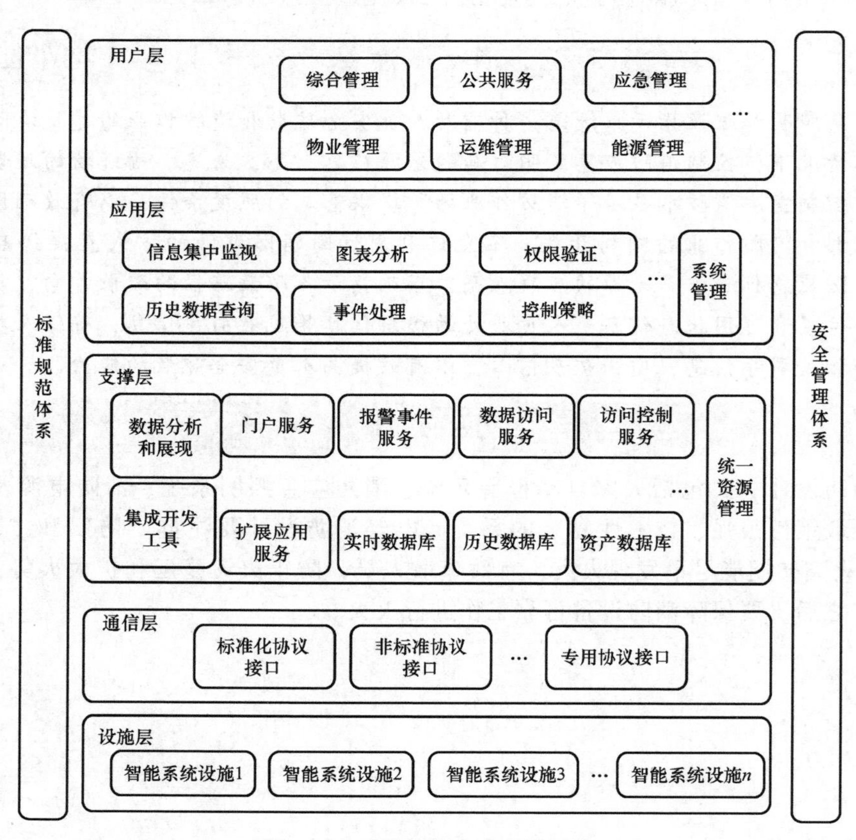

图 10-1-1 智能化集成系统架构

10.1.2 智能化集成系统要求见表 10-1-1。

表 10-1-1 智能化集成系统要求

项目	设计要素
功能	1. 应以实现绿色建筑为目标，应满足建筑的业务功能、物业运营及管理模式的应用需求 2. 应采用智能化信息资源共享和协同运行的架构形式 3. 应具有实用、规范和高效的监管功能；宜适应信息化综合应用功能的延伸及增强
系统构建	1. 系统应包括智能化信息集成(平台)系统与集成信息应用系统 2. 智能化信息集成(平台)系统宜包括操作系统、数据库、集成系统平台应用程序、各纳入集成管理的智能化设施系统与集成互为关联的各类信息通信接口等 3. 集成信息应用系统宜由通用业务基础功能模块和专业业务运营功能模块等组成 4. 宜具有虚拟化、分布式应用、统一安全管理等整体平台的支撑能力 5. 宜顺应物联网、云计算、大数据、智慧城市等信息交互多元化和新应用的发展
通信互联	1. 应具有标准化通信方式和信息交互的支持能力 2. 应符合国际通用的接口、协议及国家现行有关标准的规定
配置	1. 应适应标准化信息集成平台的技术发展方向 2. 应形成对智能化相关信息采集、数据通信、分析处理等支持能力 3. 宜满足对智能化实时信息及历史数据分析、可视化展现的要求 4. 宜满足远程及移动应用的扩展需要 5. 应符合实施规范化的管理方式和专业化的业务运行程序 6. 应具有安全性、可用性、可维护性和可扩展性

10.1.3 建筑集成管理系统的基本内容见图 10-1-2 及表 10-1-2。

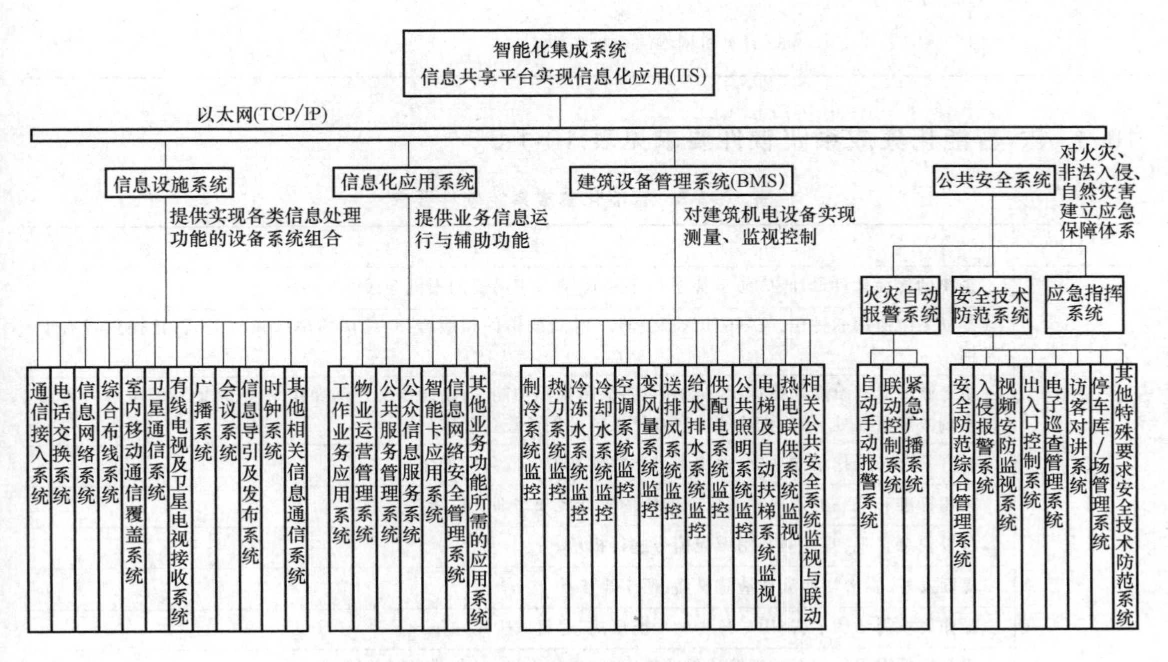

图 10-1-2 建筑智能化集成系统基本内容

表 10-1-2 建筑集成管理系统的基本内容

<table>
<tr><td rowspan="2">建筑集成管理系统(IBMS)</td><td>通信网络系统(CNS)</td><td colspan="3">1. 会议电视系统
2. 有线广播、音响扩声系统
3. 有线电视及电视卫星系统
4. 接入网系统
5. 手机信号增强系统
6. 无线对讲系统</td></tr>
<tr><td rowspan="3">建筑管理系统(BMS)</td><td>建筑设备监控系统(BAS)</td><td>1. 制冷系统监控
2. 热力系统监控
3. 冷冻水系统监控
4. 冷却水系统监控
5. 空气处理系统监控
6. 变风量系统监控
7. 排风系统监控</td><td>8. 风机盘管系统监控
9. 整体空调机系统监控
10. 给水系统监控
11. 排水系统监控
12. 供配电系统监控
13. 照明系统监控
14. 电梯、扶梯系统监控</td></tr>
<tr><td rowspan="3">公共网(FHC、PSTN、DDN、ISDN、X. 25、Internet、帧中继等)</td><td>安全防范系统(SAS)</td><td colspan="2">1. 入侵报警系统
2. 视频监控系统
3. 出入口管理系统
4. 巡更系统
5. 停车场管理系统</td></tr>
<tr><td>火灾自动报警系统(FAS)</td><td colspan="2">1. 火灾自动、手动报警系统
2. 联动控制系统
3. 紧急广播系统
4. 火灾通信系统</td></tr>
<tr><td>信息网络系统(INS)</td><td colspan="3">1. 物业管理系统
2. 办公和服务管理系统
3. 信息服务系统
4. 智能卡管理系统
5. 计算机网络综合布线系统</td></tr>
</table>

10.1.4 智能化集成系统软件要求见表 10-1-3。

表 10-1-3 智能化集成系统软件要求

项目	设计要素
软件设计	系统的界面软件设计,应便于管理人员操作,应采用简捷的人机会话中文系统
	建立系统应用软件包,编制应用控制程序、时间或事件相应程序,编成简单的操作方式,让操作者易于掌握
	系统软件具有自动纠错提示功能和设备故障提示功能,协助操作员正确操作系统,帮助系统维修人员迅速发现故障所在处,采用正确的方法维修系统的硬件设备和软件模块
	具有帮助与操作指导功能,使用者可通过此功能完成各项操作
	采用标准和统一的用户界面以降低使用复杂度和培训工作量
	报警信息直观,宜适当利用声光信号进行提示
	界面友好,图形切换流程清楚易懂,便于操作
	操作要求简洁明了,使用尽量少的功能层次,尽量减少用户干预
	系统软件需提供与电话直接通信的能力,宜提供手机、PDA 等移动终端接入支持

（续）

项目	设计要素
软件设计	系统支持多窗口图形技术，可以在同一个显示器上显示多个窗口图形
	多用户操作管理，支持多用户并发操作，允许多个用户操作不同或相同的管理界面
	图形化操作界面规格要求：操作界面应能动态反映受控设备的运行工况及运行参数。宜使用园区平面图、建筑平面图、设备分布图、受监控系统图等相关图形（图例应为实物的模拟图，在图例旁边实时显示系统或设备的动态数据）。通过矢量图形、三维图像、动画、报表等多种方式，表示设备的开/关、手动/自动、故障等状态和温度、流量、湿度、压力、电量等参数的模拟量刻度，仅使用键盘或鼠标即可完成对所有设备的在线控制和监控操作（包括增加、删除、修改控制程序和设备运行参数），但并不中断系统的正常运行
	文本显示：系统软件提供文本显示模块，该模块可以电子邮件、手机短信等方式提供信息
系统功能	系统操作管理：设定系统操作员的密码、操作级别、软件操作及设备控制的权限
	系统操作审计：记录用户所有的浏览和操作记录，系统提供事后审计功能，回溯历史访问操作记录
	系统工程编制：系统提供给程序员（工程师级）进行本系统工程设计、实施、应用的工具软件
	信息化应用功能的开发：智能化集成系统应能最大限度地方便后续信息化功能的实现和部署，宜提供易用的集成开发工具以及业务流程整合工具，方便根据建筑的具体管理需求开发相应的信息化功能
	报警/信息显示和打印：可根据各种设备的有关性能指标，指定相应的报警规则，报警产生时再通过计算机显示器显示报警具体信息并打印，同时按照预先设置发送给相应管理人员
	系统操作指导：为使管理人员熟悉本系统的正确操作，系统软件提供系统操作指导模块
	系统辅助功能设定：提供采样点信息、控制流程或报表、文件的复制或存储；提供用户终端运行状态；设定系统脱网模式、系统巡检速率；设置文件处理模式，提供系统主机硬盘容量的查询和显示等
	系统故障自诊断：当系统的硬件或软件发生故障时，系统通过动态图形标记或文字的方式，提示系统故障的所在和原因
	组合控制设定：系统软件提供组合控制模块，该模块功能可以将需要同时控制的若干不同的控制对象组合在一起。组合控制也可以由时间或事件响应程序联动执行
	节假日期设定：系统软件提供若干年内的节假日期或特定日期的设定
	快速信息检索：系统提供快速信息检索模块，可以通过信息点地址来检索该信息点所在位置
	报警的处理：根据计算机显示器显示的报警窗口图形的提示，获取报警点的级别，管理人员按轻重缓急来处理这些报警信号
	建筑设备管理系统的管理：系统软件提供建筑设备管理运行模块，完成空调及排风、给水排水、变配电、关键设备室、紧急照明、电梯等系统的监控和管理
	火灾自动报警系统的管理：系统软件提供火灾自动报警系统管理运行模块，完成对火灾自动报警系统运行状态、报警的实时显示管理
	安全技术防范系统的管理，系统软件提供安全技术防范系统管理运行模块，该模块可实时显示和记录入侵报警系统、电子巡查系统状态，可联动视频安防监控系统，对现场状态进行监视和记录
	智能卡系统管理：系统软件提供智能卡的运行模块，对出入口控制系统、汽车库管理系统等进行监视、控制
	信息设施系统的管理：系统软件提供信息设施系统管理运行模块，对信息网络系统、电话交换系统等信息通信系统的运行状态、故障信息进行监视、管理
	对信息化应用系统的支撑：系统软件提供支撑、辅助各信息化应用系统的运行模块
	直接数字控制模式：系统软件提供直接数字控制模式，主要用于对建筑设备控制
	设备节能控制：提供对建筑物内设备的节能控制
	节能管理决策支持：提供历史数据节能分析，为节能管理决策提供依据，并可为第三方节能分析软件提供标准化数据
	统计报表：智能化集成系统可对各种设备的现状、使用情况、维修情况等进行统计，形成各种报表。系统可自动记录各受控设备的运行参数、状态、报警等信号，记录累计运行时间及其他历史数据，并进行综合处理，提供设备管理所需的各种数据，包括系统运行记录、诊断报告、维护管理报告、能源管理报告、设备状态和报警报告等。这些记录和报表可分类按时间、日期自动按指令生成，并可随时调阅或打印出来
	主动化管理，根据预先定义，对智能化集成系统的信息进行自动分析，并基于历史数据对一些事件的运行趋势进行分析和预测，对设备进行主动维护，对可能出现故障的设备进行预报警，提出预测和建议

（续）

项目	设计要素
接口和通信协议	开放性网络允许用户将设备数据集成到其他网络中去，实现数据共享
	在网络其他平台上执行的应用程序，可以通过使用网络应用程序接口，存取实时数据等
系统联动	根据用户使用管理的实际需求，实现相关子系统之间的联动，并能够对联动执行情况进行监控

10.1.5 集中式控制系统（CCS）体系结构图见图10-1-3。

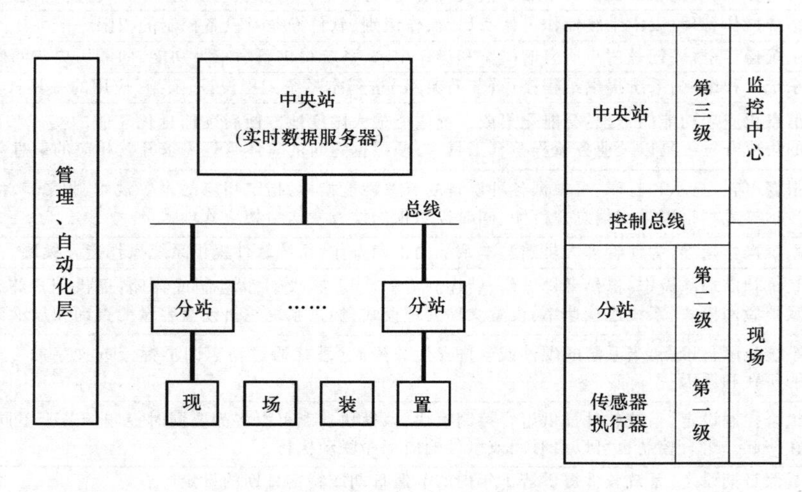

图10-1-3 集中式控制系统（CCS）体系结构图

10.1.6 集散式控制系统（DCS）体系结构图见图10-1-4。

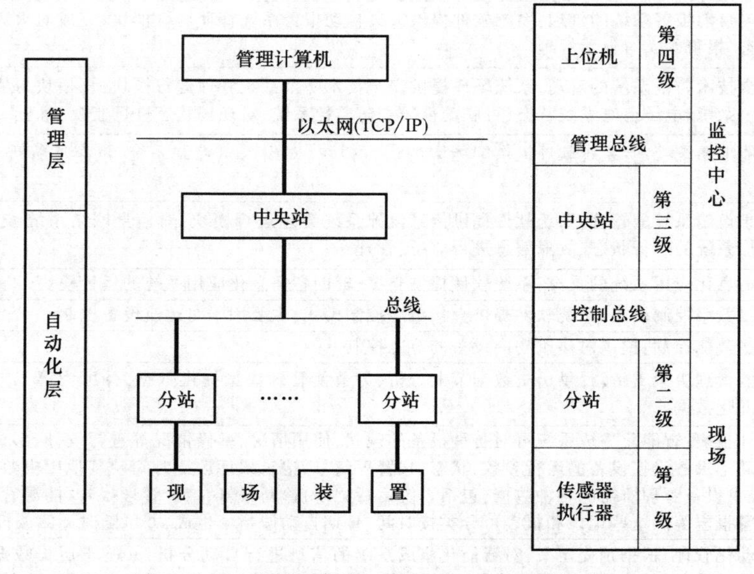

图10-1-4 集散式控制系统（DCS）体系结构图

10. 1. 7　网络结构控制系统体系结构图见图 10-1-5。

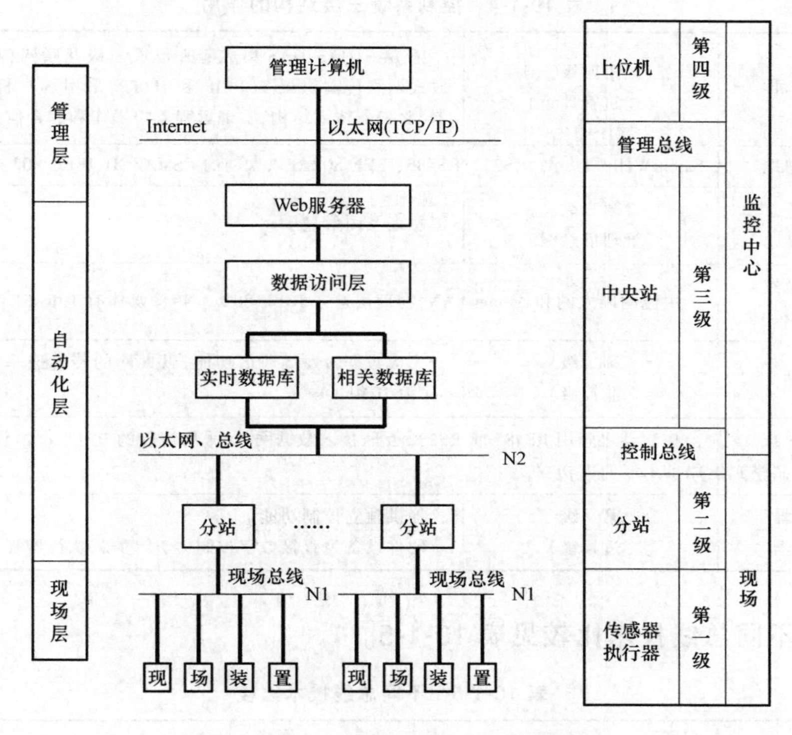

图 10-1-5　网络结构控制系统体系结构图

10. 1. 8　现场总线式控制系统（FCS）体系结构图见图 10-1-6。

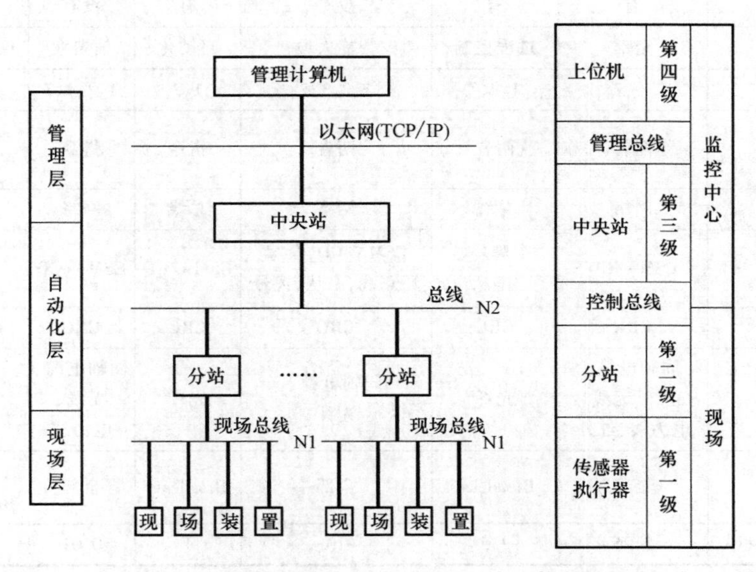

图 10-1-6　现场总线式控制系统（FCS）体系结构图

10.1.9 控制系统三层结构的作用见表 10-1-4。

表 10-1-4 控制系统三层结构的作用

监控中心	上位机	第四级 （建筑管理级）	把 BAS、CAS、OAS 集成起来形成一级互联网（Internet），采用开放式网络传输协议 TCP/IP 和 HTTP，采用客户机/服务器或浏览器/服务器体系结构，实现远程监控操作和综合信息数据库访问
	管理总线	Satch Well/以太网、RS232/RS485、IEEE 802.3 以太网的 CSMA/CD、IEEE 802.4 等	
	中央站	第三级 （管理信息级）	汇总表及图形显示
	控制总线 （管理级）	主流的以太网和 Arcnet LAN，物理层遵守 IEEE 802.3，传输媒体有 10BASE-2、10BASE-FL 等	
现场	分站	第二级 （监控级）	完成数据转发等通信功能，以太网的传输速率为 10Mbit/s，Arcnet 为 10Mbit/s
	现场总线 （区域控制级）	控制器之间用 RS485 或 RS232 互联接入数据网关，采用流行的 BAC net 协议或 Lon Works 网络的 Lon Talk 协议	
	传感器 执行器	第一级 （过程级）	提供独立控制功能 硬件设备为直接数字控制器、传感器、执行器等

10.1.10 不同总线技术比较见表 10-1-5。

表 10-1-5 不同总线技术比较

功能及接口	网络						
	Lon Works	Word FIP	BACnet	Can	CEBus	IEEE-488	ISP
支持网络管理	是	是	不	不	不	不	是
连接设备	全部	重复器	全部	无	无	重复器	网桥
芯片或芯片组	有	有	没有	有	没有	有	没有
应用领域	全部	过程控制	智能大厦	自动化	消费业	仪器控制	过程控制
OSI 协议层	1~7	1、2、7	1、2、3、7	1、2	1、2、3、7	1、2、7	1、2、7
系统控制 （基于状态或基于指令）	两者	两者	两者	指令	指令	指令	状态
系统类型	网络	总线	网络	总线	网络	总线	总线
介质访问 （接口协议）	CSMA/CD	令牌环， 主-从	CSMA/CD，令牌环总线，主从，拨号	CSMA/CD	CSMA/CD	总线	令牌环， 主-从
错误更正	CRC	CRC	CRC	CRC	CRC		CRC
除双绞线外可用的介质	同轴电缆、光纤、无线、电力线、红外	光纤	同轴电缆、光纤	光纤	同轴电缆、无线、电力线	无	无
寻址方式（Broadcast、uni-、muni-）	全部	Broadcast	全部	Broadcast	全部	Unicast、Broadcast	全部
最大传输率（兆位/秒）	1.25	2.5	10	1	0.01	8	2.5

注：连接设备包括重复器、网桥和路由器。

10.1.11 开放系统互联 OSI 参考模型体系结构图见图 10-1-7。

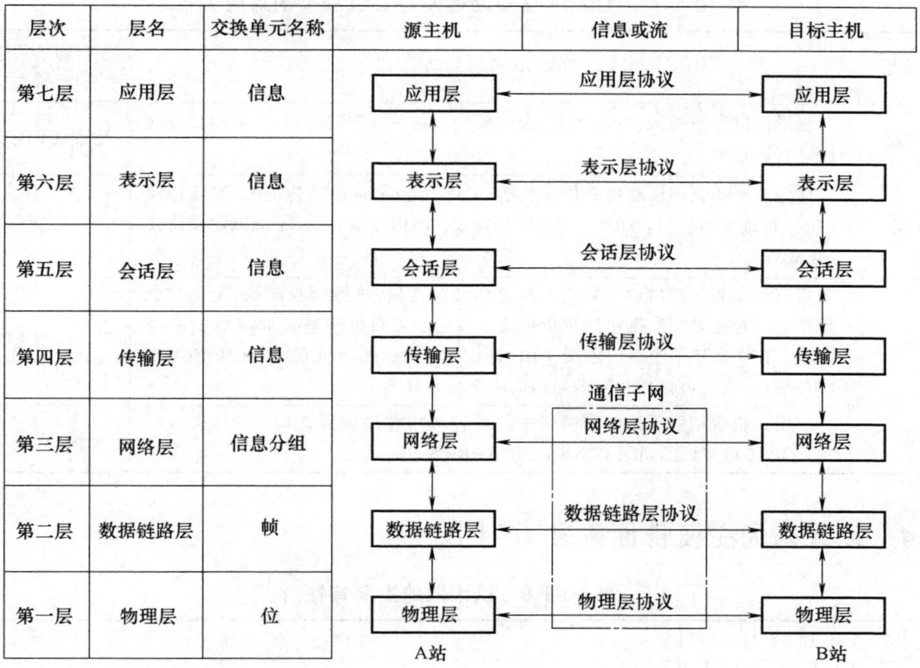

层次	层名	交换单元名称	源主机	信息或流	目标主机
第七层	应用层	信息	应用层	应用层协议	应用层
第六层	表示层	信息	表示层	表示层协议	表示层
第五层	会话层	信息	会话层	会话层协议	会话层
第四层	传输层	信息	传输层	传输层协议	传输层
第三层	网络层	信息分组	网络层	通信子网 网络层协议	网络层
第二层	数据链路层	帧	数据链路层	数据链路层协议	数据链路层
第一层	物理层	位	物理层	物理层协议	物理层
			A站		B站

图 10-1-7 开放系统互联 OSI 参考模型体系结构图

10.1.12 开放系统互联 OSI 参考模型各层功能定义见表 10-1-6。

表 10-1-6 开放系统互联 OSI 参考模型各层功能定义

层次	层名	开放系统互联 OSI 参考模型各层功能定义
第七层	应用层	应用层是 OSI 模型的最高层,该层的服务是直接支持用户应用程序,如用于文件传输、数据库访问和电子邮件的软件
第六层	表示层	表示层定义了在联网计算机之间交换信息的格式,可将其看作是网络的翻译器。表示层负责协议转换、数据格式翻译、数据加密、字符集的改变或转换;表示层还管理数据压缩
第五层	会话层	会话层负责管理不同的计算机之间的对话,它完成名称识别及其他两个应用程序网络通信所必需的功能,如安全性。会话层通过在数据流中设置检查点来提供用户间的同步服务
第四层	传输层	传输层确保在发送方与接收方计算机之间正确无误、按顺序、无丢失或无重复地传输数据包,并提供流量控制和错误处理功能
第三层	网络层	网络层负责处理消息并将逻辑地址翻译成物理地址,网络层还根据网络状况、服务优先级和其他条件决定数据的传输路径,它还管理网络中的数据流问题,如分组交换及路由和数据拥塞控制
第二层	数据链路层	负责将数据帧从网络层发送到物理层,它控制进出网络传输介质的电脉冲
		负责将数据帧通过物理层从一台计算机无差错地传输到另一台计算机
第一层	物理层	物理层是 OSI 模型的最底层,又称"硬件层",其上各层的功能相对第一层也可被看作软件活动
		负责网络中计算机之间物理链路的建立,还负责运载由其上各层产生的数据信号
		定义了传输介质与 NIC 如何连接,如:定义了连接器有多少针以及每个针的作用,还定义了通过网络传输介质发送数据时所用的传输技术
		提供数据编码和位同步功能,因为不同的介质以不同的物理方式传输位,物理层定义每个脉冲周期以及每一位是如何转换成网络传输介质的电或光脉冲的

10.1.13 TCP/IP 各层功能及与 OSI 模型的对应关系见表 10-1-7。

表 10-1-7 TCP/IP 各层功能及与 OSI 模型的对应关系

TCP/IP 分层	TCP/IP 各层的功能	TCP/IP 相当于 OSI 模型的分层
网络接口层	提供网络体系结构(如以太网、令牌环)和 Internet 层间的接口,可直接与网络进行通信	物理层和数据链路层
Internet 层	使用几种协议用来路由和传输数据,工作于 Internet 层的协议有:网际协议(IP)、地址解析协议(ARP)、逆向解析协议(RARP)和 Internet 信报控制协议(ICMP)	网络层
传输层	负责建立和维护两台计算机之间端到端的通信,进行接收确认、流量控制数据包。它还处理数据包的重新传输。传输层可根据传输要求使用 TCP 或 UDP。TCP 是基于连接的协议,UDP 是一种无连接协议,UDP 与 TCP 使用不同的端口,它们可使用相同的号码而不会发生冲突	传输层
应用层	应用层将应用程序连接到网络中。两种应用程序编程接口(API)提供对 TCP/IP 传输协议的访问:WinSock 和 NetBIOS	会话层、表示层和应用层

10.1.14 以太网的主要特性见表 10-1-8。

表 10-1-8 以太网的主要特性

特 性	描 述
传统拓扑结构	直线型总线
其他拓扑结构	星形总线
信号传输方式	基带
介质访问方式	CSMA/CD(10G 以太网采用全双工方式)
规范	IEEE 802.3
传输速率	10Base-T:10Mbit/s 100Base-TX/100Base-FX:100Mbit/s 1000Base-T/1000Base-SX/1000Base-LX:1000Mbit/s 10GBase-S/L/E/LX4、10GBase-CX4:10Gbit/s
传输介质类型	UTP、FTP、光缆、同轴电缆

10.1.15 令牌环网络的标准与特性见表 10-1-9。

表 10-1-9 令牌环网络的标准与特性

特 性	描 述
拓扑结构	星形环
信号传输方式	基带
介质访问方式	令牌传送
规范	IEEE 802.5
传输速率	4Mbit/s 和 16Mbit/s
传输介质类型	UTP、FTP、光缆

（续）

特性	描述
网络硬件部件	令牌环网络集线器：多路访问单元（MSAU） 令牌环网络 NIC：4Mbit/s 或 16Mbit/s 连接器：RJ45/光纤连接器 补丁线：6 类传输介质
最大传输介质段（MSAU 与计算机间）距离	补丁线：46m UTP：45m FTP：100m
MSAU 之间的最大距离	152m，使用中继器为 365m
计算机间的最短距离	2.5m
连接网段的最多数目	33 个 MSAU
每个网段连接计算机的最大数目	UTP：每个 MSAU 连接 72 台计算机 FTP：每个 MSAU 连接 260 台计算机 （推荐数目是 50~80 台计算机）

10.1.16 各种网络拓扑结构的比较见表 10-1-10。

表 10-1-10 各种网络拓扑结构的比较

拓扑结构	结构特点	优点	缺点	局域网典型应用
总线型	由一根被称为“主干”（又称为骨干或段）的传输介质组成，网络中所有的计算机连在这根传输介质上。在每条传输介质的两端需设端接器	节省传输介质、介质便宜、易于使用；系统简单可靠；总线易于扩展	在网络数据流量大时性能下降；查找问题困难；传输介质断开将影响许多用户	对等网络或小型（10 名用户以下）基于服务器的网络
环形	用一根传输介质环接所有的计算机，每台计算机都可作为中继器，用于增强信号传送给下一台计算机	系统为所有计算机提供相同的接入，在用户数据较多时仍能保持适当的性能	一台计算机故障将影响整个网络；查找问题困难；网络重新配置时将终止正常操作	令牌环 LAN、FDDI 或 CDDI
星形	计算机通过传输介质连接到被称为“集线器/交换机”的中央部件	是最常用的物理拓扑结构，无论逻辑上采用何种网络类型都可采用物理星形，方便预先布线，系统易于变化和扩展；集中式监视和管理；某台计算机或某根传输介质故障不会影响其他部分的正常工作	需要安装大量传输介质；如果中心点出现问题，连接于该中心点（网段）上的所有计算机将瘫痪	是最常用的拓扑结构；以太网；星形令牌环；星形 FDDI
网形	每台计算机通过分离的传输介质与其他计算机相连	系统提供高冗余性和可靠性，并能方便地诊断故障	需要安装大量传输介质	主要用于城域网，也可用于特别重要的以太网主干网段
变型或混合型	根据网络中计算机的分布、网络的可靠性、网络性能要求（数据流量和通信规律）的特点，选择相应的网络拓扑结构	满足不同网段性能的要求，在可靠性与经济性之间选择最佳交点	具有相应网段拓扑结构的缺点	是实际应用最普遍的拓扑结构

10.1.17 各种网络传输介质的协议及接口要求见表 10-1-11。

表 10-1-11 各种网络传输介质的协议及接口要求

功能及接口	网络				
	以太网	有线电视	电话	专用网络	电力载波
传输系统结构	LAN	HFC	PSTN/PSPDN	专用	Power Line Network
中心接入设备	网络交换机	有线电视前端	PABX	网关或专用设备	专用设备
网络拓扑结构	树形	树形	星形	树形+串型总线	树形+串型总线
线路分支连接设备	集线器或交换机	双向放大器/双向分支器	无源连接	路由器或专用设备	专用设备
传输介质	光纤+4 对 8 芯双绞线	光纤+同轴电缆	2 芯或 4 芯电话线	多芯电缆	电源线
终端通信接口	网络适配接口	电缆调制解调器接口或其他	各种调制解调器接口(PCM、XQAM 等)	异步通信接口 Lonwork 等	专用适配接口
终端设备	基于 NIC 的 NDT	CDT/基于 Cable Modem 的专用终端	基于 Modem 的专用终端	基于 Lonwork 的专用终端或其他专用终端	专用终端
介质层传输协议	IEEE 802. x	IEEE 802. 14 或企业标准	V. 2X、V. 3X		
传输速率	10/100/1000Mbit/s	最大 10Mbit/s,不对称传输	最大 56kbit/s	1k~10Mbit/s	最大 1Mbit/s
数据链路层访问协议	802. 3	802. 14		Lonwork、RS485 等	
采用标准协议	是	是	是	是	是
支持工作模式	实时在线	实时在线	拨号连接	实时在线	实时在线
系统扩展性	好	较好	好	好	较好

评 注

智能化集成系统是建筑智能化系统工程展现智能化信息合成应用和具有优化综合功效的支撑设施，是以实现绿色建筑、满足建筑的业务功能、物业运营及管理模式为目标，形成对智能化相关信息采集、数据通信、分析处理等支持能力，并应具有标准化通信方式和信息交互的支持能力。智能化集成系统包括智能化信息集成（平台）系统与集成信息应用系统。

10.2 信息设施系统

10.2.1 接入网的接入方式见表 10-2-1。

表 10-2-1 接入网的接入方式

接入网系统	接入方式	
有线接入网系统	光纤接入网(OAN)	光纤到交接箱(FTTCab)
		光纤到建筑物/分线盒(FTTB/C)
		光纤到户(FTTH)
		光纤到用户单元(FTTSU)
无线接入网系统	宽带无线接入	
	VSAT 小型卫星通信	

10.2.2 接入公用网常用方式见表 10-2-2。

表 10-2-2 接入公用网常用方式

接入公用网方式	接口设备
基于 SDH 的多业务传送平台(MSTP)	R(路由器)
ATM 交换网(S-ISDN)	R(路由器)
IP 以太网	R(路由器)
光纤同轴电缆混合网(HFC)	前端设备
基于以太网方式的无源光网络(EPON) 、吉比特无源光网络(GPON)	光网络单元(ONU)
	光网络终端(ONT)

10.2.3 接入方式的选择见表 10-2-3。

表 10-2-3 接入方式的选择

序号	接入方式的选择要求
1	对于通信业务量大、需要提供各种通信业务的集团用户,采用 FTTx 方式将光纤延展到用户所在地
2	对于办公建筑宜采用 FTTx+局域网(LAN) 或无源光网络(xPON)的方式
3	新建住宅小区采用光纤到户 FTTH 方式
4	对于商业用户可采用光纤到用户单元的无源光网络(xPON)方式
5	利用已有的同轴电缆,采用光纤同轴电缆混合网(HFC)方式
6	可采用无线接入方式作为有线接入方式的补充
7	建筑物与建筑群中无线通信系统应采用固定无线接入方式

10.2.4 用户电话交换机与公用电话网间中继线和中继电路数量见表 10-2-4。

表 10-2-4 用户电话交换机与公用电话网间中继线和中继电路数量

用户线(门)	中继线 (64kbit/s)(条)	中继电路 (2048kbit/s) (条)	用户线(门)	中继线 (64kbit/s)(条)	中继电路 (2048kbit/s) (条)
100 以下	15	1	1000	150	5
300	45	2	1500	225	8
500	75	3	2000	300	10

10.2.5 光分路器安装位置的选择见表 10-2-5。

表 10-2-5 光分路器安装位置的选择

应用模式	光分路器安装位置
光纤到建筑物/分线盒+局域网 (FTTB/C+LAN)	对内 B/C+LAN 应用模式的新建低层、多层和高层建筑,光分路器宜采用相对集中设置的一级分光方式。光分路器宜安装在小区机房或小区光缆交接箱内
光纤到建筑物+局域网或光纤用户单元 (FTTB+LAN 或 FTTSU)	FTTB+LAN 或 FTTSU 应用模式的商业客户单栋商务建筑物或建筑物群,光分路器安装位置的选择可按以下原则考虑: 1. 采用 FTTB + LAN 应用模式的商业客户,光分路器宜采用集中设置的一级分光方式。光分路器可安装在用户机房内或室外光缆交接箱内 2. 采用 FTTSU 应用模式的重要商业客户,光分路器宜采用集中设置的一级分光方式。光分路器宜安装在用户机房内或室外光缆交接箱内

10.2.6 光网络终端/光网络单元的配置、应用及应用模式见表10-2-6。

表10-2-6 光网络终端/光网络单元的配置、应用及应用模式

设备名称	配置	应用	应用模式
光网络终端(ONT)	当采用全光纤接入时配置光网络终端(ONT)	ONT位于用户端,直接为用户提供话音、数据、视频接口	根据ONT/ONU在网络中所处位置的不同,宽带光纤接入系统可分为光纤到家庭用户(FTTH)、光纤到用户单元(FTTSU)、光纤到建筑物/分线盒(FTTB/C)、光纤到交接箱(FTTCab)等多种应用模式
光网络单元(ONU)	当采用光纤+其他媒质混合接入时,配置光网络单元(ONU)	ONU由多个用户共享使用,通过钢缆配线网络或无线方式对连接的用户群提供话音、数据、视频业务或在用户端分别增加网络终端(NT)设备(如家庭网关)提供话音、数据、视频业务	

10.2.7 光网络终端/光网络单元的设置要求见表10-2-7。

表10-2-7 光网络终端/光网络单元的设置要求

应用模式	光网络终端(ONT)光网络单元(ONU)的设置
光纤到用户/用户单元(FTTH/SU)	ONT宜设置在户内/用户单元(办公室)内
光纤到建筑物/分线盒(FTT B/C)	ONU宜相对集中设置在建筑物内
光纤到交接箱(FTT Cab)	当需要采用室外机柜(箱)安装ONU时,宜靠近电缆交接箱选择适当位置设置

10.2.8 计算机网络常用的组网方式见表10-2-8。

表10-2-8 计算机网络常用的组网方式

主干网	千兆位以太网	千兆位以太网包括IEEE 802.3z、802.3ab两个标准,以满足不同布线环	1000BASE-T(IEEE 802.3ab):网络可基于传输介质100Ω平衡结构的5类以上非屏蔽或屏蔽4对对绞电缆无中继最长传输距离100m,采用RJ45型连接器件,适用于建筑物的主干网
			1000BASE-CX(IEEE 802.3z):网络可基于传输介质150Ω平衡结构的5类以上屏蔽4对对绞电缆(为一种25m近距离使用电缆),并配置9芯D型连接器,仅适用于机房内设备之间的互连
			1000BASE-LX(IEEE 802.3z):网络可基于传输介质62.5/125μm多模光缆或9/25μm单模光缆,网络设备收发器上配置长波激光(波长一般为1300nm)的光纤激光传输器,在全双工模式下最长传输距离多模光纤可达550m,单模光纤可达3~5km,适用于建筑物或建筑群、校园、住宅小区等的主干网
			1000BASE-SX(IEEE 802.3z):网络基于传输介质62.5/125μm或50/125μm多模光纤的多模光缆。网络设备收发器配置短波激光(波长一般为850nm)的光纤激光传输器,在全双工模式下最长传输距离62.5/125μm多模光纤可达275m,50/125μm多模光纤可达550m,适用于建筑物或建筑群的主干网
	万兆位以太网	万兆位以太网包括IEEE 802.30e、802.3an两个标准	IEEE 802.30e的传输介质均使用光纤,在局域网中使用多模光纤,最大距离可达300m;使用单模光纤,随着光源的不同,最大距离可达10km或40km,适用于大型建筑群网络的主干网
			IEEE 802.3an的传输介质使用6A类以上4对对绞电缆最大距离可达100m:使用6类4对对绞电缆,最大距离可达55m,适用于大型建筑群网络的主干网
	以太网无源光网	以太网无源光网包括IEEE 802.3ah标准	IEEE 802.3ah使用单模光纤,传输率为1Gbit/s,最大距离可达20km

（续）

网络总体结构的层次	建筑物和建筑群的网络一般包括主干（核心）层、汇聚层和终端接入层三个层次，规模较小的网络只包括主干层和终端接入层两个层	主干（核心）层：承担网络中心的主机（或主服务器）与网络主干交换设备的连接，或者实现网络多台主干交换设备的光纤连接，其传输速率一般达到1000Mbit/s，甚至万兆，要留有一定的冗余，根据需要可方便扩展
		汇聚层：一般以基于100M/1000Mbit/s传输率的局域网交换机组成，在建筑物中汇聚每个楼层或几个楼层的层次的交换机，上链主干层，下链终端接入层
		终端接入层：一般以10M/100Mbit/s传输率的局域网交换机组成，连接用户终端及桌面设备
	以太网无源光网	以太网无源光网，主干层传输率为1Gbit/s，通过无源分线器分成16、32、64路至用户端，则每个用户端的平均传输率为66Mbit/s或33Mbit/s，实现对建筑物FTTB及对用户FTTD连接

10.2.9 综合布线的分级与类别见表10-2-9。

表10-2-9 综合布线的分级与类别

系统分级	系统产品类别	支持带宽/Hz	器件	
			电缆、光缆	连接硬件
A	—	100k	3类	3类
B	—	1M	3类	3类
C	3类（大对数）	16M	3类	3类
D	5类（屏蔽和非屏蔽）	100M	5类	5类
E	6类（屏蔽和非屏蔽）	250M	6类	6类
EA	6A类（屏蔽和非屏蔽）	500M	6A类	6A类
F	7类（屏蔽）	600M	7类	7类
FA	7A类（屏蔽）	1000M	7A类	7A类
—	8类（屏蔽）	2000M	8类	8类

注：1. 5、6、6A、7、7A类布线系统应能支持向下兼容的应用。

2. 8类布线系统CAT8.1等级应能支持向下兼容6A的应用，CAT8.2等级应能支持向下兼容7A的应用，目前8类布线系统主要应用于数据中心。

10.2.10 综合布线系统等级与类别的选用见表10-2-10。

表10-2-10 综合布线系统等级与类别的选用

业务种类		配线子系统		干线子系统		建筑群子系统	
		等级	类别	等级	类别	等级	类别
语音		D/E	5/6（4对）	C/D	3/5（大对数）	C	3（室外大对数）
数据	电缆	D、E、EA、F、FA	5、6、6A、7、7A（4对）	E、EA F、FA	6、6A、7、7A（4对）	—	—
	光纤	OF-300 OF-500 OF-2000	OM1、OM2、OM3、OM4多模光缆；OS1、OS2单模光缆及相应等级连接器件	OF-300 OF-500 OF-2000	OM1、OM2、OM3、OM4多模光缆；OS1、OS2单模光缆及相应等级连接器件	OF-300 OF-500 OF-2000	OS1、OS2单模光缆及相应等级连接器件
其他应用①		可采用5/6/6A类4对对绞电缆和OM1/OM2/OM3/OM4多模、OS1/OS2单模光缆及相应等级连接器件					

①为建筑物其他弱电子系统采用网络端口传送数字信息时的应用

10.2.11 工作区面积划分参考表见表10-2-11。

表10-2-11 工作区面积划分参考表

建筑物类型及功能	工作区面积/m^2	建筑物类型及功能	工作区面积/m^2
网管中心、呼叫中心、信息中心等座席较为密集的场地	3~5	商场、产生机房、娱乐场所	20~60
		体育场馆、候机室、公共设施区	20~100
办公区	5~10	工业生产区	60~200
会议、会展	10~60		

10.2.12 信息点数量配置见表10-2-12。

表10-2-12 信息点数量配置

建筑物功能区	信息点数量(每一工作区)			备注
	电话	数据	光纤(双工端口)	
办公区(基本配置)	1个	1个	—	—
办公区(高配置)	1个	2个	1个	对数据信息有较大的需求
出租或大客户区域	2个或2个以上	2个或2个以上	1个或1个以上	指整个区域的配置量
办公区(政务工程)	2~5个	2~5个	1个或1个以上	涉及内、外部网络时

注：对出租的用户单元区域可设置信息配线箱，工作区的用户业务终端通过电信业务经营者提供的ONU设备直接与公用电信网互通。大客户区域也可以为公共设施的场地，如商场、会议中心、会展中心等。

10.2.13 综合布线系统配线模块选用见表10-2-13。

表10-2-13 综合布线系统配线模块选用

类别	产品类型		配线模块安装场地和连接线缆类型		
	配线设备类型	容量及规格	电信间(FD)	设备间(BD)	设备间(CD)
电缆配线设备	大对数卡接模块	采用4对卡接模块	4对水平电缆/4对主干电缆	4对主干电缆	4对主干电缆
		采用5对卡接模块	大对数主干电缆	大对数主干电缆	大对数主干电缆
	25对卡接模块	25对	4对水平电缆/4对主干电缆/大对数主干电缆	4对主干电缆/大对数主干电缆	4对主干电缆/大对数主干电缆
	回线型卡接模块	8回线	4对水平电缆/4对主干电缆	大对数主干电缆	大对数主干电缆
		10回线	大对数主干电缆	大对数主干电缆	大对数主干电缆
	RJ45配线模块	24口或48口	4对水平电缆/4对主干电缆	4对主干电缆	4对主干电缆
光纤配线设备	SC光纤连接器件、适配器	单工/双工,24口	水平光缆/主干光缆	主干光缆	主干光缆
	LC光纤连接器件、适配器	单工/双工,24口、48口	水平光缆/主干光缆	主干光缆	主干光缆

注：1. 屏蔽大对数电缆使用8回线型卡接模块。
2. 在楼层配线设备（FD）处水平侧的电话配线模块主要采用RJ45类型的，以适应通信业务的变更与产品的互换性。
3. 每一个机柜出入的光纤数量较大时，为节省机柜的安装空间，也可以采用LC高密度（48~114个光纤端口）的光纤配线架。

10.2.14 综合布线非屏蔽、屏蔽系统的选用见表 10-2-14。

表 10-2-14 综合布线非屏蔽、屏蔽系统的选用

<table>
<tr><th>项目</th><th>非屏蔽、屏蔽系统的选用条件</th></tr>
<tr><td>非屏蔽系统</td><td>当综合布线区域内存在的电磁干扰场强低于 3V/m 时，宜采用非屏蔽电缆和非屏蔽配线设备</td></tr>
<tr><td rowspan="4">屏蔽系统或光缆系统</td><td>当综合布线区域内存在的电磁干扰场强高于 3V/m 时，宜采用屏蔽布线系统</td></tr>
<tr><td>用户对电磁兼容性有电磁干扰和防信息泄漏等较高的要求时，或有网络安全保密的需要时，宜采用屏蔽布线系统</td></tr>
<tr><td>安装现场条件无法满足对绞电缆的间距要求时，宜采用屏蔽布线系统</td></tr>
<tr><td>当布线环境温度影响到非屏蔽布线系统的传输距离时，宜采用屏蔽布线系统</td></tr>
</table>

10.2.15 综合布线系统配线模块与缆线的连接及配置见表 10-2-15。

表 10-2-15 综合布线系统配线模块与缆线的连接及配置

<table>
<tr><th>位置</th><th colspan="2">连接与配置要求</th></tr>
<tr><td>工作区</td><td colspan="2">工作区的信息插座模块应支持不同的终端设备接入，每一个 8 位模块通用插座应连接 1 根 4 对对绞电缆；对每一个双工或 2 个单工光纤连接器件及适配器连接 1 根 2 芯光缆</td></tr>
<tr><td rowspan="10">电信间、设备间</td><td colspan="2">从电信间至每一个工作区水平光缆宜按 2 芯光缆配置。至用户群或大客户使用的工作区域时，备份光纤芯数不应小于 2 芯，水平光缆宜按 4 芯或 2 根 2 芯光缆配置</td></tr>
<tr><td colspan="2">连接至电信间的每一根水平缆线应终接于 FD 处相应的配线模块，配线模块与缆线容量相适应</td></tr>
<tr><td rowspan="8">电信间 FD 主干侧各类配线模块应根据主干缆线所需容量要求、管理方式及模块类型和规格进行配置</td><td>多线对端子配线模块可以选用 4 对或 5 对卡接模块，每个卡接模块应卡接 1 根 4 对对绞电缆。一般 100 对卡接端子容量的模块可卡接 24 根（采用 4 对卡接模块）或卡接 20 根（采用 5 对卡接模块）4 对对绞电缆</td></tr>
<tr><td>25 对端子配线模块可卡接 1 根 25 对大对数电缆或 6 根 4 对对绞电缆</td></tr>
<tr><td>回线式配线模块（8 回线或 10 回线）可卡接 2 根 4 对对绞电缆或 8/10 回线。回线式配线模块的每一回线可以卡接 1 对入线和 1 对出线。回线式配线模块的卡接端子可以为连通型、断开型、一般在 CP 处可选用连通型，在需要加装过电压过电流保护器时采用断开型</td></tr>
<tr><td>RJ45 配线架（由 24 个或 48 个 8 位模块通用插座组成）的每 1 个 RJ45 插座应可卡接 1 根 4 对对绞电缆</td></tr>
<tr><td>光纤连接器件每个单工端口应支持 1 芯光纤的终接，双工端口则支持 2 芯光纤的终接</td></tr>
<tr><td>对语音业务，大对数主干电缆的对数应按每 1 个电话 8 位模块通用插座配置 1 对线，并在总需求线对的基础上预留不小于 10% 的备用线对。如语音信息点 8 位模块通用插座连接 ISDN 用户终端设备，并采用 S 接口（4 线接口）时，相应的主干电缆则应按 2 对线配置</td></tr>
<tr><td>对数据业务，应以每台以太网交换机设置 1 个主干端口和 1 个备份端口配置。当主干端口为电接口时，应按 4 对线对容量配置；当主干端口为光端口时，则按 1 芯或 2 芯光纤容量配置</td></tr>
<tr><td>当工作区至电信网的水平光缆需延伸至设备间的光配线设备（BD/CD）时，主干光缆的容量应包括所延伸的水平光缆光纤的容量</td></tr>
</table>

（续）

<table>
<tr><th>位置</th><th colspan="2">连接与配置要求</th></tr>
<tr><td rowspan="5">电信间、设备间</td><td colspan="2">设备间配线设备(BD)主干缆线侧的配线设备容量应与主干缆线的容量相一致。设备侧的配线设备容量应与设备应用的光、电主干端口容量相一致或与干线侧配线设备容量相同。外线侧的配线设备容量应满足引入缆线的容量需求</td></tr>
<tr><td colspan="2">建筑群配线设备(CD)的内侧的容量应与各建筑物引入的建筑群主干缆线容量一致,建筑群配线设备(CD)的外侧的容量应与建筑群外部引入的缆线容量相一致</td></tr>
<tr><td rowspan="3">电信间 FD 采用的设备缆线和各类跳线宜按计算机网络设备的使用端口容量和电话交换系统的实装容量、业务的实际需求或信息点总数的比例进行配置,比例范围宜为 25%~50%</td><td>电话跳线按每根 1 对或 2 对对绞电缆容量配置,跳线两端连接插头采用 IDC(110)或 RJ45 型</td></tr>
<tr><td>数据跳线按每根 4 对对绞电缆配置,跳线两端连接插头采用 IDC(110)或 RJ45 型</td></tr>
<tr><td>光纤跳线按每根 1 芯或 2 芯光纤配置,光纤跳线连接器件采用 SC 或 LC 型</td></tr>
</table>

10.2.16　多模光纤信道应用最大传输距离见表 10-2-16。

表 10-2-16　多模光纤信道应用最大传输距离

应用网络	波长/nm	最大信道长度/m	
		50/125μm	62.5/125μm
IEEE 802-3:FOIRL	850	514	1000
IEEE 802-3:10BASE-FL&FB	850	1514	2000
ISO/IEC TR 11802-4:4&16Mbit/s Token Ring	850	1857	2000
ATM at 155Mbit/s	850	1000②	1000①
ATM at 622Mbit/s	850	300②	300①
ISO/IEC 14165-111:Fibre Channel(FC-PH) at 1062Mbit/s④	850	500②	300①
IEEE 802.3:1000BASE-SX④	850	550②	275①
IEEE 802.3:1000BASE-SR④	850	300③	
IEEE 802.3:1000BASE-SR4④	850	100③/125⑤	
IEEE 802.3:1000BASE-SR10④	850	100③/125⑤	
1Gbit/s FC(1.0625GBd)④	850	500①	300②
2Gbit/s FC(2.125GBd)④	850	300③	
4Gbit/s FC(4.25GBd)④	850	150②/380③/400⑤	70
8Gbit/s FC(8.5GBd)④	850	50②/150③/200⑤	21
16Gbit/s FC(14.025GBd)④	850	35②/100③/130⑤	15
ISO/IEC 9314-3:FDDI PMD	1300	2000	2000
IEEE 802-3:100BASE-FX	1300	2000	2000
IEEE 802.5t:100Mbit/s Token Ring	1300	2000	2000
ATM at 52 Mbit/s	1300	2000	2000
ATM at 155Mbit/s	1300	2000	2000
ATM at 622Mbit/s	1300	330	500
IEEE 802.3:1000BASE-LX④	1300	550②	550①
IEEE 802.3:10GBASE-LX④	1300	300①	300①

① OM1 光纤规定的最小传输距离。
② OM2 光纤规定的最小传输距离。
③ OM3 光纤规定的最小传输距离。
④ 在带宽有限的应用场景下，可能因使用衰减较低的元件而使信道的应用等级（长度）超过规定的数值，但不推荐这种应用方式。
⑤ OM4 光纤规定的最小传输距离。

10.2.17 单模光纤信道应用最大传输距离见表 10-2-17。

表 10-2-17 单模光纤信道应用最大传输距离

应用网络	波长/nm	最大信道长度/m
ISO/IEC 9314-4:FDDI SMF-PMD	1310	2000
ATM at 52Mbit/s	1310	2000
ATM at 155Mbit/s	1310	2000
ATM at 622Mbit/s	1310	2000
ISO/IEC 14165-111:Fibre Channel(FC-PH) at 1062Mbit/s	1310	2000
IEEE 802.3:1000BASE-LX	1310	2000
IEEE 802.3:40GBASE-LR4	1310	2000
IEEE 802.3:100GBASE-LR4	1310	2000
IEEE 802.3:100GBASE-ER4	1310	2000
1Gbit/s FC(1.0625GBd)	1310	2000
2Gbit/s FC(2.125GBd)	1310	2000
4Gbit/s FC(4.25GBd)	1310	2000
8Gbit/s FC(8.5GBd)	1310	2000
10Gbit FC	1310	没有规定
IEEE 802.3:10GBASE-LR/LW	1310	2000
1Gbit/s FC	1550	2000
2Gbit/s FC	1550	2000
IEEE 802.3:10GBASE-ER/EW	1550	2000
IEEE 802.3:40GBASE-LR4	1271,1291,1311,1310	2000
IEEE 802.3:100GBASE-LR4	1295,1300,1305,1310	330
IEEE 802.3:100GBASE-ER4	1295,1300,1305,1310	550

10.2.18 综合布线电缆与电力电缆的间距见表 10-2-18。

表 10-2-18 综合布线电缆与电力电缆的间距

其他干扰源	与信息网络系统接近状况	最小间距/mm
380V 以下电力电缆 <2kV · A	与电缆平行敷设	130
	有一方在接地的线槽中	70
	双方都在接地的线槽中	10①
380V 以下电力电缆 2~5kV · A	与电缆平行敷设	300
	有一方在接地的线槽中	150
	双方都在接地的线槽中	80
380V 以下电力电缆 >5kV · A	与电缆平行敷设	600
	有一方在接地的线槽中	300
	双方都在接地的线槽中	150

① 双方都在接地的线槽中，系指两个不同的线槽，也可在同一线槽中用金属板隔开，且平行长度不大于 10m。

10.2.19 综合布线管线与其他管线的间距见表 10-2-19。

表 10-2-19 综合布线管线与其他管线的间距

其他管线	最小平行净距 /mm	最小交叉净距 /mm	其他管线	最小平行净距 /mm	最小交叉净距 /mm
防雷引下线	1000	300	热力管(不包封)	500	500
保护地线	50	20	热力管(包封)	300	300
给水管	150	20	煤气管	300	20
压缩空气管	150	20			

10.2.20 综合布线系统电气防护措施见表 10-2-20。

表 10-2-20 综合布线系统电气防护措施

序号	电气防护措施
1	当综合布线区域内存在的电磁干扰场强高于 3V/m，或用户对电磁兼容性有较高要求时，可采用屏蔽布线系统和光缆布线系统
2	当综合布线路由上存在干扰源，且不能满足最小净距要求时，宜采用金属导管和金属槽盒敷设，或采用屏蔽布线系统及光缆布线系统
3	当局部地段与电力线或其他管线接近，或接近电动机、电力变压器等干扰源，且不能满足最小净距要求时，可采用金属导管或金属槽盒等局部措施加以屏蔽处理

10.2.21 综合布线系统接地要求见表 10-2-21。

表 10-2-21 综合布线系统接地要求

项　目	要　求
综合布线系统接地方式	1. 综合布线系统应采用建筑物共用接地的接地系统 2. 当必须单独设置系统接地体时，其接地电阻不应大于 4Ω 3. 当布线系统的接地系统中存在两个不同的接地体时，其接地电位差不应大于 1Vrms
配线柜接地	配线柜接地端子板应采用两根不等长度且截面面积不小于 $6mm^2$ 的绝缘制导线接至就近的等电位联结端子板
屏蔽布线系统接地	屏蔽布线系统的屏蔽层应保持可靠连接、全程屏蔽，在屏蔽配线设备安装的位置应就近与等电位联结端子板可靠连接

10.2.22 办公、文化、博物馆建筑综合布线系统工作区面积划分与信息点配置见表 10-2-22。

表 10-2-22 办公、文化、博物馆建筑综合布线系统工作区面积划分与信息点配置

项目	办公建筑		文化建筑			博物馆建筑
	行政办公建筑	普通办公建筑	图书馆	文化馆	档案馆	
每一个工作区面积/m^2	办公：5~10	办公：5~10	办公、阅览：5~10	办公：5~10；展示厅：20~50；公共区域：20~60	办公：5~10；资料室：20~60	公共：5~10；展示厅：20~50；公共区域：20~60

（续）

项目		办公建筑		文化建筑			博物馆建筑
		行政办公建筑	普通办公建筑	图书馆	文化馆	档案馆	
每一个用户单元区域面积/m^2		60~120	60~120	60~120	60~120	60~120	60~120
每一个工作区信息插座类型与数量	RJ45	一般2个；政务2~8个	2个	2个	2~4个	2~4个	2~4个
	光纤到工作区SC或LC	2个单工或1个双工或根据需要设置	2个单工或1个双工或根据需要设置	2个单工或1个双工或根据需要设置	2个单工或1个双工或根据需要设置	2个单工或1个双工或根据需要设置	2个单工或1个双工或根据需要设置

10.2.23　商店、旅馆、观演建筑综合布线系统工作区面积划分与信息点配置见表10-2-23。

表10-2-23　商店、旅馆、观演建筑综合布线系统工作区面积划分与信息点配置

项目		商店建筑	旅馆建筑	观演建筑		
				剧场	电影院	广播电视业务建筑
每一个工作区面积/m^2		商铺：20~120	办公：5~10；客房：每套房；公共区域：20~50；会议：20~50	办公区：5~10；业务区：50~100	办公区：5~10；业务区：50~100	办公区：5~10；业务区：5~50
每一个用户单元区域面积/m^2		60~120	每一个客房	60~120	60~120	60~120
每一个工作区信息插座类型与数量	RJ45	2~4个	2~4个	2个	2个	2个
	光纤到工作区SC或LC	2个单工或1个双工或根据需要设置	2个单工或1个双工或根据需要设置	2个单工或1个双工或根据需要设置	2个单工或1个双工或根据需要设置	2个单工或1个双工或根据需要设置

10.2.24　医疗、教育建筑综合布线系统工作区面积划分与信息点配置见表10-2-24。

表10-2-24　医疗、教育建筑综合布线系统工作区面积划分与信息点配置

项目		医疗建筑		教育建筑		
		综合医院	疗养院	高等学校	高级中学	初级中学和小学
每一个工作区面积/m^2		办公：5~10；业务区：10~50；手术设备室：3~5；病房：15~60；公共区域：60~120	办公：5~10；疗养区域：15~60；业务区：10~50；营养员活动室：30~50；营养食堂：20~60；公共区域：60~120	办公5~10；公寓、宿舍：每一套房/每一床位；教室：30~50；多功能教室：20~50；实验室：20~50；公共区域：30~120	办公：5~10；公寓、宿舍：每一床位；教室：30~50；多功能教室：20~50；实验室：20~50；公共区域：30~120	办公：5~10；宿舍：每一套房；教室30~50；多功能教室：20~50；实验室：20~50；公共区域：30~120
每一个用户单元区域面积/m^2		每一个病房	每一个疗养区域	公寓	公寓	—
每一个工作区信息插座类型与数量	RJ45	2个	2个	2~4个	2~4个	2~4个
	光纤到工作区SC或LC	2个单工或1个双工或根据需要设置	2个单工或1个双工或根据需要设置	2个单工或1个双工或根据需要设置	2个单工或1个双工或根据需要设置	2个单工或1个双工或根据需要设置

10.2.25 体育、会展、金融通用工业建筑综合布线系统工作区面积划分与信息点配置见表10-2-25。

表10-2-25 体育、会展、金融通用工业建筑综合布线系统工作区面积划分与信息点配置

项目		体育建筑	会展建筑	金融建筑	通用工业建筑
每一个工作区面积/m^2		办公区:5~10;业务区:每比赛场地(记分、裁判、显示、升旗等)5~50	办公区:5~10;展览区:20~100;洽谈区:20~50;公共区域:60~120	办公区:5~10;业务区:5~10;客服区:5~20;公共区域:50~120;服务区:10~30	办公区:5~10;公共区域:60~120;生产区:20~100
每一个用户单元区域面积/m^2		60~120	60~120	60~120	60~120
每一个工作区信息插座类型与数量	RJ45	一般2个	一般2个	一般2~4个,业务区2~8个	一般2~4个
	光纤到工作区SC或LC	2个单工或1个双工或根据需要设置	2个单工或1个双工或根据需要设置	4个单工或1个双工或根据需要设置	2个单工或1个双工或根据需要设置

10.2.26 交通建筑综合布线系统工作区面积划分与信息点配置见表10-2-26。

表10-2-26 交通建筑综合布线系统工作区面积划分与信息点配置

项目		民用机场航站楼	铁路客运站	城市轨道交通站	汽车客运站
每一个工作区面积/m^2		办公区:5~10;业务区:10~50;公共区域:50~100;服务区:10~30	办公区:5~10;业务区:10~50;公共区域:50~100;服务区:10~30	办公区:5~10;业务区:5~10;公共区域:50~100;服务区:10~30	办公区:5~10;业务区:10~50;公共区域:50~100;服务区:10~30
每一个用户单元区域面积/m^2		60~120	60~120	60~120	60~120
每一个工作区信息插座类型与数量	RJ45	一般2个	一般2个	一般2个	一般2~4个
	光纤到工作区SC或LC	2个单工或1个双工或根据需要设置	2个单工或1个双工或根据需要设置	4个单工或1个双工或根据需要设置	2个单工或1个双工或根据需要设置

10.2.27 住宅建筑综合布线系统工作区面积划分与信息点配置见表10-2-27。

表10-2-27 住宅建筑综合布线系统工作区面积划分与信息点配置

项目		住宅建筑
每一个工作区信息插座类型与数量	RJ45	电话:客厅、餐厅、主卧、次卧、厨房、卫生间1个;书房2个 数据:客厅、餐厅、主卧、次卧、厨房1个;书房2个
	同轴	有线电视:客厅、主卧、次卧、书房、厨房1个
	光纤到桌面SC或LC	根据需要,客厅、书房1个双工
光纤到住宅用户		满足光纤到户要求,每一房配置一个家居配线箱

10.2.28 光纤到用户单元通信设施用户接入点配置见表10-2-28。

表10-2-28 光纤到用户单元通信设施用户接入点配置

项目	要求
用户接入点的功能	用户接入点应是光纤到用户单元工程特定的一个逻辑点，设置应符合下列规定： 1. 每一个光纤配线区应设置一个用户接入点 2. 用户光缆和配线光缆应在用户接入点进行互联 3. 只有在用户接入点处可进行配线管理 4. 用户接入点处可设置光分路器
用户接入点的设置	光纤用户接入点的设置地点应依据不同类型的建筑形成的配线区以及所辖的用户密度和数量确定，并应符合下列规定： 1. 当单栋建筑物作为1个独立配线区时，用户接入点应设于本建筑物综合布线系统设备间或通信机房内，但电信业务经营者应有独立的设备安装空间 2. 当大型建筑物或超高层建筑物划分为多个光纤配线区时，用户接入点应按照用户单元的分布情况均匀地设于建筑物不同区域的楼层设备间内 3. 当多栋建筑物形成的建筑群组成1个配线区时，用户接入点应设于建筑群物业管理中心机房、综合布线设备间或通信机房内。但电信业务经营者应有独立的设备安装空间 4. 每一栋建筑物形成的1个光纤配线区并且用户单元数量不大于30个（高配置）或70个（低配置）时，用户接入点应设于建筑物的进线间或综合布线设备间或通信机房内，用户接入点应采用设置共用光缆配线箱的方式，但电信业务经营者应有独立的设备安装空间

10.2.29 光纤到用户单元通信设施配置原则见表10-2-29。

表10-2-29 光纤到用户单元通信设施配置原则

项目	要求
通信管道、设备间	建筑红线范围内敷设配线光缆所需的室外通信管道管孔与室内管槽的容量、用户接入点处预留的配线设备安装空间及设备间的面积均应满足不少于3家电信业务经营者通信业务接入的需要
用户光缆	用户光缆采用的类型与光纤芯数应根据光缆敷设的位置、方式及所辖用户数计算，并应符合下列规定： 1. 用户接入点至用户单元信息配线箱的光缆光纤芯数应根据用户单元用户对通信业务的需求及配置等级确定，配置应符合表10-2-33的规定 2. 楼层光缆配线箱至用户单元信息配线箱之间应采用2芯光缆 3. 用户接入点配线设备至楼层光缆配线箱之间应采用单根多芯光缆，光纤容量应满足用户光缆总容量需要，并应根据光缆的规格预留不少于10%的余量
用户接入点光纤模块	用户接入点外侧光纤模块类型与容量应按引入建筑物的配线光缆的类型及光缆的光纤芯数配置
	用户接入点用户侧光纤模块类型与容量应按用户光缆的类型及光缆的光纤芯数的50%或工程实际需要配置
设备间	设备间面积不应小于10m^2
信息配线箱	每一个用户单元区域内应设置1个信息配线箱，并应安装在柱子或承重墙上不被变更的建筑物部位

10.2.30 光纤到用户单元通信设施缆线与配线设备的选择见表10-2-30。

表10-2-30 光纤到用户单元通信设施缆线与配线设备的选择

项目	要求
光缆光纤	用户接入点至楼层光纤配线箱（分纤箱）之间的室内用户光缆应采用G.652光纤
	楼层光缆配线箱（分纤箱）至用户单元信息配线箱之间的室内用户光缆应采用G.657光纤

（续）

项目	要 求
室内外光缆	室内光缆宜采用干式，非延燃外护层结构的光缆 室外管道至室内的光缆宜采用干式、防潮层、非延燃外护层结构的室内外用光缆
光纤连接器件	光纤连接器件宜采用SC和LC类型
用户单元信息配线箱	配线箱应根据用户单元区域内信息点数量、引入缆线类型、缆线数量、业务功能需求选用
	配线箱箱体尺寸应充分满足各种信息通信设备摆放、配线模块安装、光缆终接与盘留、跳线连接、电源设备和接地端子板安装以及业务应用发展的需要
	配线箱的选用和安装位置应满足室内用户无线信号覆盖的需求
	当超过50V的交流电压接入箱体内电源插座时，应采取强弱电安全隔离措施
	配线箱内应设置接地端子板，并应与楼层局部等电位端子板连接

10.2.31 光纤到用户单元通信设施的配线区配置见表10-2-31。

表10-2-31 光纤到用户单元通信设施的配线区配置

项目	光纤配线区所辖用户数量
配线区	每一个光纤配线区所辖用户数量宜为70~300个用户单元

10.2.32 光纤配置见表10-2-32。

表10-2-32 光纤配置

项目	光纤(芯)	光缆(条)	备注
高配置	2	2	考虑光纤与光缆的备份
低配置	2	1	考虑光纤与光缆的备份

10.2.33 住宅区和住宅建筑内光纤到户通信设施设置见表10-2-33。

表10-2-33 住宅区和住宅建筑内光纤到户通信设施设置

项目	设置要求
用户接入点	光纤到户工程中，用户接入点的位置应依据不同类型住宅建筑形成的配线区以及所辖的用户数确定，并应符合下列规定： 1. 由单个高层住宅建筑作为独立配线区时，用户接入点应设于本建筑物内的电信间 2. 由低层、多层、中高层住宅建筑组成配线区时，用户接入点应设于本配线区共用电信网 3. 由别墅组成配线区时，用户接入点应设于光缆交接箱或设备间
配线区	光纤到户工程一个配线区所辖住户数量不宜超过300户，光缆交接箱形成的一个配线区所辖住户数不宜超过120户
满足电信业务经营者通信业务需要	地下通信管道的管孔容量、用户接入点处预留的配线设备安装空间、电信间及设备间面积，应满足至少3家电信业务经营者通信业务接入的需要
用户光纤	用户接入点至每一户家居配线箱的光缆数量，应根据地域情况，用户对通信业务的需求及配置等级确定，其配置应符合表10-2-29的规定
设备间及电信间的设置	设备间及电信间的设置应符合下列规定： 1. 每一个住宅区应设置一个设备间，设备间宜设置在物业管理中心 2. 每一个高层住宅楼宜设置一个电信间，电信间宜设置在地下一层或首层 3. 多栋低层、多层、中高层住宅楼宜每一个配线区设置一个电信间，电信间宜设置在地下一层或首层

10.2.34 光纤到户通信设施设备间面积见表10-2-34。

表10-2-34 光纤到户通信设施设备间面积

类型		分类 场地	设备间		备注
			面积/m²	尺寸/m	
住宅区	组图	1个配线区(300户)	10	4×2.5	可安装4个机柜(宽600mm×深600mm),按列设置①
			15	5×3	可安装4个机柜(宽800mm×深800mm),按列设置①
		3个配线区(301~700户)	10	4×2.5	可安装3个机柜(宽600mm×深600mm),按列设置②。为3个配线区的光缆汇聚
	小区	7个配线区(701~2000户)	10	4×2.5	可安装3个机柜(宽600mm×深600mm),按列设置②。为7个配线区的光缆汇聚
		14个配线区(2001~4000户)	10	4×2.5	可安装3个机柜(宽600mm×深600mm),按列设置②。为14个配线区的光缆汇聚

① 设备间直接作为用户接入点，4个机柜分配给电信业务经营者及住宅建设方使用。

② 多个配线区的配线光缆汇聚于设备间。3个机柜分配给电信业务经营者使用。

10.2.35 光纤到户通信设施电信间面积见表10-2-35。

表10-2-35 光纤到户通信设施电信间面积

1个配线区住户数	面积/m²	尺寸/m	备注
300户	10	4×2.5	可安装4个机柜(宽0.6m×深0.6m),按列设置
	15	5×3	可安装4个机柜(宽0.8m×深0.8m),按列设置

注：4个机柜分配给电信业务经营者及住宅建设方使用。

10.2.36 19in机柜外形尺寸见表10-2-36。

表10-2-36 19in机柜外形尺寸

名称	规格	宽×深×高/mm×mm×mm	名称	规格	宽×深×高/mm×mm×mm
网络/服务器机柜	20U	600(或800)×(600~1200)×1000	标准机柜	36U	600(或800)×600(或800)×1750
	24U	600(或800)×(600~1200)×1200		38U	600(或800)×600(或800)×1800
	29U	600(或800)×(600~1200)×1400		42U	600(或800)×600(或800)×2000
	33U	600(或800)×(600~1200)×1600		47U	600(或800)×600(或800)×2200
	36U	600(或800)×(600~1200)×1750		50U	600(或800)×600(或800)×2400
	38U	600(或800)×(600~1200)×1800		54U	600(或800)×600(或800)×2600
	42U	600(或800)×(600~1200)×2000	壁挂机柜	6U	(500~600)×(420~550)×370
	47U	600(或800)×(600~1200)×2200		9U	(500~600)×(420~550)×500
标准机柜	18U	600(或800)×600(或800)×900		12U	(500~800)×(420~550)×650
	22U	600(或800)×600(或800)×1150		15U	(500~600)×(420~550)×800
	24U	600(或800)×600(或800)×1200		18U	(500~600)×(420~550)×900
	27U	600(或800)×600(或800)×1400		22U	(500~600)×(420~550)×1150
	32U	600(或800)×600(或800)×1600		24U	(500~600)×(420~550)×1200

10.2.37 网络交换机、配线设备高度见表10-2-37。

表10-2-37 网络交换机、配线设备高度

设备名称	规格	设备高度	设备名称	规格	设备高度
网络交换机	24口	1U	SC光纤配线架	48口单工	2U
网络交换机	48口	2U	RJ45型配线架	24口	1U
LC光纤配线架	24口双工	1U	RJ45型配线架	48口	2U
LC光纤配线架	48口双工	2U	IDC型配线架	100对	1U
LC光纤配线架(高密度)	48口双工	1U	电源分配器(PDU)	4~8个单相电源插座	1U
SC光纤配线架	24口单工	1U	缆线管理器	—	1U、2U

10.2.38 19in机柜配线容量与尺寸见表10-2-38。

表10-2-38 19in机柜配线容量与尺寸

SC/LC端口数量	机柜规格	机柜尺寸(高×宽×深)/mm×mm×mm
240/480	24U	1200×600/800×600/800
408/816	38U	1800×600/800×600/800
456/912	42U	2000×600/800×600/800
504/1008	47U	2200×600/800×600/800
552/1104	50U	2400×600/800×600/800
600/1200	54U	2600×600/800×600/800

注：1U的高度为44.45mm。

10.2.39 光纤配线箱容量与尺寸见表10-2-39。

表10-2-39 光纤配线箱容量与尺寸

容量(芯)	功能	箱体尺寸(高×宽×深)/mm×mm×mm	容量(芯)	功能	箱体尺寸(高×宽×深)/mm×mm×mm
12~16	配线、分线	250×400×80	32	分纤(墙挂、壁嵌)	440×360×75
24~32		300×400×80	48		440×360×75
36~48		450×400×80	72		440×450×190
6~8	分纤(墙挂、壁嵌)	247×207×50	96		570×490×160
12		370×290×68	144		720×540×300
24		370×290×68			

10.2.40 光缆交接箱容量与尺寸见表10-2-4。

表10-2-40 光缆交接箱容量与尺寸

容量(芯)	功　能	箱体尺寸(高×宽×深)/mm×mm×mm
144	配线与分路(落地、架空、墙挂)	1220×760×360
288	配线与分路(落地、架空)	1450×760×360
576	配线与分路(落地)	1550×1360×360

10.2.41 家居配线箱功能与尺寸见表10-2-41。

表10-2-41 家居配线箱功能与尺寸

功能	箱体底盒尺寸（高×宽×深）/mm×mm×mm	功能模块单元数（典型配置）
可安装光网络单元（ONT）、路由器/交换机、电话交换机、有源设备的直流（DC）电源、有线电视分配器模块及配线模块等弱电系统设备	400×300×120	6
可安装光网络单元（ONT）、数据配线模块、语音配线模块、有线电视分配器模块等弱电系统设备	350×300×120	3
可安装光网络单元（ONT）、有线电视分配器模块，主要用于小户型住户	300×250×120	1

注：当选用模块数超出本表范围时，可以选用其他结构尺寸。

10.2.42 住宅综合信息箱功能与尺寸见表10-2-42

表10-2-42 住宅综合信息箱功能与尺寸

功能	暗装箱体底盒尺寸（高×宽×深）/mm×mm×mm	功能模块单元数（典型配置）
可安装宽带接入模块、智能家居中控模块、路由交换模块、语音配线模块、数据配线模块、有线电视配线模块、直流电源模块等	470×300×115	9
可安装宽带接入模块、智能家居中控模块、路由交换模块、语音配线模块、数据配线模块、有线电视配线模块、直流电源模块等	420×300×115	7
可安装宽带接入模块、智能家居中控模块、直流电源模块等	370×300×115	5

10.2.43 有线电视系统HFC、IP接入分配网见表10-2-43。

表10-2-43 有线电视系统HFC、IP接入分配网

项目	设计要求
HFC接入分配网	1. 民用建筑有线电机系统可采用HFC（光纤同轴电缆混合网）接入分配网，系统的接入点至光节点应采用光信号传输，光节点至用户终端可采用电信号传输 2. HFC接入分配网宜采用光纤到楼（层）（FTTB）同轴电缆到用户终端的传输和分配方式 3. 光节点设备宜选用2端口或4端口型，每个端口标称上行输入电平应为104dBmV。每个光节点服务的用户数应根据用户覆盖规模、业务终期需求设计，但不宜超过200户。对双向业务需求较高的小区应采取配置多输出口光站。增加交互频点、增加元节点数量等方式进行设计 4. 模拟电视输入端口电平为60~80dBmV，数字电视输入端口电平为50~75dBmV 5. 光节点端口与用户终端之间的链路损耗指标应满足以下要求： 5.1 光节点端口与用户终端之间的上行信号，链路损耗不应大于30dB 5.2 光节点同一端口下任意两个用户终端之间的下行信号，链路损耗差值不应大于8dB 5.3 光节点同一端口下任意两个用户终端之间的上行信号，链路损耗差值不应大于6dB 6. 建筑物按光纤到楼（层）、同轴电缆到用户终端方式设计时，应符合下列规定： 6.1 系统应采用双向传输网络，所有设备器件均应具有双向传输功能，射频传输带宽应达到1GHz 6.2 同轴电缆双向传输分配网应采用分支分配结构和等功率电平分配设计 6.3 分配网中宜采用无源集中分配到用户终端方式 6.4 各类设备、器件、连接器、电缆均应具有良好的屏蔽性能，屏蔽系统应大于或等于100dB 6.5 宜采用无源集中分配到户方式；特殊情况下光节点后所设置的延长放大器不应超过二级 6.6 HFC网络内任何有源设备的输出信号总功率不应超过20dBm 6.7 从光节点端口到用户终端，分配器的串接数不宜大于3级 6.8 光节点设备、线路放大器等有源设备应采用供电器集中供电方式，供电器宜采用60V或90V交流电输出

（续）

项目	设计要求
IP 接入分配网	1. 民用建筑有线电视系统可采用 IP 接入分配网，系统的接入点至用户配线箱/家居配线箱应采用光信号传输，用户配线箱/家居配线箱至用户终端设备可采用光信号或电信号传输 2. IP 接入分配网应采用光纤到户（FTIH），光缆、同轴电缆，对绞电缆或无线到用户终端设备的传输和分配方式 3. 光纤到公共建筑用户配线箱的设计应符合《综合布线系统工程设计规范》GB 50311—2016 的相关规定 4. 光纤到住宅建筑家居配线箱的设计应符合《有线电视网络工程设计标准》GB/T 50200—2018《住宅区和住宅建筑内光纤到户通信设施工程设计规范》GB 50846—2012 和《综合布线系统工程设计规范》GB 50311—2016 的相关规定
传输线路选择	1. 当有线电视系统采用 IP 接入分配网时，传输线缆选用宜符合下列规定： 1.1 由接入点端口至建筑物楼（层）配线箱之间的光缆宜采用 G. 652D 光缆 1.2 由楼（层）配线箱至用户配线箱/家居配线箱之间的光缆宜采用 G. 657A 光缆；进入用户配线箱/家居配线箱的光纤应为 1 芯或 2 芯 1.3 用户配线箱/家居配线箱至用户终端设备之间可采用光缆、同轴电缆和对绞电缆 2. 当有线电视系统采用 HFC 接入分配网光纤到楼（层）（FTTB）时，传输线缆选用宜符合下列规定： 2.1 由接入点端口至光节点端口之间的光缆宜采用 G. 652D 单模光纤光缆 2.2 由光节点端口至楼（层）配线箱的主干电缆宜选用□□-75-9 同轴电缆；楼配线箱至层配线箱的支干电缆宜选用□□-75-7 同轴电缆；层配线箱至用户配线箱/家居配线箱/用户终端的支线电缆宜选用□□-75-5 同轴电缆 3. 射频信号传输电缆宜采用特性阻抗为 75Ω 的同轴电缆；数字信号传输电缆宜采用 6 类的对较电缆 4. 同轴电缆的敷设长度若超过 30m。宜调整配线箱的位置或改用大一级线径的同轴电缆 5. 对绞电缆水平敷设长度应符合《综合布线系统工程设计规范》GB 50311—2016 的相关规定

10. 2. 44 电子会议系统工程子系统选择参考表见表 10-2-44。

表 10-2-44 电子会议系统工程子系统选择参考表

子系统名称	小型讨论会议室	中型同传会议厅	政府中型会议厅	会议中心多功能厅	人大、政协会堂	大型国际会议厅
会议讨论系统	√	√	√	√	√	√
有线同声传译系统	—	√	—	—	√	√
红外线同声传译系统	—	√（可选）	—	√	√（可选）	√（可选）
会议表决系统	—	√	√	—	√	√
会议扩声系统	√（可选）	√	√	√	√	√
会议显示系统	√（可选）	√	√	√	√	√
会议摄像系统	—	√	√	√	√	√
会议录制和播放系统	—	√	√	√	√	√
集中控制系统	√（可选）	√	√	√	√	√
会场出入口签到管理系统	—	—	—	—	√	—
控制室	—	√（可选）	√	√	√	√

注：1. 根据会议厅堂规模和实际需求的不同、可选择不同的子系统。
2. 小型讨论会议室包括会展中心、酒店、政府机械的小型会议室，以及企业会议室、大专院校会议室等。
3. 中型同传会议室（50~200 个坐席）包括会展中心中型会议厅、酒店高档中型会议室、涉外企业高档会议厅、国际新闻发布厅、大专院校国际学术交流会议厅等。
4. 政府中型会议厅包括各级政府、人大常委、党委常委会议厅等。
5. 会议中心多功能厅包括会展中心多功能厅、酒店多功能厅、企业多功能厅等。
6. 人大、政协会堂包括各级政府人大、政协大会堂等。
7. 大型国际会议厅包括国际会展中心会议大厅、城市国际会议中心、国家议会大厅、酒店会议中心等。
8. 小型会议室是指 50 个坐席以下的会议场所，中型会议室是指 50~200 个坐席的会议场所，大型会议室是指 200 个坐席以上的会议场所。

10.2.45 电子会议系统工程技术要求见表10-2-45。

表10-2-45 电子会议系统工程技术要求

项目	技术要求
平面布置	1. 平面布置应以会议室为中心,控制室或机房应与会议室相邻 2. 控制室宜设置在便于观察主席台、舞台及观众席的位置
会议室	1. 会议室照明应分为日常照明和会议照明。会议室的照度宜为300lx;主席台照度宜为500lx;舞台照度宜为800lx;灯光亮度宜能控制调节 2. 会议室温度宜为18~26℃;相对湿度宜为30%~80% 3. 室内新鲜空气换气量每人不应小于30m³/h
控制室	1. 大型会议厅堂宜设置控制室 2. 控制室温度宜为18~26℃;相对湿度宜为30%~80% 3. 控制室宜设置双层单向透明玻璃观察窗。观察窗高度宜为800mm;宽度宜大于或等于1200mm;窗底距地面宜为900mm 4. 具有演出功能的会议场所,应面向舞台及观众席开设观察窗,窗的位置及尺寸应确保调音人员正常工作时对舞台的大部分区域和部分观众席有良好的视野,观察窗可开启,操作人员在正常工作时应能获得现场的声音
译员室	同声传译系统宜设专用的译员室,并应符合下列规定: 1. 译员室的位置应靠近会议厅(或观众厅),并宜通过观察窗清楚地看到主席台(或观众厅)的主要部分,观察窗应采用中空玻璃隔音窗 2. 译员室的室内面积宜并坐两个译员,为减少房间共振,房间的三个尺寸要互不相同,其最小尺寸不宜小于2.5m×2.4m×2.3m(长×宽×高) 3. 译员室应进行吸声隔音处理并宜设置带有声闸的双层隔音门,译员之间宜设置隔音间,室内噪声不应高于NR20,室内应设空调并做好消声处理
供电系统	1. 大型和重要会议系统控制室交流电源应按一级负荷供电,中、小型会议系统控制室可按二级负荷供电,电压波动超过交流用电设备正常工作范围时,应采用交流稳压电源设备。交流电源的杂音干扰电压不应大于100mV 2. 使用流动设备的会议室,应在摄像机、监视器等设备附近设置专用电源插座回路,并应与会场扩声、会议显示系统设备采用同相电源 3. 大型和重要会议室的照明、会场扩声系统和会议显示系统设备供电,宜采用UPS不间断电源系统分路供电方式。空调设备供电宜采用双回路电源供电 4. 大、中型会议系统应设置专用配电箱,在配电箱内每个分支回路的容量应根据实际负荷确定,并应预留余量

10.2.46 会议电视规模、设备机房和控制室面积、会议人数参数见表10-2-46。

表10-2-46 会议电视规模、设备机房和控制室面积、会议人数参数

会议电视规模与形式		会议室面积/m²	设备机房、控制室/m²	参会人数(人)
个人终端型	有线链接	4~6	—	1~2
	无线链接	—		1
小型1		15~20	—	≤8
小型2		20~35	—	9~16
中型		35~120	5~8	16~50
大型		120~220	15~20	50~100
特大型		≥220	20~30	≥100
远程呈现		50~100	5	6~16

10.2.47 会议电视室内主屏、副屏及中后场辅助显示屏的配置见表10-2-47。

表10-2-47 会议电视室内主屏、副屏及中后场辅助显示屏的配置

会议电视规模与形式		采用高清高亮度投影机时			采用高清高亮度显示屏时			中后场辅助高清高亮度显示屏	
		主屏台数	副屏台数	16∶9液晶显示屏/in	主屏台数	副屏台数	16∶9液晶显示屏/in	同步显示主屏与副屏(台数)	16∶9液晶显示屏/in
个人终端型	有线链接	—			1	—	≥21	—	
	无线链接				1	—	≤15		
小型		—			1	—	≥32	—	
中型		1	1	≥100	1	1	≥55	≥2	≥40
大型		1	1	≥120	1	1	≥82	≥4	≥55
特大型		≥1	≥1	≥150	≥1	≥1	≥100	≥4	≥82
远程呈现		—			3		≥55	—	

注：中型、大型或特大型会议电视室内中场或后场区域，宜在两侧墙上或顶部增设悬挂会场辅助高清晰度、高亮度液晶显示屏，并可通过分配器等设备同步显示主屏及副屏上视频会议内容。

10.2.48 投影型、电视型视频显示系统性能和指标见表10-2-48。

表10-2-48 投影型、电视型视频显示系统性能和指标

项目		甲级	乙级	丙级
系统可靠性	基本要求	系统中主要设备应符合工业级标准,不间断运行时间7d×24h		系统中主要设备符合商业级标准,不间断运行时间3d×24h
	平均无故障时间(MTBF)	MTBF>40000h	MTBF>30000h	MTBF>20000h
显示性能	拼接要求	各个独立的视频显示屏单元应在逻辑上拼接成一个完整的显示屏,所有显示信号均应能随机实现任意缩放、任意移动、漫游、叠加覆盖等功能	各个独立的视频显示屏单元可在逻辑上拼接成一个完整的显示屏,所有显示信号均应能随机实现任意缩放、任意移动、漫游、叠加覆盖等功能	无
	信号显示要求	任何一路信号应能实现整屏显示,区域显示及单屏显示	任何一路信号宜实现整屏显示、区域显示及单屏显示	无
	同时实时信号显示数量	≥M(层)×N(列)×2	≥M(层)×N(列)×1.5	≥M(层)×N(列)×1
	计算机信号刷新频率	≥25f/s		≥15f/s
	视频信号刷新频率	≥24f/s	≥24f/s	≥24f/s
	任一视频显示屏单元同时显示信号数量	≥8路信号	≥6路信号	无
	任一显示模式间的显示切换时间	≤2s	≤5s	≤10s
	亮度与色彩控制功能要求	应分别具有亮度与色彩锁定功能,保证显示亮度、色彩的稳定性	宜分别具有亮度与色彩锁定功能,保证显示亮度、色彩的稳定性	无

（续）

项目		甲级	乙级	丙级
机械性能	拼缝宽度	≤1倍的像素中心距或1mm	≤1.5倍的像素中心距	≤2倍的像素中心距
	关键易耗品结构要求	应采用冗余设计与现场拆卸式模块结构	宜采用冗余设计与现场拆卸式模块结构	无
图像质量		>4级		4级
支持输入信号系统类型		数字系统	数字系统	无

注：电视型视频显示屏单元宜采用PDP、LCD。

10.2.49 LED视频显示屏系统分级、性能指标见表10-2-49。

表10-2-49 LED视频显示屏系统分级、性能指标

项目		甲级	乙级	丙级
光学性能	分辨力	像素矩阵的点间距	像素矩阵的点间距	像素矩阵的点间距
	亮度(L)	室外≥6000cd/m^2，室内≥1500cd/m^2	室外≥4000cd/m^2，室内≥1000cd/m^2	室外≥1200cd/m^2，室内≥200cd/m^2
	对比度(D)	D≥10	10>D≥8	8>D>5
	白场色温(T_c)	6000K<T_c≤10000K	5500K>T_c≤6000K	5000K<T_c≤5000K
	视角	水平≥140°/垂直≥70°	水平≥120°/垂直≥60°	水平≥100°/垂直≥60°
	亮度均匀性(B)	B≥95%	B≥75%	B≥50%
	最小粗字矩阵	汉字(16×16)/西文(5×7)	汉字(16×16)/西文(5×7)	汉字(16×16)/西文(5×7)
电性能	最大换帧频率(F_H)	F_H≥50Hz	50Hz>F_H≥25Hz	25Hz>F_H>16Hz
	刷新频率(F_c)	F_c≥300Hz	300Hz>F_c≥200Hz	200H>F_c≥100Hz
	灰色等级(HB)	HB≥256级(8bit)	256级(8bit)>HB≥32级(5bit)	32级(5bit)>HB≥8级(3bit)
	信噪比(S/N)	S/N≥47dB	47dB>S/N≥43dB	43dB>S/N≥35dB
	伴音功能	应有	宜有	宜有
机械结构	模组拼接平整度(P)	P≤0.5mm	P≤1.5mm	P≤2.5mm
	像素中小距相对偏差(J)	J≤5%	J≤7.5%	J≤10%
	水平错位精度(C_s)	C_s≤5%	C_s≤7.5%	C_s≤10%
	垂直错位精度(C_c)	C_c≤5%	C_c≤7.5%	C_c≤10%
	室内屏外壳防护等级(F_N)	F_N≥IP31	IP30≤F_N<IP31	IP20≤F_N<IP30
	室外屏外壳防护等级(F_w)	F_w≥IP66	IP54≤F_w<IP66	IP33≤F_w<IP54
环境条件	照度	室内或室外能全方位设置	室外青光设置	室外背光设置
	温度	室内:-10~40℃，室外:-40~70℃	室内:-10~40℃，室外:-30~50℃	室内:-10~40℃，室外:-30~50℃
	相对湿度	0~100%	0~95%	0~80%
	气体腐蚀性	能防腐蚀性气体	具备一般腐蚀性气体(盐雾)防护	不具备腐蚀性气体防护

（续）

项目		甲级	乙级	丙级
系统可靠性	平均无故障运行时间（MTBF）	MTBF>10000h	5000h<MTBF≤10000h	3000h<MTBF≤5000h
	室内屏像素失控率（P_{ZN}）	$P_{ZN}\leq 1\times 10^{-4}$	$P_{ZN}\leq 2\times 10^{-4}$	$P_{ZN}\leq 3\times 10^{-4}$
	室外屏像素失控率（P_{ZW}）	$P_{ZW}\leq 1\times 10^{-4}$	$P_{ZW}\leq 4\times 10^{-4}$	$P_{ZW}\leq 2\times 10^{-4}$
	不间断工作时间	7d×24h	7d×24h	3d×24h
图像质量		>4级		4级
接口、数据处理能力		1. 输入信号：兼容各种系统需要的视频和PC接口 2. 模拟信号：达到10bit精度的A/D转换 3. 数字信号：能够接收和处理每种颜色10bit信号	1. 输入信号：兼容各种系统需要的视频和PC接口 2. 模拟信号：达到8bit精度的A/D转换 3. 数字信号：能够接收和处理每种颜色8bit信号	输入信号：兼容各种系统需要的视频和PC接口

10.2.50 室内LED视频显示屏技术参数见表10-2-50。

表10-2-50 室内LED视频显示屏技术参数

规格	像素组成	点间距/mm	像素密度/(点/m²)	亮度/cd	峰值功耗/(W/m²)
S-F-P1.2	3IN1表贴	1.2	640000	800	850
S-F-P1.4	3IN1表贴	1.5	462400	800	650
S-F-P1.5	3IN1表贴	1.5	409600	800	650
S-F-P1.6	3IN1表贴	1.6	360000	800	850
S-F-P1.9	3IN1表贴	1.9	270400	800	600
S-F-P2.0	3IN1表贴	2	230400	800	600
S-F-P2.5	3IN1表贴	2.5	160000	800	500
S-F-P3.0	3IN1表贴	3	111111	1500	650
S-F-P4.0	3IN1表贴	4	62500	1500	650
D-RYG-F3.75	1R1YG	4	62500	250	860
S-F-P5.0	3IN1表贴	5	40000	1500	270
S-F-P6.0	3IN1表贴	6	27777	1500	270

10.2.51 室外LED视频显示屏技术参数见表10-2-51。

表10-2-51 室外LED视频显示屏技术参数

规格	像素组成	点间距/mm	像素密度/(点/m²)	亮度/cd	峰值功耗/(W/m²)
L-F-P3	3IN1表贴	3	111111	4500	1720
L-F-P4	3IN1表贴	4	62500	4000	1600
L-F-P5	3IN1表贴	5	40000	6500	1000

（续）

规格	像素组成	点间距/mm	像素密度/(点/m^2)	亮度/cd	峰值功耗/(W/m^2)
L-F-P6	3IN1 表贴	6	22500	6000	900
L-F-P8	3IN1 表贴	8	15625	6000	850
L-F-P10	3IN1 表贴	10	10000	6000	850
L-F-P10	1R1G1B	10	10000	8000	600
L-RGB-P12	1R1G1B	12	6944	8000	600
L-RGB-P16	1R1G1B	16	3906	8000	600
L-RGB-P20	1R1G1B	20	2500	8000	600

10.2.52 LED视频显示屏亮度规定见表10-2-52。

表10-2-52 LED视频显示屏亮度规定（单位：cd/m^2）

场所	种类		
	三基色(全彩色)	双色	单色
室外	≥5000	≥4000	≥2000
室内	≥800	≥100	≥60

10.2.53 公共广播系统电声性能指标见表10-2-53。

表10-2-53 公共广播系统电声性能指标

分类	应备声压级	声场不均匀度（室内）	漏出声衰减	系统设备信噪比	扩声系统语言传输指数	传输频率特性（室内）
一级业务广播系统	≥83dB	≤10dB	≥15dB	≥70dB	≥0.55	图10-2-1
二级业务广播系统		≤12dB	≥12dB	≥65dB	≥0.45	图10-2-2
三级业务广播系统		—	—	—	≥0.40	图10-2-3
一级背景广播系统	≥80dB	≤10dB	≥15dB	≥70dB	—	图10-2-1
二级背景广播系统		≤12dB	≥12dB	≥65dB	—	图10-2-2
三级背景广播系统		—	—	—	—	—
一级紧急广播系统	≥86dB	—	≥15dB	≥70dB	≥0.55	—
二级紧急广播系统		—	≥12dB	≥65dB	≥0.45	—
三级紧急广播系统		—	—	—	≥0.40	—

注：紧急广播的应备声压级尚应符合：以现场环境噪声为基准，紧急广播的信噪比应等于或大于12dB。

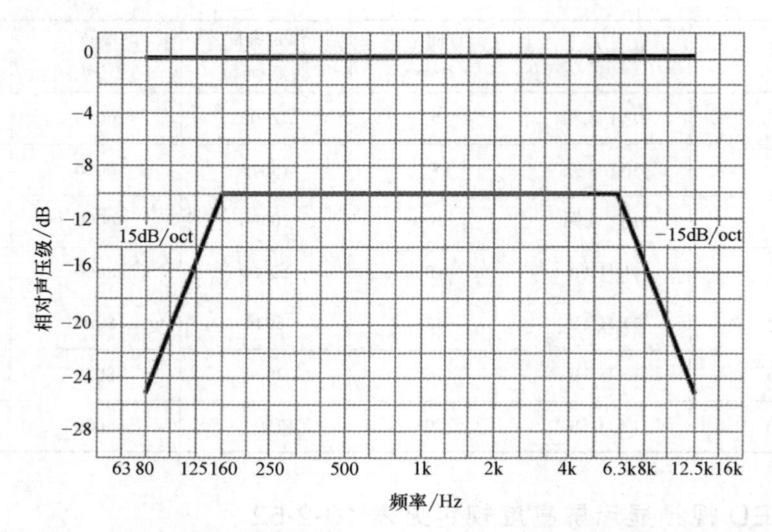

图 10-2-1　一级业务广播、一级背景广播室内传输频率特性容差域（以频带内的最大值为 0dB）

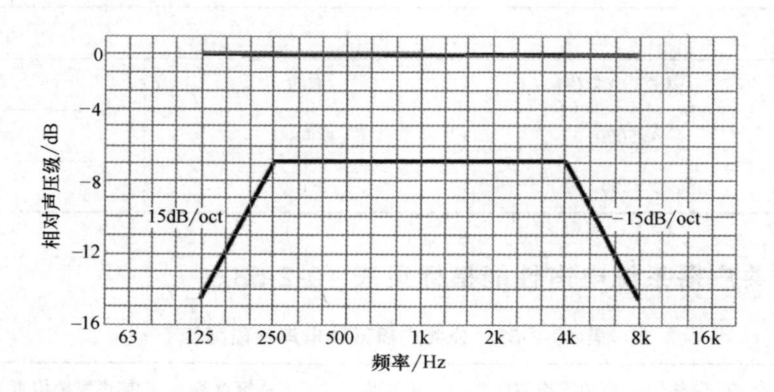

图 10-2-2　二级业务广播、二级背景广播室内传输频率特性容差域（以频带内的最大值为 0dB）

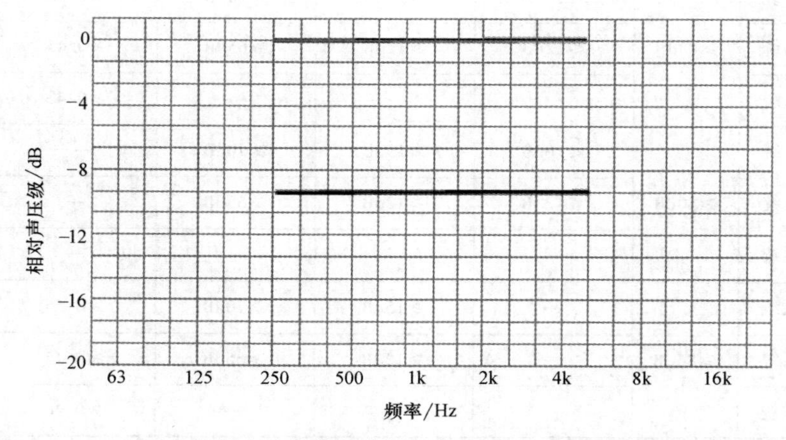

图 10-2-3　三级业务广播室内传输频率特性容差域（以频带内的最大值为 0dB）

10.2.54 不同类型单只扬声器的扩声面积可参考表 10-2-54。

表 10-2-54 不同类型单只扬声器的扩声面积

名称	规格/W	扩声面积/m^2	安装方式
天花板扬声器	3	40~70	吊顶安装
天花板扬声器	5	60~110	较高吊顶安装
球形扬声器	3	30~60	吊顶、无吊顶安装
球形扬声器	5	50~100	安装于特殊装饰效果的场合
音箱	3	40~70	壁装
音箱	5	60~110	壁装
草地扬声器	30	80~120	室外座装
草地扬声器	20	60~100	室外座装

10.2.55 扩声面积与扬声器功率配置见表 10-2-55。

表 10-2-55 扩声面积与扬声器功率配置

扩声面积/m^2	扬声器功率/W	功放标称功率/W	供电容量/V·A
500	35~40	≥40	≥120
1000	70~80	≥80	≥240
2000	120~150	≥150	≥450
5000	250~350	≥350	≥1050
10000	500~700	≥700	≥2100

10.2.56 声压级的选择见表 10-2-56。

表 10-2-56 声压级的选择

扩声系统类别	通常声压级	最大声压级
背景音乐系统	30~50dB	>80dB
公共扩声系统	50~70dB	>90dB

10.2.57 时钟系统技术要求见表 10-2-57。

表 10-2-57 时钟系统技术要求

项目	设计要点
时钟系统组成	时钟系统宜由母钟、子钟、标准时间信号接收、信号传输、接口，监控管理等单元组成
母钟单元	母钟单元宜采用主、备机的配置方式，并应符合下列规定： 1. 主、备机之间应能实现自动或手动切换 2. 当时钟系统规模较大或线路传输距离装运时，可设置二级母钟 3. 二级母钟接收中心母钟发出的标准时间信号，应随时与中心母钟保持同步

（续）

项目	设计要点
子钟单元	子钟单元显示形式可为指针式或数字式，并应符合下列规定： 1. 子钟单元应接收时钟系统传送的标准时间信号，对自身精度进行校准，并在接收到标准时间信号后，向母钟单元回送自身工作状态 2. 子钟单元应具有独立计时功能，平时跟踪母钟单元（中心母钟或二级母钟）工作 3. 当母钟单元故障，或因其他原因无法接收标准时间信号时，子钟单元应能以自身的精度继续工作，并向时钟系统监控管理单元发出告警
标准时间信号接收单元	有获取高精度时间基准要求的时钟系统应设置标准时间信号接收单元，时钟系统宜采用一种或几种标准时间作为系统的时间基准
信号传输单元	信号传输单元应由传输通道、传输线路组成，并应符合下列规定： 1. 传输通道可采用同步数字体系（SDH）等通信方式 2. 当传输线路采用专网传输时，信号线路宜采用不低于5类非屏蔽对绞电缆、屏蔽对绞电缆或光缆 3. 当有远程传输要求时，可借用通信线路或综合网络传输，传输线应相对集中并加标识
接口单元	接口单元应为时钟系统远程维护和有统一校对要求的系统提供接入通道
监控管理单元	监控管理单元应具有集中维护功能、运行管理功能和自诊断功能
塔钟	1. 塔钟应配置照明或装饰照明、多媒体报时单元 2. 塔钟应结合城市规划及环境空间设计
子钟网络	子钟网络宜按负荷能力划分为若干分路，每分路宜合理划分为若干支路，每支路单面子钟的数量应考虑系统限制
子钟	子钟的指针式或数字式显示形式及安装地点，应根据使用需求确定，并应与建筑环境装饰协调，子钟的安装高度，室内不应低于2m，室外不应低于3.5m 指针式时钟视距可参照表10-2-58选定

10.2.58 指针式时钟视距见表10-2-58。

表10-2-58 指针式时钟视距

子钟钟面直径/mm	最佳视距/m		可辨视距/m		子钟钟面直径/mm	最佳视距/m		可辨视距/m	
	室内	室外	室内	室外		室内	室外	室内	室外
80~120	3	—	6	—	500	25	25	50	50
150	4	—	8	—	600	—	40	—	80
200	5	—	10	—	700	—	60	—	100
250	6	—	12	—	800	—	100	—	150
300	10	—	20	—	1000	—	140	—	180
400	15	15	30	30					

评　注

信息设施系统是为建筑智能化系统工程提供信息资源整合，具有综合服务功能的基础支撑设施，并应具有对建筑内外相关的语音、数据、图像和多媒体等形式的信息予以接收、交换、传输、处理、存储、检索和显示等功能。信息设施系统包括：信息接入系统、布线系统、移动通信室内信号覆盖系统、卫星通信系统、用户电话交换系统、无线对讲系统、信息网络系统、有线电视及卫星电视接收系统、公共广播系统、会议系统、信息导引及发布系统、时钟系统等。

10.3 公共安全系统

10.3.1 安全防范系统设计要素见表 10-3-1。

表 10-3-1 安全防范系统设计要素

系统	设计要素
一般要求	1. 应有效地应对建筑内火灾、非法侵入、自然灾害、重大安全事故等危害人们生命和财产安全的各种突发事件,并应建立应急及长效的技术防范保障体系 2. 应以人为本、主动防范、应急响应、严实可靠
火灾自动报警系统	1. 应安全适用、运行可靠、维护便利 2. 应具有与建筑设备管理系统互联的信息通信接口 3. 宜与安全技术防范系统实现互联 4. 应作为应急响应系统的基础系统之一 5. 宜纳入智能化集成系统 6. 系统设计应符合现行国家标准《火灾自动报警系统设计规范》GB 50116 和《建筑设计防火规范》GB 50016 的有关规定
安全技术防范系统	1. 应根据防护对象的防护等级、安全防范管理等要求,以建筑物自身物理防护为基础,运用电子信息技术、信息网络技术和安全防范技术等进行构建 2. 宜包括安全防范综合管理(平台)和入侵报警、视频安防监控、出入口控制、电子巡查、访客对讲、停车库(场)管理系统等 3. 应适应数字化、网络化、平台化的发展,建立结构化架构及网络化体系 4. 应拓展和优化公共安全管理的应用功能 5. 应作为应急响应系统的基础系统之一 6. 宜纳入智能化集成系统 7. 系统设计应符合现行国家标准《安全防范工程技术规范》GB 50348、《入侵报警系统工程设计规范》GB 50394、《视频安防监控系统工程设计规范》GB 50395 和《出入口控制系统工程设计规范》GB 50396 的有关规定
应急响应系统	1. 应以火灾自动报警系统、安全技术防范系统为基础 2. 应具有下列功能: 1)对各类危及公共安全的事件进行就地实时报警 2)采取多种通信方式对自然灾害、重大安全事故、公共卫生事件和社会安全事件实现就地报警和异地报警 3)管辖范围内的应急指挥调度 4)紧急疏散与逃生紧急呼叫和导引 5)事故现场应急处置等 3. 宜具有下列功能: 1)接收上级应急指挥系统各类指令信息 2)采集事故现场信息 3)多媒体信息显示 4)建立各类安全事件应急处理预案 4. 应配置下列设施: 1)有线/无线通信、指挥和调度系统 2)紧急报警系统 3)火灾自动报警系统与安全技术防范系统的联动设施 4)火灾自动报警系统与建筑设备管理系统的联动设施 5)紧急广播系统与信息发布与疏散导引系统的联动设施 5. 宜配置下列设施: 1)基于建筑信息模型(BIM)的分析决策支持系统 2)视频会议系统 3)信息发布系统等 6. 应急响应中心宜配置总控室、决策会议室、操作室、维护室和设备间等工作用房 7. 应纳入建筑物所在区域的应急管理体系

总建筑面积大于 20000m² 的公共建筑或建筑高度超过 100m 的建筑所设置的应急响应系统,必须配置与上一级应急响应系统信息互联的通信接口

10.3.2 视频监视系统的设计原则参见表 10-3-2。

表 10-3-2 视频监视系统的设计原则

序号	项　　目	设计原则
1	设计考虑因素	使用要求、现场情况、工程规模、系统造价及用户需要等
2	设计前调查准备工作	根据使用部门的实际情况,考虑经济合理性和技术先进性,确定视频监控系统的设计方案
		调查保护对象的形状、状态、颜色、环境,以及可选用的安装方法等
		了解用户要求,如监视和记录的内容、时间(如定期、不定期、连续等)、摄像机镜头、机罩的控制等
3	摄像机的考虑	一般可采用定焦距、定方向的固定安装方式,选用自动光圈镜头并配置防护罩
		大范围监控区域宜选用带有云台和变焦镜头的摄像机
4	系统的选择	系统应具有自检功能,即当系统中摄像机电源线或视频传输电缆被切断时,视频入侵报警器应发出声、光报警信号
		对于大、中型视频监控系统宜选用微机控制的视频矩阵切换系统
5	设备的选择	各配套设备的性能及技术要求应协调一致,所用器材应符合国家标准或行业标准
6	方案的确定	确定系统组成及设备配置
		确定摄像机和其他设备的设置地点
		确定摄像机类型及防护措施,监视区域内的光照度要求
		确定传输电线或视频电缆的线路路由
		确定显示设备在对监视目标有彩色要求时可采用彩色电视机或彩色监视器,一般情况下宜采用黑白电视机或黑白监视器

10.3.3 视频监视系统的组成及特点见表 10-3-3。

表 10-3-3 视频监视系统的组成及特点

组成部分	设　备	功　能	特点
前端设备	摄像机及其附属设备(如镜头、云台等)	及时摄取现场景物的图像	系统具有实时性强、灵敏度高、便于隐蔽和遥控、可实现联动报警等特点,并且能够将非可见光信息转换成可见图像
传输系统	线缆、同轴电缆和光缆等	将图像信号传至安防控制室	
主控系统设备	视频切换器、多画面分割处理器、矩阵切换控制器、监视器和录像机等	对前端系统的控制设备传送回来的视频信号进行处理、显示和传送	

10.3.4 通用型建筑物摄像机的设置部位应符合表 10-3-4 的规定。

表 10-3-4 摄像机的设置部位

部位	建设项目									
	饭店	商场	办公楼	商住楼	住宅	会议展览	文化中心	医院	体育场馆	学校
主要出入口	★	★	★	★	☆	★	★	★	★	☆
主要通道	★	★	★	★	△	★	★	★	★	☆

（续）

部位	建设项目									
	饭店	商 场	办公楼	商住楼	住宅	会议展览	文化中心	医院	体育场馆	学校
大堂	★	☆	☆	☆	☆	☆	☆	☆	☆	△
总服务台	★	☆	△	△	—	☆	☆	△	☆	—
电梯厅	△	☆	☆	△	—	☆	☆	☆	☆	△
电梯轿厢	★	★	☆	△	△	★	☆	☆	☆	△
财务、收银	★	★	★	—	—	★	☆	★	☆	☆
卸货处	☆	★	—	—	—	★	—	☆	—	—
多功能厅	☆	△	△	△	—	☆	☆	△	△	△
重要机房或其出入口	★	★	★	☆	☆	★	★	★	★	☆
避难层	★	—	★	★	—	—	—	—	—	—
贵重物品处	★	★	☆	—	—	☆	☆	☆	☆	—
检票、检查处	—	—	—	—	—	☆	☆	—	★	△
停车库（场）	★	★	★	☆	△	☆	☆	☆	☆	△
室外广场	☆	☆	☆	△	—	☆	☆	△	☆	☆

注：★ 应设置摄像机的部位；☆ 宜设置摄像机的部位；△ 可设置或预埋管线部位。

10.3.5 五级损伤制评定图像等级见表 10-3-5。

表 10-3-5 五级损伤制评定图像等级

图像等级	图像质量损伤主观评价	图像等级	图像质量损伤主观评价
5	不觉察损伤或干扰	2	损伤或干扰较严重，令人相当讨厌
4	稍有觉察损伤或干扰，但不令人讨厌	1	损伤或干扰极严重，不能观看
3	有明显损伤或干扰，令人感到讨厌		

10.3.6 监视目标的最低照度值见表 10-3-6。

表 10-3-6 监视目标的最低照度值

监视目标的照度/lx	<50	50~100	>100
对摄像机最低照度的要求（在 F/1.4 情况下）/lx	≤1	≤3	≤5

注：1. 彩色摄像机比黑白摄像机价格高、维修费用高，因此，如果被观察目标本身没有明显的色彩标志和差异，宜选用黑白摄像机。

2. 云台的使用电压有交流（AC）和直流（DC）两种，要结合控制器的类型和系统中其他设备统一考虑。交流云台适用于定速操作，直流云台适用于变速操作，它速度快，特别适用于带预置的系统。

3. 监视目标逆光摄像时，宜选用具有逆光补偿的摄像机。户内、外安装的摄像机均应加装防护套。

4. 镜头像面尺寸应与摄像机靶面尺寸相适应。摄取固定目标的摄像机，可选用定焦距镜头；在有视角变化要求的摄像场合，可选用变焦距镜头，镜头焦距的选择可根据视场的大小和镜头到监视目标的距离确定。

10.3.7 彩色、黑白摄像机的特性比较见表 10-3-7。

表 10-3-7 彩色、黑白摄像机的特性比较

序号	项　　目	摄像机种类	
		黑白摄像机	彩色摄像机
1	灵敏度	高	低
2	清晰度	高	低
3	尺寸及重量	小	大
4	图像观察感觉	只有黑白	有色彩,真实
5	价格	低	高

10.3.8 摄像机镜头种类的选择参见表 10-3-8。

表 10-3-8 摄像机镜头种类的选择

序号	监视目标的情况	镜 头 种 类
1	监视目标视距较大时	望远镜头
2	监视目标视距较小而视角较大时(如电梯轿厢内)	广角镜头
3	监视对象为固定目标时	定焦镜头
4	监视目标的观察视角需要改变和视角范围较大时	变焦镜头
5	监视目标的照度变化范围相差 100 倍以上,或昼夜使用摄像机的场所	光圈可调(自动或电动)镜头
6	需要进行遥控监视的摄像机(如带云台摄像机)	电动聚焦、变焦距、变光圈的遥控镜头
7	摄像机需要隐蔽安装时(如顶棚内、墙壁内、物品里)	小孔镜头、棱镜镜头或微型镜头

10.3.9 不同传输方式的设计要求见表 10-3-9。

表 10-3-9 不同传输方式的设计要求

<table>
<tr><th>传输方式(介质)</th><th>配 置 要 求</th><th>敷 设 要 求</th></tr>
<tr><td>视频同轴电缆传输方式</td><td>当传输距离较远时,需配置电缆补偿器,并宜加装电缆均衡器</td><td rowspan="4">1. 远离高压线或大电流电缆,宜穿金属管或用金属线槽、金属桥架敷设,以防电磁干扰
2. 电源线与容易受干扰的信号传输线应尽量避免平行走线或交叉敷设,若要平行敷设时,宜相隔 1m 以上。若穿金属管明敷,传输线与电力线的间距也不得小于 0.3m
3. 同轴电缆的弯曲半径应大于其外径的 15 倍
4. 尽量避免电缆的接续,必须接续时应采用焊接方式或采用专用接插件
5. 引入控制台的线缆位置应保证配线整齐,避免交叉</td></tr>
<tr><td>射频同轴电缆传输方式</td><td>应配置射频调制解调器</td></tr>
<tr><td>光纤传输方式</td><td>应配置光调制解调器(即发送、接收光端机)和其他配套附件</td></tr>
<tr><td>电话线传输方式</td><td>应配置线路接近装置</td></tr>
</table>

10.3.10 常用防盗报警器的特性比较见表 10-3-10。

表 10-3-10 常用防盗报警器的特性比较

名称	适用场所与安装方式		主要特点	安装设计要点	适宜工作环境和条件	不适宜工作环境和条件	附加功能
超声波多普勒探测器	室内空间型	吸顶式	没有死角且成本低	水平安装，距地宜小于 3.6m	警戒空间要有较好密封性	简易或密封性不好的室内；有活动物和可能活动物；环境嘈杂，附近有金属打击声、汽笛声、电铃等高频声响	智能鉴别技术
		壁挂式		距地 2.2m 左右，透镜的法线方向宜与可能入侵方向成 180°角			
微波多普勒探测器	室内空间型，挂墙式		不受声、光，热的影响	距地 1.5~2.2m，严禁对着房间的外墙、外窗，透镜的法线方向宜与可能入侵方向成 180°角	可在环境噪声较强、光变化、热变化较大的条件下工作	有活动物和可能活动物；微波段高频电磁场环境；防护区域内有过大、过厚的物体	平面天线技术；智能鉴别技术
被动红外入侵探测器	室内空间型	吸顶式	被动式（多台交叉使用互不干扰），功耗低，可靠性较好	水平安装，距地宜小于 3.6m	日常环境噪声，温度在 15～25℃ 时探测效果最佳	背景有热冷变化，如：冷热气流、强光间歇照射等；背景温度接近人体温度；强电磁场干扰；小动物频繁出没场合等	自动温度补偿技术；抗小动物干扰技术；防遮术；抗强光干扰技术
		挂墙式		距地 2.2m 左右，透镜的法线方向宜与可能入侵方向成 90°角			
		楼道式		距地 2.2m 左右，视场面对楼道			
		幕帘式		在顶棚与立墙拐角处，透镜的法线方向宜与窗户平行	窗户内窗台较大或与窗户平行的墙面无遮挡，其他与上同	窗户内窗台较小或与窗户平行的墙面有遮挡或紧贴窗帘安装、其他与上同	智能鉴别技术
微波和被动红外复合入侵探测器	室内空间型	吸顶式	误报警少（与被动红外探测器相比）；可靠性较好	水平安装，距地宜小于 4.5m	日常环境噪声，温度在 15～25℃ 时探测效果最佳	背景温度接近人体温度；环境嘈杂、附近有金属打击声、汽笛声、电铃等高频声响；小动物频繁出没场合等	双—单转换型；自动温度补偿技术；抗小动物干扰技术；防遮挡技术；智能鉴别技术
		挂墙式		距地 2.2m 左右，透镜的法线方向宜与可能入侵方向成 135°角			
		楼道式		距地 2.2m 左右，视场面对楼道			
被动式玻璃破碎探测器	室内空间型，有吸顶、壁挂等		被动式；仅对玻璃破碎等高频声响敏感	所要保护的玻璃应在探测器保护范围之内，并应尽量靠近所要保护玻璃附近的墙壁或顶棚上。具体按说明书的安装要求进行	日常环境噪声	环境嘈杂，附近有金属打击声、汽笛声、电铃等高频声响	智能鉴别技术

（续）

名称	适用场所与安装方式	主要特点	安装设计要点	适宜工作环境和条件	不适宜工作环境和条件	附加功能
振动入侵探测器	室内、外	被动式	墙壁、顶棚、玻璃；室外地面表层物下面、保护栏网或桩柱，最好与防护对象实现刚性连接	远离振源	地质板结的冻土或土质松软的泥土地，时常引起振动或环境过于嘈杂的场合	智能鉴别技术
主动红外入侵探测器	室内、外（一般室内机不能用于室外）	红外线、便于隐蔽	红外光路不能有阻挡物；严禁阳光直射接收机透镜内；防止入侵者从光路下方或上方侵入	室内周界控制；室外"静态"干燥气候	室外恶劣气候，特别是经常有浓雾、毛毛雨的地域或动物出没的场所、灌木丛、杂草、树叶树枝多的地方	—
遮挡式微波入侵探测器	室内、室外周界控制	受气候影响小	高度应一致，一般为设备垂直作用高度的一半	无高频电磁场存在场所；收发机间无遮挡物	高频电磁场存在场所；收发机间有可能有遮挡物	报警控制设备宜有智能鉴别技术
振动电缆入侵探测器	室内、室外均可	可与室内各种实体防护周界配合使用	在围栏、房屋墙体、围墙内侧或外侧高度的2/3处。网状围栏上安装固定间隔应小于30m，每100m预留8～10m维护环	非嘈杂振动环境	嘈杂振动环境	报警控制设备宜有智能鉴别技术
泄漏电缆入侵探测器	室内、室外周界控制	可随地型埋设、可埋入墙体	埋入地域应尽量避开金属堆积物	两探测电缆间无活动物体；无高频电磁场存在场所	高频电磁场存在场所；两探测电缆间有易活动物体（如灌木丛等）	报警控制设备宜有智能鉴别技术
磁开关入侵深测器	各种门、窗、抽屉等	体积小、可靠性好	舌簧管宜置于固定框上，磁铁置于门窗的活动部位上，两者宜安装在产生位移最大的位置，其间距应满足产品安装要求	非强磁场存在情况	强磁场存在情况	在特制门窗使用时宜选用特制门窗专用门磁开关
紧急报警装置	用于可能发生直接威胁生命的场所（如银行营业所、值班室、收银台等）	利用人工启动（手动报警开关、脚踢报警开关等）发出报警信号	要隐蔽安装，一般安装在紧急情况下人员易可靠触发的部位	日常工作环境	危险爆炸环境	防误触发措施，触发报警后能自锁，复位需采用人工再操作方式

10.3.11 出入口控制系统各种识别技术的分类及特点见表10-3-11。

表 10-3-11 各种识别技术的分类及特点

识别技术种类		特 点
卡片识别技术	磁卡	价格便宜,但易磨损、消磁,寿命短
	感应卡	防水、防污、操作方便、寿命长,可以在300cm内产生效应
	IC卡非接触	可防止卡片内信息随意读写,防伪功能极强,不可复制,使用寿命长
	双界面CPU卡	兼容接触和非接触两种读卡方式,使用方便
人体特征识别技术	指纹	是一种不可伪造、假冒、更改身体识别方法,无携带问题,安全性极高、装置易小型化,适用于智能建筑、智能化住宅小区的身份鉴别
	掌纹	无携带问题、安全性很高,但手上油污或新添的伤疤会对识别的细节产生影响,精确度比指纹识别略低
	眼纹	失误率几乎为零,准确度最高,识别迅速,但对于睡眠不足导致视网膜充血、糖尿病引起的视网膜病变或视网膜脱落者,将无法对比,适用于对保安有特殊要求的场所
	声音	由于声音可以被模仿,且使用者如果感冒等疾病引起声音变化,其安全性会受到影响,只宜在特定情况、特定环境下应用

10.3.12 访客对讲系统的设计要点见表10-3-12。

表 10-3-12 访客对讲系统的设计要点

适用场所	智能化住宅小区、高层住宅楼和单元式公寓
功能要求	对来访客人与主人之间提供双向通话或可视通话,并由主人遥控防盗门的开关及向安防监控中心进行紧急报警
	管理主机应能控制一定数量的门口机和多个副管理机
	住户分机应具有免挂机功能,分机没挂好不影响呼叫
	管理主机应具有抢线功能
	门口机宜具有密码开锁功能
	门口机应具有夜视功能,即具有红外线补光器,保证在夜间摄像清晰
	系统应具有线路故障报警功能和蓄电池低压检测报警功能
方案确定	根据设计要求选择对讲型或可视对讲型,但传输系统一般均应按可视对讲型设计
	独立的单元式公寓或高层住宅楼的访客对讲系统,宜选择不联网系统
	智能化住宅小区应选用联网式访客对讲系统
摄像机选择	一般宜选黑白摄像系统,在要求较高的工程中,宜选用彩色摄像系统
系统布线	电源线与信号线应分开敷设
	信号线应选择屏蔽线,导线截面面积宜为0.4mm^{2}的线缆
	当系统的传输距离大于300m时,线径要相应增大

10.3.13 用人体生物特征识读设备的选择与安装见表 10-3-13。

表 10-3-13 用人体生物特征识读设备的选择与安装

名称	主要特点		安装设计要点	适宜工作环境和条件	不适宜工作环境和条件
指纹识读设备	指纹头设备易于小型化、识别速度很快、使用方便、需人体配合的程度高	操作时需人体接触识读设备	用于人员通道门，宜安装于适合人手配合操作、距地面 1.2~1.4m 处 当采用的识读设备，其人体生物特征信息存储在目标携带的介质内时，应考虑该介质如被伪造而带来的安全性影响	室内安装、使用环境应满足产品选用的不同传感器所要求的使用环境要求	操作时需人体接触识读设备，不适宜安装在医院等容易引起交叉感染的场所
掌形识读设备	识别速度较快、需人体配合的程度较高				
虹膜识别设备	虹膜被损伤、修饰的可能性很小，也不易留下被可能复制的痕迹；需人体配合的程度很高；需要培训才能使用	操作时不需人体接触识读设备	用于人员通道门，宜安装于适合人眼部配合操作、距地面 1.5~1.7m 处	环境亮度适宜，变化不大的场所	环境亮度变化大的场所，背光较强的地方
面部识别设备	需人体配合的程度较低，易用性好，适于隐蔽地进行面像采集、对比		安装位置应便于摄取面部图像，设备能以最大面积、最小失真地获得人脸正面图像		

注：1. 当识读设备采用 1∶N 对比模式时，不需由编码识读方式辅助操作。当目标数多时识别速度及误识率的综合指标下降。

2. 当识读设备采用 1∶1 对比模式时，需编码识读方式辅助操作。识别速度及误识率的综合指标不随目标数多少变化。

3. 当采用的识读设备，其人体生物特征信息的存储单元位于防护面时，应考虑该设备被非法拆除时数据的安全性。

4. 当采用的识读设备，其人体生物特征信息存储在目标携带的介质内时，应考虑该介质如被伪造而带来的安全性影响。

5. 所选用的识读设备，其误识率、拒认率、识别速度等指标应满足实际应用的安全与管理要求。

10.3.14 不同巡更系统的性能比较见表 10-3-14。

表 10-3-14 不同巡更系统的性能比较

项目		巡更系统	
		在线式（有线巡更系统）	非在线式（无线巡更系统）
特点	中心处理器与巡更站通信方式	专线连接（星形、总线型）	无物理连接
	对各巡逻站信息读写	实时	非实时
	更改巡逻站设置	直接	间接
	对巡逻人员监督	实时	单圈巡逻后检查
	对巡逻人员保护	有作用	无作用

（续）

项目		巡更系统	
		在线式(有线巡更系统)	非在线式(无线巡更系统)
特点	巡逻站位置更换、调整	困难	容易
	维护	复杂	容易
投资成本		较高	低
巡更点的设置		宜设置于楼梯口、楼梯间、电梯前室、门厅、走廊、拐弯处、地下停车场、重点保护房间附近及室外重点部位,安装高度为底边距地 1.4m	
系统设计要点		巡更点/站距离控制器的距离不要过长	
		巡更点/站的布置应合理,确定保证建筑安全的巡逻路线	
		在周界、闭路电视监控系统死角设置巡逻点/站	
		在重要设施、设备区域内设置巡逻点/站	
		主要通道、道路附近设置巡逻点/站	
		地下车库设置巡逻点/站	
		安防中心附近应设置巡逻点/站	
		要考虑巡逻路线变化的可能,在进行点位设置时,最好能满足通过变换顺序以达到路线变化的要求	
		数量尽量有所控制,节约成本	

评　　注

公共安全系统应成为确保智能化系统工程建立建筑物安全运营环境整体化、系统化、专项化的重要防护设施，可以有效地应对建筑内火灾、非法侵入、自然灾害、重大安全事故等危害人们生命和财产安全的各种突发事件。公共安全系统包括安全防范综合管理（平台）和入侵报警、视频安防监控、出入口控制、电子巡查、访客对讲、停车库（场）管理系统等。

10.4 建筑设备管理系统

10.4.1 建筑设备监控系统的范围及要求见表 10-4-1。

表 10-4-1 建筑设备监控系统的范围及要求

建筑设备监控系统包含的子系统	①冷热源系统；②空调及通风系统；③给水排水系统；④供配电系统；⑤照明系统；⑥电梯和自动扶梯系统
建筑设备监控系统设计要求	①系统应支持开放式系统技术,宜建立分布式控制网络；②系统与产品的开放性宜满足可互通信、可互操作、可互换用要求；③在主系统对第三方子系统只监视不控制的场所,也可选择只满足可互通信的产品；④在主系统与第三方子系统有联动要求的场合,宜选择能满足可互操作的产品；⑤系统集成应由硬件和软件的可集成性确定,并应符合现行国家标准《智能建筑设计标准》GB 50314 的规定；⑥应采取必要的防范措施,确保系统和信息的安全性；⑦应根据建筑的功能、重要性等确定采取冗余、容错等技术；⑧应根据监控功能与管理需求合理设置监控点；⑨应具备系统自诊断和故障部件最低隔离、自动恢复、故障报警功能；⑩集成应提供与火灾自动报警系统及安防系统的通信接口

10.4.2 建筑设备监控系统网络要求见表 10-4-2。

表 10-4-2 建筑设备监控系统网络要求

网络结构	建筑设备监控系统,宜采用分布式系统和多层次的网络结构。并应根据系统的规模、功能要求及选用产品的特点,采用三层、两层或单层的网络结构,但不同网络结构均应满足分布式系统集中监视操作和分采集控制的原则
	大型系统宜采用三层或两层的网络结构,三层网络结构由管理、控制、现场三个网络层构成,中、小型系统宜采用两层或单层的网络结构,各层网络结构应满足以下要求:①管理网络层应完成系统集中监控和各子系统的功能集成;②控制网络层应完成建筑设备的自动控制;③现场网络层应完成末端设备控制和现场仪表的信息采集和处理
	用于网络互联的通信接口设备,应根据各层不同情况,以 100s 开放式系统互联模型为参照体系,合理选择中继器、网桥、路由器、网关等互联通信接口设备
管理网络层	管理网络层的中央管理工作站应具有下列功能:①监控系统的运行参数;②检测可控的子系统对控制的相应情况;③显示和记录各种测量数据、运行状态、故障报警等信息;④数据报表和打印
	1. 管理网络层由安装在计算机上的操作站和服务器、本层网络、网络设备及系统辅助设施组成,本层网络宜采用以太网 2. 服务器之间宜采用客户机/服务器或浏览器/服务器的体系结构:当需要远程监控时,客户机/服务器的体系结构应支持 Web 服务器 3. 应采用开放的操作系统、可互换用的即插即用的硬件结构体系 4. 宜采用 TCP/IP 通信协议 5. 在系统中存在异构的第三方子系统且其具有独立的监控主机时,服务器、操作站宜配用标准软件数据接口;在第三方子系统不能与主系统网络直接相连的情况下,宜由第三方子系统生产厂家提供其产品的通信接口、协议和规约,完成硬件连接平台和协议转换驱动 6. 服务器应为操作站提供数据库访问,并宜采集设备控制器、末端设备控制器、传感器、执行器、阀门、风阀、变频器数据,采集过程历史数据,提供服务器配置数据,存储用户定义数据的应用信息结构,生成报警事件记录、趋势图、报表,提供系统状态信息 7. 操作站软件根据需要可安装在多台计算机/操作站上,宜建立多台操作站并行工作的局域网系统 8. 管理网络层应具有与互联网联网的能力,提供互联网用户通信接口技术;用户可通过浏览器,远程查看建筑设备监控系统的各种数据或进行远程操作 9. 当管理网络层的服务器和操作站发生故障或停止工作时,不应影响设备控制器、末端设备控制器和现场仪表运行,控制网络层、现场网络层通信不应因此中断
	当不同地理位置上分布有多组相同种类的建筑设备监控系统时,宜采用分布式服务器结构和虚拟专用网络通信方式,每个建筑设备监控系统服务器管理的数据库应互相透明,从不同的建筑设备监控系统的操作站均可访问其他建筑设备监控系统的服务器,与该系统的数据库进行数据交换,使这些独立的服务器连接成为逻辑上的一个整体系统
	管理网络层的配置应符合下列规定: 1. 宜采用星形拓扑结构,选用对绞电缆作为传输介质,在管理网络层布线使用建筑物的综合布线系统的情况下,也可采用环形、总线拓扑结构 2. 服务器与操作站之间的连接宜选用交换机 3. 管理网络层的服务器至少一个操作站应位于监控中心内 4. 在 BAS 中,某些子系统有自己独立的监控室,且这些监控室位于建筑物不同地点时,管理网络层本层网络宜使用建筑物的综合布线系统组成 5. 在 BAS 的设备控制器带有以太网接口的场合,管理网络层本层网络及控制网络层本层网络宜统一使用建筑物的综合布线系统组成

（续）

控制网络层	控制网络层应完成对主控项目的开环控制和闭环控制、监控点逻辑开关表控制和监控点时间表控制
	控制网络层的本层网络可采用以太组网方式，并使用建筑物的综合布线系统组网，也可采用控制网络层自行布线的控制总线拓扑结构
	控制网络层的本层网络宜采用非屏蔽或屏蔽对绞电线作为传输介质，在布线困难的场所，也可采用无线传输
	控制网络层的设备控制器可采用直接数字控制器（DDC）、可编程逻辑控制器（PLC）或兼有 DDC、PLC 特性的综合型控制器（HC）。在民用建筑中，设备控制器宜选用 DDC 控制器，并应符合下列规定： 1. 设备控制器的 CPU 不宜低于 32 位 2. RAM 数据应有 72h 以上的断电保护 3. 系统软件应存储在 ROM 中，应用程序软件应存储在 EPROM、Flash-EPROM 中 4. 硬件和软件宜采用模块化结构 5. 控制器的 I/O 模块应包括 AI、AO、DI、DO、PI 等类型 6. 控制器的 I/O 模块宜包括集中安装在控制器箱体及其扩展箱体内的 I/O 模块和可远程分散安装的分布式智能 I/O 模块两大类 7. 带有以太网接口的设备控制器可具备服务器和网络控制器的部分功能 8. 应提供与控制网络层本层网络的通信接口，便于设备控制器与本层网络连接并与连接其上的其他设备控制器通信 9. 宜提供与现场网络层本层网络的通信接口，便于设备控制器与现场网络层本层网络连接并与连接其上的末端设备控制器、分布式智能 I/O 模块、智能传感器、智能调节阀等现场设备通信 10. 宜提供至少一个通信接口与便携式计算机在现场连接 11. 设备控制器宜提供基于单参数单向一对一传输电缆的数字量和模拟量输入输出以及高速计数脉冲输入 12. 设备控制器规模以硬件监控点数量区分，每台不宜超过 256 点 13. 设备控制器宜通过中文可视图形化编程工程软件进行组态 14. 设备控制器宜选用挂墙的箱式结构或小型落地柜式结构；分布式智能 I/O 模块宜采用可直接安装在设备控制柜中导轨式模块结构 15. 应提供设备控制器典型配置时的平均无故障时间 16. 每个设备控制器在管理网络层故障时应能继续独立工作
	每台设备控制器的硬件监控点数应留有余量，点数余量不宜小于总点数的 15%
	控制网络层的配置应符合下列规定： 1. 控制网络层本层网络使用建筑物综合布线系统时，应确保其满足控制网络对确定性及实时性的要求 2. 控制网络层本层网络使用自行布线的控制总线拓扑结构时，本层网络可包括并行工作的多条控制总线，每条控制总线可通过网络控制器/通信接口与管理网络层连接，也可通过管理网络层服务器的通信接口或内置通信网卡直接与服务器连接； 3. 当设备控制器带有以太网接口时，可通过交换机与中央管理工作站进行通信，在具有强电磁干扰的区域，设备控制器与接入层交换机之间的水平连接馈线宜选择屏蔽对绞电缆 4. 在使用总线拓扑结构的控制总线连接各设备控制器时，控制总线应采用屏蔽对绞电线并应单独敷设，同时应保证屏蔽线的屏蔽层有良好的接地 5. 设备控制器之间通信，均应为对等式直接数据通信 6. 设备控制器可与现场网络层的智能现场仪表、末端设备控制器和分布式智能 I/O 模块进行通信 7. 设备控制器的电源宜采用建筑设备管理系统机房集中供电方式，供电线缆可与通信线缆分别敷设 8. 选择设备控制器时，应保证每台建筑机电设备的监控任务均由同一台设备控制器完成，与每台新风机组或空调机组设备控制器相关的风机盘或变风量箱末端设备控制器，均宜连接在从该台设备控制器引出的现场控制总线上 9. 设备控制器选型号时，可以允许的两台以上的新风机组或空调机组的监控任务由一台设备控制器完成 10. 在冷冻站、热交换站、变电所等多台设备集中的场所，宜选择大型设备控制器 11. 设备控制器宜按建筑机电设备的楼层平面布置进行划分，其位置应设在冷冻站、热交接站、空调机房、新风机房等控制参数较为集中之处，也可设置在最靠近上述建筑机电设备机房的弱电竖井或弱电间中 12. 当设备控制器设置在建筑机电设备机房内时，宜采用单参数单向一对一传输电缆将配置在建筑机电设备上的现场仪表、电控柜上的 I/O 接点与控制器箱体内的 I/O 模块连起来，一对一传输电线的长度不宜经过 50m 13. 当风机盘管或变风量箱所处位置分散且与相关的新风机组或空调机组距离较远时，则风机盘管或变风量箱宜由靠近风机盘管或变风量箱的末端设备控制器进行直接控制，机组的设备控制器可对风机盘管或变风量箱进行间接的、高一层次的联动控制或解耦控制 14. 连接 AI、AO 信号的一对一传输电线可采用屏蔽对绞电缆，屏蔽层应可靠接地。连接 DI、DO 信号的一对一传输电线可采用非屏蔽对绞电缆 15. 各 I/O 模块宜有可带电拔插的功能，可带电对故障单元进行更换

10.4.3 现场网络层要求见表 10-4-3。

表 10-4-3 现场网络层要求

序号	现场网络层要求
1	中型及以上系统的现场网络层，宜由本层网络及其所连接的末端设备控制器、分布式智能 I/O 模块和传感器、电量变送器、照度变送器、执行器、阀门、风阀、变频器等智能现场仪表组成
2	现场网络层本层网络宜采用符合现行国家标准的现场总线
3	末端设备控制器应具有对末端设备进行控制的功能，并能独立于设备控制器和中央管理工作站完成控制操作
4	智能现场仪表应通过现场总线与设备控制器进行通信
5	末端设备控制器和分布式智能 I/O 模块，应与常规现场仪表、末端设备电控箱进行一对一的配线连接
6	现场网络层的配置应符合下列规定： 1. 本层网络宜采用总线拓扑结构，也可采用环形、星形或自由拓扑结构，用屏蔽对绞电缆作为传输介质 2. 现场网络层本层网络可包括并行工作的多条现场总线 3. 末端设备控制器和/或分布式智能 I/O 模块，当采用以太网通信接口时，可通过交换机与中央管理工作站进行通信 4. 末端设备控制器和分布式智能 I/O 模块应安装在相关的末端设备附近，并宜直接安装在末端设备的控制柜(箱)里 5. 划分为某块设备控制器组成部分的那些分布式智能 I/O 模块，宜连接在该设备控制器引出的现场总线上

10.4.4 设备控制器技术要求见表 10-4-4。

表 10-4-4 设备控制器技术要求

项目	技 术 要 求
硬件配置	1. 应能可靠接收和发出信息 2. 应能运行安全保护、自动启停和自动调节功能的控制算法 3. 宜采用分布控制方式 4. 对功能需求较固定的被监控设备，宜选用专用控制器 5. CPU 不宜低于 32 位；I/O 模块应包括 AI、AO、DI、DO、UI 等类型 6. 应提供与控制网络层本层网络的通信接口。便于设备控制器与本层网络连接并与连接其上的其他设备控制器通信 7. 宜提供与现场网络层本层网络的通信接口，便于设备控制器与现场网络层本层网络连接并与连接其上的末端设备控制器，分布式智能 I/O 模块，智能传感器，智能调节阀等现场设备通信 8. 宜提供至少一个通信接口与便携式计算机在现场连接 9. 控制器规模以硬件监控点数量区分，每台不宜超过 256 点
硬件功能	1. 处理器的性能应支持安装的软件，并应满足监控功能的实时性 2. 应能提供标准电气接口(4~20mA、0~20mA、0~10V，无源干接点、脉冲等)或数字通信接口 3. 应具备系统自诊断和故障部件自动隔离、故障报警功能 4. 中央处理器中的随机存取存储器应具备满足要求时长的断电保护功能 5. 应能独立运行控制算法；应具备断电恢复工作的功能 6. 宜具有可视的故障显示装置 7. 带有以太网接口的设备控制器可具备服务器和网络控制器的部分功能 8. 宜通过中文可视图形化编程工程软件进行组态 9. 可与现场网络层的智能现场仪表、末端设备控制器和分布式智能 I/O 模块进行通信

10.4.5 现场检测仪表选择要求见表 10-4-5。

表 10-4-5 现场检测仪表选择要求

项目	选择要求
现场检测仪表	1. 为满足建筑机电设备对被测参数的测量精度要求,应综合考虑被测参数的量程以及该被测参数测量通道的精度 2. 检测仪表的精度等级应选择比要求的被测参数测量精度至少高一个精度等级 3. A/D 转换电路宜根据测量精度要求选择 12 位或 16 位的 AI 模块 4. 检测仪表的响应时间应满足测量通道对采样时间的要求 5. 在满足现场检测仪表测量范围的情况下,宜使现场检测仪表的量程最小,以减小现场检测仪表测量的绝对误差 6. 当以安全保护和设备状态监视为使用目的时,宜选择开关量信号输出的检测仪表,不宜使用模拟量信号输出的检测仪表
温度检测仪表	1. 量程应为测点工作温度变化范围的 1.2~1.5 倍,管道内温度传感器热响应时间不应大于 25s,当在室内或室外安装时,热响应时间不应大于 150s 2. 仅用于一般温度测量的温度传感器,宜采用二线制的分度号为 Pt1000 的 B 级精度;当参数参与自动控制和经济核算时,宜采用三线制的分度号为 Pt100 的 A 级精度
湿度检测仪表	响应时间不应大于 150s,在测量范围为 0~100%RH 时,检测仪表精度宜选择在 2%~5%
压力检测仪表	测量稳定的压力时,正常工作压力值应在压力检测仪表测量范围上限值的 1/3~2/3,测量脉动压力时,正常工作压力值应在检测仪表测量范围上限值的 1/3~1/2
流量检测仪表	量程应为系统最大流量的 1.2~1.3 倍,且应耐受管道介质最大压力,并具有瞬态输出;流量检测仪表的安装部位,应满足上游 10*D*(管径),下游 5*D* 的直管段要求。当采用电磁流量计,涡轮流量计时,其精度宜为 1.5%
液位检测仪表	宜使正常工作液位处于仪表满量程的 50%
成分检测仪表	量程应按检测气体、浓度进行选择,一氧化碳气体宜按 $0\sim300\times10^{-6}$ 或 $0\sim500\times10^{-6}$;二氧化碳气体宜按 $0\sim2000\times10^{-6}$ 或 $0\sim10000\times10^{-6}$
风量检测仪表	宜采用皮托管风量测量装置,其测量的风速范围不宜小于 2~16m/s,测量精度不应小于 5%
调节阀和风阀	1. 水管道的两道阀宜选择等百分比流量特性 2. 蒸汽两通阀,当压力损失比大于或等于 0.6 时,宜选用线性流量特性;小于 0.6 时,宜选用等百分比流量特性 3. 空调系统宜选择多叶对开型风阀,风阀面积由风管尺寸决定,并应根据风阀面积选择风阀执行器,执行器扭矩应能可靠关闭风阀;风阀面积过大时,可选多台执行器并联工作
执行器	宜选用电动执行器,其输出的力或扭矩应使阀门或风阀在最大流体压力时可靠开启和闭合

10.4.6 常用传感器类型及参数见表 10-4-6。

表 10-4-6 常用传感器类型及参数

类型		供电电源	输出信号	测量精度	测量范围	用途
温度传感器（或变送器）	浸入型	DC5V、DC12V、DC/AC24V 等	Pt1000、Pt100、NI1000、NTC20K、NTC10K、4~20mA/DC0~10V	在(−20~50)℃有效范围内±0.3℃	−50~+150℃	液体管道温度检测
	风管型			在(−20~50)℃有效范围内±0.5℃	−40~+70℃	风管道温度检测
	室内型				−20~+60℃	室内温度检测
	室外型				−40~+70℃	室外温度检测
	防冻开关		一组常开/常闭	—	−10~15℃	温度过冷保护开关
湿度传感器	风管型	DC5V、DC12V、DC/AC24V 等	4~20mA/DC0~10V	±5%RH(相对湿度)	0~95%RH	风管道相对湿度检测
	室内型					室内相对湿度检测
	室外型					室外相对湿度检测
CO_2 变送器	室内型	DC5V、DC12V、DC/AC24V 等	4~20mA/DC0~10V	$\pm(5\times10^{-6}+2\%$测量值$)$	$0\sim2000\times10^{-6}$	室内安装
	风管型					风管安装
CO 变送器	室内型	DC5V、DC12V、DC/AC24V 等	4~20mA/DC0~10V	1×10^{-6}	$0\sim1500\times10^{-6}$	室内安装
	风管型					风管安装
压力传感器（或变送器）	气体压力变送器	DC5V、DC12V、DC/AC24V 等	4~20mA/DC0~10V	±0.3%满量程 气体标况 20~25℃	1.0MPa、1.6MPa、2.5MPa	风管道压力检测
	液体压力变送器			±0.3%满量程		液体管道压力检测
	气体压差开关		无源触点	—	—	空气过滤器堵塞状态检测、通风管道气体流动状态检测
	液体压差开关		无源触点	—	—	液体系统过滤器堵塞状态检测、管道液体流动状态检测
	气体压差变送器		4~20mA/DC0~10V	±5Pa	−100~100Pa，0~1000Pa	风管道压差检测
	液体压差变送器			±0.5%满量程	0~2.5MPa	液体管道压差检测
流量变送器	超声波式	AC220V	4~20mA/RS232	±1%满量程	管径：20~700mm，测量：0~32m/s	单向、双向液体流量检测
	电磁式			±2%满量程	管径：10~700mm，测量：0~12m/s	液体流量检测
液位传感器（或变送器）	液位（铜浮子）	—	无源触点	液位浮子开关维持液位高度 13mm	0~3000mm；0~5000mm	高低液位状态检测
	磁翻转式（磁性浮子）	DC24V	4~20mA	±5mm	0~6000mm	水箱液位检测
VOC 变送器	室内型	DC5V、DC12V、DC/AC24V 等	4~20mA/DC0~10V	1×10^{-6}	$0\sim2000\times10^{-6}$	室内安装
	风管型		一组常开/常闭			风管安装
$PM_{2.5}$ 变送器	室内型	DC12V、DC24V 等	4~20mA/DC0~10V	$10\mu g/m^3+10\%$	$0\sim1000\mu g/m^3$ 或 $0\sim1500\times10^{-6}$	室内安装

10.4.7 常用电动阀门类型及参数见表 10-4-7。

表 10-4-7 常用电动阀门类型及参数

类型	适用阀体类型	阀体特性	执行器电源	执行器控制信号	执行器反馈信号	说明
区域末端用水阀	风机盘管用阀门	直行程、铜质阀体、螺纹连接	AC24V	DC0(2)~10V	—	调节精度要求高的应用场合
	地暖散热器用阀门		AC220V	两线、三线(浮点)	—	—
组合式空调机组、新风机组用水阀	座阀	直行程、铸铁阀体、不锈钢阀芯、法兰连接、阀门流量特性曲线好、泄漏率低、控制精度高	AC24V、DC24V、AC220V	4~20mA/DC0(2)~10V	4~20mA/DC0(2)~10V	特点是故障率低,维护量小、信号灵敏度<1%,适宜用于流量调节
	球阀	角行程、铜质或铸铁、螺纹连接或法兰连接、阀门流量特性曲线较差、控制精度低	AC24V、AC220V	4~20mA/DC0(2)~10V	4~20mA/DC0(2)~10V	相对于座阀控制精度低,适宜用于开关控制
	动态电动平衡调节阀(两通阀)	直行程、铸铁阀体、不锈钢阀芯、法兰连接、内置机械式压差控制装置、泄漏率低、控制精度高	AC24V、DC24V、AC220V	4~20mA/DC0(2)~10V	4~20mA/DC0(2)~10V	特点是故障率低、维护量小,信号灵敏度<1%,适宜用于改善水力不平衡和调节
	动态电动平衡调节阀(三通阀)					除具有两通阀的特性外,还适用于水容量小或合流分流控制或不宜变流量系统的设备流量调节
换热站用水阀	座阀	直行程、铸铁阀体、不锈钢阀芯、法兰连接、阀门流量特性曲线好、泄漏率低、控制精度高		4~20mA/DC0(2)~10V	4~20mA/DC0(2)~10V	特点是故障率低,维护量小、信号灵敏度<1%
制冷机房用水阀	座阀	直行程、铸铁阀体、不锈钢阀芯、法兰连接,阀门流量特性曲线好、泄漏率低,控制精度高		4~20mA/DC0(2)~10V	4~20mA/DC0(2)~10V	适用于旁通管路,配合进行压力、温度的调节和控制
	闸阀	角行程、铸铁阀体、不锈钢阀轴、法兰连接、阀门流量特性曲线较差、控制精度低。泄露级A级送风侧,各切换支路	AC220V、AC380V	三线开断	开/关到位干触点反馈	适用于防止水流分流,提高冷机使用效率,同时也适用在冬夏转换,做支路切换、节流使用
	蝶阀			三线开断	开/关到位干触点反馈	
				4~20mA/DC0(2)~10V	4~20mA/DC0(2)~10V	
新风机组成风系统切换用风阀	开关型风阀	送风侧,各切换支路	AC24V、DC24V、AC220V	两线开断	无反馈或开/关到位干触点反馈	具有供电电源类型、反馈信号类型,弹簧复位等功能可根据实际工程情况选择
	浮点型风阀	送风侧,各切换支路		三线开断	无反馈或开/关到位干触点反馈	具有供电电源类型、反馈信号类型,弹簧复位等功能可根据实际工程情况选择
组合式空调机组、新风机组风系统调节用风阀	调节型风阀	新风侧、四风侧、排风侧、末端区域风压调节		4~20mA/DC0(2)~10V	无反馈或开/关到位干触点反馈	具有供电电源类型、反馈信号类型,弹簧复位等功能可根据实际工程情况选择

10.4.8 制冷系统常用监控功能见表 10-4-8。

表 10-4-8 制冷系统常用监控功能

序号	监控对象及监控类型	监 控 功 能	备 注
1	冷冻水供回水温度(AI)	参数测量及自动显示、历史数据记录及定时打印、故障报警	水管式温度传感器,插入长度使感温元件位于管道中心位置;热电阻宜选用B级精度 Pt1000 铂电阻。量程为测点温度的1.2~1.3倍
2	冷冻水流量(AI)	瞬时与累计值的自动显示、历史数据记录及定时打印、故障报警	流量传感器,量程为系统最大工作流量的1.2~1.3倍,应耐受管道介质最大压力,具有瞬态输出,安装于管路中水流稳定的直管段处,以保证测量精度要求
3	冷负荷计算	根据冷冻水供、回水温差和流量值,自动监测建筑物实际消耗冷量(包括:冷量的瞬时值和累积值),并作为计量和经济核算的依据	—
4	一次泵系统冷水机组台数控制(DI、DO)	1. 对于规模较小,负荷侧流量变化较小的工程,可根据总回水温度(或供回水温差)调节机组运行台数,调节方式为:自动监测,手动操作 2. 对于规模较大,负荷侧流量变化较大、自动化程度要求较高的工程,采用冷量自动控制冷水机组运行台数和运行顺序	应在机组控制柜内,为建筑设备监控系统设置控制和状态信号接点
5	冷水机组保护控制(DI)	机组在水流开关检测到水流信号后方可起动。在正常运行时,冷冻水与冷却水的水流开关仍自动检测水流状态,如异常则自动停机,并报警和进行事故记录	在每台冷水机组的冷冻水和冷却水管内安装水流开关
6	冷水机组定时起停控制(DI、DO)	根据事先排定的工作及节假日作息时间表,定时、停机组	应在机组控制柜内,为建筑设备监控系统设置控制和状态信号接点
7	冷水机组联锁控制	起动顺序:开启冷却塔蝶阀、起动冷却塔风机,开启冷却水蝶阀,起动冷却水泵,开启冷冻水蝶阀,起动冷冻水泵,水流开关检测到水流信号后起动冷水机组。停止顺序:停冷水机组,关冷冻水泵,并冷冻水蝶阀,关冷却水泵,关冷却水蝶阀,关冷却塔风机,蝶阀	采用电动控制蝶阀,蝶阀直径应与管径相同,除现场控制器外,电动蝶阀宜单独设置电动控制装置
8	二次泵系统冷水机组台数控制(DI、DO)	根据一次环路的供、回水温差和流量计算出冷量的实际需求,确定冷水机组运行台数和运行顺序	应在机组控制柜内,为建筑设备监控系统设置控制和状态信号接点
9	冷冻水泵台数和起停控制(DI、DO)	与冷水机组配套的水泵通常采用一机对一泵方式,冷冻水泵运行台数也可根据冷量变化确定	应在冷冻水泵电控柜内,为建筑设备监控系统设置控制和状态信号接点

（续）

序号	监控对象及监控类型	监控功能	备注
10	一次泵系统冷冻水泵变速调节控制（AI、AO、DI、DO）	根据供回水最不利环路压差调节冷冻水泵的转速	应在冷冻水泵电控柜内，为建筑设备监控系统设置控制和状态信号接点（包括变频器）
11	二次泵系统次级泵变速调节控制（AI、AO、DI、DO）	根据供回水压差调节冷冻水泵的转速。在保证供回水温差的同时，也可根据典型立管环路末端最不利环路压差信号控制冷冻水泵的转速	应在次级泵电控柜内，为建筑设备监控系统设置控制和状态信号接点（包括变频器）
12	供、回水压差自动调节（AI、AO）	根据供、回水压差测量值，自动调节冷冻水旁通水阀，以维持供、回水压差为设定值	压差传感器，工作压差应大于测点可能出现的最大压差的1.5倍。旁通阀口径和特性应满足调节系统的动态要求
13	冷却水供、回水温度（AI）	参数测量及自动显示、历史数据记录及定时打印、故障报警	水管式温度传感器，其插入长度使敏感元件位于管道中心位置；保护管应符合耐压等级。量程为测点温度的1.2~1.3倍
14	冷却水温度自动控制（起停控制）（DI、DO）	自动控制冷却水泵、冷却塔风机起停，维持冷却水回水温度为设定值。在冷却水温度过低时，应打开旁通阀	应在冷却水泵，冷却塔风机的电控柜内，为建筑设备监控系统设置控制和状态信号接点
15	冷却水温度自动控制（变速调节控制）（AI、AO、DI、DO）	根据冷却水的回水温度调节冷却塔风机的转速，使冷却水的回水温度保持在设定值。冷却水泵利用冷却水的供回水温差调节转速	应在冷却水泵、冷却塔风机的电控柜内，为建筑设备监控系统设置控制和状态信号接点（包括变频器）
16	膨胀水箱水位自动控制（DI、DO）	自动控制进水电磁阀的开闭或补水泵的起停，使膨胀水箱水位维持在允许范围内，水位超限时进行故障自动报警和记录	浮球式水位控制器，设置上、下限水位控制和高、低位报警四个控制点；常闭式电磁阀
17	自动统计与管理	自动统计系统内水泵、风机等设备的累计工作时间和能耗，并自动对设备的起停顺序进行调整，提示定期维修	—
—	—	可选监控功能	—
—	一次泵、二次泵系统控制点	根据系统需要增减测量和控制点	—
—	冷水机组通信	建筑设备监控系统（BAS）与冷水机组控制器进行数据通信	专用通信接口及软件

10.4.9 水源热泵常用监控功能见表 10-4-9。

表 10-4-9 水源热泵常用监控功能

序号	监控对象及监控类型	监控功能	备注
1	取水、回水温度(AI)	参数测量及自动显示、历史数据记录及定时打印、故障报警	水管式温度传感器,插入长度使感温元件位于管道中心位置;热电阻宜选用B级精度 Pt1000 铂电阻。量程为测点温度的1.2~1.3倍
2	取水流量(AI)	瞬时与累计值的自动显示、历史数据记录及定时打印、故障报警、流量不足报警	流量传感器,量程为系统最大工作流量的1.2~1.3倍,应耐受管道介质最大压力。具有瞬态输出,安装于管路中水流稳定的直管段处,保证测量精度要求
3	循环泵台数控制(DI、DO)	根据供回水温差和流量,确定循环泵运行台数和运行顺序	应在循环泵的电控柜内,为建筑设备监控系统设置控制和状态信号接点
4	冷冻水/热水供回水温度(AI)	参数测量及自动显示、历史数据记录及定时打印、故障报警	水管式温度传感器,插入长度使感温元件位于管道中心位置;热电阻宜选用B级精度 Pt1000 铂电阻。量程为测点温度的1.2~1.3倍
5	冷水/热水循环泵变速调节控制(AI、AO、DI、DO)	根据循环水温度调节循环泵的转速	应在水泵电控柜内,为建筑设备监控系统设置控制和状态信号接点(包括变频器)
6	冷冻水/热水供回水压差自动调节(AI、AO)	根据供回水压差测量值,自动调节旁通水阀,以维持供、回水压差为设定值	压差传感器,工作压差应大于测点可能出现的最大压差的1.5倍。旁通阀口径和特性应满足调节系统的动态要求
7	冷却水供回水温度(AI)	参数测量及自动显示、历史数据记录及定时打印、故障报警	水管式温度传感器,其插入长度使敏感元件位于管道中心位置;保护管应符合耐压等级。量程为测点温度的1.2~1.3倍
8	冷却水温度自动控制(起停控制)(DI、DO)	自动控制冷却水泵、冷却塔风机起停,维持冷却水回水温度为设定值。在冷却水温度过低时,应打开旁通阀	应在冷却水泵、冷却塔风机的电控柜内,为建筑设备监控系统设置控制和状态信号接点
9	冷却水温度自动控制(变速调节控制)(AI、AO、DI、DO)	根据冷却水的回水温度调节冷却塔风机的转速,使冷却水的回水温度保持在设定值。冷却水泵利用冷却水的供回水温差调节转速	应在冷却水泵,冷却塔风机的电控柜内,为建筑设备监控系统设置控制和状态信号接点(包括变频器)
10	水源热泵机组台数控制(DI、DO)	可根据总回水温度(或供回水温差)调节机组运行台数	应在机组控制柜内,为建筑设备监控系统设置控制和状态信号接点
11	水源热泵机组保护控制(DI)	机组在水流开关检测到水流信号后方可起动。如异常则自动停机,并报警和进行事故记录	在机组的冷冻水、冷却水或热水供水管内安装水流开关
12	水源热泵机组定时起停控制(DI、DO)	根据事先排定的工作及节假日作息时间表,定时起停机组	应在机组控制柜内,为建筑设备监控系统设置控制和状态信号接点

（续）

序号	监控对象及监控类型	监控功能	备注
13	自动统计与管理	自动统计系统内水泵、风机等设备的累计工作时间和能耗，并自动对设备的起停顺序进行调整，提示定期维修	—
—	—	可选监控功能	—
—	—	根据系统需要增减测量控制点	—
—	水源热泵机组通信	建筑设备监控系统（BAS）与水源热泵机组控制器进行数据通信	专用通信接口及软件

10.4.10 蓄冷系统常用监控功能见表 10-4-10。

表 10-4-10 蓄冷系统常用监控功能

序号	监控对象及监控类型	监控功能	备注
1	双工况主机起停控制（DI、DO）	蓄冰时：在蓄冰装置的液位（或冰厚）达到设定值时，停主机 制冷时：根据给定的温度值，对主机进行能量调节	应在机组控制柜内，为建筑设备监控系统设置控制和状态信号接点
2	乙二醇泵起停控制（DI、DO）	控制乙二醇泵与主机同步起停	应在乙二醇泵的电控柜内，为建筑设备监控系统设置控制和状态信号接点
3	乙二醇溶液温度（AI）	用于参数测量及自动显示、历史数据记录及定时打印、故障及极限报警	温度传感器设置在蓄冰槽进出口，插入长度使感温元件位于管道中心位置；热电阻宜选用 B 级精度 Pt1000 铂电阻。量程为测点温度的 1.2~1.3 倍
4	蓄冰槽液位（AI）	用于参数测量及自动显示、历史数据记录及定时打印、故障及极限报警	超声波液位变送器，精度为 1.5%
5	负荷侧供、回水温度（AI）	参数测量及自动显示、历史数据记录及定时打印、故障报警	水管式温度传感器，插入长度使感温元件位于管道中心位置；热电阻宜选用 B 级精度 Pt1000 铂电阻。量程为测点温度的 1.2~1.3 倍
6	融冰乙二醇泵变速调节控制（AI、AO、DI、DO）	根据负荷侧供水温度，调节泵的转速，以改变进入蓄冷装置和板式换热器的乙二醇流量	应在融冰乙二醇泵的电控柜内，为建筑设备监控系统设置控制和状态信号接点（包括变频器）
7	二级乙二醇泵变速调节控制（AI、AO、DI、DO）	根据负荷侧供水温度，调节泵的转速，以改变进入板式换热器的乙二醇流量	应在二级乙二醇泵的电控柜内，为建筑设备监控系统设置控制和状态信号接点（包括变频器）
8	系统设备定时起停控制（DI、DO）	根据事先排定的工作及节假日作息时间表，定时起停设备，自动统计设备工作时间，提示定期维修	—
—	—	可选监控功能	—
—	融冰乙二醇泵与二级乙二醇泵	根据系统需要增设其他测量控制点 融冰乙二醇泵用于并联系统中，二级乙二醇泵用于串联系统中	—
—	双工况主机通信	建筑设备监控系统（BAS）与双工况主机控制器进行数据通信	专用通信接口及软件

10.4.11 热交换系统常用监控功能见表10-4-11。

表10-4-11 热交换系统常用监控功能

序号	监控对象及监控类型	监控功能	备注
1	一次水供回水温度(AI)	参数测量及自动显示,历史数据记录及定时打印、故障报警	水管式温度传感器,插入长度使感温元件位于管道中心位置;热电阻宜选用B级精度Pt1000铂电阻。量程为测点温度的1.2~1.3倍
2	一次水供回水压力(AI)	参数测量及自动显示、历史数据记录及定时打印、故障报警	压力传感器,工作压力应大于测点可能出现的最大压力的1.5倍。引压管尽可能短,安装和取压方式应能满足规范要求
3	一次水供水流量(AI)	瞬时与累计值的自动显示、历史数据记录及定时打印、故障报警	流量传感器,量程为系统最大工作流量的1.2~1.3倍,应耐受管道介质最大压力,具有瞬态输出,安装于管路中水流稳定的直管段处,保证测量精度要求
4	二次供回水压差自动调节(AI、AO)	根据供回水压差测量值、自动调节旁通水阀开度,以维持供、回水压差为设定值	压差传感器,工作压差应大于测点可能出现的最大压差的1.5倍。旁通阀口径和特性应满足调节系统的动态要求
5	热负荷计算	根据二次供回水温差和流量,自动监测建筑物实际消耗热量(包括瞬时热量和累积热量)。并可作为计量和经济核算的依据	—
6	二次水供回水温度(AI)	参数测量及自动显示、历史数据记录及定时打印、故障报警	水管式温度传感器、插入长度使感温元件位于管道中心位置;热电阻宜选用B级精度Pt1000铂电阻。量程为测点温度的1.2~1.3倍
7	二次水温度自动调节(AO)	自动调节热交换器一次热水/蒸汽阀开度,维持二次出水温度为设定值	电动调节阀口径和特性应满足调节系统的动态要求,耐压等级能满足工作条件
8	二次水回水流量(AI)	瞬时与累计值的自动显示、历史数据记录及定时打印、故障报警	流量传感器,量程为系统最大工作流量的1.2~1.3倍,应耐受管道介质最大压力,具有瞬态输出,安装于管路中水流稳定的直管段处,保证测量精度要求
9	热水循环泵台数控制(DI、DO)	根据二次供回水温差和流量,确定热水循环泵运行台数和运行顺序	应在热水循环泵的电控柜内,为建筑设备监控系统设置控制和状态信号接点
10	热水循环泵变速调节控制(AI、AO、DI、DO)	根据二次供回水压差控制热水循环泵的转速。压差超限时,利用供回水管上的旁通电动阀调节	应在热水循环泵的电控柜内,为建筑设备监控系统设置控制和状态信号接点(包括变频器)
11	系统联锁控制	当热水循环泵停止运行时,一次水调节阀应迅速关闭,二次电动蝶阀亦关闭	—
12	系统设备定时起停控制(DI、DO)	根据事先排定的工作及节假日作息时间表,定时起停设备,自动统计设备工作时间,提示定期维修	—
—	—	可选监控功能	
—	—	根据系统需要增设其他测量控制点	—

10.4.12 送排风系统常用监控功能见表 10-4-12。

表 10-4-12 送排风系统常用监控功能

序号	监控对象及监控类型	监控功能	备注
1	风机定时起停控制(DI、DO)(或根据需要进行变频控制)	根据事先排定的工作及节假日作息时间表,定时起停风机	应在风机电控箱内,为建筑设备监控系统设置控制和状态信号接点(或变频器)
2	一氧化碳(CO)浓度(AI)	车库中一氧化碳(CO)浓度超过设定报警值时,发出报警信号,同时自动起动风机工作	一氧化碳浓度传感器($0\sim300\times10^{-6}/0\sim500\times10^{-6}$),车库内挂墙安装
3	工作时间统计	自动统计风机工作时间,定时维修	—
—	—	可选监控功能	—
—	—	根据系统需要增减测量控制点	—

10.4.13 新风机组常用监控功能见表 10-4-13。

表 10-4-13 新风机组常用监控功能

序号	监控对象及监控类型	监控功能	备注
1	新风风阀控制(DO)	与风机联锁,风机停止,风阀关闭;风机起动,风阀打开	电动风阀执行机构,要求与风阀联结装置匹配并符合风阀的转矩要求。控制信号和位置反馈信号与现场控制器的信号相匹配
2	过滤器堵塞报警(DI)	空气过滤器两端压差大于设定值时报警,提示清洗或更换并应有强制停机的功能	空气压差开关的动作值可调
3	防冻保护(DI)	加热器盘管处设防冻开关,当温度过低时,停风机关闭新风风阀,开启热水阀	防冻开关的报警动作温度一般设定为5℃
4	送风温度(AI)	参数测量及自动显示、历史数据记录及定时打印、故障报警	风管式温度传感器,插入长度使感温元件位于管道中心位置;热电阻宜选用B级精度Pt1000铂电阻。量程为测点温度的1.2~1.3倍
5	送风温度自动调节(AO)	冬季自动调节热水调节阀开度,夏季自动调节冷水调节阀开度,保护送风温度为设定值	电动调节阀口径和特性应满足调节系统的动态要求,耐压等级能满足工作条件
6	送风湿度(AI)	参数测量及自动显示、历史数据记录及定时打印、故障报警	风管式湿度传感器,不应靠近热源或滴水处安装
7	送风湿度自动调节(AO)	通过检测的湿度和相对湿度,计算含湿量,根据设定位置的含湿量,计算出加湿量。自动调节加湿阀开度,保持送风湿度为设定值	电动调节阀口径和特性应满足调节系统的动态要求,耐压等级能满足工作条件
8	风机两端压差(DI)	风机起动后两端压差应大于设定值,否则应报警并停机保护	压差开关的动作值可调

（续）

序号	监控对象及监控类型	监控功能	备注
9	室外（或进风）温、湿度（AI）	测量参数自动显示，历史数据记录及定时打印、故障报警	温、湿度测点可分别采用风管式温、湿度传感器，也可采用一体式温、湿度传感器
10	机组定时起停控制（DI、DO）	根据事先排定的工作及节假日作息时间表，定时起停机组	应在机组电控柜内，为建筑设备监控系统设置控制和状态信号接点
11	系统联锁控制	风机停止后，新风风阀、电动调节阀自动关闭	—
12	机组工作时间统计	自动统计机组工作时间，定时维修	—
—	—	可选监控功能	—
—	—	根据系统需要增减测量控制点	—

10.4.14 定风量空调机组常用监控功能见表 10-4-14。

表 10-4-14 定风量空调机组常用监控功能

序号	监控对象及监控类型	监控功能	备注
1	新风、回风风阀控制（AO）	根据季节工况要求，自动调节新风、回风风阀的开度，实现新风量的控制和工况的转换。风机停止，风阀关闭；风机起停。风阀打开	电动风阀执行机构，要求与风阀联结装置匹配并符合风阀的转矩要求。控制信号和位置反馈信号与现场控制器的信号相匹配
2	过滤器堵塞报警（DI）	空气过滤器两端压差大于设定值时报警，提示清洗或更换并应有强制停机的功能	空气压差开关的动作值可调
3	防冻保护（DI）	加热器盘管处设防冻开关，当温度过低时，停风机关闭新风风阀，开启热水阀	防冻开关的报警动作温度一般设定为5℃
4	回风温度（AI）	参数测量及自动显示、历史数据记录及定时打印、故障报警	风管式温度传感器，插入长度使感温元件位于管道中心位置；热电阻宜选用B级精度Pt1000铂电阻。量程为测点温度的1.2~1.3倍
5	回风温度自动调节（AO）	冬季自动调节热水调节阀开度，夏季自动调节冷水调节阀开度，保持回风温度为设定值。过渡季根据新风的温湿度自动计算焓值，进行焓值调节	电动调节阀口径和特性应满足调节系统的动态要求，耐压等级能满足工作条件
6	回风湿度（AI）	测量参数自动显示、历史数据记录及定时打印、故障报警	风管式湿度传感器，不应靠近热源或水滴
7	回风湿度自动控制（AO）	自动控制加湿阀开度，保持回风湿度为设定值	电动调节阀口径与管径相同，耐温符合工作温度要求，控制电压等级与现场控制器输出相匹配
8	风机两端压差（DI）	风机起动后两端压差应大于设定值，否则应报警并停机保护	压差开关的动作值可调

（续）

序号	监控对象及监控类型	监控功能	备注
9	重要场所的环境控制	在重要场所设温、湿度检测点，根据其温、湿度直接调节空调机组的冷、热水阀，确保该场所的温、湿度为设定值	重要场所的温、湿度测点，可分别采用室内式温、湿度传感器，也可采用一体式温、湿度传感器
10	最小新风量控制	在回风管内设置二氧化碳浓度检测传感器，根据二氧化碳浓度自动调节新风阀和回风阀的开度，在满足二氧化碳浓度标准下，使新风阀开度最小，实现节能	二氧化碳浓度检测传感器，($0\sim2000\times10^{-6}/0\sim10000\times10^{-6}$)，采用在风管安装方式
11	新风温、湿度(AI)	参数测量及自动显示、历史数据记录及定时打印、故障报警	可分别采用风管式温、湿度传感器，也可采用一体式温、湿度传感器
12	送风温、湿度(AI)	参数测量及自动显示、历史数据记录及定时打印、故障报警	可分别采用风管式温、湿度传感器，也可采用一体式温、湿度传感器
13	机组定时起停控制(DI、DO)	根据事先排定的工作及节假日作息时间表，定时起停机组	应在机组电控柜内，为建筑设备监控系统设置控制和状态信号接点
14	系统联锁控制	风机停止后，新风、回风风阀、电动调节阀、电磁阀自动关闭	—
15	机组工作时间统计	自动统计机组工作时间，定时维修	—
—	—	可选监控功能	—
—	—	根据系统需要增减测量控制点	—

10.4.15 变风量空调机组常用监控功能见表 10-4-15。

表 10-4-15 变风量空调机组常用监控功能

序号	监控对象及监控类型	监控功能	备注
1	新风、回风风阀控制(AO)	根据季节工况要求，自动调节新风、回风风阀的开度、实现新风量的控制和工况的转换。风机停止，风阀关闭；风机起动，风阀打开	电动风阀执行机构，要求与风阀联结装置匹配并符合风阀的转矩要求。控制信号和位置反馈信号与现场控制器的信号相匹配
2	过滤器堵塞报警(DI)	空气过滤器两端压差大于设定值时报警，提示清洗或更换，并应有强制停机的功能	空气压差开关的动作值可调
3	防冻保护(DI)	加热器盘管处设防冻开关，当温度过低时，停风机关闭新风风阀，开启热水阀	防冻开关的报警动作温度一般设定为5℃
4	主干风道静压(AI)	参数测量及自动显示、历史数据记录及定时打印、故障报警	风道静压传感器，一般设在送风主干道上，距末端1/3～1/4处管道静压作为主参数
5	送风量自动调节(AI、AO、DI、DO)	根据送风主干道末端静压的变化，调节送风机的转速，改变送风量	应在空调送风机的电控柜内，为建筑设备监控系统设置控制和状态信号接点(包括变频器)

（续）

序号	监控对象及监控类型	监控功能	备注
6	回风机自动调节（AI、AO、DI、DO）	根据送回风风道的压差，调节回风机的转速，维持给定的风量差值	应在空调回风机的电控柜内，为建筑设备监控系统设置控制和状态信号接点（包括变频器）
7	回风温度（AJ）	参数测量及自动显示、历史数据记录及定时打印、故障报警	风管式温度传感器，插入长度使感温元件位于管道中心位置；热电阻宜选用B级精度Pt1000铂电阻。量程为测点温度的1.2~1.3倍
8	回风温度自动调节（AO）	当送风机的转速降至设定的最小转速时，通过自动调节冷水调节阀开度，保护回风温度为设定值	电动调节阀口径和特性应满足调节系统的动态要求，耐压等级能满足工作要求
9	回风温度（AI）	测量参数自动显示、历史数据记录及定时打印、故障报警	风管式湿度传感器，不应靠近热源或水滴
10	回风湿度自动控制（AO）	自动控制加湿阀开度，保持回风湿度为设定值	电动调节阀口径与管径相同，耐温符合工作温度要求，控制电压等级与现场控制器输出相匹配
11	风机两端压差（DI）	风机起动后两端压差应大于设定值，否则应报警并停机保护	压差开关的动作值可调
12	空气质量控制	在回风管内设置二氧化碳浓度检测传感器，根据二氧化碳浓度自动调节新风阀，在满足二氧化碳浓度标准下，使新风阀开度最小，可节能	二氧化碳浓度检测传感器，（$0\sim2000\times10^{-6}/0\sim10000\times10^{-6}$），采用在风管安装方式
13	新风温、湿度（AI）	参数测量及自动显示、历史数据记录及定时打印、故障报警	分别采用风管式温、湿度传感器，也可采用一体式湿度传感器
14	送风温、湿度（AI）	参数测量及自动显示、历史数据记录及定时打印、故障报警	可分别采用风管式温、湿度传感器，也可采用一体式湿度传感器
15	机组定时起停控制（DI、DO）	根据事先排定的工作及节假日作息时间表，定时起停机组	应在机组电控柜内，为建筑设备监控系统设置控制和状态信号接点
16	系统联锁控制	风机停止后，新风、回风风阀、电动调节阀、电磁阀自动关闭	—
17	机组工作时间统计	自动统计机组工作时间，定时维修	—
—	—	可选监控功能	—
—	—	根据系统需要增减测量控制点	—
—	变风量末端装置（VAVBOX）通信	建筑设备监控系统（BAS）与VAVBOX之间进行数据通信	专用通信接口及软件

10.4.16 变配电系统常用监控功能见表10-4-16。

表10-4-16 变配电系统常用监控功能

序号	监控对象及监控类型	监控功能	备注
1	开关状态（DI）	自动检测回路开关状态，跳闸时自动报警、记录，并采取相应措施	从断路器的辅助触点上获取开关信号

（续）

序号	监控对象及监控类型	监控功能	备注
2	电流(AI)	自动检测回路电流，故障报警，记录打印，并采取相应措施	电流互感器，将被测回路的电流转换为0~5A，通过电流变送器将其变为标准信号送至现场控制器
3	电压(AI)	自动检测回路电压，故障报警，记录打印，并采取相应措施	高、低压互感器，将被测回路的电压转换为0~100V，通过电压变送器将其变为标准信号送至现场控制器
4	有功功率(AI)	自动检测回路有功功率	通过电流与电压互感器，将被测回路的电流与电压信号送至有功功率变送器，将其变为标准信号送至现场控制器
5	无功功率(AI)	自动检测回路无功功率	通过电流与电压互感器，将被测回路的电流与电压信号送至无功功率变送器，将其变为标准信号送至现场控制器
6	频率(AI)	自动检测回路频率	通过频率变送器，将其变为标准信号送至现场控制器
7	功率因数(AI)	自动检测回路功率因数	通过功率因数变送器，将其变为标准信号送至现场控制器
8	用电量累计(DI)	自动检测回路用电量及建筑物总用电量	将被测回路的电能值转换成线性比例输出的脉冲量，通过电度变送器将其变为标准信号送至现场控制器
9	变压器线圈温度过热保护(DI)	当变压器过负荷时，线圈温度升高，温度控制器发出信号，自动报警记录故障，并采取相应措施	预埋在变压器线圈里温度开关信号
10	日用油箱油位(AI)	在油位高于及低于设定报警线时发出报警信号，并进行事故记录及打印	通过油箱液位计(防爆)进行油位测量
11	蓄电池组电压异常报警(AI)	在电压高于及低于设定报警值时发出报警信号，并进行事故记录及打印	采用直流电压变送器，将其变为标准信号送至现场控制器
—	—	可选监控功能	—
—	—	根据系统需要增减测量控制点	—
—	发电机组通信	建筑设备监控系统(BAS)与发电机组之间进行数据通信	专用通信接口及软件

10.4.17 照明系统常用监控功能见表10-4-17。

表 10-4-17 照明系统常用监控功能

序号	监控对象及监控类型	监控功能	备注
1	建筑内部照明分区控制(DI、DO)	按照建筑内部功能，根据控制方案和分区分组，自动控制各个照明区域的电源通断	应在照明配电柜内，为建筑设备监控系统设置控制和状态信号接点
2	建筑外部道路及景观照明分区控制(DI、DO)	可根据室外照度(亮度)或时间的变化，自动控制室外各个照明区域的电源通断，满足不同时段照度的要求，并实现节能	安装在室外的照度传感器，将照度值转变为标准信号送至现场控制器。同时，在照明配电柜内，为建筑设备监控系统设置控制和状态信号接点

（续）

序号	监控对象及监控类型	监 控 功 能	备　注
3	建筑物外立面照明控制（DI、DO）	可根据建筑物外立面照明方案，按照不同场景的要求自动控制各分组照明灯光的电源通断，达到外部照明要求的不同效果，并实现节能	应在照明配电柜内，为建筑设备监控系统设置控制和状态信号接点

10.4.18 电梯系统常用监控功能见表 10-4-18。

表 10-4-18 电梯系统常用监控功能

序号	监控对象及监控类型	监 控 功 能	备　注
1	电梯运行状态监视（DI）	自动监测各电梯运行状态，紧急情况或故障时自动报警和记录	应在电梯控制柜内，为建筑设备监控系统设置状态信号接点
2	扶梯运行状态监视（DI）	自动监测各扶梯运行状态，紧急情况或故障时自动报警和记录	应在扶梯控制柜内，为建筑设备监控系统设置状态信号接点
3	设备工作时间统计	自动统计电梯工作时间，定时维修	—
4	电梯通信	建筑设备监控系统（BAS）与电梯控制器之间进行数据通信	专用通信接口及软件

10.4.19 给水设备常用监控功能见表 10-4-19。

表 10-4-19 给水设备常用监控功能

序号	监控对象及监控类型	监 控 功 能	备　注
1	高位水箱水位自动控制（AI）	自动控制给水泵起停，使水箱水位维持在设定范围内，水位超过设定报警线时发出报警信号，同时进行事故记录及打印	浮球水位计的工作压力、工作温度、介质密度、测量范围和测量精度等应满足测量要求、带上下限报警功能
2	生活水池水位自动控制（AI）	自动控制给水泵起停，使水池水位不超过设定线，水位超过设定报警线时发出报警信号，同时进行事故记录及打印	浮球水位计的工作压力，工作温度、介质密度、测量范围和测量精度等应满足测量要求，带上下限报警功能
3	给水管出口压力（AI）	参数测量及自动显示、历史数据记录及定时打印、故障报警	管式压力传感器，工作压力应大于测点可能出现的最大压力的 1.5 倍。引压管尽可能短，安装和取压方式按规范要求
4	给水泵变速调节控制（AI、AO、DI、DO）	根据水压信号调节给水泵的转速，以保持供水压力的恒定	应在给水泵的电控柜内，为建筑设备监控系统设置控制和状态信号接点（包括变频器）
5	给水箱（水池）水位自动报警（DI）	监视溢流水位及低水位、根据低水位报警信号，自动停止给水泵，并进行事故记录及打印	浮球式水位控制器、设置上、下限水位控制和高、低报警四个控制点
6	集水坑（池）水位自动控制（AI）	自动控制排水泵起停，使水池水位不超过设定线，水位超过设定报警线时发出报警信号，同时进行事故记录及打印	浮球水位计的工作压力、工作温度、介质密度、测量范围和测量精度等应满足测量要求，带上下限报警功能

（续）

序号	监控对象及监控类型	监控功能	备注
7	机组工作时间统计	自动统计设备工作时间，提示定期维修，并确定主备用泵的轮换	—
—	—	可选监控功能	—
—	—	根据系统需要增减测量控制点	—

10.4.20 控制箱（DCP）外部接线导线规格见表10-4-20。

表10-4-20 控制箱（DCP）外部接线导线规格

序号	监控功能	状态	导线规格
1	起停控制信号	DO	2×(0.75~1.5)
2	起停状态信号	DI	2×(0.75~1.5)
3	故障状态信号	DI	2×(0.75~1.5)
4	手/自动转换信号(电控柜)	DI	2×(0.75~1.5)
5	空气过滤器压差开关状态信号	DI	2×(0.75~1.5)
6	风机压差开关状态信号	DI	2×(0.75~1.5)
7	电动调节阀门	AO	4×(0.75~1.5)
8	电动调节蒸汽阀门	AO	4×(0.75~1.5)
9	电动蝶阀	DI、DO	8×(0.75~1.5)
10	防冻开关信号	DI	2×(0.75~1.5)
11	流量信号	AI	4×(0.75~1.5)
12	水流开关信号	DI	2×(0.75~1.5)
13	旁路电动调节阀	AO	4×(0.75~1.5)
14	压力信号	AI	2×(0.75~1.5)
15	风管静压信号	AI	2×(0.75~1.5)
16	新风、回风、送风温度	AI	2×(0.75~1.5)
17	新风、回风、送风湿度	AI	4×(0.75~1.5)
18	送(回)水温度	AI	2×(0.75~1.5)
19	变频器起停控制信号	DO	2×(0.75~1.5)
20	变频器故障报警信号	DI	2×(0.75~1.5)
21	变频器频率	AI	2×(0.75~1.5)
22	变频器调节控制	AO	2×(0.75~1.5)
23	照明控制	DI、DO	6×(0.75~1.5)
24	照明检测信号	AI	4×(0.75~1.5)
25	三相电压、三相电流信号	AI	6×(0.75~1.5)
26	三相功率、频率、三相功率因数信号	AI	2×(0.75~1.5)
27	电梯状态	DI	2×(0.75~1.5)
28	CO_2 浓度监测、CO 浓度监测	AI	4×(0.75~1.5)
29	液位检测	DI	2×(0.75~1.5)
30	电量计量	AI	2×(0.75~1.5)
31	风速检测信号	AI	2×(0.75~1.5)

注：1. 数字量（DI/DO）信号线采用BV、BVV、RV、RVV、KVV、BVR型导线。

2. 模拟量（AI/AO）信号线采用RVVP屏蔽线。

评　注

建筑设备管理系统营造建筑物运营条件的基础保障设施，是保证建筑设备运行稳定、安全及满足物业管理的需求，实现对建筑设备运行优化管理及提升建筑用能效率，达到绿色建筑的建设目标。建筑设备管理系统应具有建筑设备运行监控信息互为关联和共享的功能，包括建筑设备监控系统、建筑能效监管系统，以及需纳入管理的其他业务设施系统等。

10.5　机房工程

10.5.1　机房面积及设备布置要求见表 10-5-1。

表 10-5-1　机房面积及设备布置要求

机房设置	
机房的位置要求	1. 机房宜设在建筑物首层及以上各层,当有多层地下层时,也可设在地下一层 2. 机房不应设置在厕所、浴室或其他潮湿、易积水场所的正下方或与其贴邻 3. 机房应远离强振动源和强噪声源的场所,当不能避免时,应采取有效的隔板、消声和隔声措施 4. 机房应远离强电磁场干扰场所,当不能避免时,应采取有效的电磁屏蔽措施
机房的分类集中设置	1. 信息设施系统总配线机房宜与信息网络机房及用户电话交换机房靠近或合并设置 2. 安防监控中心宜与消防控制室合并设置 3. 与消防有关的公共广播机房可与消防控制室合并设置 4. 有线电视前端机房宜独立设置 5. 建筑设备管理系统机房宜与相应的设备运行管理、维护值班室合并设置或设于物业管理办公室 6. 信息化应用系统机房宜集中设置,当火灾自动报警系统、安全技术防范系统、建筑设备管理系统、公共广播系统等的中央控制设备集中设在智能化总控室内时,不同使用功能或分属不同管理职能的系统应有独立的操作区域
信息网络机房的设置要求	1. 自用办公建筑或信息化应用程度较高的公共建筑,信息网络机房宜独立设置 2. 商业类建筑信息网络机房应根据其应用、管理及经营需要设置,可单独设置,亦可与信息设施系统总配线机房、建筑设备管理系统等机房合并设置
建筑设备管理机房的面积及设置要求	1. 建筑设备管理系统中各子系统宜合并设置机房 2. 各子系统合设机房宜设于建筑物的首层、二层或有多层地下室的地下一层,其使用面积不宜小于 $20m^2$ 3. 各子系统分设机房时,每间机房使用面积不宜小于 $10m^2$ 4. 大型公共建筑必要时可设分控室
安防监控中心的面积及设置要求	1. 宜设于建筑物的首层或有多层地下室的地下一层,其使用面积不宜小于 $20m^2$ 2. 综合体建筑或建筑群安防监控中心应设于防护等级要求较高的综合体建筑或建筑群的中心位置。在安防监控中心不能及时处警的部位宜增设安防分控室 3. 安防监控中心的设置尚应符合现行国家标准《安全防范工程技术标准》GB 50348 的有关规定

注:1. 机房的设置应满足设备运行环境、安全性及管理、维护等要求
2. 有工作人员长时间值守的机房附近宜设卫生间和休息室

（续）

机房设置	
进线间(信息接入机房)的面积及设置要求	1. 单体公共建筑或建筑群内宜设置不少于1个进线间,多家电信业务经营者宜合设进线间 2. 进线间宜设置在地下一层并靠近市政信息接入点的外墙部位 3. 进线间应满足缆线的敷设路由、成端位置及数量、光缆的盘长空间和缆线的弯曲半径、配线设备、入口设施安装对场地空间的要求 4. 进线间的面积应按通信管道及入口设施的最终容量设置,并应满足不少于3家电信业务经营者接入设施的使用空间与面积要求,进线间的面积不应小于10m^2 5. 进线间设置在只有地下一层的建筑物内时,应采取防渗水措施,宜在室内设置排水地沟并与设有抽、排水装置的集水坑相连 6. 当进线间设置涉及国家安全和机密的弱电设备时,涉密与非涉密设备之间应采取房间分隔或房间内区域分隔措施 7. 住宅建筑进线间的设置应按现行国家标准《住宅区和住宅建筑内光纤到户通信设施工程设计规范》GB 50846有关规定执行
弱电间的设置要求	1. 弱电间宜设在进出线方便,便于设备安装、维护的公共部位,且为其配线区域的中心位置 2. 智能化系统较多的公共建筑应独立设置弱电间及其竖井 3. 弱电间位置宜上下层对应,每层均应设独立的门,不应与其他房间形成套间 4. 弱电间不应与水、暖、气等管道共用井道 5. 弱电间应避免靠近烟道、热力管道及其他散热量大或潮湿的设施 6. 当设置综合布线系统时,弱电间至最远端的缆线敷设长度不得大于90m;当同楼层及邻层弱电终端数量少,且能满足铜缆敷设长度要求时,可多层合设弱电间 7. 智能化系统性质重要、可靠性要求高或高度超过250m的公共建筑,有条件时每层可设置不少于两个弱电间 8. 弱电间的面积应满足设备安装、线路敷设、操作维护及扩展的要求
机房设计	
机房的设计要求	1. 机房宜采用矩形平面布局 2. 与机房内智能化系统无关的管道不应穿越机房 3. 机房的空调系统如采用整体式空调机组并设置在机房内时,空调机组周围宜设漏水报警装置,并应对加湿进水管及冷冻水管采取排水措施 4. 大型公共建筑的信息网络机房、智能化系统总控室、安防监控中心等宜设置机房综合管理系统和机房安全系统
信息网络机房的面积及设置要求	1. 机房组成应根据设备以及工作运行特点要求确定,宜由主机房、管理用房、辅助设备用房等组成 2. 机房的面积应根据设备布置和操作、维护等因素确定,并应留有发展余地、机房的使用面积宜符合下列规定 1)主机房面积可按下列方法确定: 当系统设备已选型时,按下式计算:$A=K\sum S$,式中:A——主机房使用面积(m^2);K——系数,取值5~7;S——系统设备的投影面积(m^2) 当系统设备未选型时,按下式计算:$A=KN$,式中:K——单台设备占用面积,可取4.5~5.5(m^2/台);N——机房内所有设备的总台数 2)管理用房及辅助设备用房的面积不宜小于主机房面积的1.5倍
合用机房的面积及设置要求	1. 合用机房使用面积可按下式计算: $A=K\sum S$,式中:A——机房使用面积(m^2);K——系数,需分类管理的子系统数量:≤3时,K取1;4~6时,K取0.8;≥7时,K取0.6~0.7;S——每个需要分类管理的智能化子系统占用的合用机房面积(m^2/个) 2. 机房的长宽比不宜大于4:3,设有大屏幕显示屏的机房,面对显示屏的机房进深不宜小于5m 3. 当合用机房内设备运行环境条件要求较高或设备较多,其发热、噪声干扰影响较大时,操作人员经常工作的房间与设备机房之间宜采用玻璃墙隔开 4. 合并设置机房时,各系统设备宜统一安装于标准机柜内,并宜统一供电、统一敷线,不同系统的设备、线缆,端口等应有明显的标识

（续）

<table>
<tr><th colspan="2">机房设计</th></tr>
<tr><td>弱电间（弱电竖井）的面积及设置要求</td><td>1. 弱电间与配电间宜分开设置，当受条件限制必须合设时，强、弱电设备及其线路必须分设在房间的两侧，各种设备箱体窗宜留有不小于 0.8m 的操作、维护距离
2. 弱电间的面积宜符合下列规定：
1）采用落地式机柜的弱电间，面积不宜小于 2.5m（宽）×2.0m（深）；当弱电间覆盖的信息点超过 400 点时，每增加 200 点应增加 $1.5m^2$（2.5m×0.6m）的面积
2）采用壁挂式机柜的弱电间，系统较多时，弱电间面积不宜小于 3.0m（宽）×0.8m（深）；系统较少时，面积不宜小于 1.5m（宽）×0.8m（深）
3）当多层建筑弱电间短边尺寸不能满足 0.8m 时，可利用门外公共场地作为维护、操作的空间，弱电间房门须将井道全部敞开，但弱电间短边尺寸不应小于 0.6m
3. 当弱电间内设置涉密弱电设备时，涉密弱电间应与非涉密弱电间分别设置；当建筑面积紧张，且能满足越层水平缆线敷设长度要求时，可分层、分区域设置涉密弱电间和非涉密弱电间
4. 弱电间内的设备箱宜明装，安装高度宜为箱体底边距地 0.5~1.5m</td></tr>
<tr><th colspan="2">机房布置</th></tr>
<tr><td>机房设备布置要求</td><td>1. 机房设备应根据系统配置及管理需要分区布置，当几个系统合用机房时，应按功能分区布置
2. 需要经常监视或操作的设备布置应便于监视或操作
3. 工作时可能产生尘埃或有害物质的设备，宜集中布置在靠近机房的回风口处
4. 电子信息设备宜远离建筑物防雷引下线等主要的雷电流泄流通道
5. 设备机柜的间距和通道应符合下列要求：
1）设备机柜正面相对排列时，其净距离不宜小于 1.2m
2）背后开门的设备机柜，背面离墙边净距离不应小于 0.8m
3）设备机柜侧面距墙不应小于 0.5m，侧面离其他设备机柜净距不应小于 0.8m，当侧面需要维修测试时，则距墙不应小于 1.2m
4）并排布置的设备总长度大于 6m 时，两侧均应设置通道
5）通道净宽不应小于 1.2m
6. 壁挂式设备中心距地面高度宜为 1.5m，侧面距墙应大于 0.5m
7. 活动地板下面的线缆宜敷设在金属槽盒中</td></tr>
</table>

10.5.2 机房对土建专业的要求见表 10-5-2。

表 10-5-2 机房对土建专业的要求

<table>
<tr><th colspan="2">房间名称</th><th>室内净高（梁下或风管下）/m</th><th colspan="2">楼、地面等效均布活荷载 $/(kN/m^2)$</th><th>地面材料</th><th>顶棚、墙面</th><th>门（及宽度）</th><th>窗</th></tr>
<tr><td rowspan="5">电话站</td><td>程控交换机室、总配线架室</td><td>≥2.5</td><td colspan="2">≥4.5</td><td>防静电活动地板</td><td>饰材浅色、不反光、不起灰</td><td>外开双扇防火门 1.2~1.5m</td><td>良好防尘</td></tr>
<tr><td>话务室</td><td>≥2.5</td><td colspan="2">≥3.0</td><td>防静电活动地板</td><td>吸声材料</td><td>隔声门 1.0m</td><td>良好防尘，设纱窗</td></tr>
<tr><td rowspan="3">电力电池室</td><td rowspan="3">≥2.5</td><td><200Ah 时，4.5</td><td rowspan="3">注 2</td><td rowspan="3">防尘、防滑地面</td><td rowspan="3">饰材不起灰</td><td rowspan="3">外开双扇防火门 1.2~1.5m</td><td rowspan="3">良好防尘</td></tr>
<tr><td>200~400Ah 时 6.0</td></tr>
<tr><td>≥500Ah 时，10.0</td></tr>
<tr><td colspan="2">进线间（信息接入机房）</td><td>≥2.2</td><td colspan="2">≥3.0</td><td>水泥地</td><td>墙身及顶棚需防潮</td><td>外开双扇防火门 ≥1.0</td><td>—</td></tr>
<tr><td colspan="2">信息网络机房、建筑设备管理机房信息设施系统总配线机房</td><td>≥2.5</td><td colspan="2">≥4.5</td><td>防静电活动地板</td><td>饰材浅色、不反光、不起灰</td><td>外开双扇防火门 1.2~1.5m</td><td>良好防尘</td></tr>
</table>

（续）

房间名称		室内净高（梁下或风管下）/m	楼、地面等效均布活荷载/(kN/m²)	地面材料	顶棚、墙面	门（及宽度）	窗
广播室	录播室	≥2.5	≥2.0	防静电地毯	吸声材料	隔声门1.0m	隔声窗
	设备室	≥2.5	≥4.5	防静电活动地板	饰材浅色、不反光、不起灰	外开双扇防火门1.2~1.5m	良好防尘，设纱窗
消防控制室		≥2.5	≥4.5	防静电活动地板	饰材浅色、不反光、不起灰	外开双扇甲级防火门1.5m或1.2m	良好防尘，设纱窗
安防监控中心		≥2.5	≥4.5	防静电活动地板	饰材浅色、不反光、不起灰	外开双扇防火门1.5m或1.2m	良好防尘，设纱窗
有线电视前端机房		≥2.5	≥4.5	防静电活动地板	饰材浅色、不反光、不起灰	外开双扇隔音门1.2~1.5m	良好防尘，设纱窗
会议电视	电视会议室	≥3.5	≥3.0	防静电地毯	吸声材料	双扇门≥1.2~1.5m	隔声窗
	控制室、传输室	≥2.5	≥4.5	防静电活动地板	饰材浅色、不反光、不起灰	外开单扇门≥1.0m	良好防尘
弱电间		≥2.5	≥4.5	水泥地	墙身及顶棚需防潮	外开防火门≥0.7m	—

注：1. 如选用设备的技术要求高于本表所列要求，应遵照选用设备的技术要求执行。

2. 当300A·h及以上容量的免维护电池需置于楼上时不应叠放。如需叠放时，应将其布置于架上，并需另行计算楼板负荷。

3. 电视会议室最低净高一般为3.5m，当会议室较大时，应按最佳容积比来确定，其混响时间宜为0.6~0.8s。

4. 室内净高不含活动地板高度，室内设备高度按2.0m考虑。

5. 电视会议室的围护结构应采用具有良好隔声性能的非燃烧材料或难燃材料，其隔声量不低于50dB（A）。电视会议室的内壁、顶棚、地面应做吸声处理，室内噪声不应超过35dB（A）。

6. 电视会议室的装饰布置，严禁采用黑色和白色作为背景色。

10.5.3 机房对电气、暖通专业的要求见表10-5-3。

表10-5-3 机房对电气、暖通专业的要求

房间名称		暖通			电气		备注
		温度/℃	相对湿度(%)	通风	照度/lx	应急照明	
电话站	程控交换机室	18~28	30~75	—	500(0.75m水平面)	设置	注4
	总配线架室	10~28	30~75	—	200(地面)	设置	注4
	话务室	18~28	30~75	—	300(0.75m水平面)	设置	注4
	电力电池室	18~28	30~75	注3	200(地面)	设置	—
进线间(信息接入机房)、弱电间		18~28	30~75	注2	200(地面)	—	—
信息网络机房		18~28	40~70	—	500(0.75m水平面)	设置	注4
建筑设备管理机房		18~28	40~70	—	500(0.75m水平面)	设置	注4
信息设施系统总配线机房		18~28	30~75	—	200(地面)	设置	注4

（续）

房间名称		暖通			电气		备注
		温度/℃	相对湿度(%)	通风	照度/lx	应急照明	
广播室	录播室	18~28	30~80	—	300(0.75m 水平面)	—	—
	设备室	18~28	30~80	—	300(地面)	设置	—
消防控制室		18~28	30~80	—	500(0.75m 水平面)	设置	注 4
安防监控中心		18~28	30~80	—	500(0.75m 水平面)	设置	注 4
有线电视前端机房		18~28	30~75	—	300(地面)	设置	—
会议电视	电视会议室	18~28	30~75	注 3	750(0.75m 水平面)	设置	—
	控制室	18~28	30~75	—	≥300(0.75m 水平面)	设置	—
	传输室	18~28	30~75	—	≥300(地面)	设置	—
弱电间	有网络设备	18~28	40~70	注 2	≥200(地面)	设置	注 4
	无网络设备	5~35	20~80				

注：1. 地下电缆进线室一般采用轴流式通风机，排风按每小时不大于 5 次换风量计算，并保持负压。
2. 采用空调的机房应保持微正压。
3. 电视会议室新风换气量应按每人大于或等于 $30m^3/h$。
4. 投影电视屏幕照度不宜高于 75lx，电视会议室用度应均匀可调，会议室的光源应采用色温 3200K 的三基色灯。

10.5.4 机房不间断电源（UPS）装置及连续供电时间要求见表 10-5-4。

表 10-5-4 机房不间断电源（UPS）装置及连续供电时间要求

机房名称	供电时间	供电范围	备注
安防监控中心	≥0.25h	安全技术防范系统主控设备	建筑物内有发电机组时
	≥3h		建筑物内无发电机组时
用户电话交换机房	≥0.25h	电话交换机、话务台	建筑物内有发电机组时
	8h		建筑物内无发电机组时
信息网络机房	≥0.25h	交换机、服务器、路由器、防火墙等网络设备	建筑物内有发电机组时
	≥2h		建筑物内无发电机组时
消防控制室	≥3h	火灾自动报警及联动控制系统	系统自带

注：1. 蓄电池组容量不应小于系统设备额定功率的 1.5 倍。
2. 用户电话交换机房由发电机组供电时应按 8h 备油。
3. 避难层（间）设置的视频监控摄像机和安防监控中心的主控设备无柴油发电机供电机时应按 3h 备电。

评　注

机房工程应成为智能化系统工程中向各类智能化系统设备及装置提供安全、可靠和高效运行及便于维护的基础条件设施。智能化系统机房宜设置在便于进出线、远离潮湿场所和电磁干扰场所，并应预留发展空间。智能化系统机房包括信息接入机房、有线电视前端机房、信息设施系统总配线机房、智能化总控室、信息网络机房、用户电话交换机房、消防控制室、安防监控中心、应急响应中心和智能化设备间（弱电间、电信间）等。

10.6 智能化系统布线

10.6.1 弱电线路线缆采用导管、槽盒敷设的要求见表 10-6-1。

表 10-6-1 弱电线路线缆采用导管、槽盒敷设的要求

<table>
<tr><th colspan="2">布线类别</th><th colspan="2">弱电线路线缆</th><th>弱电业务应用</th><th>敷设方式</th></tr>
<tr><td colspan="2">交流 220/380V 供电线路</td><td colspan="2">供电电缆</td><td>设备 220/380V 电源、UPS 电源,交直流转换器</td><td>独立穿导管或独立槽盒</td></tr>
<tr><td colspan="2">通信接入系统</td><td colspan="2">光缆、铜缆</td><td>无源光网络、移动通信网络、电话用户交换机中继等</td><td>独立穿导管或独立槽盒</td></tr>
<tr><td colspan="2" rowspan="2">综合布线系统</td><td>非涉密信息</td><td>光缆、非屏蔽或屏蔽对绞电缆</td><td>数据、语音、图像、网络电视</td><td>独立穿导管或独立槽盒</td></tr>
<tr><td>涉密信息</td><td>光缆、非屏蔽或屏蔽对绞电缆</td><td>数据、语音、图像、网络电视</td><td>独立穿导管或独立槽盒</td></tr>
<tr><td colspan="2">信息引导及发布系统</td><td colspan="2">光缆、非屏蔽 4 对对绞电缆、非屏蔽及屏蔽多芯软线电缆、供电电缆</td><td>信息显示屏</td><td rowspan="2">可与综合布线系统非涉密信息线缆共用槽盒且可加设金属隔板分隔;供电电缆应独立穿导管</td></tr>
<tr><td colspan="2">时钟系统</td><td colspan="2">光缆、非屏蔽大对数电缆,非屏蔽及屏蔽 4 对对绞电缆。供电电缆</td><td>时钟显示屏</td></tr>
<tr><td colspan="2">移动通信室内信号覆盖系统</td><td colspan="2">50Ω 射频同轴屏蔽电缆或泄漏电缆、光缆</td><td>数据、语音、图像、网络电视</td><td rowspan="2">独立穿导管或独立槽盒;系统共用槽盒时,光缆宜加金属隔板分隔</td></tr>
<tr><td colspan="2">无线对讲系统</td><td colspan="2">50Ω 射频同轴屏蔽电缆或泄漏电缆、光缆</td><td>数字语音、数据</td></tr>
<tr><td colspan="2">有线电视及卫星电视接收系统</td><td colspan="2">75Ω 射频同轴屏蔽电缆、光缆、非屏蔽或屏蔽 4 对对绞电缆</td><td>有线电视接收、卫星电视接收,IP 电视接收</td><td>独立穿导管或独立槽盒;与其他系统共用槽盒时,应加金属隔板分隔</td></tr>
<tr><td colspan="2">公共广播系统</td><td colspan="2">非屏蔽或屏蔽多芯软线电缆、光缆</td><td>公共广播</td><td>独立穿导管或独立槽盒;采用屏蔽电缆或光缆时,可与有线电视系统共用槽盒且加设金属隔板分隔</td></tr>
<tr><td colspan="2">会议系统</td><td colspan="2">同轴屏蔽电缆,光缆、非屏蔽及屏蔽多芯软线电缆或 4 对对绞电缆、供电电缆</td><td>多媒体信息</td><td>独立穿导管或独立槽盒</td></tr>
<tr><td rowspan="3">火灾自动报警系统</td><td>火灾自动报警布线</td><td colspan="2">报警传输线,报警总线,联动总线,屏蔽或非屏蔽多芯电缆、供电电缆</td><td>火灾自动报警、消防水泵直接手动控制、消防联动控制、消防设备电源监控、防火门监控、可燃气体探测、电气火灾监控</td><td rowspan="2">独立穿导管或槽盒,或共用槽盒且加设金属隔板分隔</td></tr>
<tr><td>消防专用电话布线</td><td colspan="2">非屏蔽或屏蔽电话线缆(数字或模拟)</td><td>消防专用电话</td></tr>
<tr><td>消防应急广播布线</td><td colspan="2">非屏蔽或屏蔽多芯软线电缆、光缆</td><td>消防应急广播</td><td>独立穿导管或独立槽盒</td></tr>
<tr><td colspan="2">建筑设备管理系统</td><td colspan="2">非屏蔽及屏蔽多芯软线电缆或 4 对对绞电缆、光缆</td><td>建筑设备监控,建筑能效监管</td><td rowspan="2">独立穿导管或独立槽盒,或共用槽盒且加设金属隔板分隔</td></tr>
<tr><td colspan="2">安全技术防范系统</td><td colspan="2">光缆、同轴屏蔽电缆、非屏蔽或屏蔽 4 对对绞电缆、屏蔽或非屏蔽多芯软线电缆、供电电缆</td><td>安防视频监控、入侵报警、出入口控制、电子巡查、求助对讲、停车库管理、楼寓访客对讲</td></tr>
</table>

（续）

布线类别	弱电线路线缆	弱电业务应用	敷设方式
应急防火专用系统	防火型光缆，非屏蔽或屏蔽多芯软线电缆、供电电缆	避难层的避难区域（间）专用数字监控摄像的视频与音频、通信、专用应急广播	独立穿导管或独立槽盒
其他弱电设备系统	光缆，同轴屏蔽电缆、非屏蔽或屏蔽4对对绞电缆、屏蔽或非屏蔽多芯软线电缆、供电电缆		独立穿导管或独立槽盒或共用槽盒且加设金属隔板分隔

注：1. 表中金属槽盒分隔是由金属槽盒内采用金属隔板永久分隔成两个或多个槽盒组成。

2. 表中有线电视及卫星电视接收系统中网络电视（IPTV）光缆、非屏蔽或屏蔽4对对绞电缆可与综合布线非涉密信息线缆共用槽盒。

3. 未列出的其他弱电系统设备线缆可参照表中的布线类别，并按工程项目实际需求采用独立穿导管、在槽盒内敷设或槽盒加设金属隔板敷设。

10.6.2 弱电地下综合管道容量、管径配置要求见表10-6-2。

表10-6-2 弱电地下综合管道容量、管径配置要求

<table>
<tr><td colspan="2" rowspan="3">地下管道段落
系统管道名称</td><td colspan="8">管道根数（孔）容量及管道管径/mm</td><td rowspan="3">备注</td></tr>
<tr><td colspan="4">主干管道</td><td colspan="4">支线管道</td></tr>
<tr><td>主用管</td><td>备用管</td><td>塑料管（公称外径）</td><td>钢导管公称口径DN</td><td>主用管</td><td>备用管</td><td>塑料管（公称外径）</td><td>钢导管公称口径DN</td></tr>
<tr><td colspan="2">公用电信网通信专用管道（含广电）</td><td>≥4</td><td>≥2</td><td>≥100</td><td>≥100</td><td>4</td><td>2</td><td>≥100</td><td>≥80</td><td>管内穿硅芯子管</td></tr>
<tr><td rowspan="11">弱电系统管道</td><td>综合布线系统（语音/数据）</td><td rowspan="3">≥2</td><td rowspan="3">1</td><td rowspan="3">≥100</td><td rowspan="3">≥100</td><td rowspan="3">≥1</td><td rowspan="3">1</td><td rowspan="3">≥100</td><td rowspan="3">≥80</td><td rowspan="3">管内穿硅芯子管</td></tr>
<tr><td>综合布线系统（智能化设备）</td></tr>
<tr><td>信息导引及发布系统</td></tr>
<tr><td>有线电视及卫星电视系统</td><td rowspan="2">≥2</td><td rowspan="2">—</td><td rowspan="2">≥100</td><td rowspan="2">≥100</td><td rowspan="2">≥1</td><td rowspan="2">—</td><td rowspan="2">≥100</td><td rowspan="2">≥80</td><td rowspan="2">宜金属管且管内穿硅芯子管</td></tr>
<tr><td>广播系统（含消防广播）</td></tr>
<tr><td>火灾自动报警系统</td><td rowspan="2">≥2</td><td rowspan="2">1</td><td rowspan="2">≥100</td><td rowspan="2">≥100</td><td rowspan="2">≥1</td><td rowspan="2">1</td><td rowspan="2">≥100</td><td rowspan="2">≥80</td><td rowspan="2">管内穿硅芯子管</td></tr>
<tr><td>消防专用电话系统</td></tr>
<tr><td>建筑设备管理系统</td><td rowspan="3">≥2</td><td rowspan="3">1</td><td rowspan="3">≥100</td><td rowspan="3">≥100</td><td rowspan="3">≥1</td><td rowspan="3">—</td><td rowspan="3">≥100</td><td rowspan="3">≥80</td><td rowspan="3">管内穿硅芯子管</td></tr>
<tr><td>安全防范系统</td></tr>
<tr><td>数字无线对讲系统</td></tr>
<tr><td>弱电电源</td><td>≥1</td><td>—</td><td>≥100</td><td>≥80</td><td>≥1</td><td>—</td><td>≥75</td><td>≥65</td><td>宜金属管且管内穿硅芯子管</td></tr>
</table>

注：1. 本地市政通信管网引入园区电信业务经营者通信设备间的公用电信网通信专用管道（含广电）宜不少于6根（含2根备用管）。

2. 弱电系统布线主干管道分别由园区信息通信设备间（总配线间）、消防安保控制室（配线间）引出，经过人（手）孔及支线管道后引至各个单体建筑。主干管道和支线管道的根数与管径规格应按园区弱电线路布线近期需求与远期的扩展设定。

3. 弱电系统布线主干管道和支线管道宜选用硬聚氯乙烯（PVC-U）或聚乙烯管（PE）两类塑料管，在高寒地区等特殊环境处宜采用高密度聚乙烯（HDPE）塑料管。聚氯乙烯和聚乙烯管及高密度聚乙烯管分别可选用硬质实壁管与半硬质双壁波纹管。

4. 用于光/电缆通信网络及弱电布线系统的高密度聚乙烯硅芯管宜作为子管多根敷设在大口径硬聚氯乙烯（PVC-U）或聚乙烯管（PE）两类塑料管内，或可多根敷设在大口径圆形焊接金属钢导管、无缝钢管、钢塑复合管（热浸塑钢管）等管材内。

5. 塑料管公称外径为50~75mm时，壁厚度不宜小于4.0mm；公称外径为100~110mm时，壁厚度不宜小于4.5mm。

6. 钢导管公称口径为DN50~DN65/DN80~DN100/DN125~DN150时，其管壁厚度宜分别对应不小于4.5mm/5.0mm/5.5mm。

7. 管中内置多根子管的硅芯塑料管宜采用外/内径为40mm/32mm或32mm/26mm，壁厚度不宜小于3.0mm，以增加大口径管道中的利用率。

8. 表中未标出硬聚氯乙烯或聚乙烯多孔一体塑料管（栅格管、蜂窝管、梅花管等）规格管材。

10.6.3 弱电地下综合管道顶部至绿化带地面或人行道路面最小埋深要求见表10-6-3。

表10-6-3 弱电地下综合管道顶部至绿化带地面或人行道路面最小埋深要求

管材类别	管道位置			
	绿化带	人行道	车行道	轻轨电车道
塑料管	0.5	0.7	0.8	1.0
钢管	0.3	0.5	0.6	0.8

注：1. 塑料管的最小埋深达不到本表内要求时，应采用热镀锌钢导管或钢筋混凝土包封等保护措施。
2. 管道最小埋深是指上层管道的顶面至绿化带地面或人行道路面的距离。
3. 轻轨电车道是指园区内有人或无人驾驶的单轨或双轨轻型电车轨道。

10.6.4 弱电引入建筑物导管的点位数、导管根数、导管公称口径的选择见表10-6-4。

表10-6-4 弱电引入建筑物导管的点位数、导管根数、导管公称口径的选择

建筑物类型	引入建筑弱电综合导管的点位数量	通信专用导管			弱电系统导管		
		导管根数	其中备用	钢管公称口径 DN/mm	管道根数	其中备用	钢导管公称口径 DN/mm
多层建筑	≥1	5	1	40/50/80	2	1	40/50/80
高层建筑	≥1	5~6	1~2	90/100/125	3~4	1~2	80/90/100
超高层及250m以上建筑	≥2	6~9	2~3	90/100/125	3~4	1~2	90/100/125
园区信息通信机房建筑	≥1	6~12	2~3	90/100/125	4~6	1~2	80/90/100
园区消防安防控制机房建筑	≥1	8~12	3~6	90/100/125	4~6	1~2	80/90/100
地下室连通的大型及特大型建筑群	≥2	6~9	2~3	90/100/125	3~4	1~2	80/90/100

注：1. 本表中引入建筑物弱电综合导管仅表示公称口径为DN40~DN150的圆形管孔的钢导管，未包含公称外径为50~110mm重型或超重型机械应力的圆形管孔塑料管和复合管。
2. 公称口径为DN40和DN50钢导管的壁厚度不应小于3.5mm；公称口径为DN65~DN125钢导管的壁厚度不应小于4.0mm。公称口径为DN125钢导管的壁厚度应不小于4.5mm。
3. 公称口径为DN80及以上的圆形管孔中宜内置多根子管（外径/内径为6mm或40mm/33mm硅芯塑料管）。
4. 地下室连通的大型建筑群可按具有301~1000辆停车当量数占地面积的建筑，具有大于1000辆以上停车当量数占地面积的建筑可为特大型建筑群。
5. 通信专用导管的根数应考虑满足3家及以上电信业务经营者的需要。

10.6.5 综合布线4对对绞电缆穿管最小管径见表10-6-5。

表10-6-5 综合布线4对对绞电缆穿管最小管径

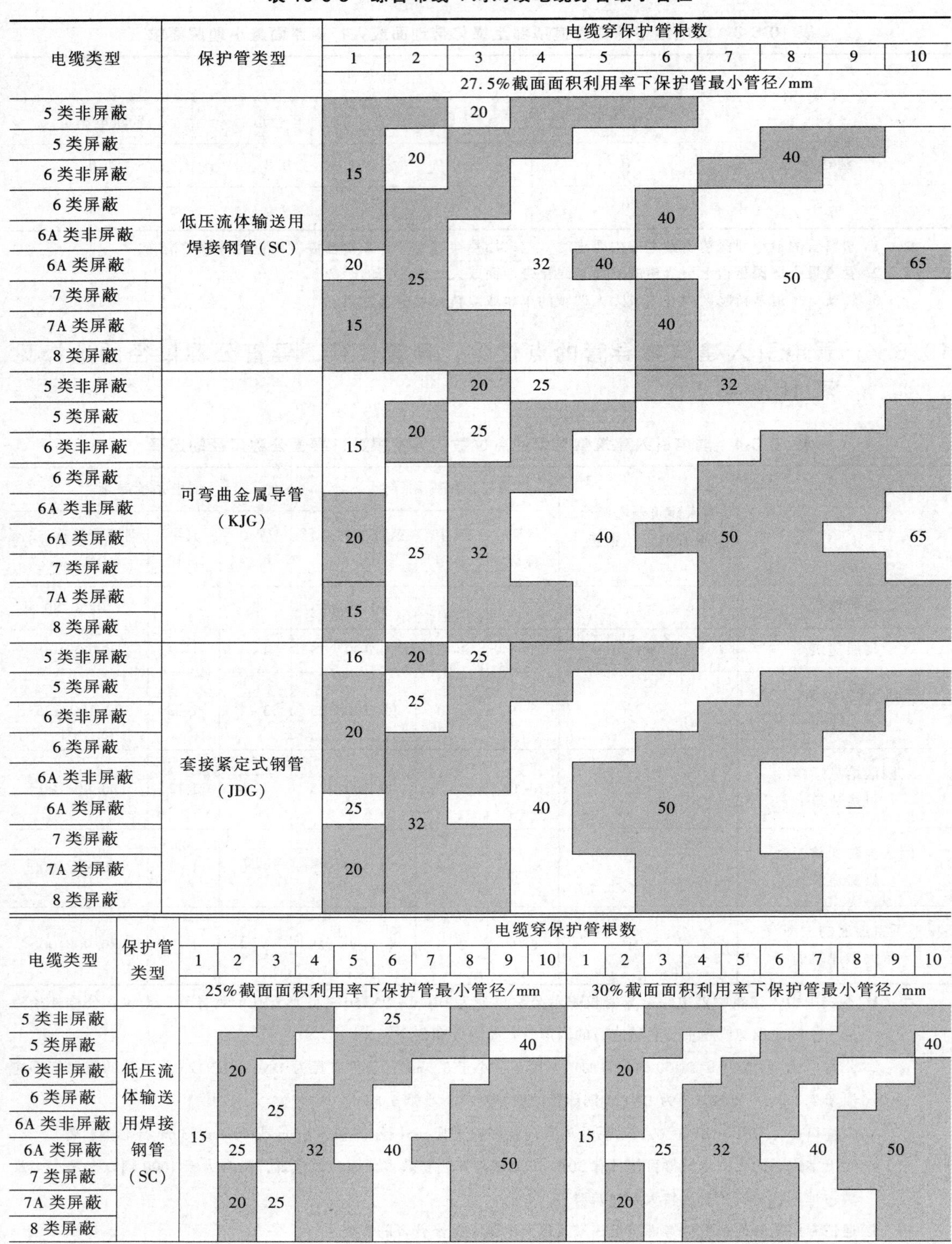

电缆类型	保护管类型	1	2	3	4	5	6	7	8	9	10
		电缆穿保护管根数；27.5%截面面积利用率下保护管最小管径/mm									
5类非屏蔽	低压流体输送用焊接钢管(SC)			20							
5类屏蔽			20						40		
6类非屏蔽		15									
6类屏蔽							40				
6A类非屏蔽											
6A类屏蔽		20	25		32	40			50		65
7类屏蔽											
7A类屏蔽		15					40				
8类屏蔽											
5类非屏蔽	可弯曲金属导管(KJG)			20	25			32			
5类屏蔽											
6类非屏蔽		15	20	25							
6类屏蔽											
6A类非屏蔽											
6A类屏蔽		20	25	32		40		50			65
7类屏蔽											
7A类屏蔽		15									
8类屏蔽											
5类非屏蔽	套接紧定式钢管(JDG)	16	20	25							
5类屏蔽			25								
6类非屏蔽		20									
6类屏蔽											
6A类非屏蔽											
6A类屏蔽		25			40		50				—
7类屏蔽			32								
7A类屏蔽		20									
8类屏蔽											

电缆类型	保护管类型	1	2	3	4	5	6	7	8	9	10	1	2	3	4	5	6	7	8	9	10
		电缆穿保护管根数；25%截面面积利用率下保护管最小管径/mm										电缆穿保护管根数；30%截面面积利用率下保护管最小管径/mm									
5类非屏蔽	低压流体输送用焊接钢管(SC)						25														
5类屏蔽										40											40
6类非屏蔽			20										20								
6类屏蔽				25																	
6A类非屏蔽		15										15									
6A类屏蔽			25		32		40			50				25	32			40		50	
7类屏蔽																					
7A类屏蔽			20	25									20								
8类屏蔽																					

（续）

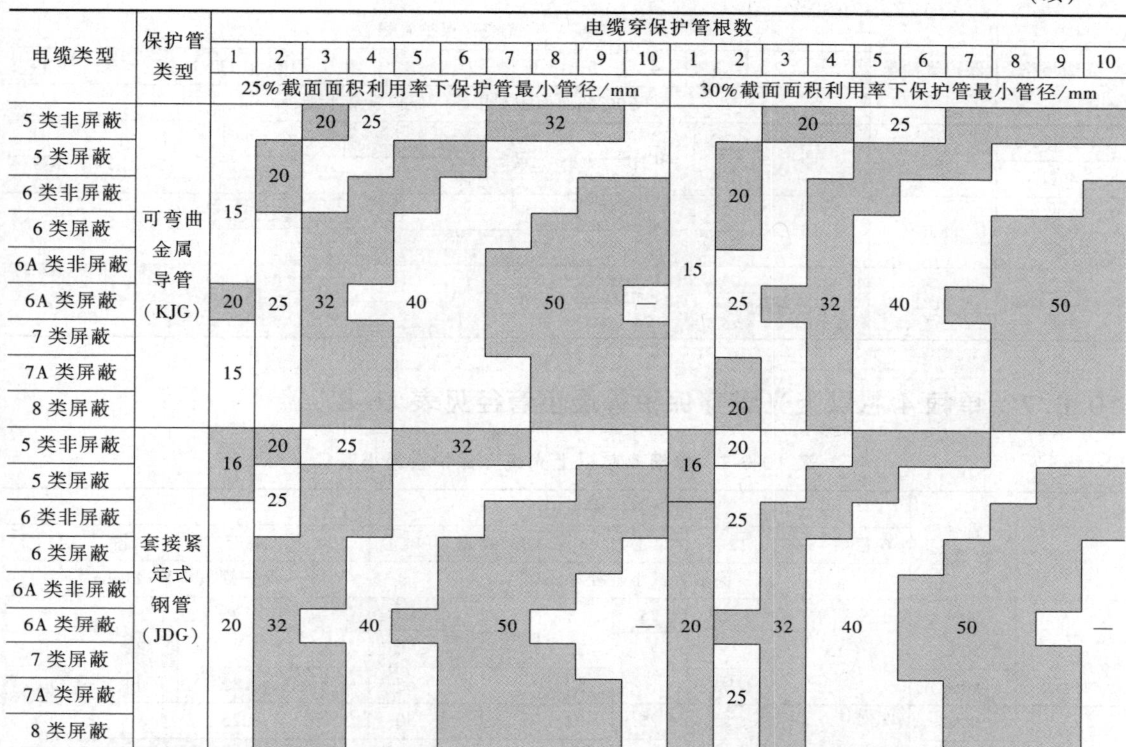

电缆类型	保护管类型	1	2	3	4	5	6	7	8	9	10	1	2	3	4	5	6	7	8	9	10
		电缆穿保护管根数																			
		25%截面面积利用率下保护管最小管径/mm										30%截面面积利用率下保护管最小管径/mm									
5类非屏蔽	可弯曲金属导管（KJG）			20	25				32					20		25					
5类屏蔽																					
6类非屏蔽			20										20								
6类屏蔽		15																			
6A类非屏蔽												15									
6A类屏蔽		20	25	32		40			50		—		25		32	40				50	
7类屏蔽																					
7A类屏蔽		15																			
8类屏蔽													20								
5类非屏蔽	套接紧定式钢管（JDG）		20	25			32						20								
5类屏蔽		16										16									
6类非屏蔽			25										25								
6类屏蔽																					
6A类非屏蔽																					
6A类屏蔽		20	32		40			50			—	20		32	40			50			—
7类屏蔽																					
7A类屏蔽													25								
8类屏蔽																					

10.6.6 4芯及以下光缆穿保护管最小管径见表10-6-6。

表10-6-6 4芯及以下光缆穿保护管最小管径

光缆规格	保护管种类	1	2	3	4	5	6	7	8	9	10	11	12	13	14
		光缆穿保护管根数													
		25%截面面积利用率下保护管最小管径/mm													
2芯	SC	15		20			25			32					40
4芯															
2芯	KJG	15		20		25			32					40	
4芯															50
2芯	JDG	16	20	25			32			40					50
4芯															
光缆规格	保护管种类	光缆穿保护管根数													
		1	2	3	4	5	6	7	8	9	10	11	12	13	14
		27.5%截面面积利用率下保护管最小管径/mm													
2芯	SC	15			20		25				32				
4芯														40	
2芯	KJG	15		20		25			32					40	
4芯															
2芯	JDG	15	20		25		32				40				
4芯														50	

（续）

光缆规格	保护管种类	光缆穿保护管根数													
		1	2	3	4	5	6	7	8	9	10	11	12	13	14
		30%截面面积利用率下保护管最小管径/mm													
2芯	SC	15			20		25					32			
4芯															40
2芯	KJG	15			20		25			32				40	
4芯															
2芯	JDG	16	20		25		32				40				
4芯														50	

10.6.7 单根4芯以上光缆穿保护管最小管径见表10-6-7。

表10-6-7 单根4芯以上光缆穿保护管最小管径

保护管种类	管径利用率	室内型光缆							室外型光缆			
		6芯	8芯	12芯	24芯	48芯	72/96芯	144芯	2-24芯	48/72芯	96芯	144芯
		保护管最小管径/mm							保护管最小管径/mm			
SC	60%				25				20	25		
	50%	15				32		50			32	40
	40%			20		50		65		32	40	50
KJG	60%				25	32	40	50		25		40
	50%	15			32	40	50	65		32		
	40%			20	40	50				40		50
JDG	60%	16			32	40		50		32		40
	50%			20			50				40	50
	40%	20		25		50		—		40	50	—

10.6.8 单根综合布线大对数电缆穿保护管最小管径见表10-6-8。

表10-6-8 单根综合布线大对数电缆穿保护管最小管径

保护管种类	管径利用率	5类大对数电缆	3类大对数电缆		
		25对	25对	50对	100对
		保护管最小管径/mm			
SC	60%	20		25	32
	50%	25		32	40
	40%	32		40	50
KJG	60%	20		32	40
	50%	25		40	50
	40%	32		40	65
JDG	60%	25		32	40
	50%	32		40	50
	40%	40		50	—

10.6.9 同轴电缆穿管最小管径见表 10-6-9。

表 10-6-9 同轴电缆穿管最小管径

同轴电缆型号	同轴电缆规格	保护管种类	同轴电缆穿保护管根数 25%截面面积利用率下保护管最小管径/mm 1	2	3	4	5	6	7	8	同轴电缆穿保护管根数 30%截面面积利用率下保护管最小管径/mm 1	2	3	4	5	6	7	8
SYV/SYWV	-75-5	SC	15	20	25		32		40		15	20	25			32		40
SYWV	-75-7	SC	20			40						25		40				
SYV	-75-7	SC		32	40						20	32			50			
SYDLY	-75-9	SC	25			50							40					
SYV/SYWV/SYWLY	-75-9	SC					65			80								
SYDLY	-75-12	SC		40							25					65		
SYV/SYWLY	-75-12	SC	32					80		100		40	50				80	
SYDLY	-75-14	SC									32							100
SYV/SYWV	-75-5	KJG	15	20	25	32		40		50	15	20	25	32			40	
SYWV	-75-7	KJG	20	32							20							
SYV	-75-7	KJG																
SYDLY	-75-9	KJG	25	40		50		65				32	40	50			65	
SYV/SYWV/SYWLY	-75-9	KJG									25							
SYDLY	-75-12	KJG																
SYV/SYWLY	-75-12	KJG	32	50	65			80			32	40	50	65		80		
SYDLY	-75-14	KJG	40							100		50						100
SYV/SYWV	-75-5	JDG	20	25	32		40		50		20	25	32			40		50
SYWV	-75-7	JDG	25									32						
SYV	-75-7	JDG			50						25	40		50				
SYDLY	-75-9	JDG	32	40														
SYV/SYWV/SYWLY	-75-9	JDG																
SYDLY	-75-12	JDG						—			32					—		
SYV/SYWLY	-75-12	JDG	40	50								50						
SYDLY	-75-14	JDG									40							
SYV/SYWV	-75-5	PC、FPC	20	32		40			50		20	25	32		40		50	
SYWV	-75-7	PC、FPC									25							
SYV	-75-7	PC、FPC	32	40	50													
SYDLY	-75-9	PC、FPC									32	40	50					
SYV/SYWV/SYWLY	-75-9	PC、FPC																
SYDLY	-75-12	PC、FPC		50				—								—		
SYV/SYWLY	-75-12	PC、FPC	40								40	50						
SYDLY	-75-14	PC、FPC																

（续）

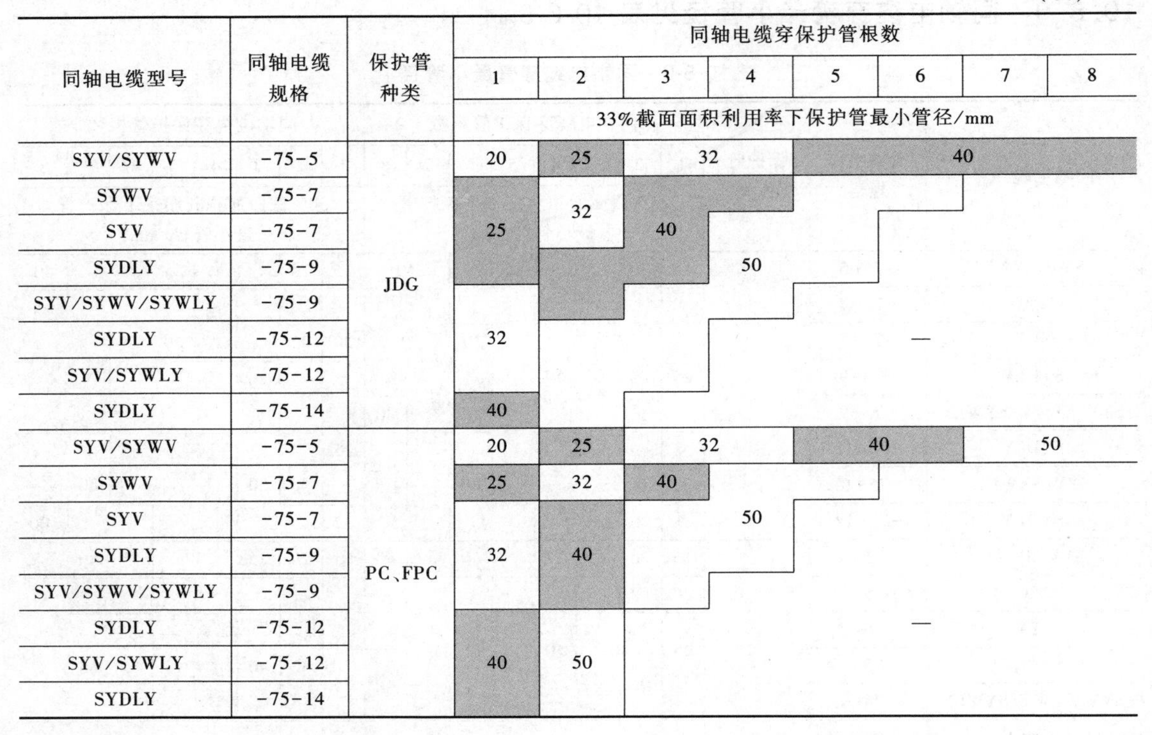

同轴电缆型号	同轴电缆规格	保护管种类	同轴电缆穿保护管根数							
			1	2	3	4	5	6	7	8
			33%截面面积利用率下保护管最小管径/mm							
SYV/SYWV	-75-5	JDG	20	25	32			40		
SYWV	-75-7			32						
SYV	-75-7		25		40					
SYDLY	-75-9					50				
SYV/SYWV/SYWLY	-75-9									
SYDLY	-75-12		32					—		
SYV/SYWLY	-75-12									
SYDLY	-75-14		40							
SYV/SYWV	-75-5	PC、FPC	20	25	32		40		50	
SYWV	-75-7		25	32	40					
SYV	-75-7					50				
SYDLY	-75-9		32	40						
SYV/SYWV/SYWLY	-75-9									
SYDLY	-75-12							—		
SYV/SYWLY	-75-12		40	50						
SYDLY	-75-14									

10.6.10　槽盒内允许容纳综合布线电缆根数见表 10-6-10。

表 10-6-10　槽盒内允许容纳综合布线电缆根数

槽盒规格（宽×高）/mm	4 对对绞电缆									大对数电缆（非屏蔽）			
	5 类非屏蔽	5 类屏蔽	6 类非屏蔽	6 类屏蔽	6A 类非屏蔽	6A 类屏蔽	7 类屏蔽	7A 类屏蔽	8 类屏蔽	3 类 25 对	3 类 50 对	3 类 100 对	5 类 25 对
	各系列线槽容纳电缆根数（槽盒截面利用率 30%~50%）												
60×50	36~60	25~41	20~34	17~28	16~27	14~24	16~27	17~28	17~28	8~14	4~7	2~4	7~12
100×50	60~100	41~69	34~56	28~48	27~46	24~40	27~46	28~48	28~48	14~23	7~11	4~7	12~20
100×80	96~160	66~111	54~90	46~74	44~74	39~65	44~74	46~76	46~76	22~37	11~18	6~11	19~32
200×80	192~320	133~222	109~181	92~153	88~148	78~131	88~148	92~153	92~153	45~75	22~37	13~22	39~65
200×100	240~400	166~277	136~227	115~192	111~185	98~163	111~185	115~192	115~192	56~94	28~46	16~28	48~81
300×100	360~600	250~416	204~340	173~288	166~277	147~245	166~277	173~288	173~288	84~141	42~70	25~72	73~121
300×150	540~900	375~625	306~511	259~432	250~416	221~368	250~416	259~432	259~432	127~212	63~105	38~63	109~182
400×150	720~1200	500~833	409~681	346~576	333~555	295~491	333~555	346~576	346~576	169~283	84~140	50~84	146~243
400×200	960~1600	666~1111	545~909	461~769	444~740	393~655	444~740	461~769	461~769	226~377	112~186	67~113	195~325

10.6.11 槽盒内允许容纳 HYAT 型电话电缆根数见表 10-6-11。

表 10-6-11 槽盒内允许容纳 HYAT 型电话电缆根数

槽盒规格（宽×高）/mm	HYAT 型电话电缆(2×0.5)											
	5 对	10 对	15 对	20 对	25 对	30 对	50 对	100 对	200 对	300 对	400 对	500 对
	各系列线槽容纳光缆根数(槽盒截面利用率 30%~50%)											
60×50	7~12	5~9	4~7	3~6	3~5	3~5	2~3	1~2	0~1	0~0	0~0	0~0
100×50	12~20	9~16	7~12	6~11	5~9	5~8	3~6	2~3	1~2	0~1	0~1	0~0
100×80	19~32	15~25	11~19	10~17	9~15	8~13	5~9	3~6	2~3	1~2	1~1	0~1
200×80	39~65	31~51	23~39	21~35	18~31	16~26	11~19	7~12	4~6	2~4	2~3	1~3
200×100	48~81	38~64	29~49	26~44	23~39	20~33	14~24	9~15	5~8	3~6	2~4	2~3
300×100	73~121	58~97	44~74	39~66	35~59	30~50	21~36	13~22	7~12	5~9	4~7	3~5
300×150	109~182	87~146	67~111	59~99	53~88	45~75	32~54	20~34	11~19	8~13	6~10	5~8
400×150	146~243	116~194	89~149	79~132	70~118	60~100	43~72	27~45	15~25	11~18	8~14	7~11
400×200	195~325	155~259	119~199	105~176	94~157	80~133	57~96	36~60	20~34	14~24	11~18	9~15

10.6.12 槽盒内允许容纳同轴电缆根数见表 10-6-12。

表 10-6-12 槽盒内允许容纳同轴电缆根数

槽盒规格（宽×高）/mm	SYV-75-5	SYV-75-7	SYV-75-9	SYV-75-12	SYWV-75-5	SYWV-75-7	SYWV-75-9	SYWLY-75-9	SYWLY-75-12	SYDLY-75-9	SYDLY-75-12	SYDLY-75-14
	各系列线槽容纳同轴电缆根数(槽盒截面利用率 40%~50%)											
60×50	27~34	11~14	9~12	6~8	27~34	13~17	9~12	9~12	6~8	10~13	6~8	5~6
100×50	45~56	18~23	16~20	10~13	45~56	22~28	16~20	16~20	10~13	18~22	11~14	9~11
100×80	72~90	30~37	25~32	17~21	72~90	36~45	25~32	25~32	17~21	28~36	18~22	14~18
200×80	145~181	60~75	51~64	34~43	145~181	72~90	51~64	51~64	34~43	57~72	36~45	29~36
200×100	181~227	75~94	64~80	43~53	181~227	90~113	64~80	64~80	43~53	72~90	45~56	36~45
300×100	272~340	113~141	96~120	64~80	272~340	136~170	96~120	96~120	64~80	108~135	67~84	54~68
300×150	409~511	169~212	144~180	96~120	409~511	204~255	144~180	144~180	96~120	162~202	101~127	82~102
400×150	545~681	226~283	192~240	129~161	545~681	272~340	192~240	192~240	129~161	216~270	135~169	109~136
400×200	727~909	301~377	256~320	172~215	727~909	363~454	256~320	256~320	172~215	288~360	180~225	146~182
600×150	818~1022	339~424	288~360	193~241	818~1022	409~511	288~360	288~360	193~241	324~405	203~254	164~205
600×200	1090~1363	452~566	384~480	258~322	1090~1363	545~681	384~480	384~480	258~322	432~540	271~338	219~273

10.6.13 槽盒内允许容纳 RVS、RV 电线根数见表 10-6-13。

表 10-6-13 槽盒内允许容纳 RVS、RV 电线根数

槽盒规格（宽×高）/mm	铜芯聚氯乙烯绝缘绞型软电线规格(RVS)					铜芯聚氯乙烯绝缘软电线规格(RV)				
	2×0.5	2×0.75	2×1.0	2×1.5	2×2.5	0.75	1.0	1.5	2.5	4
	各系列线槽容纳电线根数(槽盒截面利用率 40%~50%)									
60×50	42~53	40~50	35~44	29~36	22~28	200~250	171~214	120~150	85~107	66~83
100×50	71~89	66~83	58~73	48~60	37~47	333~416	285~357	200~250	142~178	111~138

（续）

槽盒规格（宽×高）/mm	铜芯聚氯乙烯绝缘绞型软电线规格(RVS)					铜芯聚氯乙烯绝缘软电线规格(RV)				
	2×0.5	2×0.75	2×1.0	2×1.5	2×2.5	0.75	1.0	1.5	2.5	4
	各系列线槽容纳电线根数(槽盒截面利用率 40%～50%)									
100×80	114～142	106～133	94～117	78～97	60～75	533～666	457～571	320～400	228～285	177～222
200×80	228～285	213～266	188～235	156～195	120～150	1066～1333	914～1142	640～800	457～571	355～444
200×100	285～357	266～333	235～294	195～243	150～188	1333～1666	1142～1428	800～1000	571～714	444～555
300×100	428～535	400～500	352～441	292～365	226～283	2000～2500	1714～2142	1200～1500	857～1071	666～833
300×150	642～803	600～750	529～661	439～548	339～424	3000～3750	2571～3214	1800～2250	1285～1607	1000～1250
400×150	857～1071	800～1000	705～882	585～731	425～566	4000～5000	3428～4285	2400～3000	1714～2142	1333～1666
400×200	1142～1428	1066～1333	941～1176	780～975	603～754	5333～6666	4571～5714	3200～4000	2285～2857	1777～2222

10.6.14 槽盒内允许容纳 RWP 电缆根数见表 10-6-14。

表 10-6-14 槽盒内允许容纳 RWP 电缆根数

槽盒规格（宽×高）/mm	铜芯聚氯乙烯绝缘聚氯乙烯护套屏蔽软电缆规格(RWP)									
	2×1.0	3×1.0	5×1.0	7×1.0	10×1.0	12×1.0	2×1.5	3×1.5	5×1.5	7×1.5
	各系列线槽容纳电缆根数(槽盒截面利用率 40%～50%)									
60×50	22～28	18～23	12～15	9～12	6～7	5～7	18～22	15～18	9～12	8～10
100×50	37～47	30～38	20～25	16～20	10～13	9～12	30～37	25～31	16～20	13～17
100×80	60～75	49～61	32～40	26～33	16～21	15～19	48～60	40～50	25～32	22～27
200×80	120～150	98～123	64～80	52～66	33～42	31～39	96～121	81～101	51～64	44～55
200×100	150～188	123～153	80～100	66～82	42～52	39～49	121～151	101～126	64～80	55～68
300×100	226～283	184～230	120～150	99～123	63～79	59～74	181～227	151～189	96～120	82～103
300×150	339～424	276～346	180～225	148～185	95～119	89～111	272～340	227～284	144～180	124～155
400×150	452～566	369～461	240～300	198～247	126～158	119～149	363～454	303～379	192～240	165～206
400×200	603～754	492～615	320～400	264～330	169～211	159～199	484～606	405～506	256～320	220～275

10.6.15 通信管道和其他地下管线及建筑物间的最小净距见表 10-6-15。

表 10-6-15 通信管道和其他地下管线及建筑物间的最小净距

其他地下管线及建筑物名称		平行净距/m	交叉净距/m	其他地下管线及建筑物名称		平行净距/m	交叉净距/m
已有建筑物		2.0	—	污水、排水管		1.0	0.15
规划建筑物红线		1.5	—	热力管		1.0	0.25
给水管	$d\leqslant 300mm$	0.5	0.15	燃气管	$P\leqslant 300kPa(P\leqslant 3kg/cm^2)$	1.0	0.3
	$300mm<d\leqslant 500mm$	1.0			$300kPa<P\leqslant 800kPa$ $(3kg/cm^2<P\leqslant 8kg/cm^2)$	2.0	
	$d>500mm$	1.5					

（续）

其他地下管线及建筑物名称		平行净距/m	交叉净距/m	其他地下管线及建筑物名称		平行净距/m	交叉净距/m
电力电缆	35kV 以下	0.5	0.5	绿化	灌木	1.0	—
	≥35kV	2.0		道路边石边缘		1.0	—
高压铁塔基础边	>35kV	2.5	—	铁路钢轨（或坡脚）		2.0	—
				沟渠（基础底）		—	0.5
通信电缆（或通信管道）		0.5	0.25	涵洞（基础底）		—	0.25
通信电杆、照明杆		0.5	—	电车轨底		—	1.0
绿化	乔木	1.5	—	铁路轨底		—	1.5

注：1. 主干排水管后铺设时，其施工沟边与管道间的平行净距不宜小于 1.5m。
2. 当管道在排水管下部穿越时，交叉净距不宜小于 0.4m，通信管道应做包封处理，包封长度自排水管道两侧各长 2m。
3. 在交越处 2m 范围内，燃气管不应做接合装置和附属设备；如上述情况不能避免时，通信管道应做包封处理。
4. 如电力电缆加保护管时，交叉净距可减至 0.15m。

10.6.16 直埋通信电缆、光缆和其他建筑设施间的最小净距见表 10-6-16。

表 10-6-16 直埋通信电缆、光缆和其他建筑设施间的最小净距

名称	平行时/m	交越时/m	名称	平行时/m	交越时/m
通信管道边线[不包括人（手）孔]	0.75	0.25	燃气管（压力 300kPa 及以上）	2.0	—
非同沟的直埋通信光、电缆	0.5	0.25	其他通信线路	0.5	0.5
埋式电力电缆（交流 35kV 以下）	0.5	0.5	排水沟	0.8	—
埋式电力电缆（交流 35kV 及以上）	2.0	0.5	房屋建筑红线或基础	1.0	—
给水管（管径小于 300mm）	0.5	0.5	树木（市内、村镇大树、果树、行道树）	0.75	—
给水管（管径 300~500mm）	1.0	0.5	树木（市外大桥）	2.0	—
给水管（管径大于 500mm）	1.5	0.5	水井、坟墓	3.0	—
高压油管，天然气管	10.0	0.5	粪坑、积粪池、沼气池、氨水池等	3.0	—
热力、排水管	1.0	0.5	架空杆路及拉线	1.5	—
燃气管（压力小于 300kPa）	1.0	0.5			

注：1. 直埋光（电）缆采用钢管保护时，与水管、燃气管、输油管交越时的净距可降低为 0.15m。
2. 对于杆路、拉线、孤立大树和高耸建筑，还应考虑防雷要求。
3. 大树指直径 300mm 及以上的树木。
4. 穿越埋深与光（电）缆相近的各种地下管线时，光缆宜在管线下方通过并采取保护措施。
5. 隔距达不到上表要求时，需与有关部门协商，并应采取行之有效的保护措施。

10.6.17 公共建筑中弱电系统缆线的阻燃与耐火性能见表 10-6-17。

表 10-6-17 公共建筑中弱电系统缆线的阻燃与耐火性能

公共建筑名称	建筑物类型	缆线敷设方式	缆线的燃烧性能				
			燃烧性能等级	烟气毒性等级	燃烧滴落物/微粒等级	腐蚀性等级	耐火等级
公共建筑及数据中心	1. 建筑高度大于或等于 100m 的公共建筑 2. 建筑高度小于 100m、大于或等于 50m 且面积超过 100000m² 的公共建筑 3. B 级及以上数据中心 4. 避难层（间）	水平敷设	①	t0	d0	a2①	750℃/1.5h④
		垂直敷设	B1	t0	d0	a2①	750℃/1.5h④

（续）

公共建筑名称		建筑物类型	缆线敷设方式	缆线的燃烧性能				
				燃烧性能等级	烟气毒性等级	燃烧滴落物/微粒等级	腐蚀性等级	耐火等级
公共建筑		重要公共建筑③	水平敷设	≥B1	≥t1	≥d1	≥a2②	750℃/1.5h④
			垂直敷设	B2	t2	d2	a2②	750℃/1.5h④
单层及多层建筑	一类	1. 建筑高度大于24m的单层建筑 2. 单栋地上建筑面积大于50000m^2的多层建筑 3. 每层建筑面积大于3000m^2的百货楼、展览楼、酒店、财贸金融楼、电信楼等多层建筑 4. 重要的科研楼、资料档案楼 5. 重点文物保护场所 6. 建筑面积大于1000m^2的公共娱乐场所和面积大于1000m^2的餐饮(不含厨房)场所	水平	≥B2	≥t1	≥d2	a2②	750℃/1.5h④
			垂直	B2	t1	d2	a2②	750℃/1.5h④
	二类	1. 建筑高度不大于24m的单层建筑 2. 每层建筑面积大于1500m^2但不大于3000m^2的商业楼,财贸金融楼、电信楼、展览楼、旅馆等建筑 3. 区县级的邮政、广播电视、电力调度、防灾指挥调度楼 4. 中型及以下的影剧院 5. 图书馆、书库、档案楼 6. 建筑面积小于1000m^2的公共娱乐场所	水平	≥B2	≥t1	≥d2	a2②	750℃/1.5h④
			垂直	B2	t1	d2	a2②	750℃/1.5h④
地下建筑	—	1. 地下轨道交通车站 2. 地下影剧院。礼堂 3. 地下的商场,旅馆、展览厅等公共场所 4. 重要的实验室、图书馆、资料档案库	水平	≥B2	≥t1	≥d2	a2②	750℃/1.5h④
			垂直	B2	t1	d2	a2②	750℃/1.5h④
汽车库	Ⅰ类	停车当量数大于300辆	水平	≥B2	≥t1	≥d2	a2②	750℃/1.5h④
			垂直	B2	t1	d2	a2②	
	Ⅱ类	停车当量数151~300辆	水平	≥B2	≥t1	≥d2	a2②	
			垂直	B2	t1	d2	a2②	
	Ⅲ类	停车当量数51~150辆	水平	B2	t1	d2	a2②	
			垂直	B2	t1	d2	a2②	

① 公共建筑及数据中心所示建筑物的弱电线缆水平敷设时，不仅要满足B1级要求，还要满足通过水平燃烧试验要求的通信电缆或光缆。

② 有防腐要求的场所，可根据防腐要求选择腐蚀性等级为a1或a2的线缆，在电缆或光缆燃烧性能试验中无防腐要求时，默认为a3级。

③ 重要的公共建筑的解释请参阅《民用建筑电气设计标准》GB 51348—2019第13.9节条文说明。

④ 是指建筑物内的消防广播、消防电话和避难层（间）视频监控缆线等明敷的情况。

评 注

智能化系统布线是智能化系统的基础设施，是整个网络的中枢神经系统。智能化系统布线必须满足可靠、便于管理、灵活的要求，并且易于拓展。智能化系统线路与强电线路应保持一定距离，不同电压等级的电缆要分不同的槽盒敷设，并应满足防火要求。

小 结

智能建筑以建筑物为平台，基于对各类智能化信息的综合应用，集架构、系统、应用、管理及优化组合为一体，具有感知、传输、记忆、推理、判断和决策的综合智慧能力，形成以人、建筑、环境互为协调的整合体，为人们提供安全、高效、便利及可持续发展功能环境的建筑。智能化系统工程设计应以智能化的科技功能与智能化系统工程的综合技术功效相对应，倡导以现代科技持续对应用现状推进导向的主动性，从而规避确立智能化功能前提模糊、制订工程技术方案雷同或照搬的盲目性和简单化倾向。

11 典型工程电气设计关键技术

11.1 医院建筑

医院建筑工程电气设计要点见表 11-1-1。

表 11-1-1 医院建筑工程电气设计要点

医疗建筑分级	1. 一级医院:是直接向一定人口的社区提供预防、医疗、保健、康复服务的基层医院、卫生院 2. 二级医院:是向多个社区提供综合医疗卫生服务和承担一定教学、科研任务的地区性医院 3. 三级医院:是向几个地区提供高水平专科性医疗卫生服务和执行高等教学、科研任务的区域性以上的医院 各级医院经过评审,按照《医院分级管理标准》确定为甲、乙、丙三等,三级医院增设特等
负荷等级	1. 医疗建筑一级负荷中的特别重要负荷:二级以上医院中急诊抢救室、血液病房的净化室、产房、烧伤病房、重症监护室、早产儿室、血液透析室、手术室、术前准备室、术后复苏室、麻醉室、心血管造影检查室等场所中涉及患者生命安全的设备及其照明用电;大型生化仪器、重症呼吸道感染区的通风系统。备用电源的供电时间不少于 3h,二级医院配 12h,三级医院配 24h 2. 医疗建筑一级负荷:二级以上医院中急诊抢救室、血液病房的净化室、产房、烧伤病房、重症监护室、早产儿室、血液透析室、手术室、术前准备室、术后复苏室、麻醉室、心血管造影检查室等场所中的除一级负荷中特别重要负荷的其他用电二级医院设备;一些诊疗设备及照明用电 3. 医疗建筑二级负荷:二级以上医院中电子显微镜、影像科诊断用电设备;肢体伤残康复病房照明用电;中心(消毒)供应室、空气净化机组;贵重药品冷库、太平柜;客梯、生活水泵、采暖锅炉及换热站等用电负荷;一级医院急诊室
用电指标	一般大型综合医院供电指标采用 $80W/m^2$,专科医院供电指标采用 $50W/m^2$。在医院的用电负荷中,一般照明插座负荷约占 30%,空调负荷约占 50%,动力及大型医疗设备负荷约占 20%
电能质量要求	1. 医疗装备的电压、频率允许波动范围和线路电阻,应符合设备要求,否则应采取相应措施 2. 医用 X 光诊断机的允许电压波动范围为额定电压的-10%~+10% 3. 室内一般照明宜为±5%,在视觉要求较高的场所(如手术室、化验室等)宜为+5%、-2.5% 4. 医疗建筑注入公共电网的谐波电流应符合《电能质量 供电电压偏差》GB/T 12325—2008 用户注入电网的传导骚扰(主要是谐波)的规定 5. 供配电系统宜采取谐波抑制措施,系统电压总谐波畸变率 THDu 应小于 5% 6. 大型医疗设备的电源系统,应满足设备对电源压降的要求

（续）

照明	1. 医疗建筑医疗用房应采用高显色照明灯具，显色指数≥80 2. 光源色温、显色性应满足诊断要求 3. 医院安全照明设计。当主电源故障时，疏散通道；出口标志照明；应急发电机房、变电室、配电室；装设重要设施的房间应由安全设施电源提供必需的最低照度的照明用电，每间内至少有一个照明器由安全电源供电，其转换到安全电源的时间不应超过15s。1类医疗场所的房间，每间内至少有一个照明器由安全电源供电；2类医疗场所的房间，每间内至少有50%照明器由安全电源供电 4. 医院照明设计应合理选择光源和光色，对于诊室、检查室和病房等场所宜采用高显色光源 5. 诊疗室、护理单元通道和病房的照明设计，宜避免卧床病人视野内产生直射眩光；高级病房宜采用间接照明方式 6. 护理单元的通道照明宜在深夜可关掉其中一部分或采用可调光方式 7. 护理单元的疏散通道和疏散门应设置灯光疏散标志 8. 病房的照明设计宜以病床床头照明为主，宜采用一床一灯，并另设置一般照明（灯具亮度不宜大于2000cd/m^2），当采用荧光灯时宜采用高显色型光源。精神病房不宜选用荧光灯 9. 在病房的床头上如设有多功能控制板时，其上宜设有床头照明灯开关、电源插座、呼叫信号、对讲电话插座以及接地端子等 10. 单间病房的卫生间内应设有紧急呼叫信号装置 11. 病房内应设有夜间照明，如地脚灯。在病房床头部位的照度不宜大于0.1lx；儿科病房床头部位的照度可为1.0lx 12. 候诊室、传染病院的诊室和厕所、呼吸器科、血库、穿刺、妇科冲洗、手术室等场所应设置紫外线杀菌灯。如为固定安装时应避免直接照射到病人的视野范围之内 13. 手术室内除设有专用手术无影灯外，宜另设有一般照明，其光源色温应与无影灯光源相适应。手术室的一般照明宜采用调光方式 14. 手术室、抢救室、核医学检查及治疗室等用房的入口处应设置工作警示信号灯。X线诊断室、加速器治疗室、核医学扫描室、γ照相机室和手术室等用房，应设置防止误入的红色信号灯，红色信号灯电源应与机组联锁 15. 共振扫描室、理疗室、脑血流图室等需要电磁屏蔽的地方采用直流电源灯具
照明控制	1. 一般场所照明开关的设置按下列规定设置： 1）门诊部、病房部等面向患者的医疗建筑的门厅、走道、楼梯、挂号厅、候诊区等公共场所的照明，宜在值班室、候诊服务台处采用集中控制，并根据自然采光和使用情况设分组、分区控制措施 2）挂号室、诊室、病房、监护室、办公室个性化小空间宜单灯设照明开关。药房、培训教室、会议室、食堂餐厅等较大的空间宜分区或分组设照明开关 2. 护理单元的通道照明宜设置分组、时控、调光等控制方式。标识照明灯应单独设照明开关，仅夜间使用的标识照明灯可采用时控开关或照度控制。公共场所一般照明可由建筑设备监控系统或智能照明控制系统控制。医疗建筑内照明不宜采用声控或定时开关控制 3. 特殊场所照明开关按下列规定设置： 1）手术室一般照明、安全照明和无影灯，应分别设照明开关，手术室一般照明宜采用调光方式 2）X线诊断机、CT机、MRI机、DSA机、ECT机等专用诊疗设备主机室的照明开关，宜设置在控制室内或在主机室及控制室设双控开关。净化层流病房宜在室内和室外设置双控开关 3）传染病房、洗衣房等潮湿场所照明开关宜采用防潮型 4）精神病房照明、插座，宜在护士站集中控制 5）医用高能射灯、医用核素等诊疗设备的扫描室、治疗室等涉及射线安全防护的机房入口处，应设置红色工作标识灯，且标识灯的开关应设置在设备操作台上
其他	1. 手术室、抢救室、重症监护病房等2类医疗场所的配电应采用医用IT系统，应配套装置绝缘监视器，并满足有关监测要求 2. 大型放射或放疗设备等电源系统及配线应满足设备对电源内阻的要求，并采用专用回路供电 3. 配电箱不得嵌装在防辐射屏蔽墙上 4. 需要进出磁共振室的电气管路、线槽应采用非磁性、屏蔽电磁的材料，进入磁共振室内的供电回路需经过滤波设备，其他无关管线不得进入或穿过

（续）

其他	5. 在清洁走廊、污洗间、卫生间、候诊室、诊室、治疗室、病房、手术室及其他需要灭菌消毒的地方应设置杀菌灯。杀菌灯管吊装高度距离地面 1.8~2.2m，安装紫外线杀菌灯的数量、功率满足≥1.5W/m^3(平均值)。紫外杀菌灯应采用专用开关，不应合用多联开关，便于识别和操作，安装高度应不小于 1.8m，并应有防误开措施 6. 多功能医用线槽内的电气回路必须穿塑料管保护，且应远离氧气管道，电气装置与医疗气体释放口的安装距离不得小于 0.20m 7. 传染病医院的下列部门及设备除应设计双重电源外，还应自备应急电源： 1)手术室、抢救室、急诊处置及观察室、产房、婴儿室 2)重症监护病房、呼吸性传染病房(区)、血液透析室 3)医用培养箱、恒温(冰)箱，重要的病理分析和检验化验设备 4)真空吸引、压缩机、制氧机 5)消防系统设备 6)其他必须持续供电的设备或场所 8. 对于需要进出有射线防护要求的房间的电气管路、线槽，为避免射线泄漏，应采用铅当量不小于墙体材料的铅板防护，防护长度从墙面防护表面起不小于 0.5m 且应确保无射线外露，并应与墙面防护材料搭接不小于 0.03m，其他无关管线不得进入或穿过射线防护房间 9. 负压隔离病房通风系统的电源、空调系统的电源应独立 10. 配电箱、控制箱等应设置在清洁区，不应设置在患者区域 11. 电动密闭阀宜采用安全电压供电，当采用 220V 供电时，其配电回路应设置剩余电流保护装置保护，其金属管道应做等电位联结，电动密闭阀应在护士站控制 12. 负压隔离病房电气管路尽可能在电气系统末端 13. 穿越患者活动区域的线缆保护管口及接线盒以及穿越存在压差区域的电气管路或槽盒应采用不燃材料可靠的密封措施 14. 负压隔离病房和洁净用房的照明灯具采用洁净密闭型灯具 15. 负压病房照明控制应采用就地与清洁区两地控制 16. 预留隔离病房传递窗口、感应门、感应冲便器、感应水龙头等设施的电源 17. 污水处理设备、医用焚烧炉、太平间冰柜、中心供应等用电负荷应采用双电源供电；有条件时，其中一路电源宜引自应急电源
安全防护	1. 在对 1 类和 2 类医疗场所内，要求配置安全设施的供电电源，当失去正常供电电源时，该安全电源应在预定的切换时间内投入运行，以供电给 0.5s 级、15s 级和大于 15s 级的设备，并能在规定的时间内持续供电 2. 在 1 类或 2 类医疗场所内，至少应配置接自两个不同电源的两个回路，用于供电给某些照明灯具。此两个回路中的一个回路应接至安全设施的供电电源 3. 疏散通道内的照明器应交替地接至安全设施的供电电源 4. 2 类医疗场所内线路的保护：对每个终端回路都需设置短路保护和过负荷保护，但医疗 IT 系统的变压器的进出线回路不允许装设过负荷保护，但可用熔断器作短路保护 5. 在对 1 类和 2 类医疗场所内，如果主配电盘内一根或一根以上线导体的电压下降幅度超过标称电压的 10%时，安全供电电源应自动承担供电。电源的切换宜具有延时，以使其与电源进线断路器(短时电源间断)的自动重合闸相适应 6. 切换时间小于或等于 0.5s 的供电电源，在配电盘的一根或一根以上线导体发生电压故障时，专业的安全供电电源应维持手术台照明器和其他重要照明器的供电，例如内窥镜的灯至少要能维持 3h。恢复供电的切换时间不应超过 0.5s 7. 切换时间小于或等于 15s 的供电电源，当用于安全设施的主配电盘的一根或一根以上线导体的电压下降幅度超过供电标称电压的 10%且持续时间超过 3s 时，规定的设备应在 15s 内接到安全供电电源上，并至少能维持 24h 的供电 8. 维持医院服务设施所需的设备，可以自动或手动连接到至少能维持 24h 供电的安全供电电源上

（续）

医用设备电源	1. 大型医疗设备的供电应从变电所引出单独的回路，其电源系统应满足设备对电源内阻的要求 2. 在医疗用房内禁止采用 TN-C 系统 3. 医疗配电装置不宜设置在公共场所，当不能避免时，应设有防止误操作的措施 4. 放射科、核医学科、功能检查室、检验科等部门的医疗装备的电源，应分别设置切断电源的总开关 5. 医用放射线设备的供电线路设计应符合下列规定： 1）X 射线管的管电流大于或等于 400mA 的射线机，应采用专用回路供电 2）CT 机、电子加速器应不少于两个回路供电，其中主机部分应采用专用回路供电 3）X 射线机不应与其他电力负荷共用同一回路供电
智能化系统	1. 信息化应用系统的配置应满足综合医院业务运行和物业管理的信息化应用需求 2. 智能卡应用系统。能提供医务人员身份识别、考勤、出入口控制、停车、消费等需求，还能提供患者身份识别、医疗保险、大病统筹挂号、取药、住院、停车、消费等需求。医院病房设备带处氧气、卫生间淋浴用水等也可通过智能卡付费方式进行消费使用 3. 信息查询系统。在医院出入院大厅、挂号收费处等公共场所配置供患者查询的多媒体信息查询端机，系统能向患者提供持卡查询实时费用结算的信息 4. 信息导引及发布系统应在医院大厅、挂号及药物收费处、门急诊候诊厅等公共场所配置发布各类医疗服务信息的显示屏和供患者查询的多媒体信息查询端机，并应与医院信息管理系统互联 5. 移动通信室内信号覆盖系统的覆盖范围和信号功率应保证医疗设备的正常使用和患者的人身安全 6. 建筑设备管理系统应满足医院建筑的运行管理需求，并应根据医疗工艺要求，提供对医疗业务环境设施的管理功能 7. 入侵报警系统。根据医院重点房间或部位的不同，在计算机机房、实验室、财务室、现金结算处、药库、医疗纠纷会议室、同位素室及同位素物料区、太平间等贵重物品存放处及其他重要场所，配置手动报警按钮或其他入侵探测装置，对非法进入或试图非法进入设防区域的行为发出报警信息。系统报警后应能联动照明、视频安防监控、出入口控制系统等 8. 视频安防监控系统。除在常规场所配置摄像机外，一般在挂号收费以及药库等重要部位对每个工位一一对应地配置摄像机 9. 出入口控制系统。在行政、财务、计算机机房、医技、实验室、药库、血库、各放射治疗区、同位素室及同位素物料区以及传染病院的清洁区、半污染区和污染区、手术室通道、监护病房、病案室等重要场所配置出入口控制系统，系统宜采用非接触式智能卡。系统应与消防报警系统联动，当火灾发生时，应确保开启相应区域的疏散门和通道，方便人员疏散 10. 电子巡查系统。可在医院的主要出入口、各层电梯厅、挂号收费、药库、计算机机房等重点部位合理地配置巡查路线以及巡查点，巡查点位置一般配置在不易被发现、破坏的地方，并确保巡逻人员能对整个建筑物进行安全巡视

评　　注

医院建筑是为了人们的健康进行的医疗活动或帮助人恢复保持身体机能而提供的相应建筑场所。医院建筑是关系到人的生命健康的场所，功能要求特殊，一般包括：门厅、挂号厅、候诊区、家属等候区、病房、手术室、重症监护室、诊断室等场所。医院建筑电气设计应根据建筑规模和使用要求，贯彻执行国家关于医院建设的法规，满足医生和患者不同使用要求，避免传染渠道，对突发事故、自然灾害、恐怖袭击等应有预案，保证医院工程安全性，营造良好的医疗环境。

医疗建筑供配电系统要根据建筑规模和等级、医疗设备要求、管理模式和业务需求进行配置。变压器容量、变电所和柴油发电机组的设置，既要满足近期使用要求，又要兼顾未来发展的需要，要根据医患特点和不同场所的要求，满足医疗建筑日常供电的安全可靠要求，能够使医生和患者获得安全、舒适的治疗环境，更有利于患者的康复。

医疗建筑具有使用对象特殊、功能复杂、设备多而分散、工艺及安全防护要求高、电气系统种类多、对供电的可靠性要求高等特点，医疗工艺配电设计应满足医疗场所的安全防护要求，确保医疗场所内电气设备的供电可靠性和用电安全性，确保治疗过程中医务人员和患者的安全。

医疗建筑智能化设计，应利用计算机网络技术，集成医院建筑智能化系统和医疗智能化辅助系统，为医院提供安全舒适绿色低碳的就医环境，采集高科技、自动化的医疗设备和医护工作站所提供的各种诊疗数据，实现就医流程最优化、医疗质量最佳化、工作效率最高化、病历电子化、决策科学化、办公自动化、网络区域化、软件标准化，实现患者与医务人员、医疗机构、医疗设备之间的互动。

11.2 剧场建筑

11.2.1 剧场建筑工程负荷分级见表 11-2-1。

表 11-2-1 剧场建筑工程负荷分级

负荷级别	剧场分类及等级	用电负荷名称
一级负荷中的特别重要负荷	特、甲等剧场	舞台调光、调音、机械、通信与监督控制计算机系统用电
一级负荷	特、甲等剧场	舞台照明、贵宾室、演员化妆室、舞台机械设备、电声设备、电视转播用电、显示屏和字幕系统用电
		消防控制室、火灾自动报警及联动控制装置、火灾应急照明及疏散指示标志、防烟及排烟设施、自动灭火系统、消防水泵、消防电梯及其排水泵、电动的防火卷帘及门窗以及阀门等消防用电
二级负荷	甲等剧场	观众厅照明、空调机房电力和照明、锅炉房电力和照明用电
	乙等剧场	消防控制室、火灾自动报警及联动控制装置、火灾应急照明及疏散指示标志、防烟及排烟设施、自动灭火系统、消防水泵、消防电梯及其排水泵、电动的防火卷帘及门窗以及阀门等消防用电

注：特大型剧场：观众容量 1501 座以上；大型剧场：1201～1500 座；中型剧场：801～1200 座；小型剧场：300～800 座。

11.2.2 剧场建筑工程供配电设计要点见表 11-2-2。

表 11-2-2 剧场建筑工程供配电设计要点

供电措施	1. 特、甲等剧场应采用双重电源供电；其余剧场应根据剧场规模、重要性等因素合理确定负荷等级，且不宜低于两回线路的标准 2. 重要电信机房、安防设施的负荷级别应与该工程中最高等级的用电负荷相同 3. 直接影响剧场建筑中一级负荷中特别重要负荷运行的空调用电应为一级负荷；当主体建筑中有大量一级负荷时，直接影响其运行的空调用电为二级负荷
应急电源	1. 特、甲等剧场的应急照明及重要消防负荷设备宜采用柴油发电机组作为应急电源 2. 主供市电电源不稳定的地区，特、甲等剧场舞台工艺设备（如舞台音响、维持演出必须的部分重要舞台机械和舞台灯光）宜考虑设置柴油发电机组作为备用电源 3. 特、甲等剧场舞台灯光、音响、机械、通信与监督控制等计算机系统用电，要求连续供电或允许中断供电时间为毫秒级，应设置不间断电源装置（UPS）；乙等剧场上述设备宜设置不间断电源装置（UPS）

（续）

配电系统	1. 剧场变压器安装指标：80~120V · A/m²。一般照明插座负荷占 15%，舞台照明占 26%，空调、水泵占 40%，其他占 19% 2. 剧场建筑配电系统分为舞台用电设备和主体建筑常规设备两部分，舞台用电设备预留电量主要包括舞台机械、舞台灯光、舞台音响三个系统，依据舞台工艺设计要求预留管线通路，计算变压器容量 3. 剧场建筑除舞台用电以外，还应考虑演出辅助用房、转播车位、卸货区等位置的电量预留 4. 为舞台照明设备电控室（调光柜室）、舞台机械设备电控室、功放室、灯控室、声控室供电的各路电源均应在各室内设就地保护及隔离开关电器 5. 舞台调光装置应采取有效的抑制谐波措施，宜在舞台灯光专用低压配电柜的进线处设置谐波滤波器柜 6. 电声、电视转播设备的电源不宜接在舞台照明变压器上 7. 音响系统供电专线上宜设置隔离变压器，有条件时宜设有源滤波器 8. 舞台机械设备的变频传动装置应采取有效的抑制谐波措施，其配电回路中导体截面面积应不小于相线截面面积
照明设计	1. 剧场应设置观众席座位排号灯，其电源电压不应超过 AC 36V 2. 有乐池的剧场，台唇边沿宜设发光警示线，但发光装置不得影响观众观看演出视觉效果 3. 主舞台应设置拆装台工作用灯，舞台区、栅顶马道等区域应设置蓝白工作灯 4. 观众厅照明应采用平滑调光方式，并应防止不舒适眩光 5. 观众厅宜按照不同场景设置照明模式，调光装置应在灯控室和舞台监督台等处设置，并具有优先权，清扫场地模式的照明控制应设在前厅值班室或便于清扫人员操作的地点 6. 宜对剧场观众厅照明、观众席座位排号灯（灯控室照明箱供电）、前厅、休息厅、走廊等直接为观众服务的场所照明及舞台工作灯采用智能灯光控制系统，其控制开关宜设置在方便工作人员管理的位置并采取防止非工作人员操作的措施 7. 化妆室照明宜选用高显色性光源，光源的色温应与舞台照明光源色温接近
防雷接地	1. 特等、甲等剧场应按第二类防雷建筑设置防雷保护措施；其他年预计雷击次数大于 0.06 的剧场，应按第二类防雷建筑设置防雷保护措施 2. 音响、电视转播设备应设屏蔽接地装置，且接地电阻不得大于 4Ω，屏蔽接地装置宜与电力变压器工作接地装置在电路上完全分开。当单独设置接地极有困难时，可与电气装置接地合用接地板，接地电阻不应大于 1Ω，且屏蔽接地线应集中一点与合用接地装置连接 3. 剧场设有玻璃幕墙时，玻璃幕墙的防雷设计应符合国家现行标准《建筑防雷设计规范》GB 50057 的有关规定。幕墙的金属框架应与主体结构的防雷体系可靠连接，连接部位应清除非导电保护层 4. 剧场舞台工艺用房均应预留接地端子 5. 乐池内谱架灯、化妆室台灯照明、观众厅座位排号灯等的电源电压，应采用特低电压供电

11.2.3 不同等级剧场建筑的主要技术要求见表 11-2-3。

表 11-2-3 不同等级剧场建筑的主要技术要求

等级	使用年限	主要电气指标	舞台工艺设备要求	消防
特等 甲等	不应小于 50 年	剧场供电系统电压偏移应符合下列规定：①照明为+5%~-2.5%；②电梯±7%；其他电力设备用电±5%	应在主舞台区四个角设中性导体截面面积不小于相线截面面积 2 倍的三相回路专用电源，其电源容量为：甲等剧场在主舞台后角电源不得小于三相 250A，在主舞台前角电源不得小于三相 63A。乙等剧场在主舞台后角电源不得小于三相 180A，在主舞台前角不得小于三相 50A	大型、特大型剧场应设消防控制室，位置宜靠近舞台，并有对外的单独出入口，面积不应小于 12m²
		配电线路应采用阻燃低烟无卤交联聚乙烯绝缘电力电缆、电线或无烟无卤电力电缆、电线		应设有火灾自动报警系统

（续）

等级	使用年限	主要电气指标	舞台工艺设备要求	消防
特等甲等	不应小于50年	按第二类防雷建筑设置防雷保护	2. 调光回路：歌舞剧场≥600回路；话剧场≥500回路；戏曲剧场≥400回路。除可调光回路外，各灯区宜配置2~4路直通电源，每回路容量不得小于32A	灯控室、调光柜室、声控室、功放室、空调机房、冷冻机房、锅炉房等应设不低于正常照明照度的50%的应急备用照明
		宜设置灯光智能照明控制系统。观众厅照明、观众厅清扫场地用照明、观众席座位排号灯，前厅、休息厅、走廊等直接为观众服务的房间、主舞台区拆装台工作用灯照明控制应纳入灯光智能照明控制系统	应设追光室，预留3组以上容量不得小于32A、AC 220V追光灯电源	宜设台仓，台仓通往舞台和后台的门、楼梯应设明显的疏散标志和照明，便于演员上下场和工作人员通行
			功放室和调光柜室面积应大于20m²	应设室内消火栓给水系统
			可设有红外线舞台监视系统	大型、特大型剧场舞台台口应设防火幕。中型剧场宜设防火幕
			设不少于两道以上耳光室	
			设不少于两道以上的面光桥	
			应设卸货（景）区	
乙等	不应小于50年	配电线路宜采用阻燃低烟无卤交联聚乙烯绝缘电力电缆、电线，或无烟无卤电力电缆、电线	应在主舞台区四个角设中性导体截面面积不小于相线截面面积2倍的三相回路专用电源，其电源容量为：在主舞台后角电源不得小于三相180A，在主舞台前角不得小于三相50A	1. 大型、特大型剧场应设消防控制室，位置宜靠近舞台，并有对外的单独出入口，面积不应小于12m² 2. 中型及以上规模剧场应设室内消火栓给水系统
			当不设追光室时，可在楼座观众厅后部设临时追光位，并预留2组以上容量不得小于32A、AC 220V追光灯电源	特大型剧场应设置火灾自动报警系统
			功放室和调光柜室面积应大于14m²	宜设台仓，台仓通往舞台和后台的门、楼梯应设明显的疏散标志和照明，便于演员上下场和工作人员通行
		年预计雷击次数大于0.06时，按第二类防雷建筑设置防雷保护	根据需要设一道以上面光桥	
			根据需要设一道以上耳光室	大型、特大型剧场舞台台口应设防火幕，高层民用建筑中中型及以上规模剧场宜设防火幕
			应设卸货（景）区	

注：特大型：观众容量1501座以上；大型：1201~1500座；中型：801~1200座；小型：300~800座。

11.2.4 舞台工艺系统要求见表11-2-4。

表11-2-4 舞台工艺系统要求

舞台灯光系统	1. 剧场灯光配电系统的设计范围包括舞台灯光系统、观众厅照明系统和舞台工作灯系统 2. 舞台工艺设计应向建筑设计提供舞台灯光系统的设备位置、尺寸、相关安装条件、用电负荷（装机容量、使用系数、功率因数）及技术用房等要求。建筑设计应满足灯光系统安装、检修、运行和操作等要求

（续）

舞台灯光系统	3. 特大型剧场舞台灯光的用电量为1000~1500kW，大型剧场舞台灯光的用电量为600~1000kW，中、小剧场为300~600kW，K_x=0.8，在灯光控制室需预留15kW容量 4. 供电措施 1）舞台灯光系统需依据舞台工艺资料在灯控室、后舞台、侧舞台、耳光室、天桥、投影室、聚光灯室、调光柜室等处为舞台灯光系统预留电源 2）观众厅灯光系统配电柜宜放置在调光柜室，智能照明控制系统应提供DMX512接口 3）在舞台区、栅顶马道等区域设置舞台工作灯系统，采用蓝白工作灯，检修时开启白光光源，演出时开启蓝光光源。在局部高度小于2m的区域，灯具采用防护型，供电采用AC 36V，防止工作人员触电 4）特、甲等剧场调光用计算机系统用电为一级负荷中的特别重要负荷，应在灯光控制室、调光柜室、台口技术室及舞台栅顶等网络机柜处各设置一台UPS，向灯控网络机柜提供不间断供电 5）灯光系统配电回路宜配置平衡 5. 常规布置的舞台灯位，在观众席区域有追光、面光、耳光；在舞台区域有顶光、侧光、流动光、天地排光、逆光、脚光等 6. 特大型、大型剧场按能转播电视节目的要求进行设计，舞台灯具采用聚光灯、PAR灯、大功率气体放电灯、冷光束可变焦成像灯、电脑灯、成像灯等多种类型灯具，其配置要求为： 1）舞台平均照度值不低于1500lx 2）配置灯具保证演出换场时间少于4h 3）配置灯具选择光学特性及光效最佳的灯 4）灯具的光源色温宜采用3200K和5600K两种灯泡 5）气体放电灯显色指数 Ra>90，其余 Ra>95 6）噪声指标：所有设备开启时的噪声及外界环境噪声的干扰不高于NR25，测试点在距设备1m处的噪声不高于35dB（A） 7. 中小型剧场：按能转播电视节目的要求进行设计： 1）舞台演出区基本光：在1.5m处的垂直照度不宜低于1500lx 2）演出区主光的垂直照度为1800~2250lx 3）演出区辅助光的垂直照度为1200~1800lx 4）演出区背景光的照度为800~1000lx 5）舞台演出区光的色温应为（3050±150）K 6）舞台演出区光的显色指数不宜小于85
舞台灯光控制系统	1. 舞台灯光信号传输系统的设计包括控制信号传输设备的配置、传输线路的路由设计和信号点的分配等。宜建立公共的以太网网络平台 2. 选择具有稳定、兼容特性的转换协议 3. 舞台灯光控制系统应预留智能控制接口，接收消防控制信号，在火灾时能中断演出模式，强行进入消防模式 4. 大型剧场需在控制室放置常规灯主、备控制台，电脑灯主、备控制台 5. 灯光控制系统宜采用全光纤网络 6. 控制系统宜考虑备份和兼容 7. 产品选型在考虑先进性的同时宜考虑维护的经济性
舞台机械系统	1. 舞台工艺设计应向建筑设计提供舞台机械的种类、位置、尺寸、数量、台上和台下机械布置所需的空间尺度、设备载荷、受力分布、预埋件、用电负荷（装机容量、使用系数、功率因数）及控制台位置等要求。土建设计应满足舞台机械安装、检修、运行和操作等使用条件。剧场舞台台下机械的用电量根据不同规模及所需设备设计，小型约200kW，中型500kW左右，大型900kW不等 2. 台上机械：主舞台台口上空布置防火幕、大幕机、假台口上片、假台口侧片。舞台区域上空的悬吊设备主要有电动吊杆、轨道单点吊机、主舞台区域内的自由单点吊机和前舞台区域单点吊机等设备，用来悬吊布景、檐幕和边幕，制造特别演出效果。假台口上片、灯光渡桥、灯光吊架用于舞台照明。在主舞台区域还设置有飞行器、天幕吊杆、侧吊杆等设备，在左右侧舞台上空设有悬吊设备，后舞台上空设有电动吊杆和悬吊设备。剧场舞台台上机械的用电量根据不同规模及所需设备设计，小型约100kW，中型400kW左右，大型800kW不等

（续）

舞台机械系统	3. 供电措施： 1）在舞台机械控制室（台上、台下）、收货平台等处为舞台机械系统预留电源 2）当舞台口设置防火幕时，应预留消防电源 3）对于大负荷的舞台机械系统，供电宜采用双路单母线分段中间加联络，正常时各带一半负荷，一路故障时，另一路带全部负荷 4. 控制机房： 1）舞台机械控制室宜设在舞台上场口舞台内墙上方，或在一层侧天桥中部；控制室应有三面玻璃窗，密闭防尘，操作时能直接看到舞台全部台上机械的升降过程。面积按舞台工艺设计要求确定 2）舞台机械控制室应预留接地端子 5. 控制系统： 1）在国际上，现代剧场要求舞台机械控制系统必须遵循现有的有关安全的标准 2）舞台机械控制系统总体现状和发展是特大型、大型剧场采用基于轴控制器的控制系统，中、小型演出场馆使用基于 PLC 的控制系统 3）舞台机械控制系统应预留智能控制接口，接收消防控制信号，在火灾时能中断演出模式，强行进入消防模式 4）产品选型在考虑先进性的同时宜考虑维护的经济性
舞台音响系统	1. 扩声系统包括声源至传声器所处的声学环境、传声器至扬声器的扩声系统设备，以及扬声器系统和听众区的声学环境（即扩声声场）三个部分。剧场扩声系统宜考虑冗余设计，分别对组成扩声系统的信号源、调音台、信号传输系统、扬声器系统、配电系统等各个部分进行冗余设计 2. 声学效果的三要素为：观众厅的体型设计、混响控制（墙面、顶板）、噪声控制，采用先进的声学设计软件达到需要的使用要求 3. 舞台扩声控制系统应预留智能控制接口，接收消防控制信号，在火灾时能中断演出模式，强行进入消防模式 4. 产品选型在考虑先进性的同时宜考虑维护的经济性 5. 在声控室、功放室、舞台技术用房（信号交换机房）、监控机房（声像控制室）等处为舞台音响系统预留电源，电源与负载之间宜安装隔离变压器或有源滤波器 6. 主舞台两侧应设 AC 220V、12～16kW 的流动功放电源专用插座 7. 终端插座宜采取保护措施，避免外来设备未经允许接入扩声供电系统，产生过载或干扰 8. 控制机房： 1）声控室应设置在观众厅后部中央位置，声控室应设置在面向舞台的左侧（灯控室设置在右侧），面积不应小于 $20m^2$ 2）声控室应预留工艺电量 3）声控室应预留接地端子 4）功放室宜设在主舞台两侧台口高度的位置（上场口一侧） 5）在上场口前侧墙内宜设电声设备机房，面积 $8m^2$，用于设置数字化系统信号机柜
舞台通信与监督系统	1. 舞台监督主控台应设置在舞台内侧上场口 2. 灯控室、声控室、舞台机械操作台、演员化妆休息室、候场室、服装室、乐池、追光灯室、面光桥、前厅、贵宾室等位置应设置舞台监督通信终端器 3. 舞台监视系统的摄像机应在舞台演员下场口上方和观众席挑台（或后墙）同时设置。同时在主舞台台口外两侧墙设置摄像机 4. 应设观众休息厅催场广播系统 5. 舞台监督台应设通往前厅、休息厅、观众厅和后台的开幕讯号 6. 舞台通信与监督系统设计宜包括以下内容：配电系统、内部通信系统、灯光提示系统、广播呼叫系统、演出监控视频系统、中央时钟系统、内部通信网络、演出监控视频网络

11.2.5 智能化设计要求。

1. 信息化应用系统的配置应满足剧场业务运行和物业管理的信息化应用需求，包括工作业务系统、自动寄存系统、人流统计分析系统、售检票系统，并应包括演出管理系统和中央集成管理系统。演出管理系统为剧院的演出活动及相关事务的管理工作建立一个现代化的软、硬件环境，实现剧院的演出策划管理、演出合同管理、演出场地安排、演出器材和设施的合理调度与管理、演出团体管理、演出后勤管理、演出档案管理、演出票务管理、演出结算及统计管理等。

2. 剧场的出入口、贵宾出入口以及化妆室等宜设置自助寄存系统，且系统应具有友好的操作界面，并宜具有语音提示功能。

3. 剧场的公共区域应设置移动通信室内信号覆盖系统；观演厅宜设置移动通信信号屏蔽系统，并应具有根据实际需要进行控制和管理的功能。

4. 候场室、化妆区等候场区域应设置信息显示系统，并应显示剧场、演播室的演播实况，且应具有演出信息播放、排片、票务、广告信息的发布等功能。

5. 舞台监督台应设通往前厅、休息厅、观众厅和后台的开幕信号。

6. 建筑设备管理系统应满足剧院的室内空气质量、温湿度、新风量等环境参数的监控要求，并应满足公共区的照明、室外环境照明、泛光照明、演播室、舞台、观众席、会议室等的管理要求。

7. 视频安防监控系统应在剧场内、放映室、候场区和售票处等场所设置摄像机。

11.2.6 电气消防要求

1. 剧场配电线路应采用阻燃低烟无卤交联聚乙烯绝缘电力电缆、电线或无烟无卤电力电缆、电线。

2. 特等、甲等剧场，座位数超过1500个的其他等级的剧场应设置火灾自动报警系统。

3. 甲等及乙等的大型、特大型剧场，下列部位应设有火灾自动报警装置：观众厅、观众厅闷顶内、舞台、服装室、布景库、灯控室、声控室、发电机房、空调机房、前厅、休息厅、化妆室、栅顶、台仓、吸烟室、疏散通道及剧场中设置雨淋灭火系统的部位。甲等和乙等的中型剧场上述部位宜设火灾自动报警装置。

4. 剧场内高度大于12m的空间场所宜同时选择两种及以上火灾参数的火灾探测器。

5. 剧场内大空间处设置自动消防水炮灭火系统时，前端探测部分宜采用双波段图像型火灾探测器。

6. 观众厅大空间部分宜采用线型光束感烟火灾探测器，局部楼座处采用点型感烟火灾探测器。

7. 舞台区域宜采用的火灾报警探测器包括吸气式感烟火灾探测器、双波段图像型火灾探测器、点型感烟火灾探测器。

8. 休息大厅部分火灾报警探测器的选型：大空间部分宜采用线型光束感烟火灾探测器；设置自动消防水炮灭火系统时，前端探测部分宜采用双波段图像型火灾探测器或红外点型火焰探测器。

9. 净高大于12m舞台上方、观众厅上方等处电气线路应设置电气火灾监控探测器，照明线路上应设置具有探测故障电弧功能的电气火灾监控探测器。

评　　注

剧场建筑是人们观赏演艺产品、陶冶情操的重要文化场所。剧场建筑通常由舞台、观众席和其他附属演出空间组成。剧场建筑电气设计应根据建筑规模和舞台、观众席和附属演出空间不同场所的不同要求，合理确定电气系统，对光源、机械、音响、控制措施进行设计，为观众提供安全舒适的观赏环境同时，也应满足演出需求，并要关注剧场电气设备产生的谐波源，并应采取相应措施。剧场属于人员密集场所，为了避免停电时引起人员恐慌，以及保证火灾时人员疏散和逃生，应注意电气消防的设计。

剧场建筑根据使用性质及观演条件可分为歌舞、话剧、戏曲三类。剧场建筑供配电系统要根据建筑规模和等级、剧场设备要求、管理模式和业务需求进行变压器容量、变电所和柴油发电机组的设置，确保演出效果和观众安全。配电线路应采用阻燃低烟无卤交联聚乙烯绝缘电力电缆、电线或无烟无卤电力电缆、电线。主舞台区四个角应设三相专用电源，剧场台口两侧宜预留显示屏电源。观众厅应设清扫场地用的照明。

剧场70%以上用电负荷是舞台照明和舞台机械设备，这些负荷随着剧情变化变动频繁且持续时间长，对电网供电质量影响较大，舞台机械设备的变频传动装置应采取抑制谐波措施。舞台照明设备电控室（调光柜室）、舞台机械设备电控室、功放室等电源应采用专用回路。乐池内谱架灯、化妆室台灯照明、观众厅座位排号灯等的电源电压，应采用特低电压供电。

剧场智能化设计应适应观演业务信息化运行的需求、具备观演建筑业务设施基础保障的条件和满足观演建筑物业规范化运营管理的需要。观演厅宜设置移动通信信号屏蔽系统。候场室、化妆区等候场区域应设置信息显示系统。剧场的出入口、贵宾出入口以及化妆室等宜设置自助寄存系统。

11.3 航站楼建筑

11.3.1 民用机场分类见表11-3-1。

表11-3-1 民用机场分类

机场等级	Ⅰ类机场	Ⅱ类机场	Ⅲ类机场	Ⅳ类机场
分类标准	供国际和国内远程航线使用的机场	供国际和国内中程航线使用的机场	供近程航线使用的机场	供短途和地方航线使用的机场

11.3.2 民用机场负荷分级见表11-3-2。

表11-3-2 民用机场负荷分级

负荷等级	一级负荷中特别重要负荷	一级负荷	二级负荷
适用场所	航站楼内的航空管制、导航、通信、气象、助航灯光系统设施和台站用电；边防海关的安全检查设备；航班信息显示及时钟系统；航站楼、外航驻机场办事处中不允许中断供电的重要场所用电负荷	Ⅲ类及以上民用机场航站楼的公共区域照明、电梯、送排风系统设备、排污泵、生活水泵、行李处理系统（BHS）；航站楼、外航驻机场航站楼办事处、机场宾馆内与机场航班信息相关的系统、综合监控系统及其他系统	航站楼内除一级负荷以外的其他主要用电负荷，包括公共场所空调设备、自动扶梯、自动人行道

11.3.3 不同业态商业功率密度见表11-3-3。

表 11-3-3 不同业态商业功率密度

业态	功率密度/(W/m^2)	需要系数	备注
中餐正餐	800	0.5	厨房区域
西式快餐	250	0.5	操作间和营业区,建议不低于100kW
中式快餐	400	0.5	厨房区域
咖啡厅	500	0.6	操作间(台)区域,建议不低于15kW
休闲中心	400	0.3	营业面积
免税店	60~100	0.6	营业面积

11.3.4 航站楼供电措施要求。

1. 航站楼内具有一级负荷中特别重要负荷时，应设置应急电源设备，应急电源设备宜优先选用柴油发电机组。

2. 一级负荷供电的航站楼，当采用自备发电设备作为备用电源时，自备发电设备应设置自动和手动启动装置，且自动启动方式应能在30s内供电。

3. 航站楼单台变压器长期运行负荷率宜为55%~65%，且互为备用的两台变压器单台故障退出运行时，另一台应能负担起全部一、二级负荷。

4. 飞机机舱专用空调及机用的400Hz电源，可由航站楼供电，并可以采用需要系数法进行负荷计算。

5. 行李处理系统应采用独立回路供电，容量较大时应设置独立的配变电所为其供电。

6. 不同业态商业功率密度取值见表11-3-3。

11.3.5 航站楼照明设计要求。

1. 航站楼内有作业要求的作业面上一般照明照度均匀度不应小于0.7，非作业区域、通道等的照明照度均匀度不宜小于0.5。

2. 高大空间的公共场所，垂直照度（E_v）与水平照度（E_h）之比不宜小于0.25。

3. 航站楼常用房间或场所的照度标准值应符合表7-3-14的规定。

4. 计算机房、出发到达大厅等场所的灯光设置应防止或减少在该场所的各类显示屏上产生的光幕反射和反射眩光。

5. 标识引导系统应满足以下要求：

（1）航站楼内的标识、引导指示，应根据其种类、形式、表面材质、颜色、安装位置以及周边环境特点选择相应的照明方式。

（2）当标识采用外投光照明时，应控制其投射范围，散射到标识外的溢散光不应超过外投光的20%。

11.3.6 航站楼专用电源系统要求。

1. 各变配电室均设置总配电间，内设专用电源总柜，再由专用电源总柜采用放射与树干相结合的方式，将专用电源送至各层强电间内的专用电源配电柜。

2. 信息及弱电系统的机房电源，容量大的机房由变配电室直接放射式供电，容量小的机房由就近各层强电间内的专用电源配电柜供电。

3. X光机、值机岛柜台、安检柜台等弱电系统专项工艺设备的电源（AC 220V）由就近专用电源配电柜（箱）供电。

航站楼专用电源需求表见表11-3-4。

表11-3-4　航站楼专用电源需求表

<table>
<tr><th>负荷分类</th><th>设备容量/kW</th><th>备注</th></tr>
<tr><td>登机桥活动端转动电源</td><td>50kW/每个桥</td><td>50kW/每个桥，和2、3项不同时使用</td></tr>
<tr><td>400Hz专用电源</td><td>C类90kV·A
E类160kV·A
F类180kV·A×2</td><td rowspan="2">C类飞机737、319
E类飞机747、340
F类飞机380</td></tr>
<tr><td>PCA空调预制冷电源</td><td>C类160kV·A
E类200kV·A
F类200kV·A×2</td></tr>
<tr><td>机务维修亭</td><td>20kW/个</td><td>位置数量由使用侧单位确定</td></tr>
<tr><td>高杆灯</td><td>8~10kW/个</td><td>位置数量由使用侧单位确定</td></tr>
</table>

评　注

航站楼是为公众提供飞机客运形式的建筑，航站楼通常包括：候机室、售票台、问询处、中央大厅、到达大厅、售票大厅、海关、安全检查、行李认领、出发大厅、餐饮、连接区、库房、办公等辅助用房。航站楼电气设计应根据建筑规模和使用要求，结合建筑形态，满足安全、迅速、有秩序地组织旅客登机、离港，方便旅客办理相关旅行手续，合理确定电气系统，为旅客提供安全舒适的候机条件，并可集客运、商业、旅业、饮食业、办公等多种功能为一体的现代化综合性要求。城市交通建筑属人员密集场所，应关注安防、防火等内容，确保使用安全。

航站楼建筑供配电系统要根据建筑规模和等级、民航设备要求和业务需求以及负荷性质、用电容量进行配置变压器容量、变电所和柴油发电机组的设置，既要满足近期使用要求，又要兼顾未来发展的需要，合理确定设计方案，实现安全、迅速、有秩序地组织旅客登机、离港，方便旅客办理相关旅行手续，为旅客提供安全舒适的候机环境。航站楼建筑内有大量的一、二级负荷负载率控制在65%之内，同时要考虑电能质量的影响。交通建筑中的工艺设备、专用设备、消防及其他防灾用电负荷，应分别自成配电系统或回路。与安检、传送等设施相关的配电线路不应穿过安检、传送等设施区域。

航站楼专项工艺系统包括飞机400Hz专用电源、飞机空气预制冷机组PCA专用电源、大通道X光机、CT设备、值机岛、登机口、安检现场等柜台设备、自助值机设备、防爆检测设备、人身门、毫米波人身门、自助登机门、人脸识别与自助通关闸机、生物因子、微小气候、核辐射分子检测装置等。对重要设备应采用双电源供电，同时应关注电网侧由雷电、电力公司的设备故障、施工或交通事故等引起的电压暂降对设备的影响，确保设备正常运行。

航站楼智能化系统的设计应充分考虑不同规模机场对智能化系统的实际需要，配置信息管理系统、广播系统、闭路电视监视系统、航班动态显示系统、有线调度对讲、值机引导系统、登机桥监控系统、行李提取系统和登机门显示系统、旅客离港系统、综合布线系统、子母钟系统、旅客问讯系统、楼宇自控系统、泊位引导系统等，要求智能化各子系统，由各自独立分离的设备、功能和信息，集成为一个相互关联、完整和协调的综合系统，使智能化系统的信息高度共享和资源合理分配，实现智能化各子系统间的互操作与联动控制。

11.4　博展建筑

11.4.1　博物馆建筑规模分级见表 11-4-1。

表 11-4-1　博物馆建筑规模分级

等级	博物馆规模	等级	博物馆规模
特大型	40000m^2（不含）以上	中（二）型	4000m^2（含）~10000m^2（不含）
大型	20000m^2（不含）~40000m^2（含）	小型	4000m^2（含）以下
中（一）型	10000m^2（含）~20000m^2（不含）		

11.4.2　博物馆建筑风险分级见表 11-4-2。

表 11-4-2　博物馆建筑风险分级

风险等级	风险单位	风险部位
三级风险	三级风险单位	三级风险部位
	具备下列条件之一的定为三级风险单位： 1）10000 件藏品以下的博物馆 2）有藏品的县级文物保护单位	具备下列条件之一的定为三级风险部位： 1）三级藏品 300 件以下的库房 2）陈列 500 件藏品以下的展厅（室）
二级风险	二级风险单位	二级风险部位
	具备下列条件之一的定为二级风险单位： 1）10000 件藏品以上、50000 件藏品以下的博物馆 2）省（市）级文物保护单位	具备下列条件之一的定为二级风险部位： 1）二级藏品及专用库房或专用柜 2）三级藏品 300 件以上（含 300 件）的库房 3）陈列藏品 500 件以上（含 500 件）的展厅（室） 4）陈列的现代小型武器 5）二、三级藏品修复室、养护室
一级风险	一级风险单位	一级风险部位
	具备下列条件之一的定为一级风险单位： 1）国家级或省级博物馆 2）有 50000 件藏品以上的单位 3）列入世界文化遗产的单位或全国重点文物保护单位	具备下列条件之一的定为一级风险部位： 1）一级藏品及其专用库房或专用柜 2）二级藏品 300 件以上（含 300 件）或三级藏品 500 件以上（含 500 件）的库房 3）收藏、陈列具有重大科学价值的古脊椎动物化石和古人类化石，以及经济价值贵重的文物（金、银、宝石等）的场所 4）陈列 1000 件（含 1000 件）藏品以上的展厅（室） 5）一级藏品修复室、养护室 6）武器藏品专用库房或专用柜

11.4.3 博物馆建筑主要用电负荷分级见表 11-4-3。

表 11-4-3 博物馆建筑主要用电负荷分级

等级	博物馆规模	主要用电负荷名称	负荷级别
特大型	40000m²(不含)以上	安防系统用电、珍贵展品展室照明用电	一级负荷特别重要负荷
		有恒温、恒湿要求的藏品库、展室空调用电	一级负荷
		展览用电	二级负荷
大型	20000m²(不含)~40000m²(含)	安防系统用电,珍贵展品展室照明用电	一级负荷特别重要负荷
		有恒温、恒湿要求的藏品库、展室空调用电	一级负荷
		展览用电	二级负荷
中型	4000m²(含)~20000m²(不含)	安防系统用电,有恒温、恒湿要求的藏品库、展室空调用电	一级负荷
		展览用电	二级负荷
小型	4000m²(含)以下	安防系统用电,有恒温、恒湿要求的藏品库、展室空调用电	二级负荷

11.4.4 博物馆建筑配电设计要求。

1. 一般展览、陈列部分的空调设施为季节性用电负荷；有恒温、恒湿要求的藏品库、陈列厅（室）空调负荷则为全年性用电负荷。

2. 藏品库房、基本展厅的用电负荷相对固定；而临时展厅的用电负荷具有不确定性。

3. 特大型、大型博物馆应设置备用柴油发电机组。自备电源机组容量约为变压器安装容量的 25%~30%，保证博物馆对安全保卫、消防、库房空调的负荷供电要求。

4. 藏品库区应设置单独的配电箱，并设有剩余电流保护装置。配电箱应安装在藏品库区的藏品库房总门之外。藏品库房的照明开关安装在库房门外。

5. 博物馆的文物修复区包括青铜修复室、陶瓷修复室、照相室等功能房间，宜采用独立供电回路。

6. 文物库房的消毒熏蒸装置、除尘装置电源，宜采用独立回路供电，熏蒸室的电气开关必须在熏蒸室外控制。

7. 馆中陈列展览区内不应有外露的配电设备；当展区内有公众可触摸、操作的展品电气部件时应采用安全低电压供电。

8. 电缆选用铜芯、防鼠型低烟无卤电线或电缆。

9. 科学实验区包括 X 射线探伤室、X 射线衍射仪室、气相色谱与质谱仪室、扫描电镜室、化学实验室等功能房间，应采用独立工作回路，且每个功能房间宜设置总开关，并应设置工作指示灯。

11.4.5 博物馆建筑照明设计要求。

1. 一般要求。

(1) 展品与其背景的亮度比不宜大于 3∶1。在展馆的入口处，应设过渡区，区内的照度水平宜满足视觉暗适应的要求。对于陈列对光特别敏感的物体的低照度展室，应设置视觉适应的过渡区。

(2) 在完全采用人工照明的博物馆中，必须设置应急照明。在珍贵展品展室及重要藏品库房应设置警卫照明。

(3) 展厅灯光宜采用智能灯光控制系统自动调光。对光敏感的文物应尽量减少受光时间，在展出时应采取“人到灯亮、人走灯灭”的控制措施。

(4) 开关控制面板的布置应避开观众活动区域。

2. 光源和灯具。

(1) 展厅、藏品库、文物修复室、实验室的照明要求较高，应从展示效果及保护文物出发严格选择光源和灯具。应根据识别颜色要求和场所特点，选用相应显色指数的光源。其中，对光特别敏感的展品应采用过滤紫外线辐射的光源，对光不敏感的展品可采用金属卤化物灯。

(2) 展厅直装导轨灯以方便布展照明，对于具有立体造型的展品，为突出其质感效果可设置一定数量的聚光灯。应根据陈列对象及环境对照明的要求选择灯具或采用经专门设计的灯具。

(3) 博物馆的照明光源宜采用高显色荧光灯、高显色 LED、小型金属卤化物灯和 PAR 灯，并应限制紫外线对展品的不利影响。当采用卤钨灯时，其灯具应配以抗热玻璃或滤光层。

3. 陈列照明。

(1) 壁挂陈列照明。宜采用定向性照明。对于壁挂式展示品，在保证必要照度的前提下，应使展示品表面的亮度在 $25cd/m^2$ 以上，并应使展示品表面的照度保持一定的均匀性，最低照度与最高照度之比应大于 0.75。对于有光泽或放入玻璃镜柜内的壁挂式展示品，照明光源的位置应避开反射干扰区；为了防止镜面映像，应使观众面向展示品方向的亮度与展示品表面亮度之比小于 0.5。

(2) 立体展品陈列照明。应采用定向性照明和漫射照明相结合的方法，并以定向性照明为主。定向性照明和漫射照明的光源的色温应一致或接近。对于具有立体造型的展示品，宜在展示品的侧前方 40°~60°处设置定向聚光灯，其照度宜为一般照度的 3~5 倍，当展示品为暗色时，定向聚光灯的照度应为一般照度的 5~10 倍。

(3) 展柜陈列照明。展柜内光源所产生的热量不应滞留在展柜中。观众不应直接看见展柜中或展柜外的光源。陈列橱柜的照明，应注意照明灯具的配置和遮光板的设置，防止直射眩光；不应在展柜的玻璃面上产生光源的反射眩光，并应将观众或其他物体的映像减少到最低程度。

4. 展品的保护设计要求。

(1) 应减少灯光和天然光中的紫外辐射，使光源的紫外线相对含量小于 20μW/lm。

(2) 对于对光敏感的展品或藏品，应对年曝光量控制。

(3) 对于在灯光作用下易变质褪色的展示品，应选择低照度水平和采用可过滤紫外线辐射的灯具；对于机械装置和雕塑等展品，应有较强的灯光。弱光展示区宜设在强光展示区之前，并应使照度水平不同的展厅之间有适宜的过渡照明。

11.4.6 博物馆建筑智能化系统要求。

1. 信息化应用系统的配置应满足博物馆建筑业务运行和物业管理的信息化应用需求。博物馆信息化应用系统以信息设施系统为技术平台组成文化遗产数字资源系统、藏品管理系统、陈列展示系统、导览服务系统、数字博物馆系统和业务办公自动化等各个功能子系统。

2. 博物馆应根据规模、等级设置智能化系统集成。

3. 信息接入系统应满足博物馆管理人员远程及异地访问授权服务器的需要。

4. 特大型、大型博物馆应设置公共信息查询系统。主要出入口、休息区、各展厅出入口处宜设置信息查询终端。

5. 博物馆的主要出入口和需控制人流密度的场所宜设置客流分析系统。

6. 建筑设备管理系统应满足文物对环境安全的控制要求，避免腐蚀性物质、CO_2、温度、湿度、光照、漏水等对文物的影响。应对文物熏蒸、清洗、干燥处理、文物修复等工作区的各种有害气体浓度实时监控。

7. 文物保存环境的相对湿度范围宜控制在50%~55%，相对湿度不得大于65%、不得小于40%。环境相对湿度日波动值宜控制在5% 幅度内。文物保存环境的温度日波动值宜控制在50℃幅度内。

8. 藏品库房应设置感烟、感温探测器，宜设置吸气式探测器、红外光束感烟探测器等探测设备。

9. 高度大于12m的场所，选择两种及以上火灾探测参数的火灾探测器，此区域电气线路应设置电气火灾监控探测器，照明线路上应设置具有探测故障电弧功能的电气火灾监控探测器。

10. 大、中型以上博物馆，主要疏散通道的地面上应设置能保持视觉连续的灯光疏散指示标志或蓄光疏散指示标志。

11. 纸质文物、丝绸织绣品的库区和展览区，宜采用气体灭火系统。

11.4.7 会展建筑分级见表 11-4-4。

表 11-4-4 会展建筑分级

会展建筑规模	总展览面积 S/m^2	展厅等级	展厅的展览面积 S/m^2
特大型	$S>100000$	甲等	$S>10000$
大型	$30000<S\leqslant100000$	乙等	$5000<S\leqslant10000$
中型	$10000<S\leqslant30000$	丙等	$S\leqslant5000$
小型	$S\leqslant10000$		

11.4.8 会展建筑主要用电负荷分级见表 11-4-5。

表 11-4-5 会展建筑主要用电负荷分级

会展建筑规模（按基地以内的展览面积划分）	主要用电负荷名称	负荷级别
特大型	应急响应系统	一级负荷特别重要负荷
	客梯、排污泵、生活水泵	一级负荷
	展厅照明、主要展览用电、通风机、闸口机	二级负荷
大型	客梯	一级负荷
	展厅照明、主要展览用电、排污泵、生活水泵、通风机、闸口机	二级负荷

（续）

会展建筑规模（按基地以内的展览面积划分）	主要用电负荷名称	负荷级别
中型	展厅照明、主要展览用电、客梯，排污泵、生活水泵、通风机、闸口机	二级负荷
小型	主要展览用电、客梯、排污泵、生活水泵	二级负荷

11.4.9 会展建筑配电设计要求。

1. 负荷密度估算可根据展览内容、形式参考选取：

（1）轻型展：50~100W/m^2。

（2）中型展：100~200W/m^2。

（3）重型展：200~300W/m^2。

2. 特大型会展建筑宜设自备应急柴油发电机组。

3. 特大型会展建筑的展览设施用电宜设单独变压器供电，专用变压器的负荷率不宜大于70%。

4. 室外展场宜选用预装式变电站，单台容量不宜大于1000kV·A。

5. 会展建筑的照明、电力、展览设施等的用电负荷、临时性负荷宜分别自成配电系统。

6. 由展览用配电柜配至各展位箱（或展位电缆井）的低压配电宜采用放射式或放射式与树干式相结合的配电方式。

7. 会展建筑应采用低烟无卤阻燃电力电缆、电线或无烟无卤阻燃电力电缆、电线。

8. 主沟、辅沟内明敷设的电力电缆，可根据当地环境条件，选用防鼠型或防白蚁型。

9. 展览用配电柜专为展区内展览设施提供电源，宜按不超过600m^2展厅面积设置一个。每2~4个标准展位宜设置一个展位箱。

11.4.10 会展建筑照明设计要求。

1. 正常照明光源应选用高显色性光源，应急照明光源应选用能瞬时可靠点燃的光源。

2. 正常照明设计宜采用一组变压器的两个低压母线段分别引出专用回路各带50%灯具交叉布置的配电方式。

3. 登录厅、观众厅、展厅、多功能厅、宴会厅、大会议厅、餐厅等人员密集场所应设置疏散照明和安全照明。展厅安全照明的照度值不宜低于一般照明照度值的10%。

4. 装设在地面上的疏散指示标志灯承压能力，应能满足所在区域的最大荷载要求，防止被重物或外力损伤，且应具有IP54及以上的防护等级。

5. 按建筑使用条件和天然采光状况采取分区、分组控制措施。集中照明控制系统应具备清扫、布展、展览等控制模式。

11.4.11 会展建筑智能化系统设计要求。

1. 信息化应用系统的配置应满足会展建筑业务运行和物业管理的信息化应用需求。

2. 会展应根据规模、等级设置智能化系统集成。

3. 信息接入系统应满足会展建筑管理人员远程及异地访问授权服务器的需要。

4. 特大型、大型会展建筑应设置公共信息查询系统。主要出入口、休息区、各展厅出入口处宜设置信息查询终端。

5. 会展建筑的主要出入口和需控制人流密度的场所宜设置客流分析系统。

6. 特大型、大型会展建筑广播系统应采用主控-分控的网络架构方式。

7. 高度大于12m的展厅、登录厅、会议厅等高大空间场所，选择两种及以上火灾探测参数的火灾探测器，此区域电气线路应设置电气火灾监控探测器，照明线路上应设置具有探测故障电弧功能的电气火灾监控探测器。

8. 根据需要可在观众主要出入口处设置闸口系统，X射线安检设备、金属探测门、爆炸物检测仪等防爆安检系统。

9. 特大型会展建筑宜设置应急响应系统。

评　注

博展建筑是供收集、保管、研究和陈列、展览有关自然、历史、文化、艺术、科学、技术方面的实物或标本之用的公共建筑，通常由陈列、展览、教育与服务分区，藏品库分区，技术工作分区，行政与研究办公分区组成。博展建筑的电气设计要根据建筑规模和使用要求，特别是展品的陈列、展览和存储的特殊要求进行电气设计，确定合理的电气系统，保证展品和参观的正常使用，做好防火、防盗、防雷及陈列展览等基本功能方面的设计，为参观者提供安全、舒适的观赏环境，满足全面发挥社会、经济、环境三大效益的要求。

博物馆是以物质文化遗产（文物）和非物质文化遗产为基础，用保存和展示的方式实证人类历史，供社会公众终身学习和体验人类共同记忆的公共文化建筑。展览建筑是指进行展览活动的建筑物。博展建筑供配电系统要根据建筑规模和等级、管理模式和业务需求进行配置，既要满足近期使用要求，又要兼顾未来发展的需要，满足博展建筑日常供电的安全可靠要求，为文物、展品、观众和工作人员提供良好环境。

博展建筑智能化设计应根据博展建筑性质、规模配置智能化系统，不仅要满足博物馆建筑业务运行和物业管理的信息化应用需求，而且要满足管理人员远程及异地访问授权服务器的需要、控制人流密度、满足文物对环境安全的控制要求，避免腐蚀性物质、CO_2、温度、湿度、光照、漏水等对文物和展品的影响，并应考虑高大空间对传感器设置的影响。

11.5 文化建筑

11.5.1 图书馆、档案馆建筑等级见表11-5-1。

表11-5-1 图书馆、档案馆建筑等级

图书馆		
类别	图书馆型式	耐火等级
一类	1. 国家级、省（自治区、直辖市）级图书馆 2. 建筑高度超过50m的图书楼 3. 可容藏书量100万册以上的图书馆	一类及各类建筑物中储存珍贵文献的特藏书库应为一级

（续）

图书馆		
类别	图书馆型式	耐火等级
二类	1. 地市（计划单列市、省辖市、地区、盟、州）级图书馆 2. 建筑高度不超过 50m 的图书楼 3. 可容藏书量 10 万册以上、100 万册以下的图书馆	二类及三类中书库和开架阅览室部分不低于二级
三类	1. 县（县级市、旗）级及县级以下的图书馆 2. 可容藏书量 10 万册以下的图书馆	三级
档案馆		
类别	档案馆型式	耐火等级
特级	中央级档案馆	一级
甲级	省、自治区、直辖市、计划单列市、副省级市档案馆	一级
乙级	地（市）及县（市）档案馆	二级

注：1. 一般大型图书馆及高规格的中小型图书馆的供电指标采用 80~100V·A/m^2。
2. 一般档案馆供电指标采用 70~100V·A/m^2。

11.5.2 图书馆、档案馆建筑负荷等级划分。

1. 藏书量超过 100 万册的图书馆，用电负荷等级不应低于一级，其中安防系统、图书检索用计算机系统用电为一级负荷中特别重要负荷。

2. 总藏书量 10 万至 100 万册的图书馆用电负荷等级不应低于二级。

3. 总藏书量 10 万册以下的图书馆用电负荷等级不应低于三级。

4. 特级档案馆的档案库、配变电所、水泵房、消防用房等的用电负荷不应低于一级。

5. 甲级档案馆变电所、水泵房、消防用房等的用电负荷不宜低于一级。

6. 乙级档案馆的档案库、配变电所、水泵房、消防用房等的用电负荷不应低于二级。

11.5.3 图书馆、档案馆备用电源要求。

1. 安防系统、图书检索用计算机系统用电应设置不间断电源作为备用电源。

2. 特级档案馆应设置自备电源。

3. 甲级档案馆宜设置自备电源。

11.5.4 图书馆、档案馆配电设计要求。

1. 库区与公用空间、内部使用空间的配电应分开配电和控制。

2. 技术用房应按需求设置足够的计算机网络、通信接口和电源插座。

3. 装裱、整修用房内应配置加热用的电源。

4. 库区电源总开关应设于库区外，档案库房内不宜设置电源插座。

5. 电气配线宜采用低烟无卤阻燃型电线电缆。

6. 为防止电磁对电子文献资料、电子设备的干扰，配变电所的设置应远离库区、技术用房，并采取屏蔽措施。

7. 如馆内设置厨房，则厨房配电线路应设置独立路由，不应与其他负荷配电电缆同槽敷设。

8. 配电箱及开关宜设置在仓库外。

9. 凡采用金属书架并在其上敷设220V线路、安装灯开关插座等的书库，必须设剩余电流保护器保护。

10. 库房配电电源应设有剩余电流动作保护、防过电流安全保护装置。

11. 档案馆、一类图书馆和二类图书馆的书库及主体建筑、三类图书馆的书库，应采用铜芯线缆敷设。

12. 非消防电源线路宜采用低烟无卤阻燃型电线、电缆，消防电源线路应遵循相关的规范规定。

13. 档案馆、图书馆建筑应设置电气火灾监控系统。

11.5.5　图书馆、档案馆照明设计要求。

1. 为保护缩微资料，缩微阅览室应设启闭方便的遮光设施，并在阅读桌上设局部照明。

2. 档案库房、书库、阅览室、展览室、拷贝复印室、与档案有关的技术用房，当采用人工照明时，应采取隔紫灯具和防紫光源，并有安全防火措施。缩微阅览室、计算机房照明宜防止显示屏出现灯具影像和反射眩光。

3. 展览室、陈列室宜采光均匀，防止阳光直射和眩光。

4. 档案库灯具形式及安装位置应与档案密集架布置相配合。

5. 书库、非书型资料库、开架阅览室内，不得设置卤钨灯等高温照明器。珍善本书库及其阅览室应采用隔紫灯具或无紫光源。

6. 书库照明宜采用无眩光灯具，灯具与图书资料等易燃物的垂直距离不应小于0.5m。

7. 照明控制。

(1) 书库（档案库）、非书型（非档案型）资料库照明宜分区控制。

(2) 书库照明宜分区分架控制，每层电源总开关应设于库外。

(3) 书架行道照明应有单独开关控制，行道两端都有通道时应设双控开关；书库内部楼梯照明也应采用双控开关。

(4) 公共场所的照明应采用集中、分区或分组控制的方式；阅览区的照明宜采用分区控制方式。均根据不同使用要求采取自动控制的节能措施。

11.5.6　图书馆、档案馆防雷设计要求。

1. 一类、二类建筑图书馆及结合当地气象、地形、地质及周围环境等确定需要防雷的三类建筑图书馆，应为第二类防雷建筑物，其余为三类防雷建筑物。

2. 特级、甲级档案馆应为第二类防雷建筑。乙级档案馆应为第三类防雷建筑。

11.5.7　图书馆智能化系统设计要求。

1. 图书馆信息化应用系统的配置应满足图书馆业务运行和物业管理的信息化应用需求。图书馆业务管理自动化，实现图书馆各类文献资源，包括图书、非图书资料电子出版物的采访、编目、流通、检索的计算机管理，实现文献联合编目、联机检索和馆院互借。

2. 智能卡系统。该系统能够提供工作人员的身份识别、考勤、出入口控制、停车管理、消费等功能，还能提供读者的图书借阅、上网计费、馆内消费、停车收费管理、身份识别等功能。该系统可分为IC卡读者证管理子系统、消费管理子系统、员工考勤管理子系统、上机管理子系统和查询子系统。

3. 读者自动借还书系统。该系统包括图书自助借阅机、图书监测仪、充消磁验证仪、消磁仪、磁条分配器、安全磁条、自助借阅软件等，兼具借、还书功能，读者可自行办理。

4. 信息网络系统应满足图书阅览和借阅的需求，业务工作区、阅览室、公众服务区应设置信息端口，公共区域应配置公用电话和无障碍专用的公用电话。图书馆应设置借阅信息查询终端和无障碍信息查询终端。会议系统应满足文化交流的需求，且具有国际交流活动需求的会议室或报告厅宜配置同声传译系统。建筑设备管理系统应满足图书储藏库的通风、除尘过滤、温湿度等环境参数的监控要求。

5. 安全技术防范系统应按图书馆的阅览、藏书、管理办公等划分不同防护区域，并应确定不同技术防范等级。

6. 图书馆设置网络化系统，设置由主干网、局域网、信息点组成的网络系统。信息点的布局应根据阅览座席、业务工作的需要确定。有条件时，可设置局域无线网络系统。

7. 图书馆宜设置信息发布及信息查询系统。在入口大厅、休息厅等处设置大屏幕信息显示装置。

8. 在入口大厅、信息利用大厅、出纳厅、阅览室等处，设置一定数量的自助信息查询终端。

9. 珍贵文献资料、珍善本库、重要档案的储藏库、陈列室、数据机房等重要房间设置吸气式烟雾探测报警系统及一氧化碳火灾探测器。

10. 书库宜设置高压细水雾灭火系统。在库房墙外设置高压细水雾控制盘接入火灾自动报警系统进行联动控制，也可独立于火灾报警控制器进行手动控制。高压细水雾要求同时具有自动控制、手动控制和应急操作三种控制方式。

11. 应采取电气火灾监控措施。

11.5.8　档案馆智能化系统设计要求。

1. 信息化应用系统的配置应满足档案馆业务运行和物业管理的信息化应用需求。

2. 信息网络系统应满足档案馆管理的需求，并应满足安全、保密等要求。建筑设备管理系统应满足档案资料防护的要求。

3. 安全技术防范系统应根据档案馆的级别，采取相应的人防、技防配套措施。

4. 在建筑物的主要出入口、档案库区、书库、阅览室、借阅处、重要设备室、电子信息系统机房和安防中心等处应设置出入口控制系统、入侵报警系统、视频监控系统及电子巡查系统。

5. 在档案馆的利用大厅、开架阅览室设置全方位视频监控系统，保证监视到每一个阅览座位及书架。

6. 库区内部如设置门禁系统则为双向门禁系统。库区外部设置单向门禁系统。

7. 档案馆应根据需求设置外网、内网、档案专网、涉密网、无线网五种计算机网络。外网及内网宜采用非屏蔽系统，线缆可同槽敷设。档案专网与涉密网应采用屏蔽系统，线缆应分槽敷设。涉密网应遵循国家保密局的相关规定执行。

8. 档案馆、图书馆应设置公共广播系统，并与消防应急广播在火灾情况下切换。

9. 档案馆、图书馆应设置开、闭馆音响信号装置。

10. 档案馆宜设置信息发布及信息查询系统。在入口大厅、休息厅等处设置大屏幕信息显示装置。

11. 在入口大厅、信息利用大厅、出纳厅、阅览室等处，设置一定数量的自助信息查询终端。

12. 珍贵文献资料、珍善本库、重要档案的储藏库、陈列室、数据机房等重要房间设置吸气式烟雾探测报警系统及一氧化碳火灾探测器。

13. 档案库房宜设置高压细水雾灭火系统。在库房墙外设置高压细水雾控制盘接入火灾自动报警系统进行联动控制，也可独立于火灾报警控制器进行手动控制。高压细水雾要求同时具有自动控制、手动控制和应急操作三种控制方式。

14. 应采取电气火灾监控措施。

评　　注

文化建筑通常以档案馆、图书馆等文化设施为主构成，其建设与城市的建设、发展有着密切的联系。文化建筑一方面是体现时代的特征，另一方面是体现城市传统与地域文化的特征，一般包括：档案库、书库、阅览室、采编、修复工作间、陈列室、目录厅（室）、出纳厅等场所。文化建筑电气设计，应根据建筑用途、规模特点，以方便人们学习、欣赏、吸收和传播文化为原则，合理配置变配电系统、智能化照明系统、防雷接地系统、火灾报警等系统，满足顾客、工作人员的不同需求。

图书馆是搜集、整理、收藏图书资料以供人阅览、参考的机构，图书馆按使用性质分为公共图书馆、高等学校图书馆、科学研究图书馆、专门图书馆。档案馆是收集、保管档案的机构。图书馆、档案馆强电设计应根据建筑分级、规模，配备供配电系统。要保证安全防范系统及计算机系统的用电连续性，为了避免珍藏品遭受紫外线的损伤，对珍善本房的光源紫外线应予以控制。

图书馆、档案馆应根据博览建筑性质、规模配置智能化系统。图书馆应满足图书阅览和借阅的需求，同时应满足图书储藏库的通风、除尘过滤、温湿度等环境参数的监控要求。档案馆应满足档案馆管理的需求，并应满足安全、保密等要求，建筑设备管理系统应满足档案资料防护的要求。

11.6　办公建筑

11.6.1　办公建筑分类见表 11-6-1。

表 11-6-1　办公建筑分类

类别	示例	设计使用年限	耐火等级
一类	特别重要的办公建筑	100 年或 50 年	一级
二类	重要的办公建筑	50 年	不低于二级

注：特别重要的办公建筑可以理解为国家级行政办公建筑，省部级行政办公建筑，重要的金融、电力调度、广播电视、通信枢纽等办公建筑以及建筑高度超过该结构体系的最大适用高度的超高层办公建筑。

11.6.2　办公建筑负荷分级见表 11-6-2。

表 11-6-2　办公建筑负荷分级

建筑物名称	用电设备(或场所)名称	负荷等级
一类办公建筑和建筑高度超过 50m 的高层办公建筑的重要设备及部位	重要办公室、总值班室、主要通道的照明、值班照明、警卫照明、重要设备及部位障碍标志灯、屋顶停机坪信号灯、电话总机房、计算机房、变配电所、柴油发电机房等・经营管理用及设备管理用电子计算机系统电源,客梯电力、排污泵、变频调速、恒压供水、生活水泵电源	一级负荷
二类办公建筑和建筑高度不超过 50m 的高层办公建筑以及部、省级行政办公建筑的重要设备及部位		二级负荷
三类办公建筑和除一、二级负荷以外的用电设备及部位	照明、电力设备	三级负荷

注：消防负荷分级按建筑所属类别考虑。

11.6.3　办公建筑配电技术要求。

1. 用电指标：30~70W/m^2，变压器装置指标：50~100V・A/m^2。在办公的用电负荷中，一般照明插座负荷约占 40%，空调负荷约占 35%，动力设备负荷约占 25%。

2. 计量方式。用户电能计量设置应按当地供电部门有关计量要求设计并应征得供电部门同意。办公建筑一般照明、动力负荷分别计费，按二者间负荷较小的设置电力子表计量。公寓式办公楼和出租办公楼可根据管理需要及建设方要求设计量表。

3. 照明设计。

(1) 办公建筑工作时间基本是白天，考虑到节能及舒适性，人工照明设备应与窗口射入的自然光合理地结合，将直管型荧光灯与侧窗平行布置，开关控制灯与侧窗平行。

(2) 会议室、洽谈室的照明应保证足够的垂直照度，一般而言背窗者的面部垂直照度不低于 300lx。

(3) 为了适应幻灯或电子演示的需要，宜在会议室、洽谈室照明设计时考虑调光控制，有条件时宜设置智能化控制系统。

(4) 开放式办公室插座数量不应小于工作位数量。若无确切资料可按 4~5m^2 一个电源插座考虑，满足每人不少于一个单相三孔和一个单相两孔插座两组。

11.6.4　办公建筑智能化系统要求。

1. 办公建筑智能化系统工程应符合下列规定：

(1) 应满足办公业务信息化的应用需求。

(2) 应具有高效办公环境的基础保障。

(3) 应满足办公建筑物业规范化运营管理的需要。

2. 通用办公建筑智能化系统要求：

(1) 信息化应用系统的配置应满足通用办公建筑办公业务运行和物业管理的信息化应用需求。

(2) 信息接入系统宜将各类公共信息网引入至建筑物办公区域或办公单元内，并应适应多家运营商接入的需求。

(3) 移动通信室内信号覆盖系统应做到公共区域无盲区。

(4) 用户电话交换系统应满足通用办公建筑内部语音通信的需求。

(5) 信息网络系统，当用于建筑物业管理系统时，宜独立配置；当用于出租或出售办公单元时，宜满足承租者或入驻用户的使用需求。

(6) 有线电视系统应向建筑内用户提供本地区有线电视节目源，可根据需要配置卫星电视接收系统。

(7) 会议系统应适应通用办公建筑的需要，宜适应会议室或会议设备的租赁使用及管理，并宜按会议场所的功能需求组合配置相关设备。

(8) 信息导引及发布系统应根据建筑物业管理的需要，在公共区域提供信息告示、标识导引及信息查询等服务。

(9) 建筑设备管理系统应满足通用办公建筑使用及管理的需求。

3. 行政办公建筑智能化系统要求：

(1) 信息化应用系统的配置应满足行政办公建筑办公业务运行和物业管理的信息化应用需求。

(2) 信息接入系统应根据办公业务的需要，将公共信息网及行政办公专用信息网引入行政办公建筑内。

(3) 行政办公建筑内应根据信息安全要求或其业务要求，建立区域移动通信信号覆盖或移动通信信号屏蔽系统。

(4) 用户电话交换系统应满足行政办公建筑内部的电话通信需求。

(5) 信息网络系统应满足行政办公业务信息传输安全、可靠、保密的要求，并应根据办公业务和办公人员的岗位职能需要，配置相应的信息端口。

(6) 有线电视系统应向会议、接待等功能区域提供本地区电视节目源。

(7) 会议系统应根据所确定的功能配置相关设备，并应满足安全保密要求。

(8) 建筑设备管理系统应满足行政办公建筑使用及管理的需求。

评　注

办公建筑是为机关、企业、事业单位行政管理人员、业务技术人员等办公的业务用房，办公楼的组成因规模和具体使用要求而异，有企业总部、行政办公楼、传媒建筑、出租办公楼等形式。一般包括：办公室、会议室、门厅、走道、电梯和楼梯间、食堂、礼堂、机电设备间、卫生间、库房等辅助用房等。现代办公楼正向综合化、一体化方向发展。由于办公楼的规模日趋扩大，内容也越加复杂，办公建筑电气设计，应根据建筑用途、规模特点，合理确定电气系统，确保平时和消防时的正常使用。

办公建筑供配电系统要根据建筑规模和等级、管理模式和业务需求进行配置变压器容量、变电所和柴油发电机组的设置，既要满足近期使用要求，又要兼顾未来发展的需要，满足办公建筑日常供电的安全、可靠要求，能够使工作人员获得安全、舒适的健康环境。

办公建筑智能化系统要根据建筑规模和等级、管理模式需求进行配置，需统筹系统的性质、管理部门等诸多因素，适应办公信息化应用的发展，为办公人员提供有效、可靠的接收、交换、传输、存储、检索和显示处理等各类信息资源的服务。

11.7　教育建筑

11.7.1　学校的等级与类型划分见表 11-7-1。

表 11-7-1　学校的等级与类型划分

等级	类型	说　明
高等教育	研究生培养机构	指经国家批准设立的具有培养博士研究生、硕士研究生资格的普通高等学校和科研机构
	普通高等学校	含本科院校、专科院校
	成人高等学校	—
中等教育	高级中学	含普通高中、成人高中
	中等职业学校	含普通中专、成人中专、职业高中、技工学校
	初级中学	含普通初中、职业初中、成人初中
	完全中学	是指普通初、高中合设的教育机构
初等教育	普通小学	含完全小学、非完全小学(设有 1~4 年级)
	成人小学	含扫盲班
学前教育	幼儿园	供学龄前幼儿保育和教育的场所
九年制	九年制学校	连续实施初等教育和初级中等教育的学校
特殊教育	特殊教育学校	独立设置的招收盲聋哑和智残儿童,以及其他特殊需要的儿童、青少年进行普通或职业初、中等教育的教学机构
工读	工读学校	由教育部门和公安部门联合举办的初、高级中学

11.7.2　学校负荷分级划分见表 11-7-2。

表 11-7-2　学校负荷分级划分

建筑物类别	用电负荷名称	负荷级别
教学楼	主要通道照明	二级
图书馆	藏书超过 100 万册的,其计算机检索系统及安防系统	一级
	藏书超过 100 万册的,其他负荷	二级
实验楼	ABSL-3 中的 b2 类生物安全实验室和四级生物安全实验室,对供电连续性要求很高的国家重点实验室	一级中特别重要负荷
	BSL-3 生物安全实验室和 ABSL-3 中的 a 类和 b1 类生物安全实验室,对供电连续性要求较高的国家重点实验室	一级
	二级生物安全实验室、对供电连续性要求较高的其他实验室;主要通道照明	二级
风雨操场(体育场馆)	特级体育建筑的主席台、贵宾室、新闻发布厅照明,比赛场地照明、计时记分装置、通信及网络机房,升旗系统、现场采集及回放系统等用电	一级中特别重要负荷
	甲级体育建筑的上述用电负荷,其他与比赛相关的用房,观众席及主要通道照明,生活水泵、污水泵等	一级
	甲级及以上体育建筑非一级负荷,乙级以下体育设施	二级

（续）

建筑物类别	用电负荷名称	负荷级别
会堂	特大型会堂的疏散照明、特大型会堂的主要通道照明	一级
	大型会堂的疏散照明，大型会堂的主要通道照明，乙等会堂的舞台照明、电声设备	二级
学生宿舍	主要通道照明	二级
学生食堂	厨房设备用电、冷库、主要操作间及通道照明	二级
信息机房	高等学校信息机房用电	一级
	中等学校信息机房用电	二级
属一类高层的建筑	主要通道照明、值班照明，计算机系统用电，客梯、排水泵、生活水泵	一级
属二类高层的建筑	主要通道照明、值班照明，计算机系统用电，客梯、排水泵、生活水泵	二级

11.7.3 校园配电变压器的装机容量指标见表11-7-3。

表11-7-3 校园配电变压器的装机容量指标

学校等级及类型	校园的总配变电站变压器容量指标($V \cdot A/m^2$)
普通高等学校、成人高等学校（文科为主）	20~40
普通高等学校、成人高等学校（理工科为主）	30~60
高级中学、初级中学、完全中学、普通小学、成人小学、幼儿园	20~30
中等职业学校（含有实验室、实习车间等）	30~45

11.7.4 教育建筑的单位面积用电指标见表11-7-4。

表11-7-4 教育建筑的单位面积用电指标

建 筑 类 别	不设空调时的用电指标/(W/m^2)	空调用电指标/(W/m^2)
教学楼	12~25	20~45
图书馆	15~25	20~35
普通教学实验楼	15~30	30~50
风雨操场	15~20	—
体育馆	25~45	40~50
会堂（会议及一般文艺活动）	15~30	30~40
会堂（会议及文艺演出）	40~60	40~60
办公楼	20~40	25~35
食堂	25~70	40~60
宿舍	每居室不小于1.5kW	25~30
高等学校理工类科研实验楼	根据实验工艺要求确定	30~50
中小学劳技教室	根据实际功能确定	20~45

11.7.5 教育建筑用电设备的需要系数见表 11-7-5。

表 11-7-5 教育建筑用电设备的需要系数

负荷名称	规模	需要系数	负荷名称	规模	需要系数
照明	$S \leq 500\text{m}^2$ $500\text{m}^2 < S \leq 3000\text{m}^2$ $3000\text{m}^2 < S \leq 15000\text{m}^2$ $S > 15000\text{m}^2$	1~0.9 0.9~0.7 0.75~0.55 0.6~0.4	冷冻机、锅炉	1~3 台 >3 台	0.9~0.8 0.7~0.6
			水泵、通风机	1~5 台 >5 台	0.95~0.8 0.8~0.6
实验室实验设备	—	0.15~0.4	厨房设备	≤100kW >100kW	0.5~0.4 0.4~0.3
分体空调	4~10 台 10~50 台 >50 台	0.8~0.6 0.6~0.4 0.4~0.3	体育设施	—	0.7~0.8
空调机组	—	0.75~0.85	会堂舞台照明	≤200kW >200kW	1~0.6 0.6~0.4

注：上表中，S 为建筑面积，“照明”负荷含插座容量。

11.7.6 变电所设计要求。

1. 学校总配变电所宜独立设置，分配变电所宜附设在建筑物内或外，也可选用户外预装式变电所。

2. 当教育建筑用电设备总容量在 250kW 及以上时，宜采用 10kV 及以上电压供电；当用电设备总容量低于 250kW 时，宜采用 0.4kV 电压供电。

3. 配电变压器负荷率平时不宜大于 85%，应急状态配电变压器负荷率不宜大于 130%。当低压侧电压为 0.4kV 时，单台变压器容量不宜大于 1600kV·A。对于预装式变电所变压器，单台容量不宜大于 800kV·A。

4. 计量方式。校区电源总进线处设电能计量总表，各栋建筑电源进线处设电能计量分表。

5. 配变电所所址选则应符合以下规定：

(1) 不宜设在人员密集场所。当设在教学楼、实验楼、多功能厅等学生集中的建筑内时，变电所要避免与教室、实验室共用室内走道。

(2) 应满足科研实验室对电源质量、隔声、降噪、防震、室内环境等的工艺要求。

(3) 不应设在有剧烈振动或有爆炸危险介质的实验场所。

(4) 附设在教育建筑内的配变电所，不应在教室、宿舍的正上、下方且不应与教室、宿舍相贴邻。

11.7.7 低压配电技术要求。

1. 托儿所、幼儿园的房间内应设置插座，且位置和数量应根据需要确定。活动室插座不应少于四组，寝室、图书室、美工室插座不应少于两组。插座应采用安全型，安装高度不应低于 1.8m。插座回路与照明回路应分开设置，插座回路应设置剩余电流动作保护。

2. 幼儿活动室、寝室、卫生间等幼儿用房宜设置紫外线杀菌灯，也可采用安全型移动式紫外线杀菌消毒设备。紫外线杀菌灯的控制装置应单独设置，并应采取防误开措施照明、大型实验设备用电、集中空调、动力、消防及其他防灾用电负荷，宜分别自成配电系统或回路。

3. 配电装置的构造和安装位置应考虑防止意外触及带电部位的措施。配电箱柜应加锁；设备的外露可导电部分应可靠接地；建筑物进线处宜设置配电间，总配电箱（柜）应安装在专用配电间或值班室内，楼层配电箱宜安装在竖井内，避免学生接触。

4. 冲击性负荷、波动大的负荷、非线性负荷和频繁起动的教学或实验设备等，应由单独回路供电。

5. 教学用房和非教学用房的照明及插座线路应分设不同支路。

6. 中小学、幼儿园的电源插座必须采用安全型。幼儿活动场所电源插座不应低于1.8m。

7. 教育建筑的插座回路应设置剩余电流动作保护器。电开水器电源、室外照明电源均应设置剩余电流动作保护器。

8. 中小学校教学用房、宿舍采用电风扇时，教室应采用吊式电风扇；学生宿舍的电风扇应有防护网。

9. 各类小学中，风扇叶片距地面高度不应低于2.8m；各类中学中，风扇叶片距地面高度不应低于3m。

10. 教室配电技术要求。

(1) 每间教室宜设教室专用配电箱。当多间教室共用配电箱时，应按不同教室分设插座支路，其照明支路配电范围不宜超过三个教室。幼儿活动场所不宜安装配电箱、控制箱等电气装置；当不能避免时，应采取安全措施，装置底部距地面高度不得低于1.8m。

(2) 教室配电箱应预留供多媒体教学用的电源，并应将管线预留至讲台。

(3) 语言、计算机教室学生课桌应每座设置电源插座，宜与课桌一体化设计。

(4) 普通教室前后墙及内隔墙上应设置多组单相2孔和3孔安全型电源插座，插座间距可按2~3m布置。

(5) 设有吊扇的教室，吊扇叶片不应遮挡教室照明灯具。

11. 中小学实验室配电技术要求。

(1) 教师讲台处宜设实验室配电箱总开关的紧急停电按钮。

(2) 应为教师演示台、学生实验桌提供交流单相220V电源插座，物理实验室教师讲桌处应设三相380V电源插座。

(3) 科学教室、化学实验室、物理实验室应设直流电源接线条件。

(4) 化学实验桌设置机械排风时，排风机应设专用电源，其控制开关宜设在教师实验桌内。

12. 生物安全实验室配电技术要求。

(1) 生物安全实验室应设专用配电箱。

(2) 三级和四级生物安全实验室的专用配电箱应设在该实验室的防护区外。

(3) 生物安全实验室内应设置足够数量的固定电源插座，避免多台设备共用一个电源插座。重要设备应单独回路配电，且应设置剩余电流保护装置。

(4) 管线密封措施应满足生物安全实验室严密性要求。三级和四级生物安全实验室配电管线应采用金属管敷设，穿过墙和楼板的电线管应加套管或采用专用电缆穿墙装置，套管内用不收缩、不燃材料密封。

13. 特殊学校配电技术要求。

(1) 特殊教育学校的照明、动力电源插座、开关的选型和安装应保证视力残疾学生使用安全。

(2) 特殊教育学校的各种教室、实验室的进门处宜装设进门指示灯或语音提示及多媒体显示系统。

(3) 聋生教室每个课桌上均应设置助听设备的电源插座。

(4) 康体训练用房的用电应设专用回路，并采用剩余电流动作保护器。

11.7.8　教育建筑智能化系统要求。

1. 教学管理系统宜具有教务公共信息、学籍管理、师资管理、智能排课、教学计划管理、数字化教学管理、学生成绩管理、教学仪器和设备管理等功能。

2. 科研管理系统宜具有对各类科研项目、合同、经费、计划和成果等进行管理的功能。

3. 办公管理系统宜具有对各部门、各单位的各类通知、计划、资料、文件、档案等进行办公信息管理的功能。

4. 学习管理系统宜具有考试管理、选课管理、教材管理、教学质量评价体系、毕业生管理、招生管理以及综合信息查询等功能。

5. 物业运行管理系统应结合学校的管理要求，对采暖、水、供电等相关设备的运行和维护进行管理，并提供日常收费、查询等附加功能；校园资源管理系统宜具有电子地图、实时查询、虚拟场景模拟和规划管理等功能。

6. 信息接入系统应将校园外部的公共信息网和教育信息专网引入校园内。

7. 信息网络系统应满足数字化多媒体教学、学校办公和管理的需求。

8. 会议室、报告厅等场所应配置会议系统。

9. 学校的校门口处、教学楼等应配置信息导引及发布系统，信息导引及发布系统应与学校信息发布网络管理和学校有线电视系统互联。

10. 教育建筑防护周界、监视区、防护区、禁区的范围宜包括下列设防区域或部位。

(1) 周界：建筑物周界、建筑物地面层和顶层的外墙、广场等。

(2) 出入口：校园出入口、建筑物出入口、重要区域或部位的出入口、停车库（场）出入口等。

(3) 通道：建筑物内主要通道、门厅、各楼层主要通道、各楼层电梯厅、楼梯等。

(4) 人员密集区域：会堂、体育馆、多功能厅、宿舍、食堂、广场等。

(5) 重要部位：重要的实验室、办公室、档案室及库房、财务室、信息机房、建筑设备监控室、安全技术防范控制系统控制室等。

11. 生物安全实验室通信网络设计要求。

(1) 三级和四级生物安全实验室防护区内应设置必要的通信设备。

(2) 三级和四级生物安全实验室内与实验室外应有内部电话或对讲系统。安装对讲系统时，宜采用向内通话受控、向外通话非受控的选择性通话方式。

12. 电子监考系统设计要求。

(1) 电子监考系统可用于电子监考、教学评估、校园安防、示范课观看和直播、远程观摩听课等，是集网络技术、音频技术和视频压缩技术为一体的现代教学监督管理系统。

（2）电子监考系统应具有多考点的实时录像与监控、硬盘录像、多路存储、高安全性、强保密性、图像清晰、事后查询、稳定可靠等特点。

（3）电子监考系统应基于标准 TCP/IP 网络协议，采用 MPEG4 视频压缩技术，采用实时数据流加密算法，保证存储的文件只能由特定软件打开回放和编辑修改，避免第三方软件的非法阅读和篡改，确保资料的真实性、可靠性、权威性。采取分级授权方式保护系统设置，防止无授权者进入或修改系统。设置防火墙保证数据安全方式。

（4）电子监考系统应采用 MPEG4 视频压缩技术，保证图像的清晰度和数据的存储。

13. 生物安全实验室建筑设备监控系统设计要求。

（1）空调净化自动控制系统应能保证各房间之间定向流动方向的正确及压差的稳定。

（2）三级和四级生物安全实验室的自控系统应具有压力梯度、温湿度、联锁控制、报警等参数的历史数据存储显示功能，自控系统控制箱应设于防护区外。

（3）三级和四级生物安全实验室自控系统报警信号应分为重要参数报警和一般参数报警。重要参数报警应为声光报警和显示报警，一般参数报警应为显示报警。三级和四级生物安全实验室应在主实验室内设置紧急报警按钮。

（4）三级和四级生物安全实验室应在有负压控制要求的房间入口的显著位置，安装显示房间负压状况的压力显示装置。

（5）三级和四级生物安全实验室防护区的送风机和排风机应设置保护装置，并应将保护装置报警信号接入控制系统。

（6）三级和四级生物安全实验室防护区的送风机和排风机宜设置风压差检测装置，当压差低于正常值时发出声光报警。

（7）三级和四级生物安全实验室防护区应设送排风系统正常运转的标志，当排风系统运转不正常时应能报警。备用排风机组应能自动投入运行，同时应发出报警信号。

（8）三级和四级生物安全实验室防护区的送风和排风系统必须可靠联锁，排风先于送风开启、后于送风关闭。

（9）当空调机组设置电加热装置时应设置送风机有风检测装置，并在电加热段设置监测温度的传感器，有风信号及温度信号应与电加热联锁。

（10）三级和四级生物安全实验室的空调通风设备应能自动和手动控制，应急手动应有优先控制权，且应具备硬件联锁功能。

（11）三级和四级生物安全实验室应设置监测送风、排风高效过滤器阻力的压差传感器。

（12）在空调通风系统未运行时，防护区送风、排风管上的密闭阀应处于常闭状态。

14. 生物安全实验室的安全技术防范系统设计要求。

（1）四级生物安全实验室的建筑周围应设置安防系统。三级和四级生物安全实验室应设门禁控制系统。

（2）三级和四级生物安全实验室防护区内的缓冲间、化学淋浴间等房间的门应采取互锁措施。

（3）三级和四级生物安全实验室应在互锁门附近设置紧急手动解除互锁开关。中控系统应具有解除所有门或指定门互锁的功能。

（4）三级和四级生物安全实验室应设闭路电视监视系统。

（5）生物安全实验室的关键部位应设置监视器，需要时，可实时监视并录制生物安全实验室活动情况和生物安全实验室周围情况。监视设备应有足够的分辨率，影像存储介质应有足够的数据存储容量。

15. 托儿所、幼儿园安全技术防范系统设计。

（1）幼儿园园区大门、建筑物出入口、楼梯间、走廊等应设置视频安防监控系统。

（2）幼儿园周界宜设置入侵报警系统、电子巡查系统。

（3）厨房、重要机房宜设置入侵报警系统。

（4）应设置火灾自动报警系统。

16. 多媒体现代教学系统设计要求。

（1）能实现主播室与远端教室进行实时双向交互（含音频、视频、文字等），包括实时情景教学系统音视频交互系统和 BBS 文字交互系统。

（2）能把主播室计算机屏幕操作、电子白板信息及时传到远端。在主播教室，学生可以在教师授权下，一起在白板上写字、画图或粘贴等，并可以传给其他学生。

（3）要求系统传输质量较好，图像连续，与声音同步，时延较小。

（4）教学点可用音频或文字的方式提问。

（5）支持多种网络传输方式。教学系统能够支持局域网、互联网、VPN 虚拟专用网、卫星网等。

（6）能远程辅导计算机程序操作，教师可以把自己机器上的应用程序共享给某个学生，教师也可以遥控学生的机器，共同操作学生的程序。

（7）有严格的权限管理功能，可以对教师、学生上课的权限进行控制，通过管理者程序来设定用户和教师的权限。

（8）能实时录制课件，教师上课的一切操作都被录制下来，形成一个可流式点播的课件，课件可以通过系统自带的播放器进行播放。

17. 中小学校广播系统的设计。

（1）教学用房、教学辅助用房和操场应根据使用需要，分别设置广播支路和扬声器。室内扬声器安装高度不应低于 2.40m。

（2）播音系统中兼作播送作息音响信号的扬声器应设置在走道及其他场所。

（3）广播线路敷设宜暗敷设。

（4）广播室内应设置广播线路接线箱，接线箱宜暗装，并预留与广播扩音设备控制盘连接线的穿线暗管。

（5）广播扩音设备的电源侧，应设置电源切断装置。

评　　注

教育建筑是人们为了达到特定的教育目的而建设的教育活动场所，一般包括：教室、活动室（场）、实验室、办公室、食堂、机电设备间、卫生间、库房等辅助用房等。教育建筑的电气设计，应根据不同教育场所和学员特点、规模和使用要求，贯彻执行国家关于学校建设的法规，并应符合国家规定的办学标准，响应国家关于建设绿色学校的倡导，适应国家教育事业的发展，满足学校正常教育教学活动的需要，为学生和教职工提供安全、健康条件良好的环境，满足用电和信息化需求，确保学生和教职工安全。

教育建筑供配电系统要根据建筑规模和等级、管理模式和业务需求进行配置，既要满足近期使用要求，又要兼顾未来发展的需要，要根据学员特点和不同场所的要求，满足学校正常教育教学活动对电能的需要，为教学、科研、办公和学习创造良好的光环境，确保学生和教职工安全。

教育建筑智能化系统要根据建筑规模和等级、管理模式和教学业务需求进行配置，需统筹系统的性质、管理部门等诸多因素，适应教学、科研、管理以及学生生活等信息化应用的发展，为学校管理和教育教学、科研、办公及师生提供有效、可靠的接收、交换、传输、存储、检索和显示处理等各类信息资源的服务。

11.8 商业建筑

11.8.1 商业建筑分级见表 11-8-1。

表 11-8-1 商业建筑分级

规模	小型	中型	大型
总建筑面积/m^2	<5000	5000~20000	>20000

11.8.2 商业建筑负荷分级见表 11-8-2。

表 11-8-2 商业建筑负荷分级

商业建筑规模	用电负荷名称	负荷级别
大型商业建筑	经营管理用计算机系统用电	一级负荷中特别重要负荷
	应急照明、信息网络系统、电子信息系统、走道照明、值班照明、警卫照明、客梯、公共安全系统用电	一级
	营业厅的照明、自动扶梯、空调和锅炉用电、冷冻(藏)系统	二级
中型商业建筑	经营管理用计算机系统用电	一级
	应急照明、信息网络系统、电子信息系统、走道照明、值班照明、警卫照明、客梯、公共安全系统用电	二级
小型商业建筑	经营管理用计算机系统用电、应急照明、信息网络系统、电子信息系统、值班照明、警卫照明、客梯、公共安全系统用电	二级
高档商品专业店	经营管理用计算机系统用电、应急照明、信息网络系统、电子信息系统、值班照明、警卫照明、客梯、公共安全系统用电	一级

11.8.3 商业建筑单位建筑面积用电指标见表 11-8-3。

表 11-8-3 商业建筑单位建筑面积用电指标

商店建筑名称		用电指标/(W/m^2)	
购物中心、超级市场、百货商场	大型购物中心、超级市场、高档百货商场	100~200	
	中型购物中心、超级市场、百货商场	60~150	
	小型超级市场、百货商场	40~100	
	家电卖场	100~150(含空调冷源负荷)	60~100(不含空调主机综合负荷)
	零售	60~100(含空调冷源负荷)	40~80(不含空调主机综合负荷)

（续）

商店建筑名称		用电指标/(W/m²)
步行商业街	餐饮	100~250
	精品服饰、日用百货	80~120
专业店	高档商品专业店	80~150
	一般商品专业店	40~80
商业服务网点		100~150（含空调负荷）
菜市场		10~20

注：1. 表中所列用电指标中的上限值是按空调冷水机组采用电动压缩式机组时的数值，当空调冷水机组选用吸收式制冷设备（或直燃机）时，用电指标可降低25~35V·A。

2. 商业服务网点中，每个银行网点容量不应小于10kW（含空调负荷）。

11.8.4 商业建筑用电需求估算见表11-8-4。

表11-8-4 商业建筑用电需求估算

建筑名称	百货店、购物中心	超级市场	餐饮	专业店、专卖店
用电指标/(W/m²)	150~250	150~600	200~1000	100~300

11.8.5 商业建筑供电措施

1. 商业建筑的供电方式应根据用电负荷等级和商业建筑规模及业态确定。

2. 用电设备容量在100 kW及以下的小型商业建筑供电可直接接入市政0.23/0.4kV低压电网。

3. 安装容量大于200kW的营业区配电宜设置配电间。

4. 商业建筑低压配电系统的设计应根据商店建筑的业态、规模、容量及可能的发展等因素综合确定。

5. 不同业态的低压用电负荷，其低压配电电源应引自本业态配电系统。

6. 低压配电系统宜按防火分区、功能分区及不同业态配电。

7. 商业建筑中不同负荷等级的负荷，其配电系统应相对独立。

8. 供电干线（管）应设置在公共空间内，不应穿越不同商铺。

9. 商业建筑中重要负荷、大容量负荷和公共设施用电设备宜采用由配变电所放射式配电；非重要负荷配电容量较小时可采用链式配电方式。

10. 商铺宜设置配电箱，配电容量较小的商铺可采用链式配电方式，同一回路链接的配电箱数量不宜超过5个，且链接回路电流不应超过40A。

11. 商业建筑内出租或专卖店等独立经营或分割的商铺空间，应设独立配电箱，并根据计量要求加装计量装置。

12. 超级市场、菜市场中水产区高于交流50V的电气设备应设置在2区以外，防护等级不应低于IPX2。

11.8.6 商业建筑光源选择要求

1. 选择光源的色温和显色指数（*Ra*）应符合下列规定：

(1) 商业建筑主要光源的色温，在高照度处宜采用高色温光源，低照度处宜采用低色温光源。

(2) 按需反映商品颜色的真实性来确定显色指数 Ra，一般商品 Ra 可取 60~80，需高保真反映颜色的商品 Ra 宜大于 80。

(3) 当一种光源不能满足光色要求时，可采用两种及以上光源混光的复合色。

2. 对防止变、褪色要求较高的商品（如丝绸、文物、字画等）应采用截阻红外线和紫外线的光源。

11.8.7 营业厅的照明要求。

1. 营业厅应着重注意视觉环境，统一协调好照度水平、亮度分布、阴影、眩光、光色与照度稳定性等问题，应合理选择光色比例、色温和照度。

2. 营业厅照明宜由一般照明、专用照明和重点照明组合而成。不宜把装饰商品用的照明兼作一般照明。

3. 营业厅一般照明应满足水平照度要求，且对布艺、服装以及货架上的商品则应确定垂直面上的照度；但对采用自带分层 LED 照明的货架的区域，其一般照明可执行走道的照度要求。对于玻璃器皿、宝石、贵金属等类陈列柜台，应采用高亮度光源；对于布艺、服装、化妆品等柜台，宜采用高显色性光源；由一般照明和局部照明所产生的照度不宜低于 500lx。

4. 重点照明的照度宜为一般照明照度的 3~5 倍，柜台内照明的照度宜为一般照明照度的 2~3 倍。

5. 橱窗照明宜采用带有遮光隔栅或漫射型灯具。当采用带有遮光隔栅的灯具安装在橱窗顶部距地高度大于 3m 时，灯具的遮光角不宜小于 30°；当安装高度低于 3m 时，灯具遮光角宜为 45°以上。

6. 室外橱窗照明的设置应避免出现镜像，陈列品的亮度应大于室外景物亮度的 10%。展览橱窗的照度宜为营业厅照度的 2~4 倍。

7. 大营业厅照明不宜采用分散控制方式。

8. 对贵重物品的营业厅宜设值班照明和备用照明。

9. 照度和亮度分布。

(1) 一般照明的均匀度（工作面上最低照度与平均照度之比）不应低于 0.6。

(2) 顶棚的照度应为水平照度的 0.3~0.9。

(3) 墙面的照度应为水平照度的 0.5~0.8。

(4) 墙面的亮度不应大于工作区的亮度。

(5) 视觉作业亮度与其相邻环境的亮度比宜为 3:1。

(6) 在需要提高亮度对比或增加阴影的地方可装设局部定向照明。

(7) 商业内的修理柜台宜设局部照明，橱窗照明的照度宜为营业厅照度的 2~4 倍。

11.8.8 仓储部分的照明要求。

1. 大件商品库照度为 50lx，一般件商品库照度为 100lx，卸货区照度为 200lx，精细商品库照度为 300lx。

2. 库房内灯具宜布置在货架间，并按需要设局部照明。

3. 库房内照明宜在配电箱内集中控制。

11.8.9 应急照明要求

1. 商业照明设计中为确保人身和运营安全，应注意应急照明的设置。重要商品区、重要机房、变电所及消防控制室等场所应按规范的照度要求设置足够备用照明。在出入口和疏散通道上设置必要的疏散照明。

2. 总建筑面积超过 $5000m^2$ 的地上商业、展销楼，总建筑面积超过 $500m^2$ 的地下、半地下商业，应在其内疏散走道和主要疏散线路的空间设应急照明；在地面或靠近地面的墙上增设能保持视觉连续的灯光疏散指示标志或蓄光疏散指示标志。

3. 当商业一般照明采用双电源（回路）交叉供电时，一般照明可兼作备用照明。

4. 应急照明和疏散指示标志，除采用双电源自动切换供电外，还应采用蓄电池作应急电源。

5. 消防疏散指示标志设置。

(1) 安全出口及疏散出口应设置电光源型疏散指示标志。

(2) 商业营业厅疏散通道上应设置电光源型疏散指示标志，通道地面应设置保持视觉连续的光致发光辅助疏散指示标志。

(3) 电光源型疏散指示标志可采用消防控制室集中控制或分散式控制。

6. 灯光疏散指示标志。

(1) 营业厅内采用悬挂设置疏散指示标志时，疏散指示标志的间距不应大于 20m；当营业厅净高高度大于 4.0m 时，标志下边缘距地不应大于 3.0m，当营业厅净高高度小于 4.0m 时，标志下边缘距地不应大于 2.5m；室内的广告牌、装饰物等不应遮挡疏散指示标志；疏散指示标志的指示方向应指向最近的安全出口。

(2) 沿疏散走道设置的灯光疏散指示标志，应设置在疏散走道及其转角处距地面高度 1.0m 以下的墙面上，且灯光疏散指示标志间距不应大于 20.0m；对于袋形走道，不应大于 10.0m；在走道转角区，不应大于 1.0m。

7. 配电箱位置要求。

(1) 配电箱应不宜影响通行，周围应无障碍物品堆放，且应便于管理和维护。

(2) 配电箱不应直接安装在可燃材料上，且不应设置于母婴室、卫生间和试衣间等私密场所。

(3) 营业区照明配电箱内除正常设置配电回路外，尚应留有不低于 20%的备用回路。

(4) 不同商户或不同销售部门应分别计量。

(5) 用于空调机组、风机和水泵的配电（控制）箱宜设于其机房内，并宜设置在便于观察、操作和维护处。当无机房时，应有防止接触带电体的措施。

11.8.10 电缆电线类型的选择与敷设

1. 大、中型商业建筑应采用阻燃低烟无卤交联绝缘电力电缆、电线或无烟无卤电力电缆、电线。明敷导线应采用低烟无卤型；小型商业建筑宜采用低烟无卤型。

2. 商业建筑公共部位敷设的供电干线电缆应选用低烟、低毒的阻燃电缆。

3. 配电线路不得穿越通风管道内腔或敷设在通风管道外壁上。

4. 配电线路敷设在有可燃物的闷顶内时，应采取穿金属管等防火保护措施；敷设在有可燃物的吊顶内时，宜采取穿金属管、采用封闭式金属槽盒等防火保护措施。

5. 开关、插座和照明灯具靠近可燃物时，应采取隔热、散热等防火保护措施。

6. 在电线、电缆敷设时，电缆井道应采取有效的防火封堵和分隔措施。

7. 电力电线、电缆与非电力电线、电缆宜分开敷设，如确需在同一电缆桥架内敷设时，宜采取分隔措施。

8. 电线、电缆在吊顶或地板内敷设时，宜采用金属管、金属槽盒或金属托盘敷设。

9. 矿物绝缘电缆可采用支架或沿墙明敷。

11.8.11 电气设备选择。

1. 电气设备的配电应具备过载和短路保护功能，营业区有接触电击危险的电气设备尚应设置剩余电流保护或采用安全特低电压供电方式。

2. 营业区内应选用安全型插座，不同电压等级的插座，应采用相应电压等级的插头。

3. 营业区内接插电源有电击危险或需频繁开关的电气设备，其插座应具备断开电源功能。

4. 单台设备功率较大的电气设备，应选择满足其额定电流要求的插座。当插座不能满足其额定电流要求时，宜就近设置配电箱或采用工业接插件，不宜使用电源转换器。

5. 儿童活动区不宜设置电源插座。当有设置要求时，插座距地安装高度不应低于1.8m，且应选用安全型插座。

6. 商店建筑的收银台使用的插座应采用专用配电回路。

7. 营业区内用电设备数量多且集中的区域，宜分类或分区设置电源插座箱。

11.8.12 智能化的要求。

1. 信息化应用系统的配置应满足商店建筑业务运行和物业管理的信息化应用需求。系统宜包括：经理办公与决策、商业经营指导、贷款与财务管理、合同与储运管理、商品价格系统、商品积压与仓库管理、人力调配与工资管理、信息与表格制作、银行对账管理等。

2. 信息接入系统宜将各类公共通信网引入建筑内。

3. 公共活动区域和供顾客休闲场所等处应配置宽带无线接入网。经营业务信息网络系统宜独立设置。

4. 公共区域宜配置信息发布显示屏，大厅及公共场所宜配置信息查询导引显示终端。

5. 大型商店建筑应设置公共建筑能耗监测系统。

6. 商店的收银台、贵重商品销售处等应设置摄像机。

7. 财务处、贵重商品库房等应设出入口控制系统和入侵报警系统。

8. 商业区与办公管理区之间宜设出入口控制系统。

9. 大型商店建筑应设应急响应系统，中型商店建筑宜设应急响应系统。

10. 宜在各个出入口设置门禁系统供商场建筑非营业时使用。

11. 商店建筑营业区、仓储区、出入口、步行商业街沿街道路、停车场、室内主要通道等处均应设置巡更点。

12. 大型和中型商业建筑的大厅、休息厅、总服务台等公共部位，应设置公用直线电话和内线电话，并应设置无障碍公用电话；小型商业建筑的服务台宜设置公用直线电话。

13. 大型和中型商业建筑的商业区、仓储区、办公业务用房等处，宜设置商业管理或电信业务运营商宽带无线接入网。

14. 商业建筑综合布线系统的配线器件与缆线，应满足千兆及以上以太网信息传输的要求，每个工作区应根据业务需要设置相应的信息端口。

15. 大型和中型商业建筑应设置电信业务运营商移动通信覆盖系统，以及商业管理无线对讲通信覆盖系统。

16. 大型和中型商业建筑应在建筑物室外和室内的公共场所设置信息发布系统。销售电视机的营业厅宜设置有线电视信号接口。大型和中型商业建筑的营业区应设置背景音乐广播系统，并应受火灾自动报警系统的联动控制。

17. 大型和中型商业建筑应按区域和业态设置建筑能耗监测管理系统。大型和中型商业建筑宜设置智能卡应用系统，并宜与商业信息管理系统联网。

18. 大型和中型商业建筑宜设置顾客人数统计系统，并宜与商业信息管理系统联网。

19. 大型和中型商业建筑宜设置商业信息管理系统，并应根据商业规模和管理模式设置前台、后台系统管理软件。

20. 大、中型商店建筑宜配置智能化系统设备专用网络和商业经营专用网络。

21. 大、中型商店建筑的公共广播系统宜采用基于网络的数字广播，可实现分区呼叫、播音与控制。当发生火灾报警时，可实现消防应急广播信号强切功能。

22. 商店的收银台应设置视频安防监控系统。面积超过 1000m^2 的营业厅宜设置视频安防监控系统。

23. 视频数据存储周期不应少于 30 天，财务管理、收银台和高档商品经营等重要区域尚宜另配独立的物理存储设备。

24. 布置在大、中型商店建筑主出入口和楼梯前室的摄像机宜具有客流统计功能。

25. 下列场所应设置摄像机：

（1）大、中型商店建筑应监视出入口、道路和广场、停车库、服务台、收银台、仓储区域、贵重物品用房、财务管理用房、高档商品营业区域、设备机房、通道、楼梯间、电梯间和前室等部位和场所。

（2）垂直电梯轿厢内及扶梯宜设摄像机。

评　　注

商店建筑是供商品交换和商品流通的建筑。商店建筑通常包括：营业厅、超市（仓储）、库房、办公等辅助用房。商店建筑电气设计应根据建筑规模及顾客和销售不同要求，与商业模式相结合，本着最大限度地便利顾客、方便消费者购物、适应商业业态发展的原则，合理确定电气系统，满足区域性与时代性的要求，创造宜人的购物环境，商业建筑属于人员和商品密集的场所，应设置必要的安全措施，避免突发事件造成的生命和财产损失。

商店建筑应根据规模及其负荷性质、用电容量以及当地供电条件等，确定供配电系统设计方案，并应具备可扩充性。设置配变电所时，应考虑建筑功能和零售业态布局。大型超级市场应设置自备电源。应根据建筑功能、零售业态、销售商品和环境条件等确定照度值、显色性和均匀度。

商店建筑智能化的设计应满足业态经营、建筑功能和物业管理的需求，信息化应用系统的配置应满足商店建筑业务运行和物业管理的信息化应用需求，信息接入系统应满足商店建筑物内各类用户对信息通信的需求，建筑设备管理系统应建立对各类机电设备系统运行监控、信息共享功能的集成平台，并应满足零售业态和物业运维管理的需求，商店的收银台应设置视频安防监控系统。

11.9 旅馆建筑

11.9.1 旅馆建筑分级。

旅馆建筑等级分为一级、二级、三级、四级、五级、六级。国家旅游涉外饭店星级标准分为五星、四星、三星、二星、一星。

11.9.2 旅馆建筑负荷等级见表 11-9-1。

表 11-9-1 旅馆建筑负荷等级

用电负荷名称	旅馆等级		
	一、二星级	三星级	四、五星级
经营及设备管理用计算机系统用电	二级负荷	一级负荷	一级负荷中特别重要负荷
宴会厅、餐厅、厨房、门厅、高级套房及主要通道等场所的照明用电，信息网络系统、通信系统、广播系统、有线电视及卫星电视接收系统、信息引导及发布系统、时钟系统及公共安全系统用电，乘客电梯、排污泵、生活水泵用电	三级负荷	二级负荷	一级负荷
客房、空调、厨房、洗衣房动力	三级负荷	三级负荷	二级负荷
除上栏所述之外的其他用电设备	三级负荷	三级负荷	三级负荷

注：1. 国宾馆主会场、接见厅、宴会厅照明，电声、录像、计算机系统用电等属于一级负荷中的特别重要负荷。国宾馆客梯、总值班室、会议室、主要办公室、档案室等用电属于一级负荷。

2. 四级旅馆建筑宜设自备电源，五级旅馆建筑应设自备电源，其容量应能满足实际运行负荷的需求。三级旅馆建筑的前台计算机、收银机的供电电源宜设备用电源；四级及以上旅馆建筑的前台计算机、收银机的供电电源应设备用电源，并应设置不间断电源（UPS）。

11.9.3 市政电源、应急电源与自备电源设计。

1. 五星级酒店一般要求提供两路独立的市政高压电源，当其中一路电源中断供电时，另外一路能够承担酒店 100%的负荷用电。变压器单位装机容量在 80~120V·A/m^2，负载率在 70% ~75%。一般照明插座负荷约占 30%，空调负荷占 40%~50%，电力负荷占 20%~30%。

2. 如果市政条件不具备两路独立的高压市政电源，则需要考虑发电机电源作为一、二级负荷的第二路电源，柴油发电机容量一般可以按照计算负荷 70%~75%的用电容量进行选型。柴油发电机组的供电时间，一般为 48h，需要考虑设置室外储油罐，或预留室外加油口。

3. 旅馆建筑设置的自备发电机组。在消防状态时，应能通过分断消防与非消防配电母线段开关，将非消防负荷自动退出运行。柴油发动机宜采用风冷方式，单台容量不宜大于 1600kW，柴油发电机组的负载率不应超过 80%。

4. 四级旅馆建筑宜设自备电源，五级旅馆建筑应设自备电源，其容量应能满足实际运行负荷的要求。

5. 应急电源与自备电源的选择和转换时间应符合国家标准和酒店管理公司的要求，有些酒店品牌要求 10s 内完成启动。

6. 选择应急柴油发电机组兼做自备电源系统时，除应满足对消防负荷供电要求外，尚可考虑将非消防时不可中断供电负荷接入系统，其发电机容量应按照满足消防用电设备及应急照明的用电负荷和酒店管理公司提出的酒店运行不允许中断供电的用电负荷中较大者设置。

7. 装设于酒店建筑内的发电机应配套日用油箱，总储油量不应超过 8h 的用油量且不应超过 $1m^3$。当燃油来源及运输不便或酒店管理公司有特殊要求时，宜在建筑主体外设置 40~64h 耗用量的储油装置。

11.9.4 低压配电设计。

1. 应将照明、电力、消防及其他防灾用电负荷分别形成系统。

2. 应急照明及疏散指示系统设置集中 EPS 电源。

3. 消防控制室、安防控制室、经营及设备管理用计算机系统设置 UPS 电源。

4. 对于容量较大的用电负荷或重要用电负荷，宜从配电室以放射式配电。

5. 三级旅馆建筑客房内宜设分配电箱或专用照明支路；四级及以上旅馆建筑客房内应设置分配电箱。

6. 总统套房及残疾人客房通常作为保障负荷，需要柴油发电机组提供备用电源。

7. 应根据实际情况在旅馆可能开展大型活动的场所适当位置预留足够的临时性用电条件。

8. 客房区单独设置配电干线及总配电箱。公共区域单独设置配电干线及公共区配电箱。

9. 大堂区域单独设置配电箱，设置在前台后区。

10. 高层酒店标准客房采用双密集型母线错层树干式供电，并在非供电层预留插接口。

11. 高星级酒店应放射式配电到各个客房配电箱。

12. 客房部分的总配电箱不得安装在走道、电梯厅和客人易到达的场所。

13. 当客房内的配电箱安装在衣橱内时，应做好安全防护处理。

14. 在有大量调光设备和存在大量电子开关设备的配电系统中，应考虑谐波的影响，并采取相应的措施。

15. 客房内“请勿打扰”灯、不间断电源供电插座、客用保险箱、迷你冰箱、床头闹钟不受节能钥匙卡控制。

16. 单独设置的不由插卡取电控制的不间断供电的插座，应有明显标识。

17. 客房设置联网型空调控制系统。客房内宜设有在客人离开房间后使风机盘管处于低速运行的节能措施。

18. 在残疾人客房及残疾人卫生间内应设有紧急求助按钮，呼救的声光信号应能在有人值守或经常有人活动的区域显示。

19. 三级旅馆建筑的客房宜设置节电开关；四级及以上旅馆建筑的客房应设置节电开关。

20. 客房应设置节电开关，客房内的冰箱、充电器、传真等用电不应受节电开关控制。

21. 客房床头宜设置总控开关。

11.9.5 电能计量。

1. 根据用途、业态、运行管理及相关专业要求设置电能计量。

2. 项目通常采用高压计量，双路高压电源分别设计量柜，与项目所在地供电局明确变电室低压是否设置电力子表。

3. 变电室各低压出线回路配置智能电力仪表，用以监测各用电回路的用电参数（如客房层、宴会厅/宴会前厅、会议区、多功能厅、游泳池循环系统、电梯/自动扶梯、锅炉房、空调换热机组、洗衣房、制冷机房、生活冷热水系统、室外景观、泛光照明等在低压配电柜设计量表）。

4. 商务中心、餐厅、酒吧、厨房、精品店、水疗中心、健身房、游泳池、大堂、大堂吧、咖啡厅等区域在区域配电箱处设计量表；便于独立分包经营电费核算。

5. 所有计量表宜预留远传接口。上传至能源管理系统并实时采集能耗数据，进行能耗监测，利于分析建筑物各项能耗水平和能耗结构是否合理，为日后节能管理和决策提供依据。

6. 对长租客房设计分户计量。

11.9.6 照明设计。

1. 大堂照明应提高垂直照度，采用不同配光形式的灯具组合形成具有较高环境亮度的整体照明。并宜随室内照度的变化而调节灯光或采用分路控制方式，以适应室内照度受天然光线影响的变化。门厅休息区照明应满足客人阅读报刊所需要的照度。

2. 大宴会厅照明宜采用调光方式，同时宜设置小型演出用的可自由升降的灯光吊杆，灯光控制宜在厅内和灯光控制室两地操作。应根据彩色电视转播的要求预留电容量。

3. 设有红外无线同声传译系统的多功能厅的照明采用热辐射光源时，其照度不宜大于 5001x。

4. 客房照明应防止不舒适眩光和光幕反射，设置在写字台上的灯具应具备合适的遮光角，其亮度不应大于 510cd/m^2；客房床头照明宜采用调光方式。根据实际情况确定是否要设置客房夜灯，夜灯一般设在床头柜或入口通道的侧墙上，夜灯表面亮度一定要低。

5. 三级及以上旅馆建筑客房照明宜根据功能采用局部照明，走道、门厅、餐厅、宴会厅、电梯厅等公共场所应设供清扫设备使用的插座；客房穿衣镜和卫生间内化妆镜的照明灯具应安装在视野立体角 60°以外，灯具亮度不宜大于 2100cd/m^2。卫生间照明、排风机的控制宜设在卫生间门外。客房壁柜内设置的照明灯具应带有不燃材料的防护罩。

6. 餐厅的照明首先要配合餐饮种类和建筑装修风格，形成相得益彰的效果。其次，应充分考虑显示食物的颜色和质感；中餐厅（200lx）照度高于西餐厅（100lx）。中餐厅直布置均匀的顶光，小餐厅或有固定隔断的就餐区域宜按餐桌的位置布置照明灯具。西餐厅一般不注重照明的均匀度，灯具布置应突出体现其独特的韵味。

7. 在对照明有较高要求的场所，包括但不限于宴会厅、餐厅、大堂、客房、夜景照明等，宜设置智能照明控制系统，宜在大堂、餐厅、宴会厅等处设置不同的照明场景。饭店的公共大厅、门厅、休息厅、大楼梯厅、公共走道、客房层走道以及室外庭园等场所的照明，宜在总服务台或相应层服务台处进行集中控制，客房层走道照明亦可就地控制。

8. 四级以上旅馆应在客房内设置独立于客房配电系统的能在消防状态下强制点亮的应急照明，电源取自应急供电回路。

9. 设置有智能照明控制系统的应急照明配电系统应具有在消防状态下，消防信号优先控制应急照明强制点亮的功能。

10. 工程部办公室、收银台、重要的非消防设备机房等当正常供电中断时仍需工作的场所宜考虑设置不低于正常照度50%的备用照明。

11. 智能照明控制系统应具有开放的通信协议，可作为建筑设备管理系统的一个子系统。

12. 对于建筑疏散通道比较复杂的旅馆宜设置集中控制型疏散指示系统。

13. 带有洗浴功能的卫生间或者浴室、游泳池、喷水池、戏水池、喷泉等均应设置辅助等电位保护措施。

14. 安装于水下的照明灯具及其他用电设备应采用安全电压供电并有防止人身触电的措施。

15. 安装质量较大的吊灯的位置应在结构板内预留吊钩，安装于高大空间的灯具应考虑更换、维护条件。

16. 照明控制要求见表 11-9-2。

表 11-9-2 照明控制要求

房间或场所	控制方式	与其他系统接口	备注
应急照明及疏散指示	应急照明及疏散指示系统主机集中控制	与消防联动有通信接口	
地下车库的一般照明、客房走道、后勤走道、电梯厅、景观照明、泛光照明、酒店 LOGO 等	智能照明控制系统控制	具备纳入智能化系统集成平台的通信接口、预留 BA 接口	非面客区墙面设智能照明控制器
酒店大堂、大堂吧、酒吧、宴会厅、餐厅等	智能照明调光系统控制		
小型会议室、卫生间、服务用房、后勤办公室、厨房、机电设备机房	现场墙面开关手动控制		
客房	就地智能面板控制及 RCU 控制		
楼梯间	采用红外感应控制		

11.9.7 旅馆建筑智能化系统要求

1. 信息化应用系统的配置应满足旅馆建筑业务运行和物业管理的信息化应用需求。旅馆经营业务信息网络系统宜独立设置。客房内应配置互联网的信息端口，并宜提供无线接入。公共区域、会议室、餐饮和供宾客休闲的场所等应提供无线接入。旅馆的公共区域、各楼层电梯厅等场所宜配置信息发布显示终端。旅馆的大厅、公共场所宜配置信息查询导引显示终端，并应满足无障碍的要求。智能卡应用系统应与旅馆信息管理系统联网。

2. 餐厅、咖啡茶座等公共区域宜配置具有独立音源和控制装置的背景音响。会议中心、中小型会议室等场所宜根据不同使用需要配置相应的会议系统。

3. 残疾人客房内须设置声光报警器和紧急求助按钮。

4. 厨房排烟罩灭火系统，需与自动报警系统、燃气泄漏探测系统及燃气截止阀作联动。

5. 电话总机房内须设置火灾报警复显和消防电话。

6. 消防广播系统与背景音乐系统分开，独立设置一套系统，避免系统合用带来的接线复杂、系统切换故障率较高等问题。

7. 疏散楼梯间每间隔一层设置消防广播扬声器，疏散楼梯间的广播回路不得与其他区域共用回路。

8. 严禁通过消防主机设置消防广播选择按钮。

9. 旅馆建筑宜设置计算机经营管理系统。四级及以上旅馆建筑宜设置客房管理系统。

10. 三级旅馆建筑宜设置公共广播系统，四级及以上旅馆建筑应设置公共广播系统。旅馆建筑应设置有线电视系统，四级及以上旅馆建筑宜设置卫星电视接收系统和自办节目或视频点播（VOD）系统。

11. 酒店管理系统，包含酒店集成管理系统、酒店前台管理系统、酒店客房控制系统、酒店一卡通管理系统、工服自动更换系统、能耗采集分析系统等。

12. 四级及以上旅馆建筑应设置建筑设备监控系统。

13. 旅馆建筑的会议室、多功能厅宜设置电子会议系统，并可根据需要设置同声传译系统。

14. 三级及以上旅馆建筑宜设置自动程控交换机。

15. 每间客房应装设电话和信息网络插座，四级及以上旅馆建筑客房的卫生间应设置电话副机。

16. 旅馆建筑的门厅、餐厅、宴会厅等公共场所及各设备用房值班室应设电话分机。

17. 三级及以上旅馆建筑的大堂会客区、多功能厅、会议室等公共区域宜设置信息无线网络覆盖。

18. 当旅馆建筑室内存在移动通信信号的弱区和盲区时，应设置移动通信信号增强系统。

19. 供残疾人使用的客房和卫生间应设置紧急求助按钮。

20. 旅馆建筑宜设置计算机经营管理系统。四级及以上旅馆建筑宜设置客房管理系统。

21. 三级及以上旅馆建筑客房层走廊应设置视频安防监控摄像机，一级和二级旅馆建筑客房层走廊宜设置视频安防监控摄像机。

22. 重点部位宜设置入侵报警及出入口控制系统。

23. 地下停车场宜设置停车场管理系统。

24. 在安全疏散通道上设置的出入口控制系统应与火灾自动报警系统联动。

25. 宜在客房内设置带有蜂鸣器的消防报警探测器。

26. 残疾人客房内火灾探测器报警后应能启动房间内火灾声音灯光报警装置。

评 注

旅馆建筑是为旅客提供住宿、饮食服务和娱乐活动的公共建筑。一般包括：客房、餐厅、多功能厅、宴会厅、游泳池、健身房、洗衣房、厨房、酒吧间、会议室、大堂、总服务台等场所。旅馆建筑电气设计，应根据旅馆建筑等级、规模特点，以方便客人、保持舒适氛围、管理方便的原则，合理配置变配电系统、智能化照明系统、防雷接地系统、火灾报警等系统，最大限度地满足旅客用电和信息化需求，同时应满足管理人员的需求，对突发事故、自然灾害、恐怖袭击等应有预案，对大堂、客房、餐厅等场所创造安全、舒适的建筑环境。

旅馆强电设计要根据建筑等级、使用功能、建筑标准、设备设施的要求，进行负荷分级，并配置适宜的变配电系统。为避免市电因故障停电而造成旅馆无法继续营业，四、五级旅馆应设自备电源，并在旅馆建筑的前台计算机配备 UPS 电源供电。

旅馆是向客人提供服务的基地。客人在异地旅游时，需要一定的设施和服务以解决食宿等问题，旅馆是满足这些需求的场所。如：客房整洁、实用，备有各种生活用品；餐厅布置考究并有多个风味餐厅；店内设有酒吧、咖啡厅、商店、舞厅、游泳池、健身房等其他设施；旅游者的吃、住、购物、娱乐等需求均可在酒店内得到满足。为确保旅馆正常营业，这些场所必须配备设备电源和通信设施。

旅馆的建筑要根据等级、使用功能、建筑标准配置适宜的智能化系统。通常包括背景音乐兼紧急广播系统、消防报警系统、视频监控系统、巡更系统、停车场管理系统、VOD 多媒体信息服务网络系统、酒店一卡通、门禁系统、建筑设备管理系统、酒店客房管理系统、酒店商务计算机综合管理系统、酒店经营及办公自动化系统、结构化布线系统、通信系统、卫星、有线及闭路电视系统、多媒体商务会议系统等，要满足不同人群包括行动不便人员的使用要求，确保客人安全。

11.10　体育建筑

11.10.1　体育建筑分级

1. 按照使用要求分级。

（1）特级：如奥运会、亚运会等。

（2）甲级：如单项国际比赛、全运会等。

（3）乙级：如单项全国赛事、地区运动会等。

（4）丙级：如地方性、群众性比赛。

（5）其他：如不举行运动会的社区和学校体育建筑。

2. 按照规模分级。

（1）特大型：60000 座以上体育场、10000 座以上体育馆、6000 座以上游泳馆。

（2）中型：20000~40000 座体育场、3000~6000 座体育馆、1500~3000 座游泳馆。

（3）特小型：无固定坐席场馆。

11.10.2　体育建筑负荷分级见表 11-10-1。

表 11-10-1　体育建筑负荷分级

体育建筑等级	负荷等级			
	一级负荷中的特别重要负荷	一级负荷	二级负荷	三级负荷
特级	A	B	C	D+其他
甲级	—	A	B	C+D+其他

（续）

体育建筑等级	负荷等级			
	一级负荷中的特别重要负荷	一级负荷	二级负荷	三级负荷
乙级	—	—	A+B	C+D+其他
丙级	—	—	A+B	C+D+其他
其他	—	—	—	所有负荷

1. 特级体育建筑重大赛事的负荷分级。

A. 包括主席台、贵宾室、接待室、新闻发布厅等照明负荷，应急照明负荷，网络机房、固定通信机房、扩声及广播机房等用电负荷、电台和电视转播及新闻摄影电源、消防和安防用电设备；计时记分、升旗控制系统、现场影像采集及回放系统及其机房用电负荷等。

B. 包括观众席、观众休息厅照明、生活水泵、污水泵、临时医疗站、兴奋剂检查室、血样收集室等用电设备、VIP 办公室、奖牌储存室、运动员、裁判员用房、包厢、建筑设备管理系统用电、售检票系统等用电负荷，大屏幕显示用电、电梯用电、场地信号电源等。

C. 包括普通办公用房、广场照明。

D. 普通库房、景观类用电负荷等。

2. 特级体育建筑中比赛厅（场）的 TV 应急照明负荷应为一级负荷中特别重要的负荷，其他场地照明负荷应为一级负荷；甲级体育建筑中的场地照明负荷应为一级负荷；乙级、丙级体育建筑中的场地照明负荷应为二级负荷。

3. 对于直接影响比赛的空调系统、泳池水处理系统、冰场制冰系统等用电负荷，特级体育建筑的应为一级负荷，甲级体育建筑的应为二级负荷。

4. 除特殊要求外，特级和甲级体育建筑中的广告用电负荷等级不应高于二级。

11.10.3 大型集会与文化活动的负荷分级

1. 演出用电，主席台、贵宾室、接待室、新闻发布厅照明，广场及主要通道的疏散照明，计算机机房、电话机房、广播机房、电台和电视转播及新闻摄影电源，灯光音响控制设备、应急照明、消防和安防用电设备，售检票系统、现场影像采集及回放系统等为特别重要负荷。

2. 包括观众席、观众休息厅照明、生活水泵、污水泵、餐厅、临时医疗站、VIP 办公室、化妆间（运动员、裁判员用房）、包厢、建筑设备管理系统用电，电梯用电等为一级负荷。

3. 包括普通办公用房、配套商业用房、广场照明、大屏幕显示用电为二级负荷。

4. 普通库房、景观类用电负荷等为三级负荷。

11.10.4 供电措施

1. 甲级及以上等级的体育建筑应由双重电源供电，当仅有两路电源供电时，其任一路电源供电的变压器容量应满足本项目全部用电负荷。乙级、丙级体育建筑宜由两回线路电源供电，丁级体育建筑可采用单回线路电源。特级、甲级体育建筑的电源线路宜由不同路由引入。

2. 小型体育场馆当用电设备总容量在100kW以下时，宜采用380V电源供电，除此之外的体育场馆应采用10kV或以上电压等级的电源供电。当体育建筑群进行整体供配电系统供电时，可采用20kV、35kV电压等级的电源供电。当供电电压大于等于35kV时，用户的一级配电电压宜采用10kV。

(1) 特级体育建筑应采用专线供电，甲级体育建筑宜采用专线供电，其他体育建筑在举办重大比赛时应考虑采用专线供电。

(2) 根据体育建筑的使用特征，当任一路电源均可承担全部变压器的供电时，变压器负荷率宜为80%左右；否则不宜高于65%。

(3) 可能举办重大比赛的体育建筑应预留移动式供电设施的安装条件。

(4) 综合运动会开闭幕式用电负荷不宜计入供配电负荷。开闭幕式用电总体特点：临时性用电，负荷容量大（开幕式用电多在5000kW以上）；负荷类型多样，特性不一（声、光、电数字技术的大量应用）；用电点分散，供电距离远；（开幕式一般在体育场举行，用电设施遍布体育场各区）；供电可靠性要求极高（展示形象，具有较大政治意义）。国内曾经举办大型赛会开闭幕式用电负荷统计见表11-10-2。

表11-10-2 国内曾经举办大型赛会开闭幕式用电负荷统计

名 称	总安装负荷/kW	计算负荷/kW	名 称	总安装负荷/kW	计算负荷/kW
2008北京奥运会开幕式	14650	10500	2014年南京青奥会开幕式	11850	8950
2008北京奥运会闭幕式	12150	8829	2017年天津全运会开幕式	7235	5216
2010年广州亚运会开幕式	13250	9560	2019年武汉军运会开幕式	16494	10054
2011年深圳大运会开幕式	7520	5630			

11.10.5 体育建筑部分场所的用电负荷指标见表11-10-3。

表11-10-3 体育建筑部分场所的用电负荷指标

负荷名称	用电负荷指标/(W/m^2)	负荷名称	用电负荷指标/kW
田径场地照明	50~70	电子显示屏(馆)	100/块
足球场地照明(中超)	70~100	电子显示屏(场)	300/块
		计时记分系统	20
足球场地照明(FIFA)	100~150	信息机房	30
		扩声机房(馆)	30
体操、球类照明	60~80	室外媒体区	200
游泳馆照明	50~70	电视转播机房	60
自行车馆照明	60~80	文艺演出(馆)	500
滑冰馆照明	40~60	文艺演出(场)	800~1500

11.10.6 体育建筑部分用电负荷的供电要求

1. 比赛场地照明宜采用两个专用供电干线同时供电，各承担50%用电负荷的方式；一般而言，体育馆至少要考虑两路供电干线，挑棚布灯的体育场采用4路供电干线，4塔式布灯的体育场采用8路供电干线。

2. 其他需要双路供电的用电负荷包括：消防设施、主席台（含贵宾接待室）、媒体区、广场及主要通道照明、计时记分装置、信息机房、扩声机房、电台和电视转播及新闻摄影用电等。

3. 大型赛会需要由移动式自备电源供电的用电负荷包括：50%比赛场地照明、主席台(含贵宾接待室)、媒体区、广场及主要通道照明、计时记分机房、扩声机房、电视转播机房、保安备勤用房等。

4. 特级、甲级体育建筑应考虑为室外转播车提供电源，每辆转播车供电容量不小于20kW，一般不超过60kW。

11.10.7 应急电源供电要求。

1. 电子信息设备、灯光音响控制设备、转播设备，应选用不间断电源装置（UPS）作为备用电源。

2. TV应急转播照明应选用EPS作为备用电源，若采用金属卤化物灯具时，EPS的特性应与其启动特性、过载特性、光输出特性、熄弧特性等相适应。

3. 与自起动的柴油发电机组配合使用的UPS或EPS的供电时间不应少于10min。

4. 特级体育建筑应设置快速自动起动的柴油发电机组作为应急电源和备用电源，对于临时性重要负荷可另设临时柴油发电机组作为应急备用电源。根据供电半径，柴油发电机可分区设置。

5. 甲级体育建筑应为应急备用电源的接驳预留条件。乙级及以下等级的体育建筑可不设应急备用电源。

11.10.8 体育建筑配电系统要求。

1. 特级及甲级体育建筑、体育建筑群总配变电所的高压供配电系统应采用放射式向分配变电所供电。当总配变电所同时向附近的乙级及以下的中小型体育场馆、负荷等级为二级及以下的附属建筑物供电时，也可采用高压环网式或低压树干式供电。

2. 配变电所的高压和低压母线，宜采用单母线或单母线分段接线形式。特级及甲级体育建筑的电源应采用单母线分段运行，低压侧还应设置应急母线段或备用母线段。

3. 应急母线段由市电与应急和备用电源供电，市电与应急和备用电源之间应采用电气、机械联锁。当采用自动转换开关电器（ATSE）时，应选择PC级、三位式、四极产品。

4. 低压配电系统设计中的照明、电力、消防及其他防灾用电负荷、体育工艺负荷、临时性负荷等应分别自成配电系统。当具有文艺演出功能时，宜在场地四周预留配电箱或配电间。

5. 敷设于槽盒内的多回路电线、电缆应采用阻燃型电线、电缆。

6. 体育建筑常用设备配电要求。

(1) 特级、甲级体育建筑媒体负荷如新闻发布、文字媒体、摄影记者工作间应单独设置配电系统，并采用两路低压回路放射式供电；乙级及以下体育建筑宜单独设置配电系统，可采用树干式供电。

(2) 特级、甲级体育建筑应为看台上的媒体用电预留供电路由和容量，其配电设备宜安装在看台媒体工作区附近的电气房间内，为看台区设置的综合插座箱供电。

(3) 特级、甲级体育建筑中各类体育工艺专用设施：如场地信号井、扩声机房、计时计分机房、升旗设备、终点摄像机房等配电系统应单独设置，并采用两路独立的低压回路放射式供电；乙级及以下体育建筑各类专用设施的配电系统可合并设置，并可采用树干式供电。

(4) 变电所内为场地临时设备用电预留的出线回路，应引至场地四周的摄影沟或场地入口处，为其提供接入条件。

(5) 跳水池、游泳池、戏水池、冲浪池及类似场所，其配电应采用安全特低电压(SELV) 系统，标称电压不应超过12V，特低电压电源应设在2区以外的地方。

(6) 体育建筑的广场应预留供广场临时活动用的电源。

(7) 特级、甲级体育建筑供配电系统应为广告用电预留容量，乙级体育建筑宜预留广告电源。广告电源可预留在场地四周、看台、入口、广场等处。

11.10.9 体育建筑照明配电要求。

1. 大型、特大型体育建筑的场地照明应采用多回路供电。

2. 特级体育建筑在举行国际重大赛事时，50%的场地照明应由发电机供电，另外50%的场地照明应由市电电源供电；其他赛事可由双重电源各带50%的场地照明。

3. 甲级体育建筑应由双重电源同时供电，且每个电源应各供50%的场地照明灯具。

4. 乙级和丙级体育建筑宜由两回线路电源同时供电，且每个电源宜各供50%的场地照明。

5. 其他等级的体育建筑可只有一个电源为场地照明供电。

6. 对于乙级及以上等级体育建筑的场地照明，一个配电回路所带的灯具数量不宜超过3套，对于乙级以下的等级的体育建筑的场地照明，一个配电回路所带的灯具数量不宜超过9套。配电回路宜保持三相负荷平衡，单相回路电流不宜超过30A。

7. 为防止气体放电灯的频闪，相邻灯具的电源相位应换相连接。

8. 比赛场地照明灯具端子处的电压偏差允许值应满足规定。

9. 当采用金属卤化物灯等气体放电灯时，应考虑谐波影响，其配电线路的中性线截面面积不应小于相线截面面积。

10. 照明灯光控制。

(1) 特级和甲级体育建筑应采用智能照明控制系统，乙级体育建筑宜采用智能照明控制系统。

(2) 体育建筑的场地照明控制应按运动项目的类型、电视转播情况至少分为四种控制模式。

(3) 用于体育舞蹈、冰上舞蹈等具有艺术表演的运动项目，应增设具有调光功能的照明控制系统。

11.10.10 体育建筑场地照明要求。

1. 场地照明设计主要参数包括：水平照度、垂直照度、水平照度均匀度、垂直照度均匀度、色温、显色指数、应急照明。一些国际大型赛事根据其转播要求还有更高要求，如：

色温不小于5500K，显色性大于90等。

2. 体育场馆照明布置应符合《体育场馆照明设计及检测标准》的规定。

3. 不同赛事要求的场地照明灯具布置方式、灯具的安装高度应根据建筑形式、不同赛事对灯具投射角的要求设定。

4. 场地灯具选型应满足以下要求：

(1) 体育场馆内的场地照明，宜采用LED半导体发光二极管作为场地照明的光源。

(2) 一般场地照明灯具应选用有金属外壳接地的Ⅰ类灯具；跳水池、游泳池、戏水池、冲浪池及类似场所水下照明设备应选用防触电等级为Ⅲ类的灯具。

(3) 金属卤化物灯不应采用敞开式灯具，灯具效率不应低于70%。灯具外壳的防护等级不应低于IP55，不便于维护或污染严重的场所其防护等级不应低于IP65，水下灯具外壳的防护等级应为IP68。

(4) 场地照明灯具应有灯具防跌落措施，灯具前玻璃罩应有防爆措施。

(5) 室外场地照明灯具不应采用升降式。

5. 观众席和运动场地安全照明的平均水平照度值不应小于20lx。

6. 体育场馆出口及其通道的疏散照明最小水平照度值不应小于5lx。

11.10.11 体育建筑场地照明控制要求

1. 有电视转播要求的比赛场地照明应设置集中控制系统。集中控制系统应设于专用控制室内，控制室应能直接观察到主席台和比赛场地。

2. 有电视转播要求的比赛场地照明的控制系统应符合下列规定：

(1) 能对全部比赛场地照明灯具进行编组控制。

(2) 应能预置不少于4个不同的照明场景编组方案。

(3) 显示全部比赛场地照明灯具的工作状态。

(4) 显示主供电源、备用电源和各分支路干线的电气参数。

(5) 电源、配电系统和控制系统出现故障时应发出声光故障报警信号。

(6) 对于没有设置热触发装置或不中断供电设施的照明系统，其控制系统应具有防止短时再启动的功能。

3. 有电视转播要求的比赛场地照明的控制系统宜采用智能照明控制系统。

4. 照明控制回路分组应满足不同比赛项目和不同使用功能的照明要求；当比赛场地有天然光照明时，控制回路分组方案应与其协调。

11.10.12 体育建筑场地智能化系统要求。

1. 信息网络系统应为体育赛事组委会、新闻媒体和场（馆）运营管理者等提供安全、有效的信息服务，满足体育建筑内信息通信的要求，兼顾场（馆）赛事期间使用和场（馆）赛后多功能应用的需求，并为场（馆）信息系统的发展创造条件。

2. 公共广播系统应在比赛场地和观众看台区外的公共区域和工作区等区域配置，宜与比赛场地和观众看台区的赛事扩声系统互相独立配置，公共广播系统与赛事扩声系统之间应实现互联，并可在需要时实现同步播音。

3. 火灾自动报警系统对报警区域和探测区域的划分应满足体育赛事和其他活动功能分

区的需要。

4. 安全技术防范系统应与体育建筑的等级、规模相适应。

评　注

体育建筑是人们为了达到健身和竞技目的而建设的活动场所，一般包括：比赛场地、运动员用房、观众座席和管理用房三部分，有承办专项比赛的场（馆），也有全民健身的综合型场（馆），由于体育建筑用途、规模和建设条件的不同，存在较大差异。体育建筑的电气设计，应根据体育建筑用途、规模特点，配置合理变配电系统、智能化照明系统、防雷接地系统、火灾报警系统，电气设施的装备水平要与工程的功能要求和使用性质相适应，同时要考虑赛时和赛后的不同使用要求，发挥更大的社会效益和经济效益。

体育建筑供配电系统要根据建筑规模和等级、管理模式和业务需求进行配置，针对比赛场地、观众席、运动员用房、管理用房特点和不同场所的要求，必须符合国家体育主管部门颁布的各项体育竞赛规则中对电气提出的要求，同时还必须满足相关国际体育组织的有关标准和规定，既要满足比赛使用要求，又要兼顾赛后的充分利用的需要，不应将临时性用电做成永久用电，达到既经济又实用的目的。

体育建筑工艺包括：场地照明、升旗（横杆）系统、计时记分系统、标准时钟系统、电视转播和现场评论系统、场（馆）运维指挥集成管理系统、竞赛实时信息发布系统、赛事综合管理系统、场（馆）比赛设备集成系统等。体育建筑工艺系统的设计，应根据体育建筑的类别、规模、举办体育赛事的级别等要求进行选择。

体育建筑智能化设计应针对体育场（馆）的比赛特性，利用计算机技术完成各子系统的信息交换，控制技术可以实现对各种设施的自动控制，实现资源和信息共享，提高设备利用率，节约能源，为使用者提供安全、舒适、快捷的环境。

11.11　援外项目

11.11.1　援外项目特点。

1. 项目的甲方是双重的。

(1) 项目的设计既要符合我国主管部门对项目的总体要求，又要满足受援国方面的功能要求，要符合当地的风土人情并结合实际情况。

(2) 设计中通过技术手段或其他方式，让两个甲方都能接受和满意，是工程设计应追求的平衡点。

2. 以设计为核心，涵盖工程全过程。援外工程除正常的前期工作（包括做方案、投标）工程设计外，还参与设计考察（有时尚需做可行性考察或二者含一）方案调整及确认、设计文件咨询审查、受援国审查、设计概算调整、标书编制、招标答疑、进一步完善设计文件，派遣设计代表配合施工全过程，参与工程验收、绘制竣工图等过程。

3. 工作环节多，周期长。援外工程在设计过程中，除了正常设计阶段外，设计前期工作比较复杂，增加了非常规的项目考察活动、国内设计审查（监理）、受援国审查、概算调整、设计文件翻译及译校等程序。

4. 设计所需的基础资料不完整。对于援外工程，由于受援国本身经济、技术条件的限制，考察组通过国外考察，一次完成全部基础资料的收集基本是不可能的，这也就给设计工作的开展更增加了难度。

5. 与当地标准和习惯做法结合。对于援外工程的设计，原则上是要遵循我国建筑设计的统一标准进行。但既然是对外援助，设计人员希望能够尽量提高满意度和适用性。

6. 图面表达更要求完整准确。

(1) 为了避免设计在翻译过程中不能充分体现设计师的意图，援外工程要求设计人员更多地用图来表达自己的构想，而不是文字说明。

(2) 不能引用图集和标准规范，尽可能少地使用文字，也是援外工程的一大特点。

7. 更多地参与施工招标工作。

11.11.2　援外项目设计深度要求。

1. 方案设计。方案构思要结合受援国具体情况和当地的特点，在满足使用功能需要的前提下，要求技术可靠、经济合理。

2. 初步设计。应包括设计说明书、设计图、主要设备材料清单和工程预算书，其深度应满足下列要求：

(1) 应符合对内、对外协议规定和已审定的设计方案。

(2) 能进行土地征用、三通一平及施工前期的准备工作。

(3) 能供编制较详细的施工组织设计。

(4) 能提供工程设计概算，以作为审批确定项目投资的依据。

(5) 能满足主要设备、材料的品种、规格、数量的订货要求。

(6) 能提出装饰工程用的材料、工艺和效果。

(7) 能据以进行施工图设计。

(8) 提供特殊施工工艺或方式，以进行施工准备。

(9) 屋面工程必须进行防水设计，不允许无设计，也不得用规范代替设计。

3. 施工图设计。应依据已批准的初步设计进行编制，不得用规范或标准图代替施工图设计，更不得留有任何重大设计内容供设计代表现场设计。施工图设计应包括封面、图纸目录、设计说明、施工图纸、工程预算书等。施工图设计文件应满足下列要求：

(1) 能够成为编制施工图预算依据。

(2) 能够成为安排材料、设备订货和非标设备的制作依据。

(3) 能够成为进行施工和安装的依据。

(4) 能够成为进行工程验收的依据。

11.11.3　援外项目送审要求。

1. 初步设计必须进行审查，由设计监理企业或由援外司委托有资格的咨询企业作为设计审查单位对初步设计进行内审查并经受援国审批后，施工图设计一般不另行审查。对采用方案设计和施工图设计两个阶段的项目，其方案设计必须参照初步设计审查的规定经内部审查批准后提交受援国审批；直接进行施工图设计的，其施工图设计必须照初步设计审查的规定经内部审查批准后提交受援国审批。

2. 援外工程初步设计送审要求。

(1) 设计总承包企业将初步设计正式报送援外司，并提交下列文件和资料：对外设计合同、考察报告、设计说明、设计蓝图、地质报告、模型或鸟瞰图、概算。

(2) 由设计审查单位审查后召开设计审查会，提出最终审查意见报援外司审核，其中屋面设计进行专项审查。援外司主要审核设计内容是否符合我国政府和受援国政府有关协议的规定，并转发上述最终审查意见。

(3) 设计总承包企业根据最终审查意见进行修改完善设计文件，并相应调整概算，再报设计审查单位复核确认（若有不同意见，可予以解释或声明，对于审查双方无法达成一致的问题，将由援外司通过协调或委托技术仲裁等方式解决）。援外司将根据设计审查单位的复核结果对调整后的概算予以审批，设计审查单位对最终审查意见负全责。

(4) 通过内启审查的初步设计，由设计总承包企业按对外设计合同规定的方式提交受援国审批或由受援国派工作组来华审批，并取得受援国有关机构对送审初步设计的批准文件。

11.11.4 援外项目专业考察要求。

1. 审查设计方案、确定投资估算。

2. 审查项目专业考察后编制的考察报告。

3. 主要审查满足设计阶段的依据资料，资料的真实性、资料是否满足下一步设计和施工招评标的需要，核实未提供的主要设计基础资料和对外合同规定时间有无影响等主要问题。

4. 专业的主要任务：选址、确定方案、收集资料和对外签订设计合同等任务。

5. 考察成果文件应满足初步设计、施工图设计和施工总承包招标评标要求。

6. 注意事项。

(1) 市政双方分工。

(2) 注意，设计说明对外前，要经监理企业审查。

(3) 未收到的主要设计基础资料必须在合同中写清楚何时提供时间要求。

(4) 主要对外谈判应参加。

11.11.5 援外项目专业考察工作重点。

1. 全面听取受援方介绍拟实施项目规划，详细了解受援方项目需求和对援助目标的具体建议。

2. 深入了解和研究项目的现场实施条件，核实受援国所提供土地是否适合项目建设。

3. 核实国内所搜集项目资料的准确性，补充搜集项目可行性研究及后续实施所需资料。

(1) 施工临时用电：受援国政府负责将施工临时供电线路引至项目建设用地红线内指定地点并提供变配电设备。

(2) 施工临时电信：受援国政府负责将施工临时电信线路引至项目建设用地红线内指定地点并提供交换机设备。

(3) 变配电系统：变配电系统的分界点在□□kV/ □□V 变压器的出线端。

(4) 通信：通信工程的分界点在程控交换机出线处。

(5) 电视：电视系统的分界点在其前端柜的出线处。

4. 与受援方就援外项目的立项设想，包括技术方案、投资规模、资金安排、中外双方分工职责等进行技术磋商。

5. 制定项目技术方案，核算造价是否超标。

6. 共同拟定可行性研究纪要文稿，签署会谈纪要。

11.11.6 援外项目收集资料内容。

1. 自然条件。

(1) 当地海拔。

(2) 当地年平均雷暴日数及雷电情况。

(3) 土壤电阻率的阻值。

(4) 大气及土壤湿度及酸碱度、冻土深度。

(5) 地区抗震设防烈度。

(6) 风速、洪水水位。

(7) 雷电，当地年最高/最低温、湿度，月平均温、湿度。

2. 当地电气设计执行的规范及安装验收规范以及电气产品应用情况。

(1) 供电系统中受援国当地提供的高压电源，是否能采用我国生产的标准变压器。

(2) 城市电信运营商的交换机与我国提供的交换机设备连接是否有问题。

(3) 高、低压电气产品的标称电压。

(4) 强、弱电末端设备的选型标准。

(5) 电缆型号标准等。

3. 供配电系统。

(1) 供电公司管理规定：产权分界，管理（设计分界），供电部门计量装置设置位置。

(2) 当地电源频率，中压、低压的电压等级，电网电压波动范围及其允许波动值。

(3) 市政电源配出侧出口系统短路容量；本项目上级中压站低压侧中性点的接地形式。

(4) 中压电源进线方向及敷设方式；供电公司要求的变配电系统低压侧功率因数，电度计量计费方式（是否按时间段计费；是否按照明/动力分别计费），电度计量装置的安装及接线型式。

(5) 能否保证为项目提供两路中压电源，分别由哪个电站引来，可为项目提供的最大负荷，所提供电源与本项目的距离，两路电源同时供电互为备用（或一用一冷备），转换时间。

(6) 是否需要设置柴油发电机，柴油发电机的运行时间如何考虑，当地柴油供应情况，柴油标号。

(7) 项目预计供配电系统运行方式、断路器的额定极限短路分断能力（I_{cu}）、继电保护要求、规格型号。

(8) 低压配电系统的接地形式，接地电阻值。

(9) 当地变、配、发电站的常规设置形式。

(10) 灯具选型、电源插座多少伏，采用什么标准，开关面板符合什么标准。

4. 通信。

(1) 能提供给本工程的通信方式：普通中继线；DDN 专线（带宽、速率）；N-ISDN、B-

ISDN 专线（不同业务传输速率）。

(2) 传输媒介（普通电缆、光纤电缆）。

(3) 线路引入方向及敷设方式（埋地、架空）。

(4) 通信工程的设计分界点。

(5) 电话交换机制式，交换机型号，生产国家。

(6) 是否允许设立用户交换机，用户交换机与电话局用交换机的接口方式。

(7) 通信传输方式（有线或无线），采用光缆、电缆、微波、卫星等，通信线路敷设方式（架空、直埋、管道）。

5. 计算机网络。

(1) 当地采用哪种通信协议；当地网络系统的带宽和网速。

(2) 网络传输媒介（有线、无线）。

6. 电视、广播。

(1) 电视信号制式（PAL、NTSC、SECAM）、节目频段（UHF、VHF）和广播节目频段。

(2) 本项目与电视中心的接口方式（有线或无线），采用光缆还是电缆，如采用电视接收天线，天线规格尺寸以及安装方式；与电台、电视台的方位角及坐标和有无障碍物。

(3) 有线电视系统的设计分界点，广播扩声方式（定压、定阻），扩声设备生产供应情况。

7. 消防、安防。消防报警、保安设备安装普及率及设备供应、维修情况。

11.11.7 援外项目现场考察内容。

1. 通过走访外方主管部门、参观工程、市场调研、与中资机构座谈等方式全面收集资料。

2. 尽量了解当地执行的规范、标准、习惯做法，在与外方会谈中引导外方接受中国的规范和标准。

3. 关注中方在当地援建的其他项目的技术信息。

4. 掌握专业术语的标准外文译法，与外方沟通时注意翻译的准确性，必要时以纸笔通过草图、公式进行交流，并做好记录。

5. 了解当地居民对照明、电器、空调等的使用习惯，有无节电意识。

6. 全面了解当地一年中各季节的气候状况，避免把考察时的气候当作全年常态，以偏概全。

11.11.8 援外项目考察报告内容。

1. 设计内容及中外双方设计分工、接口。

2. 当地执行的规范、设计标准及习惯做法。

3. 当地电气设备、材料供应及维修情况。

4. 设计中需要注意的问题。

5. 对《可行性考察报告》存疑的问题进行必要的补充。

11.11.9 援外项目注意事项

1. 贯彻和落实设计原则注意的问题。

(1) 在设计考察阶段:

1) 在可行性考察中必须明确项目定位，项目规模是否满足功能要求，是否有超前的考虑。

2) 在专业考察中注意了解受援国的规范、标准与我国现行规范和标准有哪些不同及有无特殊要求。

3) 选用机电产品对维修养护的方便条件（要有当地主管部门的证明文件）等。

(2) 在设计阶段要重视设计标准是否满足使用功能的要求，正确处理设计标准，做到功能优先，先满足功能，后考虑装修标准；选用建筑设备产品时应满足受援国的强制性标准及方便当地零件更换和维修。

(3) 在设计变更处理时，应通过调查后，尊重受援国的要求，对设计文件进行修改。

2. 设计依据注意的问题。

(1) 采用中国规范和标准以及外方提出的技术标准要求。

(2) 结合当地的实际情况确定设计标准和技术措施。

(3) 以《设计收集资料考察报告》为设计依据。

(4) 设计说明尽量明确、简洁，以便翻译能准确表达设计意图。

3. 设备及管材选型注意的问题。

(1) 按照相关部门有关规定选型。

(2) 根据外电源条件选型。

(3) 针对自然环境条件选型。

(4) 结合使用习惯和维修条件选型。

4. 初步设计文件内容及设计文件深度注意的问题。

(1) 对内、对外协议和合同的有关规定。

(2) 已审定的设计方案、设计基础资料、工程勘察和专业考察结果。

(3) 外方提出的有关法律、法规、设计规范和技术标准要求。

(4) 建筑使用功能、结构体系、机电系统选用的合理性、安全性和经济性。

(5) 明确主要设备、材料的品种、规格、性能等技术指标，能据以组织订货，能提出特殊施工工艺或方式。

(6) 当地自然条件和人文因素。

(7) 设计深度能据以进行下一步施工图设计。

(8) 能够作为进行土地征用和“三通一平”等施工前期准备工作的依据。

(9) 符合确定的场址方案、建设范围及中外职责分工。

(10) 无技术性、功能性设计缺漏项，未用规范或标准图集代替设计。

5. 施工图文件内容及设计文件深度注意的问题。

(1) 是否符合经内、外审核确认的初步设计、内外设计合同的规定。

(2) 是否符合消防、节能、环保、抗震、卫生等有关强制性规范和一般规范标准。

(3) 是否存在电气安全问题。

（4）是否满足工程建设材料、设备订货、施工招标的要求。

（5）能够作为编制施工图预算（如要求）、安排材料、设备订货和非标设备的生产制作，进行施工组织和管理，进行工程质量评验、评定和验收依据。

（6）无技术性、功能性设计缺漏项，未用规范或标准图集代替设计。

（7）其他有关要求。

6. 供配电系统注意的问题。

（1）供电可靠性。

（2）备用电源、变压器负载率、配电保护、电缆选型等。

（3）手册数据的选用要科学合理，结合当地特点及工程性质留有适当余量。

（4）电压、频率、电能质量。

（5）设计说明中要求选适应宽电压范围的设备，否则应配套提供稳压器。

（6）系统接线方式。

（7）简单实用，便于维护。

7. 自备电源注意的问题。

（1）为保证项目正常使用，发电机组成为大多数援外项目的标准配置。

（2）发电机组容量选择。

（3）机房设置储油间时，其总储存量不应大于 $1m^3$，储油应采用耐火极限不小于 3.00h 的防火隔墙与发电机间分隔；确需在防火隔墙上开门时，应设置甲级防火门。

（4）接地（防静电、并机）。

（5）机房排风、排烟处理。

（6）机房降噪。

8. 外电源条件注意的问题。

（1）电压等级：15kV、11kV、400/230V 等。

（2）频率：50Hz、60Hz。

（3）中压系统接地方式：中性点直接接地、中性点不接地或经消弧线圈接地。

（4）供电可靠性：电压波动、电源频繁转换。

9. 针对自然环境条件设备及管材选型注意的问题。

（1）温度、湿度、海拔对设备选型的影响。

1）空气温度过高或过低及温度变化（包括日温差）增大，使产品外壳容易变形、龟裂，密封结构容易破裂。

2）空气绝对湿度减小，使电工产品的外绝缘强度降低，要考虑工频放电电压与冲击闪络电压的湿度修正。

3）海拔变化引起外绝缘强度的降低；电气间隙的击穿电压下降；电晕及放电电压降低（高压电机、电容器、避雷器等）；使空气介质灭弧的开关电器灭弧性能降低，通断能力下降和电寿命缩短；影响产品机械结构和密封，间接影响到电气性能。

4）正常使用环境：高压电器海拔不超过 1000m，低压电器不超过 2000m。

（2）灰尘对选用相应防护等级的电气设备影响。

（3）盐雾对选用相应防护等级的电气设备影响。

1）材质选择：不锈钢、铝合金、PVC。

2）保护层：涂料、热镀锌、隔绝空气。

3）热镀锌时不宜小于85μm，室外工程宜增加20~40μm。钢结构表面施工：防锈底层涂料→防腐中间层涂料→防火涂料→防腐面层涂料。

(4) 紫外线对选用相应防护等级的电气设备影响。敷设在体育建筑室外阳光直射环境中的电力电缆，应选用防水、防紫外线型铜芯电力电缆。

(5) 虫害（白蚁、鼠类）。

1）电缆沟、入户管路做好密封处理。

2）PVC管选硬质管材；电缆选用相应的外护套。

3）喷洒药水、预埋药物。具体做法同土建，在电气进出线管路处加强。

4）必要时选用防白蚁电缆（价格增加约10%）。

(6) 地质（膨胀土、湿陷土地区）。

1）电缆井、沟、隧道等的标准图集做法不适用于湿陷性土、膨胀土地区，这类地区需要请结构专业做专门的防沉降处理。

2）在膨胀土、湿陷土地区，室外电气线路尽量选用铠装电缆直埋的做法，电缆S形敷设并留有一定余量。

(7) 结合使用习惯和维修条件选型。

(8) 警示语、标识文字等应选用当地官方语言。

(9) 发电机组容量、品牌，考虑当地保养维修条件。

(10) 电缆、电线颜色，同一个项目应标准一致。

10. 移交援外项目资料注意的问题。

(1) 资料整理和组卷不规范。案卷封面上资料类别和案卷题名填写出错，卷内目录与内容不相符合，存在有目录无内容，有内容未编写目录的现象，有些缺少卷内备考表。

(2) 签字盖章不规范、不完善。施工组织设计、监理规划等资料无审核人签字或机打签字，有些图纸、地勘报告、见证记录等未盖专用章，有些资料存在没有授权代签字现象。

(3) 部分移交资料不是原件。开工报告、报审报验表、试验证明材料、工程款拨付审批单、图纸等资料有些是复印件或扫描件（个别项目把原件留在经销商处）。

(4) 记录和表格填写不规范、不完整。部分移交资料存在漏报和缺项以及错报等现象，例如：部分技术交底记录、设计变更洽商记录不完整，施工合同管理事项审核记录，施工日志、监理日志及入场人员、机械、材料核验记录填写过于简单，有些设计变更未在竣工图纸上标注，有些表格使用不正确，光盘内容中文标识不清楚等。

(5) 施工试验记录不规范。由本单位自己的试验室做的试验，有些无国内认证机构的授权和委托书，部分试验批次过少、不规范等。

评　注

援外项目是中方在援外资金项下，通过组织或指导施工、安装和试生产等全部或部分阶段，向受援方提供用于生产生活、公共服务等的成套设备和工程设施，并提供建成后长效质量保证和配套技术服务的援助项目。电气设计负责项目相关考察、勘察、设计和施工的全部或部分过程，提供全部或部分设备、建筑材料，派遣工程技术人员组织和指导施工、安装和试生产。项目竣工后，移交受援国使用。援外项目是中国应该履行的大国责任，也是中国企业“走出去”的有益途径，并通过援外项目彰显中国价值。

设计师必须明确项目定位、项目规模和功能要求，设计分工、接口，采用中国规范和相关标准情况，并对贯彻和落实设计原则情况、设计文件内容及设计文件深度要求、针对当地市政情况和自然环境条件进行设备及管材选型，以及对外方审查内容等方面应予以关注，对施工中可能遇到的问题以及需要注意的事项进行说明。

小　　结

建筑以其独特的方式保留人们的物质历史和情感历史，它不仅仅是对历史文化的凝结，也是人们现实梦想乃至生命的凝固。纵观建筑行业发生的变化，使得当前业主和设计师等对建筑的认识较以前更加自主、成熟，人们需要秉承敬业精神，拥有良好服务社会的心态。在不同建筑形式中，电气系统存在着鲜明的特点，它取决于不同建筑业态的管理模式，电气系统之间存在相互依存、相互助益的能动关系，电气系统内部有很多子系统和层次，电气系统不是简单系统，也不是随机系统，有时是一个非线性系统。电气工程师应给出各类工程合理、适合建筑特点的电气工程系统模型，为工程建设实现最优配置。

参 考 文 献

[1] 北京市建筑设计研究院有限公司. 建筑电气专业技术措施 [M]. 2版. 北京: 中国建筑工业出版社, 2016.

[2] 中国航空规划设计研究总院有限公司. 工业与民用供配电设计手册 [M]. 4版. 北京: 中国电力出版社, 2016.

[3] 中国建筑标准设计研究院. 建筑电气常用数据 [M]. 北京: 中国计划出版社, 2019.

[4] 孙成群. 建筑电气设计方法与实践 [M]. 北京: 中国建筑工业出版社, 2016.

[5] 孙成群. 建筑电气设计与施工资料集: 工程系统模型 [M]. 北京: 中国电力出版社, 2019.

[6] 孙成群. 建筑电气设计与施工资料集: 技术数据 [M]. 北京: 中国电力出版社, 2013.

[7] 孙成群. 建筑电气设计与施工资料集: 常见问题解析 [M]. 北京: 中国电力出版社, 2014.

[8] 孙成群. 建筑工程设计编制深度实例范本·建筑电气 [M]. 3版. 北京: 中国建筑工业出版社, 2017.

[9] 孙成群. 建筑工程设计编制深度实例范本·建筑智能化 [M]. 北京: 中国建筑工业出版社, 2019.

作 者 简 介

孙成群　1963年出生，1984年毕业于哈尔滨建筑工程学院建筑工业电气自动化专业，2000年取得教授级高级工程师任职资格，现任北京市建筑设计研究院有限公司设计总监、总工程师，住房和城乡建设部建筑电气标准化技术委员会副主任委员，中国建筑学会建筑雷电防护学术委员会副理事长，全国建筑标准设计委员会电气委员会副主任委员，中国工程建设标准化协会雷电防护委员会常务理事，中国消防协会标准化委员会电气防火专业委员，西安交通大学物联网绿色发展研究院兼职教授。

在从事民用建筑中的电气设计工作中，曾参加并完成多项工程项目，在这些工程中，既有高层和超过500m高层建筑的单体公共建筑，也有数十万平方米的生活小区。担任电气第一负责人的项目主要包括：中国共产党历史展览馆，国家速滑馆，中信大厦（中国尊），全国人大机关办公楼，全国人大常委会会议厅改（扩）建工程，凤凰国际传媒中心，深圳中州大厦，珠海歌剧院，丽泽SOHO，中国天辰科技园天辰大厦，呼和浩特大唐国际喜来登大酒店，银河SOHO，张家口奥体中心，深圳联合广场，首都博物馆新馆，富凯大厦，金融街B7大厦，北京市公安局808工程，西双版纳“避寒山庄”，百朗园，富华金宝中心，泰利花园，福建省公安科学技术中心，九方城市广场，天津泰达皇冠假日酒店，北京上地北区九号地块-IT标准厂房，北京科技财富中心，新疆克拉玛依综合游泳馆，北京丽都国际学校，山东济南市舜玉花园Y9号综合楼，山东东营宾馆，李大钊纪念馆，北京葡萄苑小区，宁波天一家园，望都家园，西安紫薇山庄，山东辽河小区等。

主持编写《建筑电气设计方法与实践》《简明建筑电气工程师数据手册》《建筑工程设计文件编制实例范本——建筑电气》《建筑工程设计文件编制实例范本——建筑智能化》《建筑电气设备施工安装技术问答》《建筑工程机电设备招投标文件编写范本》《建筑电气设计实例图册4》等。参加编写《民用建筑电气设计标准》（GB 51348—2019）、《智能建筑设计标准》（GB 50314—2015）、《火灾自动报警系统设计规范》（GB 50116—2013）、《火灾自动报警系统施工及验收标准》（GB 50166—2019）、《住宅建筑规范》（GB 50368—2005）、《建筑物电子信息系统防雷设计规范》（GB 50343—2012）、《智能建筑工程质量验收规范》（GB 50339—2013）、《建筑机电工程抗震设计规范》（GB 50981—2014）、《会展建筑电气设计规范》（JGJ 333—2014）、《商店建筑电气设计规范》（JGJ 392—2016）、《消防安全疏散标志设置标准》（DB 11/1024—2013）等标准和《全国民用建筑工程设计技术措施·电气》。